实战002　新增的修饰文字工具
▶ **视频位置**：光盘\视频\第1章\实战002.mp4

实战061　菜单撤销图像操作
▶ **视频位置**：光盘\视频\第2章\实战061.mp4

实战062　恢复图像初始状态
▶ **视频位置**：光盘\视频\第2章\实战062.mp4

实战073　绘制矩形
▶ **视频位置**：光盘\视频\第3章\实战073.mp4

实战074　绘制圆角矩形
▶ **视频位置**：光盘\视频\第3章\实战074.mp4

实战075　绘制椭圆
▶ **视频位置**：光盘\视频\第3章\实战075.mp4

实战076　绘制多边形
▶ **视频位置**：光盘\视频\第3章\实战076.mp4

实战077　绘制星形
▶ **视频位置**：光盘\视频\第3章\实战077.mp4

实战078　绘制直线段
▶ **视频位置**：光盘\视频\第3章\实战078.mp4

实战079　绘制弧线
▶ **视频位置**：光盘\视频\第3章\实战079.mp4

实战080　绘制螺旋线
▶ **视频位置**：光盘\视频\第3章\实战080.mp4

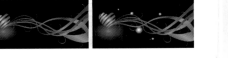

实战081　绘制矩形网格
▶ **视频位置**：光盘\视频\第3章\实战081.mp4

实战082　绘制极坐标
▶ **视频位置**：光盘\视频\第3章\实战082.mp4

实战083　绘制任意光晕效果
▶ **视频位置**：光盘\视频\第3章\实战083.mp4

实战084　精确制作光晕效果
▶ **视频位置**：光盘\视频\第3章\实战084.mp4

实战085　对光晕效果进行编辑
▶ **视频位置**：光盘\视频\第3章\实战085.mp4

实战120　移动对象
▶ **视频位置**：光盘\视频\第3章\实战120.mp4

实战122　在不同的文档间移动对象
▶ **视频位置**：光盘\视频\第3章\实战122.mp4

实战124　使用隔离模式
▶ **视频位置**：光盘\视频\第3章\实战124.mp4

实战125　排列对象
▶ **视频位置**：光盘\视频\第3章\实战125.mp4

实战126　用"图层"面板调整堆叠顺序
▶ **视频位置**：光盘\视频\第3章\实战126.mp4

实战展示

实战127 "对齐"面板的应用
▶ 视频位置：光盘\视频\第3章\实战127.mp4

实战128 剪切与粘贴对象
▶ 视频位置：光盘\视频\第3章\实战128.mp4

实战129 复制与粘贴对象
▶ 视频位置：光盘\视频\第3章\实战129.mp4

实战130 删除对象
▶ 视频位置：光盘\视频\第3章\实战130.mp4

实战131 绘制直线路径
▶ 视频位置：光盘\视频\第4章\实战131.mp4

实战132 绘制曲线路径
▶ 视频位置：光盘\视频\第4章\实战132.mp4

实战134 绘制闭合路径
▶ 视频位置：光盘\视频\第4章\实战134.mp4

实战135 运用铅笔工具绘制路径图形
▶ 视频位置：光盘\视频\第4章\实战135.mp4

实战136 运用平滑工具修饰绘制的路径
▶ 视频位置：光盘\视频\第4章\实战136.mp4

实战138 运用剪刀工具剪切路径
▶ 视频位置：光盘\视频\第4章\实战138.mp4

实战144 转换路径锚点
▶ 视频位置：光盘\视频\第4章\实战144.mp4

实战143 用整形工具移动锚点
▶ 视频位置：光盘\视频\第4章\实战143.mp4

实战145 使用工具添加与删除锚点
▶ 视频位置：光盘\视频\第4章\实战145.mp4

实战146 使用实时转角
▶ 视频位置：光盘\视频\第4章\实战146.mp4

实战148 均匀分布锚点
▶ 视频位置：光盘\视频\第4章\实战148.mp4

实战149 连接开放路径
▶ 视频位置：光盘\视频\第4章\实战149.mp4

实战150 简化路径
▶ 视频位置：光盘\视频\第4章\实战150.mp4

实战151 偏移路径
▶ 视频位置：光盘\视频\第4章\实战151.mp4

实战152 分割下方对象
▶ 视频位置：光盘\视频\第4章\实战152.mp4

实战153 分割为网格
▶ 视频位置：光盘\视频\第4章\实战153.mp4

实战155 清理路径
▶ 视频位置：光盘\视频\第4章\实战155.mp4

实战156　描摹图像
▶ 视频位置：光盘\视频\第4章\实战156.mp4

实战157　使用色板库中的色板描摹图像
▶ 视频位置：光盘\视频\第4章\实战157.mp4

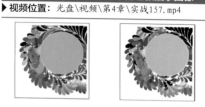

实战158　用自定义色板描摹图像
▶ 视频位置：光盘\视频\第4章\实战158.mp4

实战159　修改对象的显示状态
▶ 视频位置：光盘\视频\第4章\实战159.mp4

实战160　将描摹对象转换为矢量图形
▶ 视频位置：光盘\视频\第4章\实战160.mp4

实战161　释放描摹对象
▶ 视频位置：光盘\视频\第4章\实战161.mp4

实战162　启用透视图
▶ 视频位置：光盘\视频\第4章\实战162.mp4

实战166　使用填色工具填充图形
▶ 视频位置：光盘\视频\第5章\实战166.mp4

实战168　用控制面板设置填色和描边
▶ 视频位置：光盘\视频\第5章\实战168.mp4

实战169　用吸管工具吸取和填充图形颜色
▶ 视频位置：光盘\视频\第5章\实战169.mp4

实战170　互换填色和描边
▶ 视频位置：光盘\视频\第5章\实战170.mp4

实战171　使用默认的填色和描边
▶ 视频位置：光盘\视频\第5章\实战171.mp4

实战172　删除填色和描边
▶ 视频位置：光盘\视频\第5章\实战172.mp4

实战173　使用"描边"面板为图形描边
▶ 视频位置：光盘\视频\第5章\实战173.mp4

实战174　用虚线描边
▶ 视频位置：光盘\视频\第5章\实战174.mp4

实战175　为路径端点添加箭头
▶ 视频位置：光盘\视频\第5章\实战175.mp4

实战176　制作双重描边字
▶ 视频位置：光盘\视频\第5章\实战176.mp4

实战177　制作邮票齿孔效果
▶ 视频位置：光盘\视频\第5章\实战177.mp4

实战178　使用RGB颜色模式
▶ 视频位置：光盘\视频\第5章\实战178.mp4

实战179　使用CMYK颜色模式
▶ 视频位置：光盘\视频\第5章\实战179.mp4

实战180　使用HSB颜色模式
▶ 视频位置：光盘\视频\第5章\实战180.mp4

实战181　使用灰度颜色模式
▶ 视频位置：光盘\视频\第5章\实战181.mp4

实战186　使用"色板"面板填充图形
▶ 视频位置：光盘\视频\第5章\实战186.mp4

实战199　调整饱和度
▶ 视频位置：光盘\视频\第5章\实战199.mp4

实战202　使用混合工具创建混合图形
▶ 视频位置：光盘\视频\第5章\实战202.mp4

实战205　使用"建立"命令创建混合图形
▶ 视频位置：光盘\视频\第5章\实战205.mp4

实战208　设置图形混合选项
▶ 视频位置：光盘\视频\第5章\实战208.mp4

实战212　为图稿重新着色
▶ 视频位置：光盘\视频\第6章\实战212.mp4

实战183　使用"颜色"面板填充图形
▶ 视频位置：光盘\视频\第5章\实战183.mp4

实战196　反相颜色
▶ 视频位置：光盘\视频\第5章\实战196.mp4

实战200　将颜色转换为灰度
▶ 视频位置：光盘\视频\第5章\实战200.mp4

实战203　沿路径混合
▶ 视频位置：光盘\视频\第5章\实战203.mp4

实战206　使用"替换混合轴"命令创建混合图形
▶ 视频位置：光盘\视频\第5章\实战206.mp4

实战209　编辑图形混合效果
▶ 视频位置：光盘\视频\第5章\实战209.mp4

实战213　运用"指定"选项卡
▶ 视频位置：光盘\视频\第6章\实战213.mp4

实战185　使用"颜色参考"面板修改颜色
▶ 视频位置：光盘\视频\第5章\实战185.mp4

实战198　调整色彩平衡
▶ 视频位置：光盘\视频\第5章\实战198.mp4

实战201　混合颜色
▶ 视频位置：光盘\视频\第5章\实战201.mp4

实战204　复合混合图形
▶ 视频位置：光盘\视频\第5章\实战204.mp4

实战207　删除混合图形效果
▶ 视频位置：光盘\视频\第5章\实战207.mp4

实战211　编辑全局色
▶ 视频位置：光盘\视频\第6章\实战211.mp4

实战214　运用"编辑"选项卡
▶ 视频位置：光盘\视频\第6章\实战214.mp4

实战215　运用"颜色组"选项卡
▶ 视频位置：光盘\视频\第6章\实战215.mp4

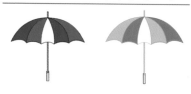

实战216　使用实时上色工具填充图形
▶ 视频位置：光盘\视频\第6章\实战216.mp4

实战217　使用实时上色选择工具填充图形
▶ 视频位置：光盘\视频\第6章\实战217.mp4

实战218　为图形表面上色
▶ 视频位置：光盘\视频\第6章\实战218.mp4

实战219　为图形边缘上色
▶ 视频位置：光盘\视频\第6章\实战219.mp4

实战220　在实时上色组中添加路径
▶ 视频位置：光盘\视频\第6章\实战220.mp4

实战221　封闭实时上色间隙
▶ 视频位置：光盘\视频\第6章\实战221.mp4

实战222　释放实时上色组
▶ 视频位置：光盘\视频\第6章\实战222.mp4

实战223　扩展实时上色组
▶ 视频位置：光盘\视频\第6章\实战223.mp4

实战224　使用"渐变"面板填充图形
▶ 视频位置：光盘\视频\第6章\实战224.mp4

实战225　使用渐变工具填充渐变色
▶ 视频位置：光盘\视频\第6章\实战225.mp4

实战227　编辑线性渐变
▶ 视频位置：光盘\视频\第6章\实战227.mp4

实战228　编辑径向渐变
▶ 视频位置：光盘\视频\第6章\实战228.mp4

实战229　使用渐变库
▶ 视频位置：光盘\视频\第6章\实战229.mp4

实战230　将渐变扩展为图形
▶ 视频位置：光盘\视频\第6章\实战230.mp4

实战231　用渐变制作天空效果
▶ 视频位置：光盘\视频\第6章\实战231.mp4

实战232　使用网格工具填充图形
▶ 视频位置：光盘\视频\第6章\实战232.mp4

实战233　使用"创建渐变网格"命令创建网格
▶ 视频位置：光盘\视频\第6章\实战233.mp4

实战234　使用"扩展"命令创建网格图形
▶ 视频位置：光盘\视频\第6章\实战234.mp4

实战235　从网格对象中提取路径
▶ 视频位置：光盘\视频\第6章\实战235.mp4

实战236　设置图形的透明度效果
▶ 视频位置：光盘\视频\第6章\实战236.mp4

实战展示

实战237　通过混合模式修改颜色
▶ 视频位置：光盘\视频\第6章\实战237.mp4

实战238　自定义填充图案
▶ 视频位置：光盘\视频\第6章\实战238.mp4

实战239　填充系统预设图案
▶ 视频位置：光盘\视频\第6章\实战239.mp4

实战240　使用"变换"面板变换图形
▶ 视频位置：光盘\视频\第7章\实战240.mp4

实战241　使用自由变换工具变换图形
▶ 视频位置：光盘\视频\第7章\实战241.mp4

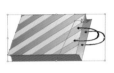

实战242　使用"分别变换"命令变换图形
▶ 视频位置：光盘\视频\第7章\实战242.mp4

实战243　使用选择工具变换图形
▶ 视频位置：光盘\视频\第7章\实战243.mp4

实战244　再次变换
▶ 视频位置：光盘\视频\第7章\实战244.mp4

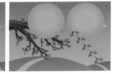

实战245　打造分形艺术
▶ 视频位置：光盘\视频\第7章\实战245.mp4

实战246　重置定界框
▶ 视频位置：光盘\视频\第7章\实战246.mp4

实战247　使用旋转工具旋转图像
▶ 视频位置：光盘\视频\第7章\实战247.mp4

实战248　使用镜像工具镜像图像
▶ 视频位置：光盘\视频\第7章\实战245.mp4

实战249　使用比例缩放工具缩放图像
▶ 视频位置：光盘\视频\第7章\实战249.mp4

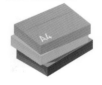

实战250　使用倾斜工具倾斜图像
▶ 视频位置：光盘\视频\第7章\实战250.mp4

实战251　使用整形工具调整图像
▶ 视频位置：光盘\视频\第7章\实战251.mp4

实战252　使用变形工具使图形变形
▶ 视频位置：光盘\视频\第7章\实战252.mp4

实战253　使用旋转扭曲工具使图形变形
▶ 视频位置：光盘\视频\第7章\实战253.mp4

实战254　使用收缩工具使图形变形
▶ 视频位置：光盘\视频\第7章\实战254.mp4

实战255　使用膨胀工具使图形变形
▶ 视频位置：光盘\视频\第7章\实战255.mp4

实战256　使用扇贝工具使图形变形
▶ 视频位置：光盘\视频\第7章\实战256.mp4

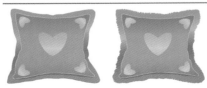

实战257　使用晶格工具使图形变形
▶ 视频位置：光盘\视频\第7章\实战257.mp4

实战258　使用皱褶工具使图形变形
▶ 视频位置： 光盘\视频\第7章\实战258.mp4

实战259　使用宽度工具使图形变形
▶ 视频位置： 光盘\视频\第7章\实战259.mp4

实战260　使用"用变形建立"命令使图形变形
▶ 视频位置： 光盘\视频\第7章\实战260.mp4

实战261　使用"用网格建立"命令建立封套扭曲
▶ 视频位置： 光盘\视频\第7章\实战261.mp4

实战262　使用"用顶层对象建立"命令使图形变形
▶ 视频位置： 光盘\视频\第7章\实战262.mp4

实战263　扩展封套扭曲
▶ 视频位置： 光盘\视频\第7章\实战263.mp4

实战264　编辑封套扭曲
▶ 视频位置： 光盘\视频\第7章\实战264.mp4

实战265　删除封套扭曲
▶ 视频位置： 光盘\视频\第7章\实战265.mp4

实战266　使用形状模式
▶ 视频位置： 光盘\视频\第7章\实战266.mp4

实战267　使用路径查找器
▶ 视频位置： 光盘\视频\第7章\实战267.mp4

实战268　创建复合形状
▶ 视频位置： 光盘\视频\第7章\实战268.mp4

实战269　编辑复合形状
▶ 视频位置： 光盘\视频\第7章\实战269.mp4

实战270　创建复合路径
▶ 视频位置： 光盘\视频\第7章\实战270.mp4

实战271　用形状生成器工具构建新形状
▶ 视频位置： 光盘\视频\第7章\实战271.mp4

实战272　使用刻刀工具裁剪图形
▶ 视频位置： 光盘\视频\第7章\实战272.mp4

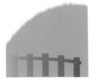

实战273　使用橡皮擦工具擦除图形
▶ 视频位置： 光盘\视频\第7章\实战273.mp4

实战274　使用剪刀工具分割图形
▶ 视频位置： 光盘\视频\第7章\实战274.mp4

实战277　复制图层
▶ 视频位置： 光盘\视频\第8章\实战277.mp4

实战280　调整图层秩序
▶ 视频位置： 光盘\视频\第8章\实战280.mp4

实战281　将对象移动到其他图层
▶ 视频位置： 光盘\视频\第8章\实战281.mp4

实战283　显示与隐藏图层
▶ 视频位置： 光盘\视频\第8章\实战283.mp4

实战展示

实战285 粘贴时记住图层
▶ 视频位置： 光盘\视频\第8章\实战285.mp4

实战289 应用变暗与变亮混合模式
▶ 视频位置： 光盘\视频\第8章\实战289.mp4

实战290 应用颜色加深与颜色减淡混合模式
▶ 视频位置： 光盘\视频\第8章\实战290.mp4

实战291 应用正片叠底与叠加混合模式
▶ 视频位置： 光盘\视频\第8章\实战291.mp4

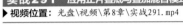

实战292 应用柔光与强光混合模式
▶ 视频位置： 光盘\视频\第8章\实战292.mp4

实战293 应用明度与混色混合模式
▶ 视频位置： 光盘\视频\第8章\实战293.mp4

实战294 应用色相与饱和度混合模式
▶ 视频位置： 光盘\视频\第8章\实战294.mp4

实战295 应用滤色混合模式
▶ 视频位置： 光盘\视频\第8章\实战295.mp4

实战296 应用差值混合模式
▶ 视频位置： 光盘\视频\第8章\实战296.mp4

实战297 应用排除混合模式
▶ 视频位置： 光盘\视频\第8章\实战297.mp4

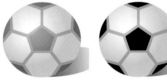

实战298 使用路径创建蒙版
▶ 视频位置： 光盘\视频\第8章\实战298.mp4

实战299 使用文字创建蒙版
▶ 视频位置： 光盘\视频\第8章\实战299.mp4

实战300 创建不透明蒙版
▶ 视频位置： 光盘\视频\第8章\实战300.mp4

实战301 创建反相蒙版
▶ 视频位置： 光盘\视频\第8章\实战301.mp4

实战302 编辑剪切蒙版
▶ 视频位置： 光盘\视频\第8章\实战302.mp4

实战303 释放蒙版
▶ 视频位置： 光盘\视频\第8章\实战303.mp4

实战304 停用和激活不透明度蒙版
▶ 视频位置： 光盘\视频\第8章\实战304.mp4

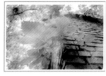

实战305 取消链接和重新链接不透明度蒙版
▶ 视频位置： 光盘\视频\第8章\实战305.mp4

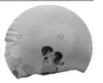

实战306 剪切不透明度蒙版
▶ 视频位置： 光盘\视频\第8章\实战306.mp4

实战307 反相不透明度蒙版
▶ 视频位置： 光盘\视频\第8章\实战307.mp4

实战310 为图形添加画笔描边
▶ 视频位置： 光盘\视频\第9章\实战310.mp4

实战311　移去画笔描边
▶ 视频位置：光盘\视频\第9章\实战311.mp4

实战312　使用画笔工具
▶ 视频位置：光盘\视频\第9章\实战312.mp4

实战314　创建书法画笔
▶ 视频位置：光盘\视频\第9章\实战314.mp4

实战315　创建散点画笔
▶ 视频位置：光盘\视频\第9章\实战315.mp4

实战316　创建图案画笔
▶ 视频位置：光盘\视频\第9章\实战316.mp4

实战317　创建艺术画笔
▶ 视频位置：光盘\视频\第9章\实战317.mp4

实战318　创建毛刷画笔
▶ 视频位置：光盘\视频\第9章\实战318.mp4

实战319　应用"Wacom 6D 画笔"画笔
▶ 视频位置：光盘\视频\第9章\实战319.mp4

实战320　应用"矢量包"画笔
▶ 视频位置：光盘\视频\第9章\实战320.mp4

实战321　应用"箭头"画笔
▶ 视频位置：光盘\视频\第9章\实战321.mp4

实战322　应用"艺术效果"画笔
▶ 视频位置：光盘\视频\第9章\实战322.mp4

实战323　应用"装饰"画笔
▶ 视频位置：光盘\视频\第9章\实战323.mp4

实战324　应用"边框"画笔
▶ 视频位置：光盘\视频\第9章\实战324.mp4

实战325　缩放画笔描边
▶ 视频位置：光盘\视频\第9章\实战325.mp4

实战326　修改画笔参数
▶ 视频位置：光盘\视频\第9章\实战326.mp4

实战327　修改画笔样本图形
▶ 视频位置：光盘\视频\第9章\实战327.mp4

实战328　删除画笔
▶ 视频位置：光盘\视频\第9章\实战328.mp4

实战330　反转描边方向
▶ 视频位置：光盘\视频\第9章\实战330.mp4

实战333　变换图案
▶ 视频位置：光盘\视频\第9章\实战333.mp4

实战337　编辑符号
▶ 视频位置：光盘\视频\第10章\实战337.mp4

实战340　替换符号
▶ 视频位置：光盘\视频\第10章\实战340.mp4

实战展示

实战341　断开符号链接
▶ 视频位置：光盘\视频\第10章\实战341.mp4

实战343　重新定义符号
▶ 视频位置：光盘\视频\第10章\实战343.mp4

实战344　扩展符号实例
▶ 视频位置：光盘\视频\第10章\实战344.mp4

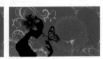

实战345　应用"3D符号"符号
▶ 视频位置：光盘\视频\第10章\实战345.mp4

实战346　应用"复古"符号
▶ 视频位置：光盘\视频\第10章\实战346.mp4

实战347　应用"箭头"符号
▶ 视频位置：光盘\视频\第10章\实战347.mp4

实战348　应用"Web按钮与条形"符号
▶ 视频位置：光盘\视频\第10章\实战348.mp4

实战349　应用"庆祝"符号
▶ 视频位置：光盘\视频\第10章\实战349.mp4

实战350　应用"艺术纹理"符号
▶ 视频位置：光盘\视频\第10章\实战350.mp4

实战351　应用"花朵"符号
▶ 视频位置：光盘\视频\第10章\实战351.mp4

实战352　应用"自然"符号
▶ 视频位置：光盘\视频\第10章\实战352.mp4

实战353　应用"传家宝"符号
▶ 视频位置：光盘\视频\第10章\实战353.mp4

实战354　应用"原始"符号
▶ 视频位置：光盘\视频\第10章\实战354.mp4

实战355　应用"图表"符号
▶ 视频位置：光盘\视频\第10章\实战355.mp4

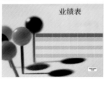
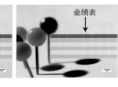

实战357　应用"寿司"符号
▶ 视频位置：光盘\视频\第10章\实战357.mp4

实战358　应用"徽标元素"符号
▶ 视频位置：光盘\视频\第10章\实战358.mp4

实战359　应用"提基"符号
▶ 视频位置：光盘\视频\第10章\实战359.mp4

实战360　应用"时尚"符号
▶ 视频位置：光盘\视频\第10章\实战360.mp4

实战361　应用"毛发和毛皮"符号
▶ 视频位置：光盘\视频\第10章\实战361.mp4

实战363　应用"点状图案矢量包"符号
▶ 视频位置：光盘\视频\第10章\实战363.mp4

实战364　应用"照亮丝带"符号
▶ 视频位置：光盘\视频\第10章\实战364.mp4

实战366 应用"照亮组织结构图"符号

▶ 视频位置：光盘\视频\第10章\实战366.mp4

 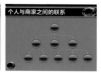

实战367 应用"疯狂科学"符号

▶ 视频位置：光盘\视频\第10章\实战367.mp4

实战368 应用"移动"符号

▶ 视频位置：光盘\视频\第10章\实战368.mp4

实战369 应用"绚丽矢量包"符号

▶ 视频位置：光盘\视频\第10章\实战369.mp4

实战370 应用"网页图标"符号

▶ 视频位置：光盘\视频\第10章\实战370.mp4

实战371 应用"至尊矢量包"符号

▶ 视频位置：光盘\视频\第10章\实战371.mp4

实战372 应用"通讯"符号

▶ 视频位置：光盘\视频\第10章\实战372.mp4

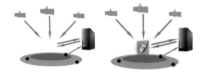

实战375 使用符号喷枪工具喷射符号

▶ 视频位置：光盘\视频\第10章\实战375.mp4

实战376 使用符号移位器工具移动符号

▶ 视频位置：光盘\视频\第10章\实战376.mp4

实战383 应用凸出和斜角效果

▶ 视频位置：光盘\视频\第11章\实战383.mp4

实战384 应用绕转效果

▶ 视频位置：光盘\视频\第11章\实战384.mp4

实战385 应用旋转效果

▶ 视频位置：光盘\视频\第11章\实战385.mp4

实战386 设置表面底纹

▶ 视频位置：光盘\视频\第11章\实战386.mp4

实战387 设置光源

▶ 视频位置：光盘\视频\第11章\实战387.mp4

实战389 应用凹壳效果

▶ 视频位置：光盘\视频\第11章\实战389.mp4

实战390 应用鱼形效果

▶ 视频位置：光盘\视频\第11章\实战390.mp4

实战391 应用弧形效果

▶ 视频位置：光盘\视频\第11章\实战391.mp4

实战392 应用下弧形效果

▶ 视频位置：光盘\视频\第11章\实战392.mp4

实战393 应用上弧形效果

▶ 视频位置：光盘\视频\第11章\实战393.mp4

实战394 应用拱形效果

▶ 视频位置：光盘\视频\第11章\实战394.mp4

实战展示

实战395　应用凸出效果
▶ 视频位置：光盘\视频\第11章\实战395.mp4

实战396　应用凸壳效果
▶ 视频位置：光盘\视频\第11章\实战396.mp4

实战397　应用上升效果
▶ 视频位置：光盘\视频\第11章\实战397.mp4

实战398　应用旗形效果
▶ 视频位置：光盘\视频\第11章\实战398.mp4

实战399　应用波形效果
▶ 视频位置：光盘\视频\第11章\实战399.mp4

实战400　应用鱼眼效果
▶ 视频位置：光盘\视频\第11章\实战400.mp4

实战401　应用膨胀效果
▶ 视频位置：光盘\视频\第11章\实战401.mp4

实战402　应用挤压效果
▶ 视频位置：光盘\视频\第11章\实战402.mp4

实战403　应用扭转效果
▶ 视频位置：光盘\视频\第11章\实战403.mp4

实战404　应用粗糙化效果
▶ 视频位置：光盘\视频\第11章\实战404.mp4

实战405　应用波纹效果
▶ 视频位置：光盘\视频\第11章\实战405.mp4

实战406　应用收缩和膨胀效果
▶ 视频位置：光盘\视频\第11章\实战406.mp4

实战407　应用变换效果
▶ 视频位置：光盘\视频\第11章\实战407.mp4

实战408　应用扭拧效果
▶ 视频位置：光盘\视频\第11章\实战408.mp4

实战409　应用扭转效果
▶ 视频位置：光盘\视频\第11章\实战409.mp4

实战410　应用自由扭曲效果
▶ 视频位置：光盘\视频\第11章\实战410.mp4

实战411　应用位移路径效果
▶ 视频位置：光盘\视频\第11章\实战411.mp4

实战413　应用外发光效果
▶ 视频位置：光盘\视频\第11章\实战413.mp4

实战414　应用投影效果
▶ 视频位置：光盘\视频\第11章\实战414.mp4

实战415　应用涂抹效果
▶ 视频位置：光盘\视频\第11章\实战415.mp4

实战416　应用内发光效果
▶ 视频位置：光盘\视频\第11章\实战416.mp4

实战417　应用圆角效果
▶ 视频位置：光盘\视频\第11章\实战417.mp4

实战418　应用羽化效果
▶ 视频位置：光盘\视频\第11章\实战418.mp4

实战419　应用照亮边缘效果
▶ 视频位置：光盘\视频\第11章\实战419.mp4

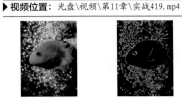

实战420　应用彩色半调效果
▶ 视频位置：光盘\视频\第11章\实战420.mp4

实战421　应用晶格化效果
▶ 视频位置：光盘\视频\第11章\实战421.mp4

实战422　应用铜版雕刻效果
▶ 视频位置：光盘\视频\第11章\实战422.mp4

实战423　应用点状化效果
▶ 视频位置：光盘\视频\第11章\实战423.mp4

实战424　应用扩散亮光效果
▶ 视频位置：光盘\视频\第11章\实战424.mp4

实战425　应用海洋波纹效果
▶ 视频位置：光盘\视频\第11章\实战425.mp4

实战426　应用玻璃效果
▶ 视频位置：光盘\视频\第11章\实战426.mp4

实战427　应用径向模糊效果
▶ 视频位置：光盘\视频\第11章\实战427.mp4

实战428　应用特殊模糊效果
▶ 视频位置：光盘\视频\第11章\实战428.mp4

实战429　应用高斯模糊效果
▶ 视频位置：光盘\视频\第11章\实战429.mp4

实战430　应用喷溅效果
▶ 视频位置：光盘\视频\第11章\实战430.mp4

实战431　应用喷色描边效果
▶ 视频位置：光盘\视频\第11章\实战431.mp4

实战432　应用墨水轮廓效果
▶ 视频位置：光盘\视频\第11章\实战432.mp4

实战433　应用强化的边缘效果
▶ 视频位置：光盘\视频\第11章\实战433.mp4

实战434　应用成角的线条效果
▶ 视频位置：光盘\视频\第11章\实战434.mp4

实战435　应用深色线条效果
▶ 视频位置：光盘\视频\第11章\实战435.mp4

实战436　应用烟灰墨效果
▶ 视频位置：光盘\视频\第11章\实战436.mp4

实战437　应用阴影线效果
▶ 视频位置：光盘\视频\第11章\实战437.mp4

实战展示

实战438　应用粉笔和炭笔效果

▶ 视频位置：光盘\视频\第11章\实战438.mp4

实战439　应用影印效果

▶ 视频位置：光盘\视频\第11章\实战439.mp4

实战440　应用基底凸现效果

▶ 视频位置：光盘\视频\第11章\实战440.mp4

实战441　应用便条纸效果

▶ 视频位置：光盘\视频\第11章\实战441.mp4

实战442　应用半调图案效果

▶ 视频位置：光盘\视频\第11章\实战442.mp4

实战443　应用图章效果

▶ 视频位置：光盘\视频\第11章\实战443.mp4

实战444　应用撕边效果

▶ 视频位置：光盘\视频\第11章\实战444.mp4

实战445　应用水彩画纸效果

▶ 视频位置：光盘\视频\第11章\实战445.mp4

实战446　应用炭笔效果

▶ 视频位置：光盘\视频\第11章\实战446.mp4

实战447　应用炭精笔效果

▶ 视频位置：光盘\视频\第11章\实战447.mp4

实战448　应用绘图笔效果

▶ 视频位置：光盘\视频\第11章\实战448.mp4

实战449　应用网状效果

▶ 视频位置：光盘\视频\第11章\实战449.mp4

实战450　应用铬黄效果

▶ 视频位置：光盘\视频\第11章\实战450.mp4

实战451　应用颗粒效果

▶ 视频位置：光盘\视频\第11章\实战451.mp4

实战452　应用马赛克拼贴效果

▶ 视频位置：光盘\视频\第11章\实战452.mp4

实战453　应用染色玻璃效果

▶ 视频位置：光盘\视频\第11章\实战453.mp4

实战454　应用拼缀图效果

▶ 视频位置：光盘\视频\第11章\实战454.mp4

实战456　应用龟裂缝效果

▶ 视频位置：光盘\视频\第11章\实战456.mp4

实战457　应用塑料包装效果

▶ 视频位置：光盘\视频\第11章\实战457.mp4

实战458　应用壁画效果

▶ 视频位置：光盘\视频\第11章\实战458.mp4

实战459　应用干画笔效果

▶ 视频位置：光盘\视频\第11章\实战459.mp4

实战460 应用底纹效果
▶ 视频位置：光盘\视频\第11章\实战460.mp4

实战461 应用彩色铅笔效果
▶ 视频位置：光盘\视频\第11章\实战461.mp4

实战462 应用木刻效果
▶ 视频位置：光盘\视频\第11章\实战462.mp4

实战463 应用水彩效果
▶ 视频位置：光盘\视频\第11章\实战463.mp4

实战464 应用海报边缘效果
▶ 视频位置：光盘\视频\第11章\实战464.mp4

实战465 应用海绵效果
▶ 视频位置：光盘\视频\第11章\实战465.mp4

实战466 应用涂抹棒效果
▶ 视频位置：光盘\视频\第11章\实战466.mp4

实战467 应用粗糙蜡笔效果
▶ 视频位置：光盘\视频\第11章\实战467.mp4

实战468 应用绘画涂抹效果
▶ 视频位置：光盘\视频\第11章\实战468.mp4

实战469 应用胶片颗粒效果
▶ 视频位置：光盘\视频\第11章\实战469.mp4

实战470 应用调色刀效果
▶ 视频位置：盘\视频\第11章\实战470.mp4

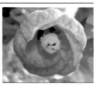

实战474 应用转换为形状效果
▶ 视频位置：光盘\视频\第11章\实战474.mp4

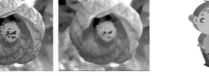

实战472 应用栅格化效果
▶ 视频位置：光盘\视频\第11章\实战472.mp4

实战473 应用裁剪标记效果
▶ 视频位置：光盘\视频\第11章\实战473.mp4

实战471 应用霓虹灯光效果
▶ 视频位置：光盘\视频\第11章\实战471.mp4

实战475 应用视频效果
▶ 视频位置：光盘\视频\第11章\实战475.mp4

实战479 隐藏和删除外观属性
▶ 视频位置：光盘\视频\第12章\实战479.mp4

实战480 更改图形外观属性
▶ 视频位置：光盘\视频\第12章\实战480.mp4

实战481 调整外观属性的顺序
▶ 视频位置：光盘\视频\第12章\实战481.mp4

实战482 应用外观属性于新图形中
▶ 视频位置：光盘\视频\第12章\实战482.mp4

实战486 为文字添加图形样式
▶ 视频位置：光盘\视频\第12章\实战486.mp4

实战展示

实战488 应用3D效果
▶ 视频位置：光盘\视频\第12章\实战488.mp4

实战489 应用按钮和翻转效果
▶ 视频位置：光盘\视频\第12章\实战489.mp4

实战490 应用涂抹效果
▶ 视频位置：光盘\视频\第12章\实战490.mp4

实战491 应用纹理效果
▶ 视频位置：光盘\视频\第12章\实战491.mp4

实战492 应用艺术效果
▶ 视频位置：光盘\视频\第12章\实战492.mp4

实战493 应用霓虹效果
▶ 视频位置：光盘\视频\第12章\实战493.mp4

实战495 应用图像效果样式
▶ 视频位置：光盘\视频\第12章\实战495.mp4

实战496 应用文字效果样式
▶ 视频位置：光盘\视频\第12章\实战496.mp4

实战498 应用斑点画笔的附属品效果
▶ 视频位置：光盘\视频\第12章\实战498.mp4

实战502 创建区域文字
▶ 视频位置：光盘\视频\第13章\实战502.mp4

实战505 创建直排路径文字
▶ 视频位置：光盘\视频\第13章\实战505.mp4

实战546 设置图表元素
▶ 视频位置：光盘\视频\第14章\实战546.mp4

实战550 播放动作
▶ 视频位置：光盘\视频\第15章\实战550.mp4

17.1 标志设计——凤舞影视
▶ 视频位置：光盘\视频\第17章\实战573.mp4~575.mp4

17.2 大门设计——卓航图书
▶ 视频位置：光盘\视频\第17章\实战576.mp4~579.mp4

18.1 名片设计——横排名片
▶ 视频位置：光盘\视频\第18章\实战580.mp4~582.mp4

18.2 VIP卡设计——淑女阁会员卡
▶ 视频位置：光盘\视频\第18章\实战583.mp4~586.mp4

19.1 地产广告——和园
▶ 视频位置：光盘\视频\第19章\实战587.mp4~589.mp4

19.2 车类广告——电动车
▶ 视频位置：光盘\视频\第19章\实战590.mp4~593.mp4

20.1 手提袋包装——第2大街
▶ 视频位置：光盘\视频\第20章\实战594.mp4~596.mp4

20.2 书籍装帧——成长传记
▶ 视频位置：光盘\视频\第20章\实战597.mp4~600.mp4

中文版

Illustrator CC

实战视频教程

华天印象　编著

人民邮电出版社

北京

图书在版编目（ＣＩＰ）数据

中文版Illustrator CC实战视频教程 / 华天印象
编著. -- 北京 : 人民邮电出版社，2017.2
ISBN 978-7-115-43056-4

Ⅰ．①中… Ⅱ．①华… Ⅲ．①图形软件－教材 Ⅳ.
①TP391.412

中国版本图书馆CIP数据核字(2016)第314008号

内 容 提 要

本书通过 600 个实例介绍了 Illustrator CC 的应用方法，具体内容包括全新体验 Illustrator CC、Illustrator CC 基本操作、使用基本绘图工具、掌握高级绘图方法、填充与描边图形对象、掌握高级上色工具、改变图形对象形状、编辑图层与蒙版、应用画笔与图案、运用符号简化操作、应用精彩纷呈的效果、应用外观与图形样式、创建与编辑文本对象、创建和编辑图表对象、使用动作实现自动化、优化与输出打印文件，以及实战案例企业 VI、卡片设计、海报广告和商品包装等内容。读者学习后可以融会贯通、举一反三，制作出更多精彩、完美的效果。

随书光盘提供了全部 600 个案例的素材文件和效果文件，以及所有实战的操作演示视频，方便读者边学习、边练习。

本书结构清晰、内容翔实，适合 Illustrator 软件的初、中级读者学习使用，包括图形处理人员、平面广告设计爱好者、电脑插画与绘画设计人员等。同时，也可以作为各类计算机培训中心、中职中专、高职高专等院校及相关专业的辅导教材。

◆ 编　　著　华天印象
　　责任编辑　张丹阳
　　责任印制　陈　犇

◆ 人民邮电出版社出版发行　　北京市丰台区成寿寺路 11 号
　　邮编　100164　　电子邮件　315@ptpress.com.cn
　　网址　http://www.ptpress.com.cn
　　三河市海波印务有限公司印刷

◆ 开本：787×1092　1/16
　　印张：47.25　　　　　　　　彩插：8
　　字数：1568 千字　　　　　　2017 年 2 月第 1 版
　　印数：1－2 800 册　　　　　2017 年 2 月河北第 1 次印刷

定价：89.00 元（附光盘）

读者服务热线：(010)81055410　印装质量热线：(010)81055316
反盗版热线：(010)81055315

前言

软件简介

　　Illustrator CC是Adobe公司推出的一款功能强大的矢量图形绘制软件，它集图形制作、文字编辑和高品质输出等特点于一体，现已广泛应用于企业标识、卡片设计、版式设计、插画设计、广告设计和包装设计等领域，是目前世界上专业的矢量绘图软件之一，深受广大平面设计工作者的青睐。

本书特色

　　特色1　全实战！铺就新手成为高手之路：本书为读者奉献一本全操作性的实战大餐，共计600个案例！采用"庖丁解牛"的写作思路，步步深入、讲解，直达软件核心、精髓，帮助新手在大量的案例演练中逐步掌握软件的各项技能、核心技术和商业应用，成为超级熟练的软件应用达人、作品设计高手！

　　特色2　全视频！全程重现所有实例的过程：书中600个技能实例，全部录制了带有语音讲解的高清教学视频，共计600段，时间长达630多分钟，全程重现书中所有技能实例的操作，读者可以结合本书进行学习，也可以独立在计算机、手机或平板电脑中观看高清语音视频演示，轻松、高效学习！

　　特色3　随时学！开创手机/平板电脑学习模式：随书光盘提供高清视频（MP4格式）可供读者拷入手机、平板电脑中观看，随时随地轻松愉快地进行学习。

本书内容

　　本书共分为5篇：新手入门篇、进阶提高篇、核心攻略篇、高手终极篇、案例实战篇，帮助读者循序渐进，快速学习，具体章节内容如下。

　　新手入门篇：第1章和第2章，专业讲解了Illustrator CC的新增功能、安装与卸载Illustrator CC的方法以及Illustrator CC的基本操作等内容。

　　进阶提高篇：第3章~第6章，专业讲解了使用基本绘图工具、掌握高级绘图方法、填充与描边图形对象、掌握高级上色工具等内容。

　　核心攻略篇：第7章~第12章，专业讲解了改变图形对象形状、编辑图层与蒙版、应用画笔与图案、运用符号简化操作、应用精彩纷呈的效果、应用外观与图形样式等内容。

　　高手终极篇：第13章~第16章，专业讲解了创建与编辑文本对象、创建和编辑图表对象、使用动作实现自动化、优化与输出打印文等内容。

　　案例实战篇：第17章~第20章，专业讲解了企业VI、卡片设计、海报广告、商品包装等实战演练内容。

作者信息

　　本书由华天印象编著，由于信息量大、时间仓促，书中难免存在疏漏与不妥之处，欢迎广大读者来信咨询和指正，联系邮箱：itsir@qq.com。

编　者

目录

新手
入门篇

进阶
提高篇

第4章
掌握高级绘图方法

核心
攻略篇

第8章
编辑图层与蒙版

第9章
应用画笔与图案

第10章
运用符号简化操作

第11章
应用精彩纷呈的效果

**高手
终极篇**

第13章
创建与编辑文本对象

第14章
创建和编辑图表对象

案例
实战篇

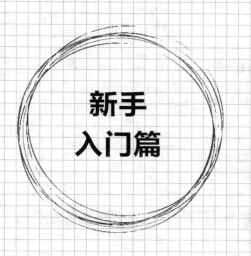

新手
入门篇

第 **1** 章

全新体验Illustrator CC

本章导读

Illustrator是Adobe公司开发的功能强大的工业标准矢量绘图软件，广泛应用于平面广告设计和网页图形设计领域，功能非常强大，无论对新手还是对专业人士来说，它都能提供所需的工具，从而获得专业的质量效果。

Illustrator可以让用户以又快又精确的方式，制作出彩色或黑白图形，也可以设计出任意形状的特殊文字，还可以图文混排，甚至可以制作出极具视觉效果的图表。Illustrator已被广泛应用于平面广告设计、插画设计、包装设计、艺术图形创造等诸多领域，随着进一步的发展与推广，Adobe Illustrator CC将会再一次掀起图形设计的大风暴。

要点索引

- 了解Illustrator CC新增功能
- 安装与卸载Illustrator CC
- Ilustrator CC的启动
- Illustrator CC的退出
- IIllustrator CC工作界面
- 设置Illustrator CC工作区
- 查看Illustrator CC图稿
- 管理Illustrator CC画板
- 优化Illustrator CC软件

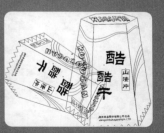

1.1 了解Illustrator CC新增功能

Illustrator CC新增了大量实用性较强的功能，可以让用户体验更加流畅的创作流程，捕捉灵感快速设计作品。现在通过同步色彩、同步设置、存储至云端，能使多台电脑之间的色彩主题、工作区域和设置保持同步。

除此之外，在Illustrator CC中还可以将作品直接发布到Behance，并立即从世界各地的创意人士那里获得意见和回应。

实战 001 使用"新增功能"对话框

▶ 实例位置：无
▶ 素材位置：无
▶ 视频位置：光盘\视频\第1章\实战001.mp4

● 实例介绍 ●

启动Illustrator CC时会显示"新增功能"对话框，它列出了Illustrator CC的部分新功能，以及每项功能的说明和相关视频。

● 操作步骤 ●

STEP 01 启动Illustrator CC，弹出"新增功能"对话框，如图1-1所示。

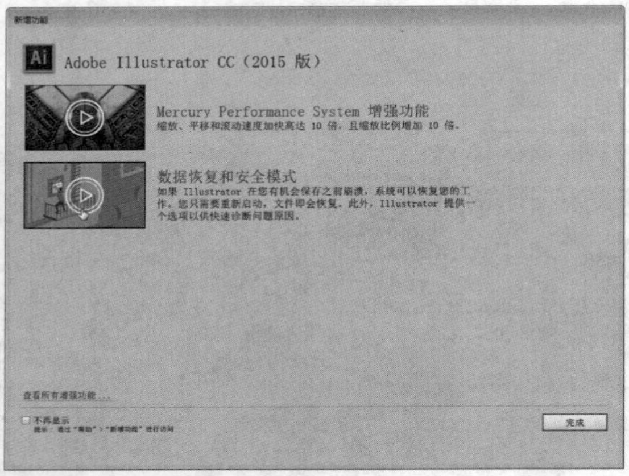

STEP 02 单击视频缩览图，可以播放相关的视频短片，如图1-2所示。

图1-1 "新增功能"对话框

图1-2 播放相关的视频短片

实战 002 新增的修饰文字工具

▶ 实例位置：光盘\效果\第1章\实战002.ai
▶ 素材位置：光盘\素材\第1章\实战002.ai
▶ 视频位置：光盘\视频\第1章\实战002.mp4

● 实例介绍 ●

新增的修饰文字工具可以编辑文本中的每一个字符，进行移动、旋转和缩放操作。

● 操作步骤 ●

STEP 01 单击"文件"|"打开"命令，打开一幅素材图像，如图1-3所示。

图1-3 打开素材图像

STEP 02 选取工具面板中的修饰文字工具 ，如图1-4所示，使用修饰文字工具。

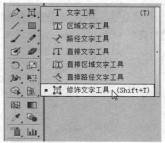

图1-4 选取修饰文字工具

STEP 03 单击一个文字，如"周"，如图1-5所示。

STEP 04 执行操作后，所选文字上会出现定界框，如图1-6所示。

图1-5 单击一个文字

图1-6 出现定界框

知识拓展

社会生活中，随处可见的报纸、杂志、海报、招贴等媒介都广泛应用到了平面设计技术，而要制作这些精美的图形画面，仅仅掌握Illustrator软件的操作还不够，软件只是做出你想要的效果，更多的是要掌握与图形相关的平面设计知识，如色彩、创意等方面的知识。

STEP 05 拖曳控制点可以对文字进行缩放，如图1-7所示。

STEP 06 使用修饰文字工具拖曳控制点还可以进行旋转操作，从而形成美观而突出的效果，并运用选择工具调整文字至合适位置，如图1-8所示。

图1-7 缩放文字

图1-8 旋转文字

实战 003　增强的自由变换工具

▶ 实例位置：无
▶ 素材位置：光盘\素材\第1章\实战003.ai
▶ 视频位置：光盘\视频\第1章\实战003.mp4

● 实例介绍 ●

使用自由变换工具时，会显示一个窗格，其中包含了可以在所选对象上执行的操作，如透视扭曲和自由扭曲等。

● 操作步骤 ●

STEP 01 单击"文件"|"打开"命令,单击一幅素材图像,如图1-9所示。

STEP 02 运用选择工具选择相应对象,如图1-10所示。

图1-9 打开素材图像

图1-10 选择相应对象

STEP 03 选取工具面板中的自由变换工具 ,如图1-11所示。

STEP 04 执行操作后,即可看到新增的自由变换窗格,如图1-12所示。

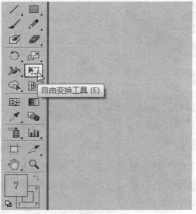

图1-11 选取自由变换工具

图1-12 弹出自由变换窗格

知识拓展

修饰文字工具和自由变换工具都支持触控设备(触控笔或触摸驱动设备)。此外,电脑操作系统支持的操作现在也可以在触摸设备上得到支持。例如,在多点触控设备上,可以通过合并/分开手势来进行放大/缩小;将两个手指放在文档上,同时移动两个手指可以平移文档;轻扫或轻击可以在画板中导航;在画板编辑模式下,使用两个手指可以将画板旋转90°。

实战 004 自动边角生成

▶ 实例位置:无
▶ 素材位置:无
▶ 视频位置:光盘\视频\第1章\实战004.mp4

● 实例介绍 ●

在Illustrator CC的图案画笔中,各种拼贴组成了总体图案。图案的边线、内角、外角、起点和终点需要不同的拼贴。Illustrator CC改进了在图案画笔中创建边角拼贴的体验。

在图案画笔中创建边角拼贴,需要首先定义要用作边线拼贴的图像。在将边线拼贴拖入"画笔"面板以创建图案画笔时,Illustrator将使用该拼贴来生成其余4个拼贴。这4个自动生成的选项完全适合边角。

在"图案画笔选项"对话框中,用户可以使用示例路径预览画笔。用户可以修改拼贴(自动/原创艺术/图案色板),并针对画笔描边外观预览效果。该对话框还提供了用于将原创艺术拼贴或自动生成的边角拼贴存储为图案色板的选项。

Illustrator CC自动边角的4种类型如下。

➤ 自动居中：边线拼贴以边角为中心在周围伸展。

➤ 自动居间：边线拼贴的副本从各个方向扩展至边角内，每个副本位于一侧。折叠消除用于将它们伸展至形状内。

➤ 自动切片：边线拼贴沿对角线切割，各个切片拼接在一起，类似于木制相框的斜面连接。

➤ 自动重叠：拼贴的副本在边角处重叠。

　创建图案画笔的任务非常简单而且自动完成，不再需要繁琐的调整来使画笔的各个细节满足需要（例如，边角拼贴）。生成最佳边角拼贴的过程现在完全自动执行，尤其是在使用锐角或形状时。通过允许Illustrator为用户完成这些工作，现在可以迅速完成先前耗费时间并且需要反复试验纠错的流程，并且能让自动生成的边角与其他描边匹配。

● 操作步骤 ●

STEP 01 新建一幅空白文档，选取工具面板中的画笔工具 🖌️，如图1-13所示。

STEP 02 单击"窗口"|"画笔"命令，如图1-14所示。

图1-13 工具面板中的画笔工具

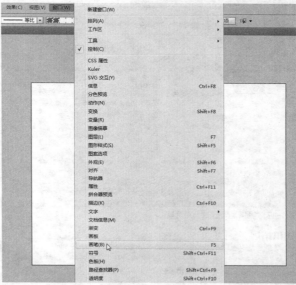

图1-14 选择相应对象

STEP 03 执行操作后，弹出"画笔"面板，单击底部的"新建画笔"按钮🗊，如图1-15所示。

STEP 04 弹出"新建画笔"对话框，选中"图案画笔"单选按钮，如图1-16所示，单击"确定"按钮。

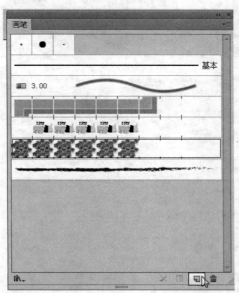

图1-15 "画笔"面板

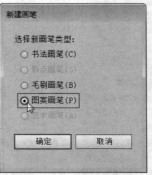

图1-16 打开"新建画笔"窗口

知识拓展

在"图案画笔选项"对话框中，"适合"选项用来设置图案适合路径的方式。

➤ 伸展以适合：可以自动拉长或缩短图案以适合路径的长度，该选项会产生不均匀的拼贴。

➤ 添加间距以适合：可以增加图案的间距，使其适合路径的长度，以保持图案不变形。

➤ 近似路径：可以在不改变拼贴的情况下使拼贴适合于最近似的路径，该选项所应用的图案会向路径内侧或外侧移动，以保持均匀的拼贴，而不是将中心落在路径上。

STEP 05 弹出"图案画笔选项"对话框，如图1-17所示。

STEP 06 对话框中有5个拼贴选项按钮，分别为边线拼贴、外角拼贴、内角拼贴、起点拼贴和终点拼贴，通过这些按钮可以将图案应用于路径的不同部分，如图1-18所示。

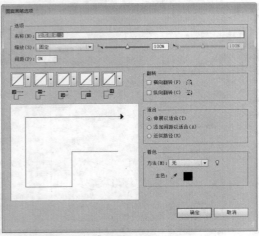

图1-17 "图案画笔选项"对话框

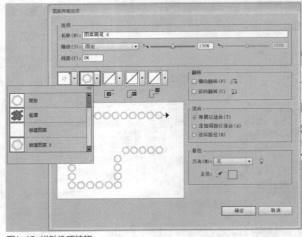

图1-18 拼贴选项按钮

知识拓展

云时代的illustrator CC和之前的版本相比，还具有以下新增功能。

1. Creative Cloud的云同步设置

将Illustrator CC和工作区设置同步到Creative Cloud（包括Illustrator 首选项、预设、画笔和库），以便这些设置可以跟随用户到任何地方。例如，在用户达到不同的位置，或使用其他计算机时，只需要将设置同步到新位置/计算机，即可享受始终在相同工作环境中工作的无缝体验，如图1-19所示。

图1-19 Creative Cloud云同步

简单说就是通过Adobe账号付费来获得软件使用权，同时会附赠一个网络存储空间（以前软件序列号是永久授权，现在改成了非永久的）。

2. 在Behance上共享

Behance是展示创意作品的一个在线平台。用户可以在Behance上更新自己的作品，并在大范围内高效地传播作品。用户可以选择从少数人、或者从任何具有Behance账户的人中，征求他们对用户的图稿的反馈和意见。

通过使用Illustrator CC，用户可以将作品直接发布到Behance（单击"文件"｜"在Behance上共享"命令即可）。在输入有关用户作品的一些详细信息之后，该作品即作为"进行中的作品"发布在Behance上。

3. 画笔图像

Illustrator CC中的"画笔"定义可以包含或容纳图像（非矢量图稿）。用户现在可以使用图像定义"散点""艺术"和"图案"画笔。在Illustrator文件中嵌入的任何图像均可用作"画笔"的定义。用户可以调整它们的形状或进行修改。快速轻松地创建衔接完美、浑然天成的设计。

Illustrator CC支持图像的画笔类型有"散点""艺术"和"图案"。将图像拖入"画笔"面板（F5），然后选择"散点""艺术"或"图案"类型以创建"画笔"。

画笔中的图像采用描边的形状，即可通过描边的形状和类型对图像进行弯曲、缩放和拉伸。另外，此类画笔的行为方式与其他画笔相同，并且也可使用"画笔选项"对话框进行修改。

4. 多文件置入

通过Illustrator CC中新增的多文件置入功能可以同时导入多个文件，定义要将并行文件置入的精确位置，同时完全控制文件的置入位置范围。在置入文件时，查看要导入到Illustrator版面中的最新资源的预览缩略图。

　　"置入"命令是将外部文件导入Illustrator文档的主要方法。"置入"功能为文件格式、置入选项和颜色提供最高级别的支持。置入文件后，可以使用"链接"面板来识别、选择、监控和更新文件。用户可以在一个动作中置入一个或多个文件。使用此功能选择多个图像，然后在Illustrator文档中逐一置入这些图像。

　　5. Kuler面板

　　通过Adobe Kuler iPhone应用程序，可以在任何位置捕获主题，或在Kuler网站上创建主题。当主题可以在与Creative Cloud关联的Kuler账户中使用时，即可通过Illustrator中的新Kuler面板同步用户的主题。从而可以立即在Illustrator中使用主题，或将它们添加到"色板"面板进行进一步的修改和处理。

　　6. 导出CSS的SVG图形样式

　　利用对工作流程的两次功能增强，Illustrator CC可以将用户的图稿存储为SVG文件。现在可以将所有CSS样式与其关联的名称一同导出，以便于识别和重复使用。此外，用户现在可以选择导出图稿文件中可用的所有CSS样式，而不仅限于图稿中使用的样式。

　　7. 增强功能：白色叠印

　　白色叠印可以避免当Illustrator图稿中包含意外应用了叠印的白色对象时产生的问题，可以避免在生产过程中发现问题，而不得不重新印刷而导致的时间延误。现在只需在"文档设置"或"打印"对话框中打开设置，在使用打印和输出时无需检查和更正图稿中的白色对象叠印。

　　8. 拾色器

　　现在，"拾色器"对话框（双击工具栏中的"填充"图案）在"颜色色板"对话框中有一个搜索构件。当用户单击"颜色色板"时，将在预定义的颜色色板列表下方显示一个搜索栏。在搜索栏文本框中键入颜色名称或CMYK颜色值。如果键入"蓝色"，则会显示名称中有"蓝色"字样的所有颜色色板。键入"Y=10"则会显示在CMYK模式中黄色值为10的所有颜色色板。默认情况下，该搜索构件为启用状态。

　　9. 色板

　　"色板"面板中的搜索选项（"色板"面板>弹出菜单>"显示查找栏"）得到了增强，用户可以输入颜色名称，或者只需输入CMYK颜色值即可进行搜索（前提是该颜色值存在）。

　　与先前的版本一样，该查找栏不会强制执行颜色的自动完成功能。用户键入的字符不会自动被找到的最接近的颜色所替换。注意："查找"栏在默认情况下不启用，而是必须从弹出菜单中第一次启用。

　　10. 增强功能："分色预览"面板

　　"分色预览"面板显示印刷色和专色。色板中可用的所有专色都显示在列表中。在Illustrator CC中添加了一个选项，用于显示图稿中使用的专色。在选择"分色预览"面板中新增的"仅显示使用的专色"时，图稿中未使用的所有专色都会被移出列表。

　　11. 增强功能：参考线

　　在Illustrator CC中，对参考线的功能进行了增强。

　　（1）在标尺上双击可在标尺的特定位置创建一个参考线。

　　（2）如果按住【Shift】键并双击标尺上的特定位置，则在该处创建的参考线会自动与标尺上最接近的刻度（刻度线）对齐。

　　（3）在一个动作中创建水平和垂直参考线。创建方式如下。

　　➢ 在Illustrator窗口的左上角，左键单击标尺的交叉点，按【Ctrl】键，并将鼠标指针拖曳到Illustrator窗口中的任何位置。

　　➢ 鼠标指针变成十字线，表示可在此处创建水平和垂直参考线。

　　➢ 释放鼠标指针即可创建参考线。

　　12. 打包文件

　　将所有使用过的文件（包括链接图形和字体）收集到单个文件夹中，以实现快速传递。选取"文件"｜"打包"以将所有资源收集到单个位置。

　　13. 取消嵌入图像

　　将嵌入的图像替换为指向其提取的PSD或TIFF文件的链接。选择一个嵌入的图像并从"链接"面板菜单中选取"取消嵌入"，或在控制面板中单击"取消嵌入"。

　　14. "链接"面板改进

　　在Illustrator CC中，用户可直接在"链接"面板中查看和跟踪置入图稿的其他信息。

1.2 　安装与卸载Illustrator CC

　　安装与卸载Illustrator CC前，用户应先关闭正在运行的所有应用程序，包括其他Adobe应用程序、Microsoft Office和浏览器窗口。

实战 005 安装Illustrator CC

▶ 实例位置：无
▶ 素材位置：无
▶ 视频位置：光盘\视频\第1章\实战005.mp4

● 实例介绍 ●

　　Illustrator CC是一款大型的矢量图形制作软件，同时也是一个大型的工具软件包，对于不经常使用软件的用户建议认真阅读本实战中的安装介绍，以便详细了解软件的安装步骤。

知识拓展

　　在Windows系统中，Illustrator CC的安装要求如下。
➤ Intel Pentium 4或AMD Athlon 64处理器。
➤ Microsoft Windows 7含Service Pack 1、Windows 8或Windows 8.1。
➤ 32位需要1GB的内存（建议使用 3GB）；64位需要2GB的内存（建议使用8GB）。
➤ 2GB的可用硬盘空间以进行安装，安装期间需要额外可用空间（无法安装在可抽换快闪储存装置上）。
➤ 1024×768显示器（建议使用1280×800）。若要以HiDPI模式检视Illustrator，用户的屏幕必须支持1920×1080以上的分辨率。若要在Illustrator中使用新的触控工作区，用户必须使用执行Windows 8.1且有触控屏幕的平板计算机/屏幕。
➤ 用户必须具备宽带网络连接并完成注册，才能激活软件、验证并获得在线服务。

● 操作步骤 ●

STEP 01 进入Illustrator CC安装文件夹，选择Illustrator CC安装程序，如图1-20所示。

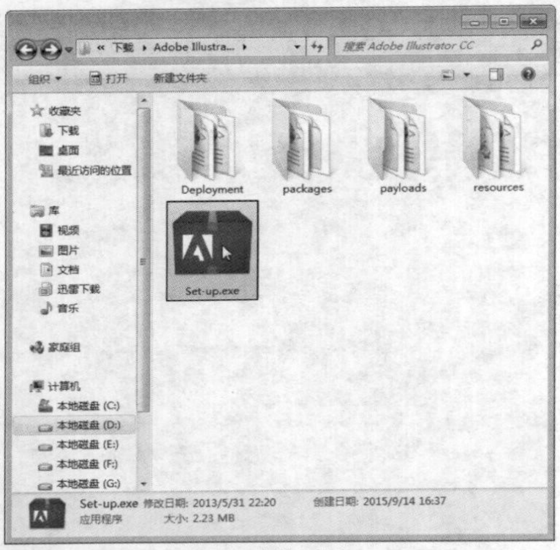

STEP 02 在安装程序上单击鼠标右键，在弹出的快捷菜单中选择"打开"选项，如图1-21所示。

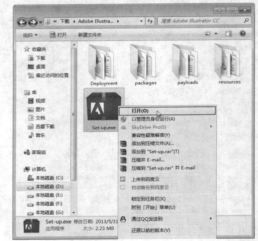

图1-20 进入Illustrator CC安装文件夹

图1-21 选择"打开"选项

STEP 03 执行操作后，弹出对话框，系统提示正在初始化安装程序，并显示初始化安装进度，如图1-22所示。

STEP 04 待程序初始化完成后，进入"欢迎"界面，在下方单击"试用"按钮，如图1-23所示。

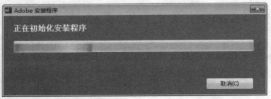

图1-22 显示初始化安装进度

图1-23 单击"试用"按钮

STEP 05 执行操作后，进入"需要登录"界面，单击"登录"按钮，如图1-24所示。

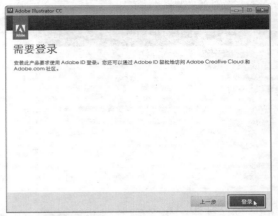

图1-24 单击"登录"按钮

STEP 07 稍后进入"Adobe软件许可协议"界面，在其中请用户仔细阅读许可协议条款的内容，然后单击"接受"按钮，如图1-26所示。

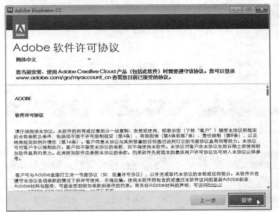

图1-26 单击"接受"按钮

STEP 09 执行操作后，弹出"浏览文件夹"对话框，在其中选择Illustrator CC软件需要安装的位置，设置完成后，单击"确定"按钮，如图1-28所示。

图1-28 单击"确定"按钮

STEP 06 此时，界面中提示无法连接到Internet，单击界面下方的"以后登录"按钮，如图1-25所示。

图1-25 单击"以后登录"按钮

STEP 08 进入"选项"界面，在上方面板中选中需要安装的软件复选框，在界面下方，单击"位置"右侧的按钮，如图1-27所示。

图1-27 单击"位置"右侧的按钮

STEP 10 返回"选项"界面，在"位置"下方显示了刚设置的软件安装位置，如图1-29所示。

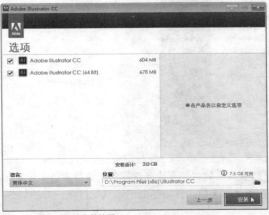

图1-29 显示了软件安装位置

STEP 11 单击"安装"按钮,开始安装Flash CC软件,并显示安装进度,如图1-30所示。

STEP 12 稍等片刻,待软件安装完成后,进入"安装完成"界面,单击"关闭"按钮,如图1-31所示,即可完成Illustrator CC软件的安装操作。

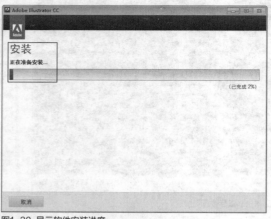

图1-30 显示软件安装进度

图1-31 单击"关闭"按钮

技巧点拨

在安装Illustrator CC软件的过程中,不建议用户将软件安装在C盘,这样会影响电脑的运行速度,用户可以选择其他磁盘安装Illustrator CC软件。

实战 006 卸载Illustrator CC

▶ **实例位置:** 无
▶ **素材位置:** 无
▶ **视频位置:** 光盘\视频\第1章\实战006.mp4

● **实例介绍** ●

当用户不需要再使用Illustrator CC软件时,可以将Illustrator CC进行卸载操作,以提高电脑的运行速度。

● **操作步骤** ●

STEP 01 打开Windows菜单,单击"控制面板"命令,如图1-32所示。

STEP 02 打开"控制面板"窗口,单击"程序和功能"图标,如图1-33所示。

图1-32 单击"控制面板"命令

图1-33 单击"程序和功能"图标

STEP 03 在弹出的"卸载或更改程序"窗口中选择Adobe Illustrator CC选项,然后单击"卸载"按钮,如图1-34所示。

STEP 04 在弹出的"卸载选项"窗口中选中需要卸载的软件,然后单击右下角的"卸载"按钮,如图1-35所示。

图1-34 单击"卸载"按钮

图1-35 单击"卸载"选项

STEP 05 执行操作后，系统开始卸载，进入"卸载"窗口，显示软件卸载进度，如图1-36所示。

STEP 06 稍等片刻，弹出相应窗口，单击右下角的"关闭"按钮，如图1-37所示，即可完成软件卸载。

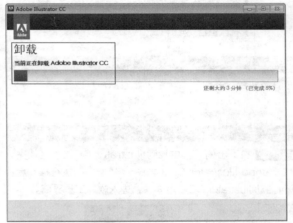

图1-36 显示卸载进度

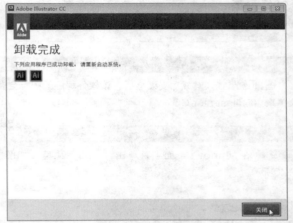

图1-37 单击"关闭"按钮

1.3 Illustrator CC的启动

当用户将Illustrator CC安装至计算机之后，接下来详细介绍启动Illustrator CC的操作方法，主要包括从桌面图标启动、从"开始"菜单启动和通过"AI"格式的Illustrator CC源文件3种启动方式。

知识拓展

平面设计实际就是平面视觉传达设计。它是设计者借助一定的工具、材料，将所要传达的设计形象，遵循主从、对比、协调、统一、对称、均衡、韵律、节奏等美学规律，运用集聚、删减、分割变化，或扩大、缩小、变形等手段，在二维平面媒介上塑造出来，而且要根据创意和设计营造出立体感、运动感、韵律感、透明感等各种视觉冲击效果。

平面设计是体现美的一门综合学科，是视觉文化的重要组成部分。Illustrator CC主要把绘图、构图和色彩等形式融合在一起，然后把信息的主题用艺术化的手法准确地传达给读者，这种手法赋予了美感和内涵，更容易让读者接受，从而达到平面设计本身的目的。

实战 007 从桌面图标启动程序

▶ 实例位置：无
▶ 素材位置：无
▶ 视频位置：光盘\视频\第1章\实战007.mp4

● 实例介绍 ●

在使用Illustrator CC绘图之前，首先需要启动软件程序，以便进行下一步的操作。下面介绍启动Illustrator CC软件的操作方法。

● 操作步骤 ●

STEP 01 移动鼠标指针至桌面上的Illustrator CC快捷图标 Ai 上，双击鼠标左键，如图1-38所示。

STEP 02 执行操作后，将弹出Illustrator启动界面，显示程序启动信息，如图1-39所示。

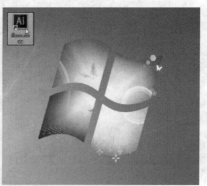

图1-38 双击桌面图标

图1-39 进入启动界面

实战 008 从"开始"菜单启动程序

▶ 实例位置：无
▶ 素材位置：无
▶ 视频位置：光盘\视频\第1章\实战008.mp4

● 实例介绍 ●

当Illustrator CC成功安装之后，该软件程序的图标会存在于计算机的"开始"菜单中，此时用户可以通过"开始"菜单来启动Illustrator CC。

● 操作步骤 ●

STEP 01 在Windows桌面上，单击"开始"菜单，如图1-40所示。

STEP 02 在弹出的菜单中找到Illustrator CC软件文件夹，单击Adobe Illustrator CC，如图1-41所示。执行操作后，即可启动Illustrator CC应用软件，进入软件工作界面。

图1-40 单击"开始"菜单

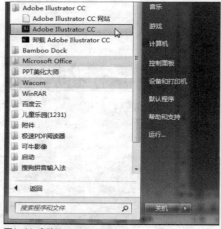

图1-41 启动Illustrator CC

实战 009 从"AI"文件启动程序

▶ 实例位置：无
▶ 素材位置：光盘\素材\第1章\实战009.ai
▶ 视频位置：光盘\视频\第1章\实战009.mp4

● 实例介绍 ●

"AI"格式是Illustrator CC软件存储时的源文件格式，在该源文件上双击鼠标左键，或单击鼠标右键，选择"打开"选项，可以快速启动Illustrator CC应用软件。

● 操作步骤 ●

STEP 01 再选择需要打开的项目文件，双击鼠标左键，如图1-42所示。

STEP 02 执行操作后，即可启动Illustrator CC，进入Illustrator CC工作界面，如图1-43所示。

图1-42 双击项目文件

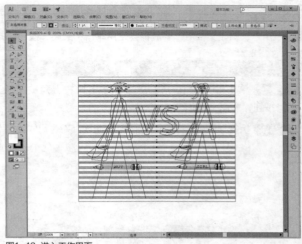

图1-43 进入工作界面

1.4 Ilustrator CC的退出

在Illustrator CC中完成绘图之后，若用户不再需要该程序，可以采用以下多种方法退出程序。

实战 010 用"退出"命令退出程序

▶ 实例位置：无
▶ 素材位置：无
▶ 视频位置：光盘\视频\第1章\实战010.mp4

● 实例介绍 ●

在Illustrator CC中，使用"文件"菜单下的"退出"命令，可以退出Illustrator CC应用软件。

● 操作步骤 ●

STEP 01 进入Illustrator CC的工作界面后，单击"文件"|"退出"命令，如图1-44所示。

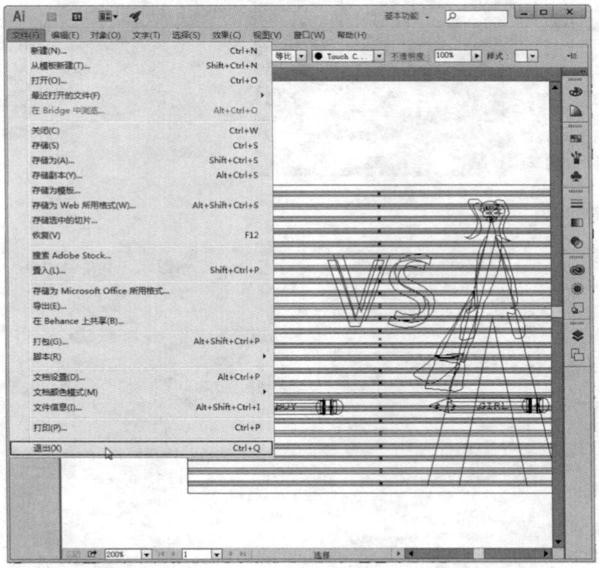

STEP 02 若在工作界面中进行了部分操作，在退出该软件时，将弹出信息提示框，如图1-45所示。单击"是"按钮，将保存文件并退出Illustrator CC程序；单击"否"按钮，将不保存文件；单击"取消"按钮，将不退出Illustrator CC程序。

图1-44 单击"退出"命令

图1-45 信息提示框

实战 011 用"关闭"按钮退出程序

▶ 实例位置：无
▶ 素材位置：无
▶ 视频位置：光盘\视频\第1章\实战011.mp4

● 实例介绍 ●

用户编辑完文件后，一般都会采用单击"关闭"按钮的方法退出Illustrator CC应用软件，该方法是最简单、最方便的。

● 操作步骤 ●

STEP 01 单击Illustrator CC应用程序窗口右上角的"关闭"按钮，如图1-46所示。

STEP 02 执行操作后，即可快速退出Illustrator CC应用软件。

图1-46 单击"关闭"按钮

实战 012 用"关闭"选项退出程序

▶ 实例位置：无
▶ 素材位置：无
▶ 视频位置：光盘\视频\第1章\实战012.mp4

● 实例介绍 ●

在Illustrator CC中，用户可以使用"关闭"选项退出Illustrator CC应用软件。

● 操作步骤 ●

STEP 01 单击Illustrator CC工作界面左上角的程序图标 **Ai**，如图1-47所示。

STEP 02 执行操作后，即可弹出列表框，在其中选择"关闭"选项，如图1-48所示，也可以快速退出Illustrator应用软件。

图1-47 单击鼠标左键

图1-48 选择"关闭"选项

技巧点拨

在图1-48所示的列表框中，用户按键盘上的【C】键，也可以快速退出Flash应用软件。另外，列表框中其他各选项含义如下。

- ➤ "还原"选项：选择该选项，可以还原Flash工作界面的显示状态。
- ➤ "移动"选项：选择该选项，可以随便移动Flash界面在显示器上的显示位置。
- ➤ "大小"选项：选择该选项，可以改变Flash工作界面的大小。
- ➤ "最小化"选项：选择该选项，可以最小化Flash工作界面至任务栏中。
- ➤ "最大化"选项：选择该选项，可以最大化Flash工作界面至任务栏中。

1.4 Illustrator CC工作界面

Illustrator CC的工作界面典雅而实用，进行工具的选取、面板的访问、工作区的切换等操作都十分方便。不仅如此，用户还可以自定义工具面板，调整工作界面的亮度，以便凸显图稿。诸多的设计改进为用户提供了更加流畅和高效的编辑体验。

实战 013 编辑文档窗口

▶ 实例位置：无
▶ 素材位置：光盘\素材\第1章\实战013（1）.jpg、实战013(2).jpg
▶ 视频位置：光盘\视频\第1章\实战013.mp4

● 实例介绍 ●

运行Illustrator CC后，单击"文件"|"打开"命令，打开一个文件，如图1-49所示。可以看到，Illustrator CC的工作界面由标题栏、菜单栏、控制面板、状态栏、文档窗口、面板和工具面板等组件组成。

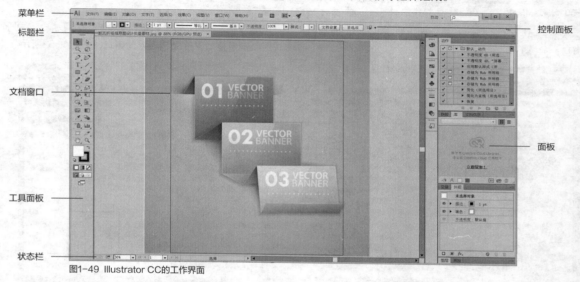

图1-49 Illustrator CC的工作界面

> 标题栏：显示当前文件的名称、视图比例和颜色模式等信息。当文档窗口以最大化显示时，以上项目将显示在程序窗口的标题栏中。
> 菜单栏：菜单栏包含可以执行的各种命令，单击菜单名称即可打开相应的菜单。
> 控制面板：显示与当前所选工具有关的选项。
> 工具面板：工具面板包含用于创建和编辑图像、图稿和页面元素的各种操作工具。
> 状态栏：状态栏显示打开文档的大小、尺寸、当前工具和窗口缩放比例等信息。
> 文档窗口：文档窗口是用于编辑和显示图稿的区域。
> 面板：面板用来帮助用户编辑图像，设置编辑内容和设置颜色属性。

知识拓展

标题栏是所有Windows应用程序所共有的，它位于应用程序窗口的顶端，用于显示当前应用程序的名称、文件的名称、所使用的颜色模式以及显示模式等一些基本的信息，例如，从"未标题-1@100%（CMYK/轮廓）"中可以得知，当前编辑的是一个文件名为"未标题-1"的Illustrator文件，显示比例为100%，颜色模式为CMYM模式，显示方式为"轮廓"。

● 操作步骤 ●

STEP 01 单击"文件"|"打开"命令，弹出"打开"对话框，按住【Ctrl】键的同时单击光盘中的两个素材文件，将它们选中，如图1-50所示。

STEP 02 单击"打开"按钮，在Illustrator中打开素材文件，如图1-51所示。

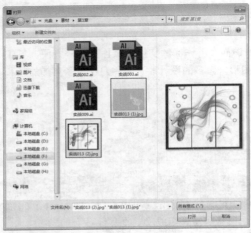

图1-50 选择素材文件

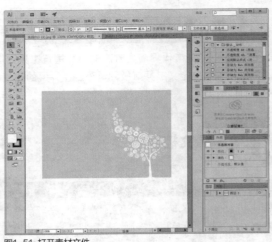

图1-51 打开素材文件

STEP 03 单击一个文档的名称，即可将其设置为当前操作的窗口，如图1-52所示。

STEP 04 在一个文档的标题栏上单击并向下拖曳，可将其从选项卡中拖出，使之成为浮动窗口，如图1-53所示。

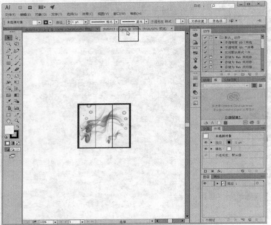

图1-52 设置为当前操作的窗口

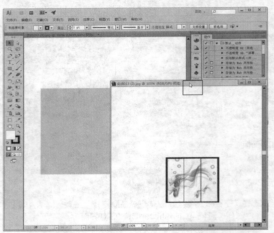

图1-53 浮动窗口

STEP 05 如果要关闭一个窗口，可单击其右上角的按钮 ，如图1-54所示。

STEP 06 如果要关闭所有窗口，可以在选项卡上单击鼠标右键，选择快捷菜单中的"关闭全部"选项，如图1-55所示。

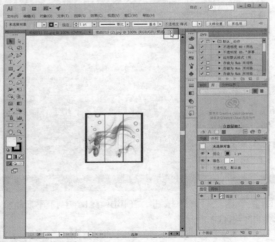

图1-54 单击 按钮

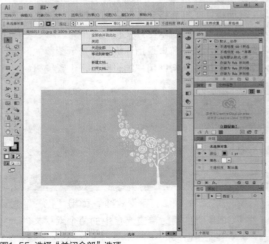

图1-55 选择"关闭全部"选项

实战 014　使用工具面板

▶ 实例位置：无
▶ 素材位置：无
▶ 视频位置：光盘\视频\第1章\实战014.mp4

● 实例介绍 ●

工具面板存放着用于创建和编辑图像的各种工具，包含了上百个工具，使用这些工具可以进行选择、绘制、编辑、观察、测量、注释、取样等操作，如图1-56所示。

图1-56　工具面板

STEP 02　单击一个工具，即可选择该工具，如图1-58所示。

图1-58　选择相应工具

STEP 04　将光标移动到一个工具上，然后单击鼠标左键，即可选择隐藏的工具，如图1-60所示。

图1-60　选择隐藏的工具

● 操作步骤 ●

STEP 01　单击工具面板顶部的双箭头按钮，可将其切换为单排或双排显示，如图1-57所示。

图1-57　切换为单排显示

STEP 03　如果工具右下角有三角形图标，表示这是一个工具组，在这样的工具上单击右键可以显示隐藏的工具，如图1-59所示。

图1-59　显示隐藏的工具

STEP 05　按住【Alt】键单击一个工具组，可以循环切换各个隐藏的工具，如图1-61所示。

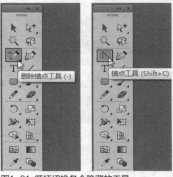

图1-61　循环切换各个隐藏的工具

STEP 06 展开工具组，将鼠标指针移至工具组最右侧的按钮上，单击鼠标左键，即可将该工具组与工具面板分开，显示隐藏的工具，如图1-62所示。

STEP 07 将光标放在面板的标题栏上，单击并向工具面板边界处拖曳，即可将其与工具面板停放在一起，如图1-63所示。

图1-62 弹出独立的工具面板

图1-63 添加工具组

STEP 08 如果经常使用某些工具，可以将它们整合到一个新的工具面板中，以方便使用。单击"窗口"|"工具"|"新建工具面板"命令，如图1-64所示。

STEP 09 弹出"新建工具面板"对话框，单击"确定"按钮，如图1-65所示。

STEP 10 执行操作后，即可创建一个工具面板，将所需工具拖入该面板的加号处，即可将其添加到面板中，如图1-66所示。

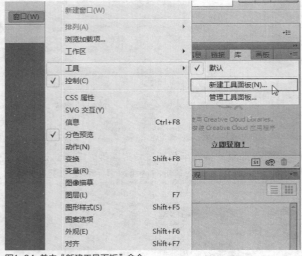

图1-64 单击"新建工具面板"命令

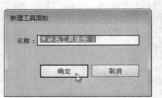

图1-65 "新建工具面板"对话框

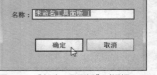

图1-66 新建工具面板

技巧点拨

如果用户想要查看某工具的名称和快捷键，可以将鼠标移动到想要查看的工具上，系统自动显示该工具的名称和快捷键。

实战 015 显示和隐藏工具面板

▶ 实例位置：无
▶ 素材位置：无
▶ 视频位置：光盘\视频\第1章\实战015.mp4

● 实例介绍 ●

启动Illustrator CC后，默认状态下，工具面板是嵌入在屏幕左侧的，用户可以根据需要将其拖曳到任意位置。其中提供了大量具有强大功能的工具，绘制路径、编辑路径、制作图表、添加符号等操作都可以通过工具面板来实现，熟练地运用这些工具，可创作出许多精致的艺术作品。

在Illustrator CC中，并不是所有工具的按钮都直接显示在工具面板中，如弧线工具、螺旋线工具、矩形网格工具和极坐标网格工具就存在于同一个工具组中。工具组中只会有一个工具图标按钮显示在工具面板中，若当前工具面板中出现矩形网格工具，那么其他4个工具将隐藏在工具组中。

另外，在工具面板展开的工具组中单击右侧带有三角形的按钮，可将该工具组变为浮动工具条状态，这样就可以在工作界面中自由放置该工具组。工具面板中提供了常用的图形编辑工具、处理工具等，当用户不需要使用工具面板时，可以将其隐藏起来，以获得较大的文档窗口。

• 操作步骤 •

STEP 01 启动Illustrator软件后，在默认状态下，工具面板位于工作界面的左侧，单击"窗口"｜"工具"｜"默认"命令，如图1-67所示。

STEP 02 执行该操作后，即可隐藏工具面板，如图1-68所示。

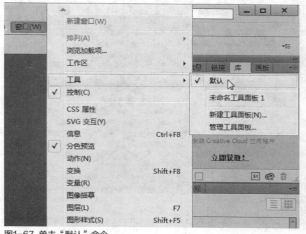

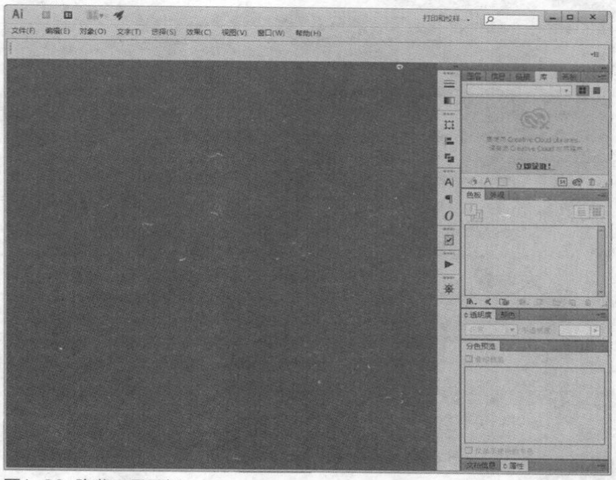

图1-67 单击"默认"命令

图1-68 隐藏工具面板

实战 016 编辑面板

▶ 实例位置：无
▶ 素材位置：无
▶ 视频位置：光盘\视频\第1章\实战016.mp4

• 实例介绍 •

　　Illustrator CC提供了30多个面板，它们的功能各不相同，有的用于配合编辑图稿，有的用于设置工具参数和选项。默认情况下，面板位于工作界面的右侧，用户可以通过按住鼠标左键并拖曳的方式使其浮动在工作界面中，通过单击"窗口"菜单中相应的面板命令，可以显示或隐藏面板。

　　➤ 按【Tab】键，可隐藏或显示面板、工具面板和控制面板；按【Shift＋Tab】组合键，可隐藏或显示工具面板和控制面板以外的其他面板。

　　➤ 若要将隐藏的工具面板或面板暂时显示，只需将鼠标指针移至应用程序窗口边缘，然后将鼠标指针悬停在出现的条带上，工具面板或面板组将自动弹出。

• 操作步骤 •

STEP 01 默认情况下，面板位于工作界面的右侧，如图1-69所示。

STEP 02 单击面板右上角的"折叠为图标"按钮 ▶▶ ，可以将面板折叠成图标状，如图1-70所示。

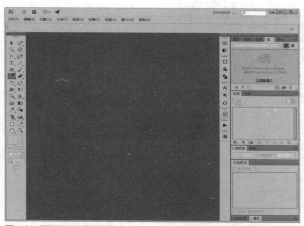

图1-69 面板位于工作界面的右侧

图1-70 将面板折叠成图标状

STEP 03 单击一个图标面板，即可展开相关面板，如图1-71所示。

STEP 04 在面板组中，上下、左右拖曳面板的名称可以重新组合面板，如选择"颜色"面板并向上拖曳至合适位置后，显示蓝色虚框，如图1-72所示。

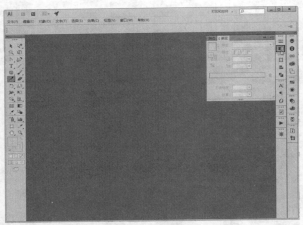

图1-71 展开相关面板

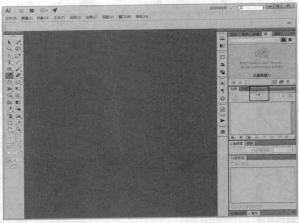

图1-72 显示蓝色虚框

STEP 05 释放鼠标左键，即可组合面板，如图1-73所示。

STEP 06 将一个面板名称拖曳到窗口的空白处，可以将其从面板组中分离出来，使之成为浮动面板，如图1-74所示。

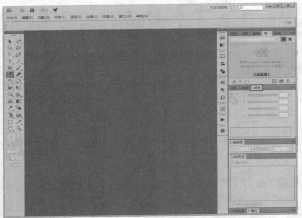

图1-73 组合面板

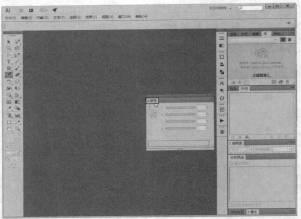

图1-74 显示浮动面板

STEP 07 拖曳浮动面板的标题栏，可以将它放在窗口中的任意位置，如图1-75所示。

STEP 08 单击浮动面板顶部的按钮，可以逐级显示或隐藏面板选项，如图1-76所示。

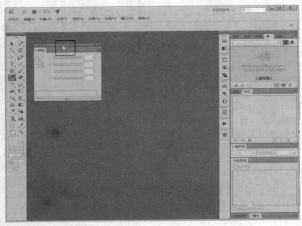

图1-75 移动浮动面板

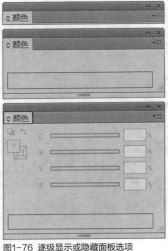

图1-76 逐级显示或隐藏面板选项

STEP 09 拖曳面板右下角的大小框标记■，可以调整面板的大小，如图1-77所示。

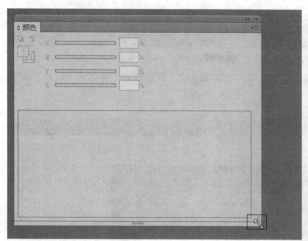

图1-77 调整面板的大小

STEP 11 单击面板右上角的■按钮，可以打开面板菜单，如图1-79所示。

图1-79 打开面板菜单

STEP 10 如果要改变停放中的所有面板宽度，可以将光标放在面板左侧边界，单击并向左侧拖曳鼠标即可，如图1-78所示。

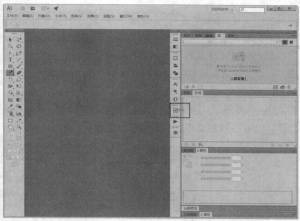

图1-78 改变所有面板宽度

STEP 12 如果要关闭浮动面板，可以单击它右上角的按钮；如果要关闭面板组中的面板，可在它的标题栏上单击鼠标右键，在弹出的快捷菜单中选择"关闭选项卡组"选项即可，如图1-80所示。

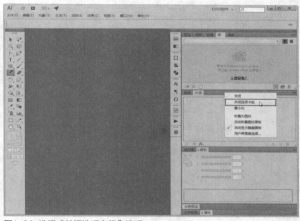

图1-80 选择"关闭选项卡组"选项

STEP 13 用户选择控制面板时，可单击控制面板中相应的面板图标，或单击"窗口"菜单中相应的命令。例如，需要用"画笔"工具中的相关命令，可以单击控制面板中的"画笔"面板图标，也可以单击"窗口"|"画笔"命令，如图1-81所示。

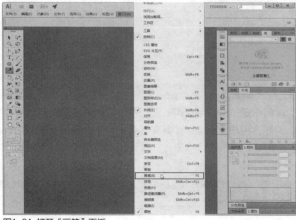

图1-81 打开"画笔"面板

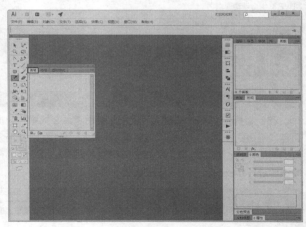

实战 017 组合和拆分浮动面板

▶实例位置：无
▶素材位置：无
▶视频位置：光盘\视频\第1章\实战017.mp4

• 实例介绍 •

在绘制或编辑图形的过程中，调出的一些浮动面板上会显示多个标签，通常称此种面板形式为浮动组合面板。

每个浮动面板都有各自的特殊性与功能，且面板下方都会显示一些常用的功能按钮，有些按钮在特定情况下才可以使用；否则，当鼠标移至按钮上时，会出现⊘的图标。

• 操作步骤 •

STEP 01 在工作界面中，调出多个浮动面板，如图1-82所示。

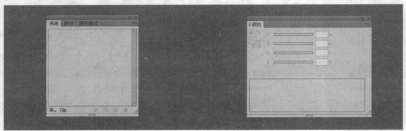

画笔
符号
图形样式
颜色
图1-82 调出浮动面板

STEP 02 在“画笔”浮动面板上的“画笔”标签上，单击鼠标左键并拖曳至“颜色”面板的底部，即可组合面板，如图1-83所示。

颜色
画笔
符号
图形样式
图1-83 组合浮动面板

STEP 03 在“画笔”浮动组合面板中，在需要拆分的面板标签上单击鼠标左键并将其拖曳至该组合面板的外侧，释放鼠标左键，即可将该面板与原来的面板分离，如图1-84所示。

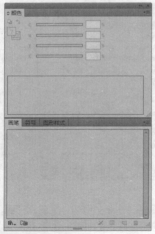

颜色
符号
画笔
图形样式
图1-84 拆分浮动面板

实战 018 使用控制面板

▶实例位置：无
▶素材位置：无
▶视频位置：光盘\视频\第1章\实战018.mp4

• 实例介绍 •

控制面板的功能非常多，如用户在使用工具面板中的矩形工具制作图形时，可在控制面板中设置所要绘制图形的填充颜色、描边的粗细，以及画笔笔触等相关属性，如图1-85所示。另外，用户使用选择工具在图形窗口中选择某一图形时，该图形的填色、描边、描边粗细、画笔笔触等属性也将显示在控制面板中的相关选项中，并且还可以使用控制面板对选择的图形进行修改。

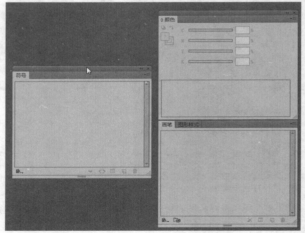

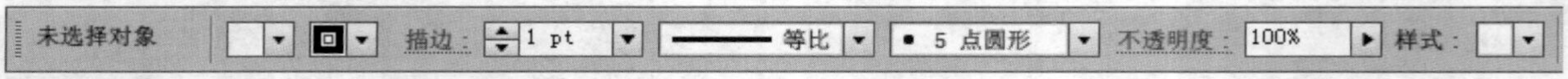

未选择对象
描边：
1 pt
等比
5 点圆形
不透明度：
100%
样式：
图1-85 控制面板

● 操作步骤 ●

STEP 01 单击带有下划线的蓝色文字，打开面板或对话框，如图1-86所示。在面板或对话框以外的区域单击，将其关闭。

图1-86 单击带有下划线的蓝色文字

STEP 03 在文本框中双击，选中文本框中的字符，如图1-88所示。

图1-88 选中字符

STEP 05 拖曳控制面板最左侧的手柄栏，如图1-90所示。

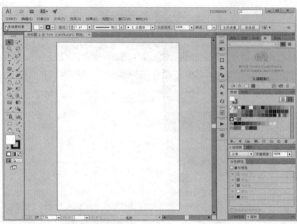

图1-90 将光标移至手柄栏位置处

STEP 07 单击"窗口"|"控制"命令，如图1-92所示。

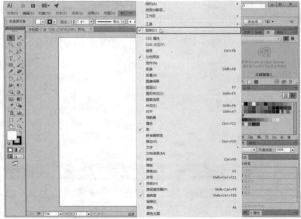

图1-92 单击"控制"命令

STEP 02 单击菜单箭头按钮，可以打开下拉菜单或下拉面板，如图1-87所示。

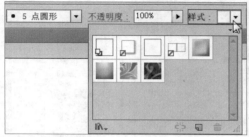

图1-87 单击菜单箭头按钮

STEP 04 重新输入数值并按【Enter】键，即可修改数值，如图1-89所示。

图1-89 修改数值

STEP 06 执行操作后，可以将其从停放栏中移出，放在窗口底部或其他位置，如图1-91所示。

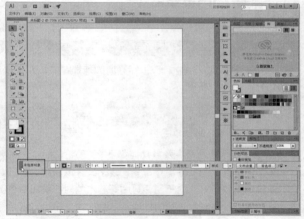

图1-91 拖曳手柄栏

STEP 08 执行操作后，即可隐藏控制面板，如图1-93所示。

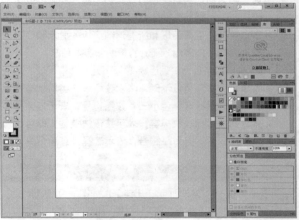

图1-93 隐藏控制面板

STEP 09 显示控制面板，单击最右侧的 按钮，可以打开面板菜单，菜单中带有"√"号的选项为当前在控制面板中显示的选项，如图1-94所示。

STEP 10 单击一个选项去掉"√"号，可以在控制面板中隐藏该选项，如图1-95所示。

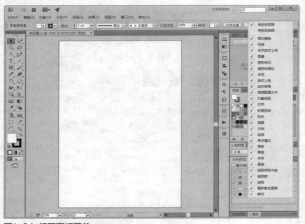

图1-94 打开面板菜单

图1-95 隐藏控制面板选项

技巧点拨

移动控制面板后，如果想要将其恢复到默认位置，可以执行该面板菜单中的"停放到顶部"或"停放到底部"命令。

实战 019 使用菜单命令

▶ 实例位置：无
▶ 素材位置：无
▶ 视频位置：光盘\视频\第1章\实战019.mp4

● 实例介绍 ●

菜单栏位于Illustrator CC工作界面的顶部，为了方便用户使用，Illustrator CC将各命令按照其所管理的操作类型进行排列划分，如图1-96所示。

| 文件(F) 编辑(E) 对象(O) 文字(T) 选择(S) 效果(C) 视图(V) 窗口(W) 帮助(H) |

图1-96 菜单栏

菜单栏中的各项命令及其功能如下。

➢ 文件：基本的文件操作命令，包括文件的新建、打开、保存、关闭等。
➢ 编辑：包括对象的复制，剪贴等基本的对象编辑命令。
➢ 对象：针对对象进行的操作，包括变换、路径、混合等命令。
➢ 文字：有关文本的操作命令，包括字体、字号、段落等。
➢ 选择：有效确定选取范围。
➢ 效果：方便地将对象扭曲及添加阴影、光照等效果。
➢ 视图：一些辅助绘图的命令，包括显示模式、标尺、参考线等。
➢ 窗口：控制工具面板和所有浮动面板的显示和隐藏。
➢ 帮助：有关Illustrator CC的帮助和版本信息。

用户在使用菜单命令时，注意以下几点：

➢ 菜单命令呈灰色显示时，表示该命令在当前状态下不可使用。
➢ 菜单命令后标有黑色小三角按钮符号，表示该菜单命令中还有下级子菜单。
➢ 菜单命令后标有快捷键，表示按该快捷键，即可执行该项命令。
➢ 菜单命令后标有省略符号，表示选择该菜单命令，将会打开一个对话框。

● 操作步骤 ●

STEP 01 单击一个菜单即可打开菜单，如图1-97所示。

STEP 02 菜单中带有黑色三角标记的命令表示包含下一级的子菜单，如图1-98所示。

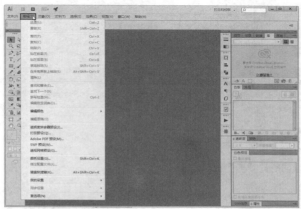

图1-97　打开菜单

图1-98　打开子菜单

STEP 03 在菜单栏中，命令名称右侧带 "…" 状符号的，表示执行该命令时会弹出一个对话框，如图1-99所示。

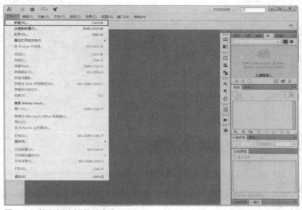

图1-99　执行相应的菜单命令

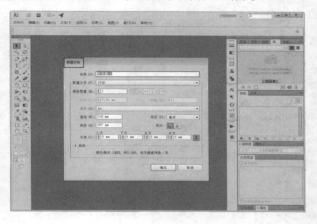

知识拓展

　　状态栏包括图像编辑窗口最下方的显示比例（如100%）和工作信息。若用户当前选取的是矩形工具，状态栏如图1-100所示。

　　该状态栏中的各选项含义如下。

➤ **画板名称**：显示当前编辑的文档所在的画板名称。

➤ **当前工具**：显示当前所选取工具的名称。

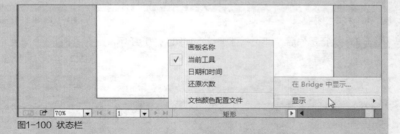

图1-100　状态栏

➤ **日期和时间**：显示当前时间和日期。

➤ **还原次数**：显示当前撤销和重做的步骤次数。

➤ **文档颜色配置文件**：显示当前文档的颜色模式。

　　从上图中可以看出，当前文档的显示比例为70%。用户可单击其右侧的下拉按钮，在弹出的下拉选项中选择需要的显示比例，或直接输入数值，以更改显示比例。

1.6 设置Illustrator CC工作区

　　在Illustrator CC程序窗口中，工具面板、面板和控制面板的摆放位置成为工作区。用户可以将面板的位置保存起来，创建自定义的工作区，也可以根据需要和使用习惯创建多文档窗口。

实战 020	新建窗口	▶ 实例位置：无 ▶ 素材位置：光盘\素材\第1章\实战020.gif ▶ 视频位置：光盘\视频\第1章\实战020.mp4

● 实例介绍 ●

执行"窗口"｜"新建窗口"命令，可以基于当前的文档创建一个新的窗口。新建窗口后，"窗口"菜单的底部会显示其名称，单击各个窗口的名称可在窗口之间切换。

新建窗口与新建视图是两个不同的概念，它们的区别在于：

▶ 文档中可以存储多个视图，但不会存储多个窗口。

▶ 可以同时打开多个窗口，但要同时显示多个视图，则必须同时打开多个窗口。

▶ 更改视图时将改变当前窗口，但不会打开新的窗口。

● 操作步骤 ●

STEP 01 单击"文件"｜"打开"命令，打开一幅素材图像，如图1-101所示。

STEP 02 单击"窗口"｜"新建窗口"命令，如图1-102所示。

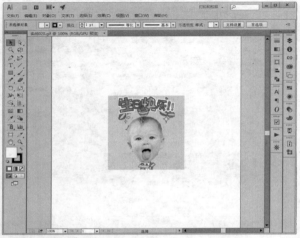

图1-101 打开素材图像

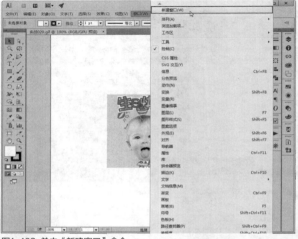

图1-102 单击"新建窗口"命令

STEP 03 执行操作后，即可新建窗口，如图1-103所示。

STEP 04 "窗口"菜单的底部会显示其名称，单击各个窗口的名称可以在窗口之间进行切换，如图1-104所示。

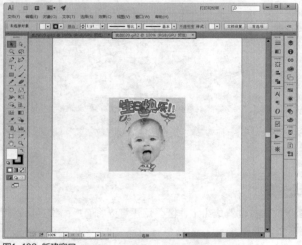

图1-103 新建窗口

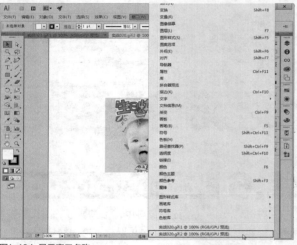

图1-104 显示窗口名称

实战 021 排列窗口中的文件

▶ 实例位置: 无
▶ 素材位置: 光盘\素材\第1章\实战021(1).jpg~实战021(4).jpg
▶ 视频位置: 光盘\视频\第1章\实战021.mp4

● 实例介绍 ●

当打开多个图像文件时,每次只能显示一个图像编辑窗口内的图像。若用户需要对多个窗口中的内容进行比较,则可将各窗口以水平平铺、浮动、层叠和选项卡等方式进行排列。

● 操作步骤 ●

STEP 01 单击"文件"|"打开"命令,打开4幅素材图像,如图1-105所示。

图1-105 打开素材图像

STEP 02 单击"窗口"|"排列"|"平铺"命令,如图1-106所示。

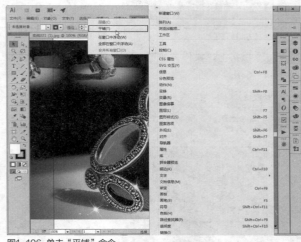
图1-106 单击"平铺"命令

STEP 03 执行上述操作后,即可平铺窗口中的图像,如图1-107所示。

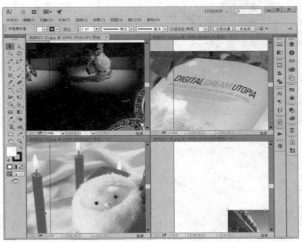
图1-107 平铺窗口中的图像

STEP 04 单击"窗口"|"排列"|"在窗口中浮动"命令,如图1-108所示。

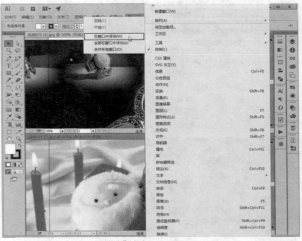
图1-108 单击"在窗口中浮动"命令

STEP 05 执行上述操作,即可使当前编辑窗口浮动排列,如图1-109所示。

STEP 06 单击"窗口"|"排列"|"全部在窗口中浮动"命令,如图1-110所示。

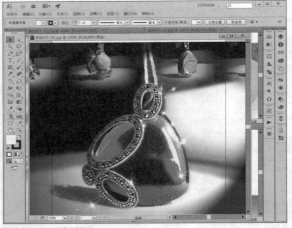

图1-109 浮动排列窗口

STEP 07 执行上述操作，即可使所有窗口都浮动排列，如图1-111所示。

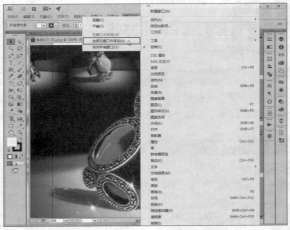

图1-110 单击相应命令

STEP 08 单击"窗口"|"排列"|"合并所有窗口"命令，如图1-112所示。

图1-111 所有窗口浮动排列

STEP 09 执行上述操作后，即可以选项卡的方式排列图像窗口，如图1-113所示。

图1-112 单击相应命令

STEP 10 浮动显示某个窗口后，单击"窗口"|"排列"|"层叠"命令，即以堆叠的方式显示文档窗口，如图1-114所示。

图1-113 以选项卡方式排列图像窗口

图1-114 以层叠方式排列图像窗口

知识拓展

当用户需要对窗口进行适当的布置时，可以将鼠标指针移至图像窗口的标题栏上，单击鼠标左键的同时并拖曳，即可将图像窗口拖曳到屏幕上的任意位置。

实战 022 最大化/最小化窗口

▶ 实例位置：无
▶ 素材位置：光盘\素材\第1章\实战022.jpg
▶ 视频位置：光盘\视频\第1章\实战022.mp4

● **实例介绍** ●

在Illustrator CC中，用户单击标题栏上的"最大化" ▢ 和"最小化" ▬ 按钮，就可以将图像的窗口最大化或最小化。

● **操作步骤** ●

STEP 01 单击"文件"|"打开"命令，打开一幅素材图像，如图1-115所示。

STEP 02 将鼠标指针移动至图像编辑窗口的标题栏上，单击鼠标左键的同时并向下拖曳，如图1-116所示。

图1-115 打开素材图像

图1-116 拖曳图像窗口

知识拓展

在对Illustrator CS2进行具体的相关操作之前，先来了解一下图形的一些基本概念，将有利于后面内容的学习和作品的设计。

图像文件的类型有两种，即矢量图和位图。用户了解这两种图像的区别，将对于作品创作与有效地编辑图形图像有很大的帮助。

1. 矢量图

矢量图形又称为向量图形，它是按数学方法，由PostScript代码定义的线条和曲线组成的图像，其特点为：

➢ 文件小。图像中保存的是线条和图块的信息，所以矢量图形文件与分辨率和图像大小无关，只与图像的复杂程度有关，图像文件所占的存储空间较小。

➢ 图像可以无限制缩放。对图形进行缩放、旋转或变形操作时，图形不会产生锯齿与模糊效果，如图1-117所示。

➢ 可采取高分辨率印刷。矢量图形文件可以在任何输出设备及打印机上以打印或印刷的最高分辨率进行打印输出。

用于制作矢量图形的软件有Illustrator CS2、PageMaker和CorelDraw等。Illustrator CS2和PageMaker软件可用于PC机，也可用于MAC机。CorelDraw软件常用于PC机，FreeHand软件常用于MAC机。它们都是对图形、文字、标志等对象进行绘制和处理的软件，其中PageMaker软件主要用于对页面的编排工作。

100%显示图像

1600%显示图像

图1-117 矢量图放大前后的效果

2. 位图图像

位图图像又称栅格图像，它是由一些排列在一起的栅格组成的。每一个栅格代表一个像素点，而每一个像素点只能显示一种颜色。位图图像具有以下特点：

➤ 文件所占的存储空间大。对于高分辨率的彩色图像，用位图存储所需的储存空间较大，像素之间相互独立，所以占用的硬盘空间、内存和显存比矢量图都大。

➤ 位图放大到一定倍数后，会产生锯齿。由于位图是由最小的彩色单位"像素点"组成的，所以位图的清晰度与像素点的多少有关。位图放大到一定的倍数后，便会看到一个个的方形色块，即一个个像素，图像的整体效果便会变得模糊且会产生锯齿，如图1-118所示。

100%显示图像　　　　　　　　　　1600%显示图像

图1-118 位图图像放大后的效果

➤ 位图图像在表现色彩、色调方面的效果比矢量图更加优越，尤其是在表现图像的阴影和色彩的细微变化方面效果更佳。单位面积内像素点数目越多，图像越清晰，反之则图像越模糊。

➤ 用于制作位图图像的软件主要是Adobe公司的Photoshop软件和Microsoft公司的"画图"软件，其中Photoshop软件几乎是平面设计中图形图像处理的首选软件，它能制作出色彩细腻、丰富的图像。

STEP 03 将鼠标移至图像编辑窗口标题栏上的"最大化"按钮 上，单击鼠标左键，即可最大化窗口，如图1-119所示。

STEP 04 将鼠标移至图像编辑窗口标题栏上的"最小化"按钮 上，单击鼠标左键，即可最小化窗口，如图1-120所示。

图1-119 最大化窗口

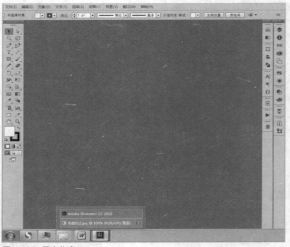

图1-120 最小化窗口

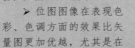

实战 023　还原窗口

▶ 实例位置：无
▶ 素材位置：无
▶ 视频位置：光盘\视频\第1章\实战023.mp4

● 实例介绍 ●

在Illustrator CC中，当图像编辑窗口处于最大化或者是最小化的状态时，用户可以单击标题栏右侧的"恢复"按钮来恢复窗口。下面详细介绍了还原窗口的操作方法，以供读者学习和参考。

● 操作步骤 ●

STEP 01 在实战022的基础上，将鼠标移至图像编辑窗口的标题栏上，单击"恢复"按钮 ，如图1-121所示，即可恢复图像。

STEP 02 将鼠标移至图像编辑窗口的标题栏上，单击鼠标左键的同时并拖曳到控制面板的下方，当呈现蓝色虚框时，如图1-122所示，释放鼠标左键，即可还原窗口。

图1-121　单击"恢复"按钮

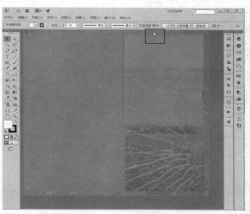

图1-122　呈现蓝色虚框

实战 024　移动与调整窗口大小

▶ 实例位置：无
▶ 素材位置：光盘\素材\第1章\实战024.ai
▶ 视频位置：光盘\视频\第1章\实战024.mp4

● 实例介绍 ●

在Illustrator CC中，如果在处理图像的过程中，需要把图像放在合适的位置，就要调整图像编辑窗口的大小和位置。

● 操作步骤 ●

STEP 01 单击"文件"|"打开"命令，打开一幅素材图像，如图1-123所示。

STEP 02 将鼠标移动至标题栏，单击鼠标左键的同时并拖曳至合适位置，即可移动窗口的位置，如图1-124所示。

图1-123　打开素材图像

图1-124　移动窗口位置

STEP 03 将鼠标指针移至图像编辑窗口边框线上，当鼠标呈现↕形状时，单击鼠标左键的同时并拖曳，即可改变窗口大小，如图1-125所示。

STEP 04 将鼠标指针移至图像窗口的任意一角上，当鼠标呈现⬔形状时，单击鼠标左键的同时并拖曳，即可等比例缩放窗口，如图1-126所示。

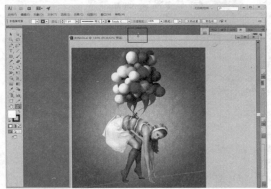

图1-125　改变窗口大小

图1-126　等比例缩放窗口

实战 025	创建自定义工作区	▶ 实例位置：无 ▶ 素材位置：光盘\素材\第1章\实战025.ai ▶ 视频位置：光盘\视频\第1章\实战025.mp4

● 实例介绍 ●

用户创建自定义工作区时可以将经常使用的面板组合在一起，简化工作界面，从而提高工作效率。

● 操作步骤 ●

STEP 01 单击"文件"|"打开"命令，打开一幅素材图像，如图1-127所示。

STEP 02 单击"窗口"|"工作区"|"新建工作区"命令，如图1-128所示。

图1-127 打开素材图像

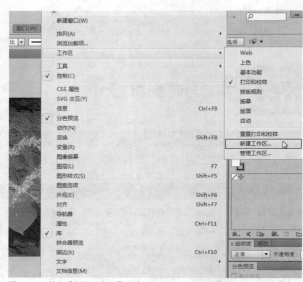

图1-128 单击"新建工作区"命令

STEP 03 弹出"新建工作区"对话框，在"名称"右侧的文本框中设置工作区的名称为01，如图1-129所示。

STEP 04 单击"确定"按钮，用户即可完成自定义工作区的创建，如图1-130所示。

图1-129 设置工作区名称

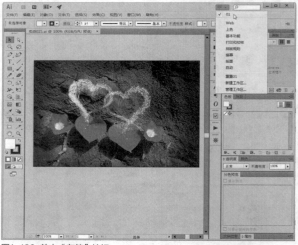

图1-130 单击"存储"按钮

技巧点拨

单击"窗口"|"工作区"|"基本功能"命令，如图1-131所示，用户就可以返回到Photoshop CC的原始工作面板。

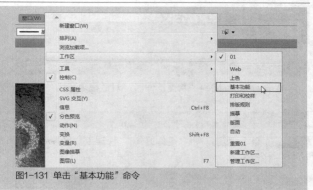

图1-131　单击"基本功能"命令

实战 026　使用预设的工作区

▶ 实例位置：无
▶ 素材位置：光盘\素材\第1章\实战026.ai
▶ 视频位置：光盘\视频\第1章\实战026.mp4

● 实例介绍 ●

Illustrator CC为用户提供了适合不同任务的预设工作区，用户可以更好地利用和编排它。在"窗口"|"工作区"菜单命令中，包含了Illustrator CC提供的预设工作区，它们是专门为简化某些任务而设计的。

● 操作步骤 ●

STEP 01 单击"文件"|"打开"命令，打开一幅素材图像，如图1-132所示。

STEP 02 单击"窗口"|"工作区"|"自动"命令，如图1-133所示。

图1-132　打开素材图像

图1-133　单击"新建工作区"命令

STEP 03 执行操作后，即可使用"自动"工作区模式，如图1-134所示。

图1-134　"自动"工作区模式

<table>
<tr><td>实战
027</td><td>管理工作区</td><td>▶ 实例位置: 无
▶ 素材位置: 无
▶ 视频位置: 光盘\视频\第1章\实战027.mp4</td></tr>
</table>

● 实例介绍 ●

在Illustrator CC的"管理工作区"对话框中,用户可以新建、删除以及重命令工作区。

● 操作步骤 ●

STEP 01 单击"窗口"|"工作区"|"管理工作区"命令,如图1-135所示。

STEP 02 执行操作后,弹出"管理工作区"对话框,如图1-136所示。

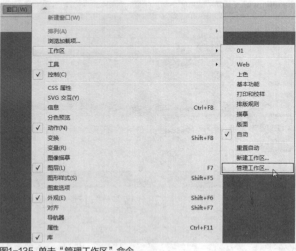

图1-135 单击"管理工作区"命令

图1-136 "管理工作区"对话框

STEP 03 选中一个工作区后,它的名称会显示在对话框下面的文本框中,如图1-137所示。

STEP 04 此时可在文本框中修改名称,如图1-138所示。

图1-137 选中一个工作区

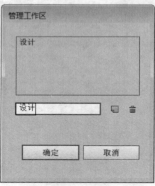

图1-138 修改名称

STEP 05 单击"新建工作区"按钮圆,可以新建一个工作区,如图1-139所示。

STEP 06 选择"设计"工作区,单击"删除工作区"按钮圆,即可删除所选择的工作区,如图1-140所示。

图1-139 新建工作区

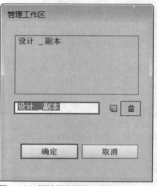

图1-140 删除所选择的工作区

1.7 查看Illustrator CC图稿

编辑图稿时，需要经常放大或缩小窗口的显示比例、移动显示区域，以便更好地观察和处理对象。Illustrator CC提供了缩放工具、"导航器"面板和各种缩放命令，用户可以根据需要选择其中的一项，也可以将多种方法结合起来使用。

实战 028	切换图像显示模式	▶ 实例位置：无
		▶ 素材位置：光盘\素材\第1章\实战028.ai
		▶ 视频位置：光盘\视频\第1章\实战028.mp4

● 实例介绍 ●

Illustrator CC提供了3种不同的屏幕显示模式，每一种模式都有不同的优点，用户可以根据不同的情况来进行选择，下面详细介绍切换图像显示模式的操作方法。

● 操作步骤 ●

STEP 01 单击"文件"|"打开"命令，打开一幅素材图像，如图1-141所示。

STEP 02 单击工具面板上的"屏幕模式"按钮，在弹出的快捷菜单中，选择"带有菜单栏的全屏模式"选项，如图1-142所示。

图1-141 标准屏幕模式

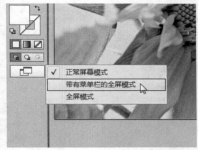

图1-142 选择相应选项

STEP 03 执行操作后，屏幕即可呈现带有菜单栏的全屏模式，如图1-143所示。

STEP 04 在"屏幕模式"快捷菜单中，选择"全屏模式"选项，屏幕即可切换成全屏模式显示，如图1-144所示。

图1-143 带有菜单栏的全屏模式

图1-144 全屏模式

技巧点拨

除了运用上述方法切换图像显示以外，还有以下两种方法。

➤ 快捷键：按【F】键，可以在上述3种显示模式之间进行切换。

➤ 命令：单击"视图"|"屏幕模式"命令，在弹出的子菜单中可以选择需要的显示模式。

实战 029 使用"轮廓"显示模式显示图形

▶ 实例位置：光盘\效果\第1章\实战029.ai
▶ 素材位置：光盘\素材\第1章\实战029.ai
▶ 视频位置：光盘\视频\第1章\实战029.mp4

• 实例介绍 •

在Illustrator CC中共有5种视图显示模式供用户使用，它们分别是"轮廓"显示模式、"GPU预览"显示模式、"在CPU上预览"显示模式、"叠印预览"显示模式和"像素预览"显示模式。另外，用户还可以根据自己所需，创建合适的视图显示模式。

使用轮廓显示模式，可以观察工作区中对象的层次，工作区中的轮廓线一目了然，这样大大地方便清除工作区中多余的没有添加填充和轮廓属性的轮廓线，并且这种视图显示模式的显示速度和屏幕刷新速度是最快的，如图1-145所示。

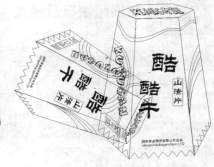

图1-145 "轮廓"显示模式

• 操作步骤 •

STEP 01 单击"文件"|"打开"命令，打开一幅素材图像，如图1-146所示。

STEP 02 单击"视图"|"轮廓"命令，如图1-147所示。

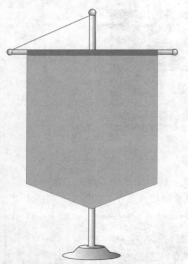

图1-146 打开素材图像

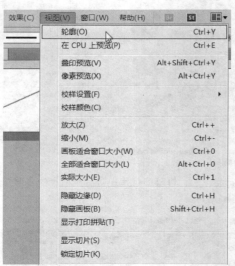

图1-147 单击"轮廓"命令

STEP 03 执行操作后，即可将工作区中的图形或图像以轮廓线方式显示，如图1-148所示。

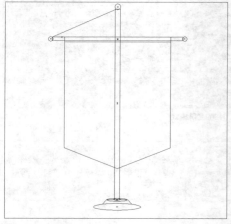

图1-148 "轮廓"显示模式

<table>
<tr><td>实战
030</td><td>使用"GPU预览"显示模式显示图形</td><td>▶ 实例位置：光盘\效果\第1章\实战030.ai
▶ 素材位置：光盘\素材\第1章\实战030.ai
▶ 视频位置：光盘\视频\第1章\实战030.mp4</td></tr>
</table>

● 实例介绍 ●

用户在单击"视图"|"轮廓"命令后，图形以"轮廓"显示模式显示图形，若用户想返回最初的"预览"显示模式时，可以单击"视图"|"GPU预览"命令，即可将工作区中的图形或图像以其应用的色彩和填充属性在工作区中显示，如图1-149所示。

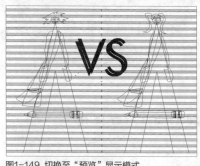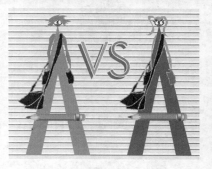

图1-149 切换至"预览"显示模式

● 操作步骤 ●

STEP 01 单击"文件"|"打开"命令，打开一幅素材图像，如图1-150所示。

STEP 02 单击"视图"|"GPU预览"命令，如图1-151所示。

图1-150 打开素材图像

图1-151 单击"GPU预览"命令

STEP 03 执行操作后，即可将工作区中的图形或图像以GPU预览方式显示，如图1-152所示。

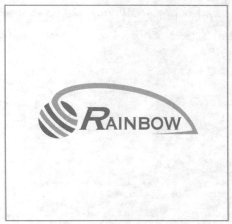

图1-152 GPU预览

知识拓展

　　NVIDIA针对Adobe Illustrator CC提供GPU硬件加速，用户在使用Illustrator CC绘制矢量图时显卡可提供硬件加速加快绘图渲染速度。NVIDIA表示，此次合作实验将提供10倍于之前的处理速度。

　　NVIDIA针对Illustrator CC所加入的GPU硬件加速功能，主要以扩展OpenGL的NVIDIA Path Rendering（路径渲染技术）为基础，将无分辨率限制的矢量图形边框通过GPU硬件协同运算，在完成计算后将边框内部填满色彩或勾勒图像。

　　目前，这一新的硬件加速功能可针对Windows环境下的Illustrator CC，预设为RGB彩色模式的文件使用，另外还可针对CMYK色彩模式使用。

　　NVIDIA与Adobe合作由来已久，在此之前，NVIDIA也曾与Adobe携手合作包含Premiere Pro CC、After Effects CC、SpeedGrade CC、Media Encoder CC、Anywhere，以及全新版本的Photoshop CC，其中均应用NVIDIA GPU硬件加速功能。Adobe希望2D平面矢量图像也能获得显卡的加速，进而提升绘图的整体效率。

实战 031　使用"叠印预览"显示模式显示图形

▶ **实例位置**：光盘\效果\第1章\实战031.ai
▶ **素材位置**：光盘\素材\第1章\实战031.ai
▶ **视频位置**：光盘\视频\第1章\实战031.mp4

● 实例介绍 ●

　　图形填充颜色并相互叠加时，位于上面的色彩会覆盖位于下面的色彩。这样在印刷过程中，往往会将图形中颜色叠加的位置印刷成两种颜色，而影响该图形在印刷后应有的色彩效果。因此，用户可以单击"视图"|"叠印预览"命令，预览工作区中图形图像色彩套印后的颜色效果，以便进行相应的色彩调整。一般使用这种模式显示图形后，图形颜色会比其他视图显示模式暗一些。

● 操作步骤 ●

STEP 01 单击"文件"|"打开"命令，打开一幅素材图像，如图1-153所示。

STEP 02 单击"视图"|"叠印预览"命令，如图1-154所示。

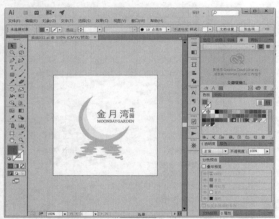

图1-153 打开素材图像

图1-154 单击"叠印预览"命令

STEP 03 执行操作后，即可将工作区中的图形或图像以叠印预览方式显示，如图1-155所示。

图1-155 以叠印预览方式显示

实战 032 使用"像素预览"模式显示图形

▶ 实例位置：光盘\效果\第1章\实战032.ai
▶ 素材位置：光盘\素材\第1章\实战032.ai
▶ 视频位置：光盘\视频\第1章\实战032.mp4

● 实例介绍 ●

使用"像素预览"命令，可将工作区中的矢量图形以其位图图像方式显示，如图1-156所示。

图1-156 使用"像素预览"模式显示图形

● 操作步骤 ●

STEP 01 单击"文件"|"打开"命令，打开一幅素材图像，如图1-157所示。

STEP 02 单击"视图"|"像素预览"命令，如图1-158所示。

图1-157 打开素材图像

图1-158 单击"像素预览"命令

STEP 03 执行操作后，即可将工作区中的图形或图像以像素预览方式显示，如图1-159所示。

图1-159 像素预览方式

图形的缩放操作

▶ **实例位置：** 无
▶ **素材位置：** 光盘\素材\第1章\实战033.ai
▶ **视频位置：** 光盘\视频\第1章\实战033.mp4

● 实例介绍 ●

在Illustrator CC中，用户可通过使用"视图"菜单中的相关命令（如图1-160所示）和工具面板中的缩放工具 来对图形进行缩放操作。

该菜单命令中，单击"视图"命令子菜单中的"放大""缩小""适合窗口"或"实际大小"命令，可以调整所需图形显示比例。每单击一次"放大"命令，图形将会以50%的显示比例递增放大显示；每单击一次"缩小"命令，视图将会以50%的显示比例递减缩小显示。用户也可以按【Ctrl＋＋】组合键或按【Ctrl＋－】组合键执行"放大"和"缩小"命令，调整视图显示比例。

在Illustrator CC中，用户除了可以使用上述方法缩放图形外，还可以使用工具面板中的缩放工具，在工作区中进行操作，以实现图形显示比例的缩放。

选取工具面板中的缩放工具，移动鼠标至文件编辑窗口，在窗口中每单击一次鼠标，图形将会以50%的显示比例递增放大显示；若在工作区中按住【Alt】键的同时单击鼠标，则每单击一次，图形将会以50%的显示比例递减显示。

视图(V) 窗口(W) 帮助(H)	
轮廓(O)	Ctrl+Y
在 CPU 上预览(P)	Ctrl+E
叠印预览(V)	Alt+Shift+Ctrl+Y
像素预览(X)	Alt+Ctrl+Y
校样设置(F)	▶
校样颜色(C)	
放大(Z)	Ctrl++
缩小(M)	Ctrl+-
画板适合窗口大小(W)	Ctrl+0
全部适合窗口大小(L)	Alt+Ctrl+0
实际大小(E)	Ctrl+1

图1-160 图像显示菜单命令

● 操作步骤 ●

STEP 01 单击"文件"｜"打开"命令，打开一幅素材图像，如图1-161所示。

图1-161 素材图像

STEP 02 选取工具面板中的缩放工具 ，将鼠标指针移至素材图像上，鼠标指针呈 形状，如图1-162所示。

图1-162 鼠标指针呈 形状

STEP 03 连续两次单击鼠标左键，即可放大工作区的显示，效果如图1-163所示。

图1-163 放大工作区

STEP 04 按住【Alt】键时，缩放工具的图标将呈 形状，在素材图像上单击鼠标左键，即可缩小工作区的显示，效果如图1-164所示。

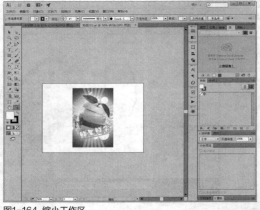

图1-164 缩小工作区

实战 034　抓手工具的使用

▶ 实例位置：无
▶ 素材位置：光盘\素材\第1章\实战034.ai
▶ 视频位置：光盘\视频\第1章\实战034.mp4

● 实例介绍 ●

使用工具面板中的抓手工具，可以拖曳图形至工作区中的任何一个位置，以便查看图形的局部显示。

选取工具面板中的抓手工具，在图形窗口中单击鼠标左键并拖曳，即可将图形窗口中的图形或工作区内的图形拖曳到窗口的任何一个位置。

用户若在选取其他工具的同时，需要临时使用抓手工具移动图形显示，按空格键即可临时采用手形工具拖曳图形。

● 操作步骤 ●

STEP 01 单击"文件"｜"打开"命令，打开一幅素材图像，如图1-165所示。

STEP 02 在工具面板中选择抓手工具，如图1-166所示。

图1-165 打开素材图像

图1-166 选取抓手工具

知识拓展

当用户所编辑的图像在工作区中无法完全显示或放大显示时，利用抓手工具可以快速地移动工作区的显示内容。当用户双击工具面板中的抓手工具时，编辑窗口将自动以最合适的大小或最合适的显示比例显示图像。

STEP 03 100%显示图像，将鼠标指针移至素材图像上，鼠标指针将呈手势的形状，如图1-167所示。

STEP 04 单击鼠标左键并向下拖曳，至合适位置后释放鼠标，即可完成工作区的移动操作，如图1-168所示。

图1-167 抓手工具

图1-168 移动工作区

实战 035 "导航器"面板

▶ 实例位置：无
▶ 素材位置：光盘\素材\第1章\实战035.ai
▶ 视频位置：光盘\视频\第1章\实战035.mp4

● 实例介绍 ●

在Illustrator CC中，用户通过使用"导航器"面板，不仅可以很方便地对工作区中显示的图形文件进行移动、显示观察，而且还可以对图形显示的比例进行缩放操作。

● 操作步骤 ●

STEP 01 单击"文件"｜"打开"命令，打开一幅素材图像，如图1-169所示。

STEP 02 单击"窗口"｜"导航器"命令，显示"导航器"浮动面板，如图1-170所示。

图1-169 打开素材图像

图1-170 "导航器"浮动面板

技巧点拨

在"导航器"浮动面板中，用户也可以控制工作区的显示大小，单击"缩小"按钮，图像将缩小为原来的一倍；若单击"放大"按钮，则图像放大一倍。

STEP 03 200%显示图像，将鼠标指针移至浮动面板预览窗口中，当鼠标指针呈手势形状时，单击鼠标左键并拖曳，即可移动面板中的红色矩形框，如图1-171所示。

STEP 04 工作区中的显示也将有所调整，如图1-172所示。

图1-171 移动红色矩形框

图1-172 工作区图像效果

实战 036 新建与编辑视图

▶ 实例位置：光盘\效果\第1章\实战036.ai
▶ 素材位置：光盘\素材\第1章\实战036.ai
▶ 视频位置：光盘\视频\第1章\实战036.mp4

● 实例介绍 ●

　　绘制和编辑图形的过程中，有时会经常缩放对象的某一部分，如果使用缩放工具 🔍 操作，就会造成许多重复性的工作。遇到这种情况，可以将当前文档的视图状态存储，在需要使用这一视图时，便可以将它调出。

技巧点拨

　　用户需要打开或隐藏某个浮动面板，可以单击面板组中与之对应的快速启动按钮，或在"窗口"菜单栏中选择相应的选项。若用户要关闭目前不使用的浮动面板，则单击该面板上的关闭按钮即可。若要隐藏工具面板和当前所有处于打开状态的面板，可以直接按【Tab】键；若再一次按【Tab】键又可显示所有的浮动面板和工具面板。

　　若用户只想隐藏当前所有处于打开状态下的面板，可以直接按【Tab＋Shift】组合键；若再一次按【Tab＋Shift】组合键，将显示所有隐藏的浮动面板而不显示工具面板。

● 操作步骤 ●

STEP 01 单击"文件"|"打开"命令，打开一幅素材图像，如图1-173所示。

STEP 02 使用缩放工具 🔍 在窗口中单击，然后按住空格键单击并拖曳鼠标，定位画面中心，如图1-174所示。

图1-173 打开素材图像

图1-174 定位画面中心

STEP 03 单击"视图"|"新建视图"命令，如图1-175所示。

STEP 04 弹出"新建视图"对话框，设置"名称"为"放大视图1"，单击"确定"按钮，如图1-176所示。

图1-175 单击"新建视图"命令

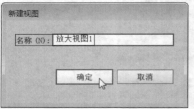

图1-176 "新建视图"对话框

STEP 05 使用缩放工具 🔍 重新调整窗口的显示比例和画面中心，如图1-177所示。

STEP 06 打开"视图"菜单，单击新视图的名称，如图1-178所示。

图1-177 重新调整窗口

图1-178 单击新视图的名称

STEP 07 执行上述操作，即可切换到该视图状态，如图1-179所示。

STEP 08 如果要重命名视图或删除视图，可以单击"视图"|"编辑视图"命令，弹出"编辑视图"对话框，如图1-180所示，在其中可以进行重命名视图或删除视图操作。

图1-179 切换到该视图状态

图1-180 "编辑视图"对话框

知识拓展

每个文档最多可以创建和存储25个视图。新建的视图会随着文件一同保存。

1.8 管理Illustrator CC画板

画板和画布是用于绘图的区域，如图1-181所示，画板由实线定界，画板内部的图稿可以打印，画板外面是画布，画板上的图稿不能打印。

图1-181　画板和画布

实战 037　创建画板

▶ 实例位置：无
▶ 素材位置：无
▶ 视频位置：光盘\视频\第1章\实战037.mp4

● 实例介绍 ●

使用画板工具▦，最多可以创建100个大小各异的画板区域，并可以任意对它们进行重叠、并排或堆叠，也可以单独或一起存储、导出或打印画板文件。

● 操作步骤 ●

STEP 01 单击"文件"｜"新建"命令，新建"未标题-1"文档，如图1-182所示。

STEP 02 在工具面板中选取画板工具▦，工作界面的显示有所改变，如图1-183所示。

图1-182　新建文档

图1-183　选取画板工具

STEP 03 在画板控制面板上，单击"预设"文本框右侧的下拉三角按钮，在弹出的列表框中选择A4选项，如图1-184所示。

STEP 04 单击"新建画板"按钮▣，再在工作界面的灰色区域的合适位置单击鼠标左键，即可创建一个A4大小的02号画板，如图1-185所示。

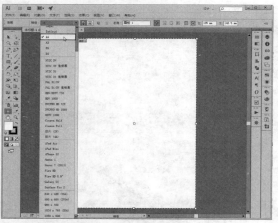

图1-184 选择A4选项

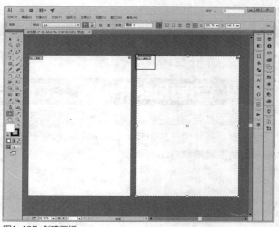

图1-185 创建画板

实战 038 编辑画板

▶ 实例位置：无
▶ 素材位置：无
▶ 视频位置：光盘\视频\第1章\实战038.mp4

● 实例介绍 ●

在编辑画板过程中，一定要选取画笔工具▦，才能对所选择的画板进行编辑或移动操作；若选择其他工具，则工作窗口将返回软件的默认工作状态。

● 操作步骤 ●

STEP 01 以上一例效果为例，创建并选中画板后，在控制面板上单击"画板选项"按钮▦，如图1-186所示。

STEP 02 弹出"画板选项"对话框，在其中进行相应的设置，如设置"预设"为A3，如图1-187所示。

图1-186 单击"画板选项"按钮

图1-187 "画板选项"对话框

STEP 03 单击"确定"按钮，所选择画板的显示形式有所改变，如图1-188所示。

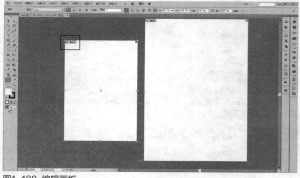

图1-188 编辑画板

实战 039 删除画板

▶ 实例位置：无
▶ 素材位置：无
▶ 视频位置：光盘\视频\第1章\实战039.mp4

● 实例介绍 ●

用户除了单击"删除画板"按钮外，还可以按【Delete】键将画板删除，删除画板后，软件将自动选中所删除画板的前一个画板。

● 操作步骤 ●

STEP 01 创建多个画板后，选取画板工具囲，选中不需要的画板，在控制面板上单击"删除画板"按钮圙，如图1-189所示。

STEP 02 执行操作后，即可将所选择的画板删除，如图1-190所示。

图1-189 选中画板

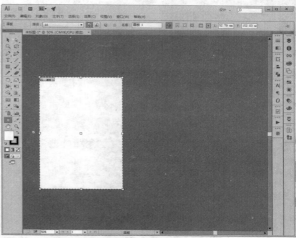

图1-190 删除画板

1.9 优化Illustrator CC软件

前面的章节对Illustrator CC软件的工作界面等内容进行了详细的讲解，用户可能觉得其界面并不是自己所需要的那种界面。Illustrator CC允许用户重新定制工作环境，按自己的意愿修改软件的默认参数，对软件进行优化设置。

实战 040 设置自定义快捷键

▶ 实例位置：无
▶ 素材位置：无
▶ 视频位置：光盘\视频\第1章\实战040.mp4

● 实例介绍 ●

在实际的绘图工作中，灵活运用快捷键可以大大提高工作效率。在Illustrator CC中，除了系统默认的快捷键外，用户还可以按照自己的习惯和需要设置相应的快捷键。

● 操作步骤 ●

STEP 01 新建一个空白文档后，单击"编辑"｜"键盘快捷键"命令，如图1-191所示。

STEP 02 执行操作后，弹出"键盘快捷键"对话框，如图1-192所示。

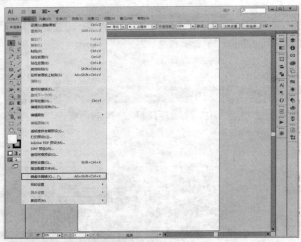

图1-191 单击"键盘快捷键"命令

图1-192 "键盘快捷键"对话框

STEP 03 在选择工具 ◤ 的快捷键字母V上，单击鼠标左键使之处于编辑状态，如图1-193所示。

STEP 04 输入需要设置的快捷键（如；）即可，如图1-194所示。

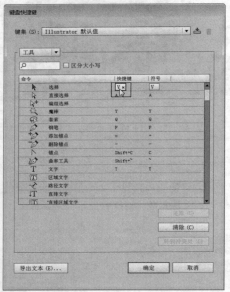

图1-193 编辑状态

图1-194 输入需要设置的快捷键

STEP 05 单击"确定"按钮，弹出"存储键集文件"对话框，设置"名称"为设计，如图1-195所示。

STEP 06 单击"确定"按钮，即可修改选择工具 ◤ 的键盘快捷键，如图1-196所示。

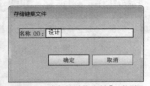

图1-195 "存储键集文件"对话框

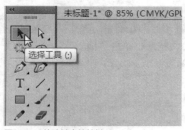

图1-196 修改键盘快捷键

实战 041	设置暂存盘	▶ 实例位置：无
		▶ 素材位置：光盘\素材\第1章\实战041.ai
		▶ 视频位置：光盘\视频\第1章\实战041.mp4

● 实例介绍 ●

　　在"暂存盘"选项区中，电脑系统中磁盘空间最大的分区可以作为主要暂存盘，磁盘空间较小的则作为次要暂存盘，当在使用软件处理较大的图形文件，且暂存盘空间已满时，系统会自动将暂存盘设定为磁盘空间，并作为缓存来存放数据。另外，用户最好不要将系统盘作为主要暂存盘，防止频繁读写硬盘数据而影响操作系统的运行速率。

● 操作步骤 ●

STEP 01　单击"文件"｜"打开"命令，打开一幅素材图像，如图1-197所示。

STEP 02　单击"编辑"｜"首选项"｜"增效工具和暂存盘"命令，如图1-198所示。

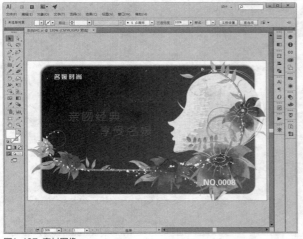

图1-197　素材图像

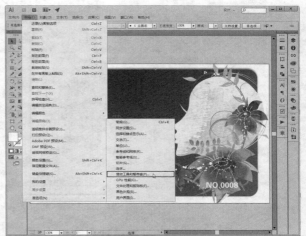

图1-198　单击"增效工具和暂存盘"命令

STEP 03　弹出设置增效工具和暂存盘的"首选项"对话框，如图1-199所示。

STEP 04　在"暂存盘"选项区中设置"主要"和"次要"的暂存盘符，如图1-200所示，单击"确定"按钮，此操作将在下次启动该软件时生效。

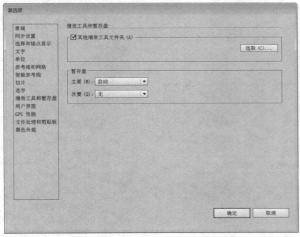

图1-199　"首选项"对话框

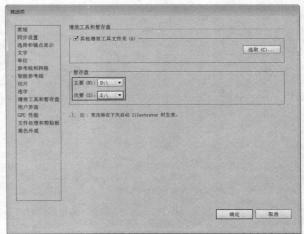

图1-200　设置暂存盘

实战 042 设置GPU性能

▶ 实例位置：无
▶ 素材位置：无
▶ 视频位置：光盘\视频\第1章\实战042.mp4

● 实例介绍 ●

在Illustrator CC中，用户可以根据需要设置"首选项"对话框中的相关工作环境参数，以提高绘制图形和编辑操作的工作效率。

● 操作步骤 ●

STEP 01 单击"编辑"｜"首选项"｜"GPU性能"命令，如图1-201所示。

STEP 02 弹出GPU性能的"首选项"对话框，选中"增强细线"复选框，如图1-202所示，单击"确定"按钮，即可保存修改。

图1-201 单击"GPU性能"命令

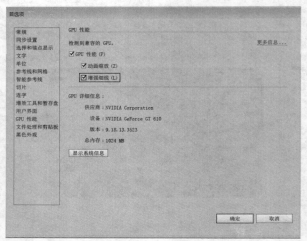

图1-202 选中"增强细线"复选框

第章

Illustrator CC基本操作

本章导读

本章主要介绍与Illustrator文档有关的各种操作。在Illustrator中，用户可以从一个全新的空白文档开始创作，也可以使用Illustrator提供的现成模版，为创作节省时间，提高工作效率。虽然都是Illustrator入门的基本知识，但都是通过实例说明，因为动手实践才是学习Illustrator的最佳途径。

要点索引

- 新建Illustrator文档
- 打开Illustrator文件
- 置入Illustrator文件
- 导出Illustrator文件
- 还原和恢复文件
- 编辑和管理文档

2.1 新建Illustrator文档

在Illustrator中，用户可以按照自己的需要定义文档尺寸、画板和颜色模式等，新建一个自定义的文档，也可以从Illustrator提供的预设模版中创建文档。

实战 043	创建空白文档	▶ 实例位置：无 ▶ 素材位置：无 ▶ 视频位置：光盘\视频\第2章\实战043.mp4

● 实例介绍 ●

单击"文件"|"新建"命令或按【Ctrl＋N】组合键，执行任何一种操作，都会弹出"新建文档"对话框，设置好各参数后，单击"确定"按钮，即可新建一个Illustrator文件。

"新建文档"对话框中主要选项的含义如下。

➤ 名称：用于定义新文件的名称。

➤ 配置文件：在"配置文件"选项的下拉列表中包含了不同输出类型的文档配置文件，每一个配置文件都预先设置了大小、颜色模式、单位、取向、透明度和分辨率等参数。

➤ 大小：在"大小"列表框中有多种常用尺寸的选项。

➤ 宽度和高度：在其数值框中输入数值，可自定义新建页面的大小。

➤ 单位：单击右侧的▶按钮，在弹出的列表框中包括pt、派卡、英寸、毫米、厘米等单位，用户可根据需要选择合适的单位。

➤ 取向：在其右侧的两个按钮用来设置页面的显示方向，单击按钮就可以在横向和纵向之间进行切换。

➤ 出血：可以指定画板每一侧的出血位置。

➤ 颜色模式："颜色模式"列表框中包括CMYK和RGB两个选项，用户可以根据需要进行选择。设置好之后，单击"确定"按钮，即可打开一个新的文档窗口。

➤ 栅格效果：该列表框用于为文档中的栅格效果指定分辨率。准备以较高分辨率输出到高端打印机时，将其设置为"高"选项尤为重要。默认情况下，"打印"配置文件将其设置为"高"。

➤ 预览模式：用于为文档设置预览模式。"默认值"模式在矢量视图中以彩色显示在文档中创建的图稿，放大或缩小时将保持曲线的平滑度。"像素"模式显示具有栅格化外观的图稿，它不会对内容进行栅格化，而是显示模拟的预览，就像内容是栅格一样。"叠印"模式提供油墨预览，模拟混合、透明和叠印在分色输出中的显示效果。

➤ 使新建对象与像素网格对齐：在文档中创建图形时，可以让对象自动对齐到像素网格上。

➤ 模版：单击该按钮，可以打开"从模版新建"对话框，从模版中创建文档。

● 操作步骤 ●

STEP 01 在菜单栏中单击"文件"|"新建"命令，如图2-1所示。

STEP 02 执行操作后，弹出"新建文档"对话框，如图2-2所示。

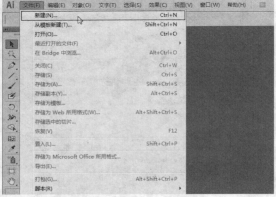

图2-1 单击"新建"命令

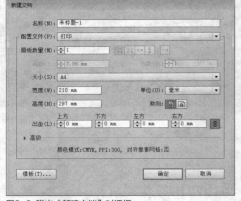

图2-2 弹出"新建文档"对话框

STEP 03 在"新建文档"对话框中，单击"高级"左侧的▶按钮，对话框如图2-3所示。

STEP 04 在"配置文件"列表框中，选择"基本RGB"选项，如图2-4所示。

图2-3 展开"高级"选项区

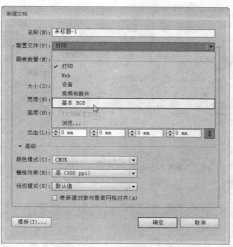

图2-4 选择"基本RGB"选项

STEP 05 在"大小"列表框中，选择"800×600"选项，如图2-5所示。

STEP 06 设置"出血"为10mm，如图2-6所示。

图2-5 选择"800×600"选项

图2-6 设置"出血"

STEP 07 在"栅格效果"列表框中，选择"中（150ppi）"选项，如图2-7所示。

STEP 08 单击"确定"按钮，即可新建一个空白的Illustrator文档，如图2-8所示。

图2-7 选择"中（150ppi）"选项

图2-8 新建空白文档

技巧点拨

　　在新建一个文件时，按【Ctrl＋Alt＋N】组合键，可直接新建文件，而不会打开"新建文档"对话框。

知识拓展

> 在"配置文件"下拉列表中，选择"打印"选项，可以使用默认的Letter大小画板。如果准备将文件发送给服务商，以输出到Web而优化的预设选项，应选择该选项。
> 选择Web选项，可以使用为输出到Web而优化的预设选项。
> 选择"设备"选项，可以为特定移动设备创建预设的文件。
> 选择"视频和胶片"选项，可以创建特定于视频和特定于胶片的预设的裁剪区域大小。
> 选择"基本RGB文档"选项，可以使用默认的Letter大小画板，并提供各种其他大小以从中进行选择。

实战 044 从模版中创建文档

▶ **实例位置：** 光盘\效果\第2章\实战044.ai
▶ **素材位置：** 无
▶ **视频位置：** 光盘\视频\第2章\实战044.mp4

● 实例介绍 ●

为了方便用户，Illustrator提供了许多预设的模版文件，如信纸、名片、信封、小册子、标签、证书、明信片、贺卡和网站等。在模版中新建的文档有一个优点，就是用户可以直接利用该模版创建、修改和编辑成需要的作品，这样可以在很多时候减少工作负担和任务。

● 操作步骤 ●

STEP 01 在菜单栏中单击"文件"|"从模版新建"命令，如图2-9所示。

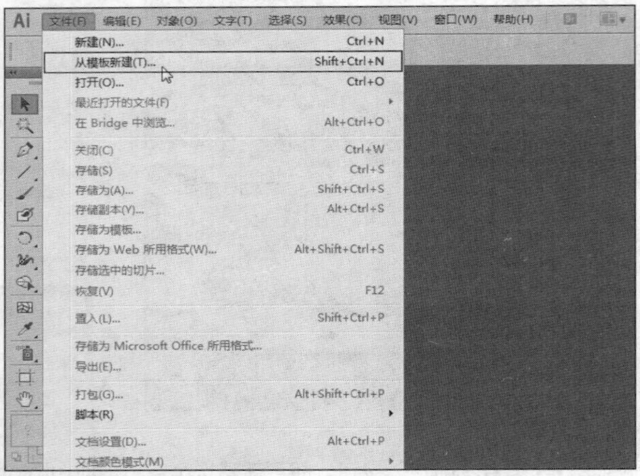

STEP 02 执行操作后，弹出"从模版新建"对话框，双击"空白模版"文件夹，如图2-10所示。

图2-9 单击"从模版新建"命令

图2-10 双击"空白模版"文件夹

STEP 03 进入该文件夹后，选择一个模版文件，如"T恤"，如图2-11所示。

STEP 04 单击"新建"按钮，即可从模版中创建一个文档，模版中的图形、字体、段落、样式、符号、裁剪标记和参考线等都会加载到新建的文档中，如图2-12所示。

图2-11 选择一个模版文件

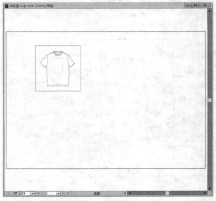

图2-12 从模版中创建一个文档

2.2　打开Illustrator文件

Illustrator可以打开不同格式的文件，如AI、CDR和EPS等矢量文件，以及JPEG格式的位图文件。此外，使用Adobe Bridge也可以打开和管理文件。

实战 045	打开AI文件	▶ 实例位置：无 ▶ 素材位置：光盘\素材\第2章\实战045.ai ▶ 视频位置：光盘\视频\第2章\实战045.mp4

● 实例介绍 ●

AI是Adobe Illustrator的专用格式，现已成为业界矢量图的标准，可在Illustrator、CorelDRAW和Photoshop中打开编辑。在Photoshop中打开编辑时，将由矢量格式转换为位图格式。

在Illustrator CC中，打开文件通常有3种方法，分别如下。

➢ 快捷键：按【Ctrl＋O】组合键。
➢ 命令：单击"文件"｜"打开"命令。
➢ 操作：在Illustrator窗口的灰色区域双击。

通过上述方法可弹出"打开"对话框，如图2-13所示，用户可在"查找范围"列表框中选择需要打开的文件。

图2-13　"打开"对话框

● 操作步骤 ●

STEP 01 在菜单栏中单击"文件"｜"打开"命令，如图2-14所示。

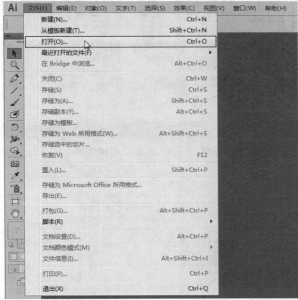

图2-14　单击"打开"命令

STEP 03 然后在文件区中选定所需的文件，如图2-16所示。

STEP 02 执行操作后，弹出"打开"对话框，单击"查找范围"右侧的下拉按钮，在弹出的下拉列表中选择需要打开的文件格式，如图2-15所示。

图2-15　选择需要打开的文件格式

STEP 04 单击"打开"按钮，即可打开AI文件，如图2-17所示。

图2-16 选择素材文件

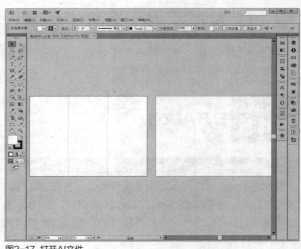

图2-17 打开AI文件

实战 046 打开PSD文件

▶ 实例位置: 无
▶ 素材位置: 光盘\素材\第2章\实战046.psd
▶ 视频位置: 光盘\视频\第2章\实战046.mp4

● 实例介绍 ●

PSD格式是Adobe公司的图像处理软件Photoshop的专用格式,它可以保存图层、通道和颜色模式等信息,如图2-18所示。由于它保存的信息比较多,所以生成的文件也较大。保存为PSD格式的文件在Illustrator和Photoshop软件中交换使用时,图层、文本等都保持可编辑性。

图2-18 图像与图层的效果

● 操作步骤 ●

STEP 01 在菜单栏中单击"文件"|"打开"命令,弹出"打开"对话框,单击"查找范围"右侧的下拉按钮,在弹出的下拉列表中选择需要打开的文件格式,如图2-19所示。

STEP 02 然后在文件区中选定所需的文件,如图2-20所示。

图2-19 选择需要打开的文件格式

图2-20 选择素材文件

STEP 03 单击"打开"按钮,弹出"Photoshop导入选项"对话框,选中"将图层转换为对象"单选按钮,如图2-21所示。

STEP 04 单击"确定"按钮,即可打开PSD文件,如图2-22所示。

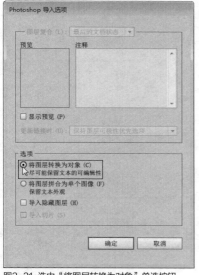

图2-21 选中"将图层转换为对象"单选按钮

图2-22 打开PSD文件

实战 047 打开JPEG文件

▶ 实例位置: 无
▶ 素材位置: 光盘\素材\第2章\实战047.jpg
▶ 视频位置: 光盘\视频\第2章\实战047.mp4

● 实例介绍 ●

　　JPEG是一种高压缩比、有损压缩真彩色的图像文件格式,其最大的特点是文件比较小,可以进行高倍率的压缩,因而在注重文件大小的领域应用广泛,比如网络上绝大部分要求高颜色深度的图像都使用JPEG格式。JPEG格式支持RGB、CMYK和灰度颜色模式,但不支持Alpha通道,它主要用于图像预览和制作HTML网页。

　　JPEG格式是压缩率最高的图像格式之一,这是由于JPEG格式在压缩保存的过程中会以失真最小的方式丢掉一些肉眼不易察觉的数据,因此保存后的图像与原图会有所差别。此格式的图像没有原图像的质量好,所以不宜在印刷、出版等高要求的场合下使用。

● 操作步骤 ●

STEP 01 在菜单栏中单击"文件"|"打开"命令,如图2-23所示。

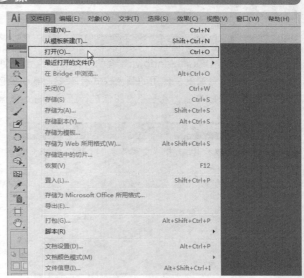

图2-23 单击"打开"命令

STEP 02 执行操作后，弹出"打开"对话框，单击"查找范围"右侧的下拉按钮，在弹出的下拉列表中选择需要打开的文件格式，如图2-24所示。

STEP 03 然后在文件区中选定所需的文件，如图2-25所示。

图2-24 选择需要打开的文件格式

图2-25 选择素材文件

STEP 04 单击"打开"按钮，即可打开JPEG文件，如图2-26所示。

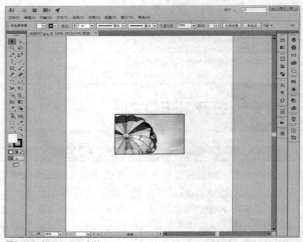

图2-26 打开JPEG文件

实战 048 打开BMP文件

▶ 实例位置：无
▶ 素材位置：光盘\素材\第2章\实战048.bmp
▶ 视频位置：光盘\视频\第2章\实战048.mp4

● 实例介绍 ●

BMP格式是DOS和Windows兼容的计算机上的标准Windows图像格式，是英文Bitmap（位图）的简写。BMP格式支持1～24位颜色深度，使用的颜色模式有RGB、索引颜色、灰度和位图等，但不能保存Alpha通道。BMP格式的特点是包含图像信息较丰富，几乎不对图像进行压缩，占用磁盘空间较大。

● 操作步骤 ●

STEP 01 在菜单栏中单击"文件"|"打开"命令，如图2-27所示。

STEP 02 执行操作后，弹出"打开"对话框，单击"查找范围"右侧的下拉按钮，在弹出的下拉列表中选择需要打开的文件格式，如图2-28所示。

图2-27 单击"打开"命令

图2-28 选择需要打开的文件格式

STEP 03 然后在文件区中选定所需的文件，如图2-29 所示。

STEP 04 单击"打开"按钮，即可打开BMP文件，如图 2-30所示。

图2-29 选择素材文件

图2-30 打开BMP文件

实战 049	**打开TIFF文件**	▶ 实例位置：无
		▶ 素材位置：光盘\素材\第2章\实战049.tif
		▶ 视频位置：光盘\视频\第2章\实战049.mp4

● **实例介绍** ●

TIFF格式是由Aldus Acrobat生成的文件格式，它以PostScript Level2语言为基础，可以保存多页信息，包含矢量图形和位图图像，并支持超链接，因此该文件格式主要用于网络下载。

● **操作步骤** ●

STEP 01 在菜单栏中单击"文件"|"打开"命令，如图 2-31所示。

STEP 02 执行操作后，弹出"打开"对话框，单击"查找范围"右侧的下拉按钮，在弹出的下拉列表中选择需要打开的文件格式，如图2-32所示。

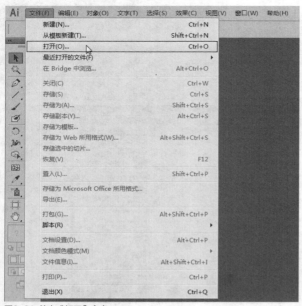

图2-31 单击"打开"命令

图2-32 选择需要打开的文件格式

STEP 03 然后在文件区中选定所需的文件,如图2-33 所示。

STEP 04 单击"打开"按钮,即可打开TIFF文件,如图 2-34所示。

图2-33 选择素材文件

图2-34 打开TIFF文件

实战 050 打开TIFF文件

▶ **实例位置:** 无
▶ **素材位置:** 光盘\素材\第2章\实战050.gif
▶ **视频位置:** 光盘\视频\第2章\实战050.mp4

● **实例介绍** ●

　　GIF是英文Graphics Interchange Format(图形交换格式)的缩写。它的特点是压缩比高,磁盘空间占用少,所以这种图像格式迅速得到广泛的应用。最初的GIF只是简单地用来存储单幅静止图像,后来随着技术的发展,可以同时存储若干幅静止图像进而形成连续的动画,使之成为支持2D动画为数不多的格式之一。

　　GIF格式的文件大多用于网络传输,可以将多张图像存储为一个档案,形成动画效果,如图2-35所示。GIF图像文件的数据是经过压缩的,而且是采用了可变长度等压缩算法。所以GIF的图像深度从Ibit到8bit,也即GIF最多支持256种色彩的图像。GIF格式的另一个特点是其在一个GIF文件中可以存储多幅彩色图像,如果把存在于一个文件中的多幅图像数据逐幅读出并显示到屏幕上,就可构成一种最简单的动画。而且文件尺寸较小,并且支持透明背景,特别适合作为网页图像。

图2-35　GIF格式的动画效果

● 操作步骤 ●

STEP 01 在菜单栏中单击"文件"|"打开"命令，如图2-36所示。

STEP 02 执行操作后，弹出"打开"对话框，单击"查找范围"右侧的下拉按钮，在弹出的下拉列表中选择需要打开的文件格式，如图2-37所示。

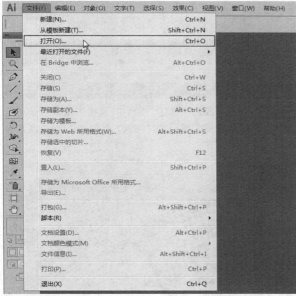

图2-36　单击"打开"命令

图2-37　选择需要打开的文件格式

STEP 03 然后在文件区中选定所需的文件，如图2-38所示。

STEP 04 单击"打开"按钮，即可打开GIF文件，如图2-39所示。

图2-38　选择素材文件

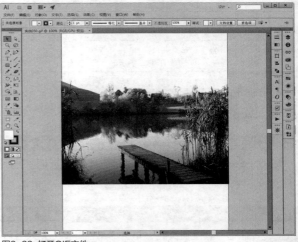

图2-39　打开GIF文件

2.3 置入Illustrator文件

使用"置入"命令可以将外部文件导入Illustrator文档。该命令为文件格式、置入选项和颜色等提供了最高级别的支持，并且置入文件后，还可以使用"链接"面板识别、选择、监控和更新文件。

实战051 置入文件

▶ **实例位置：** 光盘\效果\第2章\实战051.ai
▶ **素材位置：** 光盘\素材\第2章\实战051.ai
▶ **视频位置：** 光盘\视频\第2章\实战051.mp4

● 实例介绍 ●

在Illustrator中置入图像文件，是指将所选择的文件置入到当前编辑窗口中，然后在Illustrator中进行编辑。Illustrator CC所支持的格式都能通过"置入"命令将指定的图像文件置于当前编辑的文件中。

技巧点拨

Illustrator CC的兼容性十分强大，除了源文件的AI格式外，还可以置入PSD、TIFF、DWG和PDF等格式，而所置入的文件素材将全部置于当前文档中。

另外，单击"置入"按钮后，在弹出的对话框中选择相应的"类型"选项，再单击"确定"按钮即可。

● 操作步骤 ●

STEP 01 新建一幅空白文档，单击"文件"｜"置入"命令，弹出"置入"对话框，在其中选择一幅素材图像，如图2-40所示。

STEP 02 单击"置入"按钮，即可将素材图像置入于当前文档中，单击控制面板中的"嵌入"按钮即可完成置入操作，如图2-41所示。

图2-40 选择素材图像

图2-41 置入素材图像

实战052 置入多个文件

▶ **实例位置：** 光盘\效果\第2章\实战052.ai
▶ **素材位置：** 光盘\素材\第2章\实战052(1).jpg、实战052(2).jpg
▶ **视频位置：** 光盘\视频\第2章\实战052.mp4

● 实例介绍 ●

同时置入多个文件时，如果要放弃某图稿，可按【↑】键、【→】键、【↓】键和【←】键导航到该图稿，然后按【Esc】键确认。

● 操作步骤 ●

STEP 01 新建一幅空白文档，单击"文件"｜"置入"命令，弹出"置入"对话框，在其中选择多个素材图像，如图2-42所示。

STEP 02 单击"置入"按钮，光标旁边会出现图稿的缩览图，如图2-43所示。

图2-42　选择素材图像

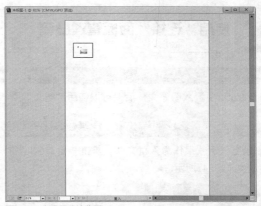

图2-43　出现图稿缩览图

STEP 03　每单击一下鼠标，便会以原始尺寸置入图稿，如图2-44和图2-45所示。

图2-44　置入图稿（1）

图2-45　置入图稿（2）

STEP 04　如果要自定义图稿的大小，可通过单击并拖曳鼠标的方式来操作（置入的文件与原始资源的大小成比例），如图2-46所示。

图2-46　自定义图稿的大小

实战 053 使用"连接"面板管理图稿

▶ 实例位置：无
▶ 素材位置：上一例效果文件
▶ 视频位置：光盘\视频\第2章\实战053.mp4

● 实例介绍 ●

在Illustrator中置入图像文件后，可以使用"链接"面板查看和管理所有链接或嵌入的图稿。

● 操作步骤 ●

STEP 01 以上一例效果作为素材文件，单击"窗口"|"链接"命令，如图2-47所示。

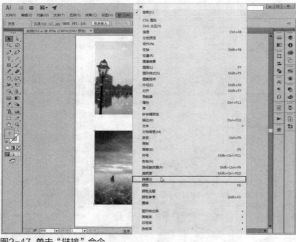

图2-47 单击"链接"命令

STEP 02 执行操作后，即可打开"链接"面板，面板中显示了图稿的小缩览图，并用图标标识了图稿的状态，如图2-48所示。

图2-48 打开"链接"面板

STEP 03 单击"链接"面板右上角的按钮，在弹出的面板菜单中选择"显示嵌入的链接"选项，如图2-49所示。

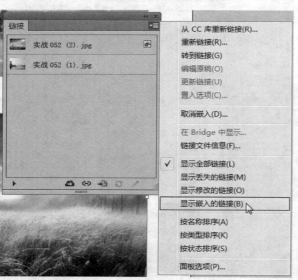

图2-49 选择"显示嵌入的链接"选项

STEP 04 执行操作后，即可在"链接"面板中显示嵌入的链接，如图2-50所示。

图2-50 显示嵌入的链接

2.4 导出Illustrator文件

　　Illustrator文档能够识别所有通用的文件格式，因此，用户可以将Illustrator中创建的文件导出为不同的格式，以便被其他程序使用。另外，新建文件或对文件进行处理之后，需要及时保存，以免因断电或死机等造成劳动成果付之东流。

实战
054　导出图稿

▶ 实例位置：无
▶ 素材位置：无
▶ 视频位置：光盘\视频\第2章\实战054.mp4

● 实例介绍 ●

　　导出图稿就是将绘制好的图形保存在电脑硬盘中，以便日后编辑或使用。在存储文件时，如果所用的文件名与所选文件夹内的某一文件同名，单击"存储为"按钮，将弹出信息提示对话框，如图2-51所示，用户可以根据需要单击"确定"或"取消"按钮。

图2-51 信息提示对话框

● 操作步骤 ●

STEP 01 单击"文件"|"存储为"命令或按【Shift + Ctrl + S】组合键，如图2-52所示。

STEP 02 弹出"存储为"对话框，可输入保存的文件名，选择保存的文件格式，如图2-53所示。

图2-52 单击"存储为"命令

图2-53 "存储为"对话框

STEP 03 单击"保存"按钮，弹出"Illustrator选项"对话框，选择要保存的版本，如图2-54所示。

STEP 04 单击"确定"按钮，即可将文件保存起来。

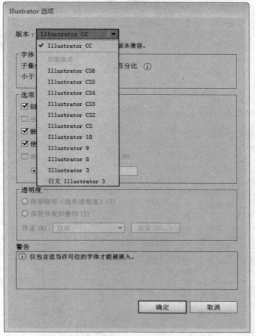

图2-54 选择要保存的版本

实战 055　导出为PDF文件

▶ 实例位置：光盘\效果\第2章\实战055.pdf
▶ 素材位置：光盘\素材\第2章\实战055.ai
▶ 视频位置：光盘\视频\第2章\实战055.mp4

● 实例介绍 ●

PDF（Portable Document Format的简称，意为"便携式文档格式"），是由Adobe Systems用于与应用程序、操作系统、硬件无关的方式进行文件交换所发展出的文件格式。PDF文件以PostScript语言图像模型为基础，无论在哪种打印机上都可保证精确的颜色和准确的打印效果，即PDF会忠实地再现原稿的每一个字符、颜色及图像。

可移植文档格式是一种电子文件格式。这种文件格式与操作系统平台无关，也就是说，PDF文件不管是在Windows，Unix还是在苹果公司的Mac OS操作系统中都是通用的。这一特点使它成为在Internet上进行电子文档发行和数字化信息传播的理想文档格式。越来越多的电子图书、产品说明、公司文告、网络资料、电子邮件开始使用PDF格式文件。

Adobe公司设计PDF文件格式的目的是为了支持跨平台上的，多媒体集成的信息出版和发布，尤其是提供对网络信息发布的支持。为了达到此目的，PDF具有许多其他电子文档格式无法相比的优点。PDF文件格式可以将文字、字形、格式、颜色及独立于设备和分辨率的图形图像等封装在一个文件中。该格式文件还可以包含超文本链接、声音和动态影像等电子信息，支持特长文件，集成度和安全可靠性较高。

● 操作步骤 ●

STEP 01 单击"文件"|"打开"命令，打开一幅素材图像，如图2-55所示。

图2-55 打开素材图像

STEP 02 单击"文件"|"存储为"命令，弹出"存储为"对话框，可输入保存的文件名，选择保存的文件格式，如图2-56所示。

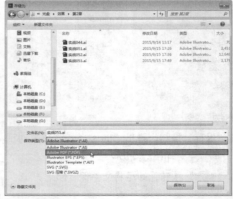

图2-56 "存储为"对话框

STEP 03 单击"保存"按钮，弹出"存储Adobe PDF"对话框，单击"存储PDF"按钮，如图2-57所示。

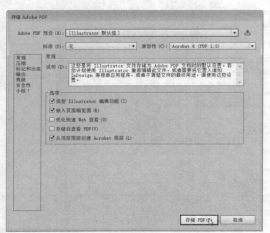

图2-57 单击"存储PDF"按钮

STEP 04 执行操作后，即可将文件导出为PDF文件，如图2-58所示。

图2-58 导出为PDF文件

实战 056	打包文件	▶ 实例位置：光盘\效果\第2章\实战056文件夹\实战056.ai、实战056 报告.txt ▶ 素材位置：光盘\素材\第2章\实战056.ai ▶ 视频位置：光盘\视频\第2章\实战056.mp4

● 实例介绍 ●

　　使用"打包"命令可以将文档中的图形、字体、链接图形和打包报告等相关内容自动保存到一个文件夹中。有了这项功能，设计人员就可以从文件中自动提取文字和图稿资源，免除了手动分离和转存工作，并可实现轻松传送文件的目的。

● 操作步骤 ●

STEP 01 单击"文件"|"打开"命令，打开一幅素材图像，如图2-59所示。

STEP 02 单击"文件"|"打包"命令，如图2-60所示。

图2-59 打开素材图像

图2-60 单击"打包"命令

STEP 03 弹出"打包"对话框，单击"选择包文件夹位置"按钮 📁，如图2-61所示。

STEP 04 执行操作后，弹出"选择文件夹位置"对话框，设置打包文件的保存位置，如图2-62所示。

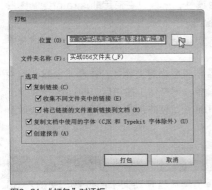

图2-61 "打包"对话框

图2-62 "选择文件夹位置"对话框

STEP 05 单击"选择文件夹"按钮，即可设置包文件夹的位置，如图2-63所示。

STEP 06 单击"打包"按钮，弹出信息提示框，单击"确定"按钮，如图2-64所示。

图2-63 设置包文件夹的位置

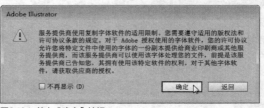

图2-64 单击"确定"按钮

STEP 07 弹出信息提示框,单击"显示文件包"按钮,如图2-65所示。

STEP 08 执行操作后,即可将内容打包到文件夹中,如图2-66所示。

图2-65 单击"显示文件包"按钮

图2-66 将内容打包到文件夹中

实战 057 直接存储文件

▶ **实例位置:** 光盘\效果\第2章\实战057.pdf
▶ **素材位置:** 光盘\素材\第2章\实战057.ai
▶ **视频位置:** 光盘\视频\第2章\实战057.mp4

● 实例介绍 ●

不管是新建文件,还是对打开的原有文件进行编辑和修改,在操作完成后,用户都需要将其进行存储。在Illustrator CC中,除了一般Windows应用程序都具有的"存储"和"存储为"命令外,它还有"存储副本""存储为模版"等命令。

Illustrator中一共有4种基本文件格式:AI、PDF、EPS、SVG,这4种文件格式均能保留Illustrator文件的所有信息(如图层结构、路径信息等),对于Illustrator来说,它们可以称之为本地格式。当将Illustrator文件存储为非本地文件格式后,再在Illustrator中将其打开,将会丢失原来Illustrator文件的一部分图形属性,所以,在使用Illustrator绘制图形时,编者推荐先将文件存储为本地格式(一般是AI格式),然后再存为其他的格式。

用户若要对所编辑的文件进行存储时,单击"文件"|"存储"命令,或按【Ctrl+S】组合键,此时Illustrator将弹出"存储为"对话框。

用户在对话框中选择要存储的目标位置,Illustrator将以原来新建文件时命名的名称对文件进行存储(当然,用户还可在"存储为"对话框中"文件名"右侧的文本框中设置存储文件的名称)。单击"存储"按钮后,Illustrator将弹出"Illustrator选项"对话框,当用户确定各选项之后,单击"确定"按钮后,Illustrator就将用户前面所设置的选项对图像进行存储,存储后的文件则以 图标显示存储的图像。

● 操作步骤 ●

STEP 01 单击"文件"|"打开"命令,打开一幅素材图像,如图2-67所示。

STEP 02 运用选择工具适当移动文字的位置,如图2-68所示。

图2-67　打开素材图像

图2-68　移动文字的位置

技巧点拨

　　用户若对AI格式的图像进行编辑后，单击"文件"|"存储"命令，此时Illustrator CS2将不会弹出"存储为"对话框。

STEP 03 单击"文件"|"存储"命令，如图2-69所示。

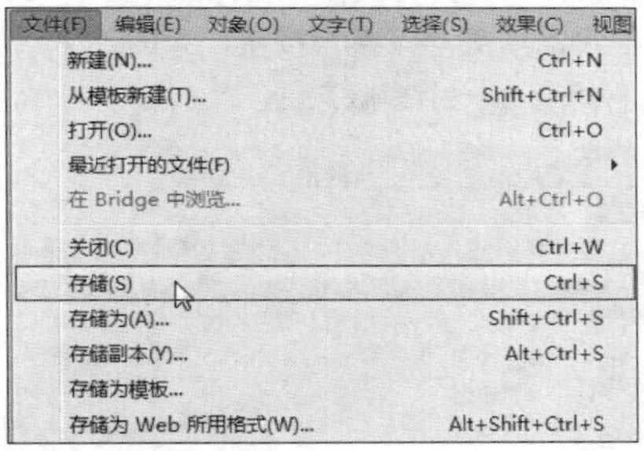

STEP 04 单击"文件" | "关闭"命令，如图2-70所示，即可关闭该文档。

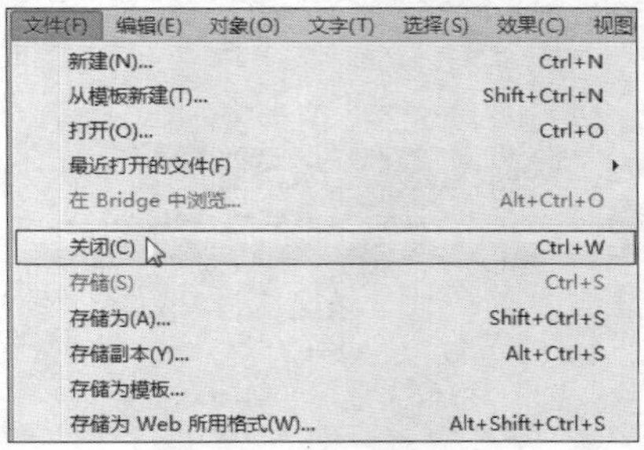

图2-69　单击"存储"命令

图2-70　单击"关闭"命令

技巧点拨

　　使用Illustrator绘制图像时，关闭与切换文件窗口的操作是最基本的操作，也是最重要的一项操作，熟练地掌握操作可以大大提高工作效率。另外，在任何情况下，用户都可以退出Illustrator之前随时关闭一个或所有打开的文件。

　　1. 关闭文件

　　一般情况下，若要关闭一个文件，首先要确认该文件为当前工作文件，然后单击"文件"|"关闭"命令，或按【Ctrl＋W】组合键即可关闭该文件。

　　用户若要一次性关闭所有打开的文件，可按【Ctrl＋Alt＋W】组合键。

　　若用户对打开的文件进行改动但没有存储时，在关闭文件时，Illustrator将会弹出一个询问框，提示确认是否存储文件，如图2-71所示。用户可根据需要，单击相应的按钮。

图2-71　询问框

　　另外，单击文件窗口右侧的"关闭"按钮⊠，也可以关闭该文件。

　　2. 切换文件窗口

　　用户在绘制图形时，若创建或打开了多个文件，并且在多个文件之间需要交换绘制图形时，就会遇到文件窗口的切换问题。而在Illustrator中，若创建或打开了多个文件，则每一个文件名称将会排列在"窗口"菜单栏的最下方。选择不同的文件名称可以将该文件切换为当前工作文件。若各文件采取层叠或拼贴等方式显示在页面的最下方时，直接单击该文件的任意位置，即可将文件切换为当前工作文件。

实战 058 存储为模版

▶ 实例位置：光盘\效果\第2章\实战058.ait
▶ 素材位置：光盘\素材\第2章\实战058.ai
▶ 视频位置：光盘\视频\第2章\实战058.mp4

● 实例介绍 ●

使用"存储为模版"命令，可以将当期文件保存为一个模版文件。

● 操作步骤 ●

STEP 01 单击"文件"|"打开"命令，打开一幅素材图像，如图2-72所示。

STEP 02 单击"文件"|"存储为模版"命令，如图2-73所示。

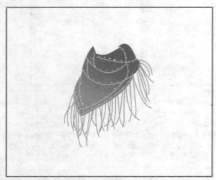

图2-72 打开素材图像

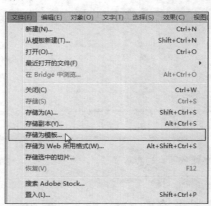

图2-73 单击"存储为模版"命令

STEP 03 弹出"存储为"对话框，设置相应的保存位置，如图2-74所示。

STEP 04 可以看到Illustrator会将文件存储为AIT（Adobe Illustrator模版）格式，单击"保存"按钮，如图2-75所示，即可将当期文件保存为一个模版文件。

图2-74 设置相应的保存位置

图2-75 单击"保存"命令

实战 059 存储为副本

▶ 实例位置：光盘\效果\第2章\实战059_复制.ai
▶ 素材位置：光盘\素材\第2章\实战059.ai
▶ 视频位置：光盘\视频\第2章\实战059.mp4

● 实例介绍 ●

使用"存储副本"命令，可以基于当前文件保存一个同样的副本，副本文件名称的后面会添加"复制"二字。如果不想保存对当前文件作出修改，则可以通过该命令创建文件的副本，再将当前文件关闭。

● 操作步骤 ●

STEP 01 单击"文件"|"打开"命令，打开一幅素材图像，如图2-76所示。

图2-76 打开素材图像

STEP 03 弹出"旋转"对话框，设置"角度"为90°，如图2-78所示。

图2-78 "旋转"对话框

STEP 05 单击"文件"|"存储副本"命令，如图2-80所示。

图2-80 单击"存储副本"命令

STEP 02 选择图形对象，单击鼠标右键，在弹出的快捷菜单中选择"变换"|"旋转"选项，如图2-77所示。

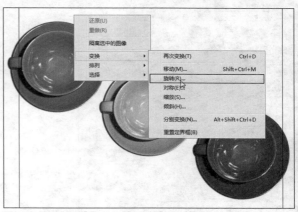

图2-77 选择"旋转"选项

STEP 04 单击"确定"按钮，即可旋转图形，如图2-79所示。

图2-79 旋转图形

STEP 06 弹出"存储副本"对话框，设置相应的保存位置，如图2-81所示。

图2-81 "存储副本"对话框

STEP 07 单击"保存"按钮，弹出"Illustrator选项"对话框，保持默认设置，单击"确定"按钮，如图2-82所示。

STEP 08 执行操作后，即可将当前文件保存为副本，如图2-83所示。

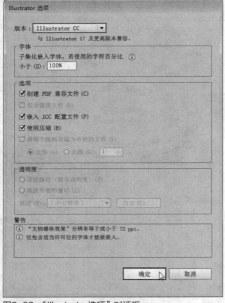

图2-82 "Illustrator选项"对话框

图2-83 将当前文件保存为副本

实战 060 存储为Microsoft Office所用格式

▶ **实例位置**：光盘\效果\第2章\实战060.png
▶ **素材位置**：光盘\素材\第2章\实战060.ai
▶ **视频位置**：光盘\视频\第2章\实战060.mp4

● 实例介绍 ●

使用"存储为Microsoft Office所用格式"命令，可以创建一个能在Microsoft Office程序中使用的PNG文件。

● 操作步骤 ●

STEP 01 单击"文件"|"打开"命令，打开一幅素材图像，如图2-84所示。

STEP 02 单击"文件"|"存储为Microsoft Office所用格式"命令，如图2-85所示。

图2-84 打开素材图像

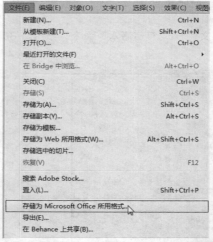

图2-85 单击"存储为Microsoft Office所用格式"命令

STEP 03 弹出"存储为Microsoft Office所用格式"对话框，设置相应的保存位置，单击"保存"按钮，如图2-86所示。

STEP 04 执行操作后，即可将图稿存储为PNG格式的文件，如图2-87所示。

图2-86　单击"保存"按钮

图2-87　将图稿存储为PNG格式的文件

2.5　还原和恢复文件

在处理Illustrator图稿的过程中，用户可以对已完成的操作进行撤销和重做，熟练地运用撤销和重做功能将会给工作带来极大的方便。

实战 061　菜单撤销图像操作

▶ 实例位置：无
▶ 素材位置：光盘\素材\第2章\实战061.ai
▶ 视频位置：光盘\视频\第2章\实战061.mp4

● 实例介绍 ●

在用户进行图像处理时，如果需要恢复操作前的状态，就需要进行撤销操作。

● 操作步骤 ●

STEP 01　单击"文件"|"打开"命令，打开一幅素材图像，如图2-88所示。

STEP 02　选择编辑窗口中的图形对象，单击"效果"|"像素化"|"晶格化"命令，如图2-89所示。

图2-88　打开素材图像

图2-89　单击"晶格化"命令

STEP 03 执行上述操作后，即可弹出"晶格化"对话框，保持默认设置即可，如图2-90所示。

STEP 04 单击"确定"按钮，即可制作晶格化效果，如图2-91所示。

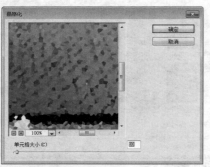

图2-90 弹出"晶格化"对话框

图2-91 晶格化效果

STEP 05 单击"编辑"|"还原(U)"晶格化""命令，如图2-92所示。

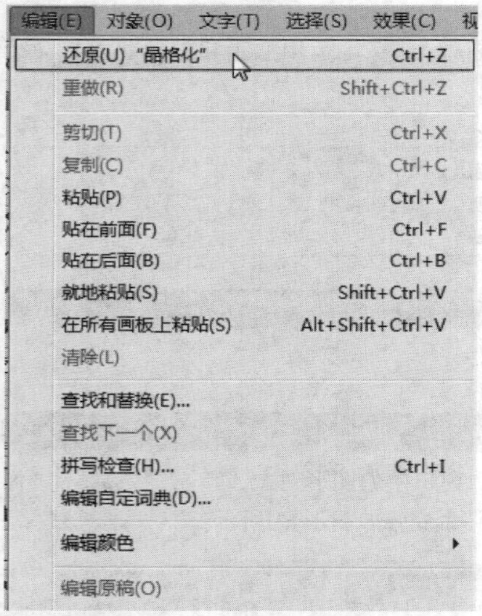

STEP 06 执行上述操作后，即可撤销图像操作，效果如图2-93所示。

图2-92 单击相应命令

图2-93 最终效果

知识拓展

　　"编辑"菜单中的"后退一步"命令，是指将当前图像文件中用户近期的操作进行逐步撤销，默认的最大撤销步骤数为20步。"编辑"菜单中的还原命令，是指将当前修改过的文件撤销用户最后一次执行的操作。这两个菜单命令的功能都非常强大，用户可以根据图像中的实际需要进行相应操作。

实战 062 恢复图像初始状态

▶ 实例位置：无
▶ 素材位置：光盘\素材\第2章\实战062.ai
▶ 视频位置：光盘\视频\第2章\实战062.mp4

● 实例介绍 ●

　　当用户打开了一个文件并对它进行了编辑以后，如果对编辑结果不满意，或者在编辑过程中进行了无法撤销的操作，可以通过"恢复"命令将文件恢复到上一次保存时的状态。

● 操作步骤 ●

STEP 01 单击"文件"｜"打开"命令，打开一幅素材图像，如图2-94所示。

STEP 02 使用选择工具选中红色衣服图形，按【Delete】键将该图形删除，再移动人物手镯的位置，图像效果如图2-95所示。

图2-94 素材图像

图2-95 旋转图像

STEP 03 单击"编辑"｜"还原移动"命令，即可将素材图像还原至移动手镯图形之前的图像效果，如图2-96所示。

STEP 04 单击 "文件"｜"恢复"命令，弹出信息提示框，如图2-97所示。

图2-96 还原至移动操作前的步骤

图2-97 信息提示框

STEP 05 单击"恢复"按钮，即可将素材图像恢复至打开时的图像效果，如图2-98所示。

知识拓展

　　"还原"命令就是使所编辑的图形文件恢复到操作的前一步状态，如果用户多次对图形进行编辑，则用户可以多次操作还原命令；而使用"恢复"命令可以将所编辑的图形文件恢复至存储时的版本。

图2-98 恢复图像

2.6 编辑和管理文档

　　创建文档后，可以随时修改文档的颜色模式和文档方向、查看文档的信息，也可以使用Bridge浏览和管理文档，添加评级等。

实战 063 修改文档的设置

▶ 实例位置：光盘\效果\第2章\实战063.ai
▶ 素材位置：光盘\素材\第2章\实战063.ai
▶ 视频位置：光盘\视频\第2章\实战063.mp4

● 实例介绍 ●

执行"文件"|"文档设置"命令，打开"文档设置"对话框，可以在此对当前文档的度量单位、文字属性和透明度网格等进行设置。

● 操作步骤 ●

STEP 01 单击"文件"|"打开"命令，打开一幅素材图像，如图2-99所示。

STEP 02 单击"文件"|"文档设置"命令，如图2-100所示。

图2-99 打开素材图像

图2-100 单击"文档设置"命令

STEP 03 执行上述操作后，即可弹出"文档设置"对话框，在"网格颜色"列表框中操作"红色"选项，如图2-101所示。

STEP 04 执行操作后，即可设置网格颜色，如图2-102所示。

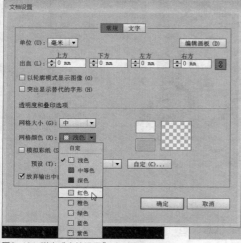

图2-101 弹出"文档设置"对话框

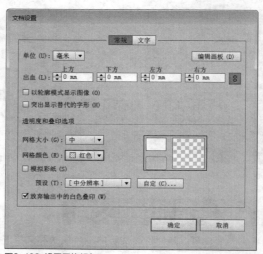

图2-102 设置网格颜色

STEP 05 单击"确定"按钮，单击"视图"|"显示透明度网格"命令，如图2-103所示。

STEP 06 执行上述操作后，即可修改文档的属性，效果如图2-104所示。

图2-103　单击相应命令

图2-104　最终效果

实战 064　切换文档的颜色模式

▶ 实例位置：光盘\效果\第2章\实战064.ai
▶ 素材位置：光盘\素材\第2章\实战064.ai
▶ 视频位置：光盘\视频\第2章\实战064.mp4

● 实例介绍 ●

颜色模式是使用数字描述颜色的方式。无论是屏幕上呈现的颜色还是印刷颜色，都是模拟自然界的颜色，模拟色的范围远小于自然界的颜色范围。同作为模拟颜色，屏幕颜色和印刷颜色并不完全匹配，印刷颜色的颜色范围也远远小于屏幕的颜色范围。

在"文件"|"文档颜色模式"下拉菜单中包括"CMYK颜色"和"RGB颜色"两个命令，通过执行这两个命令，可以将文档的颜色模式转换为CMYK模式或RGB模式。

1. RGB模式

RGB模式是最常用的一种颜色模式，它是一种加色模式。在RGB模式下处理图像比较方便，而且比CMYK图像文件要小得多，可以节省更多内存和存储空间。

RGB颜色模式由红、绿、蓝3种原色构成，R代表红色、G代表绿色、B代表蓝色。它们的取值都为0~255的整数。例如，R、G、B均取最大值255，叠加起来会得到纯白色；而当所有取值都为0时，则会得到纯黑色。

RGB图像通过3种颜色或通道，可以在屏幕上生成多达1670万种颜色，这3个通道转换为每像素24位的颜色信息。在16位/通道的图像中，这些通道转换为每像素48位的颜色信息，具有重新生成更多颜色的能力。

2. CMYK模式

CMYK模式是一种印刷模式，它是一种减色模式。CMYK模式由4种颜色组件构成，C代表青色、M代表品红、Y代表黄色、K代表黑色。

CMYK模式的每一种颜色所占的百分比范围为0~100%，百分比越高，颜色越深。新建的Illustrator CC图像默认模式为CMYK，计算机显示器也将使用CMYK模式显示颜色。

CMYK模式色彩混合如下。

➢ 青色和洋红色：全亮度的青色和洋红色混合形成蓝色，如图2-105所示。

➢ 洋红色和黄色：全亮度的洋红色和黄色混合形成鲜红色，如图2-106所示。

图2-105　青色和洋红色混合形成深蓝色

图2-106　洋红色和黄色混合形成鲜红色

> 黄色和青色：全亮度的黄色和青色混合形成
> 鲜绿色，如图2-107所示。
> 青色、洋红色和黄色：全亮度青色和洋红色
> 及黄色混合形成褐色，如图2-108所示。
> 黑色：任何颜色添加黑色后都将会变暗。

图2-107 黄色和青色混合形成鲜绿色　　图2-108 青色、洋红色及黄色混合形成褐色

● 操作步骤 ●

STEP 01 单击"文件"|"打开"命令，打开一幅素材图像，如图2-109所示。

STEP 02 在文档窗口顶部的标题栏中，会显示文档的颜色模式，此时为RGB模式，如图2-110所示。

图2-110 窗口文档的颜色模式

图2-109 打开素材图像

STEP 03 单击"文件"|"文档颜色模式"|"CMYK颜色"命令，如图2-111所示。

STEP 04 执行操作后，即可将文档的颜色模式设置为CMYK，如图2-112所示。

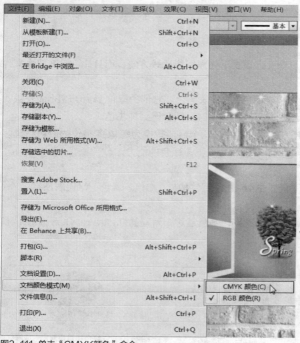

图2-111 单击"CMYK颜色"命令

图2-112 CMYK模式

实战 065 **在文档中添加版权信息**

▶ 实例位置：光盘\效果\第2章\实战065.ai
▶ 素材位置：光盘\素材\第2章\实战065.ai
▶ 视频位置：光盘\视频\第2章\实战065.mp4

● 实例介绍 ●

　　执行"文件"|"文件信息"命令，打开"文件信息"对话框，可以为图像添加信息，如创建者、版权所有者和许可协议等信息。

● 操作步骤 ●

STEP 01 单击"文件"|"打开"命令，打开一幅素材图像，如图2-113所示。

STEP 02 单击"文件"|"文件信息"命令，如图2-114所示。

图2-113 打开素材图像

图2-114 单击"文件信息"命令

STEP 03 执行上述操作后，即可弹出"实战065.ai"对话框，如图2-115所示。

STEP 04 切换至"基本"选项卡，在"版权公共"文本框中输入"龙飞所有"，如图2-116所示。

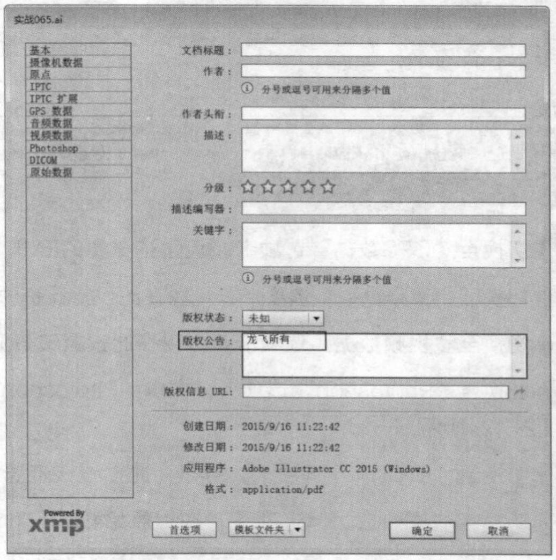

图2-115 "实战065.ai"对话框

图2-116 "基本"选项卡

STEP 05 切换至"摄像机数据"选项卡中，可以查看图稿的摄像机信息和拍摄信息，如图2-117所示。

STEP 06 切换至"原点"选项卡，显示有关该资源出处的信息，如图2-118所示。

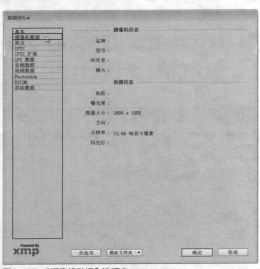

图2-117 "摄像机数据"选项卡

图2-118 "原点"选项卡

STEP 07 分别切换至"IPTC"和"IPTC扩展"选项卡，显示国际出版电讯委员会核心架构的相关属性，如图2-119和图2-120所示。

图2-119 "IPTC"选项卡

图2-120 "IPTC扩展"选项卡

知识拓展

IPTC是国际出版电讯委员会（International Press Telecommunications Council）的缩写，IPTC元数据就是一种标准格式，可以将以下元数据加入图稿信息中，如作者、版权、字幕、细节描述等。

STEP 08 切换至"GPS数据"选项卡，包含该资源的EXIF GPS标签属性，如图2-121所示。

STEP 09 切换至"音频数据"选项卡，可以在此设置该资源的音频元数据属性，如图2-122所示。

STEP 10 切换至"视频数据"选项卡，可以在此设置该资源的视频元数据属性，如图2-123所示。

STEP 11 切换至"Photoshop"选项卡，右侧的Photoshop历史记录窗口会显示对该文档已完成的编辑历史记录的累计日志，如图2-124所示。

STEP 12 切换至"DICOM"选项卡，可以在此设置该资源的医学数字成像和通信信息，如图2-125所示。

STEP 13 切换至"原始数据"选项卡，在"原始数据"列表框中将以原始RDF/XML形式显示XMP数据包，如图2-126所示。

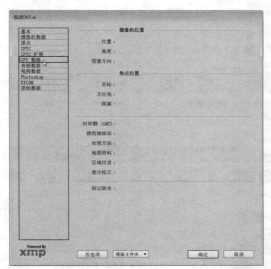

图2-121 "GPS数据"选项卡

图2-122 "音频数据"选项卡

图2-123 "视频数据"选项卡

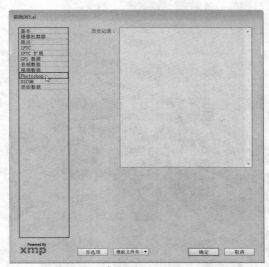

图2-124 "Photoshop"选项卡

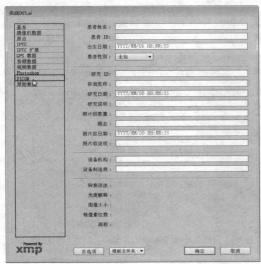

图2-125 "DICOM"选项卡

图2-126 "原始数据"选项卡

STEP 14 单击"确定"按钮，即可修改文件信息。

实战 066 "文档信息"面板

▶ 实例位置：无
▶ 素材位置：光盘\素材\第2章\实战066.ai
▶ 视频位置：光盘\视频\第2章\实战066.mp4

● 实例介绍 ●

在"文档信息"面板中，可以查看文档的相关信息，包括常规文件信息和对象特征，以及图像样式、自定颜色、渐变、字体和置入图稿的数量和名称。

● 操作步骤 ●

STEP 01 单击"文件"｜"打开"命令，打开一幅素材图像，如图2-127所示。

STEP 02 单击"窗口"｜"文档信息"命令，如图2-128所示。

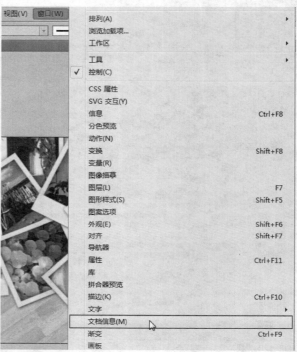

图2-128 单击"文档信息"命令

图2-127 打开素材图像

STEP 03 执行上述操作后，即可弹出"文档信息"面板，如图2-129所示。

STEP 04 单击"文档信息"面板右上角的 按钮，在弹出的面板菜单中选择"对象"选项，如图2-130所示。

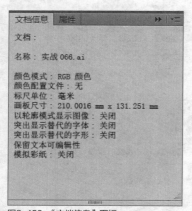

图2-129 "文档信息"面板

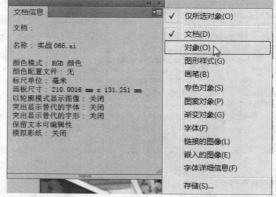

图2-130 选择"对象"选项

STEP 05 执行操作后，面板中会显示"对象"类型的信息，如图2-131所示。

图2-131　"对象"类型的信息

实战 067　查看系统信息

▶ 实例位置：无
▶ 素材位置：无
▶ 视频位置：光盘\视频\第2章\实战067.mp4

● 实例介绍 ●

使用Illustrator的过程中，有时需要查看系统的软硬件信息，通过"系统信息"命令即可快速查看系统信息。

● 操作步骤 ●

STEP 01 单击"帮助"|"系统信息"命令，如图2-132所示。

STEP 02 执行操作后，弹出"系统信息"对话框，中间的下拉列表框中显示了相关的系统信息，单击"确定"按钮即可关闭该对话框，如图2-133所示。

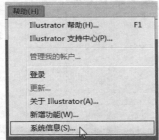

图2-132　单击"系统信息"命令

图2-133　"系统信息"对话框

实战 068　使用Bridge CC导航图稿

▶ 实例位置：无
▶ 素材位置：光盘\素材\第2章\实战068\实战068（1）.ai～实战068（4）.ai
▶ 视频位置：光盘\视频\第2章\实战068.mp4

● 实例介绍 ●

当浏览大量图片或寻找图片时，往往会为AI、PSD、INDD和PDF等格式的文件感到头疼，因为太耗时间，而使用Adobe Bridge则可以直接预览并操作AI、PSD、INDD和PDF等格式的文件。Adobe Bridge提供了多种不同的预设面板，可以根据个人不同的工作习惯来选择不同的预设面板。默认的Adobe Bridge版面主要分为主窗口和面板区域两个部分，主窗口显示图稿的缩览图，面板区域位于窗口的左右两侧用于选择各种选项。

Adobe Bridge能够独立地运行，并且只需在Photoshop、Illustrator、InDesign或是Golive中点击相应按钮即可。下面介绍使用Adobe Bridge来导航图稿的操作方法。

● 操作步骤 ●

STEP 01 首先启动Illustrator CC软件，单击菜单栏中的"文件"｜"在Bridge中浏览"命令，如图2-134所示。

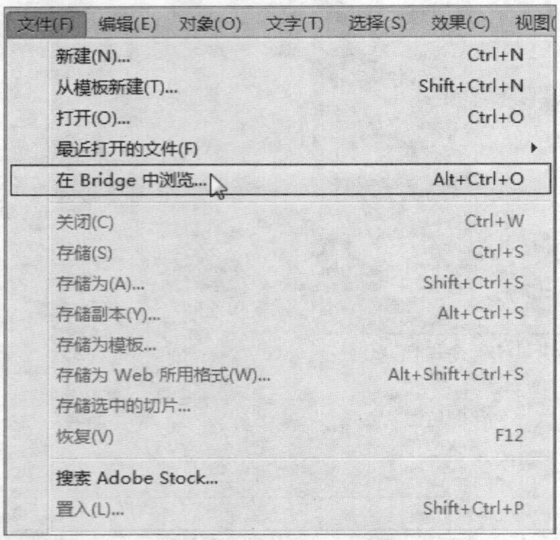

STEP 02 执行上述操作后，即可启动Adobe Bridge软件窗口，在"文件夹"面板中选择需要导航图稿的位置，如图2-135所示。

图2-134 单击"在Bridge中浏览"命令

图2-135 选择导航图稿位置

STEP 03 即可在"内容"面板中查看指定文件夹内的所有图像，如图2-136所示。

STEP 04 如果在处理图像的时候，频繁地选择同一个文件夹，则可以将该文件夹保存为收藏夹，选中需要收藏的文件夹，单击鼠标右键，在弹出的快捷菜单中选择"添加到收藏夹"选项，如图2-137所示。

图2-136 显示指定文件夹图像

图2-137 选择"添加到收藏夹"选项

STEP 05 在Adobe Bridge软件中，使用导航功能可以快速地在文件夹之间移动图稿，选中需要移动的数码图稿，单击并将其拖曳至另一个文件中，如图2-138所示。

STEP 06 选择的图稿在当前文件夹中删除，并移动至拖曳的文件夹中，如图2-139所示。

STEP 07 若要使用审阅模式查看文件夹中的图片，可以在菜单栏中单击"视图"｜"审阅模式"命令，如图2-140所示。

STEP 08 执行上述操作后，即可使用审阅模式查看文件夹中的图像，如图2-141所示。

图2-138 拖曳图稿至另一文件夹

图2-139 移动图稿

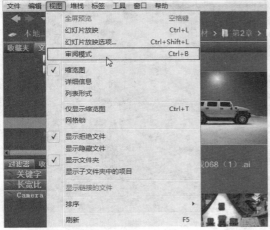

图2-140 单击"审阅模式"命令

图2-141 审阅模式查看图像

[STEP 09] 若需查看图稿局部细节，可以将鼠标定位至需要查看的数码图稿上，如图2-142所示，然后单击鼠标即可。

[STEP 10] 执行上述操作后，即可查看单击的数码图稿局部细节图，如图2-143所示。

图2-142 定位数码图稿

图2-143 局部细节

技巧点拨

除了运用命令启动Adobe Bridge软件外，也可以按【Alt＋Ctrl＋O】组合键启动Adobe Bridge软件。

[STEP 11] 单击窗口左下角的向下按钮，可以减少查看图稿的数量，如图2-144所示。

[STEP 12] 继续单击向下按钮，减少图稿的预览数量，查看的缩览图的个数会相应减少，如图2-145所示。

图2-144 减少查看图稿数量

图2-145 减少查看图稿数量

STEP 13 若要突出元数据工作区，可以单击"窗口"|"工作区"|"元数据"命令，如图2-146所示，或者是按【Ctrl＋F3】组合键。

STEP 14 执行上述操作后，即可打开"元数据"面板，如图2-147所示。

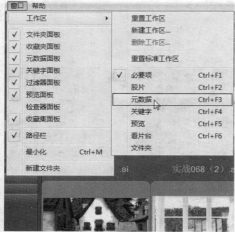

图2-146 单击"元数据"命令

图2-147 打开"元数据"面板

技巧点拨

除了运用命令启动审阅模式外，也可以按【Ctrl＋B】组合键启动审阅模式查看文件夹中的图像。

STEP 15 在"内容"面板中选择任意素材，即可在"元数据"面板中查看文件属性等信息，如图2-148所示。

STEP 16 移动鼠标至菜单栏中，单击"窗口"|"工作区"|"胶片"命令，如图2-149所示。

图2-148 在"内容"面板选择素材

图2-149 单击"胶片"命令

STEP 17 执行上述操作后，即可使用"胶片"模式查看图像，该视图模式底部有一行缩览图，如图2-150所示。

STEP 18 单击任意缩览图即可放大选中的图像进行预览，如图2-151所示。

图2-150 视图底部缩略图

图2-151 放大选择预览

实战 069 使用Bridge CC筛选图稿

▶ 实例位置：无
▶ 素材位置：光盘\素材\第2章\实战069\实战069（1）.ai～实战069（4）.ai
▶ 视频位置：光盘\视频\第2章\实战069.mp4

● 实例介绍 ●

在Adobe Bridge中导入多张图稿后，如果要从导入的图稿中找到一张合适的图稿，就需要应用图稿的查找和筛选功能。在Adobe Bridge中可以通过多种不同的方式对图稿进行快速筛选和搜索。

● 操作步骤 ●

STEP 01 在菜单栏中单击"文件"|"在Bridge中浏览"命令，如图2-152所示。

STEP 02 执行上述操作后，即可启动Adobe Bridge软件窗口，在"文件夹"面板中选择需要的导航图稿位置，如图2-153所示。

图2-152 单击"在Bridge中浏览"命令

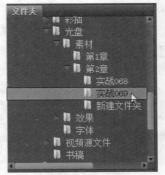

图2-153 选择导航图稿位置

STEP 03 执行上述操作后，即可在"内容"面板中查看指定文件夹内的所有图像，如图2-154所示。

STEP 04 单击"过滤器"面板中的"长宽比"左侧的三角按钮，如图2-155所示。

图2-154 显示指定文件夹图像

图2-155 单击相应按钮

STEP 05 在弹出的列表框中选择"5:7"选项，如图2-156所示。

STEP 06 执行上述操作后，在"内容"面板中只显示长宽比为5:7的图稿，如图2-157所示。

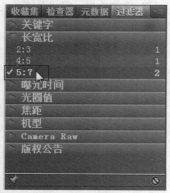

图2-156 选择"5:7"选项

图2-157 显示长宽比为5:7的图稿

实战 070 查看和处理元数据

▶ **实例位置：** 无
▶ **素材位置：** 光盘\素材\第2章\实战070\DSC_0027.nef～DSC_0030.nef
▶ **视频位置：** 光盘\视频\第2章\实战070.mp4

● **实例介绍** ●

使用数码相机拍摄照片时，相机将自动把该相机的制造商和型号等相关信息嵌入到照片内，当在Illustrator中打开数码照片时，Illustrator将这些信息嵌入到图稿内，在Adobe Bridge中的"元数据"面板中可以查看和处理图稿的原始数据。

● **操作步骤** ●

STEP 01 首先启动Illustrator CC软件，单击菜单栏中的"文件"|"在Bridge中浏览"命令，如图2-158所示。

STEP 02 执行上述操作后，即可启动Adobe Bridge软件窗口，在"文件夹"面板中选择需要导航图稿位置，如图2-159所示。

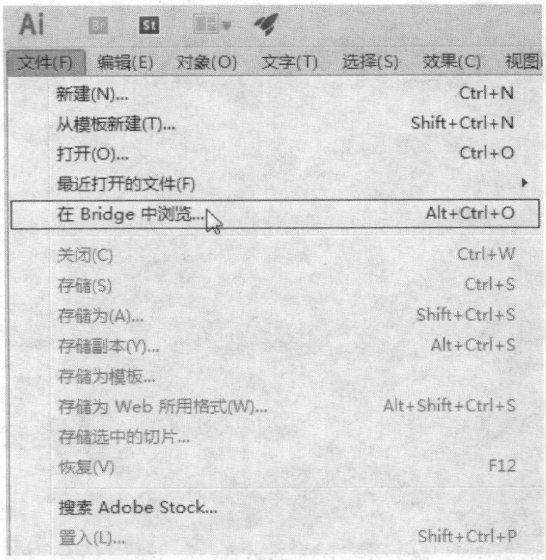

图2-158 单击"在Bridge中浏览"命令

图2-159 选择导航图稿位置

STEP 03 执行上述操作后，即可在"内容"面板中查看指定文件夹内的所有图像，如图2-160所示。

STEP 04 选择一张图片，单击"窗口"|"工作区"|"元数据"命令，如图2-161所示。

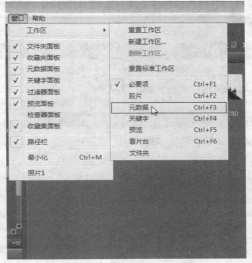

图2-160 显示指定文件夹图像

图2-161 单击"元数据"命令

STEP 05 执行上述操作后，即可打开"元数据"面板，在该面板中可以查看文件属性、IPTC Cote、相机数据和音频等信息，如图2-162所示。

STEP 06 若要查看相机数据，则可以单击"相机数据"前的下三角按钮，在展开的列表中显示相机的相关数据，该相关数据是数码相机自动嵌入至数码图稿中的，如图2-163所示。

STEP 07 若要增大元数据的字号，则单击"元数据"面板右上角的下三角按钮，在弹出的列表框中选择"增加字体大小"选项，如图2-164所示。

STEP 08 执行上述操作后，即可查看增大字体后的"原始数据"面板中变大的字体，如图2-165所示。

图2-162 打开"元数据"面板

图2-163 显示"相机数据"信息

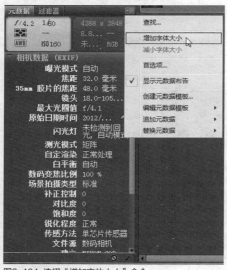

图2-164 选择"增加字体大小"命令

图2-165 增加字体大小

实战 071 用Bridge CC批量重命名

▶ **实例位置:** 无
▶ **素材位置:** 光盘\素材\第2章\实战071\实战071(1).ai、实战071(2).ai
▶ **视频位置:** 光盘\视频\第2章\实战071.mp4

● 实例介绍 ●

　　重命名图片是为了获得一个系统化的图片名组织途径,就好像把图片有序组织在一个图片文件夹里一样。而且,在Adobe Bridge里重命名图片是非常简单的。

● 操作步骤 ●

STEP 01 单击菜单栏中的"文件"|"在Bridge中浏览"命令,如图2-166所示。

STEP 02 执行上述操作后,即可启动Adobe Bridge软件窗口,在"文件夹"面板中选择需要导航的图稿位置,如图2-167所示。

图2-166 单击"在Bridge中浏览"命令

图2-167 选择导航图稿位置

STEP 03 在"内容"面板中查看指定文件夹内的所有图像,选择需要的文件,如图2-168所示。

STEP 04 单击"工具"|"批重命名"命令,如图2-169所示。

图2-168　显示指定文件夹图像

图2-169　单击"批重命名"命令

STEP 05 弹出"批重命名"对话框，选中"在同一文件夹中重命名"单选按钮，为文件输入新的名称"图片素材"，并输入序列数字为1，数字的位数为2位，在对话框底部可以预览文件名称，如图2-170所示。

STEP 06 单击"重命名"按钮，即可对图像进行重命名操作，如图2-171所示。

图2-170　"批重命名"对话框

图2-171　对图像进行重命名操作

实战 072　对图像进行粗略排序

▶ **实例位置：** 无
▶ **素材位置：** 光盘\素材\第2章\实战072\实战072（1）.jpg~实战072（12）.jpg
▶ **视频位置：** 光盘\视频\第2章\实战072.mp4

● **实例介绍** ●

在Adobe Bridge中采用了5种常用标签和无标签，或评定的等级来进行分类。在Adobe Bridge中可以同排数和添加标签并对标签顺序来对数码图稿进行粗略的分类，也可以通过添加评级并对评级顺序进行分类。

● **操作步骤** ●

STEP 01 单击菜单栏中的"文件"|"在Bridge中浏览"命令，如图2-172所示。

STEP 02 执行上述操作后，即可启动Adobe Bridge软件窗口，在"文件夹"面板中选择需要导航图稿位置，如图2-173所示。

STEP 03 即可在"内容"面板中查看指定文件夹内的所有图像，如图2-174所示。

STEP 04 选中需要添加标签的图像，单击"标签"|"选择"命令，如图2-175所示。

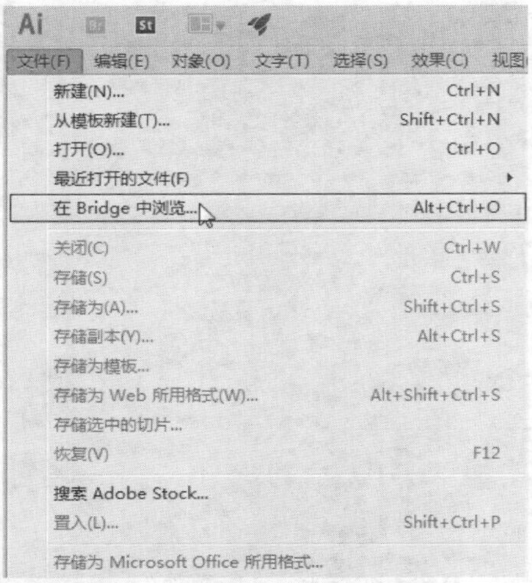

图2-172 单击"在Bridge中浏览"命令

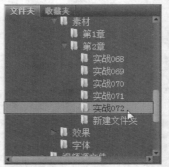

图2-173 选择导航图稿位置

图2-174 显示指定文件夹图像

图2-175 单击"选择"命令

STEP 05 执行上述操作后，即可在"内容"面板中查看选择的图稿已添加红色标记，如图2-176所示。

STEP 06 选择需要标签的图像，单击"标签"|"第二"命令，为选中的图像添加黄色标签效果，如图2-177所示。

图2-176 添加红色标签

图2-177 添加黄色标签

STEP 07 选择需要标签的图像，单击"标签"|"已批准"命令，将选中的图像添加绿色标签效果，如图2-178所示。

STEP 08 按标签的顺序排序，单击"按文件名排序"右侧的下三角形按钮，在弹出的下拉列表框中选择"按标签"选项，如图2-179所示。

图2-178　添加绿色标签效果

STEP 09 若要设置标签的名称和颜色选项，可以在菜单栏中单击"编辑"|"首选项"命令，弹出"首选项"对话框，在左侧的列表框中选择"标签"选项，如图2-180所示，在右侧的标签面板中即可设置名称等参数。

图2-180　设置各选项参数

STEP 11 执行上述操作后，即可将选择的图像添加三级标签，如图2-182所示。

图2-182　添加三级标签

图2-179　按标签顺序排序

STEP 10 单击"确定"按钮，选择需要添加评级的图稿，单击"标签"|"***"命令，如图2-181所示。

图2-181　单击"***"命令

STEP 12 单击"按文件名排序"右侧的下三角形按钮，在弹出的下拉列表框中选择"按评级"选项，如图2-183所示，即可按评级进行排序。

图2-183　评级排序

进阶
提高篇

第 **3** 章

使用基本绘图工具

本章导读

Illustrator CC是面向图形绘制的专业绘图软件，提供了丰富的绘图工具，如几何工具组、线形工具组、自由绘图工具、钢笔工具等。熟悉并掌握各种绘图工具的使用技巧，能够绘制出精美的图形，设计出完美的作品。

要点索引

- 绘制基本几何图形
- 绘制线形和网格
- 绘制光晕图形
- 使用辅助工具
- 选择对象

- 移动对象
- 编组图形
- 排列、对齐与分布
- 复制、剪切与粘贴

3.1 绘制基本几何图形

在Illustrator CC中，绘制基本图形的工具主要有矩形工具■、圆角矩形工具■、椭圆工具●、星形工具★、多边形工具●等，下面进行详细的介绍。

实战 073 绘制矩形

▶ 实例位置：光盘\效果\第3章\实战073.ai
▶ 素材位置：光盘\素材\第3章\实战073.ai
▶ 视频位置：光盘\视频\第3章\实战073.mp4

● 实例介绍 ●

矩形工具是绘制图形时比较常用的基本图形工具，用户可以通过拖曳鼠标的方法绘制矩形，同时也可以通过"矩形"对话框绘制精准大小的矩形。选取工具面板中的矩形工具，移动鼠标至图形窗口，单击鼠标左键，确认起始点，拖曳鼠标至适当的位置，此时将会显示一个蓝色的矩形框，释放鼠标后，即可绘制一个矩形图形，如图3-1所示。

用户若要精确地绘制矩形图形，可在选取该工具的情况下，在图形窗口中单击鼠标左键，此时将弹出"矩形"对话框，如图3-2所示。

该对话框中的主要选项含义如下。

➢ 宽度：用于设置绘制的矩形的宽度。

➢ 高度：用于设置绘制的矩形的高度。

用户在"矩形"对话框中，设置好相应的参数后，单击"确定"按钮，即可按照定义的大小绘制矩形，如图3-3所示。

图3-1 绘制矩形图形

图3-2 "矩形"对话框

图3-3 绘制的精确矩形

● 操作步骤 ●

STEP 01 单击"文件"│"打开"命令，打开一幅素材图像，如图3-4所示。

STEP 02 选取工具面板中的矩形工具■，设置"填色"为深蓝色（#003454），在图像中合适的位置单击鼠标左键，拖曳鼠标至合适位置后，释放鼠标，即可绘制一个矩形，如图3-5所示。

图3-4 素材图像

图3-5 绘制矩形

STEP 03 在矩形和图像的交接区域绘制一个白色矩形，如图3-6所示。

STEP 04 使用选择工具，选中第一个绘制的矩形，按【Ctrl＋[】组合键，将该矩形下移一层，如图3-7所示。

图3-6 绘制白色矩形

图3-7 矩形下移

技巧点拨

　　用户在绘制矩形图形时若按住【Shift】键，可以绘制正方形图形；按住【Alt】键的同时，可以绘制出以起始点为中心，向四周延伸的矩形图形；若按住【Alt＋Shift】组合键的同时，将以鼠标单击点为中心点，向四周延伸，绘制一个正方形图形。

实战 074	绘制圆角矩形	▶ 实例位置：光盘\效果\第3章\实战074.ai ▶ 素材位置：光盘\素材\第3章\实战074.png ▶ 视频位置：光盘\视频\第3章\实战074.mp4

●实例介绍●

　　使用圆角矩形工具可以绘制出带有圆角的矩形图形，如图3-8所示。

图3-8 绘制圆角矩形

　　用户若要精确地绘制圆角矩形，可在选取该工具的情况下，在图形窗口中单击鼠标左键，此时将弹出"圆角矩形"对话框，如图3-9所示。

　　该对话框中的主要选项含义如下。

➤ 宽度：用于设置圆角矩形的宽度。

➤ 高度：用于设置圆角矩形的高度。

➤ 圆角半径：用于设置圆角矩形的半径值。

图3-9　"圆角矩形"对话框

● 操作步骤 ●

STEP 01 单击"文件"｜"打开"命令，打开一幅素材图像，如图3-10所示。

图3-10　素材图像

STEP 03 单击"确定"按钮，即可绘制出一个指定大小和圆角半径的圆角矩形，如图3-12所示。

图3-12　圆角矩形

STEP 02 选取工具面板中的圆角矩形工具 ，设置"填色"为深蓝色（#003CF9），在窗口中单击鼠标左键，弹出"圆角矩形"对话框，设置"宽度"为160mm、"高度"为200mm、"圆角半径"为5mm，如图3-11所示。

图3-11　"圆角矩形"对话框

STEP 04 使用选择工具选中所绘制的圆角矩形，并将圆角矩形移至素材图像的中央，按两次【Ctrl + [】组合键，即可调整图形之间的位置，如图3-13所示。

图3-13　调整图形位置

技巧点拨

利用圆角矩形工具绘制圆角矩形时，还有以下使用技巧。

➤ 用户运用圆角矩形工具绘制图形时，若按住【Shift】键，将绘制一个正方形圆角矩形。

➤ 若按住【Alt】键，将以鼠标单击点为中心向四周延伸绘制圆角矩形。

➤ 若按住【Shift＋Alt】组合键，将以鼠标单击点为中心向四周延伸，绘制一个正方形圆角矩形。

➤ 若按住【Alt＋～】组合键，将以鼠标单击点为中心，绘制多个大小不同的圆角矩形。

实战 075	绘制椭圆	▶ 实例位置：光盘\效果\第3章\实战075.ai ▶ 素材位置：光盘\素材\第3章\实战075.ai ▶ 视频位置：光盘\视频\第3章\实战075.mp4

● 实例介绍 ●

使用椭圆工具，可以快速地绘制一个任意半径的圆或椭圆，如图3-14所示。

图3-14 绘制椭圆

用户若要精确地绘制椭圆图形，可在选取该工具的情况下，在图形窗口中单击鼠标左键，此时将弹出"椭圆"对话框，如图3-15所示。

该工具面板中的主要选项含义如下。

➤ 宽度：用于设置绘制的椭圆图形的宽度。

➤ 高度：用于设置绘制的椭圆图形的高度。

使用工具面板中的椭圆工具绘制椭圆图形时，若按住【Shift】键，可绘制一个圆形；若按住【Alt】键，将以鼠标单击点为中心向四周延伸，绘制一个椭圆图形；若按住【Shift＋Alt】组合键，将以鼠标单击点为中心向四周延伸，绘制一个圆形；若按住【Alt＋～】组合键，将以鼠标单击点为中心向四周延伸，绘制多个椭圆图形，如图3-16所示。

图3-15 "椭圆"对话框

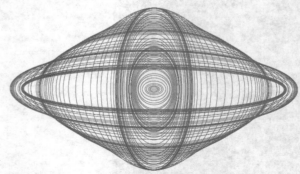

图3-16 按住【Alt＋～】组合键的同时绘制的椭圆图形

● 操作步骤 ●

STEP 01 单击"文件"｜"打开"命令，打开一幅素材图像，选取工具面板中的椭圆工具 ⬭ ，在控制面板上设置"填色"为"灰色"（#B5B5B6），将鼠标指针移至图像中的合适位置，如图3-17所示。

STEP 02 单击鼠标左键并向右下方拖曳，即可显示出一个椭圆形的蓝色路径，如图3-18所示。

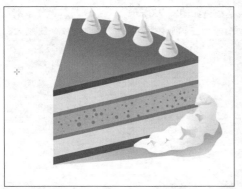

图3-17　素材图像

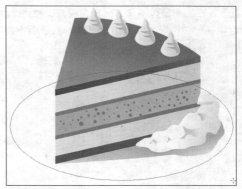

图3-18　绘制椭圆图形

STEP 03 释放鼠标后，即可绘制一个灰色椭圆图形，按【Shift + Ctrl + [】组合键，将该图形移至图像窗口的最底层，如图3-19所示。

STEP 04 用与上述同样的方法，绘制其他的椭圆图形，并调整图形在图像窗口中的位置，如图3-20所示。

图3-19　调整图形位置

图3-20　绘制椭圆图形

知识拓展

在许多软件的工具面板中，若某些工具图标的右下角有一个黑色的小三角形，则表示该工具中还有其他工具，通常称之为工具组，如几何工具里就包括矩形工具、圆角矩形工具、椭圆工具和星形工具等，若要进行工具之间的切换，则按住【Alt】的同时，再在该工具图标单击鼠标左键，即可在各工具之间进行切换。

实战 076 绘制多边形

▶ 实例位置：光盘\效果\第3章\实战076.ai
▶ 素材位置：光盘\素材\第3章\实战076.png
▶ 视频位置：光盘\视频\第3章\实战076.mp4

● 实例介绍 ●

使用多边形工具可以快速绘制指定边数的正多边形，如图3-21所示，绘制的边数可以是3～1000中任意的整数。

在使用多边形工具绘制多边形图形时，若按住【Shift】键的同时在图形窗口中单击鼠标左键并拖曳，所绘制多边形的底部与窗口的底部是水平对齐的；若按住【↑】键，绘制的多边形将随着鼠标的拖曳逐渐地增加边数；若按住【↓】键，绘制的多边形将随着鼠标的拖曳逐渐地减少边数；若按住【～】键，将绘制多个重叠的不同大小的多边形，使之产生特殊的效果，如图3-22所示。

用户若要精确地绘制多边形图形，可在选取

图3-21　绘制多边形

该工具的情况下，在图形窗口中单击鼠标左键，此时将弹出"多边形"对话框，如图3-23所示。

　　该对话框中的"边数"文本框中，可输入的最小参数值为3，即绘制图形为三角形。用户设置的"边数"值越大，所绘制的多边形越接近圆形。

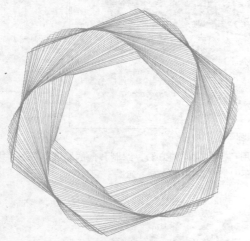

图3-22 按住【～】键的同时绘制的多边形图形

图3-23 "多边形"对话框

知识拓展

　　使用多边形工具绘制图形时，在半径较小的时候，多边形的边数不要设置大大，否则所绘制的多边形将和圆没什么区别。

● 操作步骤 ●

STEP 01 单击"文件" | "打开"命令，打开一幅素材图像，如图3-24所示。

STEP 02 选取工具面板中的多边形工具，设置"描边"为黑色，将鼠标移至图像窗口中，单击鼠标左键，弹出"多边形"对话框，设置"半径"为75mm、"边数"为11，如图3-25所示。

花旗世界广场

图3-24 素材图像

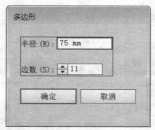

图3-25 "多边形"对话框

知识拓展

　　平面设计实际就是平面视觉传达设计。它是设计者借助一定的工具、材料，将所要传达的设计形象，遵循主从、对比、协调、统一、对称、均衡、韵律、节奏等美学规律，运用集聚、删减、分割变化，或扩大、缩小、变形等手段，在二维平面媒介上塑造出来，而且要根据创意和设计营造出立体感、运动感、韵律感、透明感等各种视觉冲击效果。

　　平面设计是体现美的一门综合学科，是视觉文化的重要组成部分。平面设计主要把绘图、构图和色彩等形式融合在一起，然后把信息的主题用艺术化的手法准确地传达给读者，这种手法赋予了美感和内涵，更容易让读者接受，从而达到平面设计本身的作用。

STEP 03 单击"确定"按钮，即可绘制出一个指定大小和边数的多边形，如图3-26所示。

STEP 04 使用选择工具选中所绘制的多边形，按两次【Ctrl+[】组合键，将该图形下移两层，效果如图3-27所示。

图3-26　绘制的多边形　　　　　　　　　　　　图3-27　调整图形之间的位置

实战 077　绘制星形

▶ 实例位置：光盘\效果\第3章\实战077.ai
▶ 素材位置：光盘\素材\第3章\实战077.png
▶ 视频位置：光盘\视频\第3章\实战077.mp4

● 实例介绍 ●

　　使用星形工具可以绘制各种角点数、宽度的星形图形，如图3-28所示，操作方法与其他基本几何体绘制工具一样。

　　在使用星形工具绘制星形图形时，若按住【↑】键，绘制的图形将随着鼠标的拖曳逐渐地增加边数；若按住【↓】键，绘制的图形将随着鼠标的拖曳逐渐地减少边数；若按住【～】键，单击鼠标左键并向不同的方向拖曳鼠标，将绘制出多个重叠的不同大小的星形，如图3-29所示。

　　用户若要绘制精确的星形图形，可在选取该工具的情况下，在图形窗口中单击鼠标左键，此时将弹出"星形"对话框，如图3-30所示。

　　该对话框中的主要选项含义如下。

➤ 半径1：用于定义所绘制星形图形内侧点至星形中心点的距离。

➤ 半径2：用于定义所绘制星形图形外侧点至星形中心点的距离。

➤ 角点数：用于定义所绘制星形图形的角数。

图3-28　绘制五角星形

图3-29　按住【～】键的同时绘制的星形

图3-30　"星形"对话框

技巧点拨

在"星形"对话框中，当"半径1"和"半径2"文本框中的数值相同时，在图形窗口中将生成多边形图形，且多边形的边数为"角点数"文本框中所输入的数值的两倍。

● 操作步骤 ●

STEP 01 单击"文件"｜"打开"命令，打开一个素材图像，如图3-31所示。

STEP 02 选取工具面板中的星形工具 ，设置"填充"为"黄色"（#FFF100），在图像窗口中单击鼠标左键，弹出"星形"对话框，设置"半径1"为5mm、"半径2"为1mm、"角点数"为4，如图3-32所示。

图3-31 缩放旋转图形

图3-32 还原文件

STEP 03 单击"确定"按钮，即可绘制一个指定大小的四角星形，如图3-33所示。

STEP 04 用与上述同样的方法，可以绘制多个大小不同的星形图形，效果如图3-34所示。

图3-33 绘制指定大小的星形

图3-34 图像效果

3.2 绘制线形和网格

线形工具组在Illustrator CC中是比较常用的绘制工具之一。线形工具包括直线段工具 ✏、弧线工具 ✏、螺旋线工具 ◎、矩形网格工具 ▦、极坐标网格工具 ◉ 等。下面将详细介绍这些工具的操作方法与技巧

实战 078 绘制直线段

▶ 实例位置：光盘\效果\第3章\实战078.ai
▶ 素材位置：光盘\素材\第3章\实战078.png
▶ 视频位置：光盘\视频\第3章\实战078.mp4

● 实例介绍 ●

使用工具面板中的直线段工具可在图形窗口中绘制直线线段，如图3-35所示。

用户若要绘制精确的线段，可在选取直线段工具的情况下，在图形窗口中单击鼠标左键，此时将弹出"直线段工具选项"对话框，如图3-36所示。

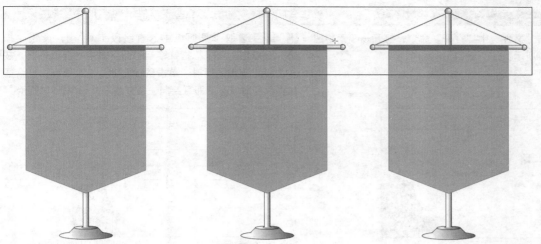

图3-35 使用直线段工具绘制的直线段

该对话框中的选项含义如下。

➢ 长度：在右侧的文本框中输入数值，然后单击"确定"按钮后，可以精确地绘制出一条线段。

➢ 角度：在右侧的文本框中设置不同的角度，Illustrator CS2将按照所定义的角度在图形窗口中绘制线段。

➢ 线段填色：选中该复选框，当绘制的线段改为折线或曲线后，将以设置的前景色填充。

用户在"直线段工具选项"对话框中设置相应的参考后，单击"确定"按钮，即可绘制出精确的线段，如图3-3所示。

选取工具面板中的直线段工具后，在图形窗口中按住空格键的同时，单击鼠标左键并拖曳，可以移动所绘制线段的位置（该快捷操作对于工具面板中的大多数工具都可使用，因此在其他的工具介绍中将不再赘述）。

➢ 用户若按住【Alt】键的同时，在图形窗口中单击鼠标左键并拖曳，则可以绘制由鼠标单击点为中心，向两边延伸的线段。

➢ 用户若按住【Shift】键的同时，在图形窗口中单击鼠标左键并拖曳，则可以绘制以为45度递增的直线段，如图3-38所示。

图3-36 "直线段工具选项"对话框

图3-37 绘制的精确线段

图3-38 按住【Shift】键的同时绘制线段

➢ 用户若按住【～】键的同时，在图形窗口中单击鼠标左键并拖曳，则可以绘制放射式线段，如图3-39所示。

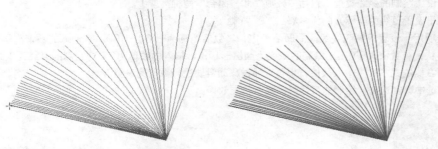

图3-39 按住【～】键的同时绘制的放射式线段

● 操作步骤 ●

STEP 01 单击"文件"|"打开"命令,打开一幅素材图像,如图3-40所示。

STEP 02 选取工具面板中的直线段工具 ∕,设置"描边"为黑色,将鼠标指针移至图像窗口中的合适位置,按住【Shift】键的同时,单击鼠标左键并拖曳鼠标,至合适位置后释放鼠标,即可绘制一条直线段,如图3-41所示。

图3-40 素材图像

图3-41 绘制直线段

技巧点拨

在使用直线段工具绘制直线段时,若按住【Ctrl】键,所绘制的直线段为垂直线段。

实战 079 绘制弧线

▶ 实例位置: 光盘\效果\第3章\实战079.ai
▶ 素材位置: 光盘\素材\第3章\实战079.ai
▶ 视频位置: 光盘\视频\第3章\实战079.mp4

● 实例介绍 ●

使用工具面板中的弧线工具可在图形窗口中绘制弧线,如图3-42所示,它的操作方法与直线段工具相同。

用户若要绘制精确的弧线,可在选取弧线工具的情况下,在图形窗口中单击鼠标左键,此时将弹出"弧形工具选项"对话框,如图3-43所示。

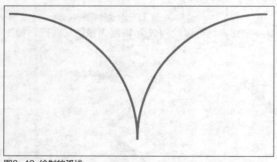

图3-42 绘制的弧线

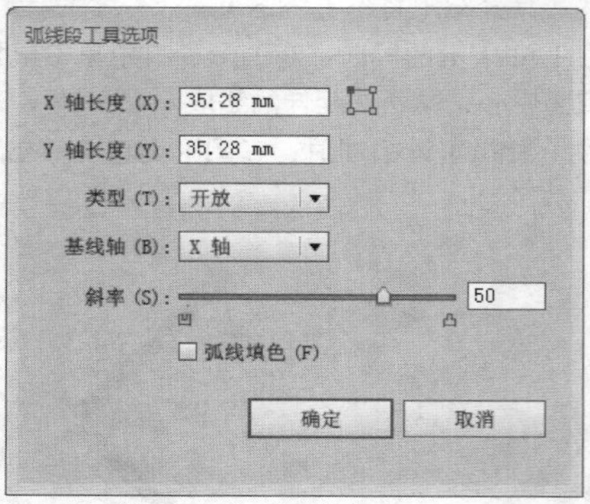

图3-43 "弧形工具选项"对话框

该对话框中的主要选项含义如下。

➢ X轴长度和Y轴长度:用于设置弧线在水平方向和垂直方向的长度值,并通过在文本框右侧的 ▣ 按钮,选择所创建的弧线的起始位置。

➢ 类型:用于设置绘制的弧线类型(包括"开放"和"闭合"两种类型)。

➢ 基线轴:用于设置弧线的坐标方向为"X轴"或"Y轴"。

➢ 斜率:该选项用于设置控制弧线线段的凹凸程序,其数值范围为−100~100。若输入的数值小于0,则绘制的弧线为凹陷形状;若数值大于0,则绘制的弧线为凸出形状;若输入的数值为0,则绘制的弧线为直线形状。用户可以直接在其右侧的文本框中输入数值,也可以通过移动滑块进行数值的设置。

➢ 弧线填色:选中该复选框,绘制的弧线线段具有填充效果。

　　用户使用弧线工具直接绘制弧线时，按住【↑】键的同时，可以调整弧线的斜面凸出程度；按【↓】键的同时，可以调整弧线的斜面凹陷程度；按住【C】键的同时，可以切换弧线类型为"闭合"或"开放"类型；按住【X】键的同时，可以切换弧线的坐标方向为"X坐标轴"或为"Y坐标轴"。

　　与使用直线段工具绘制直线段的技巧一样，用户也可以通过配合使用快捷键的特殊方法来绘制弧线。在绘制弧线的操作时，若按住【Alt】键，那么将会以单击位置为弧线的中心，向其两侧延展绘制弧线；若按住【Shift】键，那么将会以45°为角度递增绘制弧线，如图3-44所示；若按住【~】键，将可以绘制多条弧线，如图3-45所示。

图3-44 按住【Shift】键的同时绘制的弧线

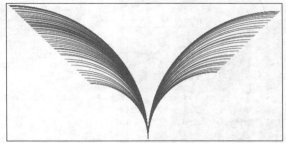

图3-45 按住【~】键的同时绘制的弧线

● 操作步骤 ●

STEP 01 单击"文件"｜"打开"命令，打开一幅素材图形，如图3-46所示。

STEP 02 选取工具面板中的弧形工具，如图3-47所示。

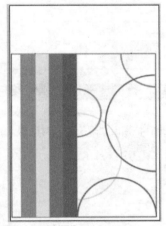

图3-46 素材图像

图3-47 选取弧形工具

STEP 03 在控制面板中设置"填充色"为"无""描边颜色"为"黑色""描边粗细"为2pt，如图3-48所示。

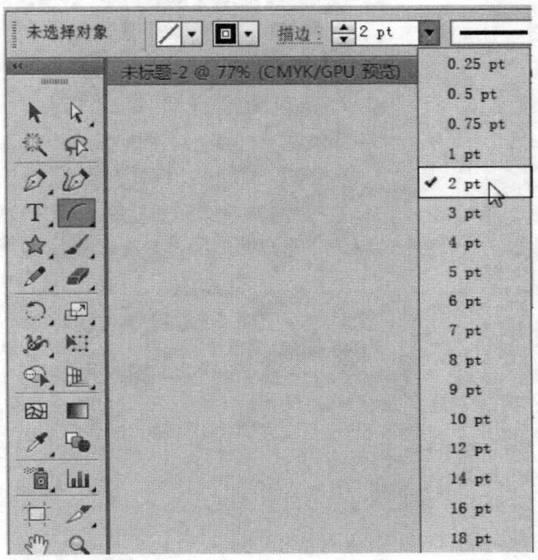

STEP 04 将鼠标指针移至图像窗口中，按住【Shift】键的同时，在图形上的合适位置单击鼠标左键，并向图形的右上角拖曳鼠标，至合适位置后释放鼠标，即可绘制一个角度为45°角的弧线段，如图3-49所示。

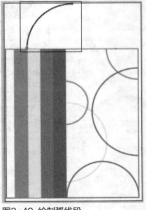

图3-48 素材图像

图3-49 绘制弧线段

STEP 05 使用上一个步骤设置的参数值，将鼠标移至图形的合适位置，按住【Shift】键的同时，在图形上的合适位置单击鼠标左键，并向图形的左上角拖曳鼠标，如图3-50所示。

STEP 06 至合适位置后释放鼠标，即可绘制出手提带的另一半弧线段，如图3-51所示。

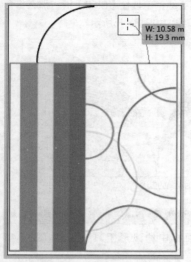

图3-50 绘制另一半弧线段

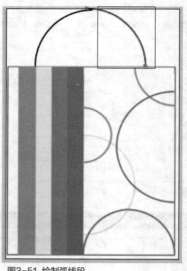

图3-51 绘制弧线段

实战 080 绘制螺旋线

▶ 实例位置：光盘\效果\第3章\实战080.ai
▶ 素材位置：光盘\素材\第3章\实战080.ai
▶ 视频位置：光盘\视频\第3章\实战080.mp4

● 实例介绍 ●

螺旋线是一种平滑、优美的曲线，可以构成简洁漂亮的图案，如图3-52所示。

用户若要精确地绘制螺旋线，可在选取该工具的情况下，在窗口中单击鼠标左键，此时将弹出"螺旋线"对话框，如图3-53所示。

该对话框中的主要选项含义如下。

➢ 半径：用于设置所绘制的螺旋线最外侧的点至中心点的距离。

➢ 衰减：用于设置所绘制的螺旋线中每个旋转圈相对于里面旋转圈的递减曲率。

➢ 段数：用于设置螺旋线中的段数组成。

➢ 样式：用于设置螺旋线是按顺时针绘制还是按逆时针进行绘制。

图3-52 绘制的螺旋曲线

图3-53 "螺旋线"对话框

技巧点拨

在使用螺旋线工具绘制螺旋线时，若按住【Shift】键，那么将以45°角为增量的方面绘制螺旋线；若按住【Ctrl】键，可以增加螺旋线的密度；若按【↑】键，可以增加螺旋线的圈数；若按【↓】键，可以减少螺旋线的圈数；若按住【～】键，可以绘制多条不同方向和大小的螺旋线。

● 操作步骤 ●

STEP 01 单击"文件"|"打开"命令，打开一幅素材图像，如图3-54所示。

STEP 02 选取工具面板中的螺旋线工具 ，在控制面板上，按住【Shift】键的同时，单击描边颜色块右侧的下三角按钮 ，在弹出的色彩面板中选择"白色"，设置螺旋线的"描边粗细"为4pt，将鼠标移至图像窗口中，单击鼠标左键，弹出"螺旋线"对话框，设置"半径"为70mm、"衰减"为95%、"段数"为60，选中"逆时针"样式，如图3-55所示。

图3-54 素材图像

图3-55 "螺旋线"对话框

STEP 03 单击"确定"按钮，即可绘制一个指定大小的螺旋线，使用选择工具移动所绘制螺旋线的位置，如图3-56所示。

STEP 04 选中所绘制的螺旋线，按【Ctrl+[】组合键，调整螺旋线在图像中的位置，在控制面板上设置"不透明度"为30%，效果如图3-57所示。

图3-56 绘制螺旋线

图3-57 设置透明度

实战 081 绘制矩形网格

▶ 实例位置：光盘\效果\第3章\实战081.ai
▶ 素材位置：光盘\素材\第3章\实战081.ai
▶ 视频位置：光盘\视频\第3章\实战081.mp4

● 实例介绍 ●

使用矩形网格工具可以快速地绘制网格图形，如图3-58所示。

用户若要精确地绘制矩形网格，可在选取该工具的情况下，在图形窗口中单击鼠标左键，此时将弹出"矩形网格工具选项"对话框，如图3-59所示。

该对话框中的主要选项含义如下。

➤ "默认大小"选项区：用于设置网格的默认尺寸大小，可以控制网格的高度和宽度。

➤ "水平分隔线"选项区：用于设置网格的水平和垂直的网格线数量。

➤ "垂直分隔线"选项区：在"数量"文本框中输入数值，可以按照定义的数值绘制出矩形网格图形的垂直分隔数量；在"倾斜"文本框中输入正数值，可以按照由下至上的网格偏移比例进行网格分隔；输入负数值，可以按照由右至左的网格偏移比例进行网格分隔。

➤ 使用外部矩形作为框架：选中该复选框，绘制的网格图形在执行"对象>取消组合"命令后，网格图形将含有矩形框架图形；若取消选中该复选框，绘制的网格图形在取消组合后，不包含矩形框架图形。

➤ 填色网格：选中该复选框，绘制的网格将以设置的颜色进行填充，如图3-60所示。

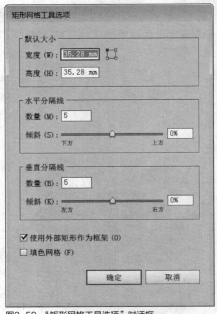

图3-58 绘制的矩形网格

图3-59 "矩形网格工具选项"对话框

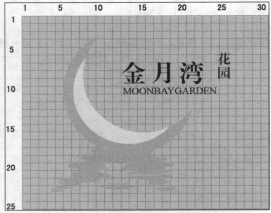

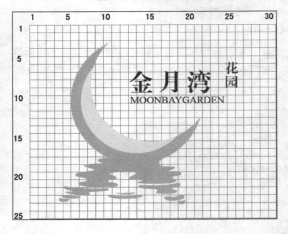

图3-60 选中与取消选中"填色网格"复选框后绘制的网格图形

在使用矩形网格工具绘制矩形网格时，若按住【↑】键，将在垂直方向上增加矩形网格图形；若按住【↓】键，将在垂直方向上减少矩形网格图形；若按住【→】键，将在水平方向上增加矩形网格图形；若按住【←】键，将在水平方向上减少网格图形；若按住【Alt】键，将绘制由鼠标单击点为中心，向四周延伸的矩形网格图形；若按住【Shift】键，将绘制正方形网格图形，如图3-61所示。

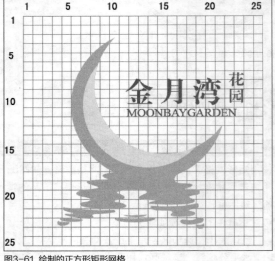

图3-61 绘制的正方形矩形网格

· 操作步骤 ·

STEP 01 单击"文件"｜"打开"命令，打开一幅素材图像，如图3-62所示。

STEP 02 选取工具面板中的矩形网格工具▦，在控制面板上，设置"描边"为"黑色""描边粗细"为4pt，将鼠标移至图像窗口中，单击鼠标左键，弹出"矩形网格工具选项"对话框，在"默认大小"选项区中设置"宽度"为120mm、"高度"为150mm，设置"水平分隔线"为2、"垂直分隔线"为2，如图3-63所示。

图3-62 素材图像

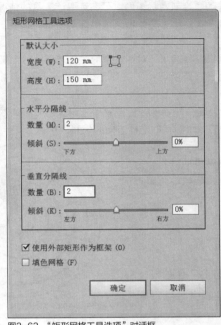

图3-63 "矩形网格工具选项"对话框

STEP 03 单击"确定"按钮，即可绘制一个指定大小和分隔线的矩形网格图形，如图3-64所示。

STEP 04 选取工具面板中的选择工具选中网格，调整网格在图像中的位置，效果如图3-65所示。

图3-64 绘制矩形网格图形

图3-65 调整矩形网格的位置

实战	绘制极坐标	▶ 实例位置: 光盘\效果\第3章\实战082.ai
082		▶ 素材位置: 光盘\素材\第3章\实战082.ai
		▶ 视频位置: 光盘\视频\第3章\实战082.mp4

● 实例介绍 ●

使用极坐标网格工具,可以绘制具有同心圆的放射线效果的网状图形,如图3-66所示。

用户若要精确地绘制网状图形,可在选取该工具的情况下,在图形窗口中单击鼠标左键,此时将弹出"极坐标网格工具选项"对话框,如图3-67所示。

"极坐标网格工具选项"对话框中的主要选项区的定义如下。

➢ "默认大小"选项区:主要用于设置极坐标网格图形的宽度和高度。

➢ "同心圆分隔线"选项区:主要用来设置同心圆的数量,以及同心圆之间的间距增减的偏移方向和偏移大小。

➢ "径向分隔线"选项区:用来设置放射线的数量,射线之间的间距增减的偏移方向和偏移大小。

图3-66 绘制的网状图形

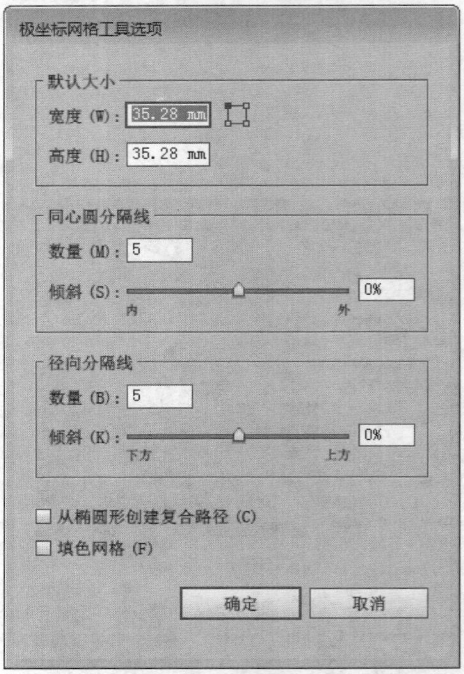

图3-67 "极坐标网格工具选项"对话框

● 操作步骤 ●

STEP 01 单击"文件"|"打开"命令,打开一幅素材图像,如图3-68所示。

图3-68 素材图像

STEP 03 在控制面板上,设置"描边颜色"为"白色""描边粗细"为5pt,如图3-70所示。

STEP 02 选取工具面板中的极坐标网格工具 ◉ ,如图3-69所示。

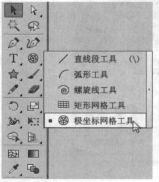

图3-69 选取极坐标网格工具

STEP 04 将鼠标移至图像窗口中,单击鼠标左键,弹出"极坐标网格工具选项"对话框,在"默认大小"选项区中设置"宽度"为150mm、"高度"为150mm,设置"同心圆分隔线"为4、"径向分隔线"为4,如图3-71所示。

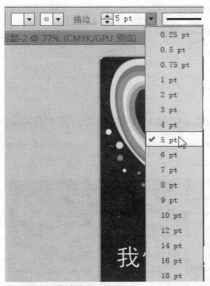

图3-70 设置相应选项

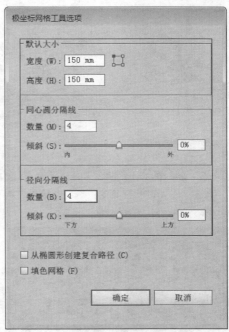

图3-71 "极坐标网格工具选项"对话框

STEP 05 单击"确定"按钮，即可在文档中绘制一个指定大小和分隔线的极坐标网格图形，如图3-72所示。

STEP 06 选取工具面板中的选择工具选中网格，适当调整其位置，效果如图3-73所示。

图3-72 绘制极坐标网格图形

图3-73 调整图形位置

3.3　绘制光晕图形

　　使用光晕工具可以绘制出具有光辉闪耀效果的图形。该图形具有明亮的中心、晕轮、射线和光圈，若在其他图形对象上使用，会获得类似镜头眩光的特殊效果。下面将对该工具的操作方法与技巧进行详细的介绍。

实战 083	绘制任意光晕效果	▶ 实例位置：光盘\效果\第3章\实战083.ai
		▶ 素材位置：光盘\素材\第3章\实战083.ai
		▶ 视频位置：光盘\视频\第3章\实战083.mp4

● 实例介绍 ●

　　选取工具面板中的光晕工具，移动鼠标至图形窗口，单击鼠标左键并拖曳，确认光晕效果的整体大小，释放鼠标后，移动鼠标至适当的位置，确认光晕效果的长度，释放鼠标后即可绘制一个光晕效果，如图3-74所示。

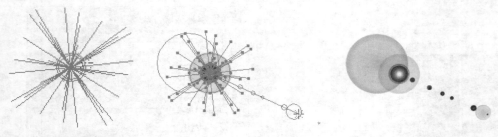

图3-74 使用光晕工具绘制光晕图形

● 操作步骤 ●

STEP 01 单击"文件"｜"打开"命令，打开一幅素材图像，如图3-75所示。

STEP 02 选取工具面板中的光晕工具 ，将鼠标指针移至图像的合适位置，单击鼠标左键并拖曳，如图3-76所示。

图3-75 素材图像

图3-76 绘制光晕

STEP 03 至合适位置后释放鼠标，即可绘制一个光晕图形，如图3-77所示。

STEP 04 用与上述同样的方法，再为图像绘制其他合适的光晕图形，如图3-78所示。

图3-77 光晕图形

图3-78 图像效果

知识拓展

　　使用光晕工具可以制造出眩光的效果，如珠宝、阳光的光芒。光晕工具所绘制的图形具有明亮的中心点、晕轮、射线和光圈等，如珠宝、阳光的光芒。

实战 084 精确制作光晕效果

▶ 实例位置：光盘\效果\第3章\实战084.ai
▶ 素材位置：光盘\素材\第3章\实战084.ai
▶ 视频位置：光盘\视频\第3章\实战084.mp4

● 实例介绍 ●

　　用户若要绘制精确的光晕效果，可在选取该工具的情况下，在图形窗口中单击鼠标左键，此时将弹出"光晕工具选项"对话框，如图3-79所示。单击"确定"按钮后，绘制的光晕效果如3-80所示。

　　该对话框中的主要选项含义如下。

➤ "居中"选项区：该选项区中的"直径"选项用于设置光晕中心点的直径；"不透明度"选项用于设置光晕中心点的透明程度；"亮度"选项用于设置光晕中心点的明暗强弱程度。

➤ "光晕"选项区：该选项区中的"增大"选项用于设置光晕效果的发光程度；"模糊度"选项用于设置光晕效果

中光晕的柔和程度。

➤ "射线"选项区：该选项区中的"数量"用于设置光晕效果中放射线的数量；"最长"选项用于设置光晕效果中放射线的长度；"模糊度"选项用于设置光晕效果中放射线的密度。

➤ "环形"选项区：该选项区中的"路径"用于设置光晕效果中心与末端的距离；"数量"选项用于设置光晕效果中光环的数量；"最大"选项用于设置光晕效果中光环的最大比例；"方向"选项用于设置光晕效果的发射角度。

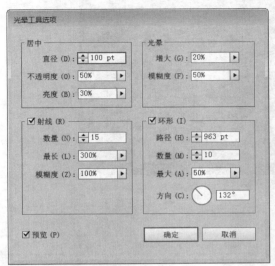

图3-79　"光晕工具选项"对话框

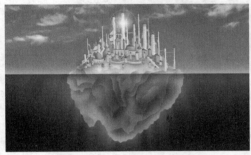

图3-80　绘制的光晕效果

技巧点拨

用户在使用光晕工具绘制光晕效果时，若按【↑】键，所绘制的光晕效果的放射线数量增加；若按【↓】键，则逐渐减少光晕效果的放射线数量；若按【Shift】键，将约束所绘制光晕效果的放射线的角度；若按【Ctrl】键，将改变所添加光晕效果的中心点与光环之间的距离。

● 操作步骤 ●

STEP 01　单击"文件"｜"打开"命令，打开一幅素材图像，如图3-81所示。

STEP 02　选取工具面板中的光晕工具，将鼠标移至图像窗口中，单击鼠标左键，弹出"光晕工具选项"对话框，设置"直径"为80pt、"不透明度"为60%、"亮度"为30%，如图3-82所示。

图3-81　素材图像

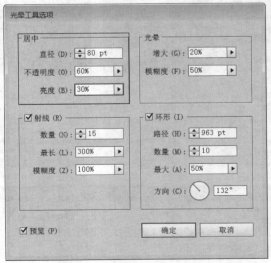

图3-82　"光晕工具选项"对话框

STEP 03　单击"确定"按钮，即可绘制一个光晕图形，如图3-83所示。

STEP 04　选取工具面板中的选择工具选中光晕，适当调整其位置，效果如图3-84所示。

图3-83 绘制光晕图形

图3-84 调整其位置

实战	对光晕效果进行编辑	▶ 实例位置: 光盘\效果\第3章\实战085.ai
085		▶ 素材位置: 光盘\素材\第3章\实战085.ai
		▶ 视频位置: 光盘\视频\第3章\实战085.mp4

● 实例介绍 ●

用户还可以对所绘制的光晕效果进行进一步的编辑,以使其更符合自己的需要。其相关编辑内容如下。

➤ 用户若需要修改光晕效果的相关参数,首先选取工具面板中的选择工具,将其选中,双击工具面板中的光晕工具,在弹出的"光晕工具选项"对话框中,修改相应的参数,然后单击"确定"按钮,即可完成修改操作。

➤ 用户如果需要修改光晕效果中心至末端的距离或光晕的旋转方向等,可使用工具面板中的选择工具在图形窗口中选择需要修改的光晕效果,然后选取工具面板中的光晕工具 [🔘],移动鼠标至光晕效果的中心位置或末端位置,当鼠标指针呈 ╬ 形状时,拖曳鼠标即可完成修改操作,如图3-85所示。

图3-85 编辑光晕效果

技巧点拨

用户使用Illustrator里面的光晕效果时会出现杂色,但是如果需要纯白色的,那么用户应该怎么办?解决方案:这是因为在新建Illustrator文档的时候选择的色彩模式为CMYK模式,用户只需要单击"文件"|"文档颜色模式"命令,将CMYK改为RGB即可。

● 操作步骤 ●

STEP 01 单击"文件"|"打开"命令,打开一幅素材图像,选取工具面板中的光晕工具[🔘],在图像窗口中绘制一个光晕,如图3-86所示。

STEP 02 将鼠标指针移至光晕工具图标上,双击鼠标左键,弹出"光晕工具选项"对话框,设置"不透明度"为30%,如图3-87所示。

图3-86 素材图像

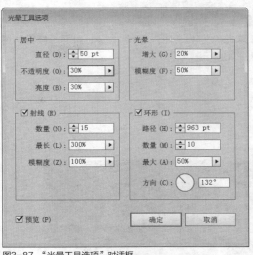

图3-87 "光晕工具选项"对话框

STEP 03 单击"确定"按钮，即可编辑光晕图形，如图
3-88所示。

STEP 04 使用选择工具选中所绘制的光晕图形，调整光晕
图形在图像中的位置，如图3-89所示。

图3-88 调整光晕位置

图3-89 图像效果

3.4 使用辅助工具

　　在Illustrator CC中，标尺、参考线和网格等都属于辅助工具，它们不能编辑对象，其用途是帮助用户更好地完成
编辑任务。

实战 086	设置坐标原点	▶ 实例位置：光盘\效果\第3章\实战086.ai ▶ 素材位置：光盘\素材\第3章\实战086.ai ▶ 视频位置：光盘\视频\第3章\实战086.mp4

● 实例介绍 ●

　　在Illustrator CC中，标尺的用途是为当前图形作参照，用于度量图形的尺寸，同时对图形进行辅助定位，使图形的
设置或编辑更加方便与准确。

　　在Illustrator CC中，水平与垂直标尺上标有0处相交点的位置称为标尺坐标原点，系统默认情况下，标尺坐标原点
的位置在工作页面的左下角，当然，用户可以根据自己需要，自行定义标尺的坐标原点。

　　用户若想定义标尺的坐标原点，可移动鼠标至标尺的X轴和Y轴的0点位置，按鼠标左键并拖曳至适当的位置，释
放鼠标后，X轴和Y轴的坐标原点会定位在释放鼠标的位置。在拖曳前的坐标原点位置处双击鼠标左键，即可恢复坐标
原点的默认位置。

● 操作步骤 ●

STEP 01 单击"文件"｜"打开"命令，打开一幅素材图像，如图3-90所示。

STEP 02 在菜单栏中单击"视图"｜"标尺"｜"显示标尺"命令，如图3-91所示。

图3-90 打开素材图像

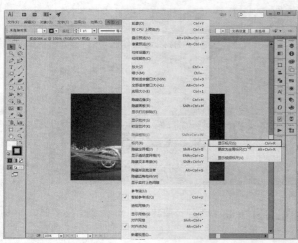

图3-91 单击"标尺"命令

STEP 03 执行上述操作后，即可显示标尺，如图3-92所示。

STEP 04 移动鼠标至水平标尺与垂直标尺的相交处，如图3-93所示。

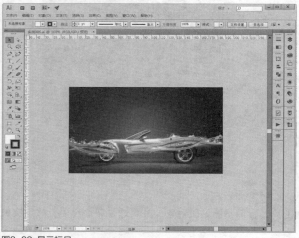

图3-92 显示标尺

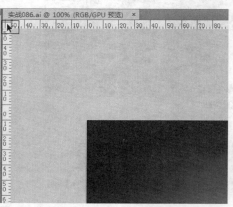

图3-93 移动鼠标至水平标尺与垂直标尺的相交处

STEP 05 单击鼠标左键并拖曳至图像编辑窗口中的合适位置，如图3-94所示。

STEP 06 释放鼠标左键，即可更改标尺原点位置，如图3-95所示。

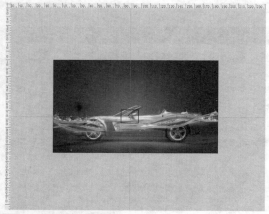

图3-94 拖曳鼠标至合适位置

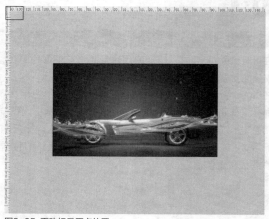

图3-95 更改标尺原点位置

Adobe illustrator是一种应用于出版、多媒体和在线图像的工业标准矢量插画的软件，作为一款非常好的图片处理工具，Adobe Illustrator广泛应用于印刷出版、海报书籍排版、专业插画、多媒体图像处理和互联网页面的制作等，也可以为线稿提供较高的精度和控制，适合完成任何小型设计和复杂的大型项目。

实战 087 更改标尺单位

▶ 实例位置：光盘\效果\第3章\实战087.ai
▶ 素材位置：光盘\素材\第3章\实战087.ai
▶ 视频位置：光盘\视频\第3章\实战087.mp4

● 实例介绍 ●

在默认情况下，标尺的度量单位为毫米，若用户想要修改标尺的度量单位，可以在图形窗口中的水平标尺或垂直标尺的任意区域单击鼠标右键，然后在弹出的快捷菜单中选择所需的标尺度量单位来更改标尺度量单位。

● 操作步骤 ●

STEP 01 单击"文件"｜"打开"命令，打开一幅素材图像，如图3-96所示。

STEP 02 在菜单栏中单击"视图"｜"标尺"｜"显示标尺"命令，即可显示标尺，如图3-97所示。

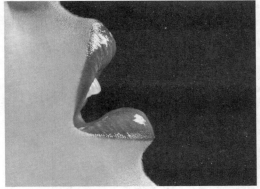

图3-96 打开素材图像

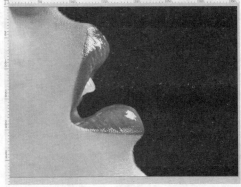

图3-97 显示标尺

STEP 03 在图形窗口中的水平标尺或垂直标尺的任意区域单击鼠标右键，然后在弹出的快捷菜单中选择pt选项，如图3-98所示。

STEP 04 执行操作后，即可更改标尺单位为像素，如图3-99所示。

图3-98 选择pt选项

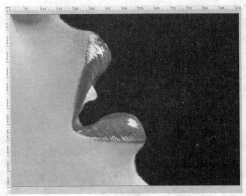

图3-99 更改标尺单位

实战 088 更改为全局标尺

▶ 实例位置：光盘\效果\第3章\实战088.ai
▶ 素材位置：光盘\素材\第3章\实战088.ai
▶ 视频位置：光盘\视频\第3章\实战088.mp4

● 实例介绍 ●

Illustrator分别为文档和画板提供了单独的标尺，即全局标尺和画板标尺。

● 操作步骤 ●

STEP 01 单击"文件"丨"打开"命令，打开一幅素材图像，如图3-100所示。

STEP 02 在菜单栏中单击"视图"丨"标尺"丨"显示标尺"命令，即可显示标尺，默认为画板标尺，可以看到原点位于画板的左上角，如图3-101所示。

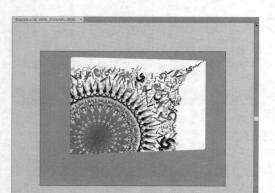

图3-100 打开素材图像

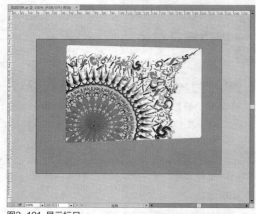

图3-101 显示标尺

STEP 03 在菜单栏中单击"视图"丨"标尺"丨"更改为全局标尺"命令，如图3-102所示。

STEP 04 执行上述操作后，即可显示全局标尺，可以看到标尺原点位于窗口的左上角，如图3-103所示。

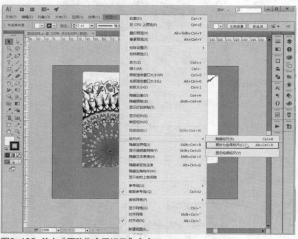

图3-102 单击"更改为全局标尺"命令

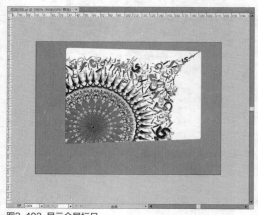

图3-103 显示全局标尺

技巧点拨

这两种标尺的区别在于，如果选择画板标尺，则使用画板工具调整画板大小时，原点将根据画板而改变位置，如图1-104所示。

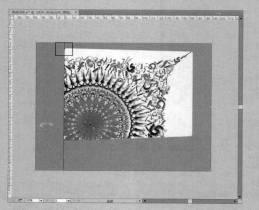

图3-104 画板标尺的原点会随着画板位置而更改

实战	应用视频标尺	▶ 实例位置：光盘\效果\第3章\实战089.ai
089		▶ 素材位置：光盘\素材\第3章\实战089.ai
		▶ 视频位置：光盘\视频\第3章\实战089.mp4

● **实例介绍** ●

在处理要导出到视频的图稿时，视频标尺非常有用，如图3-105所示。标尺上的数字反映了特定于设备的像素，Illustrator的默认视频标尺像素长宽比（VPAR）是1.0（对于方形像素）。

图3-105 视频标尺

● **操作步骤** ●

STEP 01 单击"文件"｜"打开"命令，打开一幅素材图像，如图3-106所示。

STEP 02 在菜单栏中单击"视图"｜"标尺"｜"显示视频标尺"命令，如图3-107所示。

图3-106 打开素材图像

图3-107 单击"显示视频标尺"命令

STEP 03 执行上述操作后，即可显示视频标尺，如图3-108所示。

图3-108 显示视频标尺

实战 090	显示/隐藏网格	▶ 实例位置: 无 ▶ 素材位置: 光盘\素材\第3章\实战090.ai ▶ 视频位置: 光盘\视频\第3章\实战090.mp4

● 实例介绍 ●

在Illustrator CC中，网格是由一连串的水平和垂直点组成，常用来协助绘制图像时对齐窗口中的任意对象。用户可以根据需要显示网格或隐藏网格，在绘制图像时使用网格来进行辅助操作。

● 操作步骤 ●

STEP 01 单击"文件"｜"打开"命令，打开一幅素材图像，如图3-109所示。

STEP 02 在菜单栏中单击"视图"｜"显示网格"命令，如图3-110所示。

图3-109 打开素材图像

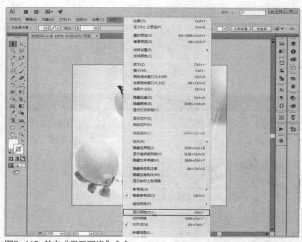

图3-110 单击"显示网格"命令

STEP 03 执行上述操作后，即可显示网格，如图3-111所示。

STEP 04 在菜单栏中单击"视图"｜"隐藏网格"命令，即可隐藏网格，如图3-112所示。

图3-111 显示网格

图3-112 隐藏网格

技巧点拨

除了使用命令外，按【Ctrl＋'】组合键也可以显示网格，再次按【Ctrl＋'】组合键，则可以隐藏网格。

实战 091	调整网格属性	▶ 实例位置: 无 ▶ 素材位置: 无 ▶ 视频位置: 光盘\视频\第3章\实战091.mp4

● 实例介绍 ●

默认情况下网格为线形，用户也可以使其显示为点状，或者修改网格的大小和颜色。

● 操作步骤 ●

STEP 01 在菜单栏中单击"编辑"|"首选项"|"参考线和网格"命令，如图3-113所示。

STEP 02 执行上述操作后，即可弹出"首选项"对话框，如图3-114所示。

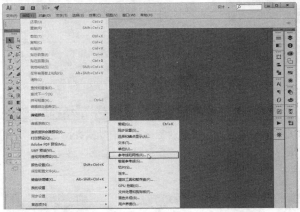

图3-113 单击相应命令

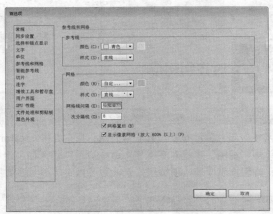

图3-114 弹出"首选项"对话框

STEP 03 在"网格"选项区中，单击"颜色"右侧的下拉按钮，在弹出的列表框中选择设置网格的颜色，如图3-115所示。

STEP 04 单击右侧的"颜色"色块，即可弹出"颜色"对话框，如图3-116所示，即可设置网格的自定义颜色。

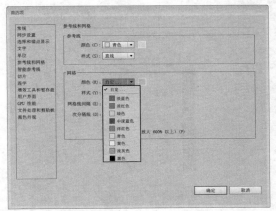

图3-115 单击下拉按钮

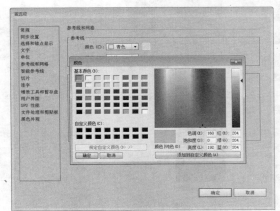

图3-116 弹出"拾色器（网格颜色）"对话框

STEP 05 在"网格"选项区中，单击"样式"右侧的下拉按钮，在弹出的列表框中选择"点线"选项，即可设置网格的线形，如图3-117所示。

STEP 06 在"网格线间隔"文本框中输入30mm，即可设定每隔30mm会出现一个网格，即网格的大小；"次分隔线"是指组成一个网格的子网格数目，如图3-118所示。

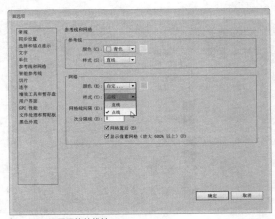

图3-117 设置网格的线性

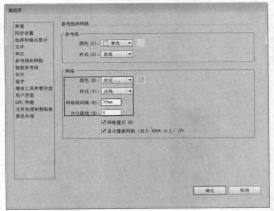

图3-118 输入数值

知识拓展

平面设计的范围很广，如企业形象系统设计、名片设计、广告设计、卡漫设计、包装设计等，可以说有多少社会需要就有多少种设计。设计是有目的的策划，平面设计就是这些策划要采取的形式之一，在平面设计中，让受众通过这些视觉元素了解设计师的设计构想，这才是平面设计的定义。一个好的视觉作品的存在底线，应该是看它是否具有感动受众的能力，是否能顺利地传递出背后的信息，事实上平面设计就是依靠魅力来征服对象的。

实战 092 对齐到网格

▶ 实例位置：光盘\效果\第3章\实战092.ai
▶ 素材位置：光盘\素材\第3章\实战092.ai
▶ 视频位置：光盘\视频\第3章\实战092.mp4

● 实例介绍 ●

网格对于对称地布置对象非常有用，用户在Illustrator CC中编辑图像时，可以对图像进行自动对齐网格操作。用户若单击"视图"｜"对齐网格"命令后，则对象在创建和编辑过程中，能够自动对齐至网格上，即可实现操作的准确性；若用户想取消该项编辑效果，则可再次单击"视图"｜"对齐网格"命令。

● 操作步骤 ●

STEP 01 单击"文件"｜"打开"命令，打开一幅素材图像，如图3-119所示。

STEP 02 在菜单栏中单击"视图"｜"显示网格"命令，如图3-120所示。

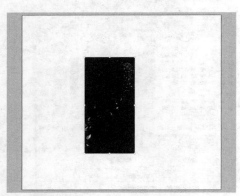

图3-119 打开素材图像

图3-120 单击"显示网格"命令

STEP 03 执行上述操作后，即可显示网格，效果如图3-121所示。

STEP 04 在菜单栏中单击"视图"｜"对齐网格"命令，可以看到在"对齐网格"命令左侧出现一个对勾标志✔，如图3-122所示。

图3-121 显示网格

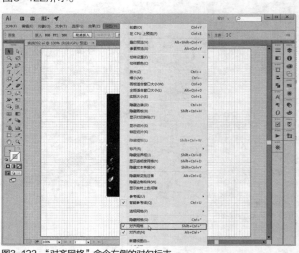

图3-122 "对齐网格"命令左侧的对勾标志

STEP 05 选取工具面板中的选择工具,单击黑色的方块图形,将其选择,如图3-123所示。

STEP 06 单击并拖曳对象进行移动操作,对象会自动对齐到网格上,如图3-124所示。

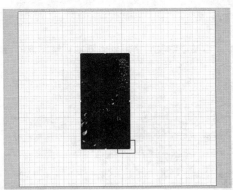

图3-123 选择对象

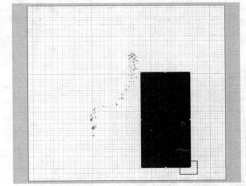

图3-124 移动对象

实战 093	应用透明度网格	▶ 实例位置:光盘\效果\第3章\实战093.ai
		▶ 素材位置:光盘\素材\第3章\实战093.ai
		▶ 视频位置:光盘\视频\第3章\实战093.mp4

● 实例介绍 ●

透明度网格可以帮助用户查看图稿中包含的透明区域。

● 操作步骤 ●

STEP 01 单击"文件"|"打开"命令,打开一幅素材图像,如图3-125所示。

STEP 02 在菜单栏中单击"视图"|"显示透明度网格"命令,如图3-126所示。

图3-125 打开素材图像

STEP 03 执行上述操作后,即可显示透明度网格,效果如图3-127所示。

图3-126 单击"显示透明度网格"命令

图3-127 显示透明度网格

STEP 04 选取工具面板中的选择工具，单击相应对象，将其选择，如图3-128所示。

STEP 05 单击"窗口"｜"透明度"命令，打开"透明度"面板，设置"不透明度"为50%，如图3-129所示。

图3-129 设置"不透明度"

STEP 06 此时，通过透明度网格可以清晰地观察图像的透明度效果，如图3-130所示。

图3-128 选择对象

图3-130 透明度效果

实战 094	拖曳创建参考线

▶ 实例位置：光盘\效果\第3章\实战094.ai
▶ 素材位置：光盘\素材\第3章\实战094.ai
▶ 视频位置：光盘\视频\第3章\实战094.mp4

● 实例介绍 ●

参考线与网格一样，也可以用于对齐对象，但是它比网格更方便，用户可以将参考线创建在图像的任意位置上。

● 操作步骤 ●

STEP 01 单击"文件"｜"打开"命令，打开一幅素材图像，如图3-131所示。

STEP 02 单击"视图"｜"标尺"｜"显示标尺"命令，显示标尺，如图3-132所示。

图3-131 打开素材图像

图3-132 显示标尺

STEP 03 移动鼠标至水平标尺上单击鼠标左键的同时，向下拖曳鼠标至图像编辑窗口中的合适位置，如图3-133所示。

STEP 04 释放鼠标左键，即可创建水平参考线，如图3-134所示。

图3-133 拖曳鼠标

STEP 05 移动鼠标至垂直标尺上单击鼠标左键的同时，向右侧拖曳鼠标至图像编辑窗口中的合适位置，如图3-135所示。

图3-134 创建水平参考线

STEP 06 释放鼠标左键，即可创建垂直参考线，如图3-136所示。

图3-135 拖曳鼠标

图3-136 创建垂直参考线

技巧点拨

　　Adobe Illustrator是Adobe系统公司推出的基于矢量的图形制作软件。最初是1986年为苹果公司麦金塔电脑设计开发的，1987年1月发布，在此之前它只是Adobe内部的字体开发和PostScript编辑软件。

　　1987年，Adobe 公司推出了Adobe Illustrator1.1版本，其特征是包含一张录像带，内容是Adobe创始人约翰· 沃尔诺克对软件特征的宣传， 之后的一个版本称为 88版，因为发行时间是1988年。

　　Adobe illustrator作为全球最著名的矢量图形软件，以其强大的功能和体贴用户的界面，已经占据了全球矢量编辑软件中的大部分份额。据不完全统计全球有37%的设计师在使用Adobe Illustrator进行艺术设计。

　　尤其基于Adobe公司专利的PostScript技术的运用，Illustrator已经完全占领专业的印刷出版领域。无论是线稿的设计者和专业插画家、生产多媒体图像的艺术家、还是互联网页或在线内容的制作者，使用过Illustrator后都会发现，其强大的功能和简洁的界面设计风格只有Freehand能相比。

实战 095 将矢量对象转换为参考线

▶ 实例位置：光盘\效果\第3章\实战095.ai
▶ 素材位置：光盘\素材\第3章\实战095.ai
▶ 视频位置：光盘\视频\第3章\实战095.mp4

● 实例介绍 ●

　　在Illustrator CC中，用户可以根据需要将矢量对象转换为参考线，对图像进行更精确的操作。

● 操作步骤 ●

STEP 01 单击"文件" | "打开"命令，打开一幅素材图像，如图3-137所示。

STEP 02 选取工具面板中的选择工具，单击相应对象将其选中，如图3-138所示。

图3-137 打开素材图像

图3-138 选择对象

STEP 03 单击"视图"|"参考线"|"建立参考线"命令，如图3-139所示。

STEP 04 执行操作后，即可将其转换为参考线，如图3-140所示。

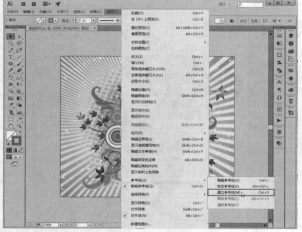

图3-139 单击"建立参考线"命令

图3-140 将矢量对象转换为参考线

技巧点拨

拖曳参考线时，按住【Alt】键就能在垂直和水平参考线之间进行切换。

选择参考线后，单击"视图"|"参考线"|"释放参考线"命令，可以将参考线重新转换为图形，如图3-141所示。

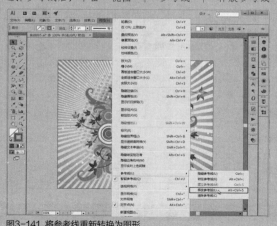

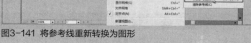

图3-141 将参考线重新转换为图形

实战 096　显示/隐藏参考线

▶ 实例位置：无
▶ 素材位置：光盘\素材\第3章\实战096.ai
▶ 视频位置：光盘\视频\第3章\实战096.mp4

● 实例介绍 ●

在Illustrator CC中，参考线可以建立多条，用户可以根据需要对参考线进行隐藏或显示的操作。

● 操作步骤 ●

STEP 01 单击"文件"｜"打开"命令，打开一幅素材图像，如图3-142所示。

STEP 02 单击"视图"｜"参考线"｜"显示参考线"命令，如图3-143所示。

图3-142 打开素材图像

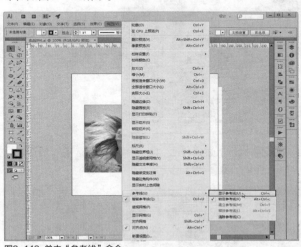

图3-143 单击"参考线"命令

STEP 03 执行上述操作后，即可显示参考线，如图3-144所示。

STEP 04 单击"视图"｜"参考线"｜"隐藏参考线"命令，如图3-145所示，即可隐藏参考线。

图3-144 显示参考线

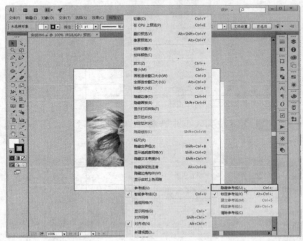

图3-145 隐藏参考线

实战 097　更改参考线颜色

▶ 实例位置：无
▶ 素材位置：光盘\素材\第3章\实战097.ai
▶ 视频位置：光盘\视频\第3章\实战097.mp4

● 实例介绍 ●

在Illustrator CC中，默认情况下软件中参考线的颜色为青色，用户可以根据需要将参考线更改为其他颜色。

● 操作步骤 ●

STEP 01 单击"文件"｜"打开"命令，打开一幅素材图像，如图3-146所示。

图3-146 打开素材图像

STEP 03 执行上述操作后，即可弹出"首选项"对话框，如图3-148所示。

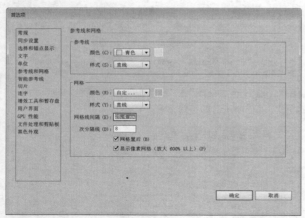

图3-148 弹出"首选项"对话框

STEP 05 在下拉列表框中选择"绿色"选项，如图3-150所示。

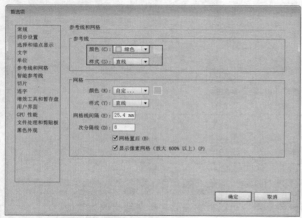

图3-150 设置颜色为"绿色"

STEP 02 在菜单栏单击"编辑"｜"首选项"｜"参考线和网格"命令，如图3-147所示。

图3-147 单击相应命令

STEP 04 在"参考线"选项区中，单击"颜色"右侧的下拉按钮，如图3-149所示。

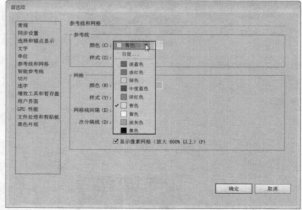

图3-149 单击下拉按钮

STEP 06 执行上述操作后，单击"确定"按钮，即可更改参考线颜色，效果如图3-151所示。

图3-151 更改参考线颜色

技巧点拨

在"首选项"对话框中,单击"参考线"选项区右侧的颜色色块,即可弹出"颜色"对话框,设置RGB参数值分别为138、39、179,即可设置自定义颜色参考线,如图3-152所示。

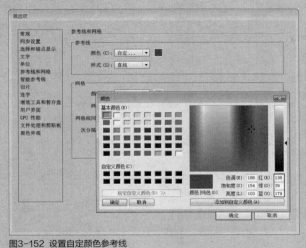

图3-152 设置自定义颜色参考线

实战 098 更改参考线样式

▶ 实例位置:无
▶ 素材位置:光盘\素材\第3章\实战098.ai
▶ 视频位置:光盘\视频\第3章\实战098.mp4

● 实例介绍 ●

在Illustrator CC中,默认情况下软件中参考线的样式为直线,用户可以根据需要将参考线更改为其他线性。

● 操作步骤 ●

STEP 01 单击"文件"|"打开"命令,打开一幅素材图像,如图3-153所示。

STEP 02 在菜单栏中单击"编辑"|"首选项"|"参考线和网格"命令,如图3-154所示。

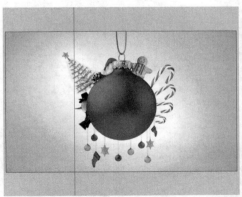

图3-153 打开素材图像

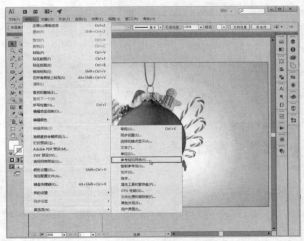

图3-154 单击相应命令

STEP 03 执行上述操作后,即可弹出"首选项"对话框,如图3-155所示。

STEP 04 在"参考线"选项区中,单击"样式"右侧的下拉按钮,如图3-156所示。

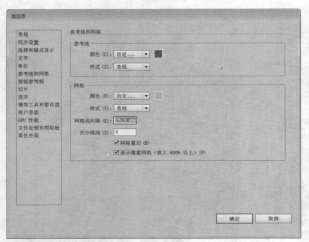

图3-155 弹出"首选项"对话框

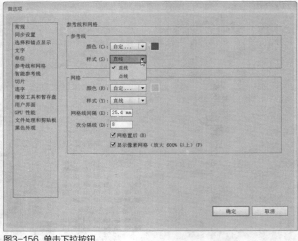

图3-156 单击下拉按钮

STEP 05 在弹出的下拉列表框中选择"点线"选项,如图3-157所示。

STEP 06 执行上述操作后,单击"确定"按钮,即可以点线样式显示参考线,效果如图3-158所示。

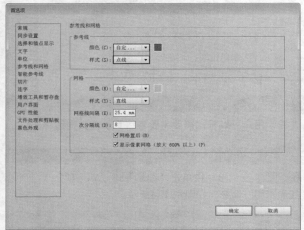

图3-157 选择"点线"选项

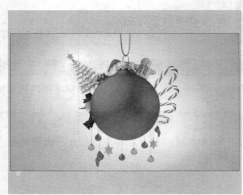

图3-158 点线显示参考线

知识链接

　　参考线是一种在编辑窗口中显示而不会被打印出来的直线,当用户在做一些需要对齐的设计工作时,如书籍装帧、VI设计和包装设计等制作过程中,参考线的设置非常重要。

实战 099 移动参考线

▶ **实例位置:** 光盘\效果\第3章\实战099.ai
▶ **素材位置:** 光盘\素材\第3章\实战099.ai
▶ **视频位置:** 光盘\视频\第3章\实战099.mp4

● 实例介绍 ●

　　在Illustrator CC中,用户可以根据需要,移动参考线至图像编辑窗口中的合适位置。

● 操作步骤 ●

STEP 01 单击"文件"|"打开"命令,打开一幅素材图像,如图3-159所示。

STEP 02 选取工具面板中的选择工具,移动鼠标指针至图像编辑窗口中的水平参考线上,如图3-160所示。

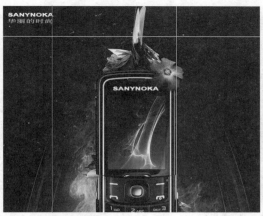

图3-159 打开素材图像

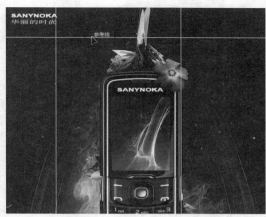

图3-160 移动鼠标至水平参考线上

STEP 03 单击鼠标左键并向下拖曳至合适位置，释放鼠标左键，即可移动参考线，效果如图3-161所示。

STEP 04 运用同样的方法，移动其中的垂直参考线，效果如图3-162所示。

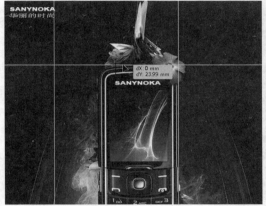

图3-161 向下拖曳鼠标

图3-162 移动参考线

技巧点拨

除了运用上述方法可以移动参考线外，还有以下两种快捷键操作方法。
➤ 快捷键1：按住【Ctrl】键的同时拖曳鼠标，即可复制参考线。
➤ 快捷键2：按住【Shift】键的同时拖曳鼠标，可使参考线与标尺上的刻度对齐。

实战 100　清除参考线

▶ 实例位置：光盘\效果\第3章\实战100.ai
▶ 素材位置：光盘\素材\第3章\实战100.ai
▶ 视频位置：光盘\视频\第3章\实战100.mp4

● 实例介绍 ●

　　参考线是在绘图时为了精确地进行对齐操作的辅助工具。运用参考线处理完图像后，用户可以根据需要，把多余的参考线删除。

● 操作步骤 ●

STEP 01 单击"文件"｜"打开"命令，打开一幅素材图像，如图3-163所示。

STEP 02 选取工具面板中的选择工具，如图3-164所示。

技巧点拨

　　用户在绘制与编辑图形时，为了防止无意中移动参考线的位置，可以单击"视图"｜"参考线"｜"锁定参考线"命令，即可锁定当前图形窗口中的所有参考线，当然，若再次单击"视图"｜"参考线"｜"锁定参考线"命令，即可解锁锁定的参考线。

图3-163 打开素材图像

图3-164 选取选择工具

STEP 03 移动鼠标至图像编辑窗口中需要删除的参考线上，如图3-165所示。

STEP 04 按住鼠标左键不放的同时，拖曳鼠标至文档窗口以外位置，释放鼠标即可删除参考线，如图3-166所示。

图3-165 移动鼠标

图3-166 删除参考线

STEP 05 在菜单栏中单击"视图"｜"参考线"｜"清除参考线"命令，如图3-167所示。

STEP 06 执行上述操作后，即可清除全部参考线，如图3-168所示。

图3-167 单击"清除参考线"命令

图3-168 清除所有参考线

实战 101 运用智能参考线

▶ 实例位置：光盘\效果\第3章\实战101.ai
▶ 素材位置：光盘\素材\第3章\实战101.ai
▶ 视频位置：光盘\视频\第3章\实战101.mp4

● 实例介绍 ●

　　智能参考线是一种智能化的参考线，它仅仅在需要时出现，可以帮助用户相对于其他对象创建、对齐、编辑和变换当前对象。

● 操作步骤 ●

STEP 01 单击"文件" | "打开"命令，打开一幅素材图像，如图3-169所示。

STEP 02 单击"视图" | "智能参考线"命令，启用智能参考线，如图3-170所示。

图3-169 打开素材图像

图3-170 单击"智能参考线"命令

STEP 03 使用选择工具单击并拖曳对象将其移动，此时可借助智能参考线使对象对齐到参考线或路径上，如图3-171所示。

STEP 04 依据智能参考线，调整其他对象的位置，如图3-172所示。

图3-171 拖曳对象

图3-172 调整其他对象的位置

STEP 05 执行操作后，即可使对象居中对齐，如图3-173所示。

STEP 06 单击空白位置处，取消对象的选择状态，如图3-174所示。

图3-173 使对象居中对齐

图3-174 取消对象的选择状态

实战 102 运用对齐点

▶ 实例位置：光盘\效果\第3章\实战102.ai
▶ 素材位置：光盘\素材\第3章\实战102.ai
▶ 视频位置：光盘\视频\第3章\实战102.mp4

● 实例介绍 ●

运用"对齐点"命令，可以启用点对齐功能，此后移动对象时，可以将其自动对齐到锚点和参考线上。

● 操作步骤 ●

STEP 01 单击"文件"|"打开"命令，打开一幅素材图像，如图3-175所示。

STEP 02 单击"视图"|"对齐点"命令，启用对齐点功能，如图3-176所示。

图3-175 打开素材图像

图3-176 启用对齐点功能

STEP 03 使用选择工具单击并拖曳对象将其移动，可将其对齐到参考线上，如图3-177所示。

STEP 04 单击空白位置处，取消对象的选择状态，如图3-178所示。

图3-177　移动对象

图3-178　取消对象的选择状态

实战 103	运用"信息"面板	▶ 实例位置：无 ▶ 素材位置：光盘\素材\第3章\实战103.ai ▶ 视频位置：光盘\视频\第3章\实战103.mp4

● 实例介绍 ●

　　"信息"面板可以显示光标下面的区域和所选对象的各种有用信息，包括当前对象的位置、大小和颜色值等。此外，该面板还会因操作不同而显示不同的信息。

● 操作步骤 ●

STEP 01 单击"文件"｜"打开"命令，打开一幅素材图像，如图3-179所示。

STEP 02 选取工具面板中的选择工具，选择中间的文字对象，如图3-180所示。

图3-179　打开素材图像

图3-180　选择文字对象

STEP 03 单击"窗口"｜"信息"命令，即可打开"信息"面板，如图3-181所示。

STEP 04 单击面板左上角的按钮，显示完整的面板选项，如图3-182所示。

图3-181　打开"信息"面板

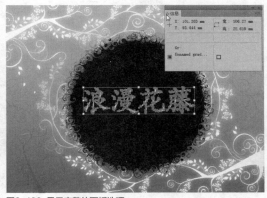

图3-182　显示完整的面板选项

3.5 选择对象

在Illustrator CC中，如果要编辑对象，首先应将其选择。Illustrator提高了许多选择工具和命令，适合不同类型的对象。

实战 104 用选择工具选择对象

▶ 实例位置：光盘\效果\第3章\实战104.ai
▶ 素材位置：光盘\素材\第3章\实战104.ai
▶ 视频位置：光盘\视频\第3章\实战104.mp4

● 实例介绍 ●

在任何一种软件中，选择对象是使用频率最高的操作。在操作过程中，不论是修改对象还是删除对象，都必须先选择相应的对象，才能对对象进行进一步操作。因此，选择对象是一切操作的前提。在Illustrator CC中，选择工具是最常用也是最简单的选择类工具，下面将对这个工具的操作方法与使用技巧进行详细的介绍。

用户若在选取工具面板中的选择工具后，在图形窗口中需要选择的图形处单击鼠标左键并拖曳，此时将显示一个矩形框，如图3-183所示，释放鼠标后，鼠标所框选的图形都将被选中，如图3-184所示。用户在使用选择工具选择图形时，鼠标指针随图形的选择状态不同而变化。

> ➤ 当鼠标指针移至一个未被选择的图形上时，鼠标指针将呈 ▸. 形状，如图3-185所示。
> ➤ 当鼠标指针移至一个未被选择的路径上时，鼠标指针将呈 ▸. 形状，如图3-186所示。
> ➤ 当鼠标指针移至一个已被选择的图形或路径上时，鼠标指针将呈 ▸ 形状，如图3-187所示。

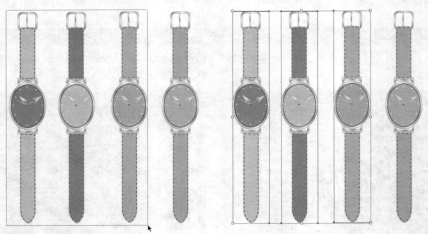

图3-183 框选图形　　　　　　图3-184 选择的图形

　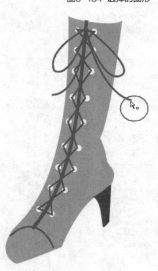　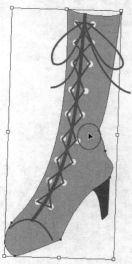

图3-185 鼠标形状　　　　图3-186 鼠标形状　　　　图3-187 鼠标形状

技巧点拨

通常情况下，使用选择工具选择图形时，在选择第一个图形后，若需要再次添加或去掉一些选择图形，其操作方法是按住【Shift】键的同时，然后再单击已经选择的图形，则会将已经选择的图形对象进行取消选择。另外，用户若需要选择一个未填充的图形，可以运用鼠标指针单击该图形的外框轮廓将其选中；若选择一个已填充的图形，可直接在该图形的任何区域单击鼠标，以将其选中。

用户在使用选择工具选择图形时，若按住【Shift】键，则可以加选图形（选择多个图形）。

● 操作步骤 ●

STEP 01 单击"文件" | "打开"命令，打开一幅素材图像，使用选择工具 ▶ 在需要选择的图形上单击鼠标左键，即可选中该对象，如图3-188所示。

STEP 02 拖曳鼠标至合适位置后，释放鼠标左键，即可改变所选对象的位置，图像效果如图3-189所示。

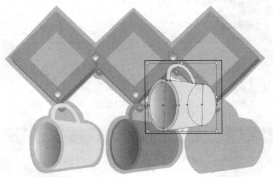

图3-188 选择图形

图3-189 改变图形位置

实战 105 用直接选择工具选择对象

▶ 实例位置：无
▶ 素材位置：光盘\素材\第3章\实战105.ai
▶ 视频位置：光盘\视频\第3章\实战105.mp4

● 实例介绍 ●

使用直接选择工具主要是用来选择路径或锚点，并对图形的路径段和锚点进行调整。经过编组操作的图形也可以使用直接选择工具进行选取。

● 操作步骤 ●

STEP 01 单击"文件" | "打开"命令，打开一幅素材图像，如图3-190所示。

STEP 02 选取工具面板中的直接选择工具 ▶，如图3-191所示。

图3-190 移动鼠标

图3-191 选中图形

STEP 03 将鼠标移至图像窗口中需要选择的图形上，如图3-192所示。

STEP 04 单击鼠标左键，即可观察使用直接选择工具选中图形的状态，如图3-193所示。

图3-192 移动鼠标

图3-193 选中图形

实战 106 用编组选择工具选择对象

▶ 实例位置：无
▶ 素材位置：光盘\素材\第3章\实战106.ai
▶ 视频位置：光盘\视频\第3章\实战106.mp4

• 实例介绍 •

在使用Illustrator CC绘制或编辑图形时，有时需要将几个图形进行编组，图形在编组后，若再想选择其中的某一个图形，使用普通的选择工具是无法办到的，而工具面板中的编组选择工具 是用于选择一个编组中的任一对象或者嵌套在编组中的组对象。

选取工具面板中的编组选择工具，移动鼠标至图形窗口，在窗口已经编组的图形中任意一图形处单击鼠标左键，即可选中该图形，如图3-194所示。用户若再次单击已经选中的图形，那么将选择包含该图形的整个组中的所有图形对象，如图3-195所示；若该编组图形属于多重编组，那么每单击一次鼠标，即可选择一组图形，并依此类推。

图3-194 选择编组图形中的某一图形　　图3-195 选择整个编组图形

• 操作步骤 •

STEP 01 单击"文件"｜"打开"命令，打开一幅素材图像，如图3-196所示。

STEP 02 选取工具面板中的编组选择工具 ，如图3-197所示。

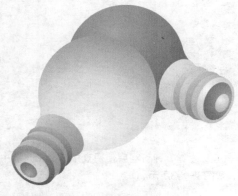

图3-196 打开素材图像

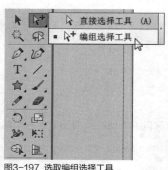

图3-197 选取编组选择工具

知识拓展

　　在绘制或编辑图形的过程中，为了管理图形，常会将一些图形进行编组，若要选择其中的一个图形，使用选择工具是无法选取图形的，而使用编组选择工具则可以选中经过编组或嵌套操作的图形或路径，选取了一个图形后，再次单击鼠标左键，即可选取整个组的图形。

`STEP 03` 将鼠标移至一个图形上，单击鼠标左键，即可选中该图形，如图3-198所示。

`STEP 04` 再次单击鼠标左键，即可选中包含已选图形在内的所有图形组，如图3-199所示。

图3-198 选取图形

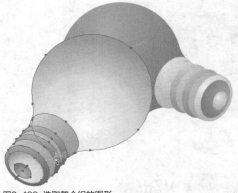

图3-199 选取整个组的图形

技巧点拨

　　用户在选择路径段和锚点以便调整时，直接选择工具最为合适；选择编组或嵌套组中的路径或对象，编组选择工具最为合适。

实战 107 用魔棒工具选择对象

▶ 实例位置：光盘\效果\第3章\实战107.ai
▶ 素材位置：光盘\素材\第3章\实战107.ai
▶ 视频位置：光盘\视频\第3章\实战107.mp4

● 实例介绍 ●

　　魔棒工具是在Illustrator 10之前仅在Photoshop等位图软件中才有的工具，而在Illustrator 10软件中，魔棒工具被赋予了矢量特性。用户使用魔棒工具可以选择填充色、透明度和画笔笔触等属性相同或相近的矢量图形对象，如图3-200所示。其基本功能与Photoshop中的魔棒工具相似。

　　魔棒工具可以选择与当前单击图形对象相同或相近属性的图形，其具体相似程度由"魔棒"面板所决定。单击"窗口"｜"魔棒"命令，或双击工具面板中的魔棒工具，弹出"魔棒"面板，如图3-201所示。

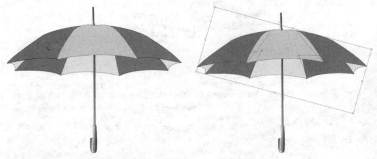

图3-200 使用魔棒工具选择填充色相同的图形

图3-201 "魔棒"面板

　　该面板中的主要选项含义如下。

➢ 填充颜色：选中该复选框，可以选择与当前所选图形对象具有相同或相似填充颜色的图形对象。其右侧的"容差"选项用于设置其他选择图形对象与当前所选对象相似的程度，其数值越小，相似程度越大，选择范围越小。

➢ 描边颜色：选中该复选框，可以选择与当前所选图形对象具有相同或相似轮廓颜色的对象，选择对象的相似程度可在其右侧的"容差"选项中设置。

➢ 描边粗细：选中该复选框，可以选择轮廓粗细与当前所选图形对象相同或相似的图形对象。

➤ 不透明度：选中该复选框，可以选择与当前所选图形对象具有相同透明度设置的图形对象。

➤ 混合模式：复选该复选框，可以选择与当前所选对象具有相同混合模式的图形对象。

● 操作步骤 ●

STEP 01 单击"文件"｜"打开"命令，打开一幅素材图像，如图3-202所示。

STEP 02 选取工具面板中的魔棒工具，如图3-203所示。

图3-202 素材图像

图3-203 选取魔棒工具

STEP 03 将鼠标移至人脸图形的淡黄色区域上，如图3-204所示。

STEP 04 单击鼠标左键，即可选中与淡黄色区域相同或相近属性的图形，如图3-205所示。

图3-204 定位光标

图3-205 选中图形

技巧点拨

用户若单击"魔棒"面板右侧的三角形按钮，将弹出面板菜单，如图3-206所示，用户选择其中的"隐藏描边选项"或"隐藏透明选项"选项，Illustrator CC将在"魔棒"面板中隐藏相应的选择项，如图3-207所示；若选择"重置"选项，则重置"魔棒"面板；选择"使用所有图层"选项，魔棒工具将对图形窗口中的所有图层中的图形生效；若取消选择"使用所有图层"选项，魔棒工具仅对当前所选中的路径或图形所有的图层生效。

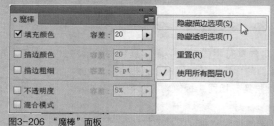

图3-206 "魔棒"面板

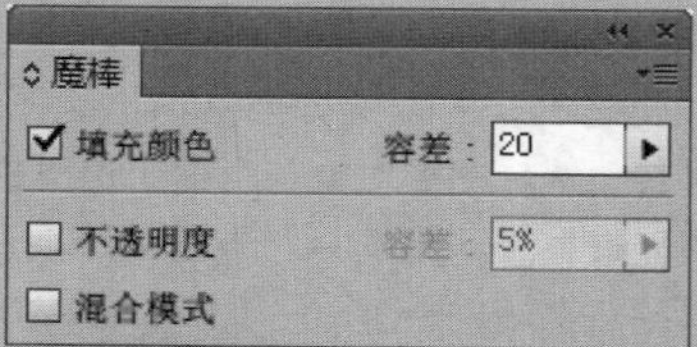

图3-207 隐藏相应选项的"魔棒"面板

实战 108 **用套索工具选择对象**

▶ 实例位置: 无
▶ 素材位置: 光盘\素材\第3章\实战108.ai
▶ 视频位置: 光盘\视频\第3章\实战108.mp4

● 实例介绍 ●

　　套索工具用于选择图形的部分路径和锚点。该工具的操作方法非常简单, 只需在工具面板中选择套索工具, 移动鼠标至图形窗口, 在窗口中需要选择的路径或部分路径锚点处单击鼠标左键并拖曳, 此时将绘制一个类似于圆形的曲线图形, 即可选中与该曲线图形相交的图形对象, 如图3-208所示。

　　在使用套索工具选择图形时, 按住【Shift】键可以增加选择, 按住【Alt】键可以减去选择。另外, 不管使用哪一种选择工具选择图形, 用户只要在图形窗口中的空白区域单击鼠标左键(或按【Ctrl + Shift + A】组合键), 即可取消选择。

图3-208 使用套索工具选择路径

● 操作步骤 ●

STEP 01 单击 "文件" | "打开" 命令, 打开一幅素材图像, 如图3-209所示。

STEP 02 选取工具面板中的套索工具, 如图3-210所示。

图3-209 打开素材图像

图3-210 选取套索工具

STEP 03 将鼠标移至图像窗口的合适位置, 单击鼠标左键并拖曳, 即可绘制一条不规则的线条, 如图3-211所示。

STEP 04 至合适位置后释放鼠标左键, 即可选中线条范围内的图形, 如图3-212所示。

图3-211 使用套索工具

图3-212 选中图形

技巧点拨

　　用户使用选择工具选择图形时，不仅可以单击工具面板中相应的工具，还可以按快捷键，如选择工具的快捷键为【V】、直接选择工具的快捷键为【A】、魔术棒工具的快捷键为【Y】，套索工具的快捷键为【Q】。若当前使用的工具为选择工具以外的其他工具时，按【Ctrl】键便可切换上一次所使用的选择工具。

实战 109　用"全部"命令选择对象

▶ **实例位置：** 光盘\效果\第3章\实战109.ai
▶ **素材位置：** 光盘\素材\第3章\实战109.ai
▶ **视频位置：** 光盘\视频\第3章\实战109.mp4

● 实例介绍 ●

　　用户在使用Illustrator CC绘制或编辑图形时，若需要选择所有绘制的图形，单击"选择"|"全部"命令，或按【Ctrl + A】组合键，即可选择所有的图形，如图3-213所示。

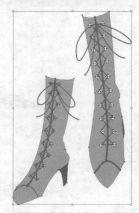

图3-213 选择所有的图形

● 操作步骤 ●

STEP 01 单击"文件"|"打开"命令，打开一幅素材图像，如图3-214所示。

STEP 02 单击"选择"|"全部"命令，即可将文档中的所有图形全部选中，如图3-215所示。

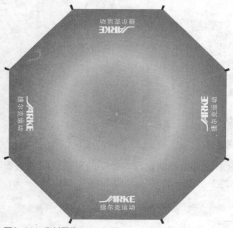

图3-214 素材图像

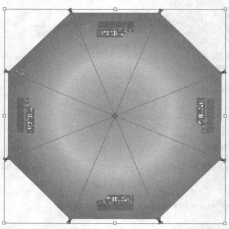

图3-215 选中全部图形

实战 110　用"反向"命令选择对象

▶ **实例位置：** 光盘\效果\第3章\实战110.ai
▶ **素材位置：** 光盘\素材\第3章\实战110.ai
▶ **视频位置：** 光盘\视频\第3章\实战110.mp4

● 实例介绍 ●

　　"反向"命令的主要作用是对所选择的图形进行反向选择，进行反向操作后，所选择的图形为操作之前未被选择的图形，而操作之前被选择的图形则取消选择。用户若需要将所选择的图形进行反向选择时，单击"选择"|"反向"命令，即可选择当前图形窗口中所有未选择的图形对象，同时还会取消选择之前选择的图形对象，如图3-216所示。

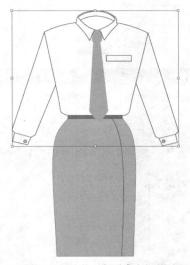

图3-216　原选区与执行"反向"命令后的选区

● 操作步骤 ●

STEP 01　单击"文件"｜"打开"命令，打开一幅素材图像，如图3-217所示。

STEP 02　使用选择工具将文字路径选中，如图3-218所示。

图3-217　打开素材图像

图3-218　选择文字图形

STEP 03　单击"选择"｜"反向"命令，如图3-219所示。

STEP 04　执行操作后，即可选中除文字路径以外的所有图形，如图3-220所示。

选择(S)　效果(C)　视图(V)　窗口(W)　帮助(H)	
全部(A)	Ctrl+A
现用画板上的全部对象(L)	Alt+Ctrl+A
取消选择(D)	Shift+Ctrl+A
重新选择(R)	Ctrl+6
反向(I)	
上方的下一个对象(V)	Alt+Ctrl+]
下方的下一个对象(B)	Alt+Ctrl+[
相同(M)	▶
对象(O)	▶
存储所选对象(S)...	
编辑所选对象(E)...	

图3-219　单击"反向"命令

图3-220　反选图形

实战 111 用"相同"命令选择对象

▶ 实例位置：无
▶ 素材位置：无
▶ 视频位置：光盘\视频\第3章\实战111.mp4

● 实例介绍 ●

　　"相同"命令用于选择与该子菜单命令定义属性相似的图形对象，它与魔棒工具功能有些相似。单击"选择" | "相同"命令，弹出下拉菜单，如图3-221所示。

　　该子菜单命令中的主要选项含义如下。

➢ 混合模式：用于选择与当前图形窗口中所选择的图形对象具有相同混合模式的图形对象。

➢ 填色和描边：用于选择与当前图形窗口中所选择的图形对象具有相同填充和描边的图形对象。

➢ 填充颜色：用于选择与当前图形窗口中所选择的图形对象具有相同填充属性的图形对象，如图3-222所示。

➢ 不透明度：用于选择与当前图形窗口中所选择的图形对象具有相同透明度的图形对象。

➢ 描边颜色：用于选择与当前图形窗口中所选择的图形对象具有相同描边颜色的图形对象，如图3-223所示。

➢ 描边粗细：用于选择与当前图形窗口中所选择的图形对象具有相同描边粗细的图形对象。

➢ 样式：用于选择与当前图形窗口中所选择的图形对象具有相同样式的图形对象。

➢ 符号实例：用于选择与当前图形窗口中所选择的图形对象具有相同符号的图形对象。

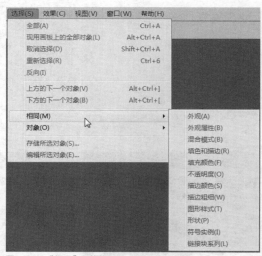

图3-221 "相同"子菜单

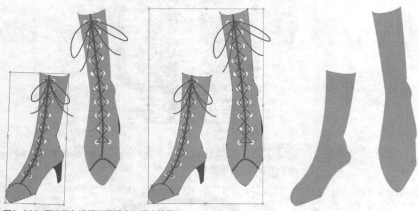

图3-222 原选区与选择相同填充和描边的图形

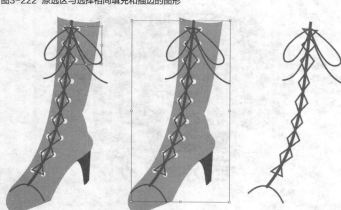

图3-223 原选区与选择相同描边颜色的图形

● 操作步骤 ●

STEP 01 在实战110的素材基础上，使用选择工具选择素材图像中的一个图形，如图3-224所示。

STEP 02 单击"选择"｜"相同"｜"外观"命令，如图3-225所示。

STEP 03 执行操作后，即可选中与原来所选图形外观相同的图形，如图3-226所示。

图3-224 选择图形

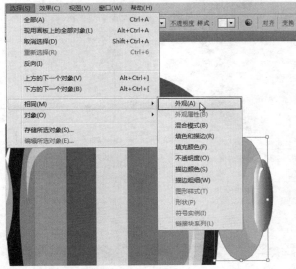

图3-225 单击"外观"命令

图3-226 选中外观相同的图形

实战 112 用"重新选择"命令选择对象

▶ 实例位置：无
▶ 素材位置：光盘\素材\第3章\实战112.ai
▶ 视频位置：光盘\视频\第3章\实战112.mp4

● 实例介绍 ●

用户在使用Illustrator CC绘制或编辑图形时，选择的图形不小心取消选择后，若用户想选择上次选择的图形时，单击"选择"｜"重新选择"命令，即可重新选择上次操作中取消选择的图形。

● 操作步骤 ●

STEP 01 单击"文件"｜"打开"命令，打开一幅素材图像，使用选择工具选择相应图形，如图3-227所示。

STEP 02 单击"选择"｜"取消选择"命令，即可取消选择的图形，如图3-228所示。

图3-227 选择相应图形

图3-228 取消选择的图形

STEP 03 单击"选择"｜"重新选择"命令，如图3-229 所示。

STEP 04 执行操作后，即可重新选中图形，如图3-230 所示。

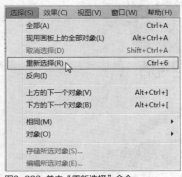

图3-229 单击"重新选择"命令

图3-230 重新选中图形

实战 113 用"对象"命令选择对象

▶ 实例位置：无
▶ 素材位置：光盘\素材\第3章\实战113.ai
▶ 视频位置：光盘\视频\第3章\实战113.mp4

● 实例介绍 ●

单击"选择>对象"命令，弹出其下的子菜单命令，如图3-231所示，用户运用这些命令可以在当前图形窗口中选择具有"选择"属性的图形对象。

该子菜单命令的主要选项含义如下。

➢ 同一图层上的所有对象：用于选择当前图形窗口中所选图形的同一图层上所有的图形对象。
➢ 方向手柄：用于选择当前图形窗口中所选图形对象上的所有路径控制柄，如图3-232所示。
➢ 画笔描边：用于选择当前图形窗口中所有使用画笔工具绘制的对象。
➢ 剪切蒙版：用于选择当前图形窗口中所有的剪切蒙版。
➢ 游离点：用于选择当前图形窗口中所有的游离点。
➢ 文本对象：用于选择当前图形窗口中所有的文本对象。

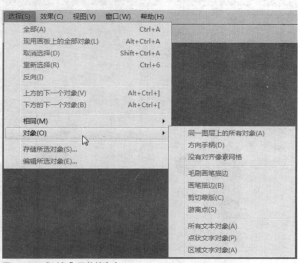

图3-231 "对象"子菜单命令

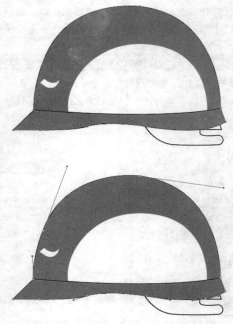

图3-232 原选区与选择所有的控制柄

● 操作步骤 ●

STEP 01 单击"文件" | "打开"命令，打开一幅素材图像，使用选择工具选取一个图形，如图3-233所示。

STEP 02 单击"选择" | "对象" | "同一图层上的所有对象"命令，即可选中与当前所选图形同在一个图层上的所有图形，如图3-234所示。

图3-233 选中一个图形

图3-234 选中同一个图层上的图形

实战 114 用"现用画板上的全部对象"命令选择对象

▶ 实例位置：光盘\效果\第3章\实战114.ai
▶ 素材位置：光盘\素材\第3章\实战114.ai
▶ 视频位置：光盘\视频\第3章\实战114.mp4

● 实例介绍 ●

　　选择全部是指选择文件里的所有对象，而选择现用画板中的全部对象是指激活的当前画板全部对象。在选择图形的操作过程中，使用选择类工具不一定可以将当前画板中的图形全部选中。而使用"现用画板上的全部对象"命令，选中的是当前画板中的所有图形；另外，使用【Alt + Ctrl + A】组合键也可以选中当前画板中所有的图形。

● 操作步骤 ●

STEP 01 单击"文件" | "打开"命令，打开一幅素材图像，如图3-235所示。

STEP 02 将图像中的玫瑰花移至画板外，如图3-236所示。

图3-235 打开素材图像

图3-236 移动玫瑰花

STEP 03 单击"选择" | "现用画板上的全部对象"命令，如图3-237所示。

STEP 04 执行操作后，即可将画板中的全部图形选中，如图3-238所示。

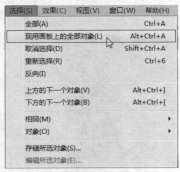

图3-237 单击相应命令

图3-238 选中画板中的全部图形

| 实战
115 | **按照堆叠顺序选择对象** | ▶ 实例位置：无
▶ 素材位置：光盘\素材\第3章\实战115.ai
▶ 视频位置：光盘\视频\第3章\实战115.mp4 |

● 实例介绍 ●

在Illustrator中绘图时，新绘制的图像总是位于前一个图形的上方。当多个图像堆叠在一起时，可通过下面的方法选择它们。

● 操作步骤 ●

STEP 01 单击"文件"｜"打开"命令，打开一幅素材图像，如图3-239所示。

STEP 02 使用工具面板中的选择工具，在图形窗口中选择相应对象，如图3-240所示。

![图3-239 打开素材图像]

图3-239 打开素材图像

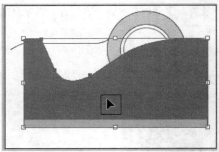

图3-240 选择相应对象

STEP 03 单击"选择"｜"下方的下一个对象（B）"命令，如图3-241所示。

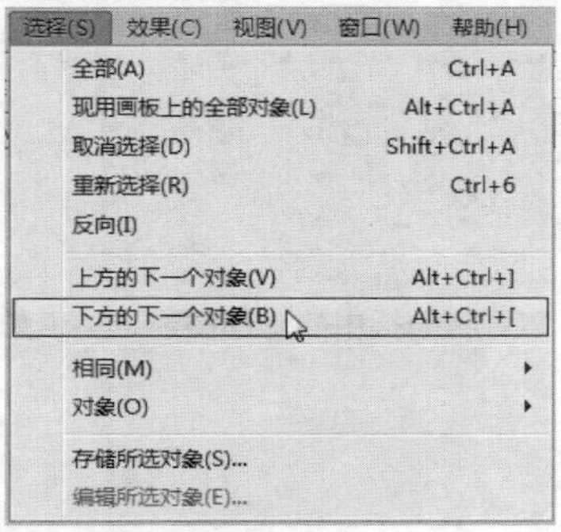

STEP 04 执行操作后，即可选择它下方最近的对象，如图3-242所示。

![图3-241 单击相应命令]

图3-241 单击相应命令

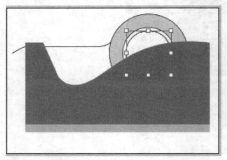

图3-242 选择相应对象

STEP 05 若单击"选择"｜"上方的下一个对象（Ｖ）"命令，如图3-243所示。

STEP 06 执行操作后，即可选择它上方最近的对象，如图3-244所示。

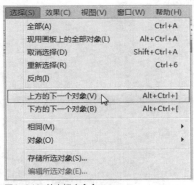

图3-243 单击相应命令

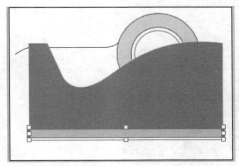

图3-244 选择相应对象

技巧点拨

　　另外，用户还可在图形窗口中使用选择类工具选择某一图形后，在图形窗口中的任意位置处单击鼠标右键，在弹出的快捷菜单中选择"选择"选项，此时将弹出子菜单，如图3-245所示，用户可通过该子菜单中的选项选择相应的图形。

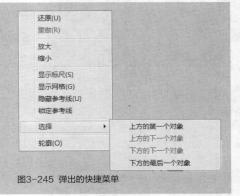

图3-245 弹出的快捷菜单

实战 116 用"图层"面板选择对象

▶ 实例位置：光盘\效果\第3章\实战116.ai
▶ 素材位置：光盘\素材\第3章\实战116.ai
▶ 视频位置：光盘\视频\第3章\实战116.mp4

● **实例介绍** ●

　　编辑复杂的图稿时，小图形经常会被大图形遮盖，想要选择被遮盖的对象比较困难，遇到这种情况时，用户可以通过"图层"面板来选择对象。

● **操作步骤** ●

STEP 01 单击"文件"｜"打开"命令，打开一幅素材图像，如图3-246所示。

技巧点拨

　　在"图层"面板中选择对象后，选择列会出现不同的图标。

　　➢ 当图层的选择列显示◎□状图标时，表示该图层中所有的子图层、组都被选择。

　　➢ 如果图标为○□状，则表示只有部分子图层或组被选择。

　　➢ 另外，按住【Shift】键单击其他选择列，可以添加选择其他对象。

图3-246 打开素材图像

STEP 02 单击"窗口"|"图层"命令，展开"图层"面板，如图3-247所示。

STEP 03 单击"背景 图像"图层右侧的"指示所选图稿（拖移可移动外观）"按钮 ◎，如图3-248所示。

图3-247 展开"图层"面板

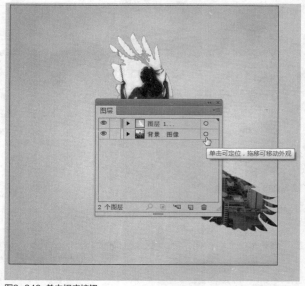

图3-248 单击相应按钮

STEP 04 执行操作后，该图标会变为 ◎口 状，如图3-249所示。

STEP 05 同时，还可以选择"背景 图像"图层中的相应对象，如图3-250所示。

图3-249 图标变化

图3-250 选中图层中的全部图形

实战 117 存储所选对象

▶ 实例位置：光盘\效果\第3章\实战117.ai
▶ 素材位置：光盘\素材\第3章\实战117.ai
▶ 视频位置：光盘\视频\第3章\实战117.mp4

● 实例介绍 ●

使用Illustrator CC绘制或编辑图形时，经常需要将选择好的图形保存起来，以便在以后的工作中随时可以调用，这时就需要用到存储与编辑所选对象了。

● 操作步骤 ●

STEP 01 单击"文件"|"打开"命令，打开一幅素材图像，如图3-251所示。

STEP 02 在当前图形窗口中选择需要保存的选择对象，如图3-252所示。

图3-251 打开素材图像

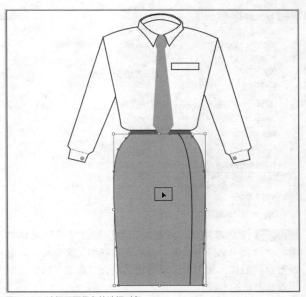

图3-252 选择需要保存的选择对象

STEP 03 单击"选择"｜"存储所选对象"命令，弹出"存储所选对象"对话框，如图3-253所示，然后单击"确定"按钮，即可将图形窗口中所选择的对象以指定的名称进行保存。

STEP 04 用户若要在图形窗口中选择存储的对象，单击"选择"｜"所选对象1"命令，如图3-254所示，即可选择刚存储的对象。

图3-253 "存储所选对象"对话框

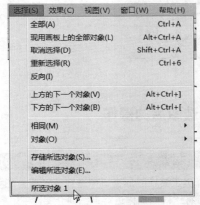

图3-254 单击"所选对象1"命令

实战 118 编辑所选对象

▶ 实例位置：无
▶ 素材位置：无
▶ 视频位置：光盘\视频\第3章\实战118.mp4

● 实例介绍 ●

　　用户若需要对已经保存的对象进行删除或更改对象的名称，则可以单击"选择"｜"编辑所选对象"命令，弹出"编辑所选对象"对话框。

● 操作步骤 ●

STEP 01 以实战117效果为例，单击"选择"｜"编辑所选对象"命令，如图3-255所示。

STEP 02 弹出"编辑所选对象"对话框，如图3-256所示。

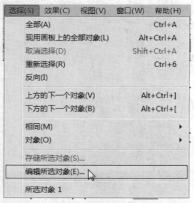

图3-255 单击"编辑所选对象"命令

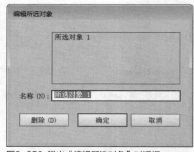

图3-256 弹出"编辑所选对象"对话框

STEP 03 用户若要更改对象的名称，可在"编辑所选对象"对话框中选择该对象，然后在"名称"文本框中输入新对象的名称，如图3-257所示，单击"确定"按钮，即可改更对象的名称。

STEP 04 用户若要删除已经保存的选择对象，首先在该对话框的名称列表中选择该对象，然后单击"删除"按钮，即可删除所保存的选择对象，如图3-258所示。

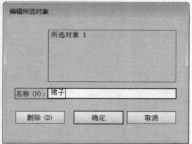

图3-257 更改对象的名称

图3-258 删除已经保存的选择对象

实战 119 图形选取后的操作

▶ 实例位置：无
▶ 素材位置：光盘\素材\第3章\实战119.ai
▶ 视频位置：光盘\视频\第3章\实战119.mp4

● 实例介绍 ●

用户在使用选择类工具在图形窗口中选择图形后，还可对所选的图形进行简单的操作，如锁定选择的图形、隐藏选择的图形等，下面将这对些操作进行详细的介绍。

● 操作步骤 ●

STEP 01 单击"文件"|"打开"命令，打开一幅素材图像，如图3-259所示。

STEP 02 在当前图形窗口中选择相应对象，如图3-260所示。

STEP 03 单击"对象"|"锁定"|"所选对象"命令，如图3-261所示。

图3-259 打开素材图像

图3-260 选择相应对象

[STEP 04] 即可锁定所选的图形，如图3-262所示。

图3-262 锁定所选的图形

[STEP 06] 用户若要隐藏图形窗口中的某一图形时，首先使用工具面板中的选择类工具选择该图形，然后单击"对象" | "隐藏" | "所选图形"命令，如图3-264所示。

图3-264 单击"所选图形"命令

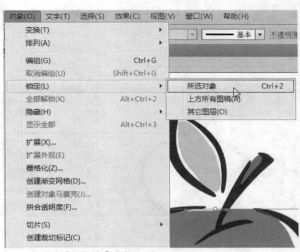

图3-261 单击"所选对象"命令

[STEP 05] 若要对锁定的图形对象进行解锁，单击"对象" | "全部解锁"命令，如图3-263所示，或按【Ctrl + Alt + 2】组合键，即可将图形窗口中所有锁定的图形对象解锁。

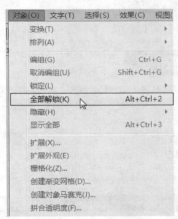

图3-263 单击"全部解锁"命令

技巧点拨

按【Ctrl＋2】组合键，也可锁定所选的图形。在图形窗口中锁定的图形不能够使用任何工具对其进行操作，同时锁定的图形也不能够被编辑调整，但是锁定的图形在图形窗口中仍是可见的，并且可以打印输出。另外，用户在保存或者关闭当前工作文件时，锁定的图形仍将处于锁定状态；用户在打开文件后，若图形对象原先为锁定状态，那么打开后的图形对象将仍处于锁定状态。

技巧点拨

在Illustrator CC中，用户若需要隐藏一个或多个对象时，可以通过"图层"面板进行相应的操作，同进也可以通过使用"对象"命令中的"隐藏"命令实现该项操作，与前者相比，后者更具灵活性。

STEP 07 或按【Ctrl+3】组合键，即可隐藏所选图形，如图3-265所示。

STEP 08 用户若想显示隐藏的图形，单击"对象"|"显示全部"命令，或按【Ctrl+Alt+3】组合键，即可显示图形窗口中所有被隐藏的图形，如图3-266所示。

图3-265 隐藏所选图形

图3-266 显示被隐藏的图形

技巧点拨

在文档窗口中，隐藏的图形是不可见的，也是不可选择的。虽然隐藏的图形在文件中实际存在着，但是由于它在图形窗口中不显示，因此也不会被打印出来。

3.6 移动对象

移动是Illustrator中最基本的操作技能之一。编辑图稿时，可以在画板中或多个画板间移动对象，也可以在打开的多个文档间移动对象。

实战 120 移动对象

▶ 实例位置：光盘\效果\第3章\实战120.ai
▶ 素材位置：光盘\素材\第3章\实战120.ai
▶ 视频位置：光盘\视频\第3章\实战120.mp4

● 实例介绍 ●

使用选择工具选取对象后，按【←】、【↓】、【→】、【↑】键，可以将所选对象沿相应方向轻微移动1个点的距离。如果同时按住方向键和【Shift】键，则可以移动10个点的距离。

● 操作步骤 ●

STEP 01 单击"文件"|"打开"命令，打开一幅素材图像，如图3-267所示。

STEP 02 在当前图形窗口中选择相应对象，如图3-268所示。

图3-267 打开素材图像

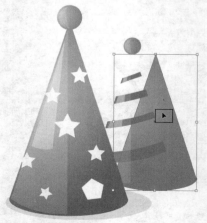

图3-268 选择相应对象

技巧点拨

　　使用选择工具选择对象，在"变换"面板或"控制"面板的X（代表水平位置）和Y（代表垂直位置）文本框中输入相应数值，按回车键即可移动对象。

STEP 03 单击对象并按住鼠标左键拖曳，如图3-269所示。

STEP 04 至合适位置后，释放鼠标左键，即可将其移动，如图3-270所示。

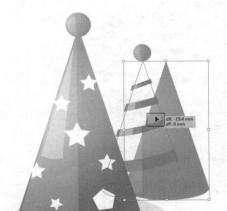

图3-269 单击"所选对象"命令

图3-270 锁定所选的图形

实战 121　按照指定的距离和角度移动

▶ 实例位置：无
▶ 素材位置：光盘\素材\第3章\实战121.ai
▶ 视频位置：光盘\视频\第3章\实战121.mp4

· 实例介绍 ·

　　移动对象还有以下3种方法。
➤命令：单击"对象"｜"变换"｜"移动"命令。
➤快捷键1：按【Ctrl + Shift + M】组合键。
➤快捷键2：按【Ctrl + 方向键】组合键，移动对象位置。

· 操作步骤 ·

STEP 01 单击"文件"｜"打开"命令，打开一幅素材图像，如图3-271所示。

STEP 02 使用选择工具选中需要移动的图形，如图3-272所示。

图3-271 打开素材图像

图3-272 选择对象

STEP 03 在图形上单击鼠标右键，在弹出的快捷菜单中选择"变换"|"移动"选项，如图3-273所示。

STEP 04 弹出"移动"对话框，设置"水平"为-80mm、"垂直"为100mm，如图3-274所示。

图3-273 选择"移动"选项

图3-274 输入数值

STEP 05 单击"确定"按钮，即可移动所选图形，如图3-275所示。

STEP 06 在图形上单击鼠标右键，在弹出的快捷菜单中选择"还原移动"选项，如图3-276所示，即可使移动的图形位置还原。

图3-275 移动所选图形

图3-276 选择"还原移动"选项

实战 122 在不同的文档间移动对象

▶ **实例位置**：光盘\效果\第3章\实战122.ai
▶ **素材位置**：光盘\素材\第3章\实战122（1）.ai、实战122（2）.ai
▶ **视频位置**：光盘\视频\第3章\实战122.mp4

● **实例介绍** ●

在Illustrator CC中，用户可以通过选择工具在不同的文档间移动对象。

● 操作步骤 ●

STEP 01　单击"文件"｜"打开"命令，打开两幅素材图像，如图3-277所示。

图3-277　打开素材图像

STEP 02　使用选择工具选中需要移动的图形，如图3-278所示。

STEP 03　按住鼠标按钮不放，将光标拖曳到另一个文档窗口的标题栏上，停留片刻，切换到该文档，如图3-279所示。

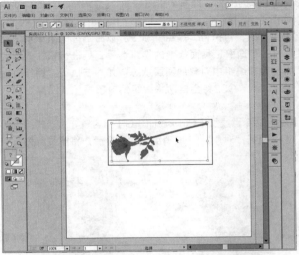

图3-278　选择图形

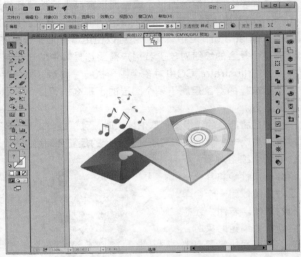

图3-279　拖曳光标

STEP 04　将光标拖曳到画面中，如图3-280所示。

STEP 05　释放鼠标左键，即可将对象拖入该文档，如图3-281所示。

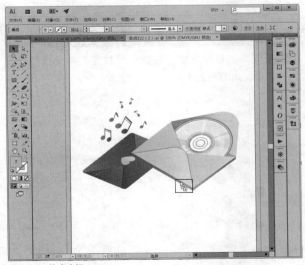

图3-280　拖曳光标

图3-281　移动对象

技巧点拨

还原对象还有以下两种方法。

➤ 命令：单击"编辑"｜"还原"命令。

➤ 快捷键：按【Ctrl＋Z】组合键，还原前一步操作。

3.7 编组图形

复杂的图稿往往包含许多图形，为了便于选择和管理，可以将多个对象编为一组，此后进行移动、旋转和缩放等操作时，它们会一同变化。编组图形后，还可以随时选择组中的部分对象进行单独处理操作。

实战 123 图形的编组

▶ **实例位置：** 光盘\效果\第3章\实战123.ai
▶ **素材位置：** 上一例效果文件
▶ **视频位置：** 光盘\视频\第3章\实战123.mp4

● 实例介绍 ●

在Illustrator CC中，用户可以将几个图形对象进行编组，以将其作为一个整体看待。当使用选择工具对编组中的某一图形进行移动时，编组图形的整体将一起移动，并且编组的图形在进行移动或变换时，不会影响每个图形对象的位置和属性。

用户若要将几个图形对象进行编组时，首先要使用工具面板中的选择工具在图形窗口中按住【Shift】键的同时，依次选择多个要编组的图形，或在图形窗口中运用鼠标框选需要编组的图形，然后单击"对象"|"编组"命令，或按【Ctrl+G】组合键，即可将选择的多个图形对象进行编组，如图3-282所示。

在Illustrator CC中，用户还可以使用选择工具选择多个编组对象，再执行"编组"命令，以将选择的编组对象组合为一个复合的编组对象。若用户需要选择其中的子编组对象时，可选取工具面板中的编组选择工具进行相关的选择操作。在Illustrator CC中对多个图形执行"编组"命令后，将会改变编组中对象的图层状态。如，若执行"编组"命令前所选择的对象是属于多个图层的，那么执行该命令后，Illustrator CS2将会自动将编组的对象置于"图层"面板的最上方。

若想将选择的编组图形取消编组时，可单击"对象>取消编组"命令，或按【Ctrl+Shift+G】组合键，将选择的编组对象解散成一个个单独的对象；若选择的是复合编组对象时，那么执行"对象"|"取消编组"命令后，将解散原先所组合的多个编组对象，而不会一次性地将复合编组对象解散为一个个单独的对象。若用户还想继续解散编组对象时，则必须再次执行"取消编组"命令（"取消编组"命令可以一直执行至每个编组对象不能再解散为止）。

图3-282 图形编组示意图

● 操作步骤 ●

STEP 01 在实战122的效果基础上，选取工具面板中的选择工具，按住【Shift】键的同时，在每个音符图形上单击鼠标左键，选中所有的音符图形，如图3-283所示。

STEP 02 单击鼠标右键，在弹出的快捷菜单中选择"编组"选项，如图3-284所示。

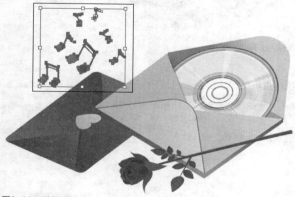

图3-283 选择图形

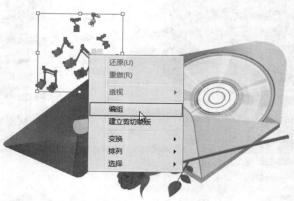

图3-284 选择"编组"选项

STEP 03 执行操作命令后，只需要在其中一个音符图形上单击鼠标左键，即可选中所有的音符图形，如图3-285所示。

STEP 04 单击鼠标左键并拖曳，至合适位置后释放鼠标，即可调整图形的位置，如图3-286所示。

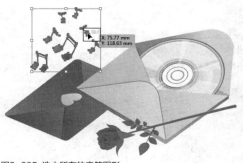

图3-285 选中所有的音符图形

图3-286 调整图形位置

技巧点拨

图形的编组还有以下两种方法：

➤ 命令：选择编组图形后，单击"对象"｜"编组"命令，如图3-287所示。

➤ 快捷键：选择编组图形后，按【Ctrl＋G】组合键。

用户在使用选择工具在图形窗口中选择需要解散编组的图形后，在图形窗口中的任意位置处单击鼠标右键，在弹出的快捷菜单中选择"取消编组"选项，如图3-288所示，也可将选择的编组图形解散。

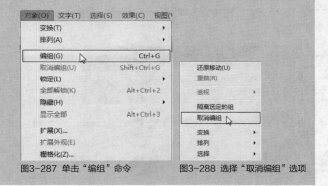

图3-287 单击"编组"命令　　图3-288 选择"取消编组"选项

实战 124　使用隔离模式

▶ 实例位置：光盘\效果\第3章\实战124.ai
▶ 素材位置：光盘\素材\第3章\实战124.ai
▶ 视频位置：光盘\视频\第3章\实战124.mp4

● 实例介绍 ●

隔离模式可以隔离对象，以便用户轻松选择和编辑特定对象或对象的某些部分。

● 操作步骤 ●

STEP 01 单击"文件"｜"打开"命令，打开一幅素材图像，如图3-289所示。

STEP 02 使用选择工具双击高跟鞋，进入隔离模式，如图3-290所示。

图3-289 打开素材图像

图3-290 进入隔离模式

STEP 03 选择高跟鞋图形中的相应部分，如图3-291   STEP 04 将其移动到合适的位置，如图3-292所示。
所示。

图3-291 选择对象

图3-292 移动对象

STEP 05 如果要退出隔离模式，可以单击文档窗口左上角
的"后移一级"按钮，如图3-293所示，或在画板的空白
处双击。

STEP 06 执行操作后，即可退出隔离模式，如图3-294
所示。

图3-293 单击"后移一级"按钮

图3-294 退出隔离模式

3.8 排列、对齐与分布

在Illustrator CC中绘图时，新绘制的图形总是位于先前绘制的图形的上面，对象的这种堆叠方式将决定其重叠部
分如何显示，因此，调整堆叠顺序时，会影响图稿的显示效果。

实战 125	排列对象	▶ 实例位置：光盘\效果\第3章\实战125.ai
		▶ 素材位置：光盘\素材\第3章\实战125.ai
		▶ 视频位置：光盘\视频\第3章\实战125.mp4

● 实例介绍 ●

一幅复杂的设计作品，若不经过合理的管理，就会显得杂乱无章，分不清主次与前后，也就很难达到优美而精彩
的效果，因此，合适地调整图形的排列顺序就显得尤为重要了。

在Illustrator CC中，用户除了可以通过使用"图层"面板来调整不同图层对象的前后排列关系外，还可以通过执
行菜单命令调整同一图层中不同对象的前后排列关系。

用户若要调整同一图层中不同对象的前后排列关系，可首先使用工具面板中的选择类工具，在图形窗口中选择该
图形，然后单击"对象>排列"命令，在弹出的子菜单命令中，选择相应的命令，即可完成图形的排列顺序的调整，

如图3-295所示。

该子菜单命令中的主要选项含义如下。

图3-295 "排列"子菜单

> 置于顶层：用于将选择的图形对象置于同一图层中的最顶层，效果如图3-296所示。

> 前移一层：用于将选择的图形对象向前移动一层，效果如图3-297所示。

> 后移一层：用于将选择的图形对象向后移动一层，效果如图3-298所示。

> 置于底层：用于将选择的图形对象置于同一图层中的最底层，效果如图3-299所示。

> 发送至当前图层：用于将选中的图形对象剪切并粘贴至当前图层。

在Illustrator CC中，用户不仅可以使用"对象"|"排列"命令下面的子菜单命令排列图形顺序，另外，用户若运用选择类工具在图形窗口中选择某一图形后，在窗口中的任意位置处单击鼠标右键，弹出快捷菜单，在该快捷菜单中选择"排列"选项，此时将弹出其下拉子菜单选项，如图3-300所示，用户可以在该子菜单选项中选择相应的选项进行图形顺序的排列。

图3-296 选择的图形执行"置于顶层"命令后的效果

图3-297 选择的图形与执行"前移一层"命令后的效果

图3-298 选择的图形与执行"后移一层"命令后的效果

图3-299 选择的图形与执行"置于底层"命令后的效果

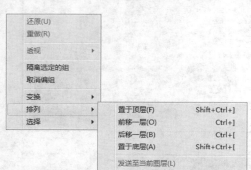

图3-300 弹出的快捷菜单

● 操作步骤 ●

STEP 01 单击"文件"|"打开"命令,打开一幅素材图像,如图3-301所示。

STEP 02 选取选择工具,选中最后一个图形,如图3-302所示。

图3-301 打开素材图像

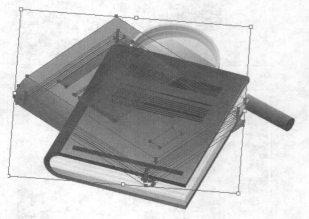

图3-302 选中最后一个图形

STEP 03 单击鼠标右键,在弹出的快捷菜单中选择"排列"|"置于顶层"选项,如图3-303所示。

STEP 04 执行操作后,即可将最后一个图形置于图像的最顶层,效果如图3-304所示。

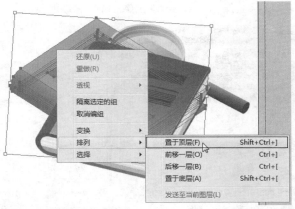

图3-303 选择"置于顶层"选项

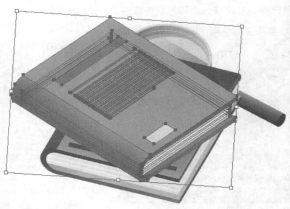

图3-304 移至最顶层

STEP 05 用与上述同样的方法，将放大镜移至图像最顶层，效果如图3-305所示。

图3-305 移至最顶层

知识拓展

> 运用"选择"和"排列"选项的操作时，该操作只会对当前图层的图形起作用，因此，所编辑的图形应在一个图层中。

实战 126　用"图层"面板调整堆叠顺序

▶ 实例位置：光盘\效果\第3章\实战126.ai
▶ 素材位置：光盘\素材\第3章\实战126.ai
▶ 视频位置：光盘\视频\第3章\实战126.mp4

● 实例介绍 ●

在Illustrator中绘图时，对象的堆叠顺序与"图层"面板中图层的堆叠顺序是一致的，因此，通过"图层"面板也可以调整堆叠顺序。该方法特别适合复杂的图稿。

● 操作步骤 ●

STEP 01 单击"文件"｜"打开"命令，打开一幅素材图像，如图3-306所示。

STEP 02 打开"图层"面板，单击"图层1 图像"图层前的三角形按钮▶，如图3-307所示。

图3-306 打开素材图像

图3-307 打开"图层"面板

STEP 03 执行操作后即可展开该图层，如图3-308所示。

图3-308 展开图层

STEP 05 单击并将其拖曳至"图层2 图像"图层的上方，如图3-310所示。

图3-310 拖曳图层

STEP 04 选择"图层1 图像"图层，如图3-309所示。

图3-309 选择"图层1 图像"图层

STEP 06 执行操作后，即可调整图层的顺序，效果如图3-311所示。

图3-311 调整图层的顺序

实战 127 "对齐"面板的应用

▶ 实例位置：光盘\效果\第3章\实战127.ai
▶ 素材位置：光盘\素材\第3章\实战127.ai
▶ 视频位置：光盘\视频\第3章\实战127.mp4

● 实例介绍 ●

单击"窗口"|"对齐"命令，打开"对齐"面板，如图3-312所示。在默认情况下，"对齐"面板不完全显示，而隐藏"分布间距"选项区。用户若要显示"分布间距"选项区，可单击"对齐"面板右侧的三角形按钮，在弹出的下拉面板菜单中选择"显示选项"选项，即可显示隐藏的选项，如图3-313所示。

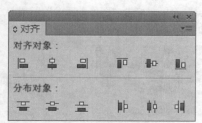

图3-312 "对齐"面板

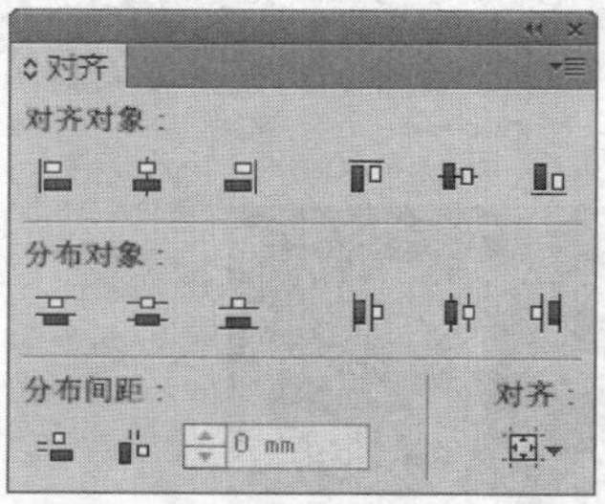

图3-313 显示隐藏的选项

1. "对齐对象"选项区

"对齐对象"选项区中共有6个按钮，其中各按钮的含义分别如下。

➢ 水平左对齐：单击该按钮，选择的对象将以对象中位置最左的对象为基准，进行对齐，效果如图3-314所示。

➢ 水平居中对齐：单击该按钮，选择的对象将以对象中位置居中的对象为基准，进行对齐。

➢ 水平右对齐：单击该按钮，选择的对象将以对象中位置最右的对象为基准，进行对齐。

➢ 垂直顶对齐：单击该按钮，选择的对象将以对象中位置最上的对象为基准，进行对齐，效果如图3-315所示。

➤ 垂直居中对齐 ⬄：单击该按钮，选择的对象将以对象中位置垂直居中的对象为基准，进行对齐。

➤ 垂直底对齐 ⬐：单击该按钮，选择的对象将以对象中位置最下的对象为基准，进行对齐。

2. "分布对象"选项区

"分布对象"选项区只有6个按钮，其中各按钮含义如下。

➤ 垂直顶分布 ⬒：单击该按钮，选择的对象将保持处于最上方与最下方的对象位置，而将其他处于中间位置的对象进行分布调整，从而使它们上部之间的垂直距离相等，效果如图3-316所示。

➤ 垂直居中分布 ⬓：单击该按钮，选择的对象将保持处于最上方与最下方的位置不变，而将其他处于中间位置的对象进行分布调整，从而使它们中心点之间的垂直距离相等，效果如图3-317所示。

图3-314　选择的图形与水平左对齐效果

➤ 垂直底分布 ⬓：单击该按钮，选择的对象将保持处于最下方与最下方的对象位置不变，而将其他处于中间位置的对象进行分布调整，从而使它们底部之间的垂直距离相等，效果如图3-318所示。

➤ 水平左分布 ⬔：单击该按钮，选择的对象将保持处于最左方与最右方

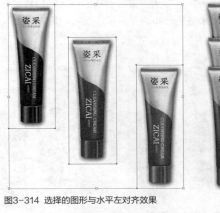
图3-315　选择的图形与垂直顶对齐效果

的对象位置不变，而将其他处于中间位置的对象进行分布调整，从而使它们最左边之间的水平距离相等，效果如图3-319所示。

图3-316　选择的图形与垂直顶分布效果

图3-317　选择的图形与垂直居中分布效果

图3-318　选择的图形与垂直底分布效果

图3-319　选择的图形与水平左分布效果

➤ 水平居中分布 ⬌：单击该按钮，选择的对象将保持处于最左方与最右方的对象位置不变，而将其他处于中间位置的对象进行分布调整，从而使它们中心点之间的水平距离相等，效果如图3-320所示。

> 水平右分布⬚：单击该按钮，选择的对象将保持处于最左方与最右方的对象位置不变，而将其他处于中间位置的对象进行分布调整，从而使它们最右边之间的水平距离相等，效果如图3-321所示。

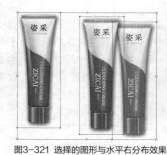

图3-320 选择的图形与水平居中分布效果　　　　　　　　图3-321 选择的图形与水平右分布效果

3. "分布间距"选项区

> 垂直分布间距⬚：单击该按钮，可以使选择的对象之间的垂直间距相等，效果如图3-322所示。该垂直间距是指在图形窗口中上一个对象的下部分与下一个对象的上部分之间的距离。

> 水平分布间距⬚：单击该按钮，可以使选择的对象之间的水平间距相等，效果如图3-323所示。该水平间距是指在图形窗口中上一个对象的右侧与下一个对象的左侧之间的距离。

图3-322 选择的图形与垂直分布间距效果　　　　　　　　图3-323 选择的图形与水平分布间距效果

技巧点拨

　　在Illustrator中进行对齐与分布操作时，选择的图形不是必须属于同一图层，它们可以是不同图层中的图形，并且进行对齐或分布操作后，也不影响它们所有图层中的排列顺序。若用户只想对图形窗口中单独图层里中所有的图形进行对齐与分布操作，则可以先锁定其他图层，然后再单击"选择"|"全部"命令，或按【Ctrl＋A】组合键，选择未锁定图层中的所有图形，然后再在"对齐"面板中单击相应的按钮，即可完成对齐与分布操作。

　　用户若需要分布图形窗口中的图形时，必须选择3个以上的图形（包含3个），否则没有效果。

　　对齐图形窗口中的多个图形时，将会以水平或垂直轴作为对齐方式的基准。在水平轴方向上，用户可以以水平左对齐、水平居中对齐和水平右对齐方式进行对齐操作；在垂直轴方向上，用户可以以垂直顶部对齐、垂直居中对齐和垂直底部对齐方式进行对齐操作。

　　但若是上、下、左、右方式对齐图形的操作，则都是以所选择的多个图形的相应边缘为基准，进行对齐操作；若是以居中方式对齐图形的操作，则是以图形的中心点为基准，进行对齐操作。

　　用户要对齐图形中的多个图形，首先选取工具面板中的选择工具，在图形窗口中选择要对齐的图形，然后在"对齐"面板中单击相应的按钮，即可完成对齐操作。

技巧点拨

　　用户若需要对齐或分布图形窗口中的图形时，使用选择工具选择需要对齐或分布的图形，此时控制面板中将显示如图3-324所示的选项，用户可根据操作需要，单击不同的按钮，即可执行相应的操作。

图3-324 控制面板

● 操作步骤 ●

STEP 01 单击"文件"｜"打开"命令，打开一幅素材图 STEP 02 选择画板中的两个图形对象，如图3-326所示。
像，如图3-325所示。

图3-325 打开素材图像

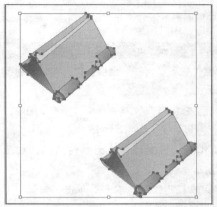

图3-326 选择图形对象

STEP 03 单击"窗口"｜"对齐"命令，打开"对齐"面 STEP 04 执行操作后，即可设置图形的对齐方式，效果如
板，单击"水平居中对齐"按钮，如图3-327所示。 图3-328所示。

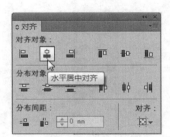

图3-327 单击"水平居中对齐"按钮

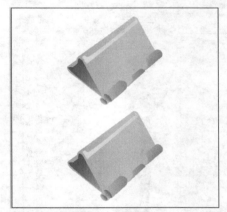

图3-328 设置图形的对齐方式

3.9 复制、剪切与粘贴

　　"复制""剪切"和"粘贴"等都是应用程序中最普通的命令，它们用来完成复制与粘贴任务。与其他应用程序
不同的是，Illustrator还可以对图稿进行特殊的复制与粘贴，例如，粘贴在原有位置上或在所有的画板上粘贴等。

| 实战 128 | 剪切与粘贴对象 | ▶ 实例位置：光盘\效果\第3章\实战128.ai
▶ 素材位置：光盘\素材\第3章\实战128（1）.ai、实战128（2）.ai
▶ 视频位置：光盘\视频\第3章\实战128.mp4 |

● 实例介绍 ●

　　剪切图形是图形编辑过程中经常用到的一项操作，同样也是最简单的一项操作。

　　用户若要剪切图形窗口中的某一图形，首先要使用选择工具在图形窗口中将其选择，然后单击"编辑"｜"剪切"
命令，或按【Ctrl＋X】组合键，即可剪切选择的图形。剪切的图形将在图形窗口中消失，并保存在计算机内存的剪贴
板中。

　　粘贴图形的操作方法有3种，分别如下。

　　➢方法一：单击"编辑"｜"粘贴"命令，或按【Ctrl＋V】组合键，即可将已经复制或剪切的图形粘贴至当前的图形

窗口中。

➤ 方法二：单击"编辑"|"贴在前面"命令，或按【Ctrl＋F】组合键，即可将已经复制或剪切的图形粘贴至当前图形窗口中原图形的上方。

➤ 方法三：单击"编辑"|"贴在后面"命令，或按【Ctrl＋B】组合键，即可将已经复制或剪切的图形粘贴至当前图形窗口中原图形的下方（与"贴在前面"命令相反）。

● 操作步骤 ●

STEP 01 单击"文件" | "打开"命令，打开两幅素材图像，如图3-329所示。

STEP 02 在"实战128（1）"文档中选中人物素材图形，单击"编辑" | "剪切"命令，如图3-330所示。

STEP 03 执行操作后，该文档将成为空白文档，如图3-331所示。

STEP 04 选择"实战128（2）"文档，单击"编辑" | "粘贴"命令，如图3-332所示。

STEP 05 执行操作后，即可将人物图形粘贴于此文档中，如图3-333所示。

图3-329 素材图像

图3-330 单击"剪切"命令

图3-331 剪切图形

图3-332 单击"粘贴"命令

图3-333 粘贴图形

STEP 06　选中人物图形后，将鼠标指针移至人物图形右上角的节点上，当鼠标指针呈倾斜的双向箭头形状↗时，单击鼠标左键并向图像的左下角拖曳鼠标，如图3-334所示。

STEP 07　至合适位置后释放鼠标左键，调整各图形之间的位置，如图3-335所示。

图3-334 调整图形

图3-335 图形效果

实战 129　复制与粘贴对象

▶ 实例位置：光盘\效果\第3章\实战129.ai
▶ 素材位置：光盘\实例\第3章\实战129.ai
▶ 视频位置：光盘\视频\第3章\实战129.mp4

● 实例介绍 ●

　　复制图形的概念与剪切图形的概念有点相似，因为复制的图形也是保存在计算机内存的剪贴板上，所不同的是，选择的图形执行"复制"后，原图形仍保留在图形窗口。

　　用户若要复制图形窗口中的某一图形时，首先也要使用选择工具在图形窗口中将其选择，然后单击"编辑"|"复制"命令，或按【Ctrl+V】组合键，即可复制选择的图形。

　　剪切与复制操作都是将选择的图形对象保存至计算机内存的剪贴板上，以用于粘贴操作。但执行剪切的图形，其原图形将在图形窗口中消失，而执行复制操作的图形，原图形仍在图形窗口中显示。

● 操作步骤 ●

STEP 01　单击"文件"|"打开"命令，打开一幅素材图像，如图3-336所示。

STEP 02　选中需要复制的图形，如图3-337所示。

图3-336 打开素材图像

图3-337 选中图形

STEP 03　单击"编辑"|"复制"命令，如图3-338所示。

STEP 04　单击"编辑"|"粘贴"命令，即可将图形复制并粘贴于该文档中，如图3-339所示。

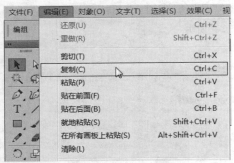

图3-338 单击"复制"命令

图3-339 粘贴图形

STEP 05 选中复制的图形，将鼠标指针移至图形右侧的节点上，单击鼠标左键并水平向左拖曳鼠标，如图3-340所示，至合适位置后释放鼠标。

STEP 06 将鼠标指针移至图形右下角的节点附近，当鼠标指针呈↖形状时，单击鼠标左键并旋转图形，至适合角度后释放鼠标，调整图形大小及位置，效果如图3-341所示。

图3-340 拖曳鼠标

图3-341 调整图形大小及位置

实战 130 删除对象

▶ 实例位置：光盘\效果\第3章\实战130.ai
▶ 素材位置：光盘\素材\第3章\实战130（1）.ai、实战130（2）.ai
▶ 视频位置：光盘\视频\第3章\实战130.mp4

● 实例介绍 ●

用户除了可以使用命令删除对象外，也可以直接按【Delete】键，即可将所选择的对象删除。

● 操作步骤 ●

STEP 01 单击"文件"｜"打开"命令，打开一幅素材图像，如图3-342所示。

STEP 02 单击"文件"｜"置入"命令，在弹出的对话框中选择"实战130（2）"素材文件，单击"置入"按钮，即可将素材置入于当前文档中，成功添加对象，如图3-343所示。

图3-342 素材图像

图3-343 添加对象

STEP 03 选取工具面板中的选择工具 ，在图像中选择需要删除的图形对象，如图3-344所示。

STEP 04 单击"编辑"｜"清除"命令，即可将所选择的图形对象删除，如图3-345所示。

图3-344 选择对象

图3-345 删除对象

STEP 05 选中人物并在图形上单击鼠标右键，在弹出的快捷菜单中选择"变换"｜"缩放"选项，弹出"比例缩放"对话框，在"比例缩放"选项区的"等比"数值框中输入50%，如图3-346所示。

STEP 06 单击"确定"按钮，即可将人物图形等比例缩小，如图3-347所示。

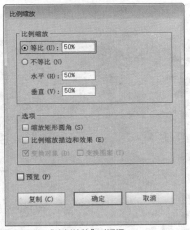

图3-346 "比例缩放"对话框

图3-347 缩小人物图形

第 **4** 章

掌握高级绘图方法

本章导读

想要玩转Illustrator CC，首先要学好钢笔工具，因为它是Illustrator 中最强大、最重要的绘图工具。灵活、熟练地使用钢笔工具，是每一个Illustrator用户必须掌握的基本技能。

本章首先带领大家认识锚点和路径，然后再通过实战学习怎样使用钢笔工具绘图，以及怎样编辑路径。

要点索引

- 使用钢笔工具精确绘制路径
- 使用自由绘图工具绘制图形
- 编辑锚点使图形更加精准
- 编辑Illustrator图形路径
- 图像描摹快速绘制矢量图

- 在透视模式下绘制图稿

4.1 使用钢笔工具精确绘制路径

路径在Illustrator CC中的定义是使用绘图工具绘制的任何线条或形状。一条直线、一个矩形和一幅图的轮廓都是典型的路径。路径可以由一条或多条线段组成，每条线段的端点叫做锚点。使用工具面板中的钢笔工具可以绘制出各种形状的直线和平滑曲线，下面将进行详细的介绍。

实战 131	绘制直线路径	▶ 实例位置：光盘\效果\第4章\实战131.ai ▶ 素材位置：光盘\素材\第4章\实战131.ai ▶ 视频位置：光盘\视频\第4章\实战131.mp4

● 实例介绍 ●

钢笔工具是绘制路径的主要工具，用户使用它可以很方便地在图形窗口中绘制所需的各种路径，然后形成各种各样的图形。选取工具面板中的钢笔工具，移动鼠标至图形窗口，单击鼠标左键，确认起始点，移动鼠标至另一位置处，单击鼠标左键，确定第二点，即可绘制一条直线，如图4-1所示。

图4-1 绘制的直线

使用钢笔工具绘制完一条直线时，最后添加的锚点总是一个实心的方块，表示该锚点为选定状态。当添加新锚点时，将绘制选定锚点与新锚点之间的一条直线，同时新锚点变成实心方块，表示现在该锚点正处于选定编辑状态，如图4-2所示。

图4-2 空心锚点与实心锚点

● 操作步骤 ●

STEP 01 单击"文件"｜"打开"命令，打开一幅素材图像，如图4-3所示。

STEP 02 选取工具面板中的钢笔工具，如图4-4所示。

图4-3 移动鼠标

图4-4 移动鼠标

STEP 03 在控制面板上设置"填色"为"白色""描边"为"白色""描边粗细"为2pt，将鼠标移至图像窗口中的合适位置，如图4-5所示。

STEP 04 单击鼠标左键，确认起始点，再移动鼠标指针至图像窗口中的另一个合适位置，如图4-6所示。

图4-5 移动鼠标

图4-6 移动鼠标

STEP 05 单击鼠标左键后，释放鼠标，即可绘制一条白色的直线路径，如图4-7所示。

STEP 06 用与上述同样的方法，为图像绘制出其他的直线路径，如图4-8所示。

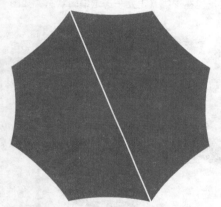

图4-7 直线路径

图4-8 绘制直线路径

技巧点拨

使用钢笔工具绘制路径的过程中，若按住【Shift】键，所绘制的路径为水平、垂直，或以45°角递增的直线段。

另外，在绘制完成一条直线段后，单击一下钢笔工具图标，再绘制第二线直线段，否则，第二条直线段的第一个节点将与第一条直线段的第二个节点同为一个节点。

实战 132 绘制曲线路径

▶ 实例位置：光盘\效果\第4章\实战132.ai
▶ 素材位置：光盘\素材\第4章\实战132.ai
▶ 视频位置：光盘\视频\第4章\实战132.mp4

● **实例介绍** ●

比直线更复杂的是曲线。曲线由锚点和曲线段组成。一条路径处于编辑状态，它的锚点将显示为实心小方块，其他锚点则显示空心小方块。每一个被选中的处于编辑状态的锚点，将显示一条或两条指向方向点的控制柄，如图4-9所示。

从上图中可看出，曲线上的实心锚点两侧显示了两条方向线，每个方向线的端点还有一个方向点。在曲线中，控制柄决定了曲线的特征。方向线的方向即是曲线切线的方向，方向线的长度则代表了曲线在该方向的深度。用户可通过移动方向点，改变方向线的方向和长度，从而进一步影响曲线的形状。

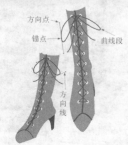

图4-9 曲线示意图

知识拓展

图4-9所示的曲线又称之为贝塞尔曲线（Bezier），它是以法国数学家Pierre Bezier命名，Pierre Bezier从数学关系上用4个点定义了曲线的形状。用户可以通过调整方向点控制曲线的大小和方向。

选取工具面板中的钢笔工具，移动鼠标至图形窗口，确定起始点后单击鼠标左键并拖曳，此时可以看到正在调整方向线的方向和大小，它决定了曲线段起点的方向和在该方向上拉伸的长度，如图4-10所示。

调整完第一个锚点的方向线后，释放鼠标，移动鼠标至所要绘制曲线的终点处，单击鼠标左键并拖曳，此时将出现连接绘制的曲线起点和终点的一条曲线。用户可通过调整终点的方向线，使曲线达到所需的要求，如图4-11所示（用户若想结束绘制曲线，可按住【Ctrl】键的同时在空白区域单击鼠标左键，即可完成曲线的绘制）。

用户可在不同的位置处单击鼠标左键，绘制其他的曲线，效果如图4-12所示。

图4-10　确定起始点　　　　　　　图4-11　绘制的曲线　　　　　　　图4-12　绘制的多个曲线

● **操作步骤** ●

STEP 01 单击"文件"｜"打开"命令，打开一幅素材图像，如图4-13所示。

STEP 02 选取工具面板中的钢笔工具，在控制面板上设置"填色"为"无""描边颜色"为"绿色"（CMYK参考值为100、0、100、0）、"描边粗细"为10pt，如图4-14所示。

图4-13　素材图像

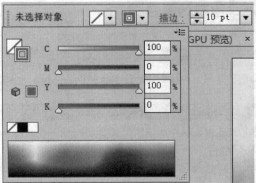

图4-14　设置工具属性

技巧点拨

钢笔工具所绘制的曲线由锚点和曲线段组成，当路径处于编辑状态时，路径的锚点将显示为实心小方块，其他的锚点则为空心小方块，若锚点被选中，将会有一条或两条指向方向点的控制柄。另外，在使用钢笔工具绘制曲线时，鼠标拖曳的距离与节点距离越远，曲线的弯曲程度就越大。

STEP 03 将鼠标移至图像窗口的合适位置，单击鼠标左键确定起始点，如图4-15所示。

STEP 04 将鼠标指针移至另一个合适的位置，单击鼠标左键并拖曳，至合适位置后释放鼠标，即可绘制一截弯曲的路径，如图4-16所示。

STEP 05 按照上一个步骤的操作方法，即可为花朵绘制一条自然的花茎，如图4-17所示。

图4-15 素材图像

图4-16 绘制路径

图4-17 图像效果

实战 133 绘制转角曲线

▶ 实例位置：无
▶ 素材位置：无
▶ 视频位置：光盘\视频\第4章\实战133.mp4

● 实例介绍 ●

转角曲线是与上一段曲线之间出现转折的曲线。绘制这样的曲线时，需要在创建新的锚点前改变方向线的方向。

● 操作步骤 ●

STEP 01 选取工具面板中的钢笔工具 ，绘制一段曲线，如图4-18所示。

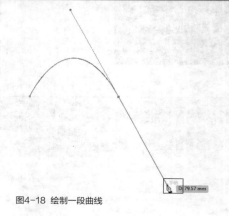

图4-18 绘制一段曲线

STEP 02 将光标放在方向点上，如图4-19所示。

STEP 03 单击并按住【Alt】键向相反方向拖曳，如图4-20所示，这样的操作是通过拆分方向线的方式将平滑点转换成角点，方向线的长度决定了下一条曲线的斜度。

STEP 04 放开【Alt】键和鼠标按键，在其他位置单击并拖曳鼠标创建一个新的平滑点，即可绘制出转角曲线，如图4-21所示。

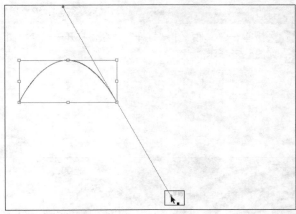

图4-19　定位光标

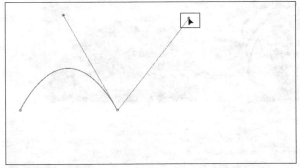

图4-20　拖曳鼠标

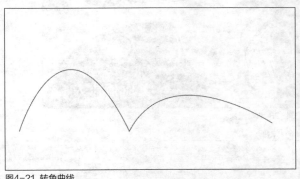

图4-21　转角曲线

实战 134　绘制闭合路径

▶ 实例位置：无
▶ 素材位置：无
▶ 视频位置：光盘\视频\第4章\实战134.mp4

● 实例介绍 ●

使用钢笔工具可以很方便地绘制一个闭合图形，方法是将鼠标移动至路径的起始点处，此时鼠标指针将呈一个箭头加一个圆圈的形状，如图4-22所示，该形状表示再次单击鼠标左键即可绘制一个闭合的路径。

使用钢笔工具绘制的闭合路径，可以是直线或曲线。在曲线中，控制柄和方向点决定了曲线的走向，而方向点的方向即是曲线的

图4-22　鼠标指针与起始点重合时的状态与绘制的闭合路径

切线方向，控制柄的长度则决定了曲线在该方向的深度，移动方向点，即可改变下一条曲线的方向和长度，从而改变曲线的形状。

在绘制曲线或闭合路径时，若按住【Alt】键的同时，在所编辑的锚点上单击鼠标左键，即可去除其中一侧的方向点和控制柄，从而改变曲线的方向或形状；若按住【Ctrl】键的同时，在路径的外侧单击鼠标左键，完成曲线的绘制。

● 操作步骤 ●

STEP 01 单击"文件"｜"打开"命令，打开一幅素材图像，如图4-23所示。

STEP 02 选取工具面板中的钢笔工具，在控制面板上设置"填色"为无、"描边"为"黑色""描边粗细"为2pt，将鼠标移至图像窗口的合适位置，单击鼠标左键确定起始点，将鼠标指针移至另一个合适的位置，单击鼠标左键并拖曳，至合适位置后释放鼠标，将鼠标移至锚点上（如图4-24所示），按住【Alt】键的同时单击鼠标左键，去除锚点上其中一侧的控制柄和方向点。

图4-23 素材图像

图4-24 移至锚点

技巧点拨

在Illustrator CC中，使用工具面板中的绘图工具绘制的图形对象，无论是曲线还是规则的基本图形，甚至是文本工具输入的文本对象，它们的轮廓线都被称之为路径，因此，路径是矢量绘图中一个很重要的概念。

STEP 03 将鼠标移至起始点上，单击鼠标左键并进行拖曳，至合适位置后释放鼠标，即可绘制一个闭合的路径，如图4-25所示。

STEP 04 使用选择工具选中所绘制的闭合路径，在控制面板上设置"填色"为"黑色"，再调整图形与图像之间的位置，如图4-26所示。

图4-25 绘制闭合路径

图4-26 调整图形位置

技巧点拨

贝塞尔曲线是指在图形窗口中通过节点与方向点、控制柄绘制的曲线。绘制的贝塞尔曲线的两个端点称为"锚点"，两个节点之间的曲线部分称为"线段"。每个被选择的节点都可以从锚点位置拖曳出"控制柄"和"方向点"，它们主要用于控制线段的弧度与方向，如图4-27所示。

选取工具面板中的直接选择工具，在图形窗口中拖曳路径方向点，贝塞尔曲线的形状也将会发生变化。当移动方向点离所属锚点越近时，该锚点控制的线段的弧度将越小。用户还可以使用直接选择工具使方向线和线段完全重合，当方向线与线段完成重合时，将会形成一条直线，如图4-28所示。

图4-27 贝塞尔曲线的元素

图4-28 方向线与线段完成重合时的路径

4.2 使用自由绘图工具绘制图形

用户使用工具面板中的自由画笔工具可以在图形窗口中很方便地绘制出各种自由形状的图形。在Illustrator CC中，自由画笔工具包括铅笔工具 ✐、平滑工具 ✐ 和路径橡皮擦工具 ✐。

实战 135 运用铅笔工具绘制路径图形

▶ 实例位置：光盘\效果\第4章\实战135.ai
▶ 素材位置：光盘\素材\第4章\实战135.ai
▶ 视频位置：光盘\视频\第4章\实战135.mp4

● 实例介绍 ●

用户在作图或绘画时，铅笔是一种必不可少的工具，人们通过使用铅笔可以勾勒出图形的轮廓，建立图形的底稿。在Illustrator CC中，也存在铅笔工具 ✐，用户通过使用铅笔工具可以绘制任意形状的路径，并且不止局限于固定的几个基本图形。

铅笔工具是一个相当灵活的工具，用户通过使用它在图形窗口中进行拖曳，即可绘制出令人炫目的复杂图形。

使用铅笔工具绘制曲线的最简单方法就是选取该工具后，在图形窗口中单击鼠标左键并直接拖曳，即可完成曲线的绘制，如图4-29所示。

图4-29 使用铅笔工具绘制路径

另外，用户还可以通过"铅笔工具首选项"对话框来精确地设置铅笔工具的各种属性。双击工具面板中的铅笔工具，弹出"铅笔工具首选项"对话框，如图4-30所示。

该对话框中的主要选项含义如下。

➤ 保真度：用于设置绘制曲线上各锚点的精确度，输入的数值越小，绘制的曲线精度越低，即曲线越粗糙，上面的锚点数越多；反之，保真度属性越大，曲线精度越高，曲线越细腻，上面的锚点数越少，如图4-31所示。

➤ 平滑：用于设置绘制曲线的平滑程度。平滑度属性值越大，曲线越平滑。

➤ 保持选定：选中该复选框，在使用铅笔工具绘制完一条路径后，绘制的路径将自动呈选定状态。

➤ 编辑所选路径：选中该复选框后，在使用铅笔工具绘制完一条路径后，所绘制的路径将保持选定状态；否则，当绘制完路径后，路径将处于未选择状态。

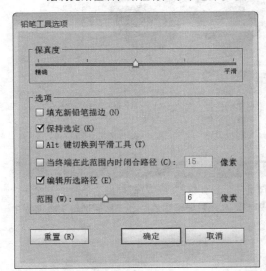

图4-30 "铅笔工具首选项"对话框

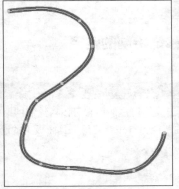

图4-31 低保真度和高保真度曲线

● 操作步骤 ●

STEP 01 单击"文件" | "打开"命令，打开一幅素材图像，如图4-32所示。

STEP 02 选取铅笔工具 ✏，在控制面板上设置"填色"为"无""描边"为黑色、"描边粗细"为2pt，如图4-33所示。

图4-32 素材图像

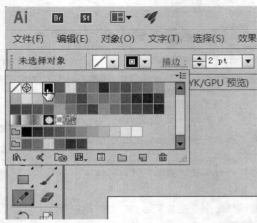

图4-33 设置工具属性

技巧点拨

在使用铅笔工具绘制图形时，若按住【Alt】键的同时拖曳鼠标，则鼠标指针将呈 ✏ 形状，表示所绘制的图形为闭合路径，完成绘制后，释放鼠标和【Alt】键，曲线将自动生成闭合路径。

另外，在绘制过程中，若鼠标移动的速度过快，软件就会忽略某些线条的方向或节点；若在某一处停留的时间较长，则此处将插入一个节点。

STEP 03 将鼠标指针移至图像窗口中，单击鼠标左键并拖曳，即可完成所需绘制的路径或图形，如图4-34所示。

STEP 04 用与上述同样的方法，使用铅笔工具为图像绘制其他的图形，效果如图4-35所示。

图4-34 绘制图形

图4-35 图形效果

实战 136 运用平滑工具修饰绘制的路径

▶ 实例位置：光盘\效果\第4章\实战136.ai
▶ 素材位置：上一例效果文件
▶ 视频位置：光盘\视频\第4章\实战136.mp4

● 实例介绍 ●

平滑工具 ✏ 是一种路径修饰工具，用户使用它可以对绘制的路径进行平滑处理，并尽可能保持路径的原有形状。用户若要使用平滑工具修饰绘制的路径，首先要使用工具面板中的选择工具选择需要修饰的路径，然后选取工具面板中的平滑工具，在选择的路径中需要平滑的位置的外侧单击鼠标左键并由外向内拖曳鼠标，拖曳完成后释放鼠标，可对绘制的路径进行平滑处理，如图4-36所示。

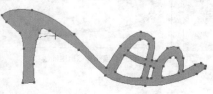 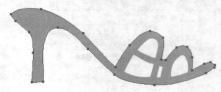

图4-36 使用平滑工具对路径进行平滑处理

用户若要对平滑工具的参数属性进行设置，可双击工具面板中的平滑工具，此时将弹出"平滑工具首选项"对话框，如图4-37所示。用户在该对话框中通过设置"保真度"和"平滑度"选项，调整平滑工具的操作效果。

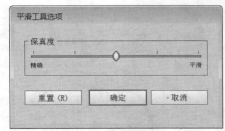

图4-37 "平滑工具首选项"对话框

STEP 01 在实战135的效果基础上，选取工具面板中的选择工具，选中图像中所要修饰的图形路径，在平滑工具 ✐ 图标上双击鼠标左键，弹出"平滑工具选项"对话框，在其中设置"保真度"为"平滑"，如图4-38所示。

STEP 02 单击"确定"按钮，将鼠标指针移至需要修饰路径的锚点上，单击鼠标左键并拖曳至另一个锚点上，如图4-39所示。

图4-39 拖曳鼠标

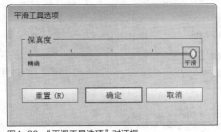

图4-38 "平滑工具选项"对话框

STEP 03 释放鼠标后，即可对两个锚点之间的路径进行平滑处理，中间的锚点自动消失，如图4-40所示。

STEP 04 用与上述同样的方法，为其他图形路径进行平滑处理，即可完成对图像的修饰，效果如图4-41所示。

图4-40 平滑后的效果

图4-41 图像效果

实战
137
运用路径橡皮擦工具修饰图形

▶ 实例位置：光盘\效果\第4章\实战137.ai
▶ 素材位置：光盘\素材\第4章\实战137.ai
▶ 视频位置：光盘\视频\第4章\实战137.mp4

路径橡皮擦工具 ✐ 也是一种修饰工具，用户使用它可以擦除绘制的路径的全部或部分曲线。

路径橡皮擦工具的操作方法非常简单，用户只需在工具面板中选取该工具后，在图形窗口中沿所要擦除的路径处单击鼠标左键并拖曳，以进行擦除，操作完成后释放鼠标，即可将鼠标指针所经过的路径曲线部分擦除，如图4-42所示。此时用户可以看出擦除操作后的路径末端将会自动创建一个新的锚点，并且该擦除后的路径将会处于选择状态。

图4-42 使用橡皮擦工具擦除路径

● 操作步骤 ●

STEP 01 单击"文件"｜"打开"命令，打开一幅素材图像，如图4-43所示。

STEP 02 使用选择工具选中需要修饰的图形路径，如图4-44所示。

图4-43 打开素材图像

图4-44 选择图形

STEP 03 选取工具面板中的路径橡皮擦工具 ，将鼠标移至需要修饰的图形路径上，单击鼠标左键并轻轻拖曳鼠标，即可擦除鼠标所经过的区域，如图4-45所示。

STEP 04 用与上述同样的方法，擦除其他需要修饰的图形路径，效果如图4-46所示。

图4-45 擦除图形

图4-46 图像效果

技巧点拨

　　使用橡皮擦工具的过程中，由于所修饰的图形大小或范围不同，橡皮擦的大小也应该随之改变，按【 [】键可以减小橡皮擦的直径；按【] 】键可以增大橡皮擦的直径。

实战 138 运用剪刀工具剪切路径

▶ 实例位置：光盘\效果\第4章\实战138.ai
▶ 素材位置：光盘\素材\第4章\实战138.ai
▶ 视频位置：光盘\视频\第4章\实战138.mp4

● 实例介绍 ●

使用剪刀工具可以将一个开放的路径对象分割成多个开放路径对象，也可以将闭合路径对象分割成多个开放路径对象。另外，选取工具面板中的剪刀工具，然后在所绘路径对象的不同位置处单击鼠标，效果也会因此而有所不同。

若用户使用剪刀工具在一段路径线段的中间位置处单击鼠标左键，那么该单击位置将产生两个重合独立的节点，表示该路径线段已被剪断。这时用户可以使用直接选择工具或转换锚点工具，将它们的位置和形状进行调整，如图4-47所示。

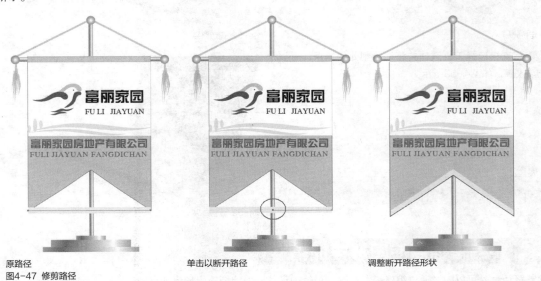

原路径　　　　　　　　　　单击以断开路径　　　　　　　　调整断开路径形状
图4-47 修剪路径

若用户在原有路径节点处单击鼠标左键，那么将会在单击位置处创建一个新节点，并且在该节点与原单击节点处的线段打断。这时用户可以使用直接选择工具或转换锚点工具，将它们分别进行位置和形状的调整，如图4-48所示。

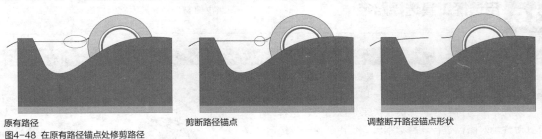

原有路径　　　　　　　　　剪断路径锚点　　　　　　　　调整断开路径锚点形状
图4-48 在原有路径锚点处修剪路径

● 操作步骤 ●

STEP 01 单击"文件" | "打开"命令，打开一幅素材图像，如图4-49所示。

STEP 02 使用选择工具选中需要修饰的图形路径，如图4-50所示。

图4-49 打开素材图像

图4-50 选择图形

STEP 03 选取工具面板中的剪刀工具 ✂️，将鼠标移至需要修饰的图形路径上，如图4-51所示。

STEP 04 单击鼠标左键，即可剪切路径，如图4-52所示。

图4-51 定位光标

图4-52 剪切路径

STEP 05 用直接选择工具选择并移动分割处的锚点，可以看到分割效果，如图4-53所示。

图4-53 分割效果

知识拓展

使用剪刀工具还可以分割图形框架或空的文本框架。

4.3 编辑锚点使图形更加精准

绘制路径后，可以随时通过编辑锚点来改变路径的形状，使绘制的图形更加准确。

实战 139 用选择工具选择路径

▶ **实例位置：** 无
▶ **素材位置：** 光盘\素材\第4章\实战139.ai
▶ **视频位置：** 光盘\视频\第4章\实战139.mp4

● **实例介绍** ●

用户在绘制完一段路径后，若需要对所绘制的路径进行调整与编辑操作时，选取路径是一切操作的前提。因此用户必须先掌握通过各种选择类工具来选取路径，这样才能有针对性地对路径进行调整与编辑。使用任何一种选择工具选择路径时，单击路径中的某个锚点，该点就会呈现为实心方框，如图4-54所示，表示锚点被选中。

使用任何一种选择工具都可以选择路径，在使用选择工具选择路径时，当鼠标移至图形路径附近或图形上时，鼠标指针将呈可选择光标的形状 ▶.；当鼠标移到某个路径的锚点上，或已选择的路径图形上时，鼠标指针将呈可编辑光标的形状 ▶.。

图4-54 未选中的锚点与选中后的锚点

使用工具面板中的选择工具 ▶，若在绘制的路径处单击鼠标左键，可以选择整条路径。另外，用户也可以通过选择路径上的任意一个节点以选择整条路径，并对选择的路径进行相对应的调整，如图4-55所示。

用户使用选择工具选择路径时，若将鼠标指针移至所要进行操作的路径对象上时，鼠标指针将呈可选择光标形状 ▶.；若将选择工具的光标移至已选择的路径对象上时，鼠标指针将呈可编辑光标形状 ▶.。

在图形窗口中，用户使用选择工具在按住【Shift】键的同时，可选择一个或多个路径对象，同时被选择的路径对象将会显示其控制框，如图4-56所示。在默认情况下，被选择的图形窗口中任何图形都会显示其控制框。用户可以通过图形上显示的控制框，对所选对象进行移动、复制、缩放和变形等操作。

图4-55　选择及缩小选择的路径

图4-56　选择一个与多个图形

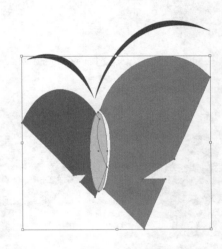

STEP 01　单击"文件"｜"打开"命令，打开一幅素材图像，选取工具面板中的选择工具▶，将鼠标移至需要选择的图形路径上，如图4-57所示。

STEP 02　单击鼠标左键，即可选中与该路径编组在一起的所有路径，选中的图形路径的所有节点呈实心方块的状态，如图4-58所示。

图4-57　移动鼠标

图4-58　选中路径

实战 140　**用直接选择工具选择路径**

▶ 实例位置：光盘\效果\第4章\实战140.ai
▶ 素材位置：光盘\素材\第4章\实战140.ai
▶ 视频位置：光盘\视频\第4章\实战140.mp4

● 实例介绍 ●

　　在修改路径形状或编辑路径之前，首先应该选择路径上的锚点或路径段。使用直接选择工具，可以从群组的路径对象中，直接选择其中任一个组合对象的路径，并且还可以单独选择该路径的某一锚点，如图4-59所示。

用户使用直接选择工具进行选择操作时，若移动指针至路径对象上，鼠标光标将呈选择光标形状；若将指针移至路径对象的锚点上，则鼠标指针呈可编辑光标形状，如图4-60所示。

若使用直接选择工具在路径对象的锚点处单击鼠标左键时，该锚点将会显示，用户则可以使用直接选择工具来调整锚点，以改变路径线段的形状，如图4-61所示。

图4-59 选择其中的某一锚点

图4-60 不同选择状态

图4-61 改变路径方向

• 操作步骤 •

STEP 01 单击“文件” | “打开”命令，打开一幅素材图像，如图4-62所示。

图4-62 打开素材图像

STEP 02 将直接选择工具放在路径上，检测到锚点时会显示一个较大的方块，且光标变为状，如图4-63所示。

图4-63 光标变为状

STEP 03 此时单击即可选择该锚点，选中的锚点显示为实心方块，未选中的锚点显示为空心方块，如图4-64所示。

图4-64 选择锚点

STEP 05 按住【Shift】键的同时单击被选中的锚点，可以取消对该锚点的选择，如图4-66所示。

图4-66 取消对锚点的选择

STEP 07 执行操作后，即可将选框内的所有锚点都选中，如图4-68所示。

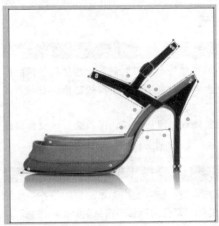

图4-68 选中所有锚点

STEP 04 按住【Shift】键的同时单击其他锚点，即可添加选择的锚点，如图4-65所示。

图4-65 添加选择的锚点

STEP 06 单击并拖曳出一个矩形框，如图4-67所示。

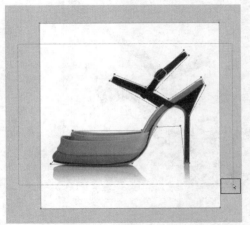

图4-67 拖曳出矩形框

STEP 08 单击相应锚点并按住鼠标按键拖曳，即可移动锚点，如图4-69所示。

图4-69 移动锚点

STEP 09 将直接选择工具 放在路径上，检测到锚点时会显示一个较大的方块，且光标变为 状，如图4-70所示。

STEP 10 单击鼠标左键，即可选取当前路径段，如图4-71所示。

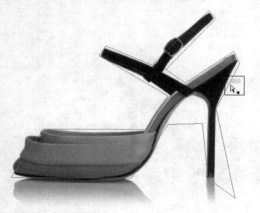

图4-70 光标变为 状

图4-71 选取当前路径段

STEP 11 使用直接选择工具单击并拖曳路径段，可以移动路径段，如图4-72所示。

STEP 12 按住【Alt】键拖曳鼠标可以复制路径段所在的图形，如图4-73所示。

图4-72 移动路径段

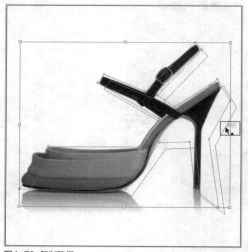

图4-73 复制路径

实战 141 用编组选择工具选择路径

▶ 实例位置：无
▶ 素材位置：光盘\素材\第4章\实战141.ai
▶ 视频位置：光盘\视频\第4章\实战141.mp4

● 实例介绍 ●

编组选择工具 可以在包含多个编组对象的复合编组对象中，选择其中的任意一个路径对象。编组选择工具的操作非常简单，用户只需在所需要选择的路径对象处单击鼠标左键，即可在复合编组对象中选择所需的对象。它与直接选择工具所不同的是，编组选择工具不能单独选择路径对象的锚点。

用户若需要选择所选路径对象所在的整个编组对象时，只需在所选的对象处双击鼠标左键，即可选择该复合编组对象所属的整个编组对象。

● 操作步骤 ●

STEP 01 单击"文件"｜"打开"命令，打开一幅素材图像，选取工具面板中的编组选择工具 ，将鼠标移至需要选择的图形路径上，如图4-74所示。

STEP 02 单击鼠标左键，即可选中与该路径编组在一起的所有路径，选中的图形路径的所有节点呈实心方块的状态，如图4-75所示。

图4-74 移动鼠标

图4-75 选中路径

实战 142　用套索工具选择路径

▶ 实例位置：无
▶ 素材位置：光盘\素材\第4章\实战142.ai
▶ 视频位置：光盘\视频\第4章\实战142.mp4

● 实例介绍 ●

　　在Illustrator CC中，用户除了可以使用选择工具选择路径外，还可使用工具面板中的套索工具选择路径。使用套索工具可以在图形窗口中自由、任意选择一个或多个路径对象。其操作方法很简单，用户在选取该工具后，在所要选择的路径对象外侧单击鼠标左键以确定起点，然后由外向内拖曳鼠标，以圈出所要选择的路径对象的部分区域，释放鼠标后，整个路径对象将被选中，而鼠标所圈区域处的锚点，将呈黑色状态，如图4-76所示。

图4-76 使用套索工具选择路径

　　使用套索工具选择多个路径对象的操作同样也非常简单，用户只需在图形窗口中圈画出所要选择的多个路径对象的部分区域，即可选择多个路径对象，如图7-77所示。

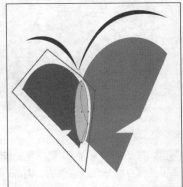

图7-77 使用套索工具选择多个路径对象

● 操作步骤 ●

STEP 01 单击"文件"｜"打开"命令，打开一幅素材图像，如图4-78所示。

图4-78 打开素材图像

STEP 02 选取工具面板中的套索工具 ，在所要选择的路径对象外侧单击鼠标左键以确定起点，由外向内拖曳鼠标，以圈出所要选择的路径对象的部分区域，如图4-79所示。

STEP 03 释放鼠标后，将选择相应路径对象，如图4-80所示。

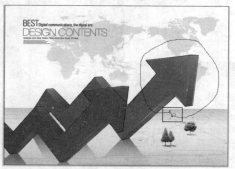

图4-79 圈出所要选择的路径对象的部分区域

图4-80 选中路径

实战 143 用整形工具移动锚点

▶ 实例位置：光盘\效果\第4章\实战143.ai
▶ 素材位置：光盘\素材\第4章\实战143.ai
▶ 视频位置：光盘\视频\第4章\实战143.mp4

● 实例介绍 ●

Illustrator CC中的整形工具可以调整锚点的位置，修改曲线的形状。

● 操作步骤 ●

STEP 01 单击"文件"｜"打开"命令，打开一幅素材图像，如图4-81所示。

STEP 02 使用直接选择工具 单击并拖曳鼠标，拖出一个选框，选中相应的锚点，如图4-82所示。

图4-81 打开素材图像

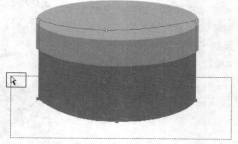

图4-82 选中相应的锚点

STEP 03 选择整形工具 ，将光标放在选中的锚点上方，单击并拖曳鼠标移动锚点，如图4-83所示。

STEP 04 至合适位置后，释放鼠标左键，即可最大限度地保存路径原有形状来调整路径，效果如图4-84所示。

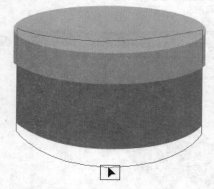

图4-83 移动锚点

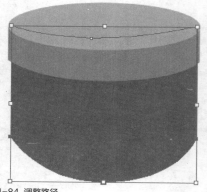

图4-84 调整路径

实战 144　转换路径锚点

▶ 实例位置：光盘\效果\第4章\实战144.ai
▶ 素材位置：光盘\素材\第4章\实战144.ai
▶ 视频位置：光盘\视频\第4章\实战144.mp4

● 实例介绍 ●

锚点可分为直线锚点和曲线锚点，所连接的路径分别为直线路径和曲线路径，使用锚点工具可以将曲线锚点转换为直线锚点，或将直线锚点转换为曲线锚点。若需要将直线锚点转换为曲线锚点，选取工具面板中的锚点工具后，在需要转换的直线锚点上单击鼠标并拖曳，即可将直线锚点转换为曲线锚点。

● 操作步骤 ●

STEP 01 单击"文件"｜"打开"命令，打开一幅素材图像，使用选择工具选中需要编辑的路径，如图4-85所示。

STEP 02 选取工具面板中的锚点工具，在需要转换路径的锚点上单击鼠标左键并拖曳，至合适位置后释放鼠标，即可将直线路径转换为曲线路径，如图4-86所示。

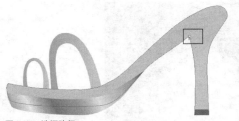

图4-85 选择路径

图4-86 转换为曲线

实战 145　使用工具添加与删除锚点

▶ 实例位置：光盘\效果\第4章\实战145.ai
▶ 素材位置：光盘\素材\第4章\实战145.ai
▶ 视频位置：光盘\视频\第4章\实战145.mp4

● 实例介绍 ●

路径是由一条或多条线段组成的曲线，锚点就是这些线段从开始至结束之间的结构点。这样路径可以通过这些结构点来绘制其轮廓形状。

锚点是路径的基本载体，是路径中线段与线段之间的交点。根据锚点对路径形状的影响，可将其分为平滑点和角点两种类型。

1. 平滑点

平滑点两侧将会显示两条趋于直线平衡的方向线，用于控制节点两边的线段以连续圆弧形状相连接，如图4-87所示。若用户改变其中一侧控制柄的方向，那么另一侧的控制柄也将随之变化，并且这两条方向线始终保持直线平衡。

2. 角点

角点用于表现路径的线段转折。按转折的类型可以分为直角点、曲线角点和复合角点3种类型。

➤ 直角点：直角点两侧没有控制柄和方向点，常被用于线段的直角表现上。

➤ 曲线角点：曲线角点两侧有控制柄和方向点，但两侧的控制柄与方向点是相互独立的，单独控制其中一侧的控制柄与方向点，不会对另一侧的控制柄与方向点产生影响，如图4-88所示。

➤ 复合角点：复合角点只有一侧有控制柄和方向点，一般被用于直线与曲线相连的位置。

图4-87 平滑点

图4-88 曲线角点

　　添加锚点可以方便用户更好地控制路径的形状，并且还可以协助其他编辑工具调整路径。选取工具面板中的添加锚点工具，在绘制的路径处单击鼠标左键，即可在该单击处添加一个锚点，并同时产生两条调节方向线。锚点的两个方向点就像一个杠杆，用户可使用它们对路径进行调整。

　　通过删除锚点的操作，可以帮助用户改变路径的形状，从而删除路径中不必要的锚点，以减少路径的复杂程度。

　　选取工具面板中的删除锚点工具，在需要删除锚点的路径处单击鼠标左键，即可删除该锚点，而原有路径将自动调整以保持连贯。用户使用工具面板中的钢笔工具绘制路径时，也可以进行节点的添加与删除操作。移动鼠标指针至要添加或删除锚点的位置处，此时鼠标指针呈添加锚点形状或删除锚点形状，用户只需单击鼠标左键即可添加或删除锚点。

● 操作步骤 ●

STEP 01 单击"文件"｜"打开"命令，打开一幅素材图像，使用选择工具选中需要编辑的图形路径，如图4-89所示。

图4-89 选中图形路径

STEP 03 依次在合适的位置添加锚点，选择工具面板中的直接选择工具，在需要编辑的锚点上单击鼠标左键，并拖曳鼠标至合适位置，如图4-91所示。

图4-91 移动锚点位置

STEP 05 用与上述同样的方法，删除不必要的锚点，如图4-93所示。

STEP 02 选中工具面板中的添加锚点工具，将鼠标指针移至选中的图形路径的合适位置（如图4-90所示），单击鼠标左键，即可添加一个锚点。

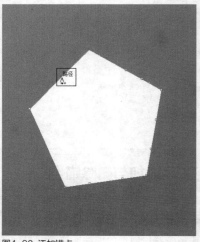

图4-90 添加锚点

STEP 04 选中工具面板中的删除锚点工具，在不需要的锚点上单击鼠标左键，即可删除该锚点，图形路径的效果如图4-92所示。

图4-92 删除锚点

STEP 06 使用直接选择工具选中锚点，将锚点调整至合适的位置，最终的图像效果如图4-94所示。

图4-93 删除多余锚点

图4-94 调整锚点位置

实战 146 使用实时转角

▶ 实例位置：光盘\效果\第4章\实战146.ai
▶ 素材位置：光盘\素材\第4章\实战146.ai
▶ 视频位置：光盘\视频\第4章\实战146.mp4

● 实例介绍 ●

平滑点和角点可以互相转化，下面介绍详细的操作方法。

● 操作步骤 ●

STEP 01 单击"文件" | "打开"命令，打开一幅素材图像，如图4-95所示。

STEP 02 使用直接选择工具 ▶ 选中需要编辑的图形路径，如图4-96所示。

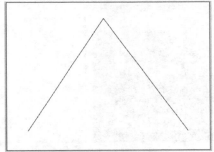

图4-95 打开素材图像

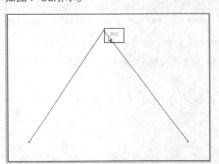

图4-96 选中需要编辑的图形路径

STEP 03 单击位于转角上的锚点时，会显示实时转角构件，如图4-97所示。

STEP 04 将光标放在实时转角构件上，单击并拖曳鼠标，可将转角转换为圆角，效果如图4-98所示。

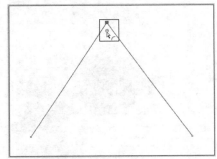

图4-97 显示实时转角构件

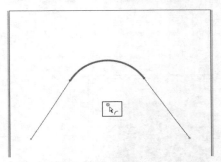

图4-98 将转角转换为圆角

STEP 05 双击实时转角构件，打开"边角"对话框，单击"反向圆角"按钮，如图4-99所示。

STEP 06 单击"确定"按钮，即可将转角改为反向圆角，效果如图4-100所示。

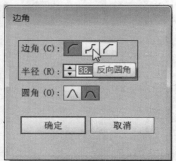

图4-99 单击"反向圆角"按钮

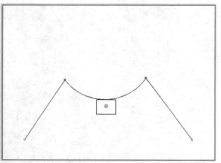

图4-100 将转角改为反向圆角

实战 147 使用命令添加或删除锚点

▶ **实例位置：** 光盘\效果\第4章\实战147.ai
▶ **素材位置：** 光盘\素材\第4章\实战147.ai
▶ **视频位置：** 光盘\视频\第4章\实战147.mp4

● 实例介绍 ●

在Illustrator CC中，用户除了使用工具添加和删除锚点外，还可以通过"添加锚点"命令和"移去锚点"命令来进行添加或删除锚点。

技巧点拨

如果要转换一个锚点，可以使用锚点工具来操作，它可以精确地改变曲线形状。如果要快速转换多个锚点，可以用控制面板中的选项来操作。

● 操作步骤 ●

STEP 01 单击"文件"|"打开"命令，打开一幅素材图像，如图4-101所示。

STEP 02 使用直接选择工具 选中需要编辑的图形路径，如图4-102所示。

STEP 03 单击"对象"|"路径"|"添加锚点"命令，如图4-103所示。

图4-101 打开素材图像

图4-102 选中需要编辑的图形路径

图4-103 单击"添加锚点"命令

STEP 04 执行操作后，可以在每两个锚点的中间添加一个新的锚点，效果如图4-104所示。

STEP 05 选择需要的锚点，如图4-105所示。

STEP 06 单击"对象"|"路径"|"移去锚点"命令，即可删除该锚点，如图4-106所示。

技巧点拨

　　如果选择的是路径段，则执行"移去锚点"命令后，可以删除路径段上所有的锚点。

图4-104 添加锚点

图4-105 选择锚点

图4-106 删除锚点

实战 148 均匀分布锚点

▶ **实例位置：**光盘\效果\第4章\实战148.ai
▶ **素材位置：**光盘\素材\第4章\实战148.ai
▶ **视频位置：**光盘\视频\第4章\实战148.mp4

● **实例介绍** ●

　　单击"对象"|"路径"|"平均"命令，可以将选择的两个或多个锚点，对它们进行水平、垂直方向平均化处理，甚至可以移动至它们当前位置的平均位置处，从而得到意想不到的效果。

　　选取工具面板中的选择类工具在图形窗口中选择需要移动的锚点，然后单击"对象"|"路径"|"平均"命令，或按【Ctrl + Alt + J】组合键，此时Illustrator CC将弹出"平均"对话框，如图4-107所示，在其中选择相应的选项可以设置平均移动锚点的方向。

　　该对话框中的主要选项含义如下。

➤ 水平：选中该复选框，将在Y轴方向上对选择的锚点进行平均操作，选择的锚点最终将会被移动至同一水平线上。

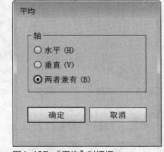

图4-107 "平均"对话框

➤ 垂直：选中该复选框，将在X轴方向上对选择的锚点进行平均操作，选择的锚点最终将会被移动至同一垂直线上。

➤ 两者兼有：选中该复选框，被选择的锚点将在X轴和Y轴方向上都做平均操作，选择的锚点最终将会被移动至一个点上。用户若对不同的形状执行该命令后，将会产生意想不到的效果。

　　在图形窗口中，运用直接选择工具选择锚点，然后执行"平均"命令，在"平均"对话框中，选中不同复选框后的效果如图4-108所示。

原图　　　　　　"水平"平均　　　　　　　　　　　　"垂直"平均　　"两者兼有"平均

图4-108 选择锚点在不同方向上进行平均后的效果

● 操作步骤 ●

STEP 01 单击"文件"丨"打开"命令，打开一幅素材图像，如图4-109所示。

STEP 02 使用选择工具选中需要编辑的图形路径，如图4-110所示。

图4-109 打开素材图像

图4-110 选中需要编辑的图形路径

STEP 03 使用选择工具双击路径进入隔离模式，使用直接选择工具 框选路径上的相应锚点，如图4-111所示。

STEP 04 单击"对象"丨"路径"丨"平均"命令，如图4-112所示。

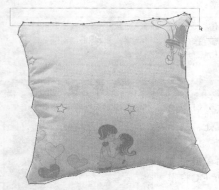

图4-111 框选路径上的相应锚点

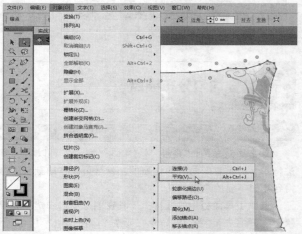

图4-112 单击"平均"命令

STEP 05 执行操作后，弹出"平均"对话框，选中"水平"单选按钮，如图4-113所示。

STEP 06 单击"确定"按钮，即可水平分布锚点，如图4-114所示。

图4-113 选中"水平"单选按钮

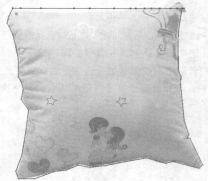

图4-114 水平分布锚点

4.4 编辑Illustrator图形路径

选择路径后，可以通过相关命令对其进行偏移、平滑和简化等处理，也可以删除或删除路径。

<table>
<tr><td rowspan="2">实战
149</td><td rowspan="2">连接开放路径</td><td>▶ 实例位置：光盘\效果\第4章\实战149.ai</td></tr>
<tr><td>▶ 素材位置：光盘\素材\第4章\实战149.ai</td></tr>
<tr><td></td><td></td><td>▶ 视频位置：光盘\视频\第4章\实战149.mp4</td></tr>
</table>

● 实例介绍 ●

路径是通过绘图工具绘制的任意线条，它可以是一条直线，也可以是一条曲线，还可以是多条直线和曲线所组成的线段。一般情况下，路径由锚点和锚点间的线段所构成，如图4-115所示。

在Illustrator CC中，路径类型可分为开放路径和闭合路径两种。

1. 开放路径

开放路径是由起始点、中间点和终止点所构成的曲线，一般不少于两个锚点，如直线、曲线和螺旋线等，如图4-116所示。

2. 闭合路径

闭合路径是在绘制过程中，将起始点与终点相连接的曲线。绘制完成的闭合路径没有终点，如矩形、椭圆、多边形和任意绘制的闭合曲线等，如图4-117所示。

使用任何一种选择类工具在图形窗口中选择两个路径对象的端点，然后单击"对象"|"路径"|"连接"命令，即可将它们连接成为一个路径对象，如图4-118所示；同时也可以将一个开放路径对象的起点与终点相连接，效果如图4-119所示。

图4-115 由路径组成的矢量图图形

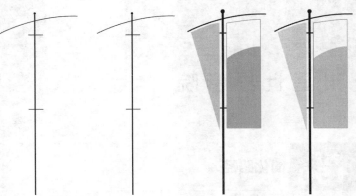

图4-116 开放路径　　　　图4-117 闭合图形

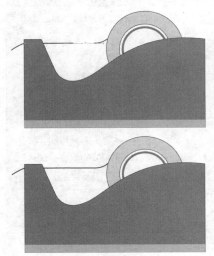

图4-118 连接两条开放的路径端点

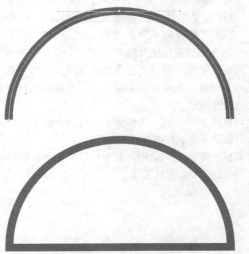

图4-119 连接开放路径

技巧点拨

除了可以连接未闭合的路径外，还可以连接独立的路径，只需要选中两条路径的端点，再单击"对象"｜"路径"｜"连接"命令，即可连接路径；在路径端点上单击鼠标右键，在弹出的快捷菜单中选择"连接"选项，也可以连接路径。

用户需要注意的是，"连接"命令只能对两个端点进行连接，若用户使用选择类工具直接选择两个路径对象，而不是选择这两个路径对象的两个端点，那么将不能执行"连接"命令将它们连接，同时Illustrator中也会弹出一个提示框，如图4-120所示。

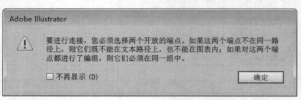

图4-120 弹出的提示框

● 操作步骤 ●

STEP 01 单击"文件"｜"打开"命令，打开一幅素材图像，使用选择工具选中图像窗口中的开放路径，如图4-121所示。

STEP 02 单击菜单栏中的"对象"｜"路径"｜"连接"命令，即可将开放的路径进行连接，如图4-122所示。

图4-121 选中路径

图4-122 连接路径

实战 150 简化路径

▶ 实例位置：光盘\效果\第4章\实战150.ai
▶ 素材位置：光盘\素材\第4章\实战150.ai
▶ 视频位置：光盘\视频\第4章\实战150.mp4

● 实例介绍 ●

简化路径就是将路径上的锚点进行简化，并调整多余的锚点，而路径的形状是不会改变的。"简化"对话框（如图4-123）中的主要选项的定义如下。

➤ "曲线精度"选项：主要用来设置简化后的图形与原图形的相似程度，数值越大，简化后的图形锚点就越多，与原图也会越相似。

➤ "角度阈值"选项：主要用来设置拐角的平滑度，数值越大，路径平滑的程度就越大。

➤ "直线"复选框：选中该复选框后，图形中的曲线路径全部被忽略，并以直线显示。

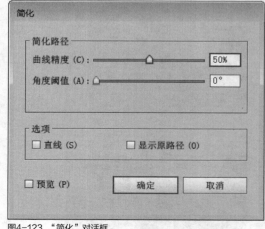

图4-123 "简化"对话框

● 操作步骤 ●

STEP 01 单击"文件" | "打开"命令，打开一幅素材图像，如图4-124所示。

STEP 02 使用选择工具选中图形，如图4-125所示。

图4-124 素材图像

图4-125 选中图形

STEP 03 单击"对象" | "路径" | "简化"命令，弹出"简化"对话框，在"简化路径"选项区中设置"曲线精度"为0%、"角度阈值"为0°，如图4-126所示。

STEP 04 单击"确定"按钮，即可将图形路径进行简化，效果如图4-127所示。

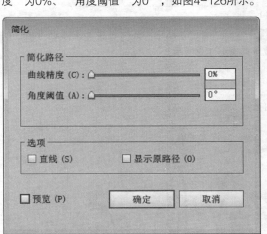

图4-126 "简化"对话框

图4-127 简化后的效果

实战 151 偏移路径

▶ 实例位置：光盘\效果\第4章\实战151.ai
▶ 素材位置：光盘\素材\第4章\实战151.ai
▶ 视频位置：光盘\视频\第4章\实战151.mp4

● 实例介绍 ●

单击"对象" | "路径" | "偏移路径"命令，弹出"偏移路径"对话框，如图4-128所示，可以对路径进行偏移处理。

"偏移路径"对话框中的主要选项的定义如下。

➤ 位移：主要用于设置新路径的位移，若输入的数值为正值，则所创建的路径将向外偏移；若输入的数值为负值，则所创建的新路径将向内偏移。

➤ 连接：单击"连接"右侧的下拉三角按钮，将弹出下拉列表框，其中包括"斜接""圆角"和"斜角"3个选项，选择不同的选项，所创建的路径拐角状态也会不同。

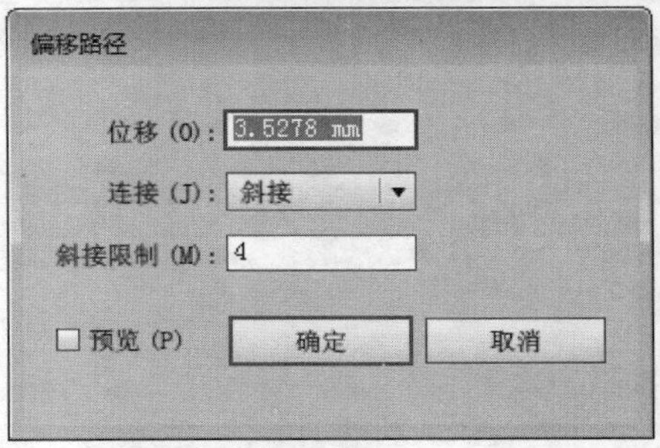

图4-128 "偏移路径"对话框

• 操作步骤 •

STEP 01 单击"文件"|"打开"命令，打开一幅素材图像，如图4-129所示。

STEP 02 选取工具面板中的星形工具☆，在控制面板上设置"填色"为紫色（CMYK的参考值为24、72、0、0），在图像窗口单击鼠标左键，弹出"星形"对话框，在其中设置"半径1"为5mm、"半径2"为15mm、"角点数"为6，单击"确定"按钮，绘制一个指定大小的星形图形，如图4-130所示。

图4-129 素材图像

图4-130 绘制星形

STEP 03 选中星形图形，单击"对象"|"路径"|"偏移路径"命令，弹出"偏移路径"对话框，在其中设置"位移"为6mm、"连接"为"圆角"，如图4-131所示。

STEP 04 单击"确定"按钮，即可将星形图形进行路径偏移，效果如图4-132所示。

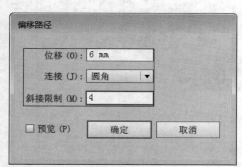

图4-131 "位移路径"对话框

图4-132 偏移效果

STEP 05 使用选择工具▶将图形移动到图像窗口中的合适位置，并适当地调整图形的大小与角度，如图4-133所示。

图4-133 调整图形

STEP 06 选取工具面板中的椭圆工具 ◉，在所绘制的图形中央绘制一个白色的圆形，效果如图4-134所示。

图4-134 图像效果

实战 152	分割下方对象

▶ 实例位置：光盘\效果\第4章\实战152.ai
▶ 素材位置：光盘\素材\第4章\实战152.ai
▶ 视频位置：光盘\视频\第4章\实战152.mp4

● 实例介绍 ●

在使用"分割下方对象"命令时，不能选择多个对象，只可以针对一个对象进行操作，否则将不能使用此命令。对所选择的路径进行分割后，所选择的路径轮廓将成为一个模版，若该路径下方有多个路径，则可以分割出多个模版。

● 操作步骤 ●

STEP 01 单击"文件"｜"打开"命令，打开一幅素材图像，如图4-135所示。

STEP 02 使用钢笔工具 ✐ 绘制一个图形，如图4-136所示。

STEP 03 单击"对象"｜"路径"｜"分割下方对象"命令，如图4-137所示。

图4-135 打开素材图像

图4-136 绘制图形

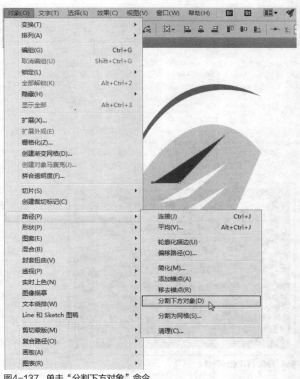

图4-137 单击"分割下方对象"命令

STEP 04 执行操作后，即可对所选择的路径进行分割，将所绘制的图形路径选中，按【Delete】键将其删除，图像效果如图4-138所示。

图4-138 图像效果

<table>
<tr><td rowspan="2">实战
153</td><td rowspan="2">分割为网格</td><td>▶ 实例位置：光盘\效果\第4章\实战153.ai</td></tr>
<tr><td>▶ 素材位置：光盘\素材\第4章\实战153.ai</td></tr>
</table>

实战 153 分割为网格	▶ 实例位置：光盘\效果\第4章\实战153.ai
	▶ 素材位置：光盘\素材\第4章\实战153.ai
	▶ 视频位置：光盘\视频\第4章\实战153.mp4

● 实例介绍 ●

网格，或是说栅格系统，是做版式设计、平面设计、Web设计的重要工具。在20世纪60年代，瑞士的现代主义平面设计海报、宣传单中，就大量使用了网格来组织信息元素。进入信息时代后，随着Web的兴起，由于网页设计与平面设计、版式设计有很强的相似性，网格也被大量应用在了Web中。网格的好处，就是在于给予一种规约，令排版者可以较为方便地组织标题、列表、段落、图片等元素，保持版面元素之间的一致性，协调正负空间。

● 操作步骤 ●

STEP 01 单击"文件"|"打开"命令，打开一幅素材图像，如图4-139所示。

STEP 02 选择相应对象，单击"对象"|"路径"|"分割为网格"命令，如图4-140所示。

图4-139 打开素材图像

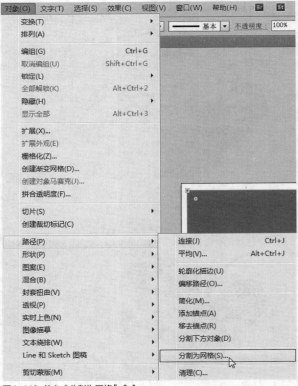

图4-140 单击"分割为网格"命令

STEP 03 弹出"分割为网格"对话框,设置"行"和"列"的"数量"为5、"栏间距"为1mm,并选中"添加参考线"复选框,如图4-141所示。

STEP 04 单击"确定"按钮,即可将对象分割为网格,效果如图4-142所示。

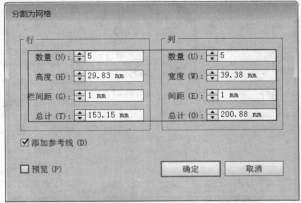

图4-141 "分割为网格"对话框

图4-142 图像效果

实战 154 轮廓化描边

▶ 实例位置:光盘\效果\第4章\实战154.ai
▶ 素材位置:无
▶ 视频位置:光盘\视频\第4章\实战154.mp4

● 实例介绍 ●

矢量物体由填充和边框组成,轮廓化描边的作用是把物体的边框独立成一个新的填充物体。如,绘制一个无填充,黑色边框的圆形,为边框设置粗细并且轮廓化后,就成为了一个填充圆环。

● 操作步骤 ●

STEP 01 单击"文件"|"新建"命令,新建一幅空白文档,如图4-143所示。

STEP 02 选取工具面板中的椭圆工具,绘制一个圆形,效果如图4-144所示。

图4-143 新建空白文档

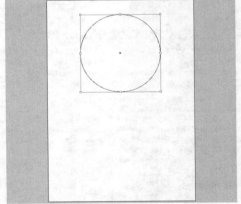

图4-144 绘制圆形

STEP 03 为了显示效果突出,在"描边"选项中把粗细数值设置得大一点,如20pt,如图4-145所示。

STEP 04 在"填色"颜色一栏为图形填充一个"植物"图案,效果如图4-146所示。

STEP 05 选中画板上的图形,单击菜单栏中的"对象"|"路径"|"轮廓化描边"命令,如图4-147所示。

STEP 06 确定以后,再单击"对象"|"取消编组"命令,如图4-148所示。

STEP 07 使用鼠标把黑色的圆形拖曳到一边,将圆形和植物图案分离开来,如图4-149所示。

STEP 08 选中黑色圆形,在软件左边控制面板里的"填色"与"描边"处可以看到,此时的黑色图形是黑色的"填色"属性,且"描边"状态为"无",如图4-150所示。

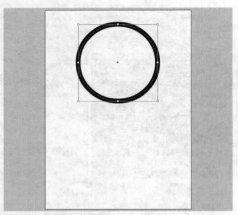

图4-145 调整粗细数值效果

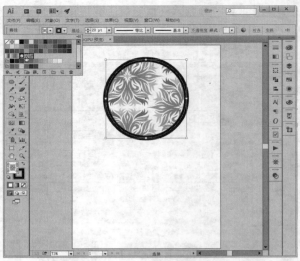

图4-146 填充"植物"图案

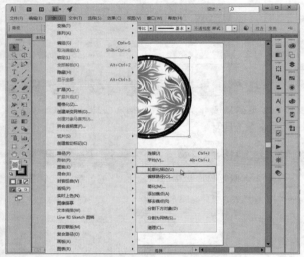

图4-147 单击"轮廓化描边"命令

图4-148 单击"取消编组"命令

图4-149 将圆形和植物图案分离

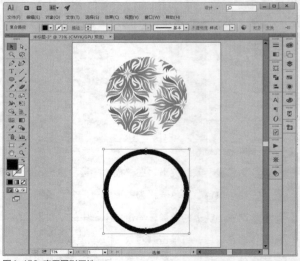

图4-150 查看图形属性

实战 155 清理路径

▶ 实例位置：光盘\效果\第4章\实战155.ai
▶ 素材位置：光盘\素材\第4章\实战155.ai
▶ 视频位置：光盘\视频\第4章\实战155.mp4

● 实例介绍 ●

创建路径、编辑对象或输入文字的过程中，如果操作不当，会在画板中留下多余的游离点和路径，使用"清理"命令可以清除这些游离点、未着色的对象和空的文本路径。

● 操作步骤 ●

STEP 01 单击"文件"｜"打开"命令，打开一幅素材图像，如图4-151所示。

STEP 02 选择画板中的全面对象，可以看到明显的游离点，如图4-152所示。

图4-151 打开素材图像

图4-152 选择画板中的全面对象

STEP 03 单击"对象"｜"路径"｜"清理"命令，弹出"清理"对话框，选中"游离点"复选框，如图4-153所示。

STEP 04 单击"确定"按钮，即可清除画板中的多余游离点，效果如图4-154所示。

图4-153 "清理"对话框

图4-154 图像效果

4.5 图像描摹快速绘制矢量图

图像描摹是从位图中生成矢量图的一种快捷方法，它可以将照片、图片瞬间转换为矢量插画，也可以基于一幅位图快速绘制出矢量图。

实战 156　描摹图像

▶ 实例位置：光盘\效果\第4章\实战156.ai
▶ 素材位置：光盘\素材\第4章\实战156.ai
▶ 视频位置：光盘\视频\第4章\实战156.mp4

● 实例介绍 ●

打开"图像描摹"面板，如图4-155所示，在进行图像描摹时，描摹的程度和效果都可以在该面板中进行设置，如果要在描摹前设置描摹选项，可以在"图像描摹"面板进行设置，然后单击面板中的"描摹"按钮进行图像描摹。此外，描摹的对象，还可以在"图像描摹"面板中调整描摹样式、描摹程度和视图效果，效果如图4-156所示。

> ➤ 预设：用来指定一个描摹预设，包括"默认""简单描摹""6色"和"16色"等，它们与控制面板中的描摹样式相同。

> ➤ 视图：如果想要查看矢量轮廓或源图像，可以选择对象，然后在该选项的下拉列表框中选择相应的选项。单击该选项右侧的眼睛图标，可以显示原始图像。

> ➤ 模式/阈值：用来设置描摹结果的颜色模式，包括"彩色""灰度"和"黑白"选项。选择"黑白"时，可以指定一个"阈值"，所有比该值亮的像素会转换为白色，比该值暗的像素会转换为黑色。

> ➤ 调板：可指定用于从原始图像生成彩色或灰度描摹的调板。该选项仅在"模式"设置为"彩色"或"灰度"时可用。

图4-155　"图像描摹"面板

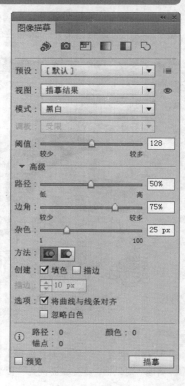

默认

高保真度照片

低保真度照片

3色

6色

图4-156　效果展示

16色

灰阶

黑白微标

素描图稿

剪影

线稿图

技术绘图

图4-156 效果展示（续）

> 颜色：指定在颜色描摹结果中使用的颜色数。该选项仅在"模式"设置为"颜色"时可用。
> 路径：控制描摹形状和原始像素形状间的差异。较低的值创建较紧密的路径拟和，较高的值创建较疏松的路径拟和。
> 边角：指定侧重边角。该值越大，角点越多。
> 杂色：指定描摹时忽略的区域（以像素为单位）。该值越大，杂色越少。
> 方法：指定一种描摹方法。单击邻接按钮 ，可创建木刻路径；单击重叠按钮 ，可创建堆积路径。
> 填色/描边：选中"填色"选项，可在描摹结果中创建填色区域。选中"描边"选项，并在下方的选项中设置描边宽度值，可在描摹结果中创建描边路径。
> 将曲线与线条对齐：指定略微弯曲的曲线是否被替换为直线。
> 忽略白色：指定白色填充区域是否被替换为无填色。

● 操作步骤 ●

STEP 01 单击"文件"｜"打开"命令，打开一幅素材图像，如图4-157所示。

STEP 02 使用选择工具 选择图像，如图4-158所示。

图4-157 打开素材图像

图4-158 选择图像

STEP 03 单击"窗口"｜"图像描摹"命令，打开"图像描摹"面板，在"预设"列表框中选择"16色"选项，如图4-159所示。

图4-159 选择"16色"选项

STEP 04 执行操作后，即可对图像进行描摹，效果如图4-160所示。

STEP 05 在"图层"面板中，对命名为"图像描摹"，如图4-161所示。

STEP 06 使用矩形工具在图像上方创建一个与其大小相同的矩形，填充棕色（CMYK参数值分别为60%、100%、100%、50%），效果如图4-162所示。

STEP 07 在"透明度"面板中设置混合模式为"叠加"，如图4-163所示。

STEP 08 执行操作后，即可改变图像效果，如图4-164所示。

图4-160 对图像进行描摹

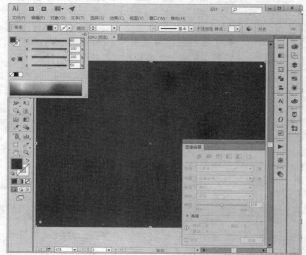

图4-161 "图层"面板

图4-162 填充棕色

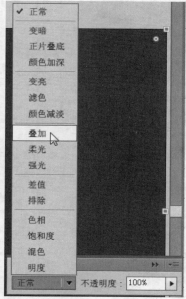

图4-163 设置混合模式

图4-164 图像效果

实战 **157** **使用色板库中的色板描摹图像**

▶ 实例位置：光盘\效果\第4章\实战157.ai
▶ 素材位置：光盘\素材\第4章\实战157.ai
▶ 视频位置：光盘\视频\第4章\实战157.mp4

● 实例介绍 ●

除了使用预设进行图像描摹外，用户还可以通过"图像描摹"面板调用色板库进行描摹。

● 操作步骤 ●

STEP 01 单击"文件"｜"打开"命令，打开一幅素材图像，如图4-165所示。

STEP 02 使用选择工具 ▲ 选择图像，如图4-166所示。

图4-165 打开素材图像

图4-166 选择图像

STEP 03 单击"窗口"｜"色板库"｜"艺术史"｜"流行艺术风格"命令，打开"流行艺术风格"面板，如图4-167所示。

STEP 04 打开"图像描摹"面板，在"模式"列表框中选择"彩色"选项，在"调板"列表框中选择"流行艺术风格"色板库，如图4-168所示。

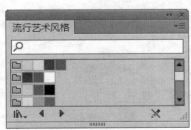
图4-167 打开"流行艺术风格"面板

STEP 05 单击"描摹"按钮，如图4-169所示。

图4-168 选择"流行艺术风格"色板库

STEP 06 执行操作后，即可用该色板库中的颜色描摹图像，效果如图4-170所示。

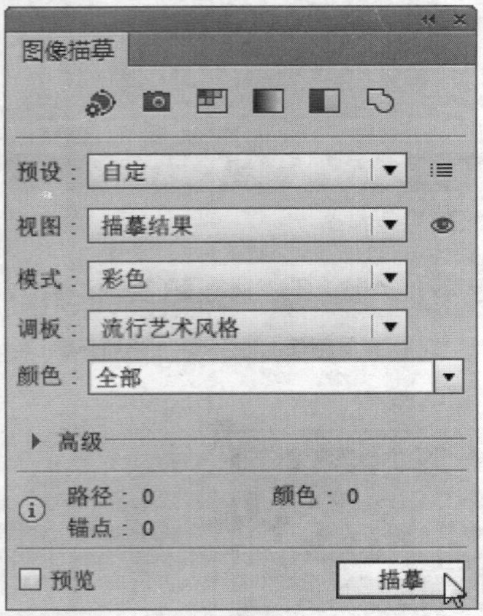

图4-169 单击"描摹"按钮

图4-170 描摹图像

实战 158 用自定义色板描摹图像

▶ 实例位置：光盘\效果\第4章\实战158.ai
▶ 素材位置：光盘\素材\第4章\实战158.ai
▶ 视频位置：光盘\视频\第4章\实战158.mp4

● 实例介绍 ●

在使用色板库中的色板描摹图像时，用户还可以自定义色板中的颜色，达到更理想的描摹效果。

● 操作步骤 ●

STEP 01 单击"文件"｜"打开"命令，打开一幅素材图像，如图4-171所示。

STEP 02 打开"色板"面板，单击底部的"新建色板"按钮，如图4-172所示。

图4-171 打开素材图像

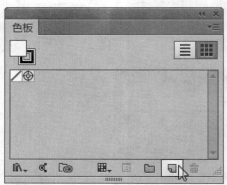

图4-172 单击"新建色板"按钮

技巧点拨

　　如果要使用默认的描摹选项进行描摹图像，可单击控制面板中的"图像描摹"按钮，或执行"对象"｜"图像描摹"｜"建立"命令。

STEP 03 弹出"新建色板"对话框，设置RGB参数值分别为255、0、0，如图4-173所示。

STEP 04 单击"确定"按钮，即可新建一个色板，如图4-174所示。

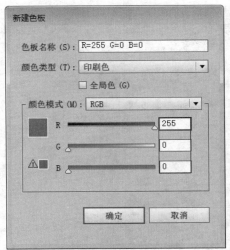

图4-173 "新建色板"对话框

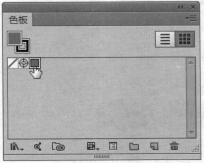

图4-174 新建一个色板

STEP 05 使用上述相同的操作，再创建两个色板，RGB参数值分别为（0、255、0）、（0、0、255），如图4-175所示。

STEP 06 打开"面板"菜单，选择"将色板库存储为ASE"选项，如图4-176所示。

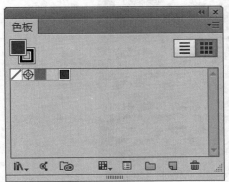

图4-175 创建两个色板

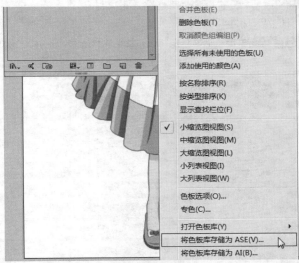

图4-176 选择"将色板库存储为ASE"选项

STEP 07 弹出"另存为"对话框，设置相应的保存位置，单击"保存"按钮，如图4-177所示。

STEP 08 单击"窗口"|"色板库"|"其他库"命令，弹出"打开"对话框，选择创建的自定义色板库，如图4-178所示。

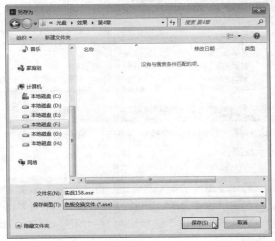

图4-177 单击"保存"按钮

图4-178 选择创建的自定义色板库

STEP 09 单击"打开"按钮，即可打开自定义的色板库，如图4-179所示。

STEP 10 选择需要描摹的图像，打开"图像描摹"面板，在"模式"列表框中选择"彩色"选项，在"调板"列表框中选择"实战158"色板库，如图4-180所示。

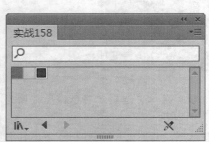

图4-179 打开自定义的色板库

图4-180 选择"实战158"色板库

STEP 11 单击"描摹"按钮，如图4-181所示。

STEP 12 执行操作后，即可用自定义色板库中的颜色描摹图像，效果如图4-182所示。

图4-181 单击"描摹"按钮

图4-182 描摹图像

实战 159 修改对象的显示状态

▶ **实例位置：** 光盘\效果\第4章\实战159.ai
▶ **素材位置：** 光盘\素材\第4章\实战159.ai
▶ **视频位置：** 光盘\视频\第4章\实战159.mp4

● 实例介绍 ●

图像描摹对象由原始图像（位图图像）和描摹结果（矢量图稿）两部分组成，在默认情况下，只能看到描摹结果，但用户可以利用"图像描摹"面板中的"视图"选项来修改显示状态。

● 操作步骤 ●

STEP 01 单击"文件"｜"打开"命令，打开一幅素材图像，如图4-183所示。

STEP 02 打开"图像描摹"面板，在"视图"列表框中选择"描摹结果（带轮廓）"选项，如图4-184所示。

图4-183 打开素材图像

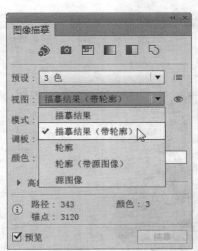

图4-184 选择"描摹结果（带轮廓）"选项

STEP 03 执行操作后，即可查看"描摹结果（带轮廓）"显示效果，如图4-185所示。

STEP 04 在"视图"列表框中选择"轮廓"选项，即可查看"轮廓"显示效果，如图4-186所示。

图4-185 描摹结果（带轮廓）

图4-186 轮廓

STEP 05 在"视图"列表框中选择"轮廓（带源图像）"选项，即可查看"轮廓（带源图像）"显示效果，如图4-187所示。

STEP 06 在"视图"列表框中选择"源图像"选项，即可查看"源图像"显示效果，如图4-188所示。

图4-187 轮廓（带源图像）

图4-188 源图像

实战 160　将描摹对象转换为矢量图形

▶ 实例位置：光盘\效果\第4章\实战160.ai
▶ 素材位置：光盘\素材\第4章\实战160.ai
▶ 视频位置：光盘\视频\第4章\实战160.mp4

● 实例介绍 ●

　　对位图进行描摹后，保持对象的选择状态，单击"对象"|"图像描摹"|"扩展"命令，或单击"控制面板"中的"扩展"按钮，可以将其转换为路径。

● 操作步骤 ●

STEP 01 单击"文件"｜"打开"命令，打开一幅素材图 STEP 02 使用选择工具 [图] 选择图像，如图4-190所示。
像，如图4-189所示。

图4-189 打开素材图像

图4-190 选择图像

STEP 03 单击"对象"｜"图像描摹"｜"扩展"命令，如图 STEP 04 执行操作后，即可将其转换为路径，效果如图
4-191所示。 4-192所示。

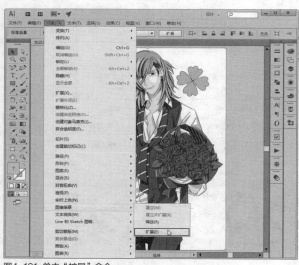

图4-191 单击"扩展"命令

图4-192 转换为路径

实战 161 释放描摹对象

▶ 实例位置：光盘\效果\第4章\实战161.ai
▶ 素材位置：光盘\素材\第4章\实战161.ai
▶ 视频位置：光盘\视频\第4章\实战161.mp4

● 实例介绍 ●

对位图进行描摹后，如果希望放弃描摹但保留置入的原始图像，可以选择描摹对象，单击"对象"图像描
摹"｜"释放"命令。

● 操作步骤 ●

STEP 01 单击"文件"｜"打开"命令，打开一幅素材图 STEP 02 使用选择工具 [图] 选择图像，如图4-194所示。
像，如图4-193所示。

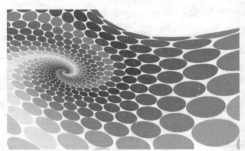

图4-193 打开素材图像

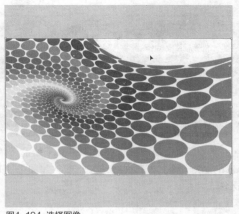

图4-194 选择图像

STEP 03 单击"窗口"｜"图像描摹"命令，打开"图像描摹"面板，在"预设"列表框中选择"灰阶"选项，如图4-195所示。

STEP 04 执行操作后，即可对图像进行描摹，效果如图4-196所示。

图4-195 选择"灰阶"选项

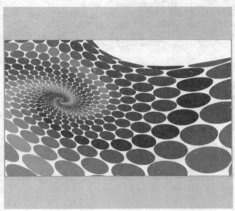

图4-196 对图像进行描摹

STEP 05 单击"对象"｜"图像描摹"｜"释放"命令，如图4-197所示。

STEP 06 执行操作后，即可放弃图像描摹操作，效果如图4-198所示。

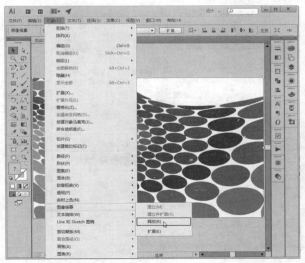

图4-197 单击"释放"命令

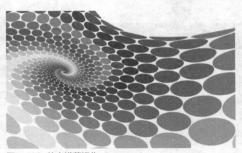

图4-198 放弃描摹操作

技巧点拨

进行图像描摹后，可以随时修改描摹结果。

操作方法：选择描摹对象，在"图像描摹"面板或控制面板中单击"描摹预设"下拉按钮，打开下拉列表框选择其他描摹样式即可。

4.6 在透视模式下绘制图稿

在Illustrator CC中，用户可以在透视模式下绘制图稿，通过透视网格的限定，可以在平面上呈现立体效果。例如，可以使道路或铁轨看上去在视线消失一般，如图4-199所示。或者将现有的对象置入透视中，在透视状态下进行变换和复制操作。

图4-199 道路透视效果

实战 162 启用透视图

▶ 实例位置：光盘\效果\第4章\实战162.ai
▶ 素材位置：光盘\素材\第4章\实战162.ai
▶ 视频位置：光盘\视频\第4章\实战162.mp4

● 实例介绍 ●

在"视图"|"透视网格"下拉菜单中可以选择启用一种透视网格，Illustrator CC中提供了预设的一点、两点和三点透视网格。

● 操作步骤 ●

STEP 01 单击"文件"|"打开"命令，打开一幅素材图像，如图4-200所示。

STEP 02 单击"视图"|"透视网格"|"一点透视"|"[一点-正常视图]"命令，启用"一点透视"模式，效果如图4-201所示。

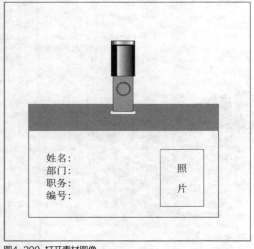

图4-200 打开素材图像

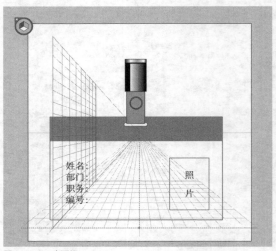

图4-201 一点透视

STEP 03 单击"视图"|"透视网格"|"两点透视"|"[两点-正常视图]"命令，启用"两点透视"模式，效果如图4-202所示。

STEP 04 单击"视图"|"透视网格"|"三点透视"|"[三点-正常视图]"命令，启用"三点透视"模式，效果如图4-203所示。

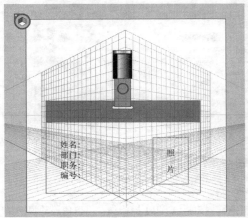

图4-202 两点透视

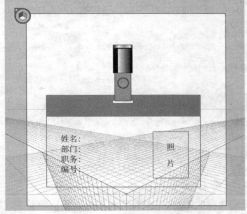

图4-203 三点透视

实战 163 移动透视网格

▶ 实例位置：无
▶ 素材位置：无
▶ 视频位置：光盘\视频\第4章\实战163.mp4

● 实例介绍 ●

选择透视网格工具圖后，可以在画板上移动网格，调整消失点、网格平面、水平高度、网格单元格大小和网格范围。

● 操作步骤 ●

STEP 01 新建一个空白文档，选择透视网格工具圖，画板中会显示透视网格，如图4-204所示。

STEP 02 单击并拖曳如图4-205所示的控件，可以移动整个透视网格。

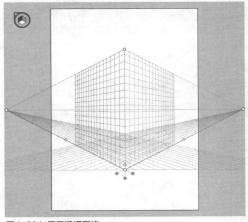

图4-204 显示透视网格

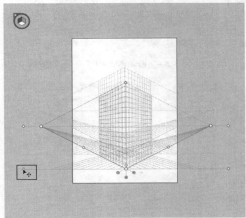

图4-205 移动整个透视网格

技巧点拨

如果单击"视图"|"透视网格"|"锁定网格"命令锁定网格，然后再进行移动，则两个消失点会一起移动。

STEP 03 单击并拖曳如图4-206所示的控件，可以移动消失点。

STEP 04 单击并拖曳如图4-207所示的控件，可以移动水平线。

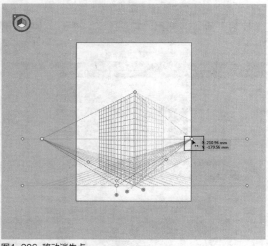

图4-206 移动消失点

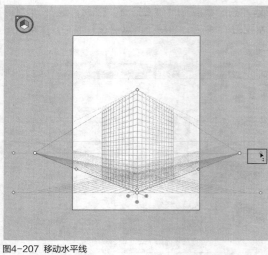

图4-207 移动水平线

STEP 05 单击并拖曳如图4-208所示的控件，可以调整左、右和水平网格平面。按住【Shift】键操作，可以使移动限制在单元格大小范围内。

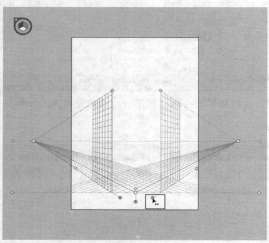

图4-208 调整左、右和水平网格平面

STEP 06 单击并拖曳如图4-209和图4-210所示的控件，可以调整平面上的网格范围。

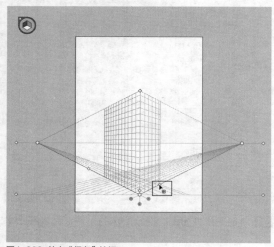

图4-209 单击"保存"按钮

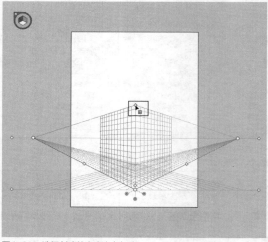

图4-210 选择创建的自定义色板库

STEP 07 单击并拖曳如图4-211所示的控件，可以调整单元格的大小。增大网格单元格大小时，网格单元格的数量会减少。

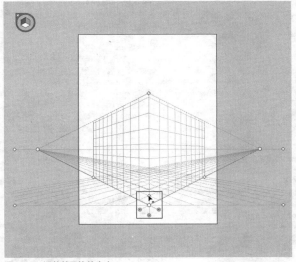

图4-211 调整单元格的大小

实战 164	定义透视网格预设	▶ 实例位置：无
		▶ 素材位置：无
		▶ 视频位置：光盘\视频\第4章\实战164.mp4

● 实例介绍 ●

如果要修改网格设置，可以执行"视图"|"透视网格"|"定义网格"命令，打开"定义透视网格"对话框进行操作。

● 操作步骤 ●

STEP 01 新建一个空白文档，选择透视网格工具 ▣，画板中会显示透视网格，如图4-212所示。

STEP 02 单击"视图"|"透视网格"|"定义网格"命令，如图4-213所示。

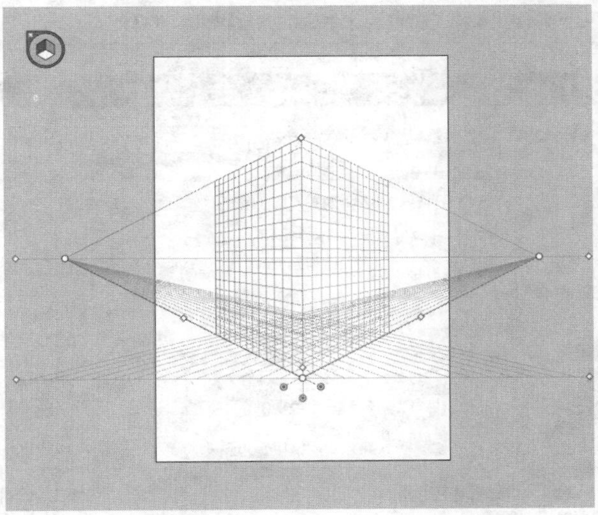

图4-212 显示透视网格

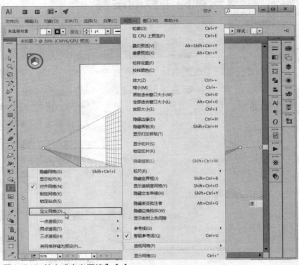

图4-213 单击"定义网格"命令

STEP 03 弹出"定义透视网格"对话框，在"左侧网格"下拉列表框中选择"黑色"选项，如图4-214所示。

STEP 04 单击"确定"按钮，即可修改透视网格样式，如图4-215所示。

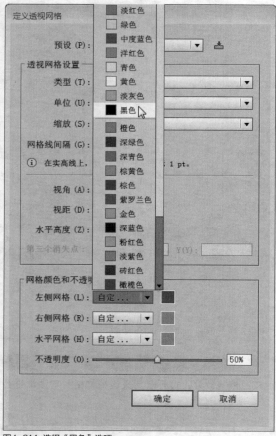

图4-214 选择"黑色"选项

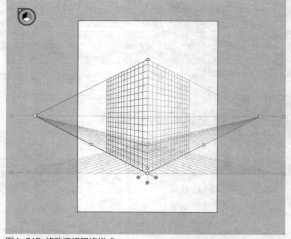

图4-215 修改透视网格样式

实战 165 透视网格其他设置

▶ 实例位置：无
▶ 素材位置：无
▶ 视频位置：光盘\视频\第4章\实战165.mp4

● 实例介绍 ●

在"视图"|"透视网格"下拉菜单中还包含几个与透视网格设置有关的命令，如图4-216所示。

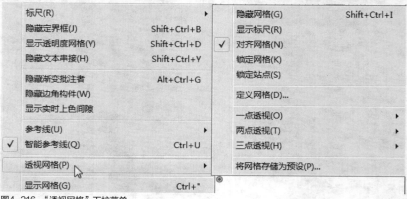

图4-216 "透视网格"下拉菜单

● 操作步骤 ●

STEP 01 新建一个空白文档，选择透视网格工具，画板中会显示透视网格，单击"视图"|"透视网格"|"显示标尺"命令，即可显示沿真实高度线的标尺刻度，网格线单位决定了标尺刻度，如图4-217所示。

STEP 02 单击"视图"|"透视网格"|"对齐网格"命令，如图4-218所示，在透视中加入对象以及移动、缩放和绘制透视中的对象时，可以将对象对齐到网格。

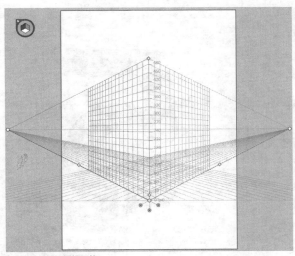

图4-217 显示透视网格

图4-218 单击"对齐网格"命令

STEP 03 单击"视图"|"透视网格"|"锁定网格"命令，使用透视网格工具 📐 移动网格和进行其他网格编辑时，仅可以更改可见性和平面位置，如图4-219所示。

STEP 04 单击"视图"|"透视网格"|"锁定站点"命令，移动一个消失点时会带动其他消失点同步移动，如图4-220所示。

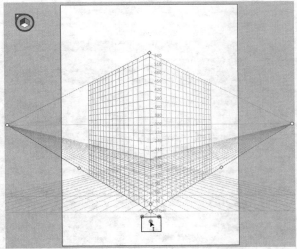

图4-219 锁定网格

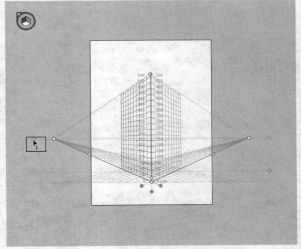

图4-220 锁定站点

第 **5** 章

填充与描边图形对象

本章导读

在Illustrator CC中，上色是指为图形内部填充颜色、渐变和图案，以及为路径描边。使用"色板"面板、"颜色"面板、吸管工具和"拾色器"等可以选取颜色。选取颜色后，还可以通过"颜色参考"面板生成与之协调的颜色方案，或者用"重新着色图稿"命令和"调整色彩平衡"等命令修改颜色。通过本章的学习，用户可以掌握在Illustrator CC中图形的各种填充操作，如对图形进行单色和多色填充、创建和编辑图形混合等。

要点索引

- 使用填色和描边进行上色
- 使用"描边"面板
- 选择Illustrator CC颜色
- 编辑Illustrator CC颜色
- 创建和编辑图形混合效果

5.1 使用填色和描边进行上色

Illustrator CC作为专业的矢量绘图软件，提供了丰富的色彩功能和多样的填色工具，给图形上色带来了极大的方便。若要制作出精彩的作品，对图形进行填充是必不可少的操作。

本章主要介绍使用填充和描边进行上色、使用工具进行单色填充和多色填充、应用面板填充图形和制作图形的混合效果。

实战 166 使用填色工具填充图形

▶ 实例位置：光盘\效果\第5章\实战166.ai
▶ 素材位置：光盘\素材\第5章\实战166.ai
▶ 视频位置：光盘\视频\第5章\实战166.mp4

● 实例介绍 ●

图形的填充主要由填色和描边两部分组成，填色指的是图形中所包含的颜色和图案，而描边指的是包围图形的路径线条。在Illustrator CC中，用户可以直接在工具面板上设置填色和描边。

在Illustrator中，图形所填充的色彩模式主要以CMYK为主。因此，颜色参数值主要是在CMYK的数值框中进行设置。只要当前所需要填充的图形处于选中状态，设置好颜色后系统将自动将颜色填充至图形中。

● 操作步骤 ●

STEP 01 单击"文件"｜"打开"命令，打开一幅绘制好的路径素材图像，如图5-1所示。

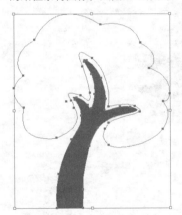
图5-1 路径图像

STEP 03 弹出"拾色器"对话框，将鼠标移至"选择颜色"选项区中时，单击鼠标左键，鼠标指针将呈圆形形状○，拖曳鼠标至需要填充的颜色区域上（CMYK的参数值为80%、2%、100%、0%），如图5-3所示。

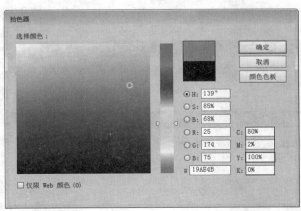
图5-3 设置颜色

STEP 02 使用选择工具选中需要填充的路径后，将鼠标指针移至工具面板中的"填色"工具图标上，双击鼠标左键，如图5-2所示。

图5-2 双击鼠标左键

STEP 04 单击"确定"按钮，即可为路径图形填充相应的颜色，效果如图5-4所示。

图5-4 图像效果

图形的填充主要由填充和描边两部分组成，填充指的是图形中所包含的颜色和图案，而描边指的是包围图形的路径线条。

实战 167 使用描边工具描边图形

▶ 实例位置：光盘\效果\第5章\实战167.ai
▶ 素材位置：上一例效果文件
▶ 视频位置：光盘\视频\第5章\实战167.mp4

● 实例介绍 ●

在Illustrator CC中，按【X】键也可以激活"填充"和"描边"图标。若"填色"和"描边"图标中都存在颜色时，单击"互换填色和描边"按钮 或按【Shift＋X】组合键，即可互换填色与描边的颜色；按"默认填色和描边"按钮 或按【X】键，即可将"填色"和"描边"设置为系统的默认色。

● 操作步骤 ●

STEP 01 在实战166的效果基础上，使用选择工具选中所绘制的图形，将鼠标指针移至"描边"图标上 ，单击鼠标左键即可启用"描边"工具，双击鼠标左键，弹出"拾色器"对话框，设置CMYK的参数值分别为85%、20%、100%、5%，如图5-5所示。

STEP 02 单击"确定"按钮，即可为图形的路径线条进行描边，如图5-6所示。

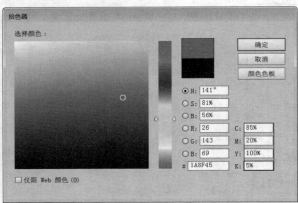

图5-5 "拾色器"对话框

图5-6 图像效果

选择对象后，单击工具面板底部的颜色 按钮，可以使用上次选择的单色进行填色或描边；单击渐变 按钮，可以使用上次选择的渐变色进行填色或描边。

实战 168 用控制面板设置填色和描边

▶ 实例位置：光盘\效果\第5章\实战168.ai
▶ 素材位置：光盘\素材\第5章\实战168.ai
▶ 视频位置：光盘\视频\第5章\实战168.mp4

● 实例介绍 ●

"颜色""色板"和"渐变"面板等都包含填色和描边设置选项，但最方便使用的还是工具面板和控制面板。选择对象后，如果要为它填色或描边，可通过这两个面板快速操作。

● 操作步骤 ●

STEP 01 单击"文件"｜"打开"命令，打开一幅素材图像，如图5-7所示。

STEP 02 使用选择工具 选中需要上色的路径，如图5-8所示。

图5-7 打开素材图像

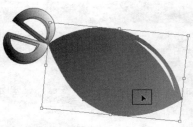

图5-8 选中需要上色的路径

STEP 03 单击控制面板中的填色按钮，在打开的下拉面板中选择相应的填充内容，如图5-9所示。

STEP 04 执行操作后，即可为对象填色，如图5-10所示。

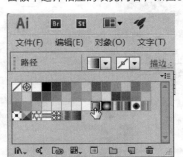

图5-9 相应的填充内容

图5-10 为对象填色

STEP 05 单击控制面板中的描边按钮，在打开的下拉面板中选择相应的描边内容，如图5-11所示。

STEP 06 执行操作后，即可为对象描边，如图5-12所示。

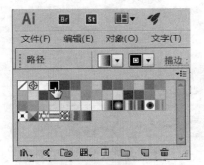

图5-11 选择相应的描边内容

图5-12 为对象描边

实战 169 用吸管工具吸取和填充图形颜色

▶ 实例位置：光盘\效果\第5章\实战169.ai
▶ 素材位置：光盘\素材\第5章\实战169.ai
▶ 视频位置：光盘\视频\第5章\实战169.mp4

● 实例介绍 ●

　　在Illustrator CC中，用户使用吸管工具可以很方便地将一个对象的属性按照另一个对象的属性进行更新，也相当于对图形颜色的复制。

　　选取工具面板中的选择工具，在图形窗口中选择需要更改颜色的图形，选取工具面板中的吸管工具，移动鼠标至文件编辑窗口，在窗口中需要吸取颜色的图形处单击鼠标左键，即可将选择的图形填充为所吸取的颜色，效果如图5-13所示。

图5-13 图形效果

STEP 01 单击"文件"｜"打开"命令，打开一幅素材图像，使用选择工具选中需要进行填充的图形，如图5-14所示。

STEP 02 选取工具面板中的吸管工具 📍，将鼠标移至图形窗口中需要吸取颜色的图形上，如图5-15所示。

STEP 03 单击鼠标左键，即可将所选择的图形填充为所吸取的颜色，如图5-16所示。

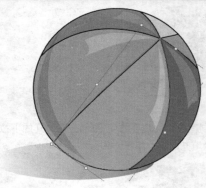

图5-14 选中图形

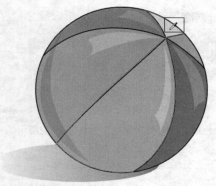

图5-15 吸取颜色

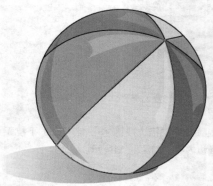

图5-16 填充吸取的颜色

实战 170 互换填色和描边

▶ 实例位置：光盘\效果\第5章\实战170.ai
▶ 素材位置：光盘\素材\第5章\实战170.ai
▶ 视频位置：光盘\视频\第5章\实战170.mp4

● 实例介绍 ●

　　在Illustrator CC中，可以直接在键盘上按【D】键快速将前景色和背景色调整到默认状态；按【X】键，可以快速切换前景色和背景色的颜色。

● 操作步骤 ●

STEP 01 单击"文件"｜"打开"命令，打开一幅素材图像，如图5-17所示。

STEP 02 使用选择工具 ▶ 选择相应的图形对象，如图5-18所示。

图5-17 打开素材图像

图5-18 选择图形对象

STEP 03 单击工具面板中的"互换填色和描边"按钮 ⤢，如图5-19所示。

STEP 04 执行操作后，即可互换填色和描边，效果如图5-20所示。

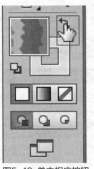

图5-19 单击相应按钮

图5-20 互换填色和描边

实战 171 使用默认的填色和描边

▶ 实例位置：光盘\效果\第5章\实战171.ai
▶ 素材位置：光盘\素材\第5章\实战171.ai
▶ 视频位置：光盘\视频\第5章\实战171.mp4

● 实例介绍 ●

选择对象，单击工具面板底部的"默认颜色和描边"按钮，即可将填色和描边设置为默认的颜色（黑色描边、填充白色）。

● 操作步骤 ●

STEP 01 单击"文件" | "打开"命令，打开一幅素材图像，如图5-21所示。

STEP 02 使用选择工具 选择相应的图形对象，如图5-22所示。

图5-21 打开素材图像

图5-22 选择图形对象

STEP 03 单击工具面板底部的"默认填色和描边"按钮，如图5-23所示。

STEP 04 执行操作后，即可将填色和描边设置为默认的颜色，效果如图5-24所示。

默认填色和描边(D)

图5-23 单击相应按钮

图5-24 设置为默认的颜色

实战 172　删除填色和描边

▶ 实例位置：光盘\效果\第5章\实战172.ai
▶ 素材位置：光盘\素材\第5章\实战172.ai
▶ 视频位置：光盘\视频\第5章\实战172.mp4

● 实例介绍 ●

选择对象，单击工具面板、"颜色"面板或"色板"面板中的"无"按钮☑，即可删除对象的填色和描边。

● 操作步骤 ●

STEP 01 单击"文件"｜"打开"命令，打开一幅素材图像，如图5-25所示。

STEP 02 使用选择工具▶选择相应的图形对象，如图5-26所示。

图5-25 打开素材图像

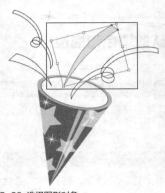

图5-26 选择图形对象

STEP 03 单击工具面板底部的"填色"按钮◩，然后单击下方的"无"按钮☑，即可删除填色，效果如图5-27所示。

STEP 04 单击工具面板底部的"描边"按钮◩，然后单击下方的"无"按钮☑，即可删除描边，此时只剩下空白的路径，效果如图5-28所示。

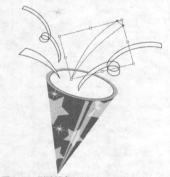

图5-27 删除填色

图5-28 删除描边

5.2　使用"描边"面板

对图像进行描边后，可以在"描边"面板中设置描边粗细、对齐方式、斜接限制、线条连接和线条端点的样式，还可以将描边设置为虚线，控制虚线的次序。

实战 173　使用"描边"面板为图形描边

▶ 实例位置：光盘\效果\第5章\实战173.ai
▶ 素材位置：光盘\素材\第5章\实战173.ai
▶ 视频位置：光盘\视频\第5章\实战173.mp4

● 实例介绍 ●

"描边"面板的主要用途是对所绘制的图形路径线条进行设置，在"虚线"复选框下，设置"虚线"和"间隙"的数值框分别都有3个，若选中一个描边图形后，将6个数值框都进行了设置，则一个描边图形中会有3种不同的描边效果。

● 操作步骤 ●

STEP 01 单击"文件"｜"打开"命令，打开一幅素材图
像，如图5-29所示。

STEP 02 选中白色的圆角矩形图形，如图5-30所示。

图5-29 打开素材图像

图5-30 选择图形

STEP 03 单击"窗口"｜"描边"命令，即可打开"描
边"面板，设置"粗细"为3pt，如图5-31所示。

STEP 04 执行描边设置的同时，圆角矩形框的描边效果也
随之改变，如图5-32所示。

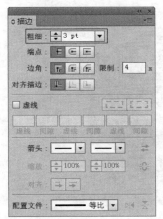

图5-31 设置描边参数

图5-32 描边效果

知识拓展

"描边"面板中的"粗细"选项主要用于设置描边线条的宽度，该值越高，描边越粗。

"端点"选项主要用于设置开放路径两个端点的形状，按平头端点按钮圖，路径会在终端锚点处结束，如果要准确对齐路
径，该选项非常有用；按圆头端点按钮圖，路径末端呈半圆形效果；按方头端点按钮，会向外延长到描边"粗细"值一半的距
离结束描边。

实战 174 用虚线描边

▶ 实例位置：光盘\效果\第5章\实战174.ai
▶ 素材位置：光盘\素材\第5章\实战174.ai
▶ 视频位置：光盘\视频\第5章\实战174.mp4

● 实例介绍 ●

选择图形，选中"描边"面板中的"虚线"复选框，并设置虚线线段的长度，在"间隙"文本框中设置线段的间
距，即可用虚线描边路径。

● 操作步骤 ●

STEP 01 单击"文件"｜"打开"命令，打开一幅素材图
像，如图5-33所示。

STEP 02 使用选择工具▶选择相应的图形对象，如图5-34
所示。

图5-33 打开素材图像

图5-34 选择图形对象

STEP 03 单击"窗口"｜"描边"命令，打开"描边"面板，选中"虚线"复选框，并设置"虚线"和"间隙"均为6pt，如图5-35所示。

STEP 04 执行操作后，即可将描边转换为虚线，效果如图5-36所示。

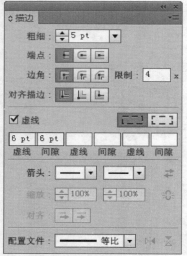

图5-35 "描边"面板

图5-36 将描边转换为虚线

STEP 05 在"描边"面板中单击 按钮，如图5-37所示。

STEP 06 执行操作后，可以使虚线与边角和路径终端对齐，并调整到适合的长度，效果如图5-38所示。

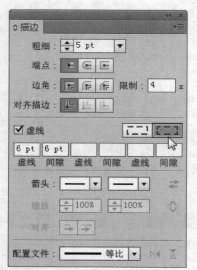

图5-37 单击相应按钮

图5-38 图像效果

实战
175　**为路径端点添加箭头**

▶ 实例位置：光盘\效果\第5章\实战175.ai
▶ 素材位置：光盘\素材\第5章\实战175.ai
▶ 视频位置：光盘\视频\第5章\实战175.mp4

● 实例介绍 ●

"描边"面板中的"箭头"虚线可以为路径的起点和终点添加箭头。

● 操作步骤 ●

STEP 01 单击"文件"｜"打开"命令，打开一幅素材图像，如图5-39所示。

STEP 02 使用选择工具 ▶ 选择相应的图形对象，如图5-40所示。

图5-39 打开素材图像

图5-40 选择图形对象

知识拓展

在"描边"面板的"缩放"选项中可以调整箭头的缩放比例，单击 ⬚ 按钮，可以同时调整起点和终点箭头的缩放比例。

STEP 03 单击"窗口"｜"描边"命令，打开"描边"面板，在箭头起点下拉列表框中选择"箭头14"选项，如图5-41所示。

STEP 04 执行操作后，即可为箭头添加起点，效果如图5-42所示。

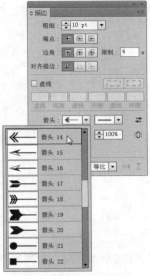

图5-41 选择"箭头14"选项

图5-42 为箭头添加起点

知识拓展

在"描边"面板中单击"互换箭头起始处和结束处"按钮 ⇄，可以互换箭头起点和终点。

STEP 05 在"描边"面板的箭头终点下拉列表框中选择"箭头32"选项，如图5-43所示。

STEP 06 执行操作后，即可为箭头添加终点，效果如图5-44所示。

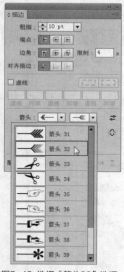

图5-43 选择"箭头32"选项

图5-44 为箭头添加终点

实战 176 **制作双重描边字**

▶ **实例位置：** 光盘\效果\第5章\实战176.ai
▶ **素材位置：** 光盘\素材\第5章\实战176.ai
▶ **视频位置：** 光盘\视频\第5章\实战176.mp4

· 实例介绍 ·

在Illustrator CC中，结合"描边"面板和"外观"面板，可以制作出特殊的双重描边文字效果。

· 操作步骤 ·

STEP 01 单击"文件"｜"打开"命令，打开一幅素材图像，如图5-45所示。

STEP 02 使用选择工具 ▶ 选择相应的文字对象，如图5-46所示。

图5-45 打开素材图像

图5-46 选择图形对象

STEP 03 打开"描边"面板，设置"粗细"为2pt，如图5-47所示。

STEP 04 执行操作后，即可为文字添加描边，效果如图5-48所示。

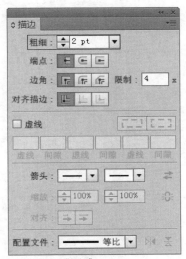

图5-47 设置"粗细"

图5-48 为文字添加描边

STEP 05 单击"文字"|"创建轮廓"命令，将文字转换为图形，效果如图5-49所示。

STEP 06 打开"外观"面板双击"内容"选项，如图5-50所示。

图5-49 将文字转换为图形

图5-50 双击"内容"选项

STEP 07 执行操作后，即可显示当前文字图形的描边和填色属性，如图5-51所示。

STEP 08 将"描边"选项拖曳至下方的"复制所选项目"按钮上进行复制，此时"外观"面板中有两个"描边"属性，它表示文字具有双重描边，如图5-52所示。

图5-51 展开"内容"选项

图5-52 复制"描边"选项

STEP 09 选择下面的"描边"选项，设置描边颜色为"纯黄""描边粗细"为4pt，如图5-53所示。

STEP 10 执行操作后，即可得到最终效果，如图5-54所示。

图5-53 设置描边属性

图5-54 图像效果

实战 177 制作邮票齿孔效果

▶ 实例位置：光盘\效果\第5章\实战177.ai
▶ 素材位置：光盘\素材\第5章\实战177.ai
▶ 视频位置：光盘\视频\第5章\实战177.mp4

● 实例介绍 ●

使用"描边"面板中的"虚线"选项，可以制作出邮票的齿孔效果。

● 操作步骤 ●

STEP 01 单击"文件"|"打开"命令，打开一幅素材图像，如图5-55所示。

STEP 02 使用矩形工具□创建一个与图像素材大小相同的矩形，无填色，设置描边颜色为白色，如图5-56所示。

STEP 03 打开"描边"面板，设置"粗细"为14pt，效果如图5-57所示。

图5-55 打开素材图像

图5-56 创建矩形

图5-57 设置"粗细"效果

STEP 04 在"描边"面板中，单击圆头端点按钮 ，选中 "虚线"复选框，设置"虚线"为1pt、"间隙"为20pt，如图5-58所示。

STEP 05 执行操作后，即可生成邮票齿孔，效果如图5-59 所示。

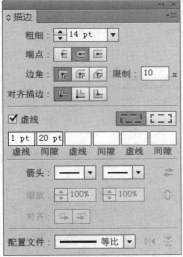

图5-58 设置描边属性

图5-59 生成邮票齿孔

5.3 选择Illustrator CC颜色

　　Illustrator提供了各种工具、面板和对话框，可以为图稿选择颜色。如果选择颜色取决于图稿的要求，例如，如果要使用公司认可的特定颜色，可以从公司认可的色板库中选择颜色；如果希望颜色与其他图稿中的颜色匹配，则可以使用吸管工具拾取对象的颜色，或者在"拾色器""颜色"面板中输入准确的颜色值。

实战 178	使用RGB颜色模式

▶ 实例位置：光盘\效果\第5章\实战178.ai
▶ 素材位置：光盘\素材\第5章\实战178.ai
▶ 视频位置：光盘\视频\第5章\实战178.mp4

● 实例介绍 ●

　　RGB模式下的图像是由红（R）、绿（G）、蓝（B）3种颜色构成，大多数显示器均采用该种颜色模式。

● 操作步骤 ●

STEP 01 单击"文件"｜"打开"命令，打开一幅素材图像，如图5-60所示。

STEP 02 使用选择工具 选择相应的图形对象，如图5-61 所示。

图5-60 打开素材图像

图5-61 选择相应的图形对象

STEP 03 打开"颜色"面板，单击右上角的 按钮，在弹出的面板菜单中选择RGB选项，如图5-62所示。

STEP 04 执行操作后，即可转换为RGB颜色模式，设置RGB参数值分别为255、220、180，如图5-63所示。

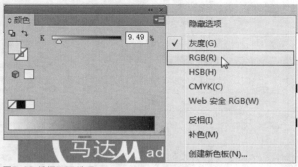

图5-62 选择RGB选项

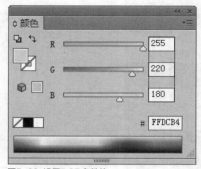

图5-63 设置RGB参数值

STEP 05 执行操作后，即可改变图形颜色，效果如图5-64所示。

图5-64 改变图形颜色

知识拓展

　　Illustrator还提供了Web安全RGB模式，即经过修改的RGB颜色模式，这种模式仅包括适合在Web上使用的RGB颜色。"Web安全RGB"颜色模式是一种常用于网页显示的颜色模式，若所绘制的图形或作品要在网络上进行发布，则最好选择此种颜色模式，因为它不仅可以在不影响显示的前提下减少文件夹的颜色容量，还可以在网页上准确地显示所绘制作品。

实战 179 使用CMYK颜色模式

▶ 实例位置：光盘\效果\第5章\实战179.ai
▶ 素材位置：光盘\素材\第5章\实战179.ai
▶ 视频位置：光盘\视频\第5章\实战179.mp4

· 实例介绍 ·

　　CMYK模式下的图像是由青（C）、洋红（M）、黄（Y）、黑（K）4种颜色叠加而成，它是一种印刷模式，被广泛应用在印刷的分色处理上。CMYK颜色模式的取值范围是用百分数来表示的，百分比较低的油墨接近白色，百分比较高的油墨接近黑色。它所占用的存储空间要比RGB模式大。

· 操作步骤 ·

STEP 01 单击"文件"｜"打开"命令，打开一幅素材图像，如图5-65所示。

STEP 02 使用选择工具 选择相应的图形对象，如图5-66所示。

图5-65 打开素材图像

图5-66 选择相应的图形对象

STEP 03 打开"颜色"面板，单击右上角的 按钮，在弹出的面板菜单中选择CMYK选项，如图5-67所示。

STEP 04 执行操作后，即可转换为CMYK颜色模式，设置CMYK参数值分别为0%、100%、100%、0%，如图5-68所示。

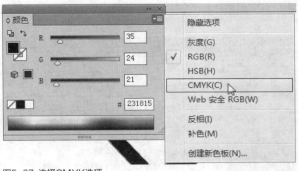

图5-67 选择CMYK选项

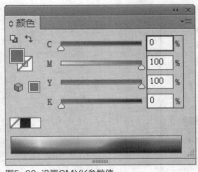

图5-68 设置CMYK参数值

STEP 05 执行操作后，即可改变图形颜色，效果如图5-69所示。

知识拓展

> 从理论上讲，青、洋红、黄色油墨按照相同的比例混合可以生产黑色，但在实际印刷中，只能产生纯度很低的一种浓灰色，因此，还需要借助黑色油墨（K）才能印刷出黑色。另外，黑色与其他颜色混合还可以调节颜色的明度和纯度。

图5-69 改变图形颜色

实战 180 **使用HSB颜色模式**

▶ 实例位置：光盘\效果\第5章\实战180.ai
▶ 素材位置：光盘\素材\第5章\实战180.ai
▶ 视频位置：光盘\视频\第5章\实战180.mp4

● 实例介绍 ●

HSB颜色模式只有在颜色吸取窗口中才会出现，H代表色相，S代表饱和度，B代表亮度，如图5-70所示。

➢ 色相的意思就是纯色，即组成可见光谱的单色（红色为0度，绿色为120度，蓝色为240度）。

➢ 饱和度代表色彩的纯度，饱和度为零时即为灰色，黑、白、灰三种色彩没有饱和度。

➢ 亮度是色彩的明度程度，最大亮度是色彩最鲜明的状态，黑色的亮度为0。

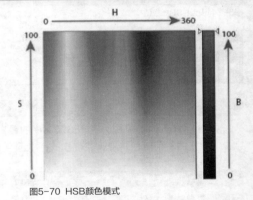

图5-70 HSB颜色模式

● 操作步骤 ●

STEP 01 单击"文件"｜"打开"命令，打开一幅素材图像，如图5-71所示。

STEP 02 使用选择工具 选择相应的图形对象，如图5-72所示。

STEP 03 打开"颜色"面板，单击右上角的 按钮，在弹出的面板菜单中选择HSB选项，如图5-73所示。

图5-71 打开素材图像

图5-72 选择相应的图形对象

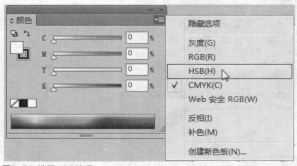

图5-73 选择HSB选项

STEP 04 执行操作后，即可转换为HSB颜色模式，设置HSB参数值分别为0°、72%、100%，如图5-74所示。

STEP 05 执行操作后，即可改变图形颜色，效果如图5-75所示。

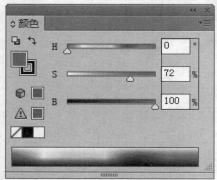

图5-74 设置HSB参数值

图5-75 改变图形颜色

实战 181 使用灰度颜色模式

▶ 实例位置：光盘\效果\第5章\实战181.ai
▶ 素材位置：光盘\素材\第5章\实战181.ai
▶ 视频位置：光盘\视频\第5章\实战181.mp4

● 实例介绍 ●

灰度模式下的图像由具有256级灰度的黑白颜色构成。一幅灰度图像在转变成CMYK模式后可以增加彩色，若将CMYK模式的彩色图像转变为灰度模式，则颜色不能恢复。

● 操作步骤 ●

STEP 01 单击"文件"｜"打开"命令，打开一幅素材图像，如图5-76所示。

STEP 02 使用选择工具选择相应的图形对象，如图5-77所示。

图5-76 打开素材图像

图5-77 选择相应的图形对象

STEP 03 打开"颜色"面板，单击右上角的 ![] 按钮，在弹出的面板菜单中选择"灰度"选项，如图5-78所示。

STEP 04 执行操作后，即可转换为"灰度"颜色模式，设置K参数值为81.25%，如图5-79所示。

STEP 05 执行操作后，即可改变图形颜色，效果如图5-80所示。

图5-78 选择"灰度"选项

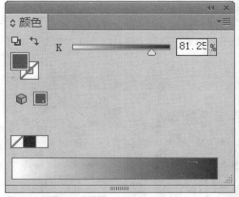

图5-79 设置HSB参数值

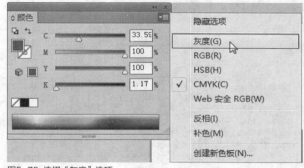

图5-80 改变图形颜色

实战 182 使用"拾色器"

▶ 实例位置：无
▶ 素材位置：无
▶ 视频位置：光盘\视频\第5章\实战182.mp4

● 实例介绍 ●

双击工具面板、"颜色"面板、"渐变"面板或"色板"面板中的填色和描边图标，都可以打开"拾色器"对话框，在其中可以选择色域和色谱、定义颜色值或单击色板等方式伸展填色和描边颜色。

● 操作步骤 ●

STEP 01 双击工具面板底部的填色图标，弹出"拾色器"对话框，在色谱上单击，可以定义颜色范围，如图5-81所示。

STEP 02 在色域中单击并拖曳鼠标，可以调整颜色的深浅，如图5-82所示。

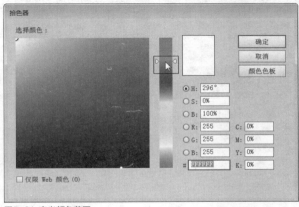

图5-81 定义颜色范围

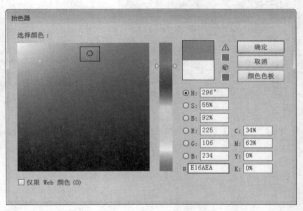

图5-82 调整颜色的深浅

STEP 03 下面来调整饱和度。首先选中S单选按钮，如图5-83所示。

STEP 04 此时，拖曳颜色滑块即可调整饱和度，如图5-84所示。

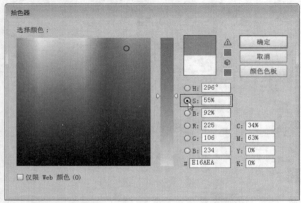

图5-83 选中S单选按钮

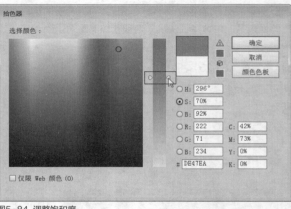

图5-84 调整饱和度

STEP 05 如果要调整颜色的亮度，可以选中B单选按钮，如图5-85所示。

STEP 06 再拖曳颜色滑块进行调整，即可修改亮度，如图5-86所示。

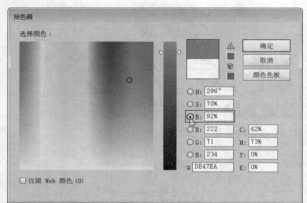

图5-85 选中B单选按钮

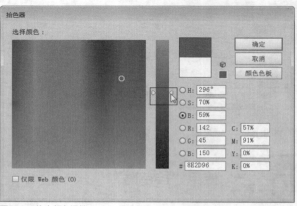

图5-86 拖曳颜色滑块

知识拓展

"拾色器"对话框中有一个"颜色色板"按钮，单击该按钮，对话框中会显示颜色色板，此时可以在色谱上单击，定义颜色范围，如图5-87所示。在左侧的列表中可以选择颜色，如图5-88所示。如果要切换回"拾色器"，可单击"颜色模型"按钮。调整完成后，单击"确定"按钮（或按【Enter】键）关闭对话框即可。

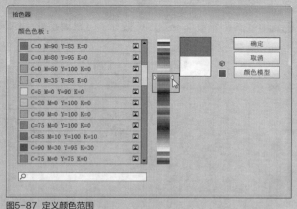

图5-87 定义颜色范围

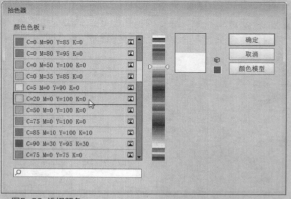

图5-88 选择颜色

▶ 实例位置：光盘\效果\第5章\实战183.ai
▶ 素材位置：光盘\素材\第5章\实战183.ai
▶ 视频位置：光盘\视频\第5章\实战183.mp4

实战 183　使用"颜色"面板填充图形

● 实例介绍 ●

　　"颜色"面板主要分为上下两部分，除了在数值框中通过输入精确数值来设置填充颜色外，也可以在面板下方的颜色色谱条中直接选取所需要的颜色，当鼠标指针移至颜色色谱条上时，鼠标指针将自动呈吸管的形状，单击鼠标左键，即可将所吸取的颜色应用于所选择的图形上。

● 操作步骤 ●

STEP 01 单击"文件"｜"打开"命令，打开一幅素材图像，如图5-89所示。

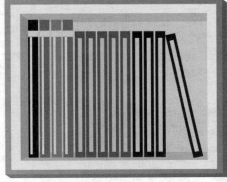

图5-89 打开素材图像

STEP 02 选取工具面板中的选择工具 ，选中图像中需要填充的图形，如图5-90所示。

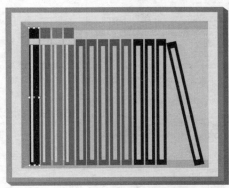

图5-90 选中图形

STEP 03 单击"窗口"｜"颜色"命令，调出"颜色"面板，设置CMYK的参数值分别为0%、80%、0%、0%，如图5-91所示。

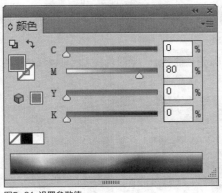

图5-91 设置参数值

STEP 04 执行操作的同时，被选择的图形将以所设置的颜色进行填充，效果如图5-92所示。

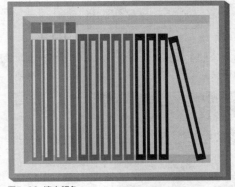

图5-92 填充颜色

▶ 实例位置：无
▶ 素材位置：无
▶ 视频位置：光盘\视频\第5章\实战184.mp4

实战 184　设置"颜色"面板

● 实例介绍 ●

　　在Illustrator CC中，"颜色"面板主要采用类似于美术调色的方式来混合颜色。当前选择的颜色模式仅是改变了颜色的调整方式，不会改变文档的颜色模式。如果要改变文档的颜色模式，可以使用"文件"｜"文档颜色模式"菜单中的命令来进行操作。

● 操作步骤 ●

STEP 01 单击"窗口"|"颜色"命令，调出"颜色"面板，如图5-93所示。

STEP 02 单击面板右上角的 按钮，打开面板菜单，选择CMYK模式，如图5-94所示。

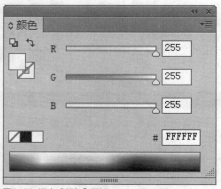

图5-93 调出"颜色"面板

图5-94 选择CMYK模式

STEP 03 如果要编辑描边颜色，可单击描边图标 ，然后在C、M、Y、K文本框中输入数值并按【Enter】键，也可以拖曳颜色滑块进行调整，如图5-95所示。

STEP 04 如果要编辑填充颜色，则单击填色图标 ，然后再进行调整，如图5-96所示。

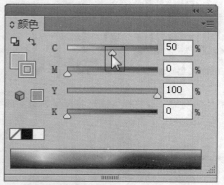

图5-95 编辑描边颜色

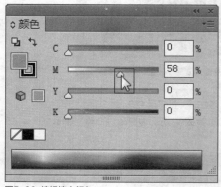

图5-96 编辑填充颜色

STEP 05 按住【Shift】键拖曳颜色滑块，可同时移动与之关联的其他滑块（HSB滑块除外），通过这种方式可以调整颜色的明度，得到更深的颜色，如图5-97所示；或更浅的颜色，如图5-98所示。

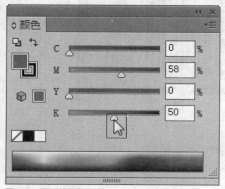

图5-97 更深的颜色

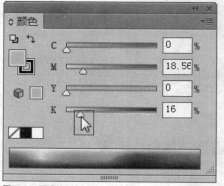

图5-98 更浅的颜色

STEP 06 光标在色谱上会变为吸管工具 ，单击并拖曳鼠标，可以拾取色谱中的颜色，如图5-99所示。

STEP 07 如果要删除填色或描边颜色，可以单击"无"按钮 ，如图5-100所示。如果要选择白色或黑色，可单击色谱左上角的白色和黑色色板。

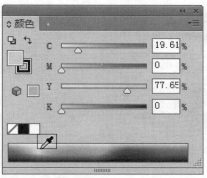

图5-99 拾取色谱中的颜色

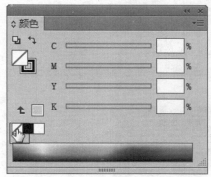

图5-100 单击"无"按钮

实战 185 使用"颜色参考"面板修改颜色

▶ 实例位置：光盘\效果\第5章\实战185.ai
▶ 素材位置：光盘\素材\第5章\实战185.ai
▶ 视频位置：光盘\视频\第5章\实战185.mp4

● 实例介绍 ●

在Illustrator CC中，使用"拾色器"和"颜色"面板等设置颜色后，"颜色参考"面板会自动生成与之协调的颜色方案，可以作为激发颜色灵感的工具。

● 操作步骤 ●

STEP 01 单击"文件" | "打开"命令，打开一幅素材图像，如图5-101所示。

STEP 02 选取工具面板中的选择工具，选中图像中需要填充的图形，如图5-102所示。

图5-101 打开素材图像

图5-102 选中图形

STEP 03 单击"窗口" | "颜色参考"命令，打开"颜色参考"面板，单击"将基色设置为当前颜色"按钮，如图5-103所示。

STEP 04 执行操作后，即可将基色设置为当前颜色，如图5-104所示。

图5-103 单击相应按钮

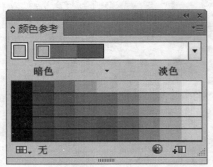

图5-104 将基色设置为当前颜色

STEP 05 单击右上角的"协调规则"按钮,在打开的下拉列表框中选择"五色组合"选项,如图5-105所示。

STEP 06 单击如图5-106所示的色板。

STEP 07 执行操作后,即可将图形颜色修改为该颜色,如图5-107所示。

图5-106 单击相应色板

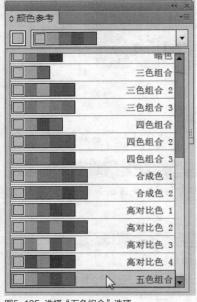

图5-105 选择"五色组合"选项

图5-107 修改颜色

实战 186	使用"色板"面板填充图形

▶ 实例位置: 光盘\效果\第5章\实战186.ai
▶ 素材位置: 光盘\素材\第5章\实战186.ai
▶ 视频位置: 光盘\视频\第5章\实战186.mp4

● 实例介绍 ●

在Illustrator CC中,用户不仅可以使用"颜色"面板对图形进行填充和描边颜色的设置,还可以使用"色板"面板设置其颜色。默认状态下,"色板"面板中显示的是CMYK颜色模式的颜色、颜色图案和渐变颜色等色块。

单击"窗口"|"色板"命令,打开"色板"面板,如图5-108所示。用户在图形窗口中选择所需操作的图形对象后,直接单击"色板"面板所提供的颜色色块、渐变色块或图案色块,即可对该图形进行相应的填充。单击"色板"面板右侧的三角形按钮,弹出面板菜单,如图5-109所示。

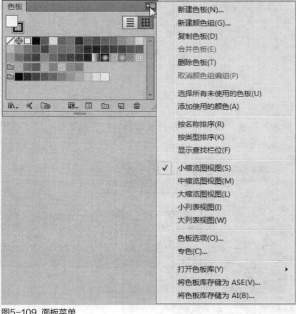

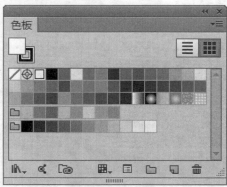

图5-108 "色板"面板

图5-109 面板菜单

"色板"面板的下方为用户提供了8个快捷按钮，它们的作用分别如下。

- ➤ "色板库"菜单 ▥▾：单击该按钮，将在"色板"面板中显示选择的颜色模式中所提供的所有色块，包括颜色色块、渐变色块和图案色块。
- ➤ "打开颜色主题面板"按钮 ◁：单击该按钮，可打开"颜色主题"面板。
- ➤ "库面板"按钮 ▤：单击该按钮，可打开"库"面板。
- ➤ 显示"色板类型"菜单 ▥▾：打开下拉菜单选择一个选项，可以在面板中单独显示颜色、渐变、图案或颜色组。
- ➤ "色板选项"按钮 ▤：单击该按钮，可以打开"色板选项"对话框。
- ➤ "新建颜色组"按钮 ▱：按住【Ctrl】键单击多个色板，再单击"新建颜色组"按钮 ▱，可以将它们创建到一个颜色组中。单击该按钮，将在"色板"面板中显示颜色色块。
- ➤ "新建色板"按钮 ▱：单击该按钮，工具面板中设置的"填色"色块的颜色，当作色块创建在"色板"面板中。
- ➤ "删除色板"按钮 🗑：在"色板"面板中选择一个色块后，单击该按钮，即可将其删除。

知识拓展

在"色板"面板中，除了渐变色块不能对图形轮廓起效外，面板中的其他色块均可以应用于图形的轮廓。

● 操作步骤 ●

STEP 01 单击"文件"｜"打开"命令，打开一幅素材图像，如图5-110所示。

STEP 02 选取工具面板中的选择工具 ▶，选中帽子顶的图形，如图5-111所示。

图5-110 素材图像

图5-111 选中图形

STEP 03 单击"窗口"｜"色板"命令，调出"色板"面板，将鼠标指针移至浮动面板中需要填充的颜色块上，如图5-112所示。

STEP 04 单击鼠标左键，即可为所选择的图形填充相应的颜色，如图5-113所示。

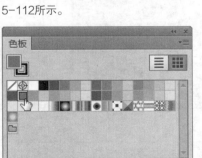

图5-112 "色板"面板

图5-113 填充颜色

实战 187 创建色板

▶ 实例位置：无
▶ 素材位置：无
▶ 视频位置：光盘\视频\第5章\实战187.mp4

● 实例介绍 ●

如果要创建一个色板，可以单击"色板"面板中的"新建色板"按钮 ▱，打开"新建色板"对话框进行操作。

● 操作步骤 ●

STEP 01 单击"窗口"｜"色板"命令，调出"色板"面板，如图5-114所示。

STEP 02 单击面板底部的"新建色板"按钮 ▣，如图5-115所示。

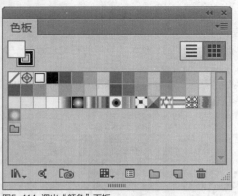

图5-114 调出"颜色"面板

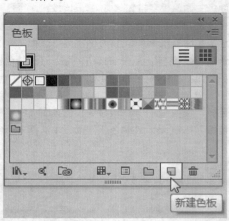

图5-115 单击"新建色板"按钮

STEP 03 弹出"新建色板"对话框，设置"色板名称"为"洋红""颜色模式"为RGB，并设置RGB参数值分别为228、0、127，如图5-116所示。

STEP 04 单击"确定"按钮，即可创建一个色板，如图5-117所示。

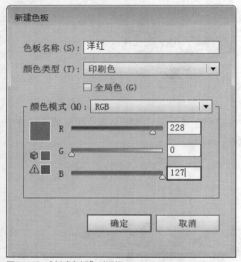

图5-116 "新建色板"对话框

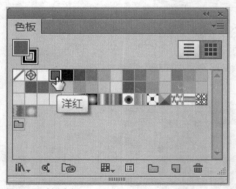

图5-117 创建色板

实战 188 创建渐变色板

▶ 实例位置：光盘\效果\第5章\实战188.ai
▶ 素材位置：光盘\素材\第5章\实战188.ai
▶ 视频位置：光盘\视频\第5章\实战188.mp4

● 实例介绍 ●

使用渐变面板调整渐变颜色或选择填充了渐变的对象后，单击"色板"面板中的"新建色板"按钮 ▣ 即可保存渐变色板。

● 操作步骤 ●

STEP 01 单击"文件"｜"打开"命令，打开一幅素材图像，如图5-118所示。

STEP 02 选取工具面板中的选择工具 ▶，选中背景图形，如图5-119所示。

图5-118 素材图像

图5-119 选中图形

STEP 03 单击"窗口"|"色板"命令，调出"色板"面板，单击"新建色板"按钮 ，如图5-120所示。

STEP 04 弹出"新建色板"对话框，设置"色板名称"为"渐变1"，如图5-121所示。

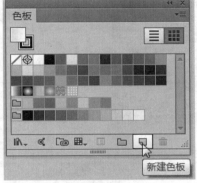

图5-120 单击"新建色板"按钮

图5-121 "新建色板"对话框

STEP 05 单击"确定"按钮，即可保存渐变色板，如图5-122所示。

图5-122 保存渐变色板

实战 189 色板分组

▶ 实例位置：无
▶ 素材位置：无
▶ 视频位置：光盘\视频\第5章\实战189.mp4

● 实例介绍 ●

在Illustrator CC中，用户可以将色板进行分组，使选取颜色时更加方便。

● 操作步骤 ●

STEP 01 按住【Ctrl】键的同时单击各个色板，将它们选择，如图5-123所示。

STEP 02 单击"新建颜色组"按钮 ，如图5-124所示。

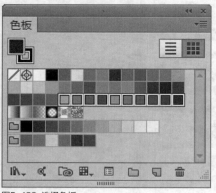

图5-123 选择色板

图5-124 单击"新建颜色组"按钮

STEP 03 弹出"新建颜色组"对话框，设置"名称"为
"褐色"，如图5-125所示。

STEP 04 单击"确定"按钮，即可将所选颜色保留在一
起，如图5-126所示。

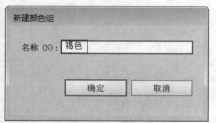

图5-125 "新建颜色组"对话框

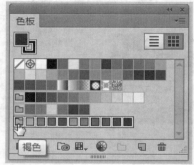

图5-126 新建颜色组

技巧点拨

　　对于现有的颜色组，单击 按钮可选择整个颜色组。

实战 190 复制、替换和合并色板

▶ 实例位置：无
▶ 素材位置：无
▶ 视频位置：光盘\视频\第5章\实战190.mp4

● 实例介绍 ●

　　在Illustrator CC中，用户可以复制、替换和合并色板，十分方便地管理"色板"面板。

● 操作步骤 ●

STEP 01 打开"色板"面板，选择一个色板，如图5-127
所示。

STEP 02 将其拖曳至"新建色板"按钮 上，如图5-128
所示。

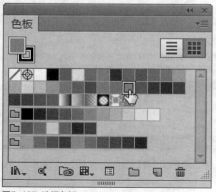

图5-127 选择色板

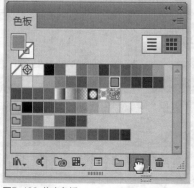

图5-128 拖曳色板

STEP 03 执行操作后，即可复制所选色板，如图5-129所示。

STEP 04 如果要替换色板，可以按住【Alt】键将颜色或渐变"色板"面板、"颜色"面板、"渐变"面板、某个对象或工具面板拖曳到"色板"面板要替换的色板上，如图5-130所示。

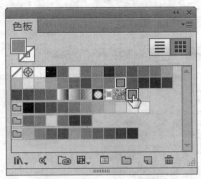

图5-129 复制所选色板

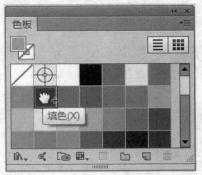

图5-130 拖曳色板

STEP 05 执行操作后，即可替换相应色板，如图5-131所示。

STEP 06 如果要合并多个色板，可以选择两个或更多色板，如图5-132所示。

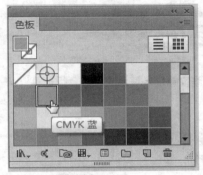

图5-131 替换相应色板

图5-132 选择色板

STEP 07 单击右上角的按钮，打开面板菜单，选择"合并色板"选项，如图5-133所示。

STEP 08 执行操作后，第一个选择的色板名称和颜色值将替换所有其他选定的色板，如图5-134所示。

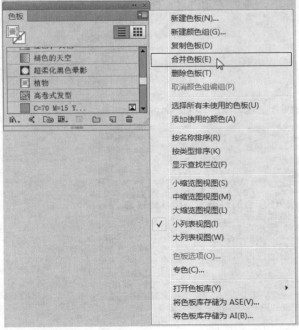

图5-133 选择"合并色板"选项

图5-134 合并色板

实战 191 删除色板

▶ 实例位置：无
▶ 素材位置：无
▶ 视频位置：光盘\视频\第5章\实战191.mp4

● 实例介绍 ●

在"色板"面板中，将一个或多个色板拖曳到底部的"删除色板"按钮 🗑 上，即可将其删除。

● 操作步骤 ●

STEP 01 打开"色板"面板，选择一个色板，如图5-135所示。

STEP 02 将其拖曳至"删除色板"按钮 🗑 上，如图5-136所示。

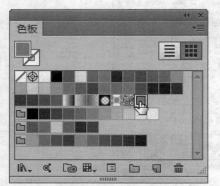

图5-135 选择色板

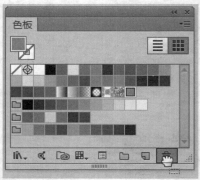

图5-136 拖曳色板

STEP 03 执行操作后，即可删除所选色板，如图5-137所示。

STEP 04 如果要删除文档中未使用的所有色板，可以从"色板"面板菜单中选择"选择所有未使用的色板"选项，如图5-138所示。

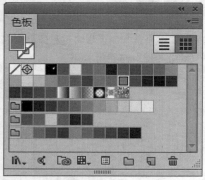

图5-137 删除所选色板

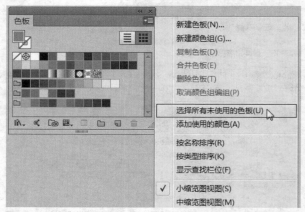

图5-138 选择"选择所有未使用的色板"选项

STEP 05 执行操作后，即可选择所有未使用的色板，如图5-139所示。

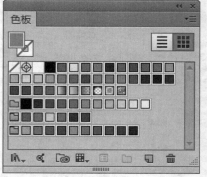

图5-139 选择所有未使用的色板

STEP 06 单击"删除色板"按钮 |🗑|，弹出信息提示框，单击"是"按钮，如图5-140所示。

STEP 07 执行操作后，即可删除所有未使用的色板，如图5-141所示。

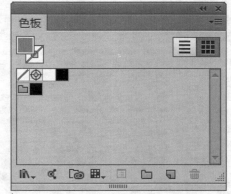

图5-141 删除所有未使用的色板

图5-140 单击"是"按钮

实战 192 使用色板库

▶ 实例位置：无
▶ 素材位置：无
▶ 视频位置：光盘\视频\第5章\实战192.mp4

● 实例介绍 ●

为方便用户创作，Illustrator CC提供了大量色板库、渐变库和图案库。

● 操作步骤 ●

STEP 01 单击"窗口"|"色板库"命令，或单击"色板"面板底部的"色板库"菜单|ᴵⁿ.|，菜单中包含了各种类型的色板库，如图5-142所示。

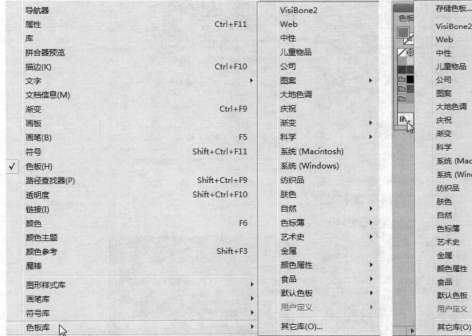

图5-142 "色板库"菜单

STEP 02 其中，"色标簿"下拉菜单中包含了常用的印刷专色，如PANTONE色，如图5-143所示。

STEP 03 选择任意一个色板库后，它会出现在一个新的面板中，如图5-144所示。

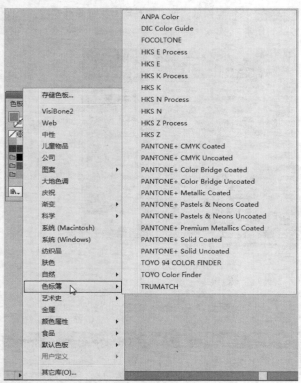

图5-143 "色标簿"下拉菜单

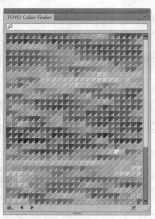

图5-144 打开色板库

STEP 04 单击面板底部的"加载上一色板库"按钮 |◀| 或"加载下一色板库"按钮 |▶|，可以切换到相邻的色板库中，如图5-145所示。

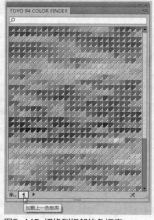

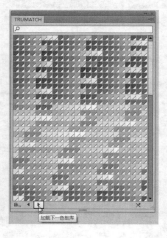

图5-145 切换到相邻的色板库

STEP 05 单击色板库中的一个色板（包括图案和渐变）时，它会自动添加到"色板"面板中，如图5-146所示。

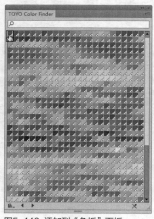

图5-146 添加到"色板"面板

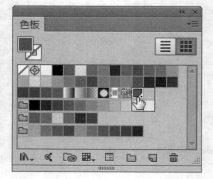

<table>
<tr><td>实战
193</td><td>创建色板库</td><td>▶ 实例位置：无
▶ 素材位置：无
▶ 视频位置：光盘\视频\第5章\实战193.mp4</td></tr>
</table>

● 实例介绍 ●

在色板库中选择、排序和查看色板的方式与在"色板"面板中的操作一样，但是不能在色板库中添加、删除或编辑色板。不过，用户可以自己创建色板库。

● 操作步骤 ●

STEP 01 打开"色板"面板，选择一个色板，如图5-147所示。

STEP 02 按住【Shift】键的同时单击相应色板，将这两个色板及中间的所有色板都选中，如图5-148所示。

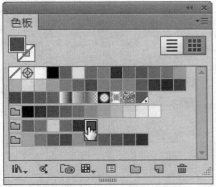

图5-147 选择色板

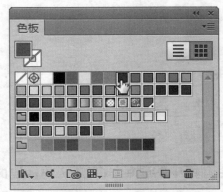

图5-148 选择多个色板

STEP 03 单击"删除色板"按钮 ，将所选色板删除，如图5-149所示。

STEP 04 从"色板"面板菜单中选择"将色板库存储为ASE"选项，如图5-150所示。

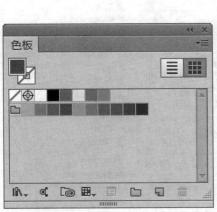

图5-149 将所选色板删除

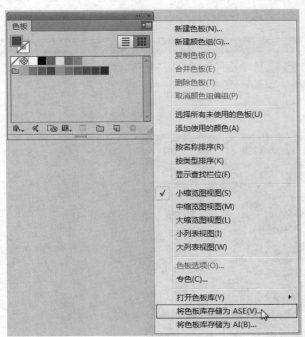

图5-150 选择"将色板库存储为ASE"选项

STEP 05 弹出"另存为"对话框，单击"保存"按钮，即可将色板库保存到默认位置，如图5-151所示。

STEP 06 以后需要用到该色板库时，可以在"窗口"|"色板库"|"用户定义"下拉菜单中选择它，如图5-152所示。

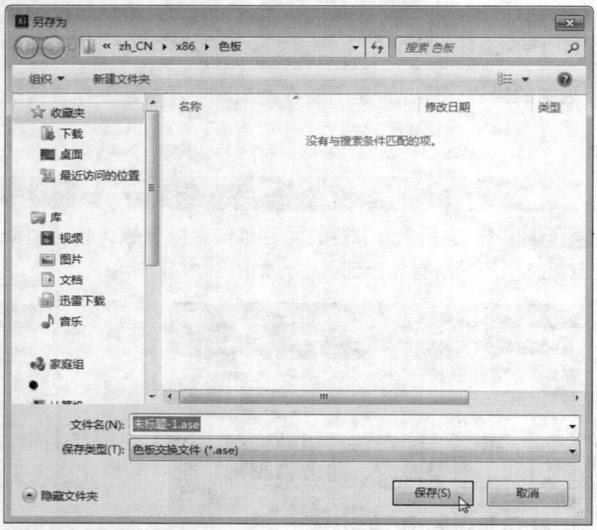

图5-151 单击“保存”按钮

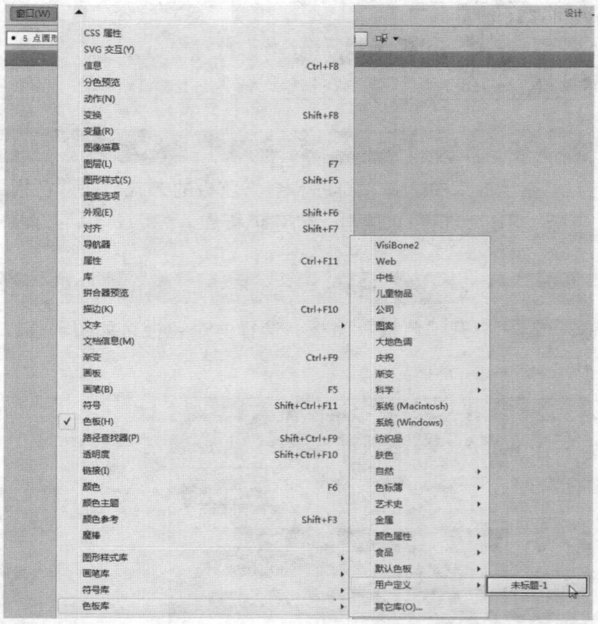

图5-152 选择色板库

实战 194 将图稿中的颜色添加到“色板”面板

▶实例位置：无

▶素材位置：光盘\素材\第5章\实战194.ai

▶视频位置：光盘\视频\第5章\实战194.mp4

• 实例介绍 •

当用户遇到不错的颜色时，可以通过“色板”面板菜单中的“添加使用的颜色”选项，将中意的颜色添加到“色板”面板中备用。

• 操作步骤 •

STEP 01 单击“文件”|“打开”命令，打开一幅素材图像，如图5-153所示。

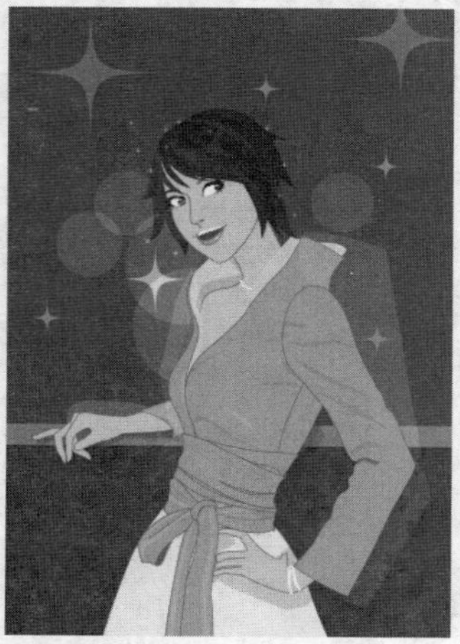

图5-153 素材图像

STEP 02 从“色板”面板菜单中选择“添加使用的颜色”选项，如图5-154所示。

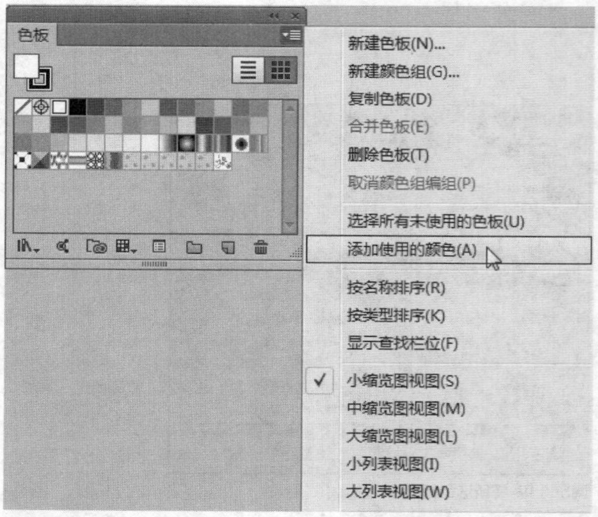

图5-154 选择“添加使用的颜色”选项

STEP 03 执行操作后，即可将文档中所有的颜色都添加到“色板”面板中，如图5-155所示。

STEP 04 如果只想添加部分颜色，可以使用选择工具选择使用了这些颜色的图形，如图5-156所示。

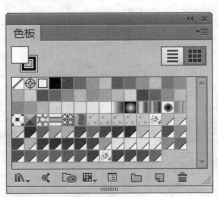

图5-155 添加所有使用的颜色

图5-156 选择图形

STEP 05 从"色板"面板菜单中选择"添加使用的颜色"选项，或单击面板中的"新建色板"按钮 ▣ 即可，如图5-157所示。

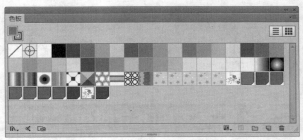

图5-157 添加色板

实战 **195**	**导入其他文档的色板**	▶ 实例位置：无
		▶ 素材位置：光盘\素材\第5章\实战195.ai
		▶ 视频位置：光盘\视频\第5章\实战195.mp4

● 实例介绍 ●

在Illustrator CC中，用户可以通过"其他库"命令导入其他文档中的色板。

● 操作步骤 ●

STEP 01 单击"文件"｜"新建"命令，新建一幅空白文档，单击"窗口"｜"色板库"｜"其他库"命令，如图5-158所示。

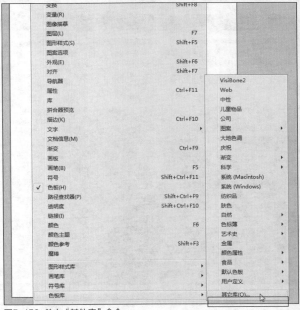

图5-158 单击"其他库"命令

STEP 02 弹出"打开"对话框，选择相应的素材文件，如图5-159所示。

STEP 03 单击"打开"按钮，可以在一个新的面板中导入该文档中的所有色板，如图5-160所示。

图5-159 选择相应的素材文件

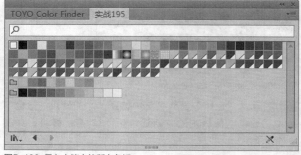

图5-160 导入文档中的所有色板

5.4 编辑Illustrator CC颜色

在Illustrator CC中，"编辑"|"编辑颜色"下拉菜单中包含与色彩调整有关的各种命令，它们可以编辑矢量图稿或位图图像。

实战 196 反相颜色

▶ 实例位置：光盘\效果\第5章\实战196.ai
▶ 素材位置：光盘\素材\第5章\实战196.ai
▶ 视频位置：光盘\视频\第5章\实战196.mp4

● 实例介绍 ●

在Illustrator CC中，通过"反相颜色"命令可以将颜色的每种成分调整为颜色标度上的相反值，进而生成照片负片效果。反相后，再次执行该命令，可以将对象恢复原来的颜色。

● 操作步骤 ●

STEP 01 单击"文件"|"打开"命令，打开一幅素材图像，如图5-161所示。

STEP 02 使用选择工具 选择相应的图形对象，如图5-162所示。

图5-161 打开素材图像

图5-162 选择相应的图形对象

STEP 03 单击"编辑"|"编辑颜色"|"反相颜色"命令，如图5-163所示。

STEP 04 执行操作后，即可生成照片负片效果，如图5-164所示。

图5-163 单击"反相颜色"命令

图5-164 生成照片负片效果

实战 197 叠印黑色

▶ 实例位置：光盘\效果\第5章\实战197.ai
▶ 素材位置：光盘\素材\第5章\实战197.ai
▶ 视频位置：光盘\视频\第5章\实战197.mp4

● 实例介绍 ●

在默认情况下，打印不透明的重叠色时，上方颜色会挖空下方的区域。叠印可以用来防止挖空，并使最顶层的叠印油墨相对于底层油墨显得透明。

● 操作步骤 ●

STEP 01 单击"文件"|"打开"命令，打开一幅素材图像，如图5-165所示。

STEP 02 使用选择工具选择要叠印的所有图形对象，如图5-166所示。

图5-165 打开素材图像

图5-166 选择相应的图形对象

STEP 03 单击"编辑"|"编辑颜色"|"叠印黑色"命令，如图5-167所示。

STEP 04 执行操作后，弹出"叠印黑色"对话框，设置"百分比"为100%，并选中"填色"和"描边"复选框，如图5-168所示，单击"确定"按钮，即可叠印黑色。

图5-167 单击"叠印黑色"命令

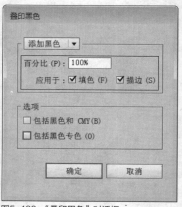

图5-168 "叠印黑色"对话框

实战 198 调整色彩平衡

▶ 实例位置：光盘\效果\第5章\实战198.ai
▶ 素材位置：光盘\素材\第5章\实战198.ai
▶ 视频位置：光盘\视频\第5章\实战198.mp4

● 实例介绍 ●

"调整色彩平衡"命令通过增加或减少处于高光、中间调及阴影区域中的特定颜色，改变图像的整体色调。

● 操作步骤 ●

STEP 01 单击"文件"｜"打开"命令，打开一幅素材图像，如图5-169所示。

STEP 02 使用选择工具 ▶ 选择相应的图形对象，如图5-170所示。

图5-169 打开素材图像

图5-170 选择相应的图形对象

STEP 03 单击"编辑"｜"编辑颜色"｜"调整色彩平衡"命令，如图5-171所示。

STEP 04 执行操作后，弹出"调整颜色"对话框，如图5-172所示。

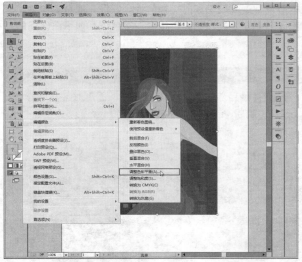

图5-171 单击"叠印黑色"命令

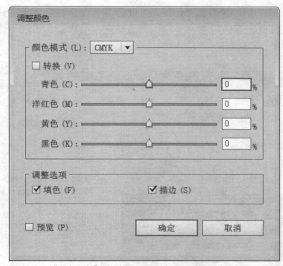

图5-172 "叠印黑色"对话框

STEP 05 设置"青色"为-50%，"洋红色"为-32%，"黄色"为60%，"黑色"为-10%，如图5-173所示。

STEP 06 单击"确定"按钮，即可调整图像颜色，效果如图5-174所示。

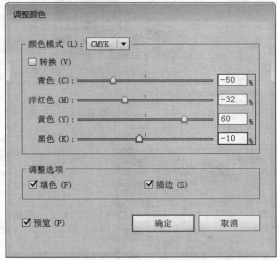

图5-173 单击"叠印黑色"命令

图5-174 "叠印黑色"对话框

知识拓展

在"调整颜色"对话框的"颜色模式"列表框中，选择"全局"选项，可以调整全局印刷色和专色，不会影响非全局印刷色。

实战 199　调整饱和度

▶ 实例位置：光盘\效果\第5章\实战199.ai
▶ 素材位置：光盘\素材\第5章\实战199.ai
▶ 视频位置：光盘\视频\第5章\实战199.mp4

● 实例介绍 ●

饱和度可定义为彩度除以明度，与彩度同样表征彩色偏离同亮度灰色的程度。注意，饱和度与彩度完全不是同一个概念。但由于其和彩度决定的是出现在人眼里的同一个效果，所以才会出现视彩度与饱和度为同一概念的情况。

饱和度是指色彩的鲜艳程度，也称色彩的纯度，如图5-175所示。饱和度取决于该色中含色成分和消色成分（灰色）的比例。含

色调　　　　明暗　　　　饱和度
图5-175 色调、明暗与饱和度的关系

色成分越大，饱和度越大；消色成分越大，饱和度越小。纯的颜色都是高度饱和的，如鲜红、鲜绿。混杂上白色、灰色或其他色调的颜色，是不饱和的颜色，如绛紫、粉红、黄褐等。完全不饱和的颜色根本没有色调，如黑白之间的各种灰色。

● 操作步骤 ●

STEP 01 单击"文件"｜"打开"命令，打开一幅素材图像，如图5-176所示。

STEP 02 使用选择工具 ▣ 选择相应的图形对象，单击"编辑"｜"编辑颜色"｜"调整饱和度"命令，如图5-177所示。

图5-176 打开素材图像

图5-177 单击"调整饱和度"命令

STEP 03 执行操作后，弹出"饱和度"对话框，设置"强度"为28%，如图5-178所示。

STEP 04 单击"确定"按钮，即可调整图像的饱和度，效果如图5-179所示。

图5-178 "饱和度"对话框

图5-179 调整图像的饱和度

知识拓展

饱和度（Chroma，简写为C，又称为彩度）是指颜色的强度或纯度，它表示色相中颜色本身色素分量所占的比例，使用从0～100%的百分比来度量。在标准色轮上，饱和度从中心到边缘逐渐递增，颜色的饱和度越高，其鲜艳程度也就越高，反之颜色则因包含其他颜色而显得陈旧或混浊。

不同饱和度的颜色会给人带来不同的视觉感受，高饱和度的颜色给人以积极、冲动、活泼、有生气、喜庆的感觉；低饱和度的颜色给人以消极、无力、安静、沉稳、厚重的感觉。

▶ 实例位置：光盘\效果\第5章\实战200.ai
▶ 素材位置：光盘\素材\第5章\实战200.ai
▶ 视频位置：光盘\视频\第5章\实战200.mp4

实战 200　将颜色转换为灰度

● 实例介绍 ●

选择对象，执行"编辑"|"编辑颜色"|"转换为灰度"命令，可以将颜色转换为灰度。

● 操作步骤 ●

STEP 01 单击"文件"|"打开"命令，打开一幅素材图像，如图5-180所示。

STEP 02 使用选择工具 选择相应的图形对象，如图5-181所示。

图5-181 选择相应的图形对象

图5-180 打开素材图像

STEP 03 单击"编辑"|"编辑颜色"|"转换为灰度"命令，如图5-182所示。

STEP 04 执行操作后，即可将图像颜色转换为灰度，效果如图5-183所示。

图5-182 单击"转换为灰度"命令

图5-183 转换为灰度

5.5 创建和编辑图形混合效果

图形的混合操作是在两个或两个以上的图形路径之间创建混合效果，进行混合操作的图形路径在形状、颜色等方面形成一种光滑的过渡效果。图形的混合操作主要包括混合图形的创建与释放、混合选项的设置与混合图形效果的编辑3大方面。

实战 201　混合颜色

▶ 实例位置：光盘\效果\第5章\实战201.ai
▶ 素材位置：光盘\素材\第5章\实战201.ai
▶ 视频位置：光盘\视频\第5章\实战201.mp4

● 实例介绍 ●

在Illustrator CC中，选择3个或更多的填色对象后，使用"编辑"|"编辑颜色"下拉菜单中的"前后混合""垂直混合"和"水平混合"命令可以创建一系列中间色效果，而且垂直混合不会影响描边。

➢ 前后混合：将最前面和最后面对象的颜色混合，为中间对象填色，如图5-184所示。

➢ 垂直混合：将最顶端和最底端对象的颜色混合，为中间对象填色，如图5-185所示。

➢ 水平混合：将最左面和最右面对象的颜色混合，为中间对象填色，如图5-186所示。

图5-184　原图与应用"前后混合"的效果对比

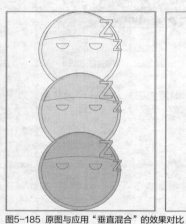
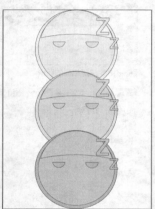
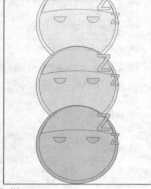

图5-185　原图与应用"垂直混合"的效果对比

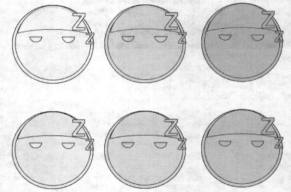

图5-186　原图与应用"水平混合"的效果对比

● 操作步骤 ●

STEP 01　单击"文件"|"打开"命令，打开一幅素材图像，如图5-187所示。

STEP 02　使用选择工具 ▐▲ 选择相应的图形对象，如图5-188所示。

图5-187　打开素材图像

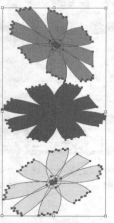

图5-188　选择相应的图形对象

STEP 03 单击"编辑"|"编辑颜色"|"垂直混合"命令，如图5-189所示。

STEP 04 执行操作后，即可混合图像颜色，效果如图5-190所示。

图5-188 单击"垂直混合"命令

图5-190 混合图像颜色

实战 202　使用混合工具创建混合图形

▶ 实例位置：光盘\效果\第5章\实战202.ai
▶ 素材位置：光盘\素材\第5章\实战202.ai
▶ 视频位置：光盘\视频\第5章\实战202.mp4

● 实例介绍 ●

混合工具 有些类似于动画创作中的生成关键帧的做法。比较重要的关键帧由高级动画师来完成，而关键帧之间的过渡部分一般的动画师就可以胜任。在Illustrator CC中也是一样，用户不但可以从两个或更多的图形之间创建一系列的中间对象，还可以创建一系列的中间颜色出来。

用户只需要绘制两个图形对象（可以是开放的路径，或是闭合的路径和输入的文字），然后运用混合工具，系统将会根据两个图形之间的差别，自动进行计算以生成中间的过渡图形。

在Illustrator CC中，使用工具面板中的混合工具 （或单击"对象"|"混合"|"建立"命令与按【Ctrl+Alt+B】组合键）均可在图形窗口中为选择的图形创建混合效果。

图形的混合操作主要有3种，分别如下。

➤ 直接混合：指在所选择的两个图形路径之间进行混合。
➤ 沿路径混合：指在图形混合的同时并沿指定的路径布置。
➤ 复合路径：指在两个以上图形之间的混合。

● 操作步骤 ●

STEP 01 单击"文件"|"打开"命令，打开一幅素材图像，选取工具面板中的混合工具 ，将鼠标指针移至图像中的一个图形上，鼠标指针呈 形状（如图5-191所示），单击鼠标左键。

图5-191 移动鼠标指针

STEP 02 将鼠标指针移至另一个图形上，鼠标指针呈 ⁴̥₊ 形状，效果如图5-192所示。

STEP 03 单击鼠标左键，即可创建混合图形，如图5-193所示。

图5-192 移动鼠标

图5-193 混合图形

沿路径混合

▶ 实例位置：光盘\效果\第5章\实战203.ai
▶ 素材位置：无
▶ 视频位置：光盘\视频\第5章\实战203.mp4

● 实例介绍 ●

使用混合工具创建的混合图形可以使两图形之间的过渡平滑，并结合颜色和图形地混合在特定的图形形状中创建颜色的过渡。用户所编辑的图形可以是封闭路径、开放路径、编组图形和复合路径等。

● 操作步骤 ●

STEP 01 运用工具面板中的直线段工具，在图形窗口中绘制两条直线段，如图5-194所示。

STEP 02 选取工具面板中的选择工具 ▶，在图形窗口中选择绘制的直线段，如图5-195所示。

图5-194 绘制两条直线段

图5-195 选择绘制的直线段

STEP 03 双击工具面板中的混合工具 🖿，弹出"混合选项"对话框，设置"间距"为"指定的步数"，并设置其值为150，单击"确定"按钮，如图5-196所示。

STEP 04 按【Ctrl＋Alt＋B】组合键，对选择的路径建立混合效果，如图5-197所示。

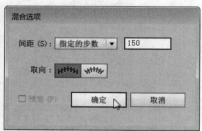

图5-196 "混合选项"对话框

图5-197 路径混合效果

STEP 05 选取工具面板中的钢笔工具 ✐，在图形窗口中绘制一条开放路径，如图5-198所示。

STEP 06 选取工具面板中的选择工具 ▶，在图形窗口中选择绘制的路径与混合图形，如图5-199所示。

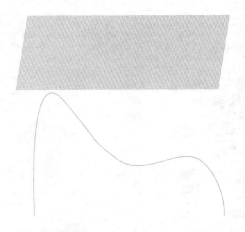

图5-198 绘制的路径

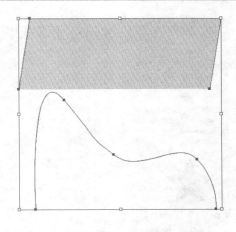

图5-199 选择绘制的路径与混合图形

STEP 07 单击"对象"|"混合"|"替换混合轴"命令，如图5-200所示。

STEP 08 此时系统将选择的混合图形沿路径生成如图5-201所示的混合图形效果。

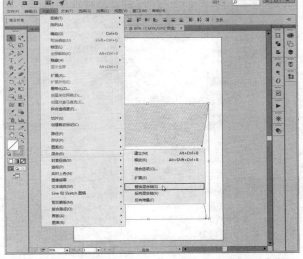

图5-200 单击"替换混合轴"命令

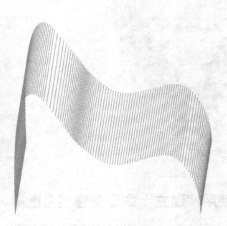

图5-201 沿路径混合的图形

实战 204 复合混合图形

▶ 实例位置：光盘\效果\第5章\实战204.ai
▶ 素材位置：光盘\素材\第5章\实战204.ai
▶ 视频位置：光盘\视频\第5章\实战204.mp4

• 实例介绍 •

在Illustrator CC中，用户可以使用混合工具 📵 创建更为复杂的复合混合图形效果。

• 操作步骤 •

STEP 01 单击"文件"|"打开"命令，打开一幅素材图像，如图5-202所示。

STEP 02 选取工具面板中的混合工具 📵 ，移动鼠标至图形窗口，在窗口左侧的星形处单击鼠标左键，移动鼠标至下方的星形处，单击鼠标左键，创建一个直接混合图形，如图5-203所示。

图5-202 打开素材图像

图5-203 混合的图形

STEP 03 移动鼠标至右侧的星形处，单击鼠标左键，即可生成一个复合混合图形，如图5-204所示。

STEP 04 再次移动鼠标至左侧的星形处，当鼠标指针呈 ⁿ⁄。形状时，单击鼠标左键，即可创建一个闭合的复合混合图形，如图5-205所示。

图5-204 复合混合图形效果

图5-205 闭合的复合混合图形

实战 205　使用"建立"命令创建混合图形

▶ 实例位置： 光盘\效果\第5章\实战205.ai
▶ 素材位置： 光盘\素材\第5章\实战205.ai
▶ 视频位置： 光盘\视频\第5章\实战205.mp4

● 实例介绍 ●

在Illustrator CC中，将两个图形选中，单击"对象"｜"混合"｜"建立"命令，即可创建混合图形。

● 操作步骤 ●

STEP 01 单击"文件"｜"打开"命令，打开一幅素材图像，如图5-206所示。

STEP 02 将两个图形选中，单击"对象"｜"混合"｜"建立"命令，即可创建混合图形，如图5-207所示。

图5-206 打开素材图像

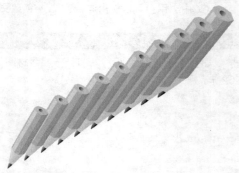

图5-207 混合图形

实例位置：光盘\效果\第5章\实战206.ai
素材位置：光盘\素材\第5章\实战206.ai
视频位置：光盘\视频\第5章\实战206.mp4

实战 206 使用"替换混合轴"命令创建混合图形

● 实例介绍 ●

在"混合"子菜单中，若选择"反向混合轴"选项，则可以将所创建的替换混合轴图形的位置进行反向；若选择"反向堆叠"选项，则可以将混合图形中两端的图形颜色和形状大小进行反向。

● 操作步骤 ●

STEP 01 单击"文件"|"打开"命令，打开一幅素材图像，如图5-208所示。

图5-208 打开素材图像

STEP 02 将两个图形选中，单击"对象"|"混合"|"建立"命令，创建两图形之间的混合效果，如图5-209所示。

图5-209 图形的混合效果

STEP 03 选取工具面板中的钢笔工具，在图形窗口中绘制一条开放的直线路径，如图5-210所示。

图5-210 直线路径

STEP 04 使用选择工具将已创建的混合图形和开放路径选中，单击"对象"|"混合"|"替换混合轴"命令，混合图形将沿着开放的路径进行排列，如图5-211所示。

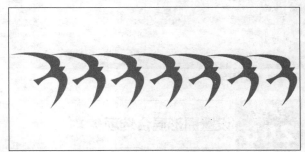

图5-211 沿路径排列图形

实例位置：光盘\效果\第5章\实战207.ai
素材位置：光盘\素材\第5章\实战207.ai
视频位置：光盘\视频\第5章\实战207.mp4

实战 207 删除混合图形效果

● 实例介绍 ●

创建了混合图形后，选中混合图形，单击"对象"|"混合"|"释放"命令，或按【Ctrl+Shift+Alt+B】组合键，即可释放所选择的混合图形，并将其还原成未创建混合效果之前的状态。

● 操作步骤 ●

STEP 01 单击"文件"|"打开"命令，打开一幅素材图像，如图5-212所示。

STEP 02 选取工具面板中的选择工具，选择相应的图形，如图5-213所示。

图5-212 打开素材图像

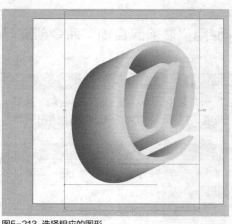

图5-213 选择相应的图形

STEP 03 单击"对象"｜"混合"｜"释放"命令，如图5-214所示。

STEP 04 执行操作后，即可释放所选择的混合图形，效果如图5-215所示。

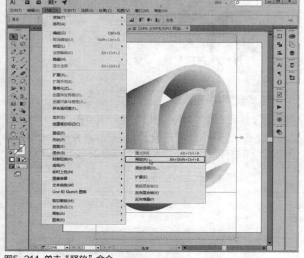

图5-214 单击"释放"命令

图5-215 释放所选择的混合图形

实战 208 设置图形混合选项

▶ 实例位置：光盘\效果\第5章\实战208.ai
▶ 素材位置：光盘\素材\第5章\实战208.ai
▶ 视频位置：光盘\视频\第5章\实战208.mp4

●实例介绍●

　　用户在创建混合效果时，混合图形之间的间距是影响混合效果的重要因素，用户可通过修改其混合的间距或方向，制作出所需要的混合效果。

　　单击"对象>混合>混合选项"命令，或双击工具面板中的混合工具，弹出"混合选项"对话框，如图5-216所示。

　　该对话框中的主要选项含义如下。

➤ 间距：用于控制混合图形之间的过渡样式，其右侧的下拉列表中包括
　　"平滑颜色""指定的步数"和"指定的距离"3个选项。选择"平滑
　　颜色"选项后，系统将自动根据混合的两个图形之间的颜色和形状确定
　　混合的步数；当选择"指定步数"选项，并在其右侧的文本框中设置一
　　个数值参数，可以控制混合操作的数量，参数值越大，所获得的混合效
　　果越平滑；若选择"指定的距离"选项，并在其右侧的文本框中设置一
　　个距离参数，可以控制混合对象中相邻路径对象之间的距离，距离值越
　　小，所获得的混合效果越平滑。

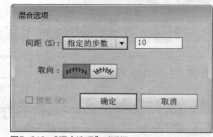

图5-216 "混合选项"对话框

➤ 取向：其右侧有"对齐页面"按钮 和"对齐路径"按钮 两个按钮，单击不同的按钮，可以控制混合图形的方
向。当单击"对齐页面"按钮 时，将使混合效果中的每一个中间混合对象的方向垂直于页面的 X 轴，如图5-217所示；若单击"对齐路径"按钮，则将使混合效果中的每一个中间混合图形的方向垂直于该处的路径，如图5-218所示。

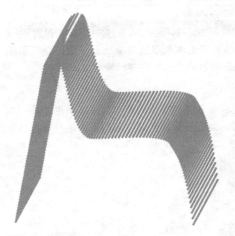

图5-217 对齐页面

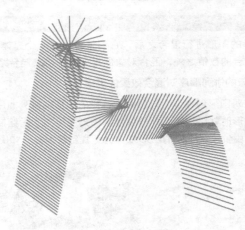

图5-218 对齐路径

● 操作步骤 ●

STEP 01 单击"文件"｜"打开"命令，打开一幅素材图像，如图5-219所示。

STEP 02 单击"对象"｜"混合"｜"混合选项"命令，在"混合选项"对话框中设置"指定的步数为"为5、"指定的距离"为80mm，如图5-220所示。

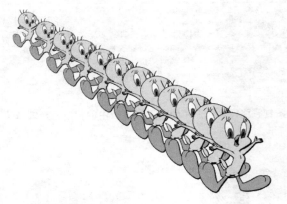

图5-219 打开素材图像

STEP 03 单击"确定"按钮，即可设置图形混合选项，效果如图5-221所示。

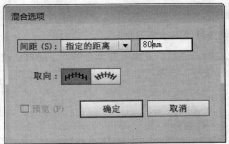

图5-220 指定距离为20的效果

图5-221 混合图形排列效果

实战 209　编辑图形混合效果

▶ **实例位置：** 光盘\效果\第5章\实战209.ai
▶ **素材位置：** 光盘\素材\第5章\实战209.ai
▶ **视频位置：** 光盘\视频\第5章\实战209.mp4

● 实例介绍 ●

对选择的图形进行混合之后，它们就会形成一个整体，这个整体是由原混合对象以及对象之间形成的路径所组成。除了混合的数值之外，混合对象的排列顺序以及混合路径的形状也是影响混合效果的重要因素。

1. 对象的排列顺序对混合效果的影响

用户在对图形创建混合效果时，选择的图形的排列顺序在很大程度上决定了混合操作的最终效果。图形的排列顺序在绘制图形时就已决定，即先绘制的图形在下方，后绘制的图形在上方。当在不同排列顺序的图形中进行混合操作时，通常是由位于最下方的图形依次向上直到最上方，如图5-222所示。

图5-222　不同排列序的文字创建的混合图形

知识拓展

选择的图形在混合过程中，产生混合的顺序实际就是在图形窗口中绘制图形的顺序，因此，用户在执行混合操作时，若未得到满意的效果，可以尝试单击"对象"|"排列"命令下的子菜单命令，调整图形的排列顺序后，再进行混合操作；或者是在混合操作完成之后，选中所混合的图形，再单击"对象"|"混合"|"反向堆叠"命令，可以将混合效果中每个中间过渡的堆叠顺序发生变化，即将最前面的对象移动至堆叠顺序的最后面。

2. 通过调整路径以改变混合效果

当创建混合图形之后，系统会在混合对象之间自动建立一条直线路径。用户可使用工具面板中的相应路径编辑工具对该路径进行调整，会得到更丰富的混合效果，如图5-223所示。

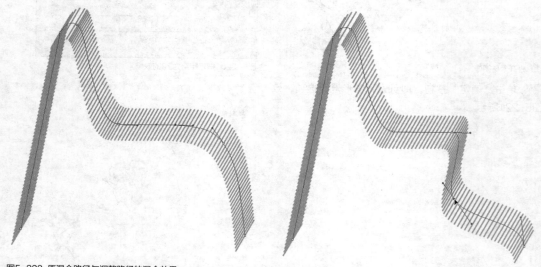

图5-223　原混合路径与调整路径的混合效果

3. 路径锚点对混合效果的影响

用户在创建混合效果时，选取工具面板中的混合工具，单击对象中的不同锚点，可以创建出许多不同的混合效果。在需要混合的对象上选择不同的锚点，可以使混合图形产生从一个对象的选中锚点至另一个对象的选中锚点上旋转的效果，选择的不同锚点及其混合效果如图5-224所示。

4．拆分混合图形

当在页面中创建混合效果之后，使用任何选择工具都不能选择图形中间的过渡图形。若用户想对混合图形中的过渡图形进行编辑时，需要将该混合图形扩充，也就是将其拆分，从而使混合图形转换成一个编组图形。

在图形窗口中选择需要折分的混合图形，单击"对象>混合"命令，即可将混合图形转换成一个编组图形，将其取消编组后，可使用工具面板中的选择工具选择拆分后的图形。

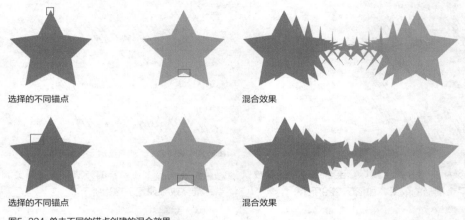

选择的不同锚点   混合效果

选择的不同锚点   混合效果

图5-224 单击不同的锚点创建的混合效果

● 操作步骤 ●

STEP 01 单击"文件" | "打开"命令，打开一幅素材图像，按【Ctrl + A】组合键，选中图像窗口中的所有图形，如图5-225所示。

STEP 02 单击"对象" | "混合" | "建立"命令，混合图形沿着开放的路径进行排列，如图5-226所示。

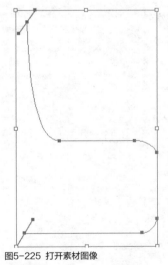

图5-225 打开素材图像

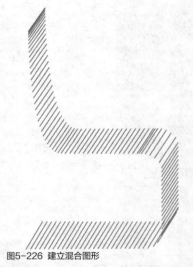

图5-226 建立混合图形

STEP 03 选取工具面板中的直接选择工具，将鼠标指针移至所绘制的开放路径上，在最上方的锚点上单击鼠标左键，水平向左拖曳鼠标，该锚点的位置随之改变，混合图形的效果也随之改变，如图5-227所示。

STEP 04 若想改变混合图形的弯曲程度，则将鼠标指针移至第二个锚点的（从上至下）手柄方向点上，如图5-228所示。

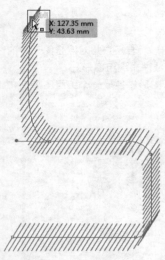

图5-227 移动鼠标

STEP 05 单击鼠标左键并拖曳鼠标，至合适位置后释放鼠标，即可改变混合图形的效果，如图5-229所示。

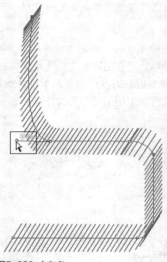

图5-228 方向点

STEP 06 用与上述同样的方法，根据需要调整其他路径锚点，最终效果如图5-230所示。

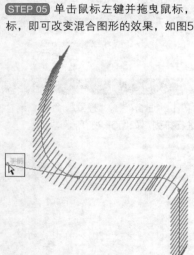

图5-229 混合图形效果

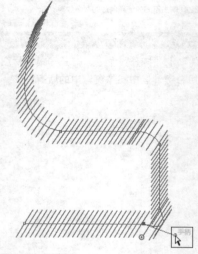

图5-230 最终效果

第**6**章

掌握高级上色工具

本章导读

本章是Illustrator CC色彩高手的必经阶段。与前一章所介绍的渐变上色方法相比，本章更加突出专业性，详细解读了全局色、实时上色、渐变和渐变网格功能。

要点索引

- 使用全局色
- 为图稿重新上色
- 对图形实时上色
- 对图形填充渐变
- 运用渐变网格

- 使用其他工具填充

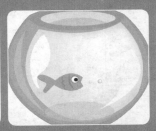

6.1 使用全局色

全局色是十分特别的颜色,修改此类颜色时,画板中所有使用了它的对象都会自动更新到与之相同的状态。全局色对于经常修改颜色的对象非常有用。

实战 210	创建全局色

▶ 实例位置: 光盘\效果\第6章\实战210.ai
▶ 素材位置: 光盘\素材\第6章\实战210.ai
▶ 视频位置: 光盘\视频\第6章\实战210.mp4

● 实例介绍 ●

在Illustrator CC中,可以通过"新建色板"对话框来创建全局色。

● 操作步骤 ●

STEP 01 单击"文件"|"打开"命令,打开一幅素材图像,如图6-1所示。

STEP 02 使用选择工具 ▶ 选中需要填充的图形,如图6-2所示。

图6-1 打开素材图像

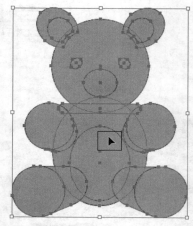

图6-2 选中需要填充的图形

STEP 03 打开"色板"面板,单击"新建色板"按钮 ▣ ,如图6-3所示。

STEP 04 弹出"新建色板"对话框,选中"全局色"复选框,设置CMYK参数值分别为0%、0%、100%、0%,如图6-4所示。

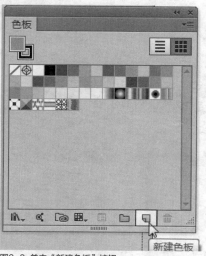

图6-3 单击"新建色板"按钮

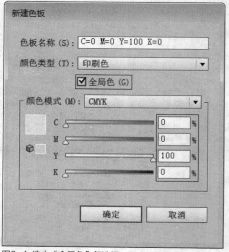

图6-4 选中"全局色"复选框

知识拓展

Adobe Kuler是基于Web的应用程序，用于试用、创建和共享用户在项目中使用的颜色主题。Illustrator CC具有Kuler面板，让用户可以查看和使用自己在Kuler应用程序中创建或标记为常用的颜色主题。

要使Kuler面板运行，在启动Illustrator时必须具有Internet连接。如果启动Illustrator时没有Internet连接，则无法使用Kuler面板。

Kuler面板中提供的色板和主题是只读的。用户可以直接从Kuler面板中使用图稿中的色板或主题。但是，要修改色板或主题或者改变它们的用途，应首先将它们添加到"色板"面板。

单击"窗口"|"Kuler"命令，即可打开Kuler 面板，启动Illustrator时Kuler账户中提供的所有主题将显示在Kuler面板中。如果用户在启动Illustrator以后，又在Kuler中添加了主题，单击Kuler面板中的"刷新"按钮即可包含最新主题。

`STEP 05` 单击"确定"按钮，即可用黄色的全局色对图形进行填充，效果如图6-5所示。

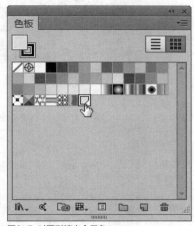

图6-5 对图形填充全局色

实战 211	编辑全局色	▶ 实例位置：光盘\效果\第6章\实战211.ai ▶ 素材位置：上一例效果文件 ▶ 视频位置：光盘\视频\第6章\实战211.mp4

● 实例介绍 ●

修改全局色时，可以选中"色板选项"对话框中的"预览"复选框，此时拖曳颜色滑块，可在画板中预览图稿的颜色变化情况。

● 操作步骤 ●

`STEP 01` 打开上一例的效果文件，在"色板"面板中双击一个全局色，如图6-6所示。

`STEP 02` 弹出"色板选项"对话框，设置CMYK参数值分别为100%、0%、0%、0%，如图6-7所示。

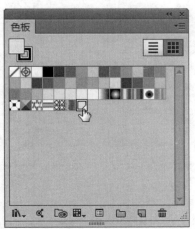

图6-6 双击全局色

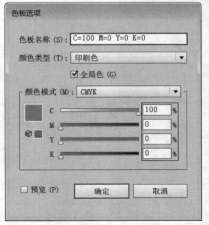

图6-7 设置CMYK参数值

STEP 03 单击"确定"按钮后，可以看到，所有使用该颜色的图形都会随之改变颜色，如图6-8所示。

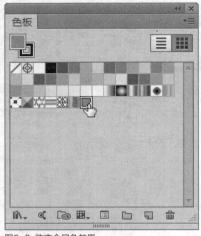

图6-8 改变全局色效果

6.2 为图稿重新上色

为图稿上色后，可以通过"重新着色图稿"命令创建和编辑颜色组，以及重新指定或减少图稿中的颜色。

实战 212 为图稿重新着色

▶ 实例位置：光盘\效果\第6章\实战212.ai
▶ 素材位置：光盘\素材\第6章\实战212.ai
▶ 视频位置：光盘\视频\第6章\实战212.mp4

● 实例介绍 ●

在Illustrator CC中，打开"重新着色图稿"对话框有以下几种方法。

➢ 如果要编辑一个对象的颜色，可将其选取，执行"编辑"|"编辑颜色"|"重新着色图稿"命令，如图6-9所示，
打开该对话框。

➢ 如果选择的对象包括两种或更多颜色，可单击控制面板中的"重新着色图稿"按钮，如图6-10所示，打开该
对话框。

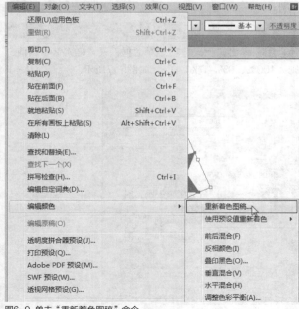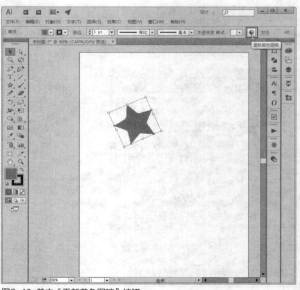

图6-9 单击"重新着色图稿"命令　　　　　　　图6-10 单击"重新着色图稿"按钮

➢ 如果要编辑"颜色参考"面板中的颜色或将"颜色参考"面板中的颜色应用于当前选择的对象，可单击"颜色参考"面板中的"编辑或应用颜色"按钮 ⬤，如图6-11所示，打开该对话框。

➢ 如果要编辑"色板"面板中的颜色组，可以选择该颜色组，然后单击"编辑或应用颜色组"按钮 ⬤，如图6-12所示，打开该对话框。

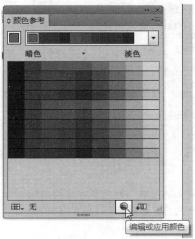

图6-11 单击"编辑或应用颜色"按钮

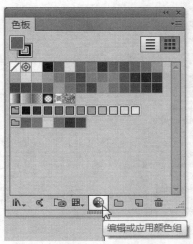

图6-12 单击"编辑或应用颜色组"按钮

● 操作步骤 ●

STEP 01 单击"文件"｜"打开"命令，打开一幅素材图像，如图6-13所示。

STEP 02 使用选择工具 ▶ 选中需要重新着色的背景图形，如图6-14所示。

图6-13 打开素材图像

图6-14 选中图形

知识拓展

"重新着色图稿"对话框包括"编辑""指定"和"颜色组"3个选项卡。其中，"编辑"选项卡可以创建新的颜色组或编辑现有的颜色组，或者使用颜色协调规则菜单和色轮对颜色协调进行试验。色轮可以显示颜色在颜色协调中是如何关联的，同时还可以通过颜色条查看和处理各个颜色值。

STEP 03 单击"编辑"｜"编辑颜色"｜"重新着色图稿"命令，弹出"重新着色图稿"对话框，"当前颜色"列表框中显示所选图形使用的全部颜色，如果要修改一种颜色，可先单击选中它，如图6-15所示。

STEP 04 再拖曳下方的HSB滑块进行调整，如设置HSB参数值分别为50、100%、20%，如图6-16所示。

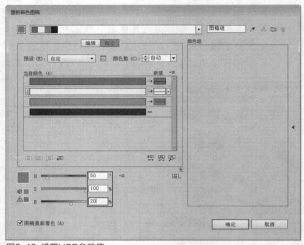

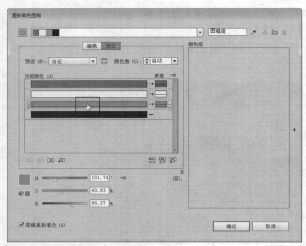

图6-15 "重新着色图稿"对话框

图6-16 设置HSB参数值

STEP 05 执行操作后，所选图形的颜色也会同时发生改变，效果如图6-17所示。

STEP 06 单击"重新着色图稿"对话框顶部的"协调规则"按钮，列表中包含预设的颜色组，可以用来替换所选图稿的整体颜色，如图6-18所示。

图6-17 图像效果

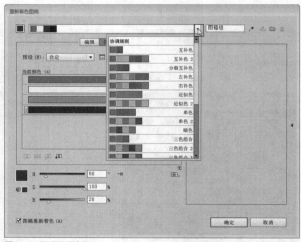

图6-18 预设的颜色组

STEP 07 例如，在预设的颜色组中选择"合成色2"选项，如图6-19所示。

STEP 08 单击"确定"按钮，即可应用该颜色，如图6-20所示。

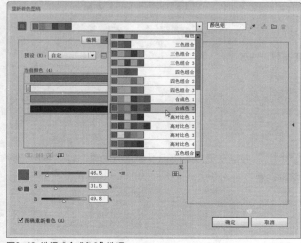

图6-19 选择"合成色2"选项

图6-20 应用预设颜色

实例位置：	光盘\效果\第6章\实战213.ai
素材位置：	光盘\素材\第6章\实战213.ai
视频位置：	光盘\视频\第6章\实战213.mp4

实战
213 **运用"指定"选项卡**

● 实例介绍 ●

在"重新着色图稿"对话框的"指定"选项卡中可以指定用哪些颜色来替换当前颜色、是否保留专色以及如何替换颜色，还可以控制如何使用当前颜色组对图稿重新着色或减少当前图稿中的颜色数目。

● 操作步骤 ●

STEP 01 单击"文件"｜"打开"命令，打开一幅素材图像，如图6-21所示。

STEP 02 使用选择工具选中需要重新着色的图形，如图6-22所示。

图6-21 打开素材图像

图6-22 选中图形

STEP 03 单击"编辑"｜"编辑颜色"｜"重新着色图稿"命令，弹出"重新着色图稿"对话框，切换至"指定"选项卡，如图6-23所示。

STEP 04 在"预设"列表框中可以选择一个预设的颜色作业，如图6-24所示。

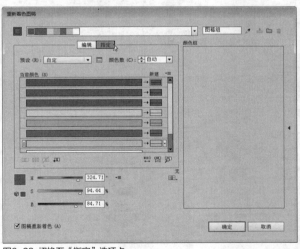

图6-23 切换至"指定"选项卡

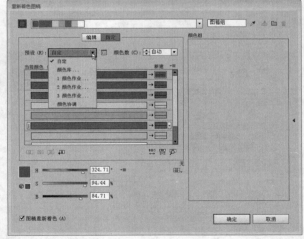

图6-24 "预设"列表框

STEP 05 "当前颜色"选项右侧的数字代表了文档中正在使用的颜色的数量，打开"颜色数"列表框可以修改颜色的数量，例如，在"颜色数"列表框中选择1，效果如图6-25所示。

STEP 06 撤销上一步的操作，按住【Shift】键单击两个颜色，将它们选择，如图6-26所示。

STEP 07 然后单击"将颜色合并到一行中"按钮，即可将所选颜色合并到一行中，如图6-27所示。

STEP 08 单击"随机更改颜色顺序"按钮，可随机更改当前颜色组的顺序，如图6-28所示。

STEP 09 单击"确定"按钮，即可为图形重新着色，如图6-29所示。

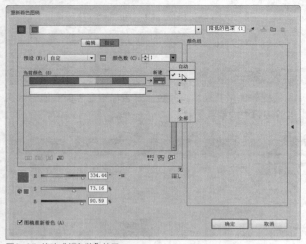

图6-25 修改"颜色数"效果

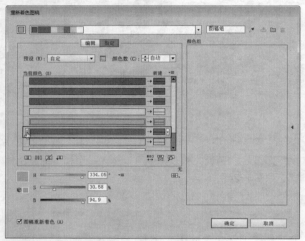

图6-26 选择两个颜色

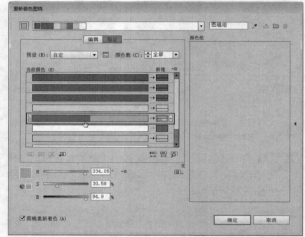

图6-27 将所选颜色合并到一行中

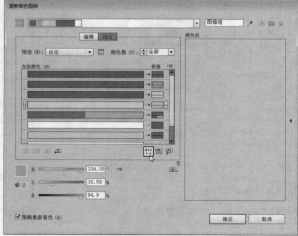

图6-28 随机更改当前颜色组的顺序

图6-29 为图形重新着色

实战 **214** 运用"编辑"选项卡	▶ 实例位置：光盘\效果\第6章\实战214.ai
	▶ 素材位置：光盘\素材\第6章\实战214.ai
	▶ 视频位置：光盘\视频\第6章\实战214.mp4

● 实例介绍 ●

在"重新着色图稿"对话框的"编辑"选项卡中，用户可以利用其中的色轮来处理图形颜色。

● 操作步骤 ●

STEP 01 单击"文件"｜"打开"命令，打开一幅素材图像，如图6-30所示。

STEP 02 使用选择工具 选中需要重新着色的图形，如图6-31所示。

图6-30 打开素材图像

图6-31 选中图形

STEP 03 单击"编辑"｜"编辑颜色"｜"重新着色图稿"命令，弹出"重新着色图稿"对话框，切换至"编辑"选项卡，如图6-32所示。

STEP 04 单击"显示分段的色轮"按钮 ，将颜色显示为一组分段的颜色片，如图6-33所示。

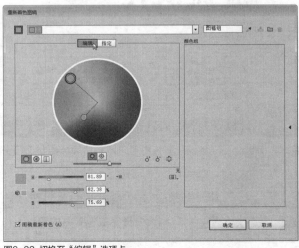

图6-32 切换至"编辑"选项卡

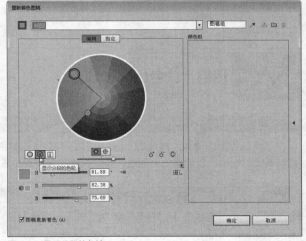

图6-33 显示分段的色轮

STEP 05 使用鼠标拖曳色轮中的两个基色控制点，即可改变所选图形对象的颜色，效果如图6-34所示。

STEP 06 单击"显示颜色条"按钮 ，仅显示颜色组中的颜色，并且这些颜色显示为可以单独选择和编辑的实色颜色条，如图6-35所示。

STEP 07 单击"确定"按钮，即可为图形重新着色，如图6-36所示。

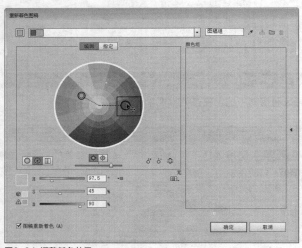

图6-34 调整基色效果

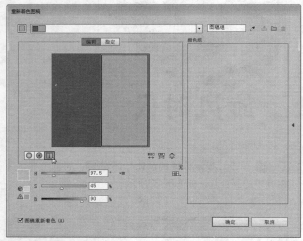

图6-35 显示颜色条

图6-36 为图形重新着色

实战 215	运用"颜色组"选项卡	▶ 实例位置：光盘\效果\第6章\实战215.ai
		▶ 素材位置：光盘\素材\第6章\实战215.ai
		▶ 视频位置：光盘\视频\第6章\实战215.mp4

● 实例介绍 ●

　　"颜色组"选项卡为打开的文档列出了所有存储的颜色组，它们也会在"色板"面板中显示。用"颜色组"选项卡可以编辑、删除和创建新的颜色组，所做的修改都会反映在"色板"面板中。

● 操作步骤 ●

STEP 01 单击"文件"｜"打开"命令，打开一幅素材图像，如图6-37所示。

STEP 02 使用选择工具 ▶ 选中需要重新着色的图形，如图6-38所示。

图6-37 打开素材图像

图6-38 选中图形

STEP 03 单击"编辑"|"编辑颜色"|"重新着色图稿"命令，弹出"重新着色图稿"对话框，在右侧可以看到"颜色组"选项卡，如图6-39所示。

STEP 04 单击"明亮"颜色组左侧的▶，即可查看该颜色组中的色板，如图6-40所示。

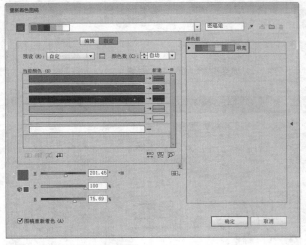

图6-39 "重新着色图稿"对话框

图6-40 展开颜色组

STEP 05 在颜色组中单击相应的颜色，即可改变所选图形的颜色，效果如图6-41所示。

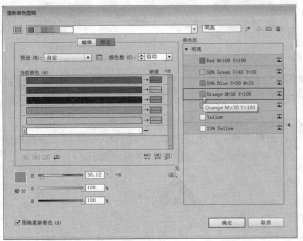

图6-41 调整颜色效果

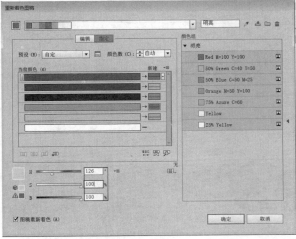

STEP 06 设置HSB参数值分别为126、100%、100%，如图6-42所示。

STEP 07 单击"确定"按钮，即可为图形重新着色，如图6-43所示。

图6-42 设置HSB参数值

图6-43 为图形重新着色

6.3 对图形实时上色

实时上色是一种为图形上色的特殊方法。它的基本原理是通过路径将图稿分割成多个区域，每一个区域都可以上色、每个路径段都可以描边。上色和描边过程就犹如在涂色簿上填色，或是用水彩为铅笔素描上色。

实战 216 使用实时上色工具填充图形

▶ 实例位置：光盘\效果\第6章\实战216.ai
▶ 素材位置：光盘\素材\第6章\实战216.ai
▶ 视频位置：光盘\视频\第6章\实战216.mp4

● 实例介绍 ●

实时上色是通过对图形间隙进行自动检测和校正，从而更直观地为矢量图形上色。

用户在运用实时上色工具[实时上色]填充图形之前，首先要在图形窗口中建立实时上色组。而图形一旦建立了实时上色组后，每条路径都将保持为完全可编辑状态。

实时上色组中可上色的部分分别称为边缘和表面。边缘是一条路径与其他路径交叉后，处于交点之间的路径部分；而表面是一条边缘或多条边缘所围成的区域。用户可以对边缘进行描边、对表面进行填色。

选取工具面板中的实时上色工具[实时上色]，在图形窗口中的空白处单击鼠标左键，此时将弹出一个对话框，提示使用实时上色工具对图形填充时的操作步骤，如图6-44所示。

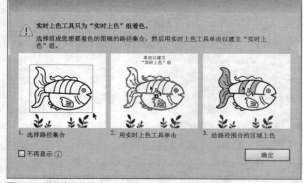

图6-44 弹出的对话框

知识拓展

在Illustrator中，图形填充颜色和在Photoshop中对图像填充颜色有所区别，在Illustrator中，只要当前的图形处于选择状态，设置好的颜色就会自动被填充，而在Photoshop中当颜色设置好后，还需要选中图形方可填充。

移动鼠标至图形窗口，在窗口中需要填充图形的位置处，此时鼠标指针下方将显示提示"单击以建立'实时上色'组"，单击鼠标左键建立实时上色组，此时单击处的图形将以开始所设置的蓝色进行填充，如图6-45所示。释放鼠标后，即可对选择的图形建立实时上色组。建立实时上色组图形的变换控制框的每个角点将以田形状显示。

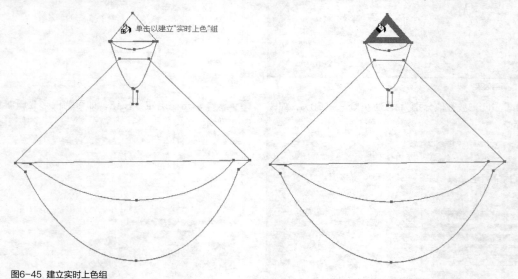

图6-45 建立实时上色组

知识拓展

选择的图形建立实时上色组后，它们将成为一个整体，类似于编组，用户若要编辑其中的某一图形时，需要使用工具面板中的编组选择工具将其选中，然后使用其他的编辑工具对其进行编辑。

一般情况下，用户若使用选择工具选择该图形时，将会选择整个实时上色组。

● 操作步骤 ●

STEP 01 单击"文件"│"打开"命令，打开一幅素材图像，选取工具面板中的选择工具▶，将鼠标移至图像窗口中的合适位置，单击鼠标左键并拖曳，将图像中的所有图形全部框选后，释放鼠标左键，即可将所有图形全部选中，如图6-46所示。

STEP 02 在实时上色工具图标上双击鼠标左键，弹出"实时上色工具选项"对话框，在"突出显示"选项区中设置"颜色"为"淡蓝色""宽度"为4pt，如图6-47所示。

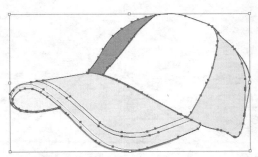

图6-46 选择图形

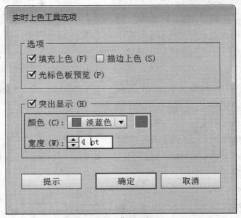

图6-47 "实时上色工具选项"对话框

STEP 03 单击"确定"按钮，将鼠标移至图像窗口中的填充图形上时，鼠标指针呈🖱形状，鼠标右侧则显示"单击以建立'实时上色'组"的提示信息，如图6-48所示。

STEP 04 单击鼠标左键，该图形即可建立实时上色组，且图形将以在"实时上色工具选项"对话框中所设置的颜色和宽度进行显示，如图6-49所示。

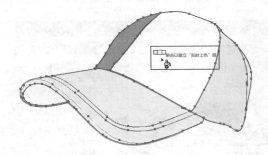

图6-48 显示提示信息

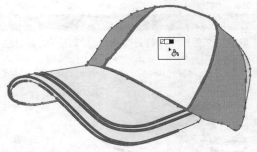

图6-49 建立实时上色组

STEP 05 双击工具面板中的填色工具🎨，弹出"拾色器"对话框，设置CMYK的参数值分别为0%、0%、100%、0%，如图6-50所示。

STEP 06 单击"确定"按钮，将鼠标指针移至所要填充的图形上，单击鼠标左键，即可为该图形填充相应的颜色，如图6-51所示。

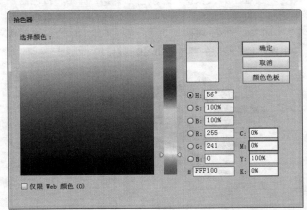

图6-50 "拾色器"对话框

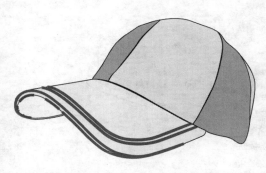

图6-51 图像效果

实战 217	使用实时上色选择工具填充图形	▶ 实例位置：光盘\效果\第6章\实战217.ai
		▶ 素材位置：光盘\素材\第6章\实战217.ai
		▶ 视频位置：光盘\视频\第6章\实战217.mp4

● 实例介绍 ●

　　使用工具面板中的实时上色选择工具，可以选择建立实时上色组的边缘与表面。使用实时上色选择工具的主要对象是建立了实时上色组的图形，它与实时上色工具的填色方式有所不同，需要先选中图形，待设置好颜色后系统自动对所选中的图形进行填充。在实时上色选择工具上双击鼠标左键，将会弹出"实时上色选择选项"对话框，在"突出显示"选项区中可以设置"颜色"和"宽度"，使用实时上色选择工具选中图形后，图形则会以设置的颜色和宽度进行显示。

　　用户在使用实时上色选择工具选择实时上色组中的图形时，鼠标指针随图形的选择状态不同而变化。

> 当鼠标指针移至一个未被选择的实时上色组的边缘时，鼠标指针将呈形状，如图6-52所示。

> 当鼠标指针移至一个未被选择的实时上色组的表面时，鼠标指针呈形状，并且该图形的表面边缘处还显示一个红色的边线，如图6-53所示。

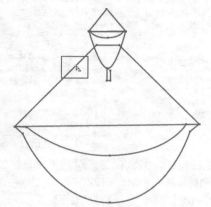

图6-52 选择实时上色组的边缘

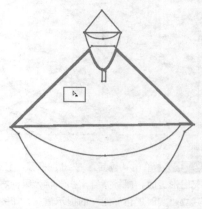

图6-53 选择实时上色组的表面

● 操作步骤 ●

STEP 01 单击"文件"｜"打开"命令，打开一幅素材图像，如图6-54所示。

STEP 02 选取工具面板中的实时上色选择工具，将鼠标指针移至一个图形上，鼠标指针将呈形状，如图6-55所示。

图6-54 打开素材图像

图6-55 鼠标指针

STEP 03 在图形上单击鼠标左键，图形呈灰色状态（如图6-56所示），则表示该图形已被选中。

STEP 04 在工具面板中双击填色工具，弹出"拾色器"对话框，设置"填色"为"洋红色"（CMYK的参数值为0%、100%、0%、0%），单击"确定"按钮，即可为所选中的图形填充相应的颜色，如图6-57所示。

图6-56 选中图形

图6-57 填充颜色

实战 218 为图形表面上色

▶ 实例位置：光盘\效果\第6章\实战218.ai
▶ 素材位置：光盘\素材\第6章\实战218.ai
▶ 视频位置：光盘\视频\第6章\实战218.mp4

● 实例介绍 ●

创建实时上色组后，可以在"颜色"面板、"色板"面板和"渐变"面板中设置颜色，再用实时上色工具为对象填色。

● 操作步骤 ●

STEP 01 单击"文件"|"打开"命令，打开一幅素材图像，如图6-58所示。

STEP 02 使用选择工具 ▶ 选择相应的图形对象，如图6-59所示。

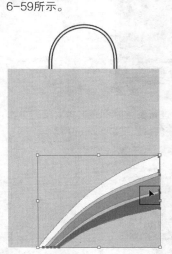

图6-58 打开素材图像

图6-59 选择图形对象

STEP 03 单击"对象"|"实时上色"|"建立"命令，如图6-60所示。

STEP 04 执行操作后，即可创建实时上色组，如图6-61所示。

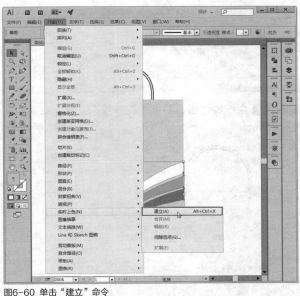

图6-60 单击"建立"命令

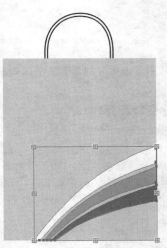

图6-61 创建实时上色组

知识拓展

同时，实时上色工具上方还会出现当前设定的颜色及其在"色板"面板中的相邻颜色（按【←】键和【→】可以切换到相邻颜色）。

STEP 05 取消选择状态，打开"色板"面板，单击选择相应的渐变色板，设置为填色，如图6-62所示。

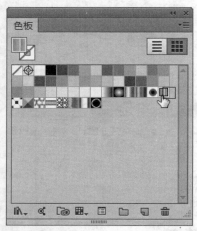

图6-62 设置填色

STEP 07 对单个图像表面进行着色时不必选择对象，单击鼠标左键，即可填充当前颜色，效果如图6-64所示。

图6-64 填充当前颜色

STEP 09 在"色板"面板中单击相应的渐变色板，如图6-66所示。

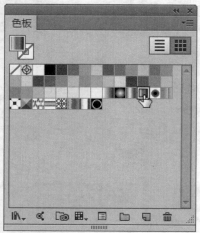

图6-66 单击相应的渐变色板

STEP 06 选取工具面板中的实时上色工具，将鼠标指针移至一个图形上，检测到表面时会显示蓝色的边框，如图6-63所示。

图6-63 定位光标

STEP 08 如果要同时对多个表面着色，可以使用实时上色选择工具按住【Shift】键单击这些表面，将它们选择，如图6-65所示。

图6-65 选择表面

STEP 10 执行操作后，即可为图形填充渐变，效果如图6-67所示。

图6-67 为图形填充渐变

STEP 11　使用选择工具 🔲 选择实时上色组，如图6-68所示。

STEP 12　打开"透明度"面板，设置"混合模式"为"叠加"，效果如图6-69所示。

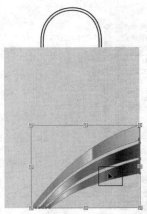

图6-68　选择实时上色组

图6-69　设置"混合模式"效果

实战 219　为图形边缘上色

▶ 实例位置：光盘\效果\第6章\实战219.ai
▶ 素材位置：光盘\素材\第6章\实战219.ai
▶ 视频位置：光盘\视频\第6章\实战219.mp4

● 实例介绍 ●

在Illustrator CC中，通过实时上色工具 🔲 不但可以为图形表面上色，还可以为图形边缘上色。

● 操作步骤 ●

STEP 01　单击"文件"｜"打开"命令，打开一幅素材图像，如图6-70所示。

STEP 02　使用选择工具 🔲 选择相应的图形对象，如图6-71所示。

STEP 03　单击"对象"｜"实时上色"｜"建立"命令，如图6-72所示。

图6-70　打开素材图像

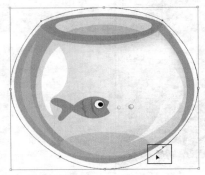

图6-71　选择图形对象

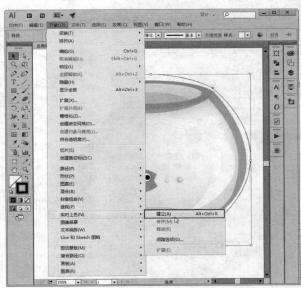

图6-72　单击"建立"命令

STEP 04 执行操作后，即可创建实时上色组，如图6-73所示。

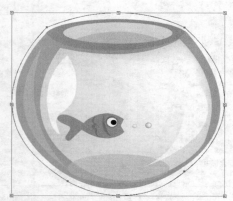

图6-73 创建实时上色组

STEP 06 选取工具面板中的实时上色工具，将鼠标指针移至一个图形上，检测到表面时会显示蓝色的边框，如图6-75所示。

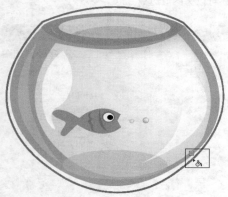

图6-75 定位光标

STEP 08 使用实时上色选择工具单击边缘，将它们选择，如图6-77所示。

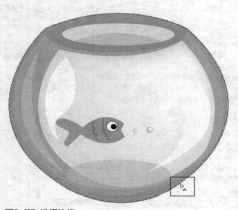

图6-77 选择边缘

STEP 05 取消选择状态，打开"颜色"面板，设置"填色"的CMYK参数值分别为0%、50%、80%、0%，如图6-74所示。

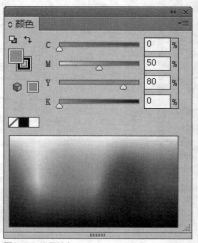

图6-74 设置填色

STEP 07 单击鼠标左键，即可填充当前颜色，效果如图6-76所示。

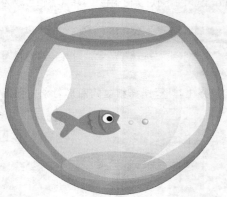

图6-76 填充当前颜色

STEP 09 在"颜色"面板中，设置"描边"的CMYK参数值分别为0%、100%、100%、0%，如图6-78所示。

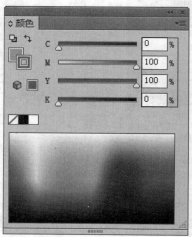

图6-78 设置"描边"参数

STEP 10 执行操作后，即可为图形边缘上色，效果如图6-79所示。

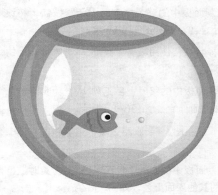

图6-79 为图形边缘上色

实战 220 在实时上色组中添加路径

▶ 实例位置：光盘\效果\第6章\实战220.ai
▶ 素材位置：光盘\素材\第6章\实战220.ai
▶ 视频位置：光盘\视频\第6章\实战220.mp4

● 实例介绍 ●

在Illustrator CC中，创建实时上色组后，可以向其中添加新的路径，从而生成新的表面和边缘。

● 操作步骤 ●

STEP 01 单击"文件"｜"打开"命令，打开一幅素材图像，如图6-80所示。

STEP 02 选择直线段工具，按住【Shift】键创建一条无填色、无描边的直线，如图6-81所示。

STEP 03 使用选择工具 选择相应的图形对象，如图6-82所示。

图6-80 打开素材图像

图6-81 创建直线

图6-82 选择相应的图形对象

STEP 04 单击控制面板中的"合并实时上色"按钮，将该路径合并到实时上色组中，如图6-83所示。

STEP 05 取消选择状态，使用吸管工具 ✐ 单击咖啡杯上的红色区域，拾取颜色，如图6-84所示。

STEP 06 选取工具面板中的实时上色工具 ⬚，为实时上色组中新分割出来的表面上色，如图6-85所示。

STEP 07 使用吸管工具 ✐ 单击咖啡区域，拾取颜色，如图6-86所示。

STEP 08 选取工具面板中的实时上色工具 ⬚，为实时上色组中新分割出来的其他表面上色，如图6-87所示。

STEP 09 选取工具面板中的添加锚点工具 ⬚，在路径中间位置添加一个锚点，如图6-88所示。

STEP 10 使用直接选择工具 ⬚ 调整路径，改变上色区域，效果如图6-89所示。

图6-83 将路径合并到实时上色组

图6-84 拾取颜色　　　　图6-85 填充颜色　　　　图6-86 拾取颜色

图6-87 填充颜色　　　　图6-88 添加锚点　　　　图6-89 改变上色区域

实战 221 封闭实时上色间隙

▶ 实例位置：光盘\效果\第6章\实战221.ai
▶ 素材位置：光盘\素材\第6章\实战221.ai
▶ 视频位置：光盘\视频\第6章\实战221.mp4

● 实例介绍 ●

实时上色组中的间隙是路径之间的小空间，当颜色填充到了不应上色的对象上时，有可能是因为图稿中存在间隙。执行"视图"|"显示实时上色间隙"命令，可根据当前所选的实时上色组中设置的间隙选项，突出显示该组中的间隙。

STEP 01　单击"文件"｜"打开"命令，打开一幅素材图像，如图6-90所示。

STEP 02　按【Ctrl+A】组合键全选，单击"对象"｜"实时上色"｜"建立"命令，创建实时上色组，如图6-91所示。

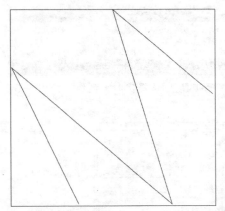

图6-90　打开素材图像

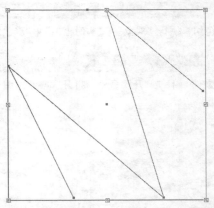

图6-91　创建实时上色组

STEP 03　保持全选状态，设置填充颜色为黄色，为图形填色，如图6-92所示。

STEP 04　单击"对象"｜"实时上色"｜"间隙选项"命令，弹出"间隙选项"对话框，在"上色时停止在"列表框中选择"大间隙"选项，如图6-93所示。

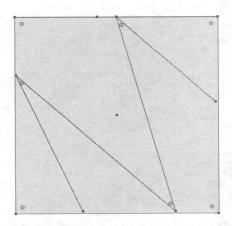

图6-92　为图形填色

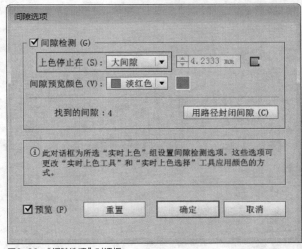

图6-93　"间隙选项"对话框

STEP 05　选中"预览"复选框，可以看到画面中路径间的间隙已被封闭，如图6-94所示。

STEP 06　单击"确定"按钮，取消全选，设置不同的颜色，使用实时上色工具 继续为对象填色，效果如图6-95所示。

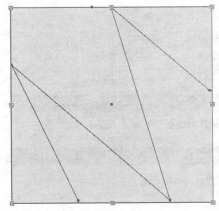

图6-94　间隙被封闭

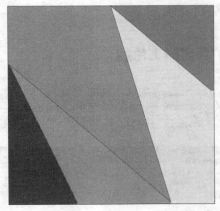

图6-95　填充颜色

<table>
<tr><td>实战
222</td><td>释放实时上色组</td><td>▶ 实例位置：光盘\效果\第6章\实战222.ai
▶ 素材位置：光盘\素材\第6章\实战222.ai
▶ 视频位置：光盘\视频\第6章\实战222.mp4</td></tr>
</table>

● 实例介绍 ●

选择实时上色组，执行"对象"|"实时上色"|"释放"命令，可以释放实时上色组。

● 操作步骤 ●

STEP 01 单击"文件" | "打开"命令，打开一幅素材图像，如图6-96所示。

STEP 02 使用选择工具▶选择实时上色组，如图6-97所示。

图6-96 打开素材图像

图6-97 选择实时上色组

STEP 03 单击"对象"|"实时上色"|"释放"命令，如图6-98所示。

STEP 04 执行操作后，即可释放实时上色组，效果如图6-99所示。

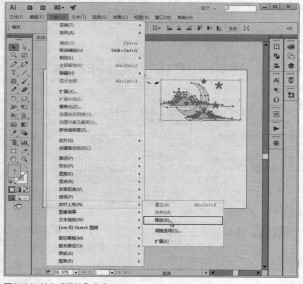

图6-98 单击"释放"命令

图6-99 释放实时上色组

<table>
<tr><td>实战
223</td><td>扩展实时上色组</td><td>▶ 实例位置：光盘\效果\第6章\实战223.ai
▶ 素材位置：光盘\素材\第6章\实战223.ai
▶ 视频位置：光盘\视频\第6章\实战223.mp4</td></tr>
</table>

● 实例介绍 ●

选择实时上色组，执行"对象"|"实时上色"|"扩展"命令，可以将其展开为由多个图形组成的对象。

● 操作步骤 ●

STEP 01 单击"文件" | "打开"命令，打开一幅素材图像，如图6-100所示。

STEP 02 使用选择工具▶选择实时上色组，如图6-101所示。

图6-100　打开素材图像

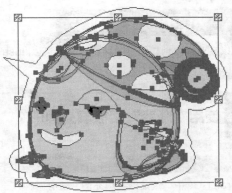

图6-101　选择实时上色组

STEP 03 单击"对象"|"实时上色"|"扩展"命令，如图6-102所示。

STEP 04 执行操作后，即可扩展实时上色组，效果如图6-103所示。

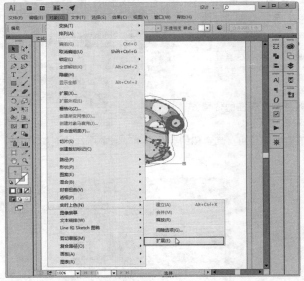

图6-102　单击"扩展"命令

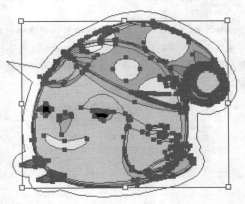

图6-103　扩展实时上色组

STEP 05 此时，用编组选择工具 可以选择其中的路径进行编辑，如图6-104所示。

STEP 06 删除部分路径，效果如图6-105所示。

图6-104　选择路径

图6-105　删除部分路径

6.4 对图形填充渐变

渐变可以在对象中创建平滑的颜色过渡效果。Illustrator CC中提供了大量预设的渐变库，还允许用户将自定义的渐变存储为色板，以便应用于其他对象。

实战 224 使用"渐变"面板填充图形

▶ **实例位置：** 光盘\效果\第6章\实战224.ai
▶ **素材位置：** 光盘\素材\第6章\实战224.ai
▶ **视频位置：** 光盘\视频\第6章\实战224.mp4

● 实例介绍 ●

在Illustrator CC中，创建渐变填充的方法有两种，一种是使用渐变工具；二是使用"渐变"面板。单击"窗口"|"渐变"命令，即可打开"渐变"面板，如图6-106所示。

该面板中的各选项含义如下。

➤ 类型：该选项右侧的文本框中显示了当前所选用的渐变类型。而Illustrator CS2为用户提供了两种渐变类型：一种是"线性"渐变，另一种是"径向"渐变。选择不同的类型所创建的渐变效果也不同，如图6-107所示。

➤ 角度：其右侧的参数值决定了线形渐变的渐变方向，而"角度"只有在"类型"选项中选择"线性"选项时才可用。用户设置不同的角度值，其填充效果也各不相同，如图6-108所示。

➤ 渐变滑块：在"渐变"面板中，渐变滑块代表渐变的颜色及其所在的位置，用户拖曳渐变滑块的位置，即可对当前的渐变色进行调整。

图6-106 "渐变"面板

➤ 位置：只有在"渐变"面板中选择了渐变滑块之后，该选项才可用。其右侧的参数显示了当前所选的渐变滑块的位置。

线性渐变

径向渐变

图6-107 不同的渐变类型填充的图形

图6-108 "角度"值为-60与+120时填充的图形

● 操作步骤 ●

STEP 01 单击"文件"|"打开"命令，打开一幅素材图像，如图6-109所示。

STEP 02 使用选择工具▶选中杯身图形，如图6-110所示。

图6-109 打开素材图像

图6-110 选中杯身图形

STEP 03 单击"窗口"｜"渐变"命令，调出"渐变"面板，单击"渐变填色"右侧的按钮，在弹出的下拉列表中选择"线性"选项，在"角度"数值框中输入-30，双击渐变条下方右侧的渐变滑块，在弹出的调色调板中设置CMYK的参数值分别为0、0、0、40，即可改变所双击的渐变滑块中的颜色，返回"渐变"浮动调板，单击渐变条上方的调整点，设置位置为87%，如图6-111所示。

技巧点拨

在"渐变"面板中，系统自带了多个渐变填色样式，选择样式后渐变条上将有渐变填充色的预览，选择"线性"或"径向"类型后，渐变填色是不会改变的，除非对渐变滑块进行填充色的调整。选择不同的渐变填色和类型，图形的渐变效果也会有所不同。

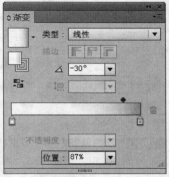

图6-111 设置参数

STEP 04 执行操作后，杯身图形将以所设置的渐变进行填充，如图6-112所示。

技巧点拨

另外，若要删除渐变条中的滑块，只需选中要删除的滑块，再单击渐变条右侧的垃圾桶按钮🗑，即可删除该滑块。

图6-112 填充渐变

实战 225 使用渐变工具填充渐变色

▶ 实例位置：光盘\效果\第6章\实战225.ai
▶ 素材位置：光盘\素材\第6章\实战225.ai
▶ 视频位置：光盘\视频\第6章\实战225.mp4

● **实例介绍** ●

选取了渐变工具▣后，在图像窗口中单击鼠标右键后，在任意位置单击鼠标左键，确认渐变工具的在图像中的定位点，再拖曳鼠标至任何位置，则渐变工具的长度和方向也会随鼠标的移动而改变，图形所填充的渐变效果也会所有不同。

在Illustrator CC工具面板的下方有一个"渐变"填充按钮，如图6-113所示。其中左上角的颜色方框表示当前的渐变色，右下角的空心方框表示描边。

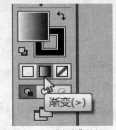

图6-113 "渐变"按钮

● 操作步骤 ●

STEP 01 单击"文件"|"打开"命令，打开一幅素材图像，如图6-114所示。

STEP 02 选取工具面板中的矩形工具▣，在图像窗口中绘制一个与素材图形一样大小的矩形；选中工具面板中的渐变工具▣，在矩形图形上单击鼠标左键，矩形图形将以系统默认的渐变色进行填充，且图形上显示渐变工具，将鼠标指针移至右侧的渐变滑块上，鼠标指针将呈➚的形状，如图6-115所示。

图6-114 素材图像

图6-115 移动鼠标

STEP 03 双击鼠标左键，弹出调整颜色的浮动面板（如图6-116所示），单击"颜色"图标█，设置颜色为淡蓝色（CMYK参数值为40%、0%、0%、0%），矩形图形的渐变填充色也随之改变，填充效果如图6-117所示。

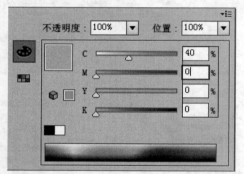

图6-116 浮动面板

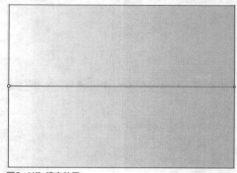

图6-117 填充效果

STEP 04 将鼠标移至移动点上，鼠标指针将呈▶形状，单击鼠标左键并向渐变工具的左侧进行拖曳，至合适位置后释放鼠标，即可改变渐变工具的长度和渐变填充的效果，如图6-118所示。

STEP 05 将鼠标指针移至移动点附近，鼠标指针将呈↻形状，单击鼠标左键并旋转渐变工具，至合适位置后释放鼠标，即可改变图形渐变填充的角度，如图6-119所示。

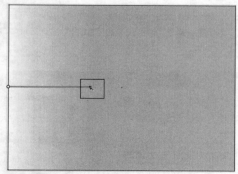
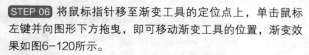

图6-118 渐变效果

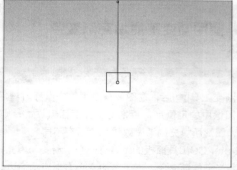

图6-119 改变渐变方向

STEP 06 将鼠标指针移至渐变工具的定位点上，单击鼠标左键并向图形下方拖曳，即可移动渐变工具的位置，渐变效果如图6-120所示。

STEP 07 在图形上单击鼠标右键，在弹出的快捷菜单中选择"排列"|"置于底层"选项，即可调整渐变图形的位置并显示整幅图像的效果，如图6-121所示。

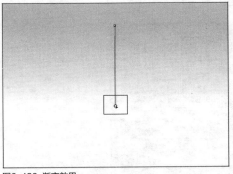

图6-120 渐变效果

图6-121 图像效果

实战 226 编辑渐变颜色

▶ 实例位置：无
▶ 素材位置：光盘\素材\第6章\实战226.ai
▶ 视频位置：光盘\视频\第6章\实战226.mp4

● 实例介绍 ●

对于线性渐变，渐变颜色条最左侧的颜色为渐变色的起始颜色，最右侧的颜色为终止颜色。对于径向渐变，最左侧的渐变滑块定义颜色填充的中心点，它呈现辐射状向外逐渐过渡到最右侧的渐变滑块颜色。

● 操作步骤 ●

STEP 01 单击"文件"｜"打开"命令，打开一幅素材图像，如图6-122所示。

STEP 02 使用选择工具 选择相应的图形对象，如图6-123所示。

图6-122 打开素材图像

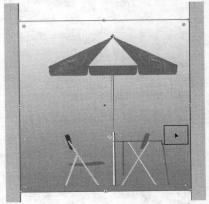

图6-123 选择图形对象

STEP 03 打开"渐变"面板，显示图形使用的渐变颜色，如图6-124所示。

STEP 04 单击一个渐变滑块将其选择，如图6-125所示。

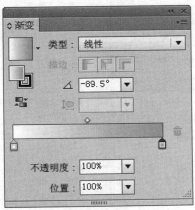

图6-124 "渐变"面板

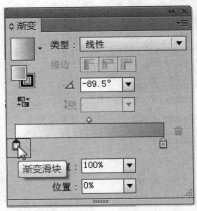

图6-125 选择渐变滑块

STEP 05 拖曳"颜色"面板中的滑块可以调整渐变颜色，如图6-126和图6-127所示。

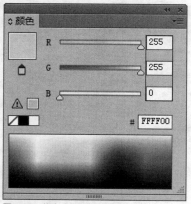

图6-126 拖曳"颜色"面板中的滑块

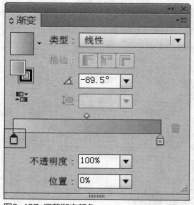

图6-127 调整渐变颜色

STEP 06 按住【Alt】键单击"色板"面板中的一个色板，可以将该色板应用到所选滑块上，如图6-128所示。

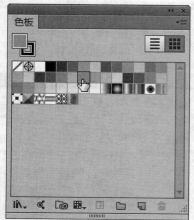

图6-128 将色板应用到所选滑块

STEP 07 未选择滑块时，可直接将一个色板拖曳到滑块上，如图6-129所示。

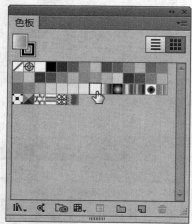

图6-129 将色板拖曳到滑块上

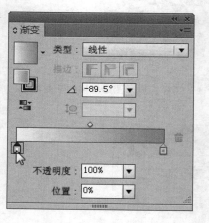

STEP 08 如果要增加渐变颜色的数量，可以在渐变色条下单击，添加新的滑块，如图6-130所示。

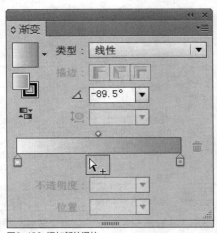
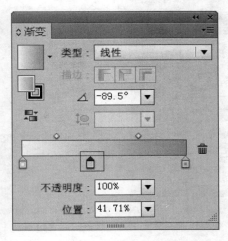

图6-130 添加新的滑块

STEP 09 将"色板"面板中的色板直接拖曳至"渐变"面板中的渐变色条上,则可以添加一个该色板颜色的渐变滑块,如图6-131所示。

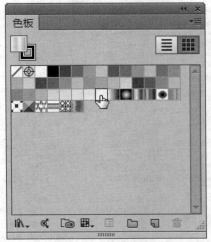

图6-131 将色板直接拖曳至渐变色条上添加新滑块

STEP 10 如果要减少颜色数量,可单击一个滑块,然后单击"删除色标"按钮,如图6-132所示,也可以直接将其拖曳到面板外,如图6-133所示。

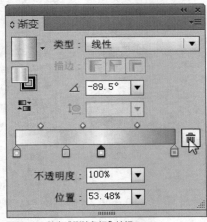
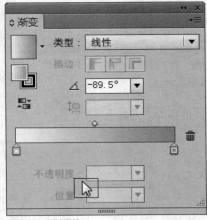

图6-132 单击"删除色标"按钮

图6-133 删除滑块

STEP 11 按住【Alt】键拖曳一个滑块,可以复制它,如图6-134所示。

STEP 12 如果按住【Alt】键拖曳一个滑块到另一个滑块上,则可交换这两个滑块的位置,如图6-135所示。

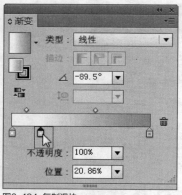

图6-134 复制滑块

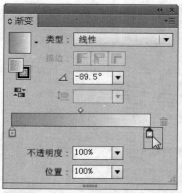

图6-135 交换两个滑块的位置

STEP 13 拖曳滑块可以调整渐变中各个颜色的混合位置，如图6-136所示。

STEP 14 在渐变色条上，每两个渐变滑块的中间（50%位置处）都有一个菱形的中点滑块，移动中点可以改变它两则渐变滑块的颜色混合位置，如图6-137所示。

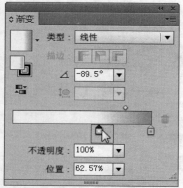

图6-136 拖曳滑块

图6-137 拖曳中点滑块

实战 227 编辑线性渐变

▶ **实例位置**：光盘\效果\第6章\实战227.ai
▶ **素材位置**：光盘\素材\第6章\实战227.ai
▶ **视频位置**：光盘\视频\第6章\实战227.mp4

● 实例介绍 ●

在Illustrator CC中，选择渐变对象后，使用渐变工具■在画板中单击并拖曳鼠标，可以更加灵活地调整渐变的位置和方向。如果要将渐变的方向设置为水平、垂直或45°角的倍数，可以在拖曳鼠标的同时按住【Shift】键。

● 操作步骤 ●

STEP 01 单击"文件"｜"打开"命令，打开一幅素材图像，如图6-138所示。

STEP 02 使用选择工具 选择相应的图形对象，如图6-139所示。

图6-138 打开素材图像

图6-139 选择图形对象

STEP 03 选择渐变工具，图形上会显示渐变批注者，如图6-140所示。

图6-140 显示渐变批注者

STEP 04 左侧的圆形图标是渐变的原点，拖曳它可以水平移动渐变，如图6-141所示。

图6-141 水平移动渐变

技巧点拨

执行"视图"菜单中的"显示/隐藏渐变批注者"命令，可以显示或隐藏渐变批注者。

STEP 05 拖曳右侧的方形图标可以调整渐变的半径，如图6-142所示。

图6-142 调整渐变的半径

STEP 06 将光标放在右侧的方形图标外，光标会变为状，此时单击并拖曳鼠标可旋转渐变，如图6-143所示。

图6-143 旋转渐变

STEP 07 将光标放在渐变批注者下方，可以显示渐变滑块，如图6-144所示。

STEP 08 移动滑块，可以调整渐变颜色的混合位置，如图6-145所示。

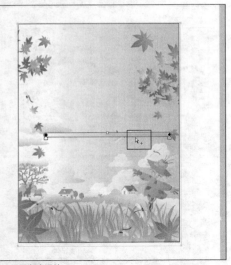

图6-144 显示渐变滑块

图6-145 移动滑块

技巧点拨

将滑块拖曳到图形外侧，可将其删除。

实战 228 编辑径向渐变

▶ 实例位置：无
▶ 素材位置：光盘\素材\第6章\实战228.ai
▶ 视频位置：光盘\视频\第6章\实战228.mp4

● 实例介绍 ●

若图形的渐变填充类型为"径向"渐变，使用工具面板中的渐变可以改变渐变中心点的位置。

● 操作步骤 ●

STEP 01 单击"文件"｜"打开"命令，打开一幅素材图像，如图6-146所示。

STEP 02 使用选择工具 ▶ 选择相应的图形对象，如图6-147所示。

图6-146 打开素材图像

图6-147 选择图形对象

STEP 03 选择渐变工具 ▣，图形上会显示渐变批注者，如图6-148所示。

STEP 04 左侧的圆形图标是渐变的原点，拖曳它可以水平移动渐变，如图6-149所示。

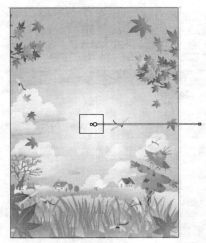

图6-148 显示渐变批注者

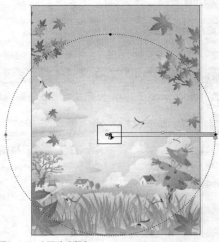

图6-149 水平移动渐变

STEP 05 拖曳圆形图标左侧的空心圆可同时调整渐变的原点和方向，如图6-150所示。

STEP 06 拖曳右侧的方形图标可以调整渐变的覆盖范围，如图6-151所示。

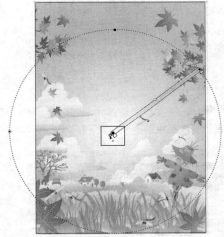

图6-150 调整渐变的原点和方向

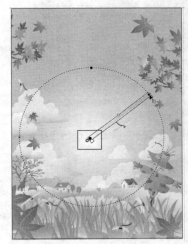

图6-151 调整渐变的覆盖范围

STEP 07 将光标放在虚线圆环的相应图标上，如图6-152所示。

STEP 08 单击并向下拖曳，可以调整渐变半径，生成椭圆渐变，如图6-153所示。

图6-152 定位光标

图6-153 生成椭圆渐变

▶ **实例位置:** 光盘\效果\第6章\实战229.ai
▶ **素材位置:** 光盘\素材\第6章\实战229.ai
▶ **视频位置:** 光盘\视频\第6章\实战229.mp4

实战 229 使用渐变库

● 实例介绍 ●

用户可以通过Illustrator CC的渐变库功能,快速制作出精美的渐变色彩效果。

● 操作步骤 ●

STEP 01 单击"文件"|"打开"命令,打开一幅素材图像,如图6-154所示。

STEP 02 使用选择工具 ▶ 选择相应的图形对象,如图6-155所示。

图6-154 打开素材图像

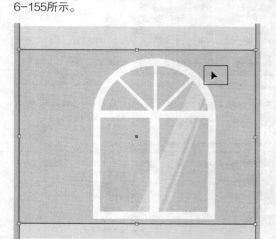

图6-155 选择图形对象

STEP 03 打开"色板"面板,单击底部的色板库菜单按钮 |ᴵ⌐.|,如图6-156所示。

STEP 04 在弹出的列表框中选择"渐变"|"石头和砖块"选项,如图6-157所示。

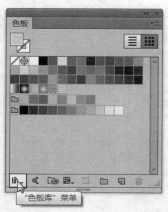

图6-156 单击色板库菜单按钮

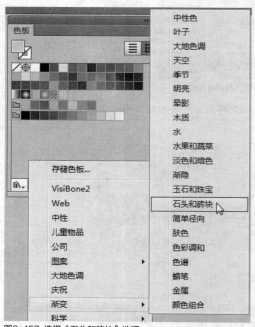

图6-157 选择"石头和砖块"选项

STEP 05 打开"石头和砖块"渐变库,单击"砖块7"渐变,如图6-158所示。

STEP 06 执行操作后,即可为图形填充渐变,效果如图6-159所示。

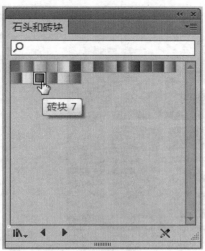

图6-158 单击"砖块7"渐变

图6-159 为图形填充渐变

实战 230　将渐变扩展为图形

▶ 实例位置：光盘\效果\第6章\实战230.ai
▶ 素材位置：上一例效果文件
▶ 视频位置：光盘\视频\第6章\实战230.mp4

● 实例介绍 ●

将渐变扩展为图形后，这些图形会编为一组，并通过剪切蒙版控制显示区域。

● 操作步骤 ●

STEP 01　在实战229的效果文件中，使用选择工具▶选择渐变对象，如图6-160所示。

STEP 02　单击"对象"|"扩展"命令，如图6-161所示。

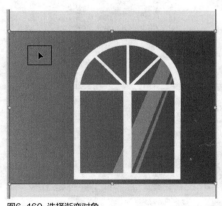

图6-160 选择渐变对象

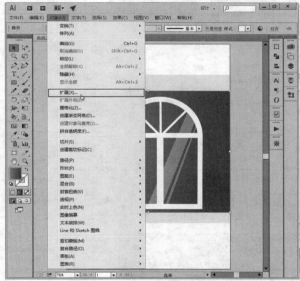

图6-161 单击"扩展"命令

STEP 03　弹出"扩展"对话框，设置"指定"为10对象，如图6-162所示。

STEP 04　单击"确定"按钮，即可将渐变填充扩展为指定数量的图形，如图6-163所示。

图6-162 "扩展"对话框

图6-163 图像效果

<table>
<tr><td>实战
231</td><td>用渐变制作天空效果</td><td>▶ 实例位置：光盘\效果\第6章\实战231.ai
▶ 素材位置：光盘\素材\第6章\实战231.ai
▶ 视频位置：光盘\视频\第6章\实战231.mp4</td></tr>
</table>

● 实例介绍 ●

本实例主要运用"渐变"面板为图稿中的天空填充线性渐变效果。

● 操作步骤 ●

STEP 01 单击"文件"｜"打开"命令，打开一幅素材图像，如图6-164所示。

STEP 02 使用选择工具 ▣ 选择相应的图形对象，如图6-165所示。

图6-164 打开素材图像

图6-165 选择图形对象

STEP 03 打开"渐变"面板，在"类型"列表框中选择"线性"，如图6-166所示。

STEP 04 双击左侧的滑块，在弹出的面板中设置CMYK参数值分别为30%、0%、0%、0%，如图6-167所示。

图6-166 选择"线性"线性

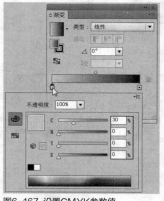

图6-167 设置CMYK参数值

STEP 05 双击右侧的滑块，在弹出的面板中设置CMYK参数值分别为65%、20%、0%、0%，如图6-168所示。

STEP 06 设置左侧滑块的位置为40%，如图6-169所示。

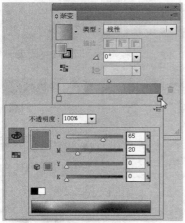

图6-168 设置CMYK参数值

图6-169 设置左侧滑块的位置

STEP 07 在"渐变"面板中设置渐变角度为90°，如图6-170所示。

STEP 08 执行操作后，即可制作出天空渐变效果，如图6-171所示。

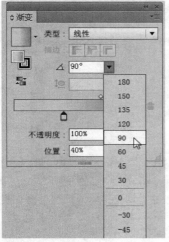

图6-170 设置渐变角度

图6-171 天空渐变效果

知识拓展

另外，在某一渐变滑块上双击鼠标后，弹出调整颜色浮动面板，此时，用户通过设置渐变填充的"不透明度"和该滑块在渐变工具上的位置，即可改变图形渐变填充的效果。

6.5 运用渐变网格

渐变网格是一种特殊的渐变填色功能，它通过网格点和网格片面接受颜色，通过网格点精确控制渐变颜色的范围和混合位置，具有灵活度高和可控制性强等特点。

在Illustrator CC中，网格工具是一个比较特殊的填充工具，它能将贝塞尔曲线、网格和渐变填充等功能优势综合地结合起来。使用网格工具所创建的自然平滑颜色过渡效果如图6-172所示。

图6-172 使用网格工具创建的渐变效果

实战 232 使用网格工具填充图形

▶ 实例位置：光盘\效果\第6章\实战232.ai
▶ 素材位置：光盘\素材\第6章\实战232.ai
▶ 视频位置：光盘\视频\第6章\实战232.mp4

● 实例介绍 ●

用户使用网格工具可以在一个网格对象内创建多个渐变点，从而使图形进行多个方向和多种颜色的渐变填充效果。

● 操作步骤 ●

STEP 01 单击"文件"｜"打开"命令，打开一幅素材图像，如图6-173所示。

STEP 02 选取工具面板中的网格工具，将鼠标指针移至所绘制图形上的合适位置，鼠标指针将呈形形状，如图6-174所示。

STEP 03 单击鼠标左键，即可在该图形上创建一个网格锚点，如图6-175所示。

STEP 04 将鼠标指针移至网格点上，鼠标指针将呈形形状，单击鼠标左键，即可选中该网格点，如图6-176所示。

图6-173 打开素材图像

图6-174 定位光标

图6-175 创建网格锚点

图6-176 选中该网格点

STEP 05 双击填色工具，在"拾色器"对话框中将颜色设置为粉红色（CMYK的参数值为0%、60%、30%、0%），如图6-177所示。

STEP 06 单击"确定"按钮，网格点附近的颜色随之改变，如图6-178所示。

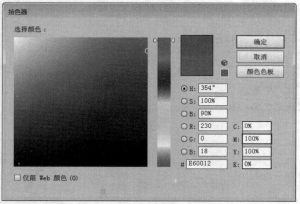
图6-177 设置参数值

图6-178 图像效果

知识拓展

　　网格工具的工作原理为：在当前选择的渐变填充对象中创建多个网格点构成精细的网格，也就是将操作对象细分为多个区域（此时选择的对象即转换为网格对象），然后在每个区域或每个网格点上填充不同的颜色，系统则会自动在不同颜色的相邻区域之间形成自然、平滑的过渡，从而创建多个方向和多种颜色的渐变填充效果。

　　使用网格工具在图形上创建网格点后，也会随之附带两条以网格点为交点的水平和垂直的曲线。若在已创建的曲线上创建网格点，则可以增加一条曲线；若在图形的空白处创建网格点，则可以再添加两条曲线。

　　当鼠标在图像窗口中呈形状时，则表示该区域不能创建网格点；当鼠标指针呈形状时，则表示此区域可以创建网格点；当鼠标指针移至网格点上时，鼠标指针呈形状，并在其附近显示"锚点"字样；当在网格点上单击鼠标左键并拖曳时，鼠标指针呈形状，则用户可以调整网格点的位置，且图像的填充效果也会随之改变。

实战 233　使用"创建渐变网格"命令创建网格图形

▶ 实例位置：光盘\效果\第6章\实战233.ai
▶ 素材位置：光盘\素材\第6章\实战233.ai
▶ 视频位置：光盘\视频\第6章\实战233.mp4

● 实例介绍 ●

　　在图形窗口中选择一个图形（或导入的位图图像），单击"对象"|"创建渐变网格"命令，弹出"创建渐变网格"对话框，如图6-179所示。

　　该对话框中的主要选项含义如下。

➤ "行"和"列"选项：这两个选项用于设置创建网格对象中网格单元的行数和列数。

➤ 外观：其右侧的选项中有3种外观显示，表示创建渐变网格后图形高光区域的位置。其中"平淡色"选项表示对象的初始颜色均匀地填充于表面，不产生高光效果；"至中心"选项表示产生的高光效果位于对象的中心；"至边缘"选项表示产生的高光效果位于对象的边缘。用户选择不同的选项所产生的效果也各不同，如图6-180所示。

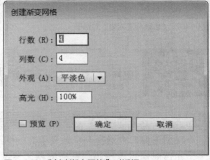

图6-179　"创建渐变网格"对话框

原图像

选择"平淡色"选项的效果　　　　　选择"至中心"选项的效果

图6-180 原图像与选择不同的"外观"选项时产生的效果

● 操作步骤 ●

STEP 01 单击"文件"|"打开"命令，打开一幅素材图像，如图6-181所示。

STEP 02 使用选择工具选择相应的图形对象，如图6-182所示。

图6-181 打开素材图像

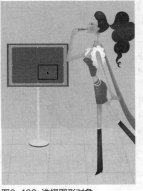

图6-182 选择图形对象

STEP 03 单击"对象"|"创建渐变网格"命令，弹出"创建渐变网格"对话框，设置"外观"为"至中心"，如图6-183所示。

STEP 04 单击"确定"按钮，即可在对象中心创建高光，效果如图6-184所示。

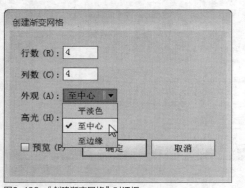

图6-183 "创建渐变网格"对话框

图6-184 在对象中心创建高光

实战 234 使用"扩展"命令创建网格图形

▶ 实例位置：光盘\效果\第6章\实战234.ai
▶ 素材位置：光盘\素材\第6章\实战234.ai
▶ 视频位置：光盘\视频\第6章\实战234.mp4

● 实例介绍 ●

在图形窗口中选择一个渐变填充的图形，单击"对象"|"扩展"命令，弹出"扩展"对话框，如图6-185所示。

在该对话框中选中"渐变网格"复选框，单击"确定"按钮后，即可在选择的图形内创建渐变网格。当然，选择不同渐变类型的对象，转换为网格对象后的效果也各不相同，如图6-186所示。

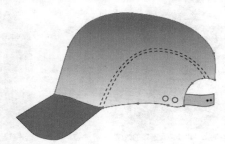

线性渐变图形

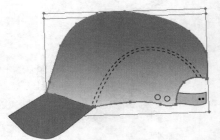

转换后的图形

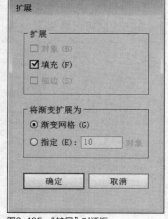

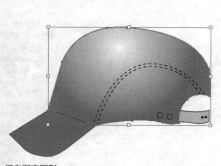

径向渐变图形

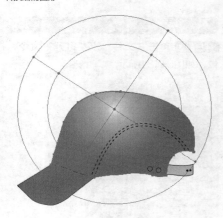

转换后的图形

图6-185 "扩展"对话框

图6-186 不同渐变类型的图形转换后的效果

• 操作步骤 •

STEP 01 单击"文件" | "打开"命令，打开一幅素材图像，如图6-187所示。

STEP 02 使用选择工具 ▶ 选择相应的渐变对象，如图6-188所示。

图6-187 打开素材图像

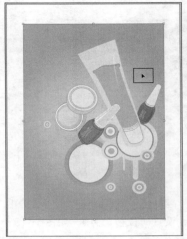

图6-188 选择图形对象

STEP 03 单击"对象" | "扩展"命令，弹出"扩展"对话框，选中"渐变网格"单选按钮，如图6-189所示。

STEP 04 单击"确定"按钮，即可调整渐变效果，如图6-190所示。

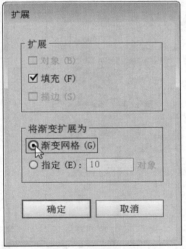

图6-189 选中"渐变网格"单选按钮

图6-190 调整渐变效果

实战 235 从网格对象中提取路径

▶ 实例位置：光盘\效果\第6章\实战235.ai
▶ 素材位置：光盘\素材\第6章\实战235.ai
▶ 视频位置：光盘\视频\第6章\实战235.mp4

• 实例介绍 •

　　将图形转换为渐变网格对象后，它将不再具有路径的某些属性，例如，不能创建混合、剪切和复合路径等。如果要保留以上属性，可以采用从网格中提取对象原始路径的方法来操作。

• 操作步骤 •

STEP 01 单击"文件" | "打开"命令，打开一幅素材图像，如图6-191所示。

STEP 02 使用选择工具 ▶ 选择相应的渐变网格对象，如图6-192所示。

图6-191 打开素材图像

图6-192 选择图形对象

STEP 03 单击"对象"|"路径"|"偏移路径"命令，弹出"偏移路径"对话框，设置"位移"为0，如图6-193所示。

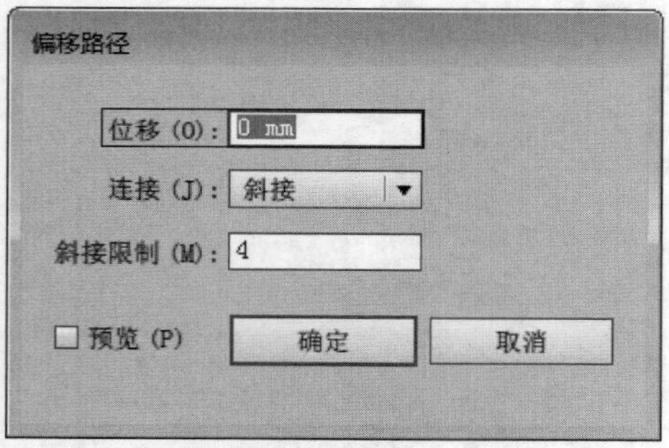

STEP 04 单击"确定"按钮，即可得到与网格图形相同的路径，如图6-194所示。

偏移路径

位移 (O)：0 mm

连接 (J)：斜接 ▼

斜接限制 (M)：4

☐ 预览 (P)   确定   取消

图6-193 "偏移路径"对话框

图6-194 得到与网格图形相同的路径

6.6 使用其他工具填充

用户除了可以运用前面章节中的工具填充图形外，还可以使用"透明度"面板等来填充图形，以及对图形填充图案。

实战 236 设置图形的透明度效果

▶ **实例位置**：光盘\效果\第6章\实战236.ai
▶ **素材位置**：光盘\素材\第6章\实战236.ai
▶ **视频位置**：光盘\视频\第6章\实战236.mp4

● 实例介绍 ●

Illustrator CC中的"透明度"面板除了可以设置图形的透明度外，还具有位图图像处理软件中特有的混合模式，从而使用户在实际的工作过程中，可以制作出更具有艺术效果的图像。

单击"窗口"|"透明度"命令，或按【Ctrl + Shift + F10】组合键，弹出"透明度"面板，如图6-195所示。单击"透明度"面板右侧的三角形按钮，弹出面板菜单，如图6-196所示。

图6-195 "透明度"面板

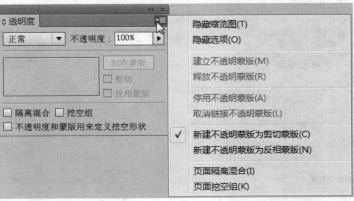

图6-196 面板菜单

用户若要设置对象的透明度，首先使用选择工具在图形窗口中将其选择，然后在"透明度"面板的"不透明度"下拉列表框中选择所需要的透明度百分比数值或在其右侧的方本框中直接输入数值，即可改变对象的透明度，如图6-197所示。

用户若在"透明度"面板中，设置"不透明度"值为0%时，那么所选择的对象将呈完全透明状态；若数值为0～100的数值时，那么所选择的对象将呈半透明状态；若值为100%时，那么选择的对象将呈不透明状态。

图6-197 调整图形透明度

● 操作步骤 ●

STEP 01 单击"文件"｜"打开"命令，打开一幅素材图像，选中需要设置透明度的图形，如图6-198所示。

STEP 02 单击"窗口"｜"透明度"命令，调出"透明度"浮动面板，设置"混合模式"为"正常""不透明度"为30%，如图6-199所示。

图6-198 选中图形

图6-199 设置透明度

技巧点拨

选中需要设置的图形后，若单击浮动面板右侧的 ▼按钮，将弹出一个菜单列表，选择"建立不透明蒙版"选项，即可激活"剪切"和"反相蒙版"的复选框。

STEP 03 执行操作后，即可改变所选择图形的透明度，效果如图6-200所示。

STEP 04 用与上述同样的方法，设置其他需要设置透明度的图形，效果如图6-201所示。

图6-200 改变透明度

图6-201 图像效果

实战 237	通过混合模式修改颜色

▶ 实例位置：光盘\效果\第6章\实战237.ai
▶ 素材位置：光盘\素材\第6章\实战237.ai
▶ 视频位置：光盘\视频\第6章\实战237.mp4

● 实例介绍 ●

用户若要设置对象的混合模式，首先使用选择工具在图形窗口中将其选择，然后在"透明度"面板中的"混合模式"下拉列表中选择所需要的混合模式即可。

"混合模式"下拉列表框中共有16种混合模式，如图6-202所示。用户在"透明度"面板中为选择的对象设置混合模式后，选择的对象中的颜色，将会与它下方所有对象中的颜色进行混合。若将这些对象中的某一对象的颜色进行修改，将会直接影响它们的混合效果。

该面板中的各混合模式含义及效果如下。

➢ 正常：该模式是Illustrator CC默认的模式。选择该模式后，绘制的图形颜色总是上一层覆盖下一层。

➢ 变暗：该模式是将所混合对象的颜色比较后，以色彩更暗的那部分对象作为最终的显示效果表现出来。用户需要注意的是，它并不是将对象之间的色彩进行混合后的效果，如图6-203所示。

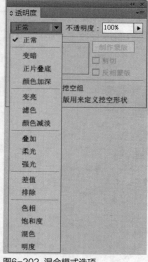

图6-202 混合模式选项

图6-203 原图形与"变暗"混合效果

➢ 正片叠底：该模式是将当前选择的对象的颜色像素值与其下方的图形像素值相乘，然后再除以255，得到的结果会比原来对象的颜色暗很多。当为对象设置不同的透明度时，效果也会有较大的区别，如图6-204所示。

➢ 颜色加深：该模式是将选择对象与其下方对象之间的颜色混合，增加色彩对比度，使混合后的对象颜色效果整体变得鲜亮，如图6-205所示。

➢ 变亮：该模式是将所混合的对象比较后，以色彩更亮的部分作为最终混合的显示效果表现出来。用户需要注意的是，它并不是将对象之间的色彩进行混合后的效果。

➢ 滤色：该模式是将选择的对象与其下方的对象层叠显亮，并进行混合对象的颜色色调的均匀处理。

图6-204 "正片叠底"混合效果

图6-205 "颜色加深"滤合效果

➤ 颜色减淡：该模式是将选择对象与其下方对象之间的颜色混合，增加色彩饱和度，将混合后的对象颜色色调效果整体变亮，如图6-206所示。

图6-206 原图形与"颜色减淡"混合效果

➤ 叠加：该模式可以使选择的对象与其下方对象中高亮部分的颜色变得更亮，暗调部分的颜色变得更暗，如图6-207所示。

➤ 柔光：该模式可以将选择的对象中的颜色色调很清晰地显示在其下方对象的颜色色调中，如图6-208所示。

图6-207 "叠加"混合效果

图6-208 "柔光"混合效果

➤ 强光：该模式可以将选择的对象下方的对象颜色色调很清晰地显示在选择的对象的颜色色调中，如图6-209所示。

➤ 差值：该模式混合效果取决于选择对象的颜色色调，如图6-210所示。

➤ 排除：该模式与"差值"模式相似，但是它具有高对比度和低饱和度的特点，比使用"差值"模式获得的混合颜色效果柔和。

➤ 色相：该模式是下方图形颜色亮度和饱和度值与当前选择的图形的色相进行混合，混合后亮度及饱和度与下方图形相同，但是色相由当前选择的图形颜色所决定，如图6-211所示。

图6-209 原图形与"强光"混合效果

➤ 饱和度：以选择的对象的颜色饱和度表现其下方对象的颜色饱和度，而选择的对象混合后只保留灰色边缘，其下方对象的颜色将保持不变。

➤ 混色：该模式是将选择对象颜色的色调、饱和度与其下方对象颜色的色调、饱和度互换的混合效果，如图6-212 所示。

图6-210 原图形与"差值"混合效果

图6-211 在图形与"色相"混合效果

图6-212 原图形与"混色"混合效果

➤ 明度：该模式与"混色"模式正好相反，它是选择对象颜色的亮度与其下方对象颜色的色相、饱和度的混合效果，如图6-213所示。

图6-213 原图形与"亮度"混合效果

● 操作步骤 ●

STEP 01 单击"文件"｜"打开"命令，打开一幅素材图像，如图6-214所示。

STEP 02 使用选择工具 ▶ 选择相应的图形对象，如图6-215所示。

图6-214 打开素材图像

图6-215 选中图形

STEP 03 单击"窗口"|"透明度"命令，调出"透明度"浮动面板，设置"混合模式"为"叠加""不透明度"为60%，如图6-216所示。

STEP 04 执行操作后，即可改变所选择图形的颜色，效果如图6-217所示。

图6-216 设置"混合模式"

图6-217 图像效果

实战 238	自定义填充图案	▶ 实例位置：光盘\效果\第6章\实战238.ai ▶ 素材位置：光盘\素材\第6章\实战238.ai ▶ 视频位置：光盘\视频\第6章\实战238.mp4

● 实例介绍 ●

在Illustrator CC中，用户可对图形进行图案填充。而所填充的图案，可以是系统预设的图案，也可以是用户自定义的填充图案。这些填充图案除了可以对图形的填充进行应用外，也能对图形对象的轮廓进行填充，如图6-218所示。

若所应用的填充图案大小尺寸大于选择的图形对象，那么该图形对象将只显示填充图案的部分区域；若应用的填充图案的尺寸小于选择的图形对象，那么该填充图案将会以平铺方式在图形对象中显示。用户若未在窗口中选择任何图形对象，则在"色板"面板中选择填充图案，那么选择的填充图案将会填充在绘制的下一个图形对象中。

系统预设的填充图案，有时不一定能够满足用户的实际需要，因此Illustrator CC为用户提供了可以自定义填充图案的功能。自定义的填充图案，可以是工具面板中绘图工具绘制的图形对象，也可以是其他图形绘制软件创建的图形对象。

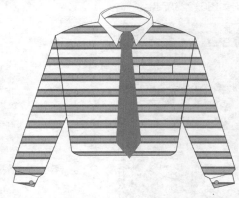

图6-218 原图形与填充图案后的效果

● 操作步骤 ●

STEP 01 单击"文件"|"打开"命令，打开一幅素材图像，如图6-219所示。

图6-219 打开素材图像

STEP 03 单击"窗口"|"色板"命令，调出"色板"浮动面板，单击面板底部的"显示'色板类型'菜单"按钮|⊞.|，在弹出的菜单列表框中选择"显示图案色板"选项，如图6-221所示。

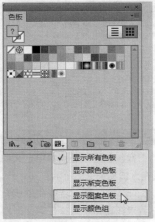

图6-221 选择"显示图案色板"选项

STEP 05 将图形窗口中所选择的图形直接拖曳至"色板"面板中，当鼠标指针呈 🖑 时，释放鼠标左键，即可将该图形定义为图案，如图6-223所示。

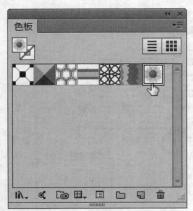

图6-223 自定义图案

STEP 02 使用选择工具 ▶ 选中图形窗口中需要定义为图案的图形，如图6-220所示。

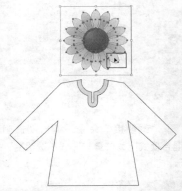

图6-220 选中图形

STEP 04 执行操作后，即可显示预设图案，如图6-222所示。

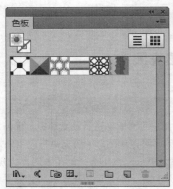

图6-222 显示预设图案

STEP 06 在图像窗口中选中需要填充图案的图形，如图6-224所示。

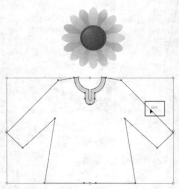

图6-224 选中图形

STEP 07 在"色板"浮动面板中，单击所定义的图案，即可为所选择的图形填充自定义的图案，如图6-225所示。

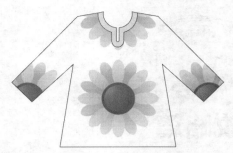

图6-225 填充图案

<table>
<tr><td>实战
239</td><td>填充系统预设图案</td><td>▶ 实例位置：光盘\效果\第6章\实战239.ai
▶ 素材位置：光盘\素材\第6章\实战239.ai
▶ 视频位置：光盘\视频\第6章\实战239.mp4</td></tr>
</table>

● 实例介绍 ●

单击"窗口"|"色板"命令，弹出"色板"面板，单击面板底部的"显示图案色板"按钮，显示系统提供的图案。用户若要对图形对象应用预设图案进行填充，首先使用选择工具，在图形窗口中将其选择，然后在"色板"面板中单击所需的图案即可。

● 操作步骤 ●

STEP 01 单击"文件"|"打开"命令，打开一幅素材图像，如图6-226所示。

STEP 02 使用选择工具 选中相应图形对象，如图6-227所示。

图6-226 打开素材图像

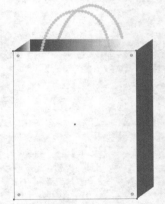

图6-227 选中图形

STEP 03 单击"窗口"|"色板"命令，调出"色板"浮动面板，单击面板底部的"显示'色板类型'菜单"按钮 ，在弹出的菜单列表框中选择"显示图案色板"选项，显示预设图案，单击"加冕"图案，如图6-228所示。

STEP 04 执行操作后，即可在图形中填充相应图案，效果如图6-229所示。

图6-228 单击"加冕"图案

图6-229 填充预设图案

331

核心
攻略篇

第 **7** 章

改变图形对象形状

本章导读

在Illustrator CC中，除了对图形进行选择、移动、编组等基本操作外，还可以运用命令、工具或调板等操作对图形进行变换或变形，从而使作品具有多样化和灵活性的特征。

本章主要介绍变换图形、改变图形形状、封套扭曲变形、对齐与分布对象的使用技巧。

要点索引

- 变换图形对象
- 缩放、倾斜与变形
- 封套扭曲变形
- 组合图形对象
- 剪切和分割对象

7.1 变换图形对象

在Illustrator CC中，对图形进行变换操作的方法有3种，第一种是使用工具面板中的相关变换工具进行变换操作；第二种是通过单击"对象"|"变换"命令的子菜单命令进行相关的变换操作；第三种是使用"变换"面板中的各选项进行相关的变换操作。下面对这些操作进行详细的介绍。

实战 240 使用"变换"面板变换图形

▶ 实例位置：光盘\效果\第7章\实战240.ai
▶ 素材位置：光盘\素材\第7章\实战240.ai
▶ 视频位置：光盘\视频\第7章\实战240.mp4

● 实例介绍 ●

用户在Illustrator CC中，通过使用"变换"面板可以精确地实现对图形进行旋转、缩放和倾斜等变换操作。单击"窗口"|"变换"命令，弹出"变换"面板，如图7-1所示。

该面板中的主要选项含义如下。

➤ X值：用于改变选择图形的水平位置。

➤ Y值：用于改变选择图形的垂直位置。

➤ 宽度值：用于改变选择图形的变换控制框宽度。

➤ 高度值：用于改变选择图形的变换控制框高度。

➤ 旋转：用于改变选择图形的旋转角度，若用户在其右侧的文本框中输入数值45，然后按【Enter】键，确认变换操作，图形旋转后的效果如图7-2所示。

➤ 倾斜：用于改变选择图形的倾斜度，若用户在其右侧的文本框中输入数值30，然后按【Enter】键，确认变换操作，图形倾斜后的效果如图7-3所示。

图7-1 "变换"面板

图7-2 旋转图形

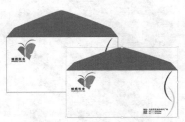

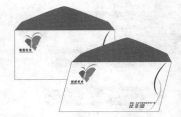

图7-3 倾斜图形

单击"变换"面板右侧的三角形按钮，弹出其面板菜单，如图7-4所示。

该面板菜单中的主要选项含义如下。

➤ 水平翻转：选择该选项，选择的图形将水平翻转，效果如图7-5所示。

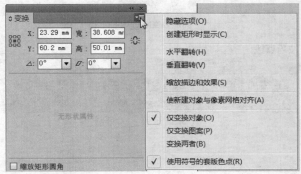
图7-4 弹出的面板菜单

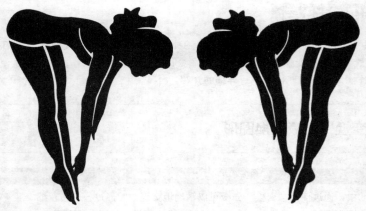

图7-5 水平翻转图形

➤ 垂直翻转：选择该选项，选择的图形将垂直翻转，效果如图7-6所示。

➤ 仅变换对象：选择该选择，对选择的图形进行变换操作时，将变换整个对象。

➤ 仅变换图案：选择该选项，对选择的图形进行变换操作时，将只变换图形中的图案部分，如图7-7所示。

图7-6 垂直翻转图形

图7-7 变换图形中的图案

技巧点拨

　　使用"变换"浮动面板，可以对选择的图形进行移动、缩放、旋转和倾斜，其中△（旋转）和△（倾斜）数值框较为特殊，当用户选择或输入数值后，所选择的图形随之变换，但该数值框中的数值立即恢复为0，若要恢复图形的变换，则输入与之前输入的数值相反的数值，或按【Ctrl＋Z】组合键等还原操作即可。

● 操作步骤 ●

STEP 01 单击"文件"|"打开"命令,打开一幅素材图像(如图7-8所示),选中需要变换的图形。

STEP 02 单击"窗口"|"变换"命令,调出"变换"浮动面板,单击⊿(旋转)数值框右侧的下拉三角按钮,在弹出的下拉列表框中选择-45,如图7-9所示。

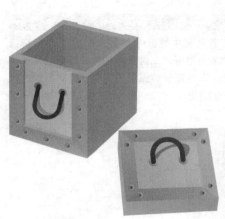

图7-8 素材图像

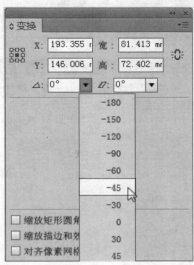

图7-9 设置参数值

STEP 03 执行操作的同时,图形的旋转角度也随之改变,如图7-10所示。

STEP 04 选中图形,在面板中设置X为180mm、Y为100mm、"宽"为100mm、"高"为100mm,如图7-11所示。

图7-10 旋转图形

图7-11 设置参数值

STEP 05 执行操作的同时,图形的位置和大小也随之进行了变换,如图7-12所示。

图7-12 变换图形

实战 241 使用自由变换工具变换图形

▶ 实例位置：光盘\效果\第7章\实战241.ai
▶ 素材位置：光盘\素材\第7章\实战241.ai
▶ 视频位置：光盘\视频\第7章\实战241.mp4

● 实例介绍 ●

　　自由变换工具[图]主要是通过控制图形的节点而进行操作的，从而可以对图形进行多种变换操作，如移动、旋转、缩放、倾斜、镜像和透视等变换操作。

● 操作步骤 ●

STEP 01 单击"文件"｜"打开"命令，打开一幅素材图像，选中需要变换的图形，如图7-13所示。

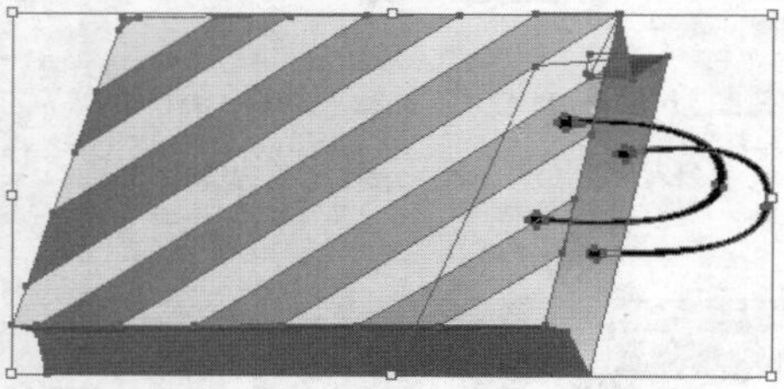

STEP 02 选取工具面板中的自由变换工具[图]，将鼠标指针移至右上角的节点附近，此时鼠标指针呈↖形状，单击鼠标左键并拖曳，即可旋转该图形，至合适位置后释放鼠标，效果如图7-14所示。

图7-13 选中图形

图7-14 旋转图形

STEP 03 将鼠标指针移至图形正上方的节点上，当鼠标指针呈↕形状时，单击鼠标左键并向下拖曳，至合适位置后释放鼠标，即可改变图形形状，如图7-15所示。

STEP 04 再次将鼠标指针移至图形右侧的节点上，当鼠标指针呈↔形状时，单击鼠标左键并向左拖曳，至合适位置后释放鼠标，即可对图形进行镜像操作，如图7-16所示。

图7-15 改变图形形状

图7-16 镜像图形

技巧点拨

　　另外，若要对图形进行透视变换操作，先选中需要变换的图形，将鼠标指针移至锚点上，单击鼠标左键，再按【Ctrl＋Alt＋Shift】组合键，鼠标指针将呈▷形状，拖曳鼠标至合适位置，释放鼠标即可完成图形的透视变换。

实战 242 使用"分别变换"命令变换图形

▶ 实例位置: 光盘\效果\第7章\实战242.ai
▶ 素材位置: 光盘\素材\第7章\实战242.ai
▶ 视频位置: 光盘\视频\第7章\实战242.mp4

● 实例介绍 ●

选中需要变换的图形,单击"对象"|"变换"|"分别变换"命令,弹出"分别变换"对话框,如图7-17所示。该对话框中的主要选项的定义如下。

➤ "缩放"选项区:主要用来设置所选择的图形在水平和垂直方向上的缩放比例,通过在数值框中输入数值,或直接拖曳滑块,即可设置缩放比例。

➤ "移动"选项区:主要用来设置所选择的图形在水平和垂直方向上的移动距离,通过在数值框中输入数值,或直接拖曳滑块,即可设置移动距离。

➤ "旋转"选项区:主要用来设置所选择的图形旋转的角度,通过在数值框中输入数值,或直接拖曳角度指针,即可设置旋转角度。

➤ "对称X"复选框:选中此复选框,所选择的图形将以X轴为镜像轴。

➤ "对称Y"复选框:选中此复选框,所选择的图形将以Y轴为镜像轴。

➤ "参考点"按钮▦:单击相应的角点,则所选择的图形将以相应的角点为参考原点进行图形的变换。

➤ "随机"复选框:选中此复选框,可以使选择的图形进行随机镜像,且每次所产生的镜像效果都会不同。

➤ "预览"复选框:选中此复选框,可以在图像窗口中预览变换后的图形效果。

➤ "复制"按钮:完成参数值的设置后,单击此按钮,可以将所选择的图形进行复制并使之变换。

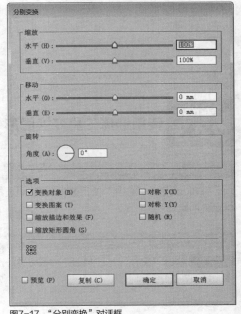

图7-17 "分别变换"对话框

● 操作步骤 ●

STEP 01 单击"文件"|"打开"命令,打开一幅素材图像,如图7-18所示。

STEP 02 选中需要变换的图形,单击"对象"|"变换"|"分别变换"命令,弹出"分别变换"对话框,设置"水平"为90%、"垂直"为90%,在"移动"选项区中设置"水平"为2mm、"垂直"为10mm,在"旋转"选项区中设置"角度"为20°,在对话框右侧设置"参考点"▦为"右下角",如图7-19所示。

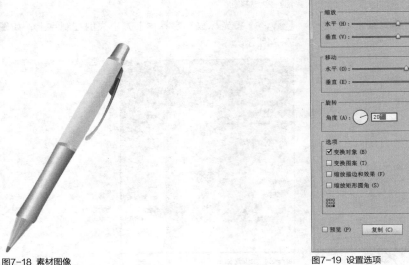

图7-18 素材图像

图7-19 设置选项

STEP 03 单击"复制"按钮，所选择的图形即可按照设置的参数进行复制并变换，效果如图7-20所示。

图7-20 复制并变换图形

实战 243 使用选择工具变换图形

▶ 实例位置：光盘\效果\第7章\实战243.ai
▶ 素材位置：光盘\素材\第7章\实战243.ai
▶ 视频位置：光盘\视频\第7章\实战243.mp4

● 实例介绍 ●

在Illustrator CC中，使用选择工具▶选择对象后，只需拖曳定界框上的控制点便可以进行移动、旋转、缩放和复制对象的操作。

● 操作步骤 ●

STEP 01 单击"文件"｜"打开"命令，打开一幅素材图像，如图7-21所示。

STEP 02 选取工具面板中的选择工具▶，选中需要变换的图形，如图7-22所示。

图7-21 打开素材图像

图7-22 选择图形

STEP 03 将光标放在定界框内，单击并拖曳鼠标可以移动对象，如图7-23所示。

STEP 04 将光标放在定界框上方中央的控制点上，如图7-24所示。

图7-23 移动对象

图7-24 定位光标

技巧点拨

如果按住【Shift】键拖曳鼠标，则可以按照水平、垂直或对角线方向移动。在移动时按住【Alt】键，可以复制对象。

STEP 05 单击并向下拖曳鼠标，可以翻转对象，如图7-25所示。

图7-25 翻转对象

STEP 06 撤销上一步的操作，在拖曳时按住【Alt】键，可原位翻转，如图7-26所示。

图7-26 原位翻转

STEP 07 撤销上一步的操作，将光标放在控制点上，当光标变为↔、↕、⬉、⬊形状时，单击并拖曳鼠标可以拉伸对象，如图7-27所示。

图7-27 拉伸对象

STEP 08 按住【Shift】键操作，可以进行等比例缩放，如图7-28所示。

图7-28 等比缩放图形

STEP 09 将光标放在定界框外，当光标变为↻形状时，如图7-29所示。

图7-29 定位光标

STEP 10 单击并拖曳鼠标可以旋转对象，如图7-30所示。

图7-30 旋转对象

实战 244 再次变换

▶ 实例位置：光盘\效果\第7章\实战244.ai
▶ 素材位置：光盘\素材\第7章\实战244.ai
▶ 视频位置：光盘\视频\第7章\实战244.mp4

● 实例介绍 ●

　　进行移动、缩放、旋转、镜像和倾斜操作后，保持对象的选取状态，执行"再次变换"命令，可以重复前一个变换。在需要对同一变换操作重复数次或复制对象时，该命令特别有用。

● 操作步骤 ●

STEP 01 单击"文件"｜"打开"命令，打开一幅素材图像，如图7-31所示。

图7-31 打开素材图像

STEP 03 按住【Alt】键向右上角拖曳鼠标，复制对象，如图7-33所示。

图7-33 复制对象

STEP 05 执行操作后，即可重复上一次的变换操作，效果如图7-35所示。

STEP 02 选取工具面板中的选择工具，选中需要变换的图形，如图7-32所示。

图7-32 选择图形

STEP 04 不要取消选择，单击"对象"｜"变换"｜"再次变换"命令，如图7-34所示。

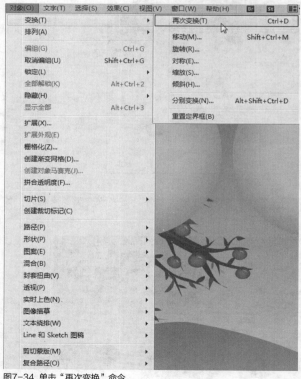

图7-34 单击"再次变换"命令

STEP 06 按两次【Ctrl＋D】组合键，即可连续移动并复制对象，并将所复制的对象置于顶层，效果如图7-36所示。

图7-35 重复上一次的变换操作

图7-36 连续移动并复制对象

实战 245　打造分形艺术

▶ 实例位置：光盘\效果\第7章\实战245.ai
▶ 素材位置：光盘\素材\第7章\实战245.ai
▶ 视频位置：光盘\视频\第7章\实战245.mp4

● 实例介绍 ●

　　分形艺术的英文表述：fractal art，不规则几何元素 Fractal，是由IBM研究室的数学家曼德布洛特（Benoit. Mandelbrot，1924-2010）提出。其维度并非整数的几何图形，而是在越来越细微的尺度上不断自我重复，是一项研究不规则性的科学，如图7-37所示。

　　分形诞生在以多种概念和方法相互冲击和融合为特征的当代。分形混沌之旋风，横扫数学、理化、生物、大气、海洋以至社会学科，在音乐、美术间也产生了一定的影响。

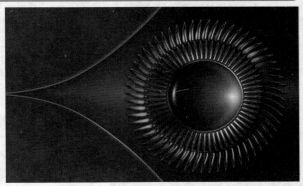

图7-37 分形艺术图像

● 操作步骤 ●

STEP 01 单击"文件"｜"打开"命令，打开一幅素材图像，如图7-38所示。

STEP 02 选取工具面板中的选择工具▶，选中需要变换的图形，如图7-39所示。

图7-38 打开素材图像

图7-39 选择图形

STEP 03 单击"效果"｜"风格化"｜"投影"命令，弹出"投影"对话框，设置"不透明度"为35%、"X位移"和"Y位移"均为2mm，如图7-40所示。

STEP 04 单击"确定"按钮，即可为图形添加投影，效果如图7-41所示。

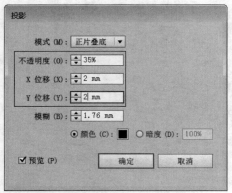

图7-40 "投影"对话框

图7-41 为图形添加投影

STEP 05 单击"效果"|"扭曲和变换"|"变换"命令,弹出"变换效果"对话框,在"缩放"选项区设置"水平"和"垂直"均为90%,在"移动"选项区设置"水平"为15mm、"垂直"为5mm,设置"角度"为-15°、副本为40,并选中"变换对象"和"变换图案"复选框,单击参考点定位器▦右侧中间的小方块,如图7-42所示。

STEP 06 单击"确定"按钮,即可产生分形效果,如图7-43所示。

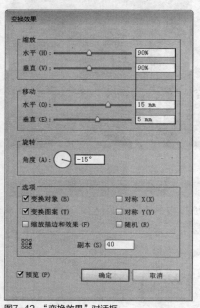

图7-42 "变换效果"对话框

图7-43 产生分形效果

实战 246 重置定界框

▶ 实例位置:光盘\效果\第7章\实战246.ai
▶ 素材位置:光盘\素材\第7章\实战246.ai
▶ 视频位置:光盘\视频\第7章\实战246.mp4

● 实例介绍 ●

进行旋转操作后,对象的定界框也会随之发生旋转,可以使用"重置定界框"命令将定界框恢复到水平方向。

● 操作步骤 ●

STEP 01 单击"文件"|"打开"命令,打开一幅素材图像,如图7-44所示。

STEP 02 选取工具面板中的选择工具▐,选中需要变换的图形,如图7-45所示。

图7-44　打开素材图像

图7-45　选择图形

STEP 03　将光标放在定界框外，当光标变为⤵形状时，如图7-46所示。

STEP 04　单击并拖曳鼠标可以旋转对象，如图7-47所示。

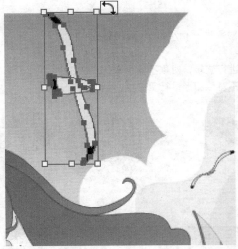

图7-46　定位光标

图7-47　旋转对象

STEP 05　单击"对象"|"变换"|"重置定界框"命令，如图7-48所示。

STEP 06　执行操作后，可以将定界框恢复到水平方向，效果如图7-49所示。

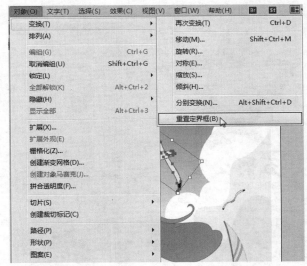

图7-48　单击"重置定界框"命令

图7-49　恢复定界框

343

7.2 缩放、倾斜与变形

Illustrator CC为缩放、旋转、倾斜、变形等变换操作提供了专门的工具，此外，用户还可以通过液化类工具创建特殊的扭曲效果。

实战 247 使用旋转工具旋转图像

▶ 实例位置：光盘\效果\第7章\实战247.ai
▶ 素材位置：光盘\素材\第7章\实战247.ai
▶ 视频位置：光盘\视频\第7章\实战247.mp4

● 实例介绍 ●

在Illustrator CC中，用户能够使用多种方式对图形进行旋转操作，如可以通过图形的变换控制框进行旋转操作，也可以使用工具面板中的旋转工具直接对图形进行旋转，还可以使用"旋转"对话框精确地对图形进行旋转操作。

用户使用选择工具在图形窗口中选择需要旋转的图形，单击"对象"|"变换"|"旋转"命令，或双击工具面板中的旋转工具，将弹出"旋转"对话框，如图7-50所示。

该对话框中的主要选项含义如下。

图7-50 "旋转"对话框

➤ 角度：用于设置选择的图形的旋转角度，取值范围为-360°～360°。
➤ 对象：选中该复选框，在旋转具有填充图案的图形时，系统将只对对象进行旋转，图案不发生变化。
➤ 图案：选中该复选框，在旋转具有图案的图形时，系统将只对图案进行旋转，对象不发生变化。
➤ 确定：单击该按钮，系统将对图形按当前设置的角度进行旋转，但不对原图形进行复制。
➤ 复制：单击该按钮，系统将对图形按当前设置的角度进行旋转，并且还会在图形窗口中保留原图形的同时复制旋转的图形，如图7-51所示。

图7-51 旋转并复制图形

● 操作步骤 ●

STEP 01 单击"文件"|"打开"命令，打开一幅素材图像并选中图形，如图7-52所示。

STEP 02 选取工具面板中的旋转工具，将鼠标指针移至图像窗口中的合适位置，单击鼠标左键以确定旋转原点，如图7-53所示。

图7-52 选中图形

图7-53 确认原点

技巧点拨

使用旋转工具时，若不在选择的图形上确认原点，则系统将自动以图形中心为原点；若用户想要精确旋转图形，则可以在确认原点后，单击"对象"|"变换"|"旋转"命令，或双击旋转工具图标，在弹出的"旋转"对话框进行"角度"的设置，单击"确定"按钮，即可对所选择的图形进行精确的旋转。

STEP 03 在原点附近拖曳鼠标，使图形绕着原点旋转，并以蓝色线条显示旋转操作的预览效果，如图7-54所示。

STEP 04 旋转至合适位置后，释放鼠标左键，即可完成旋转图形的操作，如图7-55所示。

图7-54 旋转图形

图7-55 图像效果

技巧点拨

使用旋转工具时，若按住【Shift】键，则图形将以45度的倍数进行旋转；若按住【Alt】键旋转图形，则可以复制所选择的图形。另外，当鼠标距离图形较近时，所旋转的角度增量较大，反之，则角度增量较小。

实战 248 使用镜像工具镜像图像

▶ 实例位置：光盘\效果\第7章\实战248.ai
▶ 素材位置：光盘\素材\第7章\实战248.ai
▶ 视频位置：光盘\视频\第7章\实战248.mp4

● 实例介绍 ●

使用Illustrator CC软件绘制或编辑图形时，有时为了设计需要，要将图形按照一定的对称方向进行镜像变换，而使用镜像工具可以将选择的图形按水平、垂直或任意角度进行镜像或镜像复制。

用户使用选择工具在图形窗口中选择需要镜像的图形，单击"对象"|"变换"|"镜像"命令，或双击工具面板中的镜像工具，将弹出"镜像"对话框，如图7-56所示。

该对话框中的主要选项含义如下。

➢ 水平：选中该复选框，可将选择的图形在水平方向上进行镜像操作。

➢ 垂直：选中该复选框，可将选择的图形在垂直方向上进行镜像操作。

➢ 角度：用于设置所选图形镜像时的倾斜角度。

➢ 确定：单击该按钮，系统将对图形按当前设置的参数进行镜像，但不对原图形进行复制。

➢ 复制：单击该按钮，系统将对图形按当前设置的参数进行镜像，并且还会在图形窗口中保留原图形的同时复制镜像的图形，如图7-57所示。

图7-56 "镜像"对话框

图7-57 镜像并复制图形

● 操作步骤 ●

STEP 01 单击"文件"｜"打开"命令，打开一幅素材图像，选中图像中的白天鹅，按【Ctrl＋C】和【Ctrl＋V】组合键，将该图形复制、粘贴后，选中复制的图形，如图7-58所示。

STEP 02 选取工具面板中的镜像工具 ，系统将自动以所选图形的中心点为原点，按住【Shift】键的同时，单击鼠标左键并拖曳，此时图像窗口中显示了镜像操作的预览效果，如图7-59所示。

图7-58 选中图形

图7-59 预览镜像效果

技巧点拨

图形的镜像就是将图形从左至右或从上到下进行翻转，默认情况下，镜像的原点位于对象的中心，用户也可以自定义原点的位置，在图像窗口中的任意位置单击鼠标左键，即可确认镜像的原点。另外，按住【Shift】键的同时，对图形进行镜像操作，可以使用所选择的图形以水平或垂直的轴进行镜像。

STEP 03 释放鼠标后，即可完成图形的镜像操作，如图7-60所示。

STEP 04 使用选择工具调整各图形的位置，使图像更加美观，如图7-61所示。

图7-60 图形的镜像

图7-61 图像效果

实战 249 使用比例缩放工具缩放图像

▶ 实例位置：光盘\效果\第7章\实战249.ai
▶ 素材位置：光盘\素材\第7章\实战249.ai
▶ 视频位置：光盘\视频\第7章\实战249.mp4

● 实例介绍 ●

在Illustrator CC中，用户除了可以通过图形的变换控制框对图形进行缩放操作外，也可以使工具面板中的比例缩放工具 对选择的图形按等比或非等比的方式进行缩放操作。

用户若要对图形进行缩放操作，首先要使用工具面板中的选择工具在图形窗口中选择该图形，然后选取工具面板中的比例缩放工具，移动鼠标至选择的图形处，单击鼠标左键并拖曳，即可对该图形进行缩放操作。

使用比例缩放工具缩放图形时，若是向选择的图形的内侧拖曳鼠标，则是缩小图形，如图7-62所示；若是向选择的图形的外侧拖曳鼠标，则是放大图形，如图7-63所示。

用户在使用比例缩放工具对图形进行缩放操作时，若按住【Shift】键，则将以等比例缩放图形；若按住【Alt】键，则可以在缩放图形时，在保留原图形的状态下复制缩放的图形；若按【Shift＋Alt】组合键，则将以等比例缩放图形的同时复制所操作的图形。

用户使用选择工具在图形窗口中选择需要缩放的图形，单击"对象"｜"变换"｜"缩放"命令，或双击工具面板中的比例缩放工具 ，将弹出"比例缩放"对话框，如图7-64所示。

图7-62 缩小图形

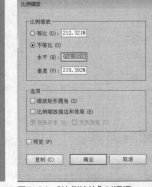

图7-63 放大图形

图7-64 "比例缩放"对话框

该对话框中的主要选项含义如下。

➢ 等比：选中该复选框，在其下方的"比例缩放"选项右侧的文本框中输入数值后，即可对图形按当前的缩放参数进行等比例缩放。当"比例缩放"值小于100时，图形缩小变换；若数值大于100时，图形放大变换。

➢ 不等比：复选该复选框，可对其下方的"水平"和"垂直"选项进行设置，其中"水平"选项用于设置所选的图形在水平方向的缩放比例，"垂直"选项用于设置所选的图形在垂直方向的缩放比例。

➢ 比例缩放描边和效果：选中该复选框，对图形进行缩放操作时，图形的轮廓也随图形进行缩放。

➢ 确定：单击该按钮，系统将对图形按当前设置的参数进行缩放，但不对原图形进行复制。

➢ 复制：单击该按钮，系统将对图形按当前设置的参数进行缩放，并且还会在图形窗口中保留原图形的同时复制缩放的图形。

● 操作步骤 ●

STEP 01 单击"文件"｜"打开"命令，打开一幅素材图像，如图7-65所示。

STEP 02 使用选择工具 ↖ 选中需要编辑的图形，如图7-66所示。

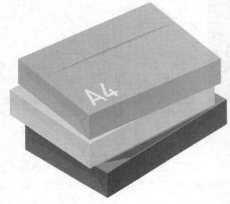

图7-65 打开素材图像

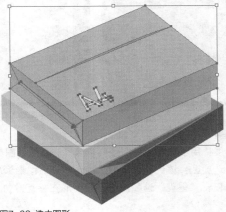

图7-66 选中图形

STEP 03 将鼠标指针移至比例缩放图标上，双击鼠标左键，弹出"比例缩放"对话框，选中"等比"单选按钮，设置"比例缩放"为80%，如图7-67所示。

STEP 04 单击"确定"按钮，所选择的图形即可按照设置的参数进行等比例缩放，效果如图7-68所示。

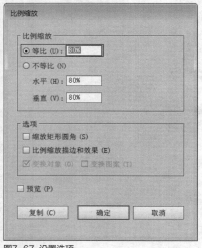

图7-67 设置选项

图7-68 等比例缩放图形

实战 250 使用倾斜工具倾斜图像

▶ 实例位置：光盘\效果\第7章\实战250.ai
▶ 素材位置：光盘\素材\第7章\实战250.ai
▶ 视频位置：光盘\视频\第7章\实战250.mp4

● 实例介绍 ●

在Illustrator CC中，用户使用工具面板中的倾斜工具可以对选择的图形进行倾斜操作，图7-69所示为原图，图7-70所示为倾斜后的图形效果。

对图形进行倾斜操作时，若不能灵活地把握鼠标的移动，直接使用倾斜工具是有些难度的，而通过在"倾斜"对话框中设置相应的参数值，则可以轻松且精确地对图形的形状进行倾斜操作。用户使用选择工具在图形窗口中选择需要倾斜的图形，单击"对象"｜"变换"｜"倾斜"命令，或双击工具面板中的倾斜工具，将弹出"倾斜"对话框，如图7-71所示。

图7-69 原图

图7-70 倾斜图形效果

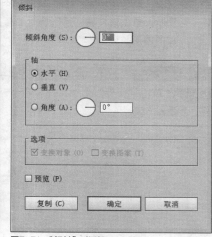

图7-71 "倾斜"对话框

该对话框中的主要选项含义如下。

➢ 倾斜角度：用于设置图形的倾斜角度，其取值范围为-360°～360°。

➢ "轴"选项区：该选项区中的选项用于设置图形倾斜轴的方向。其中"水平"选项用于设置图形在水平方向上的倾斜角度；"垂直"选项用于设置图形在垂直方向上的倾斜角度；"角度"选项用于设置图形在该角度方向上进行倾斜。

● 操作步骤 ●

STEP 01 单击"文件"|"打开"命令，打开一幅素材图像，如图7-72所示。

STEP 02 使用选择工具 选中图形，如图7-73所示。

图7-72 选中图形

图7-73 选中图形

STEP 03 选取工具面板中的倾斜工具，系统将自动以所选图形的中心点为倾斜原点，在图形附近单击鼠标左键，并轻轻地拖曳鼠标，此时图像窗口中显示了倾斜操作的预览图形，如图7-74所示。

STEP 04 根据所显示的预览图形，至满意效果后释放鼠标左键，即可完成对所选图形的倾斜操作，如图7-75所示。

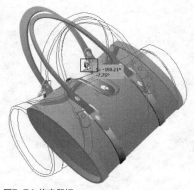

图7-74 拖曳鼠标

图7-75 图像效果

实战 251 使用整形工具调整图像

▶ 实例位置：光盘\效果\第7章\实战251.ai
▶ 素材位置：光盘\素材\第7章\实战251.ai
▶ 视频位置：光盘\视频\第7章\实战251.mp4

● 实例介绍 ●

使用工具面板中的整形工具 可以在当前选择的图形或路径中添加锚点或调整锚点的位置，如图7-76所示。

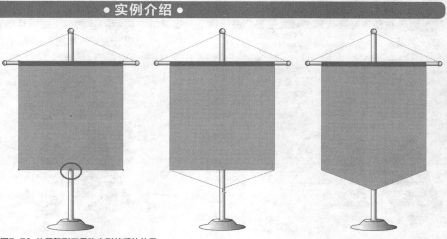

图7-76 使用整形工具改变形状后的效果

● 操作步骤 ●

STEP 01 单击"文件"|"打开"命令，打开一幅素材图像，选取工具面板中的直接选择工具 ，选中需要改变的图形，如图7-77所示。

STEP 02 选取工具面板中的整形工具 ，将鼠标移至所选图形的合适位置，鼠标指针呈 形状，如图7-78所示。

图7-77 选择图形

图7-78 鼠标形状

STEP 03 单击鼠标左键，即可添加一个路径锚点，如图7-79所示。

STEP 04 使用直接选择工具选中所添加的锚点，并调整该锚点的位置，如图7-80所示。

图7-79 添加锚点

图7-80 调整位置

技巧点拨

整形工具主要是用来调整和改变路径形状的。当鼠标指针呈 形状时，单击鼠标左键可以添加锚点；当鼠标指针呈 形状时，则可以拖曳路径。

另外，若用户选择的路径为开放路径时，可以直接使用整形工具对添加的锚点进行拖曳，并改变路径的形状；若选择的路径为闭合路径，则需要使用路径编辑工具，才能对所添加的锚点进行独立编辑。

STEP 05 再使用直接选择工具对控制柄进行调节，效果如图7-81所示。

STEP 06 用与上述同样的方法，对图像窗口中的其他图形进行变形，如图7-82所示。

图7-81 调节手柄后的效果

图7-82 图像效果

实战 252　使用变形工具使图形变形

▶ 实例位置：光盘\效果\第7章\实战252.ai
▶ 素材位置：光盘\素材\第7章\实战252.ai
▶ 视频位置：光盘\视频\第7章\实战252.mp4

● 实例介绍 ●

使用工具面板中的变形工具 可以将简单的图形变为复杂的图形。此外，它不仅可以对开放式的路径生效，也可以对闭合式的路径生效。

● 操作步骤 ●

STEP 01 单击"文件"｜"打开"命令，打开一幅素材图像，如图7-83所示。

STEP 02 将鼠标指针移至变形工具图标上 ，双击鼠标左键，弹出"变形工具选项"对话框，设置"宽度"为25mm、"高度"为25mm、"角度"为0°，"强度"为50%，选中"细节"和"简化"复选框，并分别在其右侧的数值框中输入3、40，如图7-84所示。

STEP 03 单击"确定"按钮，将鼠标指针移至图像窗口中需要变形的图形附近，如图7-85所示。

STEP 04 单击鼠标左键并轻轻地向图形内部进行拖曳，即可使图形变形，效果如图7-86所示。

图7-83 素材图像

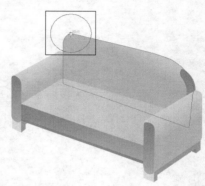
图7-85 移动鼠标

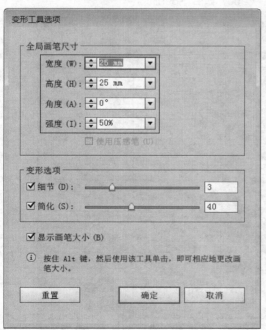
图7-84 设置选项

图7-86 图形变形

知识拓展

"变形工具选项"对话框中的主要选项的定义如下。
➤ "宽度和高度"选项：主要用来设置变形工具的画笔大小。
➤ "角度"选项：主要用来设置变形工具的画笔角度。
➤ "强度"选项：主要用来设置变形工具在使用时的画笔强度，数值越大，则图形变形的速度就越快。
➤ "细节"复选框：主要用来设置图形轮廓上各锚点之间的间距。选中此复选框后，用户可以通过直接拖曳滑块或输入数值，设置此选项，数值越大，则点的间距越小。
➤ "简化"复选框：主要用来设置减少图形中多余点的数量，且不影响图形的整体外观。
➤ "显示画笔大小"：选中此复选框，可以在图像窗口中使用画笔时，显示画笔的大小。

实战 253 使用旋转扭曲工具使图形变形

▶ 实例位置: 光盘\效果\第7章\实战253.ai
▶ 素材位置: 光盘\素材\第7章\实战253.ai
▶ 视频位置: 光盘\视频\第7章\实战253.mp4

● 实例介绍 ●

使用工具面板中的旋转扭曲工具  可以对图形进行旋转扭曲变换操作,从而使图形变形为类似于涡流的效果。选取工具面板中的旋转扭曲工具,移动鼠标至图形窗口,在窗口中需要旋转扭曲的图形处单击鼠标左键,在停顿1秒钟后,即可直接对图形进行旋转扭曲,如图7-87所示(若用户使用选择工具在图形窗口中选择图形时,旋转扭曲工具将只对选择的图形进行变形操作)。

图7-87 图形旋转扭曲变换效果

● 操作步骤 ●

STEP 01 单击"文件" | "打开"命令,打开一幅素材图像,如图7-88所示。

STEP 02 将鼠标指针移至旋转扭曲工具图标上 ,双击鼠标左键,弹出"旋转扭曲工具选项"对话框,设置"宽度"为75mm、"高度"为75mm、"角度"为0°、"强度"为60%、"旋转扭曲速率"为50°、"细节"为6、"简化"为50,如图7-89所示。

图7-88 素材图像

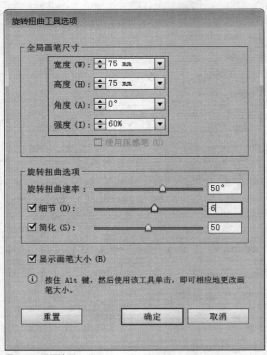

图7-89 设置选项

知识拓展

使用旋转扭曲工具时,用户可以根据自身的需要在"旋转扭曲工具选项"对话框中进行相应的参数设置,以制作出不同的图像和视觉效果。其中,若在"角度"数值框中输入负值,则图形的旋转扭曲方向为顺时针;若为正值,则图形的旋转扭曲方向为逆时针;设置"旋转扭曲速率"时,设置的数值越大,图形旋转扭曲的速度就越快。

STEP 03 单击"确定"按钮,将鼠标指针移至图像窗口中需要进行旋转扭曲操作的图形上,如图7-90所示。

STEP 04 单击鼠标左键不放,旋转扭曲工具即可按照设置的参数值对图形进行旋转扭曲,如图7-91所示。

图7-90 移动鼠标

STEP 05 将图形旋转扭曲至合适程度后，释放鼠标即可观察图形旋转扭曲后的效果，如图7-92所示。

图7-91 旋转扭曲

STEP 06 用与上述同样的方法，为图像中的其他图形进行旋转扭曲的操作，效果如图7-93所示。

图7-92 图形效果

图7-93 图像效果

实战 254　使用收缩工具使图形变形

▶ 实例位置：光盘\效果\第7章\实战254.ai
▶ 素材位置：光盘\素材\第7章\实战254.ai
▶ 视频位置：光盘\视频\第7章\实战254.mp4

● 实例介绍 ●

　　使用工具面板中的收缩工具 🔳 可以对图形制作挤压变形效果。选取工具面板中的收缩工具，移动鼠标指针至图形窗口，在窗口中需要收缩的图形处单击鼠标左键，在停顿1秒钟后，即可直接对图形进行收缩变形，如图7-94所示（若用户使用选择工具在图形窗口中选择图形时，则收缩工具将只对选择的图形进行变形操作）。

图7-94 图形收缩变形效果

● 操作步骤 ●

STEP 01 单击"文件"|"打开"命令，打开一幅素材图像，如图7-95所示。

STEP 02 将鼠标指针移至缩拢工具图标上，双击鼠标左键，弹出"收缩工具选项"对话框，设置"宽度"为85mm、"高度"为85mm、"角度"为0°、"强度"20%、"细节"为1、"简化"为10，如图7-96所示。

图7-95 素材图像

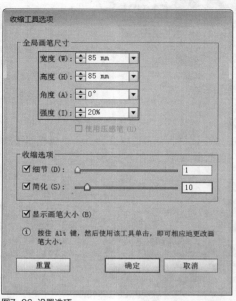

图7-96 设置选项

STEP 03 单击"确定"按钮，将鼠标指针移至图形的正中央，单击鼠标左键，此时在图像窗口中显示了图形收缩的预览效果，如图7-97所示。

STEP 04 图形收缩至合适程度后，释放鼠标左键，即可查看图形收缩后的图像效果，如图7-98所示。

图7-97 收缩预览效果

图7-98 图形效果

知识拓展

　　收缩工具可以对图形进行挤压变形的操作，在"收缩工具选项"对话框中进行参数值的设置时，用户一定要根据所要编辑的图形的实际情况进行设置。如设置"宽度"和"高度"的参数值，设置了画笔的大小后，将鼠标指针移至图形中央时，若所需编辑图形颜色和形状较为单一，且画笔笔触无法触及该图形的路径或锚点，单击鼠标左键，图形将无任何变化。因此，在对图形进行收缩变形时，图像的路径或锚点一定要在画笔笔触的范围之内，才能对图形进行收缩操作。

实战 255　使用膨胀工具使图形变形

▶ 实例位置：光盘\效果\第7章\实战255.ai
▶ 素材位置：光盘\素材\第7章\实战255.ai
▶ 视频位置：光盘\视频\第7章\实战255.mp4

● 实例介绍 ●

膨胀工具的作用主要是以画笔的大小对图形的形状进行向外的扩展，即以鼠标单击点为中心向画笔笔触的外缘进行扩展变形，如图7-99所示。若膨胀工具的画笔位置处于图形的边缘，则该图形的边缘向画笔的外缘进行膨胀，但观察到的图形形状则是向图形的内部进行收缩变形。若用户使用选择工具在图形窗口中选择图形时，则膨胀工具只对选择的图形进行膨胀变形操作。

图7-99　图形膨胀变形效果

● 操作步骤 ●

STEP 01 单击"文件"｜"打开"命令，打开一幅素材图像，如图7-100所示。

STEP 02 将鼠标指针移至膨胀工具 ◻ 图标上，双击鼠标左键，弹出"膨胀工具选项"对话框，设置"宽度"为25mm、"高度"为32mm、"角度"为0°、"强度"20%、"细节"为2、"简化"为10，如图7-101所示。

STEP 03 单击"确定"按钮，画笔形状根据设置的参数值以椭圆形进行了显示，将鼠标指针移至需要进行膨胀的图形上，如图7-102所示。

STEP 04 单击一下鼠标左键，即可使洒水壶的壶嘴进行膨胀变形，并呈现出一种弧面效果，如图7-103所示。

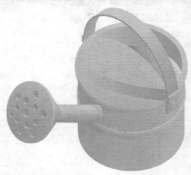

图7-100　素材图像

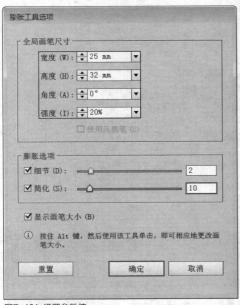

图7-101　设置参数值

图7-102　移动鼠标

图7-103　图像效果

实战 256 使用扇贝工具使图形变形

▶ 实例位置：光盘\效果\第7章\实战256.ai
▶ 素材位置：光盘\素材\第7章\实战256.ai
▶ 视频位置：光盘\视频\第7章\实战256.mp4

● 实例介绍 ●

使用工具面板中的扇贝工具 ⬚ 可以将图形产生扇形外观，使图形产生向某一点聚集的效果，如图7-104所示。

图7-104 图形变形效果

● 操作步骤 ●

STEP 01 单击"文件"｜"打开"命令，打开一幅素材图像（如图7-105所示），选中需要变形的图形。

STEP 02 在扇贝工具图标 ⬚ 上双击鼠标左键，弹出"扇贝工具选项"对话框，设置"宽度"为20mm、"高度"为20mm、"角度"为0°、"强度"40%、"复杂性"为3、"细节"为1，选中"画笔影响内切线手柄"和"画笔影响外切线手柄"复选框，如图7-106所示。

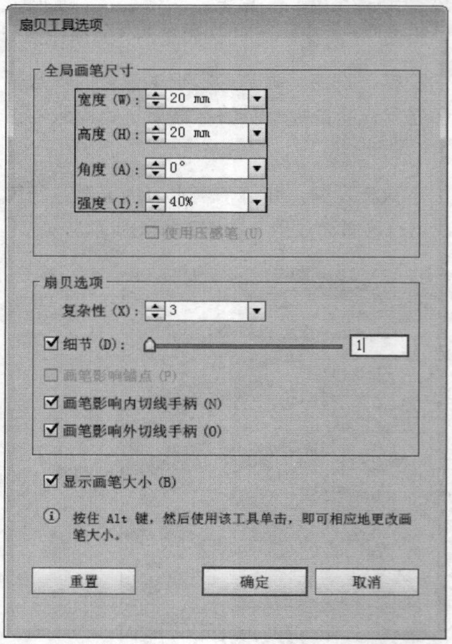

图7-105 素材图像

图7-106 设置选项

知识拓展

通过在"扇贝工具选项"对话框中设置不同的参数与选项，可以使图形边缘产生许多不同样式的锯齿或细小的皱褶状曲线效果。另外，在使用变形工具的操作过程中，若选择了某一个图形，则该工具只会针对这个图形进行变形；若没有选中图形，则图像窗口中可以被画笔触及到的图形都会产生变形。

STEP 03 单击"确定"按钮，将鼠标指针移至所选图形的路径外侧，单击鼠标左键，即可显示图形变形的预览效果，如图7-107所示。

STEP 04 沿着图形外侧拖曳鼠标，即可使图形外缘进行变形，效果如图7-108所示。

图7-107 扇贝变形

图7-108 图像效果

<table>
<tr><td>实战
257</td><td>使用晶格工具使图形变形</td><td>▶ 实例位置：光盘\效果\第7章\实战257.ai
▶ 素材位置：光盘\素材\第7章\实战257.ai
▶ 视频位置：光盘\视频\第7章\实战257.mp4</td></tr>
</table>

• 实例介绍 •

使用晶格工具 可以对图形进行细化处理，从而使图形产生放射效果，如图7-109所示。

图7-109 图形变形效果

• 操作步骤 •

STEP 01 单击"文件"｜"打开"命令，打开一幅素材图像，如图7-110所示。

STEP 02 选中需要变形的图形，如图7-111所示。

图7-110 素材图像

图7-111 选择图形

STEP 03 在晶格化工具图标 上双击鼠标左键，弹出"晶格化工具选项"对话框，设置"宽度"为15mm、"高度"为15mm、"角度"为0°、"强度"20%、"复杂性"为4、"细节"为2，选中"画笔影响锚点"复选框，如图7-112所示。

STEP 04 单击"确定"按钮，将鼠标指针移至所选图形的内部，即画笔的中心点在图形内部，如图7-113所示。

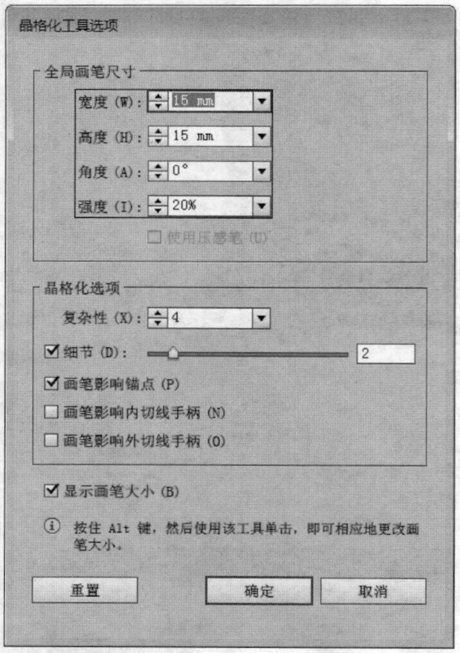

晶格化工具选项

全局画笔尺寸

宽度（W）：15 mm

高度（H）：15 mm

角度（A）：0°

强度（I）：20%

使用压感笔（U）

晶格化选项

复杂性（X）：4

☑ 细节（D）：　　　　　　　　2

☑ 画笔影响锚点（P）

☐ 画笔影响内切线手柄（N）

☐ 画笔影响外切线手柄（O）

☑ 显示画笔大小（B）

ⓘ 按住 Alt 键，然后使用该工具单击，即可相应地更改画笔大小。

重置　　　　确定　　　　取消

图7-112 设置选项

图7-113 移动鼠标

知识拓展

晶格化工具主要可以使图形的局部产生碎片、尖角和凸起的变形，且图形的变形是从画笔的中心点向外扩展。因此，用户在使用晶格化工具时，需根据图形的大小和形状来设置晶格化工具的参数和选项，并正确地放置画笔位置和移动鼠标，才能使图形形状有一个良好的变形效果（若用户使用选择工具在图形窗口中选择图形时，则晶格工具将只对选择的图形进行变形操作）。

STEP 05 单击鼠标左键，并沿着图形走向拖曳鼠标，即可使该图形变形，如图7-114所示。

STEP 06 用与上述同样的方法，为图像中的其他图形进行晶格化变形，如图7-115所示。

图7-114 图形变形

图7-115 图像效果

实战 258 使用皱褶工具使图形变形

▶ **实例位置：** 光盘\效果\第7章\实战258.ai
▶ **素材位置：** 光盘\素材\第7章\实战258.ai
▶ **视频位置：** 光盘\视频\第7章\实战258.mp4

● 实例介绍 ●

使用工具面板中的皱褶工具🖾可以对图形进行折皱变形，从而使图形产生抖动效果，如图7-116所示（若用户使用选择工具在图形窗口中选择图形时，则皱褶工具将只对选择的图形进行变形操作）。

图7-116 图形变形效果

● 操作步骤 ●

STEP 01 单击"文件"|"打开"命令，打开一幅素材图像，如图7-117所示。

STEP 02 将鼠标指针移至皱褶工具图标上，双击鼠标左键，弹出"皱褶工具选项"对话框，设置"宽度"为50mm、"高度"为50mm、"角度"为0°、"强度"为50%、"水平"为40%、"垂直"为80%、"复杂性"为4、"细节"为1，选中"画笔影响内切线手柄"和"画笔影响外切线手柄"复选框，如图7-118所示。

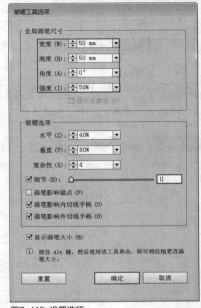

图7-118 设置选项

图7-117 素材图像

STEP 03 单击"确定"按钮，将鼠标指针移至所选择变形的图形上，单击鼠标左键不放，图像窗口中即可显示图形边缘抖动，并随之变形的预览效果，如图7-119所示。

STEP 04 沿着图形的形状拖曳鼠标，使图形变形至满意效果后，释放鼠标即可，效果如图7-120所示。

图7-119 预览效果

图7-120 图形变形

STEP 05 用与上述同样的方法，为图像窗口中其他图形进行皱褶变形，效果如图7-121所示。

STEP 06 使用直接选择工具对经过变形操作的图形进行适当地修饰，使图像效果更加美观，如图7-122所示。

图7-121 图形变形

图7-122 图像效果

知识拓展

在扇贝工具、晶格化工具和皱褶工具的对话框中，除了一些常用的设置选项外，还增添了一些选项，这些选项的主要定义如下。

➤ "复杂性"数值框：主要用来设置图形变形的复杂程度，数值越大，图形的变形程度越明显，若输入的数值为0，则图形将无任何变化。

➤ "画笔影响锚点"复选框：选中此复选框，在使用变形工具时，画笔只针对图形的锚点并使之变形。

➤ "画笔影响内切线手柄"复选框：选中此复选框，在使用变形工具时，画笔只针对锚点的内切线手柄，并使之变形。

➤ "画笔影响外切线手柄"复选框：选中此复选框，在使用变形工具时，画笔只针对锚点的外切线手柄，并使之变形。

实战 259	使用宽度工具使图形变形

▶ 实例位置：光盘\效果\第7章\实战259.ai
▶ 素材位置：光盘\素材\第7章\实战259.ai
▶ 视频位置：光盘\视频\第7章\实战259.mp4

● 实例介绍 ●

使用宽度工具 可以横向拉伸路径，绘制出特殊的图形效果。

● 操作步骤 ●

STEP 01 单击"文件"|"打开"命令，打开一幅素材图像，如图7-123所示。

STEP 02 选取宽度工具 ，将光标移至路径的末端，此时指针呈 形状，如图7-124所示。

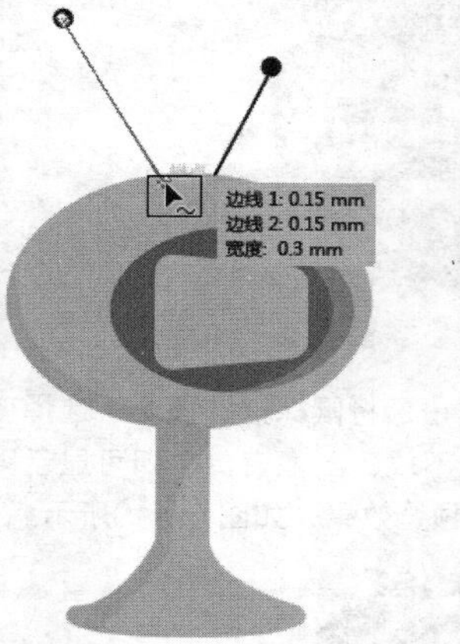

图7-123 素材图像

图7-124 定位光标

STEP 03 单击鼠标左键并向左侧拖曳，即可加宽路径，如图7-125所示。

STEP 04 用与上述同样的方法，为图像窗口中其他图形进行宽度变形，效果如图7-126所示。

图7-125 预览效果

图7-126 图形变形

技巧点拨

　　用户在使用变形类工具对图形进行变形操作时，鼠标指针在默认状态下显示为空心圆，其半径越大则操作中变形的区域也就越大。

　　另外，在使用变形类工具对图形进行变形操作时，按住【Alt】键的同时拖曳鼠标，可以动态改变空心圆的大小及形状。若用户需要精确地控制每种变形工具的操作参数，也可以双击工具面板中的相应工具，然后在弹出的相应对话框中设置各参数即可。

7.3　封套扭曲变形

　　封套扭曲是Illustrator CC中最灵活、最具可控性的变形功能，它可以使对象按照封套的形状产生变形。封套是用于扭曲对象的图形，被扭曲的对象叫做封套内容。封套类似于容器，封套内容则类似于水，将水装进圆形的容器时，水的边界就会呈现为圆形，装进方形容器时，水的边界又会呈现为方形。封套扭曲的原理与之类似。

实战 260	使用"用变形建立"命令使图形变形

> ▶ 实例位置：光盘\效果\第7章\实战260.ai
> ▶ 素材位置：光盘\素材\第7章\实战260.ai
> ▶ 视频位置：光盘\视频\第7章\实战260.mp4

● **实例介绍** ●

　　建立封套扭曲的操作方法有3种方式：一是使用"用变形建立"命令建立封套扭曲；二是使用"用网格建立"命令建立封套扭曲；三是使用"用顶层对象建立"命令建立封套扭曲。

　　选取工具面板中的选择工具，在图形窗口中选择需要进行变形操作的图形，单击"对象" | "封套扭曲" | "用变形建立"命令，或按【Ctrl + Shift + Alt + W】组合键，弹出"变形选项"对话框，设置各选项，单击"确定"按钮后，图形应用封套扭曲后的效果如图7-127所示。

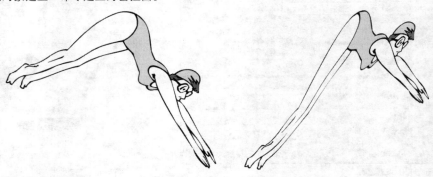

图7-127　选择的图形

知识拓展

　　"变形选项"对话框中的主要选项的定义如下。

　　▶ "样式"文本框：主要用于设置图形变形的样式，单击文本框右侧的下拉三角按钮，在弹出的下拉列表框中提供了15种封套扭曲的样式，用户可通过选择不同的样式对图形制作出不同的封套扭曲效果。

　　▶ "水平"和"垂直"单选按钮：选中"水平"单选按钮，则图形的变形操作作用于水平方向上；选中"垂直"单选按钮，则图形的变形操作作用于垂直方向上。

　　▶ "弯曲"数值框：主要用于设置所选图形的弯曲程度，若在其右侧的数值框中输入正值，则选择的图形将向上或向左变形；若输入负值，则选择的图形将向下或向右变形。

　　▶ "扭曲"选项区：主要用于设置选择的图形在变形的同时是否进行扭曲操作，通过在其右侧的数值框中输入不同的数值，则扭曲的程度和方向也会有所不同。若设置"水平"选项，则图形的变形将偏向于水平方向；若设置"垂直"选项，则图形的变形将偏向于垂直方向。

● **操作步骤** ●

STEP 01 单击"文件" | "打开"命令，打开一幅素材图像，如图7-128所示。

STEP 02 选中需要变形的图形，如图7-129所示。

图7-128 素材图像

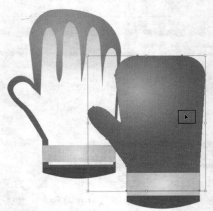

图7-129 选择图形

STEP 03 单击"对象"｜"封套扭曲"｜"用变形建立"命令，弹出"变形选项"对话框，单击"样式"文本框右侧的下拉三角按钮，在弹出的下拉列表框中选择"上弧形"选项，选中"水平"单选按钮，设置"弯曲"为50%、"扭曲"为0%、"垂直"为0%，如图7-130所示。

STEP 04 单击"确定"按钮，即可使选中的图形按照所设置的参数进行变形，如图7-131所示。

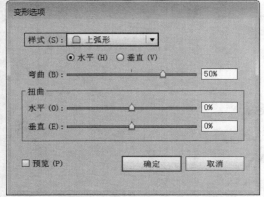

图7-130 设置选项

图7-131 图像效果

实战 261 使用"用网格建立"命令建立封套扭曲

▶ 实例位置：光盘\效果\第7章\实战261.ai
▶ 素材位置：光盘\素材\第7章\实战261.ai
▶ 视频位置：光盘\视频\第7章\实战261.mp4

● 实例介绍 ●

使用"用网格建立"命令可以在应用封套的图形对象上覆盖封套网格，然后用户可使用工具面板中的直接选择工具拖曳封套网格上的控制柄，以更灵活地调整封套效果。

使用"用网格建立"命令可以为选择的图形创建一个矩形网格状的封套，在对话框中设置不同的参数，所创建的网格也会有所不同，网格上自带着节点和方向线，通过改变节点和方向线可以改变网格的形状，封套中的图形也随之改变。该"封套网格"话框中，"行数"数值框主要用来设置建立网格的行数；"列数"数值框主要用来设置建立网格的列数。

● 操作步骤 ●

STEP 01 单击"文件"｜"打开"命令，打开两幅素材图像，如图7-132所示。

STEP 02 将人物图形复制粘贴于相框素材的文档中，并选中人物图形；单击"对象"｜"封套扭曲"｜"用网格建立"命令，弹出"封套网格"对话框，设置"行数"为2、"列数"为2，如图7-133所示。

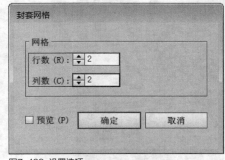

图7-132 素材图像

图7-133 设置选项

STEP 03 单击"确定"按钮,即可对人物图形建立封套网格,再使用选择工具调整人物图形的位置和大小,如图7-134 所示。

STEP 04 选取工具面板中的直接选择工具,将鼠标指针移至封套网格的锚点上,单击鼠标左键并拖曳,即可调整网格点 的位置和网格线的形状,如图7-135所示。

STEP 05 用与上述同样的方法,对封套网格的锚点进行调整,人物图形也随之进行变形,效果如图7-136所示。

图7-134 调整图形

图7-135 调整锚点

图7-136 图像效果

实战 262 使用"用顶层对象建立"命令使图形变形

▶ 实例位置: 光盘\效果\第7章\实战262.ai
▶ 素材位置: 光盘\素材\第7章\实战262.ai
▶ 视频位置: 光盘\视频\第7章\实战262.mp4

● 实例介绍 ●

在使用"用顶层对象建立"命令对图形进行封套效果时,所选择的图形数量应在两个或两个以上,否则无法建立封 套效果。

● 操作步骤 ●

STEP 01 单击"文件"|"打开"命令,打开一幅素材图 像,如图7-137所示。

STEP 02 选取工具面板中的圆角矩形工具,在控制面板 上设置"填色"为"无""描边"为"黑色";在图像窗口 中单击鼠标左键,在弹出的"圆角矩形"对话框中设置"宽 度"为150mm、"高度"为200mm、"圆角半径"为 10mm,如图7-138所示。

图7-137 素材图像

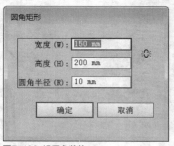

图7-138 设置参数值

STEP 03 单击"确定"按钮，即可绘制一个指定大小的圆角矩形框（如图7-139所示），按【Ctrl+A】组合键，将图像窗口中的所有图形全部选中。

STEP 04 单击"对象"｜"封套扭曲"｜"用顶层对象建立"命令，即可使用圆角矩形框建立标识的封套效果，如图7-140所示。

图7-139 圆角矩形框

图7-140 封套效果

实战 263	扩展封套扭曲	▶ 实例位置：光盘\效果\第7章\实战263.ai ▶ 素材位置：光盘\素材\第7章\实战263.ai ▶ 视频位置：光盘\视频\第7章\实战263.mp4

● 实例介绍 ●

当图形应用封套扭曲效果后，用户无法再为其应用其他类型的封套，若用户想进一步对该图形进行编辑，此时可将图形进行转换。

● 操作步骤 ●

STEP 01 单击"文件"｜"打开"命令，打开一幅素材图像，如图7-141所示。

STEP 02 选中需要扩展的封套扭曲图形，如图7-142所示。

图7-141 素材图像

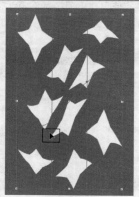

图7-142 选中图形对象

STEP 03 单击"对象"|"封套扭曲"|"扩展"命令，如图7-143所示。

STEP 04 执行操作后，即可将封套扭曲的图形转换为独立的图形对象，如图7-144所示。

图7-143 单击"扩展"命令

图7-144 转换为独立的图形对象

实战 264 编辑封套扭曲

▶ 实例位置：光盘\效果\第7章\实战264.ai
▶ 素材位置：光盘\素材\第7章\实战264.ai
▶ 视频位置：光盘\视频\第7章\实战264.mp4

● 实例介绍 ●

编辑封套扭曲的操作除了编辑封套图形外，还可以编辑内容，即被封套的图形，在控制面板上单击"编辑内容"按钮图，或单击"对象"|"封套扭曲"|"编辑内容"命令，系统将自动选中编辑内容，此时，用户可以通过控制面板对该内容的颜色、描边等选项进行相应的编辑。

用户编辑完封套图形后，单击"对象"|"封套扭曲"|"编辑封套"命令，即可将拆分的图形又组成一个封套图形。

● 操作步骤 ●

STEP 01 单击"文件"|"打开"命令，打开一幅素材图像，如图7-145所示。

STEP 02 选中封套的图形，如图7-146所示。

图7-145 选中图形

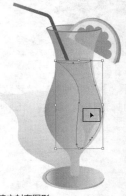

图7-146 建立封套图形

STEP 03 在控制面板上单击"编辑封套"按钮 ，系统将自动选中封套图形，使用直接选择工具在需要编辑的锚点上单击鼠标左键，使锚点处于编辑状态，如图7-147所示。

STEP 04 拖曳鼠标，即可调整封套图形的位置，效果如图7-148所示。

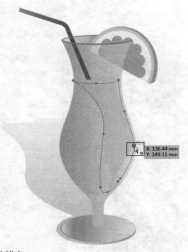

图7-147 选中锚点

图7-148 图像效果

实战 265 删除封套扭曲

▶ 实例位置：光盘\效果\第7章\实战265.ai
▶ 素材位置：光盘\素材\第7章\实战265.ai
▶ 视频位置：光盘\视频\第7章\实战265.mp4

● 实例介绍 ●

用户若要取消图形的封套效果，则单击"对象"|"封套扭曲"|"释放"命令，将弹出一个呈灰色填充的封套图形，将其删除，图形即可恢复至变形前的效果。

● 操作步骤 ●

STEP 01 单击"文件"|"打开"命令，打开一幅素材图像，如图7-149所示。

STEP 02 选中需要删除封套扭曲的对象，如图7-150所示。

图7-149 素材图像

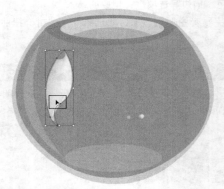

图7-150 选中图形对象

STEP 03 单击"对象"|"封套扭曲"|"释放"命令，将弹出一个呈灰色填充的封套图形，如图7-151所示。

STEP 04 将其删除，并适当调整图形的位置，效果如图7-152所示。

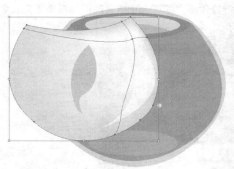

图7-151 释放封套扭曲

图7-152 调整图形的位置

7.4 组合图形对象

在Illustrator CC中创建基本图形后，可以通过不同的方法将多个图像组合为复杂的图形。组合对象时，可以通过"路径查找器"面板查找，也可以使用复合路径和复合形状。

实战 266	使用形状模式	▶ 实例位置：光盘\效果\第7章\实战266.ai ▶ 素材位置：光盘\素材\第7章\实战266.ai ▶ 视频位置：光盘\视频\第7章\实战266.mp4

● 实例介绍 ●

"形状模式"选项区中各按钮的主要作用如下。

➤ "联集"按钮 ▣：单击此按钮可以将选定的多个图形合并成一个图形，图形之间重叠的部分将被忽略，新生成的将与最上层图形的填充和描边颜色相同。

➤ "减去顶层"按钮 ▣：此按钮的功能与"联集"按钮的功能相反，在工作区中选择两个或两个以上的图形后，单击此按钮，将会以最上层的图形减去最底层的图形，图形之间重叠的部分和位于最上层的图形将被删除，并重新组成一个闭合路径。

➤ "交集"按钮 ▣：单击此按钮可以对选定的多个图形相互重叠交叉的部分进行合并，合并后重叠交叉的部分将生成新的图形，其图形颜色将与最上层的图形颜色相同，未重叠交叉的部分则自动删除。

➤ "差集"按钮 ▣：该按钮的功能与"交集"按钮的功能相反，在工作区中选择两个或两个以上的图形后，单击此按钮，所有图形没有重叠的部分将被保留，并生成新的图形，其填充的颜色与图形中最上层的图形颜色相同，而重叠部分则被删除。

● 操作步骤 ●

STEP 01 单击"文件"|"打开"命令，打开一幅素材图像，如图7-153所示。

STEP 02 按【Ctrl + A】组合键，将图像中的所有图形全部选中，如图7-154所示。

图7-153 素材图像

图7-154 选中所有图形

STEP 03 按【Shift + Ctrl + F9】组合键，弹出"路径查找器"面板，在"形状模式"选项区中单击"差集"按钮，如图7-155所示。

STEP 04 执行操作后，即可改变所选图形的图像效果，如图7-156所示。

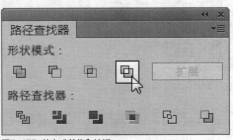

图7-155 单击"差集"按钮

图7-156 "差集"操作后的效果

实战 267	使用路径查找器	▶ 实例位置：光盘\效果\第7章\实战267.ai
		▶ 素材位置：无
		▶ 视频位置：光盘\视频\第7章\实战267.mp4

● 实例介绍 ●

"路径查找器"选项区中各按钮的主要作用如下。

➤ "分割"按钮：选择两个或两个以上的图形后，单击此按钮，可以将图形相互重叠的部分进行分离，形成一个独立的图形，所填充的颜色、描边等属性被保留，而重叠区域以下的图形则被删除。

➤ "修边"按钮：单击此按钮后，可以删除图形重叠部分下方的图形，且所有描边全部删除。

➤ "合并"按钮：单击此按钮后，可以将所选择的图形合并成一个整体，且所有图形的描边将被删除。

➤ "裁剪"按钮：选择两个或两个以上的图形后，单击此按钮，最下方的图形将剪去最上方的图形，且描边被删除，但图形重叠的部分将保留。

➤ "轮廓"按钮：单击此按钮后，所有选择的图形将转化成轮廓线，轮廓线的颜色与原图形的填充颜色相同，生成的轮廓线将被分割为开放的路径，且这些路径会自动编组。

➤ "减去后方对象"按钮：选择两个或两个以上的图形后，单击此按钮，最下方的图形将剪去与该图形所有重叠的部分，且得到一个封闭的图形。

● 操作步骤 ●

STEP 01 在实战266的素材基础上，使用选择工具选中素材图像中的蓝色、绿色图形和文字路径，如图7-157所示。

STEP 02 在"路径查找器"浮动面板中，单击"轮廓"按钮，如图7-158所示。

图7-157 素材文件

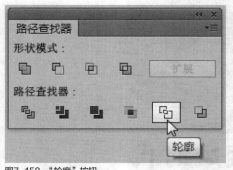

图7-158 "轮廓"按钮

STEP 03 执行操作后，素材图像的效果将以轮廓显示，如图7-159所示。

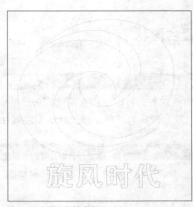

图7-159 图形以轮廓显示

实战 268 创建复合形状

▶ 实例位置：光盘\效果\第7章\实战268.ai
▶ 素材位置：光盘\素材\第7章\实战268.ai
▶ 视频位置：光盘\视频\第7章\实战268.mp4

● 实例介绍 ●

复合形状能够保留原图形各自的轮廓，它对图形的处理是非破坏性的，复合图形的外观虽然变为一个整体，但各个图形的轮廓都完好无损。

● 操作步骤 ●

STEP 01 单击"文件"|"打开"命令，打开一幅素材图像，如图7-160所示。

STEP 02 按【Ctrl + A】组合键，将图像中的所有图形全部选中，如图7-161所示。

图7-160 素材图像

图7-161 选中所有图形

STEP 03 按【Shift + Ctrl + F9】组合键，调出"路径查找器"面板，在"形状模式"选项区中单击"减去顶层"按钮，如图7-162所示。

STEP 04 执行操作后，创建复合形状，如图7-163所示。

图7-162 单击"减去顶层"按钮

图7-163 创建复合形状

● 实例介绍 ●

复合形状是可编辑的对象，可以使用直接选择工具或编组选择工具选取其中的对象，也可以使用锚点编辑工具修改对象的形状，或者修改复合形状的填色、样式或透明度属性。

● 操作步骤 ●

STEP 01 单击"文件"｜"打开"命令，打开一幅素材图像，如图7-164所示。

STEP 02 按【Ctrl＋A】组合键，将图像中的所有图形全部选中，如图7-165所示。

图7-164 素材图像

图7-165 选中所有图形

STEP 03 按【Shift＋Ctrl＋F9】组合键，调出"路径查找器"面板，在"形状模式"选项区中单击"减去顶层"按钮，如图7-166所示。

STEP 04 执行操作后，创建复合形状，如图7-167所示。

图7-166 单击"减去顶层"按钮

图7-167 创建复合形状

STEP 05 使用选择工具选择复合形状，如图7-168所示。

STEP 06 单击"路径查找器"面板右上角的按钮，在弹出的面板菜单中选择"建立复合形状"选项，如图7-169所示。

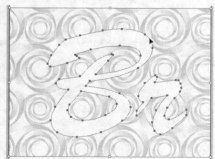

图7-168 选择复合形状

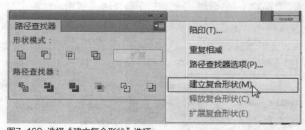

图7-169 选择"建立复合形状"选项

STEP 07 单击"路径查找器"面板中的"扩展"按钮，如图7-170所示。

STEP 08 执行操作后，即可扩展复合形状，如图7-171所示。

图7-170 单击"扩展"按钮

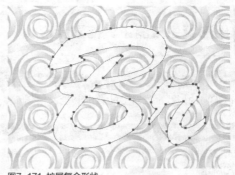

图7-171 扩展复合形状

实战 270 创建复合路径

▶ 实例位置：光盘\效果\第7章\实战270.ai
▶ 素材位置：光盘\素材\第7章\实战270.ai
▶ 视频位置：光盘\视频\第7章\实战270.mp4

● 实例介绍 ●

复合路径是由一条或多条简单的路径组合而成的图形，常用来制作挖空效果，即可以在路径的重叠处呈现孔洞。

● 操作步骤 ●

STEP 01 "文件" | "打开"命令，打开一幅素材图像，如图7-172所示。

图7-172 素材图像

STEP 03 单击"对象" | "复合路径" | "建立"命令，如图7-174所示。

图7-174 单击"建立"命令

STEP 02 按【Ctrl + A】组合键，将图像中的所有图形全部选中，如图7-173所示。

图7-173 选中所有图形

STEP 04 执行操作后，即可创建复合路径，效果如图7-175所示。

图7-175 图像效果

知识拓展

复合形状是通过"路径查找器"面板组合的图形，可以生成相加、相减和相交等不同的运算结果，而复合路径只能创建挖空效果。

实战 271 用形状生成器工具构建新形状

▶ 实例位置：光盘\效果\第7章\实战271.ai
▶ 素材位置：光盘\素材\第7章\实战271.ai
▶ 视频位置：光盘\视频\第7章\实战271.mp4

● 实例介绍 ●

Illustrator CC中的形状生成器工具📷可以合并或删除多个简单图形，从而生成复杂形状，非常适合处理简单的路径。

● 操作步骤 ●

STEP 01 单击"文件"｜"打开"命令，打开一幅素材图像，如图7-176所示。

STEP 02 按【Ctrl + A】组合键，将图像中的所有图形全部选中，如图7-177所示。

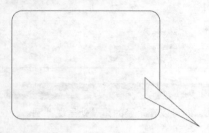

图7-176 素材图像

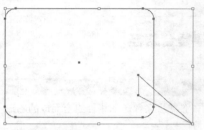

图7-177 选中所有图形

STEP 03 选择形状生成器工具📷，将光标放在一个图形上方，光标会变为▶.形状，单击并拖曳鼠标至另一个图形，如图7-178所示。

STEP 04 释放鼠标，即可将这两个图形合并，效果如图7-179所示。

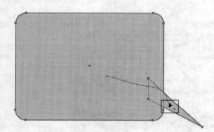

图7-178 拖曳鼠标

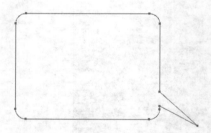

图7-179 合并图形

7.5 剪切和分割对象

Illustrator可以通过不同的方式剪切和分割图形，例如，可以将对象分割为网格、用一个对象分割另一个对象，以及擦除图形等。

实战 272 使用刻刀工具裁剪图形

▶ 实例位置：光盘\效果\第7章\实战272.ai
▶ 素材位置：光盘\素材\第7章\实战272.ai
▶ 视频位置：光盘\视频\第7章\实战272.mp4

● 实例介绍 ●

使用刻刀工具✐可以裁剪图形。如果是开放式的路径，裁切后会成为闭合式路径。使用刻刀工具裁剪填充了渐变颜色的对象时，如果渐变的角度为0°，则每裁切一次，Illustrator就会自动调整渐变角度，使之始终保持0°，因此，裁切后对象的颜色会发生变化。

● 操作步骤 ●

STEP 01 单击"文件"｜"打开"命令，打开一幅素材图像，如图7-180所示。

STEP 02 选择刻刀工具✐，在栅栏上单击并拖曳鼠标，划出裁切线，如图7-181所示。

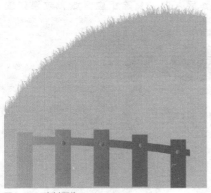

图7-180 素材图像

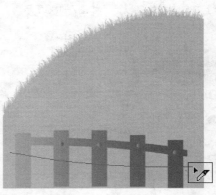

图7-181 划出裁切线

STEP 03 执行操作后，即可裁剪栅栏图形，如图7-182
所示。

STEP 04 取消选择，可以看到图形的渐变色发生了变化，
效果如图7-183所示。

图7-182 裁剪栅栏图形

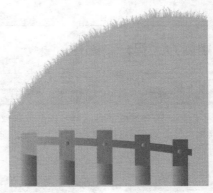

图7-183 图像效果

实战 273 使用橡皮擦工具擦除图形

▶ 实例位置：光盘\效果\第7章\实战273.ai
▶ 素材位置：光盘\素材\第7章\实战273.ai
▶ 视频位置：光盘\视频\第7章\实战273.mp4

● 实例介绍 ●

使用橡皮擦工具 ◢ 在图形上方单击并拖曳鼠标，可以擦除相应对象。

● 操作步骤 ●

STEP 01 单击"文件"｜"打开"命令，打开一幅素材图
像，如图7-184所示。

STEP 02 选取橡皮擦工具 ◢，如图7-185所示。

图7-184 素材图像

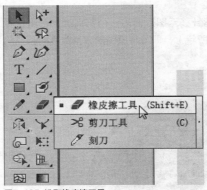

图7-185 选取橡皮擦工具

STEP 03 在图形上方单击并拖曳鼠标,如图7-186所示。

STEP 04 执行操作后,即可擦除相应区域,效果如图7-187所示。

图7-186 拖曳鼠标

图7-187 图像效果

实战 274 使用剪刀工具分割图形

▶ 实例位置: 光盘\效果\第7章\实战274.ai
▶ 素材位置: 光盘\素材\第7章\实战274.ai
▶ 视频位置: 光盘\视频\第7章\实战274.mp4

● 实例介绍 ●

剪刀工具可以将一条开放或闭合的路径图形分割成多个开放的路径图形,经过剪切后的路径图形,可以使用直接选择工具或转换锚点工具对路径图形进行进一步编辑。剪刀工具主要针对的是路径和锚点,在使用剪刀工具时一般是在路径或锚点上进行起始点的确认。

● 操作步骤 ●

STEP 01 单击"文件"|"打开"命令,打开一幅素材图像,使用选择工具选中图像中的蓝色图形,如图7-188所示。

STEP 02 选取工具面板中的剪刀工具,将鼠标指针移至图形上的一个锚点上,单击鼠标左键,即可使该锚点处于编辑状态,如图7-189所示。

图7-188 选中图形

图7-189 单击锚点

STEP 03 将鼠标指针移至图形的另一个锚点上,单击鼠标左键(如图7-190所示),即可将原图形分割为两个独立的图形。

STEP 04 利用选择工具分别选中被分割的图形,并对图形的位置进行调整,效果如图7-191所示。

图7-190 单击锚点

图7-191 调整图形位置

知识拓展

Illustrator主要应用于平面设计，而平面设计的应用非常广泛，在周围的生活、工作、学习中随处可见，种类也非常多。人们的生活也离不开平面设计，吃、穿、住、行都会涉及平面设计，设计成为人类生活中不可缺少的一部分。平面设计按照对象分类主要有企业形象系统设计、包装设计、UI设计、广告设计、插画设计和卡漫设计等。

1. 企业形象系统设计

企业形象识别系统是英文Corporate ldentity System的中文翻译，简称CIS，CIS包括三部分，即MI（理念识别）、BI（行为识别）、VI（视觉识别），其中核心是MI，它是整个CIS的最高决策层，给整个系统奠定了理论基础和行为准则，并通过BI、VI表达出来。

2. 包装设计

现代包装具有多种功能，其中最主要的有三种功能：对商品的保护功能、对使用者的便利功能、商品自身的展示功能。包装是集合总体，其分类方式很多，最常见的分类有两种：按包装物内容来分可分为食品包装、医药包装、化妆品包装、纺织包装、玩具包装、文化用品包装、电器包装和五金包装等；按包装材料分类，可分为塑料包装、纸包装、书帧包装、金属包装和木制包装等，如图7-192所示。

纸包装　　　　　　　　　　　　　木制包装
图7-192 包装设计

3. UI设计

在UI设计中，产品造型要具有科技性、时尚性和简单性，其设计要先从整体着手，再从细节和局部进行细致加工。

4. 广告设计

广告设计在平面设计中应用得最广泛。其种类也非常多，按照广告性质来分类，主要包括非商业性广告和商业性广告，按媒介物来分类，可以分为报纸广告、网络广告、户外广告、DM广告和样本广告等。

5. 插画设计

在进行插画设计时，可以充分运用绘画和色彩构成，表现手法可以多样化，常用于一些国画艺术、产品艺术和出版物等，如图7-193所示。

6. 卡漫设计

卡通漫画是一种活泼可爱的生活艺术表现形式，对于广大的青少年具有很大的吸引力，绘制卡通类漫画，不需要太复杂的操作，所需要的仅是一定的空间透视能力和良好的耐心，卡通的表现不必在形态上进行过分的追求，只要能通过画面来表现出一定的含义效果就可以了。

人物插画　　　　　　　　　　　　风景插画
图7-193 插画设计

第 **8** 章

编辑图层与蒙版

本章导读

使用"图层"面板所提供的相关选项和命令，可以很方便地来管理图层。这样用户在绘制复杂的图形时，就可以将不同的对象分别放置在不同的图层中，从而很容易地对它们分别进行单独操作。

蒙版是Illustrator中又一个能产生特效的方法。它的工作方式和面具一样，把不想看到的地方遮挡起来，只透过蒙版的形状来显示想要看到的部分。

要点索引

- 了解图层
- 编辑图层
- 巧用混合模式
- 应用蒙版

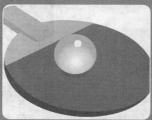

8.1 了解图层

图层像一叠含有不同图形图像的透明纸，相互按照一定的顺序叠放在一块，最终形成一幅图形图像。图层在进行图形处理的过程中起到十分重要的作用，它可以将创建或编辑的不同图形通过图层进行管理，方便用户对图形的编辑操作，也可以更加丰富图形的效果。

实战 275	打开"图层"面板	▶ 实例位置：无
		▶ 素材位置：光盘\素材\第8章\实战275.ai
		▶ 视频位置：光盘\视频\第8章\实战275.mp4

● 实例介绍 ●

Illustrator中的图层操作与管理主要是通过"图层"浮动面板来实现的。在绘制复杂的图形时，用户可以将不同的图形放置于不同的图层中，从而可以更加方便地对单独的图形进行编辑，也可以重新组织图形之间的显示顺序。

● 操作步骤 ●

STEP 01 单击"文件" | "打开"命令，打开一幅素材图像，如图8-1所示。

STEP 02 单击"窗口" | "图层"命令，或按【F7】键，即可打开"图层"面板，如图8-2所示。

图8-1 素材图像

图8-2 打开"图层"面板

知识拓展

"图层"面板中的主要选项、图标和按钮含义如下。

➤ 图层名称：每个图层在"图层"面板中都有一个名称，以方便用户进行分区。

➤ 切换可视性图标 👁：用于显示和隐藏图层。

➤ 切换锁定图标 🔒：若某图层中显示该图层时，即该图层属于锁定状态。

➤ 建立/释放剪切蒙版 ▣：单击该按钮，即可为当前图层中的对象创建或释放剪切蒙版。

➤ 创建新子图层 ▣：单击该按钮，可在当前工作图层中添加新的子图层。

➤ 创建新图层 ▣：单击该按钮，即可在"图层"面板中创建一个新图层。

➤ 删除所选图层 🗑：单击该按钮，即可删除当前选择的图层。

➤ ▤：单击该按钮，弹出"图层"面板菜单，如图8-3所示。

在Illustrator中，一个独立的图层可以包含多个子图层，若用户隐藏或锁定其主图层，那么该图层中所有子图层也将隐藏或锁定。

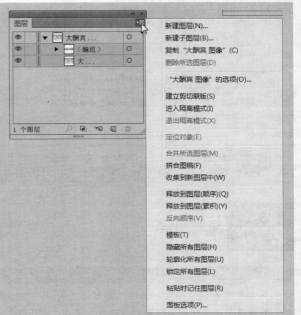

图8-3 面板菜单

实战 276 创建图层

▶ **实例位置：** 光盘\效果\第8章\实战276.ai
▶ **素材位置：** 光盘\素材\第8章\实战276.ai
▶ **视频位置：** 光盘\视频\第8章\实战276.mp4

● 实例介绍 ●

在Illustrator CC中，创建新图层的操作方法有3种，分别如下。

➤ 单击"图层"面板底部的"创建新图层"按钮，即可快速创建新图层。

➤ 按住【Alt】键的同时，单击"图层"面板底部的"创建新图层"按钮 ⊡ ，弹出"图层选项"对话框，如图8-4所示，用户在该对话框中设置好相应的选项后，单击"确定"按钮，即可创建一个新的图层。

➤ 单击"图层"面板右侧的三角形按钮，在弹出的面板菜单中选择"新建图层"选项，弹出"图层选项"对话框，用户在该对话框中设置好相应的选项后，单击"确定"按钮，即可创建一个新图层。

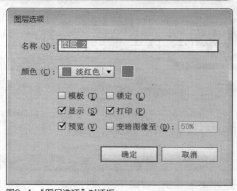

图8-4 "图层选项"对话框

● 操作步骤 ●

STEP 01 单击"文件"|"打开"命令，打开一幅素材图像，单击"窗口"|"图层"命令，调出"图层"面板，其中"图层1"的预览框中，显示了图像窗口中该图层中的图形，将鼠标指针移至面板下方的"创建新图层"按钮上 ⊡ ，如图8-5所示。

STEP 02 单击鼠标左键，即可创建一个新的图层，系统默认的名称为"图层2"，如图8-6所示。

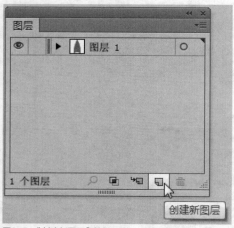

图8-5 "创建新图层"按钮

图8-6 创建图层

技巧点拨

用户在创建新图层时，若按住【Ctrl】键的同时，单击"创建新图层"按钮，则可以在所有图层的上方新建一个图层；若按住【Alt+Ctrl】组合键的同时，单击"创建新图层"按钮，则可以在所有选择的图层的下方新建一个图层。

实战 277 复制图层

▶ **实例位置：** 光盘\效果\第8章\实战277.ai
▶ **素材位置：** 光盘\素材\第8章\实战277.ai
▶ **视频位置：** 光盘\视频\第8章\实战277.mp4

● 实例介绍 ●

用户若要复制"图层"面板中的某一图层时，首先要将其选择，然后单击"图层"面板右侧的三角形按钮，在弹出的面板菜单中选择"复制图层"选项，或在选择该图层后，直接将其拖曳至"图层"面板底部的"创建新图层"按钮处，即可快速复制选择的图层，如图8-7所示。

　　复制的图层名称将在原图层的名称后面加上"-复制"，用户若需要更改其名称时，可在该图层的位置处双击鼠标左键，在弹出的"图层选项"对话框中的"名称"选项中，设置好所需的名称，单击"确定"按钮后，即可更改该图层的名称。

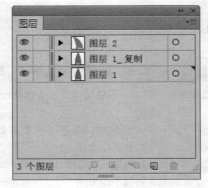

图8-7　复制图层

● 操作步骤 ●

STEP 01 单击"文件"｜"打开"命令，打开一幅素材图像，如图8-8所示。

STEP 02 单击"窗口"｜"图层"命令，打开"图层"面板，如图8-9所示。

图8-8　素材图像

图8-9　打开"图层"面板

STEP 03 选中"图层2"图层，单击面板右上角的 按钮，在弹出的菜单列表框中选择"复制'图层2'"选项，"图层"面板即可显示复制的图层，如图8-10所示。

STEP 04 使用选择工具选中图像窗口中所复制的图形，并对其进行镜像操作，调整图形在图像窗口中的位置和颜色，效果如图8-11所示。

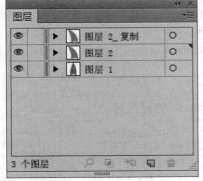

图8-10　复制图层

图8-11　调整图形

知识拓展

　　使用"图层"面板复制图层，可以将原图层中的所有子图层毫无保留地复制至新的图层中。

8.2 编辑图层

图层可以调整顺序、修改命名、设置易于识别的颜色，也可以隐藏、合并和删除。

实战 278 设置图层选项

▶ **实例位置：** 光盘\效果\第8章\实战278.ai
▶ **素材位置：** 光盘\素材\第8章\实战278.ai
▶ **视频位置：** 光盘\视频\第8章\实战278.mp4

● **实例介绍** ●

用户若需要设置图层选项时，可在该图层位置双击鼠标左键，弹出"图层选项"对话框，该对话框中的主要选项含义如下。

➢ 名称：该选项用于显示当前图层的名称，用户可在其右侧的文本框中为选择的图层重新命名。

➢ 颜色：在其右侧的颜色下拉列表中选择一种颜色，即可定义当前所选图层中被选择的图形的变换控制框颜色。另外，用户若双击其右侧的颜色图标，将弹出"颜色"对话框，如图8-12所示，用户可在该对话框中选择或创建自定义的颜色，从而自定义当前所选图层中被选择的图形的变换控制框颜色。

➢ 模版：选中该复选框，即可将当前图层转换为模版。当图层转换为模版后，其"切换可视性"图标 将呈 状，同时该图层将被锁定，并且该图层名称的字体将呈倾斜状，如图8-13所示的"图层1"图层。

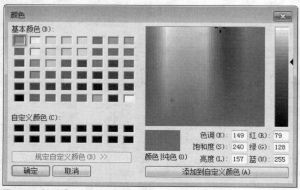

图8-12 "颜色"对话框

图8-13 图层显示模式

➢ 显示：选中该复选框，即可显示当前图层中的对象；若取消选中该复选框，则将隐藏当前图层中的对象。

➢ 预览：选中该复选框，系统将以预览的形式显示当前工作图层中的对象；若取消选中该复选框，则将以线条的形式显示当前图层中的对象，如图8-14所示，并且当前图层名称前面的 图标将呈 状。

➢ 锁定：选中该复选框，将锁定当前图层中的对象，并在图层名称的前面显示锁定图标 。图层被锁定后，将不可对其图形进行编辑或选择操作。

➢ 打印：选中该复选框，在输出打印时，将打印当前图层中的对象；若取消选中该复选框时，该图层中的对象将无法打印，并且该图层名称的字体将倾斜。

➢ 变暗图像至：选中该复选框，将可使当前图层中的图像变淡显示，其右侧的文本框用于设置图形变淡显示的程度，当然，"变暗图像至"选项只能使当前图层中的图形变淡显示，但在打印和输出时，效果不会发生变化。

图8-14 选中与取消选中"预览"复选框时图形的显示效果

● 操作步骤 ●

STEP 01 单击"文件"｜"打开"命令，打开一幅素材图像，打开"图层"面板，将鼠标指针移至"图层1"面板上，双击鼠标左键，弹出"图层选项"对话框，设置"名称"为"雨伞1"，选中"显示""打印""预览"复选框，如图8-15所示。

STEP 02 双击"颜色"文本框右侧的颜色块，弹出"颜色"对话框，在其中选择需要的颜色，如图8-16所示。

图8-15 设置选项

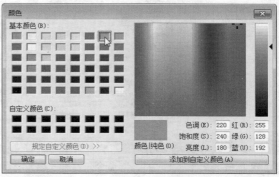

图8-16 选择颜色

STEP 03 依次单击"确定"按钮，即可完成图层选项的设置，如图8-17所示。

STEP 04 用与上述同样的方法，为"图层2"设置相应的图层选项，如图8-18所示。

图8-17 更改图层选项

图8-18 更改图层选项

知识拓展

在绘制图形的过程中，某些图层中包含了子图层，若用户在子图层上双击鼠标左键，则会弹出"选项"对话框，在其中可以设置子图层的名称和显示等属性。

实战 279　选择图层

▶ 实例位置：无
▶ 素材位置：光盘\素材\第8章\实战279.ai
▶ 视频位置：光盘\视频\第8章\实战279.mp4

● 实例介绍 ●

图形窗口中的每个对象都位于所属的图层中，因此，用户可以直接通过"图层"面板选择所需操作的对象。

用户若要选择图层中所包含的某一对象时，只需单击该对象所在图层名称右侧的○图标，即可选择该对象，选择的对象图层名称右侧的图标将呈◎形状，并且其后面将显示一个彩色方块□，如图8-19所示。

用户除了可以在"图层"面板中选择单个对象外，还可以使用同样的操作方法选择面板中的群组或整个主图层、次级主图层、子图层所包含的对象。

当选择图层中所包含的对象时，其右侧都将显示一个彩色方块□，用户单击并拖曳该彩色方块在"图层"面板中任意地上下移动，即可移动该图层对象的排列秩序。

用户在拖曳彩色方块□至所需图层位置时，若按住【Alt】键，则可以以复制的方式进行拖曳操作；若按住【Ctrl】键，则可以将其拖曳至锁定状态的主图层或次极图层、子图层和群组图层中。

图8-19 选择图层中的对象

● 操作步骤 ●

STEP 01 单击"文件"｜"打开"命令，打开一幅素材图像，如图8-20所示。

STEP 02 打开"图层"面板，单击"图层1"图层，即可选择该图层，所选图层成为当前图层，如图8-21所示。

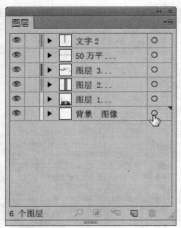

图8-20 打开素材图像

图8-21 选择单个图层

STEP 03 如要同时选择多个图层，可以按住【Ctrl】键单击它们，如图8-22所示。

STEP 04 如要同时选择多个相邻的图层，可以按住【Shift】键单击最上面和最下面的图层，如图8-23所示。

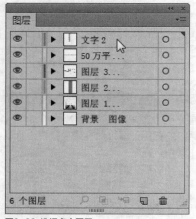

图8-22 选择多个图层

图8-23 选择多个相邻的图层

实战 280　调整图层秩序

▶ 实例位置：光盘\效果\第8章\实战280.ai
▶ 素材位置：光盘\素材\第8章\实战280.ai
▶ 视频位置：光盘\视频\第8章\实战280.mp4

● 实例介绍 ●

　　"图层"面板中的图层是按照一定的秩序进行排列的，图层排列的秩序不同，从而在图形窗口中所产生的效果也就不同。因此，用户在使用Illustrator绘制或编辑图层时，经常需要移动图层，以按需要来调整其排列秩序。

● 操作步骤 ●

STEP 01 单击"文件"｜"打开"命令，打开一幅素材图像，如图8-24所示。

STEP 02 打开"图层"面板，选择"图层7"图层，如图8-25所示。

图8-24 打开素材图像

图8-25 选择图层

STEP 03 单击鼠标左键并向上拖曳，当拖曳至所需要的位置后，释放鼠标，即可调整当前所选图层的排列秩序，如图8-26所示。

STEP 04 同时，画板中的图像效果也会随之改变，如图8-27所示。

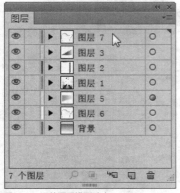

图8-26 调整图层排列秩序

图8-27 图像效果

实战 281　将对象移动到其他图层

▶ 实例位置：光盘\效果\第8章\实战281.ai
▶ 素材位置：光盘\素材\第8章\实战281.ai
▶ 视频位置：光盘\视频\第8章\实战281.mp4

● 实例介绍 ●

　　在文档中选择一个对象后，"图层"面板中该对象所在的图层的缩览图右侧会显示一个▢图标，将该图标拖曳到其他图层，可以将当前选择的对象移动到目标图层中。

● 操作步骤 ●

STEP 01 单击"文件"｜"打开"命令，打开一幅素材图像，如图8-28所示。

STEP 02 打开"图层"面板，选择"图层1"图层，单击该对象所在图层名称右侧的◉图标，如图8-29所示。

图8-28 打开素材图像

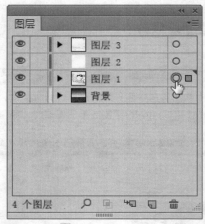

图8-29 单击○图标

STEP 03 将"图层1"图层右侧的■图标拖曳到"图层2"图层中，如图8-30所示。

STEP 04 执行操作后，即可移动图层中的对象，如图8-31所示。

图8-30 拖曳■图标

图8-31 图像效果

知识拓展

■图标的颜色取决于当前图层的颜色，由于Illustrator会为不同的图层分配不同的颜色，因此，将对象调整到其他图层后，该图标的颜色也会变为目标图层的颜色。

实战 282 定位对象

▶ 实例位置：无
▶ 素材位置：光盘\素材\第8章\实战282.ai
▶ 视频位置：光盘\视频\第8章\实战282.mp4

● 实例介绍 ●

在文档窗口中选择对象后，如果想要了解所选对象在"图层"目标中的位置，可单击定位对象按钮￼，或选择"图层"面板菜单中的"定位对象"选项，该选项对于定位复杂图稿，尤其是重叠图层中的对象非常有用。

● 操作步骤 ●

STEP 01 单击"文件"｜"打开"命令，打开一幅素材图像，如图8-32所示。

STEP 02 使用选择工具选择相应的图形对象，如图8-33所示。

图8-32 打开素材图像

图8-33 选择图形对象

STEP 03 打开"图层"面板，单击右上角的 ▼ 按钮，在弹出的面板菜单中选择"定位对象"选项，如图8-34所示。

STEP 04 执行操作后，即可定位对象在"图层"面板中的位置，如图8-35所示。

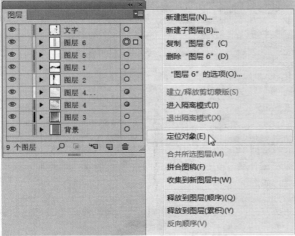
图8-34 选择"定位对象"选项

图8-35 定位对象

实战 283 显示与隐藏图层

▶ 实例位置：无
▶ 素材位置：光盘\素材\第8章\实战283.ai
▶ 视频位置：光盘\视频\第8章\实战283.mp4

● 实例介绍 ●

为了便于在图形窗口中绘制或编辑具有多个元素的图形对象，用户可以通过隐藏图层的方法在图形窗口中隐藏图层中的图形对象。

1. 隐藏图层

隐藏图层的操作方法有3种，分别如下。

➢ 在"图层"面板中，单击需要隐藏的图层名称前面的"切换可视性"图标 ，即可快速隐藏该图层，并且隐藏的图层名称前面的 图标将呈 形状。

➢ 在"图层"面板中，选择不需要隐藏的图层，单击面板右侧的 ▼ 按钮，在弹出的面板菜单中选择"隐藏其他图层"选项，即可隐藏未选择的图层。

➢ 在"图层"面板中，选择不需要隐藏的图层，按住【Alt】键的同时，单击该图层名称前面的"切换可视性"图标 ，即可隐藏除选择的图层以外的图层。

2. 显示隐藏的图层

显示隐藏的图层的操作方法有3种，分别如下。

➢ 用户若需要显示隐藏的图层，可在"图层"面板中，单击其图层名称前面的"切换可视性" ，即可显示该图层。

> ➤ 在"图层"面板中选择任一图层，单击面板右侧的▼≡按钮，在弹出的面板菜单中选择"显示所有图层"选项，即可显示所有隐藏的图层。
> ➤ 在"图层"面板中，按住【Alt】键的同时在任一图层的"切图可视性"图标处单击鼠标左键，即可显示所有隐藏的图层。

● 操作步骤 ●

STEP 01 单击"文件"｜"打开"命令，打开一幅素材图像，打开"图层"面板，将鼠标指针移至"雨伞"图层左侧的"切换可视性"图标👁上，如图8-36所示。

STEP 02 单击鼠标左键，"切换可视性"图标呈■形状（如图8-37所示），表示该图层已被隐藏。

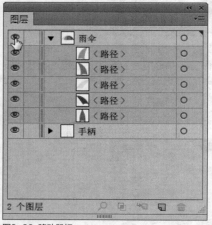

图8-36 移动鼠标

图8-37 "切换可视性"图标

STEP 03 执行操作的同时，图像窗口中的图形随之被隐藏，如图8-38所示。

STEP 04 在"雨伞1"图层的"切换可视性"图标上单击鼠标左键，当"切换可视性"图标呈👁形状，即可显示该图层，如图8-39所示。

图8-38 绘制矩形

图8-39 调整图形

实战 284 锁定图层

> ▶ 实例位置：光盘\效果\第8章\实战284.ai
> ▶ 素材位置：光盘\素材\第8章\实战284.ai
> ▶ 视频位置：光盘\视频\第8章\实战284.mp4

● 实例介绍 ●

在"图层"面板中选择相应图层后，单击"切换锁定"图标■，"切换锁定"图标呈🔒形状，即该图层已被锁定。

● 操作步骤 ●

STEP 01 单击"文件"｜"打开"命令，打开一幅素材图像，打开"图层"面板，将鼠标指针移至"雨伞1"图层左侧的"切换锁定"图标■上，如图8-40所示。

STEP 02 单击鼠标左键，"切换锁定"图标呈🔒形状，即该图层已被锁定，如图8-41所示。

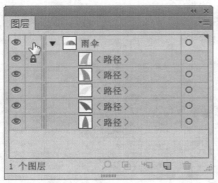

图8-40 移动鼠标

图8-41 锁定图层

STEP 03 将鼠标指针移至图像窗口的任何区域中，鼠标指针呈 ✎ 形状，则表示图形已被锁定无法进行编辑，如图8-42所示。

图8-42 锁定图形

技巧点拨

除了直接单击图标锁定图层外，还有以下两种方法。

➤ 方法1：在"图层"浮动面板中选择不需要锁定的图层，单击面板右上角的 按钮，在弹出的菜单列表框中选择"锁定其他图层"选项，即可将未选择的图层锁定。

➤ 方法2：在"图层"浮动面板上选择需要锁定的图层，双击鼠标左键，在弹出的"图层选项"对话框中取消选中"锁定"复选框，单击"确定"按钮，即可锁定所选择的图层。

实战 285	粘贴时记住图层

▶ 实例位置：光盘\效果\第8章\实战285.ai
▶ 素材位置：光盘\素材\第8章\实战285.ai
▶ 视频位置：光盘\视频\第8章\实战285.mp4

● 实例介绍 ●

如果要将对象粘贴到原图层中，可以在"图层"面板菜单中选择"粘贴时记住图层"选项，然后再进行粘贴操作，对象会粘贴至原图层中，而不管该图层在"图层"面板中是否处于选择状态。

● 操作步骤 ●

STEP 01 单击"文件"｜"打开"命令，打开一幅素材图像，如图8-43所示。

STEP 02 使用选择工具选择相应的图形对象，如图8-44所示。

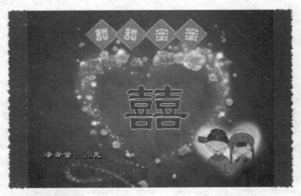

图8-43 打开素材图像

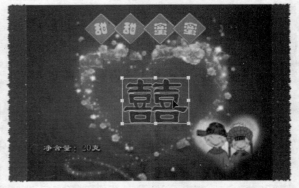

图8-44 选择图形对象

STEP 03 打开"图层"面板，单击右上角的 按钮，在弹出的面板菜单中选择"粘贴时记住图层"选项，如图8-45所示。

STEP 04 单击"编辑"｜"复制"命令，如图8-46所示，复制所选的图形对象。

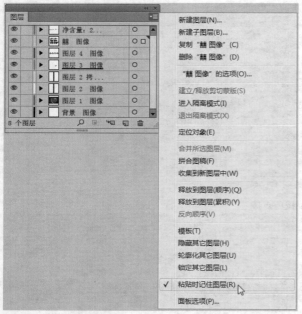

图8-45 选择"定位对象"选项

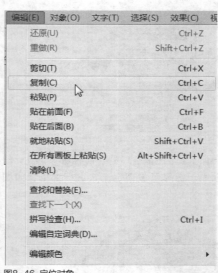

图8-46 定位对象

STEP 05 单击"编辑"|"粘贴"命令，粘贴图形对象，适当调整其大小和位置，如图8-47所示。

STEP 06 展开"图层"面板，可以看到对象会粘贴至原图层中，如图8-48所示。

图8-47 选择"定位对象"选项

图8-48 定位对象

实战 286 合并图层

▶ **实例位置：** 光盘\效果\第8章\实战286.ai
▶ **素材位置：** 光盘\素材\第8章\实战286.ai
▶ **视频位置：** 光盘\视频\第8章\实战286.mp4

● **实例介绍** ●

在使用Illustrator CC绘制或编辑图层时，过多的图层将占用许多的内存资源，所以有时需要合并多个图层。在"图层"面板中选择多个需要合并的图层，单击面板右侧的三角形按钮，在弹出的面板菜单中选择"合并所选图层"选项，即可合并选择的图层。

● **操作步骤** ●

STEP 01 单击"文件"|"打开"命令，打开一幅素材图像，如图8-49所示。

STEP 02 打开"图层"面板，按住【Ctrl】键的同时，在"图层"面板中选中需要合并的图层，如图8-50所示。

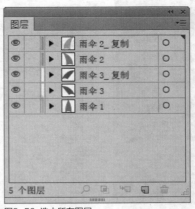

图8-50 选中所有图像

图8-49 打开素材图像

STEP 03 单击面板右上角的 ▼三 按钮，在菜单列表框中选择"合并所选图层"选项，所选择的图层合并为一个图层，如图8-51所示。

STEP 04 单击"雨伞1"图层上左侧的三角按钮▶，所合并的图层以子图层的方式显示，如图8-52所示。

图8-51 合并图层

图8-52 显示子图层

实战 287	删除图层

▶ 实例位置：光盘\效果\第8章\实战287.ai
▶ 素材位置：光盘\素材\第8章\实战287.ai
▶ 视频位置：光盘\视频\第8章\实战287.mp4

● 实例介绍 ●

　　对于"图层"面板中不需要的图层，用户可以在面板中快捷地将其删除。删除图层的操作方法有两种，分别如下。

　　在"图层"面板中，选择需要删除的图层（若用户需要删除多个图层，可按住【Ctrl】键的同时，依次运用鼠标选择附加的非相邻图层；若按住【Shift】键，则可运用鼠标选择附加的相邻图层），单击"图层"面板底部的"删除图层"按钮 ，弹出询问框，如图8-53所示，单击"是"按钮，即可删除选择的图层。

图8-53 询问框

　　在"图层"面板中选择需要删除的图层，并运用鼠标直接将其拖曳至面板底部的"删除图层"按钮处，即可快速地删除选择的图层。用户若是需要删除图层中的图形对象时，首先在"图层"面板中选择该图层对象，单击"删除图层"按钮，此时Illustrator将不会弹出询问框，而是即刻的删除该图层对象。

● 操作步骤 ●

STEP 01 单击"文件"｜"打开"命令，打开一幅素材图像，打开"图层"面板，将"手柄"图层展开显示子图层，选中需要删除的子图层，将鼠标指针移至面板下方的"删除所选图层"按钮 上，如图8-54所示。

STEP 02 单击鼠标左键，即可将所选择的子图层删除，图像窗口中的图形也随之删除，根据图像的需要调整图像窗口中的图形大小，如图8-55所示。

图8-54 选择子图层

图8-55 删除图形

实战 288 更改"图层"面板的显示模式

▶ 实例位置：无
▶ 素材位置：光盘\素材\第8章\实战288.ai
▶ 视频位置：光盘\视频\第8章\实战288.mp4

● 实例介绍 ●

在Illustrator CC中，若"图层"面板中有多个图层，用户可以通过"图层面板选项"对话框进行"图层"面板的显示方式的调整。

● 操作步骤 ●

STEP 01 单击"文件"｜"打开"命令，打开一幅素材图像，打开"图层"面板，单击"图层"面板右侧的按钮，在弹出的面板菜单中选择"面板选项"选项，如图8-56所示。

STEP 02 弹出"图层面板选项"对话框，如图8-57所示。

技巧点拨

用户若想显示隐藏的图层中的对象，则再次单击"图层"面板右侧的按钮，在弹出的面板菜单中选择"面板选项"，然后在弹出的"图层面板选项"对话框中，取消选中"仅显示图层"复选框即可。

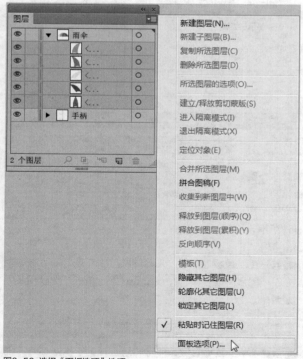

图8-56 选择"面板选项"选项

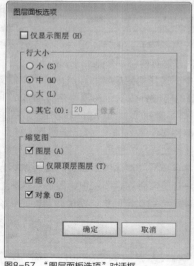

图8-57 "图层面板选项"对话框

STEP 03 在该对话框中，用户若选中"仅显示图层"复选框，单击"确定"按钮，则在"图层"面板中将只会显示图层，而隐藏图层中的对象，如图8-58所示。

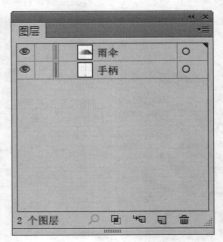

图8-58 仅显示图层

STEP 04 在"图层面板选项"对话框中，用户还可以对"图层"面板中图层显示的缩略图大小进行调整设置。用户只需在"图层面板选项"对话框中的"行大小"选项区中选中相应的复选框，单击"确定"按钮后即可调整图层缩略图的大小，如图8-59所示。

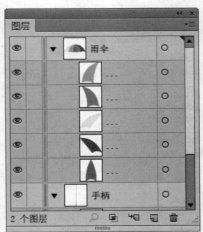

图8-59 设置不同缩略图显示模式的"图层"面板显示效果

8.3 巧用混合模式

选择图形或图像后，可以在"透明度"面板中设置它的混合模式和不透明度。混合模式决定了当前对象与它下面的对象堆叠时是否混合，以及采用什么方式混合。

实战 289	应用变暗与变亮混合模式

▶ 实例位置：光盘\效果\第8章\实战289.ai
▶ 素材位置：光盘\素材\第8章\实战289.ai
▶ 视频位置：光盘\视频\第8章\实战289.mp4

● 实例介绍 ●

"变暗"与"变亮"是两种效果恰好相反的混合模式，运用这两种混合模式时，应当注意它们不是图形之间的色彩混合后的效果。因此，在绘制图形时，要把握好图形的色彩明度。

● 操作步骤 ●

STEP 01 单击"文件"｜"打开"命令，打开一幅素材图像，选中相应图形，如图8-60所示。

STEP 02 单击"窗口"｜"透明度"命令，调出"透明度"浮动面板，单击"混合模式"列表框右侧的下拉三角按钮，在弹出的下拉列表框中选择"变暗"选项，如图8-61所示。

图8-60 打开素材图像

图8-61 选择选项

STEP 03 执行操作后，所选择的图形在图像窗口中的效果随之改变，效果如图8-62所示。

STEP 04 选中图形，选择"变亮"混合模式选项，即可得到另一个不同的图像效果，如图8-63所示。

图8-62 "变暗"混合模式

图8-63 "变亮"混合模式

实战 290 应用颜色加深与颜色减淡混合模式

▶ 实例位置：光盘\效果\第8章\实战290.ai
▶ 素材位置：光盘\素材\第8章\实战290.ai
▶ 视频位置：光盘\视频\第8章\实战290.mp4

● 实例介绍 ●

　　"颜色加深"可以降低颜色的亮度，而"颜色减淡"则可以提高颜色的亮度。在混合模式的操作过程中，"颜色加深"可以将所选择的图形根据图形的颜色灰度而变暗，再与其他图形相融合降低所选图形的亮度；"颜色减淡"可以将所选图形与其下方的图形进行颜色混合，从而增加色彩饱和度，会使图形的整体颜色色调变亮。

● 操作步骤 ●

STEP 01 单击"文件"｜"打开"命令，打开一幅素材图像，如图8-64所示。

STEP 02 选中图像窗口中需要进行混合模式设置的图形，利用"透明度"浮动面板，在"混合模式"列表框中选择"颜色加深"选项，所选图形在图像窗口中的效果随之改变，如图8-65所示。

STEP 03 选中图形，选择"颜色减淡"混合模式选项，即可得到另一个不同的图像效果，如图8-66所示。

图8-64 素材图像

图8-65 "颜色加深"混合模式

图8-66 "颜色减淡"混合模式

实战 291	应用正片叠底与叠加混合模式	▶ 实例位置：光盘\效果\第8章\实战291.ai ▶ 素材位置：光盘\素材\第8章\实战291.ai ▶ 视频位置：光盘\视频\第8章\实战291.mp4

● 实例介绍 ●

使用"正片叠底"混合模式可以使所选择的图形颜色比原图形颜色偏暗，而"叠加"混合模式可以使所选择的图形的亮部颜色变得更亮，而暗部颜色则更暗。

● 操作步骤 ●

STEP 01 单击"文件"｜"打开"命令，打开一幅素材图像，如图8-67所示。

STEP 02 使用选择工具选中图像窗口中需要进行混合模式设置的图形，利用"透明度"浮动面板，在"混合模式"列表框中选择"正片叠底"选项，所选图形在图像窗口中的效果随之改变，如图8-68所示。

图8-67 素材图形

图8-68 "正片叠底"混合模式

STEP 03 选中图形，选择"叠加"混合模式选项，即可得到另一个不同的图像效果，如图8-69所示。

图8-69 "叠加"混合模式

实战 292 应用柔光与强光混合模式

▶ 实例位置：光盘\效果\第8章\实战292.ai
▶ 素材位置：光盘\素材\第8章\实战292.ai
▶ 视频位置：光盘\视频\第8章\实战292.mp4

● 实例介绍 ●

使用"柔光"混合模式时，若选择的图形颜色超过了50%的灰色，则下方的图形颜色变暗；若低于50%的灰色，则可以使下方的图形颜色变亮。

使用"强光"混合模式时，若选择的图形颜色超过了50%的灰色，则下方的图形颜色将会以"正片叠底"的混合模式变亮。

● 操作步骤 ●

STEP 01 单击"文件"｜"打开"命令，打开一幅素材图像，如图8-70所示。

STEP 02 选取工具面板中的矩形工具，在"颜色"面板中设置CMYK的参数值为0%、100%、0%、0%；在图像窗口中绘制一个合适的矩形图形，并选中该图形，在"混合模式"列表框中选择"柔光"选项，所选图形在图像窗口中的效果随之改变，如图8-71所示。

STEP 03 选中图形，选择"强光"混合模式选项，即可得到另一个不同的图像效果，如图8-72所示。

图8-70 素材图像

图8-71 "柔光"混合模式

图8-72 "强光"混合模式

实战 293 应用明度与混色混合模式

▶ 实例位置：光盘\效果\第8章\实战293.ai
▶ 素材位置：光盘\素材\第8章\实战293.ai
▶ 视频位置：光盘\视频\第8章\实战293.mp4

● 实例介绍 ●

"明度"主要是将选择的图形与其下方图形两者的颜色色相、饱和度进行混合。若选择的图形和其下方的图形的颜色色调都较暗，则混合效果也会较暗。

"混色"主要是将选择的图形与其下方图形两者的颜色色调、饱和度进行互换。若下方的图形颜色为灰度，进行"混色"混合后下方图形将无任何变化。

● 操作步骤 ●

STEP 01 单击"文件"｜"打开"命令，打开一幅素材图像，如图8-73所示。

STEP 02 选取工具面板中的椭圆工具 ◯，在"颜色"面板中设置CMYK的参数值为60%、0%、0%、0%，再在图像窗口中的合适位置绘制一个圆形，如图8-74所示。

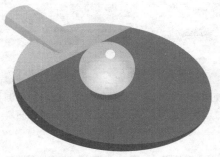

图8-73　素材图像

图8-74　绘制圆形

STEP 03 选中所绘制的图形，利用"透明度"浮动面板，在"混合模式"列表框中选择"明度"选项，所选图形在图像窗口中的效果随之改变，如图8-75所示。

STEP 04 选中图形，选择"混色"混合模式选项，即可得到另一个不同的图像效果，如图8-76所示。

图8-75　"明度"混合模式

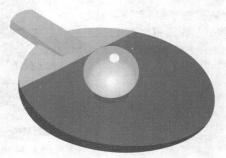

图8-76　"混色"混合模式

实战 294　应用色相与饱和度混合模式

▶ 实例位置：光盘\效果\第8章\实战294.ai
▶ 素材位置：光盘\素材\第8章\实战294.ai
▶ 视频位置：光盘\视频\第8章\实战294.mp4

● 实例介绍 ●

"色相"混合模式是采用底色的亮度、饱和度以及绘图色的色相来创建最终色，"饱和度"模式与"色相"模式的混合方式相似。

● 操作步骤 ●

STEP 01 单击"文件"｜"打开"命令，打开一幅素材图像，利用"透明度"浮动面板，在"混合模式"列表框中选择"色相"选项，所选图形在图像窗口中的效果随之改变，如图8-77所示。

STEP 02 选中图形，选择"饱和度"混合模式选项，即可得到另一个不同的图像效果，如图8-78所示。

图8-77　"色相"混合模式

图8-78　"饱和度"混合模式

实战 295 应用滤色混合模式

▶ **实例位置：** 光盘\效果\第8章\实战295.ai
▶ **素材位置：** 光盘\素材\第8章\实战295.ai
▶ **视频位置：** 光盘\视频\第8章\实战295.mp4

● 实例介绍 ●

　　"滤色"混合模式可以将所选择的图形与其下方的图形进行层叠，从而使层叠区域变亮，同时会对混合图形的色调进行均匀处理。若所选择的图形与其下方的图形颜色为同一色系，层叠的区域明度会有所提高，但也会与图形颜色同属于一个色系。

● 操作步骤 ●

STEP 01 单击"文件" | "打开"命令，打开一幅素材图像，如图8-79所示。

STEP 02 在图像窗口中选中需要进行混合模式设置的图形，利用"透明度"浮动面板，在"混合模式"列表框中选择"滤色"选项，所选图形在图像窗口中的效果随之改变，如图8-80所示。

图8-79 素材图像

图8-80 "滤色"混合模式

实战 296 应用差值混合模式

▶ **实例位置：** 光盘\效果\第8章\实战296.ai
▶ **素材位置：** 光盘\素材\第8章\实战296.ai
▶ **视频位置：** 光盘\视频\第8章\实战296.mp4

● 实例介绍 ●

　　应用"差值"混合模式时，若选择的对象的颜色色调为白色，将会反相其下方对象的色调颜色；若选择的对象色调为黑色，将不会反相其下方对象的色调颜色；若选择的对象色调为白色与黑色之间的灰色，将按该颜色色调的程度进行相对应的反相。

● 操作步骤 ●

STEP 01 单击"文件" | "打开"命令，打开一幅素材图像，如图8-81所示。

STEP 02 在图像窗口中选中需要进行混合模式设置的图形，在"混合模式"列表框中选择"差值"选项，所选图形在图像窗口中的效果随之改变，如图8-82所示。

图8-81 素材图像

图8-82 "差值"混合模式

实战	**应用排除混合模式**	▶ 实例位置：光盘\效果\第8章\实战297.ai
297		▶ 素材位置：光盘\素材\第8章\实战297.ai
		▶ 视频位置：光盘\视频\第8章\实战297.mp4

● 实例介绍 ●

设置"排除"混合模式后，若所选择的图形为黑色，则图形下方的图形颜色与下方原图形颜色的互补色相近。

● 操作步骤 ●

STEP 01 单击"文件"｜"打开"命令，打开一幅素材图像，如图8-83所示。

STEP 02 在图像窗口中选中需要进行混合模式设置的图形，在"混合模式"列表框中选择"排除"选项，所选图形在图像窗口中的效果随之改变，如图8-84所示。

图8-83 素材图像

图8-84 "排除"混合模式

STEP 03 用与上述同样的方法，为其他图形进行混合模式的设置，如图8-85所示。

图8-85 图像效果

8.4 应用蒙版

蒙版在英文中的拼写是MASK（面具），它的工作原理与面具一样，把不想看到的地方遮挡起来，只透过蒙版的形状来显示想要看到的部分。更准地说，蒙版可以裁切图形中的部分线稿，从而只有一部分线稿可以透过创建的一个或者多个形状显示。

实战	**使用路径创建蒙版**	▶ 实例位置：光盘\效果\第8章\实战298.ai
298		▶ 素材位置：光盘\素材\第8章\实战298(1).ai、实战298(2).ai
		▶ 视频位置：光盘\视频\第8章\实战298.mp4

● 实例介绍 ●

蒙版可以用线条、几何形状及位图图像来创建，也可以通过复合图层和文字来创建一个蒙版。在Illustrator CC中，用户可通过单击"对象"｜"剪切蒙版"｜"建立"命令，对图形进行遮挡，从而达到创建蒙版的效果。

创建一个蒙版对象，它可以由单个路径或者是复合路径构成，如图8-86所示。

图8-86 绘制闭合路径建立剪切蒙版

技巧点拨

创建蒙版除了使用命令外，也可以在选择了需要建立剪切蒙版的图形后，在图像窗口中单击鼠标左键，在弹出的快捷菜单中选择"建立剪切蒙版"选项，即可创建剪切蒙版式。若用户对创建的蒙版位置不满意时，首先使用工具面板中的直接选择工具，在图形窗口中选择该蒙版，然后直接拖曳至所需的位置即可，而且其下方的对象不会发生变化。

● 操作步骤 ●

STEP 01 单击"文件"｜"打开"命令，打开两幅素材图像，如图8-87所示。

图8-87 素材图像

STEP 02 将相框素材图像复制到风景素材图像的文档中，并调整相框与风景素材的大小与位置；选取工具面板中的矩形工具，设置"填色"为"无""描边"为"黑色""描边粗细"为3pt，在图像窗口中绘制一个与相框一样大小的矩形框，如图8-88所示。

STEP 03 将图像窗口中的图形全部选中，单击"对象"｜"剪切蒙版"｜"建立"命令，即可为图像创建剪切蒙版，如图8-89所示。

图8-88 黑色边框

图8-89 创建剪切蒙版

实战 299 使用文字创建蒙版

▶ 实例位置：光盘\效果\第8章\实战299.ai
▶ 素材位置：光盘\素材\第8章\实战299.ai
▶ 视频位置：光盘\视频\第8章\实战299.mp4

● 实例介绍 ●

使用文字创建蒙版，可以做出一些意想不到的效果，如图8-90所示。创建蒙版的图形通常位于像窗口中的最顶层，它可以是单一的路径，也可以是复合路径，选中需要创建蒙版的图形后，单击"图层"面板右上角的 ▪≡ 按钮，在弹出的菜单列表中选择"建立剪切蒙版"选项，也可以为图形创建剪切蒙版。

图8-90 使用文字创建的蒙版效果

● 操作步骤 ●

STEP 01 单击"文件" | "打开"命令，打开一幅素材图像，如图8-91所示。

STEP 02 按【Ctrl＋A】组合键，选中图像窗口中的所有图形，单击"对象" | "剪切蒙版" | "建立"命令，即可创建文字剪切蒙版，如图8-92所示。

图8-91 打开素材图像

图8-92 创建文字剪切蒙版

实战 300 创建不透明蒙版

▶ 实例位置：光盘\效果\第8章\实战300.ai
▶ 素材位置：光盘\素材\第8章\实战300.ai
▶ 视频位置：光盘\视频\第8章\实战300.mp4

● 实例介绍 ●

用户若想使创建的不透明蒙版产生良好的图像效果，所绘制的图形填充为黑白色是最佳选择。若图形的颜色为黑色，则图像呈完全透明状态；若图形的颜色为白色，则图像呈半透明状态。图形的灰度越高，则图像越透明。

● 操作步骤 ●

STEP 01 单击"文件" | "打开"命令，打开一幅素材图像，如图8-93所示。

图8-93 素材图像

STEP 02 选取工具面板中的椭圆工具 ，在图像窗口中的合适位置绘制一个椭圆形，再在"渐变"浮动面板中，设置"渐变填充"为Black White Radial、"类型"为"径向"，单击"反向渐变" 按钮，使填充的渐变色进行反向，如图8-94所示。

STEP 03 选中图像窗口中的所有图形，调出"透明度"浮动面板，单击面板右上角的 按钮，在弹出的菜单列表框中选择"新建不透明蒙版为剪切蒙版"选项，再次单击面板右上角的 按钮，在菜单列表框中选择"建立不透明蒙版"选项，如图8-95所示。

STEP 04 执行操作后，即可为图像创建不透明蒙版，效果如图8-96所示。

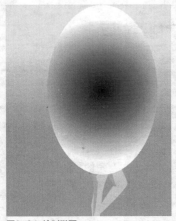

图8-94 绘制椭圆

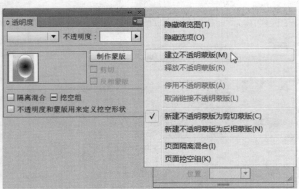

图8-95 选择"建立不透明蒙版"选项

图8-96 创建不透明蒙版

实战 301 创建反相蒙版

▶ 实例位置：光盘\效果\第8章\实战301.ai
▶ 素材位置：光盘\素材\第8章\实战301.ai
▶ 视频位置：光盘\视频\第8章\实战301.mp4

● 实例介绍 ●

反相蒙版与不透明蒙版相似，建立反相蒙版图形的白色区域可以将其下方的图形遮盖，而黑色区域下方的图形，则呈完全透明状态。

● 操作步骤 ●

STEP 01 单击"文件" | "打开"命令，打开两幅素材图像，如图8-97所示。

图8-97 素材图像

STEP 02 将背景素材图像复制到人物素材图像的文档中，并调整背景与人物素材的位置，如图8-98所示。

图8-98 拖入素材

STEP 03 将图像窗口中的图形全部选中后，调出"透明度"浮动面板，单击面板右上角的■按钮，在弹出的菜单列表框中选择"新建不透明蒙版为反相蒙版"选项，再次单击面板右上角的■按钮，在菜单列表框中选择"建立不透明蒙版"选项，为图像创建反相蒙版，如图8-99所示。

图8-99 创建反相蒙版

技巧点拨

　　用户在创建了不透明蒙版和反相蒙版后，选中所建立蒙版的图形，"透明度"面板中的"剪切"和"反相"复选框呈选中状态，若用户取消复选框的选中状态，则可以取消剪切蒙版和反相蒙版，但不透明蒙版不会取消，除非单击面板右上角的按钮，在弹出的菜单列表框中选择"释放不透明蒙版"选项。

实战 302　编辑剪切蒙版

▶ 实例位置：光盘\效果\第8章\实战302.ai
▶ 素材位置：光盘\素材\第8章\实战302.ai
▶ 视频位置：光盘\视频\第8章\实战302.mp4

● **实例介绍** ●

　　用户创建剪切蒙版后，若对图像效果满意，除了可以使用直接选择工具对蒙版中的图形进行编辑外，也可以选中创建剪切蒙版的图形，调整其位置或路径形状，也可以改变蒙版的效果。

● **操作步骤** ●

STEP 01 单击"文件"｜"打开"命令，打开一幅素材图像，如图8-100所示。

STEP 02 选取工具面板中的椭圆工具◯，在图像窗口中的合适位置绘制一个圆形，选中图像窗口中的所有图形，单击鼠标右键，在弹出的快捷菜单中选择"建立剪切蒙版"选项，为图像创建剪切蒙版，如图8-101所示。

图8-100 素材图像

图8-101 创建剪切蒙版

STEP 03 使用魔棒工具，选中图像窗口中需要编辑的图形，如图8-102所示。

STEP 04 使用选择工具，单击鼠标左键并拖曳，即可移动图形，如图8-103所示。

图8-102 选择图形

图8-103 移动图形

实战 303 释放蒙版

▶ 实例位置：光盘\效果\第8章\实战303.ai
▶ 素材位置：光盘\素材\第8章\实战303.ai
▶ 视频位置：光盘\视频\第8章\实战303.mp4

● 实例介绍 ●

　　用户若对创建的蒙版效果不满意，需要重新对蒙版中的对象进一步编辑时，就需要先释放蒙版效果，才可对象进行编辑。

　　释放蒙版效果的操作方法有三种，分别如下。

➢ 选取工具面板中的选择工具，在图形窗口中选择需要释放的蒙版，单击"图层"面板底部的"建立/释放剪切蒙版"按钮，即可释放创建的剪切蒙版。

➢ 选取工具面板中的选择工具，在图形窗口中选择需要释放的蒙版，在窗口中的任意位置处单击鼠标右键，在弹出的快捷菜单中选择"释放剪切蒙版"选项，即可释放创建的剪切蒙版。

➢ 选取工具面板中的选择工具，在图形窗口中选择需要释放的蒙版，单击"对象"｜"剪切蒙版"｜"释放"命令，即可释放创建的剪切蒙版。

● 操作步骤 ●

STEP 01 单击"文件"｜"打开"命令，打开一幅素材图像，如图8-104所示。

STEP 02 使用选择工具选中图形，单击"对象"｜"剪切蒙版"｜"释放"命令，即可释放图像中的剪切蒙版，如图8-105所示。

图8-104 素材图像

图8-105 释放蒙版

技巧点拨

　　释放剪切蒙版还有以下两种方法。

➢ 方法1：选择需要释放剪切蒙版的图形，按【Alt＋Ctrl＋7】组合键，即可释放蒙版。

➢ 方法2：选择需要释放剪切蒙版的图形，单击"图层"面板右上角的按钮，在弹出的菜单列表框中选择"释放剪切蒙版"选项，即可释放蒙版。

实战 304 停用和激活不透明度蒙版

▶ 实例位置: 光盘\效果\第8章\实战304.ai
▶ 素材位置: 光盘\素材\第8章\实战304.ai
▶ 视频位置: 光盘\视频\第8章\实战304.mp4

● 实例介绍 ●

在Illustrator CC中创建不透明度蒙版后, 用户可以通过"透明度"面板来停用和激活不透明度蒙版。

● 操作步骤 ●

STEP 01 单击"文件" | "打开"命令, 打开一幅素材图像, 如图8-106所示。

图8-106 素材图像

STEP 03 执行操作后, 蒙版缩览图上会显示一个红色的 "×", 如图8-108所示。

图8-108 显示红色的"×"

STEP 02 使用选择工具选中图形, 打开"透明度"面板, 按住【Shift】键单击蒙版对象缩览图, 如图8-107所示。

图8-107 单击蒙版对象缩览图

STEP 04 同时, 即可停用蒙版, 效果如图8-109所示。

图8-109 停用蒙版

技巧点拨

如果要激活不透明度蒙版, 可以按住【Shift】键单击蒙版对象缩览图。

实战 305 取消链接和重新链接不透明度蒙版

▶ 实例位置: 光盘\效果\第8章\实战305.ai
▶ 素材位置: 光盘\素材\第8章\实战305.ai
▶ 视频位置: 光盘\视频\第8章\实战305.mp4

● 实例介绍 ●

创建不透明度蒙版后, 在"透明度"面板中, 蒙版对象与被蒙版的对象之间有一个 状的链接图标, 它表示蒙版与被其遮罩的对象保持链接, 此时移动、选择或变换对象时, 蒙版会同时变换, 因此, 被遮罩的区域不会改变。

● 操作步骤 ●

STEP 01 单击"文件" | "打开"命令, 打开一幅素材图像, 如图8-110所示。

STEP 02 使用选择工具选中图形, 打开"透明度"面板, 单击"指示不透明蒙版链接到图稿"图标 , 如图8-111所示。

图8-110 素材图像

STEP 03 执行操作后，即可取消链接，如图8-112所示。

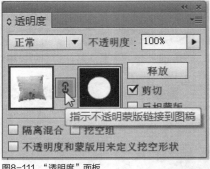

图8-111 "透明度"面板

STEP 04 在文档中适当调整对象的位置，效果如图8-113所示。

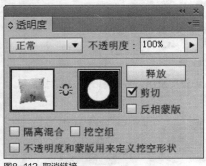

图8-112 取消链接

图8-113 调整位置

实战 306　剪切不透明度蒙版

▶ 实例位置：光盘\效果\第8章\实战306.ai
▶ 素材位置：光盘\素材\第8章\实战306.ai
▶ 视频位置：光盘\视频\第8章\实战306.mp4

● 实例介绍 ●

在默认情况下，新创建的不透明度蒙版为剪切状态，即蒙版对象以外的内容都被剪切掉了，此时在"透明度"面板中，"剪切"选项为选择状态。如果取消"剪切"选项的选中状态，则可在遮盖对象的同时，让蒙版对象以外的内容显示出来。

● 操作步骤 ●

STEP 01 单击"文件"｜"打开"命令，打开一幅素材图像，如图8-114所示。

STEP 02 使用选择工具选中图形，打开"透明度"面板，如图8-115所示。

图8-114 素材图像

图8-115 "透明度"面板

STEP 03 取消选中"剪切"复选框，如图8-116所示。

STEP 04 执行操作后，即可显示蒙版对象以外的内容，效果如图8-117所示。

图8-116 取消选中"剪切"复选框

图8-117 显示蒙版对象以外的内容

实战 307　反相不透明度蒙版

▶ 实例位置：光盘\效果\第8章\实战307.ai
▶ 素材位置：光盘\素材\第8章\实战307.ai
▶ 视频位置：光盘\视频\第8章\实战307.mp4

● 实例介绍 ●

在默认情况下，蒙版对象中的白色区域会完全显示下面的对象，黑色区域会完全遮盖下面的对象，灰色区域会使对象呈现透明效果。如果在"透明度"面板中选中"反相蒙版"复选框，则可以反相蒙版的明度值；取消选中"反相蒙版"复选框，可以将蒙版恢复为正常状态。

● 操作步骤 ●

STEP 01 单击"文件"｜"打开"命令，打开一幅素材图像，如图8-118所示。

STEP 02 使用选择工具选中图形，打开"透明度"面板，如图8-119所示。

图8-118 素材图像

图8-119 "透明度"面板

STEP 03 选中"反相蒙版"复选框，如图8-120所示。

STEP 04 执行操作后，即可反相蒙版的明度值，效果如图8-121所示。

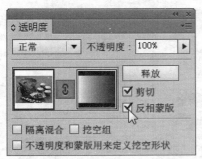

图8-120 选中"反相蒙版"复选框

图8-121 反相蒙版的明度值

第 **9** 章

应用画笔与图案

本章导读

画笔工具和"画笔"面板是Illustrator中可以实现绘画效果的主要工具。用户可以使用画笔工具徒手绘制线条，也可以通过"画笔"面板为路径添加不同样式的画笔描边，来模拟毛笔、钢笔和油画笔等笔触效果。图案在服装设计、包装和插画中的应用比较多。使用"图案选项"面板可以创建和编辑图案，即使是复杂的无缝拼贴图案，也能轻松制作出来。

要点索引

- 使用画笔绘制图形
- 创建画笔
- 使用画笔库
- 编辑画笔
- 运用图案

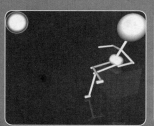

9.1 使用画笔绘制图形

Illustrator CC中的画笔工具是一个非常奇妙的工具。用户使用该工具可以实现模拟画家所用的不同形状的笔刷，在指定的路径周围均匀地分布指定的图案等功能，从而使用户能够充分展示自己的艺术构思，表达自己的艺术思想。同时，用户熟练地使用"画笔"面板可以给所需要的路径或图形添加一些画笔笔触，从而达到丰富路径和图形的目的。

实战 308 打开"画笔"面板

▶ 实例位置：无
▶ 素材位置：光盘\素材\第9章\实战308.ai
▶ 视频位置：光盘\视频\第9章\实战308.mp4

● 实例介绍 ●

在"画笔"面板中，系统为用户提供了包括点状、书法效果、图案和线条画笔4种类型的画笔笔触，用户通过组合使用这几种画笔笔触可以得到千变万化的图形效果。另外，除了可以使用系统内置的画笔样式以外，用户还可根据需要创建自己所需的新的画笔样式，并且还可以将其保存至"画笔"面板中，以便在以后的绘制过程中长期使用。

● 操作步骤 ●

STEP 01 单击"文件"｜"打开"命令，打开一幅素材图像，如图9-1所示。

STEP 02 单击"窗口"｜"画笔"命令，或按【F5】键，即可打开"画笔"面板，如图9-2所示。

图9-1 素材图像

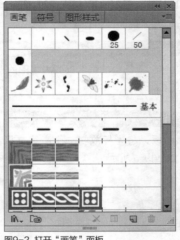

图9-2 打开"画笔"面板

知识拓展

"画笔"面板中的主要选项含义如下。

▶ 移去画笔描边 ✕：单击该按钮，即可将选择的图形中应用的画笔笔触移动，并且还将会自动应用当前所设置的轮廓参数属性。

▶ 所选对象的选项 ▣：单击该按钮，弹出"描边选项"对话框，如图9-3所示，在该对话框中可以根据需要进行相应的设置（图形应用不同画笔笔触，其对话框也会有所不同）。

▶ 新建画笔 ▣：单击该按钮，弹出"新建画笔"对话框，如图9-4所示。

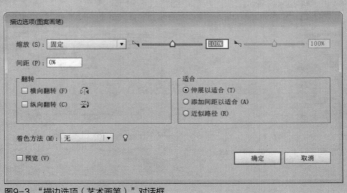

图9-3 "描边选项（艺术画笔）"对话框

图9-4 "新建画笔"对话框

➤ 删除画笔 🗑：在"画笔"面板中选择要删除的画笔笔触，单击 🗑 按钮，将弹出信息提示框，如图9-5所示。用户在该对话框中单击相应的按钮后，即可删除当前选择的画笔笔触。

➤ ▤：单击该按钮，弹出面板菜单，如图9-6所示。

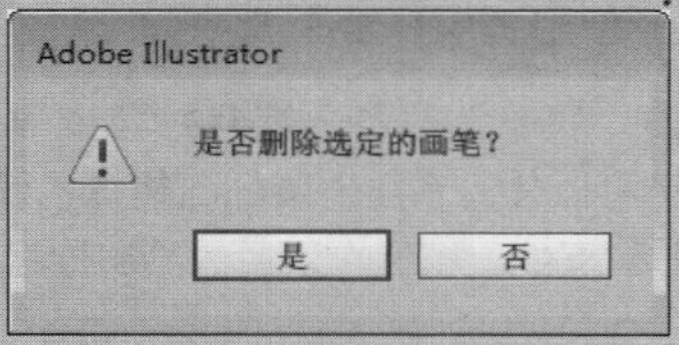

图9-5 删除画笔警告

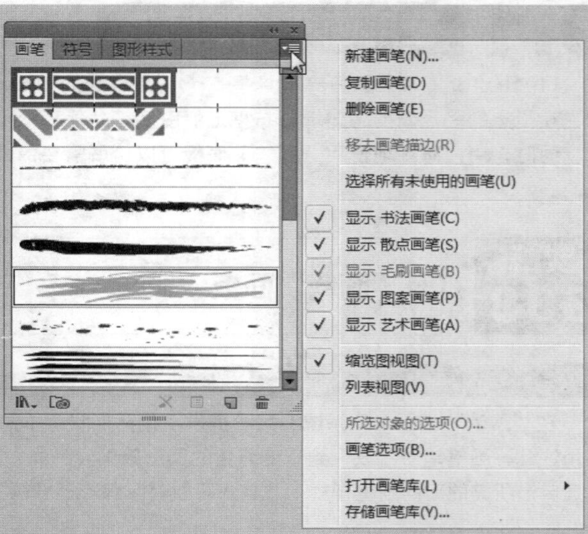

图9-6 弹出的面板菜单

实战 309 调整"画笔"面板的显示方式

➤ 实例位置：无
➤ 素材位置：无
➤ 视频位置：光盘\视频\第9章\实战309.mp4

● 实例介绍 ●

在默认情况下，"画笔"面板中的画笔以列表视图的形式显示，即显示画笔的缩览图，用户可以通过面板菜单来调整"画笔"面板的显示方式。

● 操作步骤 ●

STEP 01 打开"画笔"面板，将光标放在一个画笔样板上，即可显示它的名称，如图9-7所示。

STEP 02 单击右上角的 ▤ 按钮，在打开的面板菜单中选择"列表视图"选项，如图9-8所示。

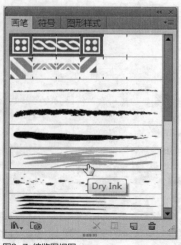

图9-7 缩览图视图

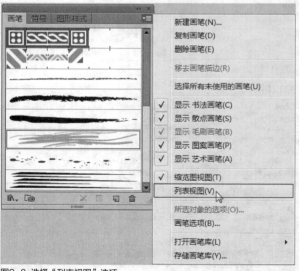

图9-8 选择"列表视图"选项

STEP 03 执行操作后，即可同时显示画笔的名称和缩览图，如图9-9所示。

STEP 04 单击右上角的 ▤ 按钮，在打开的面板菜单中选择"显示图案画笔"选项，面板中会隐藏除该种画笔之外的其他画笔，如图9-10所示。

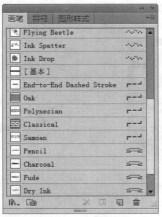

图9-9 列表视图

图9-10 只显示一种画笔

实战 310 为图形添加画笔描边

▶ 实例位置：光盘\效果\第9章\实战310.ai
▶ 素材位置：光盘\素材\第9章\实战310.ai
▶ 视频位置：光盘\视频\第9章\实战310.mp4

● 实例介绍 ●

画笔描边可以应用于任何绘图工具或形状工具创建的线条，如钢笔工具和铅笔工具绘制的路径，矩形和弧形等工具创建的图形。

● 操作步骤 ●

STEP 01 单击"文件"｜"打开"命令，打开一幅素材图像，如图9-11所示。

STEP 02 使用选择工具 选择相应的图形对象，如图9-12所示。

图9-11 打开素材图像

STEP 03 打开"画笔"面板，选择3 pt Round画笔，如图9-13所示。

图9-12 选择图形对象

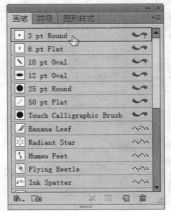

图9-13 选择画笔

STEP 04 执行操作后，即可添加画笔描边，效果如图9-14所示。

图9-14 添加画笔描边

<table>
<tr><td>实战 311</td><td>移去画笔描边</td><td>▶ 实例位置：光盘\效果\第9章\实战311.ai
▶ 素材位置：光盘\素材\第9章\实战311.ai
▶ 视频位置：光盘\视频\第9章\实战311.mp4</td></tr>
</table>

● 实例介绍 ●

在未选择对象的情况下，将画笔从"画笔"面板中拖曳到路径上，可直接为其添加画笔描边。当添加的画笔描边不适合时，也可以快速删除画笔描边效果。

● 操作步骤 ●

STEP 01 单击"文件" | "打开"命令，打开一幅素材图像，如图9-15所示。

STEP 02 使用选择工具 选择相应的图形对象，如图9-16所示。

图9-15 打开素材图像

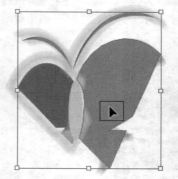

图9-16 选择图形对象

STEP 03 打开"画笔"面板，单击右上角的 按钮，在打开的面板菜单中选择"移去画笔描边"选项，如图9-17所示。

STEP 04 执行操作后，即可删除画笔描边，效果如图9-18所示。

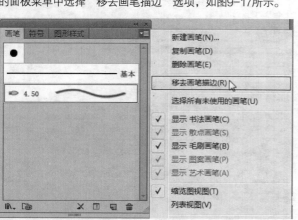

图9-17 选择"移去画笔描边"选项

图9-18 删除画笔描边

实战 312　使用画笔工具

▶ 实例位置：光盘\效果\第9章\实战312.ai
▶ 素材位置：光盘\素材\第9章\实战312.ai
▶ 视频位置：光盘\视频\第9章\实战312.mp4

● 实例介绍 ●

选择画笔工具 ✐，在"画笔"面板中选择一种画笔，单击并拖曳鼠标可绘制线条并对路径应用画笔描边。如果要绘制闭合路径，可以在绘制的过程中按住【Alt】键（光标会变为○状），然后再放开鼠标按键。

● 操作步骤 ●

STEP 01　单击"文件"｜"打开"命令，打开一幅素材图像，如图9-19所示。

STEP 02　使用画笔工具 ✐，在控制面板中设置"描边粗细"为2pt，如图9-20所示。

图9-19 打开素材图像

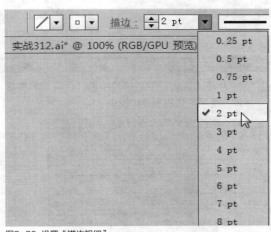

图9-20 设置"描边粗细"

STEP 03　打开"画笔"面板，选择相应的画笔类型，如图9-21所示。

STEP 04　使用画笔工具绘制图形，效果如图9-22所示。

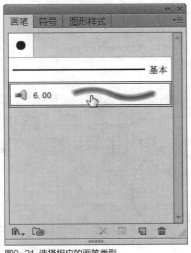

图9-21 选择相应的画笔类型

图9-22 绘制图形

实战 313　设置画笔工具选项

▶ 实例位置：无
▶ 素材位置：无
▶ 视频位置：光盘\视频\第9章\实战313.mp4

● 实例介绍 ●

双击工具面板中的画笔工具 ✐，弹出"画笔工具选项"对话框，如图9-23所示。

该对话框中的主要选项含义如下。

➢ 保真度：用于设置自动创建的路径曲线与鼠标绘制的轨迹的偏离程度。

➢ 平滑：用于设置自动创建的路径曲线的平滑程度。

➢ 保持选定：选中该复选框，使用画笔工具绘制完路径后，该路径将自动处于选择状态。

➢ 编辑所选路径：选中该复选框，使用画笔工具绘制完路径后，用户还可以继续对该路径进行绘制。

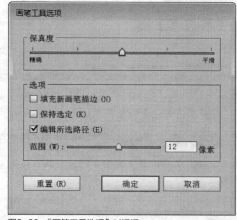

图9-23 "画笔工具选项"对话框

● 操作步骤 ●

STEP 01 在"画笔工具选项"对话框中将"保真度"滑块拖曳至"平滑"选项的最右侧，如图9-24所示。

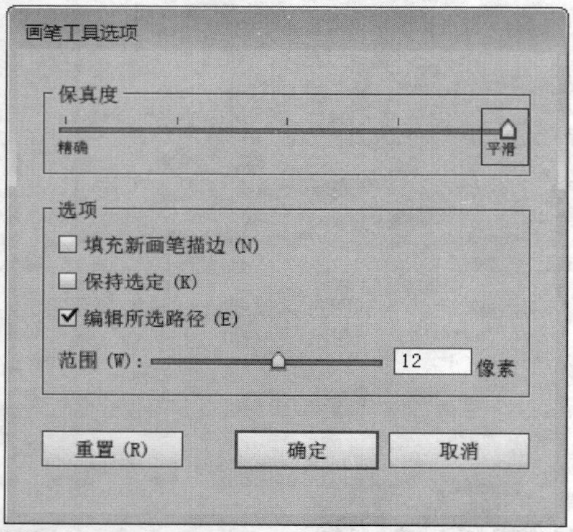

STEP 02 使用画笔工具 ✎ 即可绘制出平滑的路径，效果如图9-25所示。

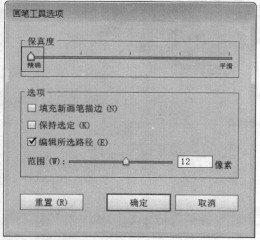

图9-24 设置画笔工具选项

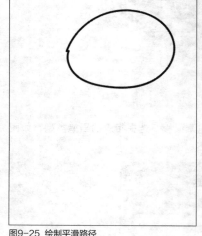

图9-25 绘制平滑路径

STEP 03 在"画笔工具选项"对话框中将"保真度"滑块拖曳至"精确"选项的最左侧，如图9-26所示。

STEP 04 使用画笔工具绘制图形，效果如图9-27所示。

图9-26 设置画笔工具选项

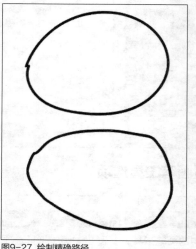

图9-27 绘制精确路径

9.2 创建画笔

使用工具面板中的画笔工具可以创建不同笔触的路径效果，如使用画笔工具可以创建书法画笔、散点画笔、艺术形式的画笔和图案画笔。下面将进行详细的讲解。

实战 314 创建书法画笔

▶ 实例位置：光盘\效果\第9章\实战314.ai
▶ 素材位置：光盘\素材\第9章\实战314.ai
▶ 视频位置：光盘\视频\第9章\实战314.mp4

● 实例介绍 ●

在"画笔"面板中选择书法画笔笔触，然后单击"画笔"面板右侧的三角形按钮，在弹出的面板菜单中选择"画笔选项"选项，弹出"书法画笔选项"对话框，如图9-28所示。

该对话框中的主要选项含义如下。

▶ 名称：用于设置画笔笔触的名称。

▶ 角度：用于设置画笔笔触的角度。

▶ 圆度：用于设置画笔笔触的圆润程度。

▶ 大小：用于设置画笔笔触的宽度，其参数值越大，笔触将越粗；反之参数值越小，则所绘制的路径越细。

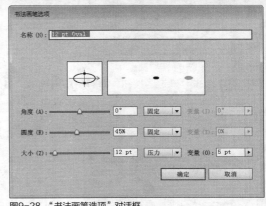

图9-28 "书法画笔选项"对话框

● 操作步骤 ●

STEP 01 单击"文件"｜"打开"命令，打开一幅素材图像，如图9-29所示。

STEP 02 单击"窗口"｜"画笔"命令，调出"画笔"浮动面板，将鼠标指针移至面板下方的"新建画笔"按钮上，如图9-30所示。

图9-29 素材图像

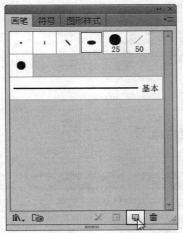

图9-30 移动鼠标

STEP 03 单击鼠标左键，弹出"新建画笔"对话框，选中"书法画笔"单选按钮，如图9-31所示。

STEP 04 单击"确定"按钮，弹出"书法画笔选项"对话框，设置"名称"为"书法画笔1"、"角度"为60°、"圆度"为60%、"大小"为10pt，在"画笔形状编辑器"中可以预览设置的书法画笔笔触样式，如图9-32所示。

图9-31 "新建画笔"对话框

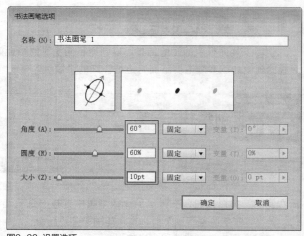

图9-32 设置选项

STEP 05 单击"确定"按钮，即可将所创建的"书法画笔1"的画笔笔触添加于"画笔"浮动面板中，将鼠标指针移至"书法画笔1"画笔笔触上（如图9-33所示），单击鼠标左键即可选中该画笔笔触。

STEP 06 选取工具面板中的画笔工具 ，在控制面板上设置"填色"为"无""描边"为"白色""描边粗细"为1pt，将鼠标移至图像窗口中的合适位置，单击鼠标左键，即可将该画笔笔触应用于图像窗口中，根据图像的需要应用画笔笔触，则会绘制出美观的图像效果，如图9-34所示。

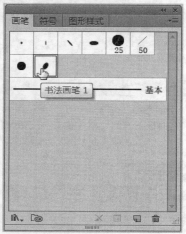

图9-33 添加画笔笔触

图9-34 图像效果

实战 315	创建散点画笔	▶ 实例位置：光盘\效果\第9章\实战315.ai ▶ 素材位置：光盘\素材\第9章\实战315.ai ▶ 视频位置：光盘\视频\第9章\实战315.mp4

● 实例介绍 ●

在"画笔"面板中选择并双击散点画笔笔触，弹出"散点画笔选项"对话框，如图9-35所示。

该对话框中的主要选项含义如下。

➢ 名称：用于设置画笔笔触的名称。

➢ 大小：用于设置在路径上分散对象的尺寸比例，用户可以在其右侧的下拉列表中选择"随机"或"固定"等方式进行表现。若用户选择"随机"选项，将需要设置随机分散的最大对象的尺寸比例和最小对象的尺寸比例。

➢ 间距：用于设置在路径上分散对象的间隔比例，用户可以在其右侧的下拉列表中选择"随机"或"固定"等表现方式。若用户选择"随机"选项，将需要设置随机分散对象的最大的对象间隔比例和最小的对象间隔比例。

➢ 分布：用于设置在路径上分散对象与路径的间隔比例大小，用户可以在其右侧的列表中选择"随机"或"固定"等表现方式。若用户选择"随机"选项，将需要设置随机分散的对象与路径间隔比例和最小对象与路径间的间隔比例。

➢ 旋转：用于设置在路径上分散对象的旋转角度，用户可以在其右侧的下拉列表中选择"随机"或"固定"等表现

方式。若用户选择"随机"选项，将需要设置随机
分散效果的最大旋转角度与最小旋转角度。

➤ 旋转相对于：用于设置分布在路径上的对象的旋转
方向。若用户选择"页面"选项，那么分散对象的
旋转方向将会相对路径进行旋转。

➤ 方法：用于设置路径中分散对象的着色方式。若用
户选择"无"选项，那么将会保持分散对象在工具
面板中的原填充与轮廓属性；若选择"色调"选
项，那么可以在应用后对分散对象重新设定颜色；
若选择"淡色和暗色"选项，那么可以以不同浓淡
的画笔颜色和阴影显示画笔的笔触。

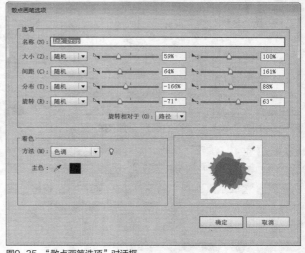

图9-35　"散点画笔选项"对话框

● 操作步骤 ●

STEP 01　单击"文件" | "打开"命令，打开一幅素材图
像，选中需要创建散点画笔的图形，如图9-36所示。

STEP 02　单击"画笔"浮动面板右上角的 按钮，在弹出
的菜单列表框中选择"显示散点画笔"选项，即可在"画
笔"中显示系统自带的散点画笔样式，如图9-37所示。

STEP 03　单击"新建画笔"按钮 ，在弹出的"新建画
笔"对话框中，选中"散点画笔"单选按钮，如图9-38
所示。

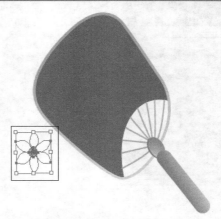

图9-36　选中图形

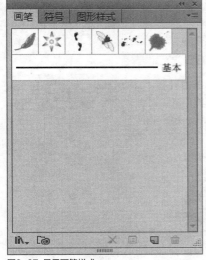

图9-37　显示画笔样式

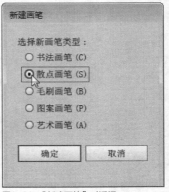

图9-38　"新建画笔"对话框

STEP 04 单击"确定"按钮，弹出"散点画笔选项"对话框，设置"名称"为"花朵""大小"为50%、"间距"为50%、"分布"为0%、"旋转"为0°、"旋转相对于"为"路径"，单击"方法"文本框右侧的下拉三角按钮，在弹出的下拉列表框中选择"淡色和暗色"选项，单击"主色"右侧的"吸管"按钮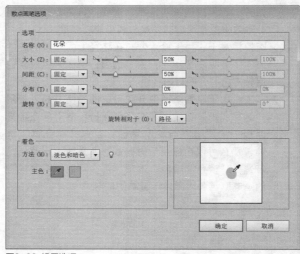，将鼠标指针移至预览框中的橙色圆点上，单击鼠标左键吸取颜色，吸管右侧的颜色块中即可显示所吸取的颜色，如图9-39所示。

STEP 05 单击"确定"按钮，即可将所创建的散点画笔添加于"画笔"浮动面板中，如图9-40所示。

STEP 06 选取工具面板中的画笔工具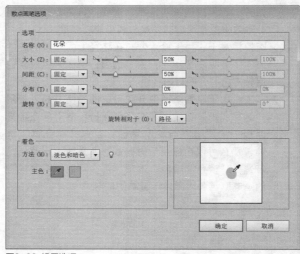，将鼠标移至图像窗口中的合适位置，单击鼠标左键并拖曳，绘制一条路径，如图9-41所示。

图9-39 设置选项

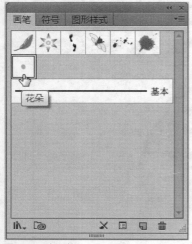

图9-40 添加画笔

图9-41 绘制路径

知识拓展

在设置"散点画笔选项"对话框时，设置"着色"选项区对散点画笔的显示起点缀作用，它决定了散点画笔的着色方法。
- ➤ 若在右侧的文本框中选择"无"选项，则对原图形的颜色无任何改变。
- ➤ 若选择"色调"选项，则可以使散点画笔进行着色后，对分散的图形重新设置颜色。
- ➤ 若选择"淡色和暗色"选项，则可以不同的浓淡画笔颜色和阴影显示画笔。
- ➤ 若选择"色相转换"选项，可以使散点画笔着色后的颜色随着背景颜色的改变而改变。

STEP 07 释放鼠标后，所创建的散点画笔沿着绘制的路径进行分布，如图9-42所示。

STEP 08 在控制面板上设置"描边粗细"为3pt，在图像窗口中的合适位置单击鼠标左键，即可为图像添加一个指定大小的画笔图形，如图9-43所示。

图9-42 沿路径分布

图9-43 图像效果

实战
316　创建图案画笔

▶ 实例位置：光盘\效果\第9章\实战316.ai
▶ 素材位置：光盘\素材\第9章\实战316.ai
▶ 视频位置：光盘\视频\第9章\实战316.mp4

● 实例介绍 ●

　　在"画笔"面板中选择艺术画笔笔触，单击面板右侧的三角形按钮，在弹出的面板菜单中选择"画笔选项"选项，弹出"图案画笔选项"对话框，如图9-44所示。

　　该对话框中的主要选项含义如下。

➤ "画笔笔触位置"和"样式"选择区域：选择不同的画笔笔触位置后，再在其下方的"样式"区域选择相应的图案，可以定义所需要位置的图案效果。

➤ 缩放：用于控制路径上画笔笔触的缩放比例。

➤ 间距：用于控制路径上画笔笔触之间的间隔距离。

➤ "翻转"选项区：用于设置路径上画笔笔触的所处位置方向。

➤ 伸展以适合：选中该复选框，可以加长或减短路径以适合路径。

➤ 近似路径：选中该复选框，将在不改变画笔笔触的情况下，将笔触应用于路径向里或向外位置区域，而不一定将其放置在路径中间。

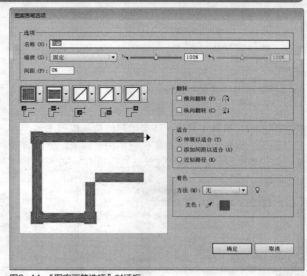

图9-44　"图案画笔选项"对话框

● 操作步骤 ●

STEP 01 单击"文件"｜"打开"命令，打开一幅素材图像，如图9-45所示。

STEP 02 单击"画笔"浮动面板右上角的 按钮，在弹出的菜单列表框中选择"显示图案画笔"选项，即可显示系统自带的图案画笔样式，如图9-46所示。

STEP 03 单击"新建画笔"按钮 ，在弹出的"新建画笔"对话框中，选中"图案画笔"单选按钮，如图9-47所示。

图9-45 素材图像

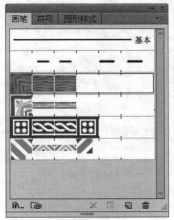

图9-46 显示图案画笔样式

图9-47 "新建画笔"对话框

STEP 04 单击"确定"按钮,弹出"图案画笔选项"对话框,设置"名称"为"图案画笔1""缩放"为50%、"间距"为5%,设置"边线拼贴""外角拼贴""内角拼贴""起点拼贴""终点拼贴"均为Jungle Stripes,选中"添加间距以适合"单选按钮,设置"方法"为"无",并单击"主色"右侧的"吸管"按钮 ,将鼠标指针移至"终点拼贴"预览框中的绿色色块上,单击鼠标左键吸取该颜色,吸管右侧的颜色块中即可显示所吸取的颜色,如图9-48所示。

STEP 05 单击"确定"按钮,即可将所创建的图案画笔添加于"画笔"浮动面板中,如图9-49所示。

STEP 06 使用选择工具选中需要绘制图案画笔的图形,再在"画笔"浮动面板中单击所创建的图案画笔,该图案画笔即可沿着图形的路径进行连续填充,如图9-50所示。

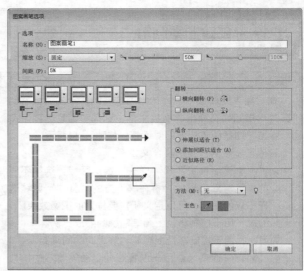

图9-48 设置选项

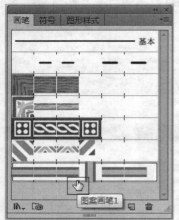

图9-49 创建图案画笔

图9-50 沿图形路径填充图案画笔

知识拓展

在默认情况下,图形路径中所填充的图案画笔大小为1pt,若用户对填充后的效果不满意,则选中图案画笔所填充的图形,再在控制面板上设置描边粗细。若对填充的图案不满意,则单击描边粗细右侧的图案画笔显示框,将弹出下拉列表框,在其中用户可以选择需要的图案画笔。

实战 317 创建艺术画笔

▶ **实例位置:** 光盘\效果\第9章\实战317.ai
▶ **素材位置:** 光盘\素材\第9章\实战317.ai
▶ **视频位置:** 光盘\视频\第9章\实战317.mp4

● **实例介绍** ●

在"画笔"面板中选择并双击艺术画笔笔触,弹出"艺术画笔选项"对话框,如图9-51所示。

该对话框中的主要选项含义如下。

➢ "方向"选项区:该选项区中的各按钮用于控制画笔笔触的方向。

➢ "宽度"选项区:该选项区中的选项用于设置画笔笔触的缩放比例。

➢ "选项"选项区:该选项区中的复选框用于控制路径中画笔笔触的翻转方式。

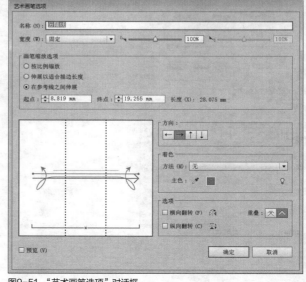

图9-51 "艺术画笔选项"对话框

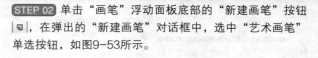

● 操作步骤 ●

STEP 01 单击"文件"｜"打开"命令，打开一幅素材图像（如图9-52所示），使用选择工具选中需要创建艺术画笔的图形。

图9-52 素材图像

STEP 03 单击"确定"按钮，弹出"艺术画笔选项"对话框，设置"名称"为"艺术画笔1""宽度"为90%，选中"按比例缩放"复选框，如图9-54所示。

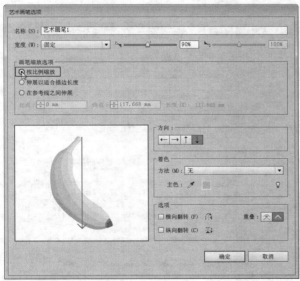

图9-54 设置选项

STEP 02 单击"画笔"浮动面板底部的"新建画笔"按钮，在弹出的"新建画笔"对话框中，选中"艺术画笔"单选按钮，如图9-53所示。

图9-53 选中"艺术画笔"单选按钮

STEP 04 单击"从左向右描边"按钮，选中"横向翻转"复选框，设置"方法"为"无"，并用吸管工具在预览窗中吸取需要的颜色，如图9-55所示。

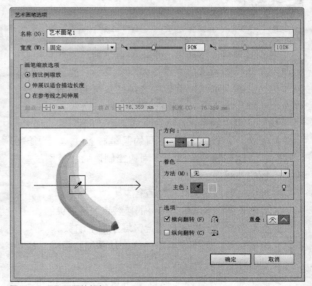

图9-55 吸取需要的颜色

知识拓展

创建艺术画笔和创建散点画笔的操作方向相似，都需要先选中创建画笔的图形。不同的是，在创建艺术画笔时，所选择的图形不能含有渐变色、渐变网格以及散点画笔效果的路径。否则，在"新建画笔"对话框中选中"艺术画笔"单选按钮，单击"确定"按钮，将会弹出信息提示框，提示图稿有不能使用的元素。

STEP 05 单击"确定"按钮，即可将所创建的艺术画笔添加于"画笔"浮动面板中，如图9-56所示。

STEP 06 选取工具面板中的画笔工具，将鼠标移至图像窗口中的合适位置，单击鼠标左键并水平从左向右进行拖曳，至合适位置后释放鼠标，所创建的艺术画笔笔触即可沿着路径显示于图像窗口中，如图9-57所示。

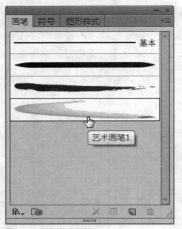

图9-56 添加艺术画笔

图9-57 沿路径分布艺术画笔

知识拓展

　　若用户需要对艺术画笔进行重新设置，可以选中正在应用的艺术画笔图形，单击"画笔"面板下方的"所选对象的选项"按钮，将会弹出"描边选项（艺术画笔）"对话框，通过重新设置参数即可得到新的散点画笔。

实战 318　创建毛刷画笔

▶ 实例位置：光盘\效果\第9章\实战318.ai
▶ 素材位置：光盘\素材\第9章\实战318.ai
▶ 视频位置：光盘\视频\第9章\实战318.mp4

● 实例介绍 ●

　　毛刷画笔可以创建带有毛刷的自然画笔的外观，模拟出使用实际画笔和媒体效果（如水滴颜色）的自然和流体画笔描边。在"画笔"面板中选择并双击毛刷画笔笔触，弹出"毛刷画笔选项"对话框，如图9-58所示。

　　该对话框中的主要选项含义如下。

➤ 形状：可以从10个不同的画笔模型中选择画笔形状，这些模型提供了不同的绘制体验和毛刷画笔路径的外观。

➤ 大小：可以设置画笔的直径。

➤ 毛刷长度：从画笔与笔杆的接触点到毛刷尖的长度。

➤ 毛刷密度：毛刷颈部指定区域中的毛刷数。

➤ 毛刷粗细：可调整毛刷粗细，从精细到粗糙（从1%到100%）。

➤ 上色不透明度：可以设置所使用的画笔的不透明度。

➤ 硬度：用于设置毛刷的硬度，从而产生轻便或坚韧的笔刷效果。

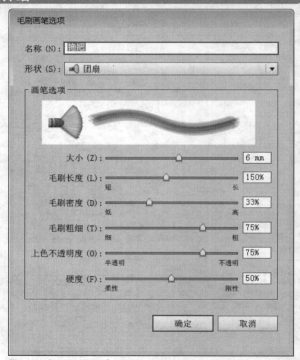

图9-58 "毛刷画笔选项"对话框

● 操作步骤 ●

STEP 01 单击"文件"｜"打开"命令，打开一幅素材图像，如图9-59所示。

STEP 02 单击"画笔"浮动面板底部的"新建画笔"按钮，在弹出的"新建画笔"对话框中，选中"毛刷画笔"单选按钮，如图9-60所示。

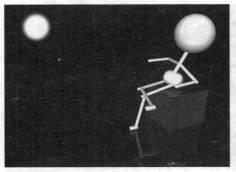

图9-59 素材图像

图9-60 选中"毛刷画笔"单选按钮

知识拓展

　　毛刷画笔描边由一些重叠、填充的透明路径组成，这些路径就像Illustrator中的其他任何已填色路径一样，会与其他对象（包括其他毛刷画笔路径）中的颜色进行混合，但描边上的填色并不会自行混合。也就是说，分层的单个毛刷画笔描边之间会互相混色，因此色彩会逐渐增强。但就地来回描绘的单一描边并不会将自身的颜色混合加深。

STEP 03 单击"确定"按钮，弹出"毛刷画笔选项"对话框，设置"名称"为"毛刷画笔1"，在"形状"列表框中选择"圆点"选项，如图9-61所示。

STEP 04 设置"大小"为5mm、"毛刷粗细"为60%，如图9-62所示。

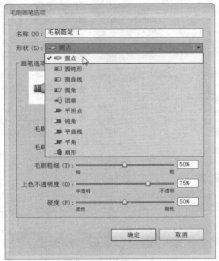

图9-61 选择"圆点"选项

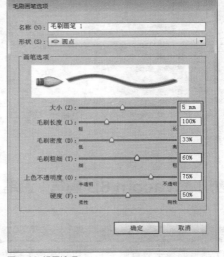

图9-62 设置选项

STEP 05 单击"确定"按钮，即可将所创建的毛刷画笔添加于"画笔"浮动面板中，如图9-63所示。

STEP 06 选取工具面板中的选择工具 ，选择文档中的相应路径，如图9-64所示。

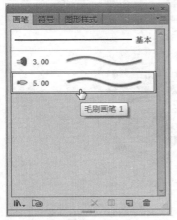

图9-63 添加毛刷画笔

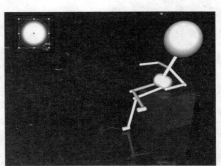

图9-64 选择相应路径

STEP 07 单击"画笔"面板中的相应毛刷画笔,即可为路径描边,效果如图9-65所示。

图9-65 为路径描边

9.3 使用画笔库

画笔库是Illustrator提供的一组预设画笔。单击"画笔"面板中的画笔库菜单按钮 ⅰⅳ,或执行"窗口"|"画笔库"命令,在打开的下拉菜单中可以选择画笔库,如图9-66所示。

图9-66 "画笔库"菜单

实战 319	应用"Wacom 6D 画笔"画笔	▶ 实例位置:光盘\效果\第9章\实战319.ai
		▶ 素材位置:光盘\素材\第9章\实战319.ai
		▶ 视频位置:光盘\视频\第9章\实战319.mp4

● 实例介绍 ●

Wacom 6D 画笔归属于散点画笔,当用户选择了相应的画笔笔触后,可以在"画笔"面板中双击该画笔笔触,将会弹出"散点画笔选项"对话框,用户可以在对话框中进行相应的参数设置。

● 操作步骤 ●

STEP 01 单击"文件" | "打开"命令,打开一幅素材图像,如图9-67所示。

图9-67 素材图像

STEP 02 单击"画笔"浮动面板右上角的 按钮,在弹出的菜单列表框中选择"打开画笔库"|"Wacom 6D 画笔"|"6d艺术钢笔画笔"选项,即可弹出"6d艺术钢笔画笔"浮动面板,将鼠标移至"6d 散点画笔1"画笔笔触上,单击鼠标左键,如图9-68所示。

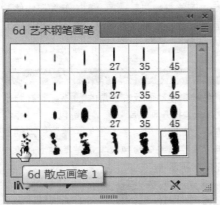

图9-68 选择画笔笔触

STEP 04 选取工具面板中的画笔工具 ,在控制面板上设置"填色"为"无""描边"为"白色""描边粗细"为2pt、"不透明度"为90%,如图9-70所示。

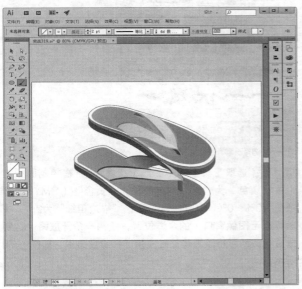

图9-70 设置画笔笔触

STEP 06 用与上述同样的方法,并根据图像的需要合理地应用画笔笔触,即可制作出更加美观的图像效果,如图9-72所示。

STEP 03 执行操作后,该画笔笔触即可添加至"画笔"浮动面板中,选中所添加的"6d 散点画笔1"画笔笔触,如图9-69所示。

图9-69 添加画笔笔触

STEP 05 将鼠标移至图像窗口中的合适位置,单击鼠标左键,即可将该项画笔笔触应用于图像窗口中,如图9-71所示。

图9-71 应用画笔笔触

图9-72 图像效果

实战 320 应用"矢量包"画笔

▶ **实例位置：** 光盘\效果\第9章\实战320.ai
▶ **素材位置：** 光盘\素材\第9章\实战320.ai
▶ **视频位置：** 光盘\视频\第9章\实战320.mp4

● 实例介绍 ●

在"矢量包"选项的子菜单中除了"手绘画笔矢量包"选项外，还有"颓废画笔矢量包"选项，前者倾向于铅笔笔触，而后者则倾向于毛笔笔触，它们都归属于艺术画笔类。因此，在该类型画笔上双击鼠标，将弹出"艺术画笔选项"对话框。

● 操作步骤 ●

STEP 01 单击"文件"｜"打开"命令，打开一幅素材图像，如图9-73所示。

STEP 02 单击"画笔"浮动面板右上角的按钮，在弹出的菜单列表框中选择"打开画笔库"｜"矢量包"｜"手绘画笔矢量包"选项，即可弹出"手绘画笔矢量包"浮动面板，将鼠标移至"手绘画笔矢量包05"画笔笔触上，单击鼠标左键，如图9-74所示。

图9-73 素材图像

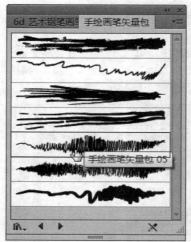

图9-74 选择画笔笔触

STEP 03 执行操作后，该画笔笔触即可添加至"画笔"浮动面板中，选中所添加的手绘画笔矢量包，如图9-75所示。

STEP 04 选取工具面板中的画笔工具，在控制面板上设置"填色"为"无"、"描边"为"黄色"（CMYK的参数值为0%、0%、100%、0%）、"描边粗细"为2pt，将鼠标移至图像窗口中的合适位置，绘制一条开放路径，释放鼠标，即可将该画笔笔触应用于图像窗口中，如图9-76所示。

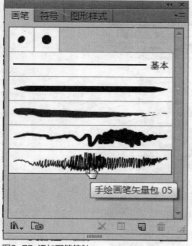

图9-75 添加画笔笔触

图9-76 应用画笔笔触

实战 321　应用"箭头"画笔

▶ 实例位置：光盘\效果\第9章\实战321.ai
▶ 素材位置：光盘\素材\第9章\实战321.ai
▶ 视频位置：光盘\视频\第9章\实战321.mp4

● 实例介绍 ●

　　"箭头"艺术效果提供了3种箭头类型，有图案箭头、标准箭头和特殊箭头，其中图案箭头属于图案画笔的种类，而标准箭头和特殊箭头都属于艺术画笔。

● 操作步骤 ●

STEP 01　单击"文件"｜"打开"命令，打开一幅素材图像，如图9-77所示。

STEP 02　单击"画笔"浮动面板右上角的 按钮，在菜单列表框中选择"打开画笔库"｜"箭头"｜"图案箭头"选项，即可弹出"图案箭头"浮动面板，将鼠标移至"花形箭头画笔"画笔笔触上，单击鼠标左键，如图9-78所示。

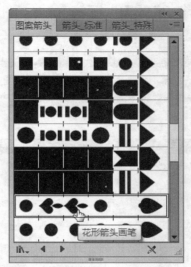

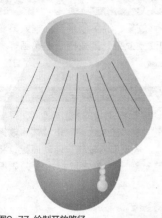

图9-77 绘制开放路径

图9-78 选择画笔笔触

STEP 03　执行操作后，该画笔笔触即可添加至"画笔"浮动面板中，单击鼠标左键，如图9-79所示。

STEP 04　使用选择工具选中一条开放路径，在"画笔"面板中单击"花形箭头画笔"图标，即可将该画笔笔触应用于开放路径上，如图9-80所示。

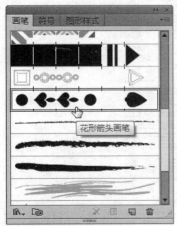

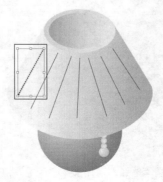

图9-79 添加画笔笔触

图9-80 应用笔触效果

STEP 05　在控制面板上设置"填充色"为"无""描边"为"白色""描边粗细"为4pt，即可为该画笔笔触制作出相应的效果，如图9-81所示。

STEP 06　用与上述同样的方法，为图像中的其他开放路径设置相应的效果，即可制作出精美的台灯效果，如图9-82所示。

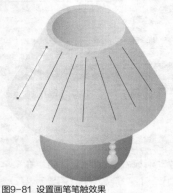

图9-81 设置画笔笔触效果

图9-82 台灯效果

实战 322	应用"艺术效果"画笔	▶ 实例位置：光盘\效果\第9章\实战322.ai ▶ 素材位置：光盘\素材\第9章\实战322.ai ▶ 视频位置：光盘\视频\第9章\实战322.mp4

● 实例介绍 ●

　　"艺术画笔"的子菜单中包含了4种画笔种类，分别是书法效果、卷轴笔效果、水彩效果、油墨效果、画笔效果和粉笔炭笔效果。其中，书法效果中的画笔笔触与书法画笔中的画笔笔触相似，而水彩和油墨效果，则适用于水墨画等具有古韵味的图像中。

● 操作步骤 ●

STEP 01 单击"文件"｜"打开"命令，打开一幅素材图像，如图9-83所示。

STEP 02 单击"画笔"浮动面板右上角的 ▾≣ 按钮，在菜单列表框中选择"打开画笔库"｜"艺术效果"｜"艺术效果卷轴笔"选项，即可弹出"艺术效果卷轴笔"浮动面板，将鼠标移至"卷轴笔8"画笔笔触上，单击鼠标左键，如图9-84所示。

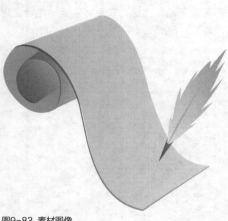

图9-83 素材图像

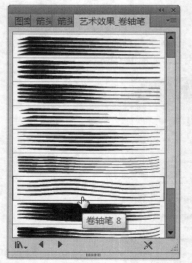

图9-84 选择画笔笔触

STEP 03 执行操作后，该画笔笔触即可添加至"画笔"浮动面板中，选中所添加的"卷轴笔8"画笔笔触，如图9-85所示。

STEP 04 选取工具面板中的画笔工具 ，在控制面板上设置"填色"为"无""描边"为"土黄色"（CMYK的参数值为40%、50%、60%、0%）、"描边粗细"为1pt，将鼠标移至图像窗口中的合适位置，单击鼠标左键并拖曳，绘制一条开放路径，释放鼠标后，即可将该项画笔笔触应用于图像窗口中，如图9-86所示。

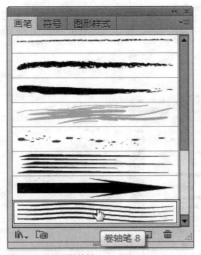

图9-85 选择画笔笔触

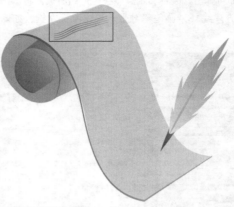

图9-86 应用画笔笔触

STEP 05 用与上述同样的方法，并根据图像的需要合理地应用画笔笔触，则会制作出更加美观的图像效果，如图9-87所示。

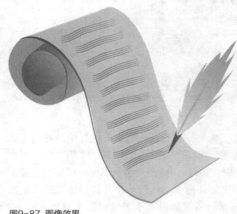

图9-87 图像效果

实战 323 应用"装饰"画笔

▶ 实例位置：光盘\效果\第9章\实战323.ai
▶ 素材位置：光盘\素材\第9章\实战323.ai
▶ 视频位置：光盘\视频\第9章\实战323.mp4

● 实例介绍 ●

在应用"装饰"画笔中的各种画笔笔触时，需要结合图像以及画笔的属性，对画笔的选项进行相应的设置。在图像中绘制路径时，一定要根据图像走向绘制路径，且需注意路径的长短、平滑度等，才能为制作出较好的图像效果。

● 操作步骤 ●

STEP 01 单击"文件"｜"打开"命令，打开一幅素材图像，如图9-88所示。

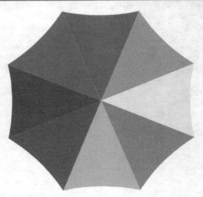

图9-88 素材图像

STEP 02 单击"画笔"浮动面板右上角的 按钮,在菜单列表框中选择"打开画笔库"|"装饰"|"装饰文本分隔线"选项,即可弹出"装饰文本分隔线"浮动面板,将鼠标移至"文本分隔线13"画笔笔触上,单击鼠标左键,如图9-89所示。

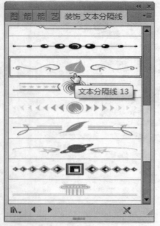

图9-89 选择画笔笔触

STEP 04 执行操作后,弹出"艺术画笔选项"对话框,设置"方法"为"淡色",其他选项保持默认设置,如图9-91所示。

STEP 05 单击"确定"按钮,选取工具面板中的画笔工具，在控制面板上设置"填色"为"无""描边"为"白色""描边粗细"为2pt,将鼠标移至图像窗口中的合适位置,单击鼠标左键并拖曳,绘制一条开放路径,释放鼠标后,即可将该项画笔笔触应用于图像窗口中,如图9-92所示。

STEP 06 用与上述同样的方法,并根据图像的需要合理地应用画笔笔触,制作出更加美观的图像效果,如图9-93所示。

STEP 03 执行操作后,该画笔笔触即可添加至"画笔"浮动面板中,在"文本分隔线13"画笔笔触上双击鼠标左键,如图9-90所示。

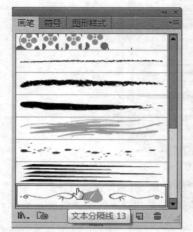

图9-90 双击鼠标左键

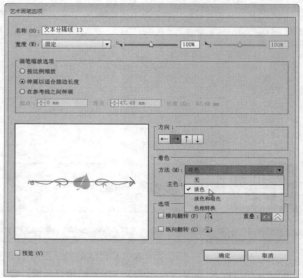

图9-91 设置选项

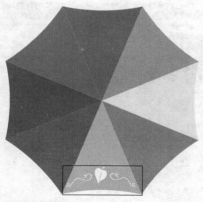

图9-92 应用画笔笔触

图9-93 图像效果

▶ 实例位置：光盘\效果\第9章\实战324.ai
▶ 素材位置：光盘\素材\第9章\实战324.ai
▶ 视频位置：光盘\视频\第9章\实战324.mp4

实战 324　应用"边框"画笔

● 实例介绍 ●

用户若对系统自带的画笔图案不满意，也可以对所选择的画笔进行适当的修饰。在"边框"画笔中，大部分的边框图案都会自动填充边线拼贴、外角拼贴，若需要填充其他位置的拼贴，则需要在相应的对话框中进行设置。

● 操作步骤 ●

STEP 01 单击"文件"｜"打开"命令，打开一幅素材图像，如图9-94所示。

STEP 02 单击"画笔"浮动面板右上角的█按钮，在菜单列表框中选择"打开画笔库"｜"边框"｜"边框原始"选项，即可弹出"边框原始"浮动面板，将鼠标移至"波利尼西亚式"画笔笔触上，单击鼠标左键，如图9-95所示。

图9-94 素材图像

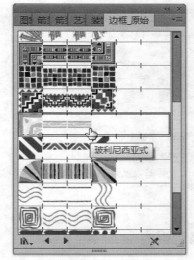

图9-95 选择画笔笔触

STEP 03 执行操作后，该画笔笔触即可添加至"画笔"浮动面板中，如图9-96所示。

STEP 04 在"波利尼西亚式"画笔笔触上双击鼠标左键，弹出"图案画笔选项"对话框，设置"内角拼贴"为Honeycomb，选中"伸展以适合"单选按钮，其他选项保持默认设置，如图9-97所示。

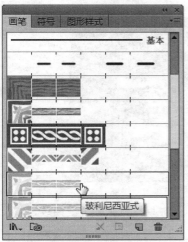

图9-96 添加画笔笔触

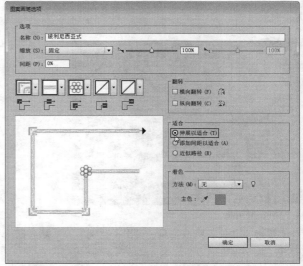

图9-97 设置选项

STEP 05 单击"确定"按钮，显示于"画板"中的"波利尼西亚式"画笔笔触样式按照重新设置的选项进行了显示，如图9-98所示。

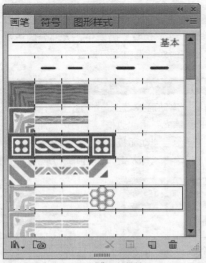

图9-98 "波利尼西亚式"画笔笔触

STEP 06 使用选择工具选中需要填充画笔笔触的图形，再在"画笔"面板中单击"波利尼西亚式"图标，即可将该画笔笔触应用于所选择的图形路径上；在控制面板上设置"描边粗细"为0.25pt，即可为该画笔笔触制作出相应的图像效果，如图9-99所示。

图9-99 图像效果

9.4 编辑画笔

Illustrator提供的预设画笔以及用户自定义的画笔都可以进行修改，包括缩放、替换和更新图形，重新定义画笔图形，以及将画笔从对象中删除等。

实战 325	缩放画笔描边

▶ 实例位置：光盘\效果\第9章\实战325.ai
▶ 素材位置：光盘\素材\第9章\实战325.ai
▶ 视频位置：光盘\视频\第9章\实战325.mp4

● 实例介绍 ●

在Illustrator CC中，用户可以通过"描边选项"对话框中的"缩放"选项来设置画笔描边的缩放比例。

● 操作步骤 ●

STEP 01 单击"文件"｜"打开"命令，打开一幅素材图像，如图9-100所示。

图9-100 素材图像

STEP 02 使用选择工具 选择添加了画笔描边的对象，如图9-101所示。

图9-101 选择画笔描边对象

STEP 03 双击比例缩放工具，弹出"比例缩放"复选框，选中"比例缩放描边和效果"复选框，如图9-102所示。

STEP 04 此时，可以同时缩放对象和画笔描边，如图9-103所示。

图9-102　选中"比例缩放描边和效果"复选框

图9-103　同时缩放对象和画笔描边

STEP 05　单击"画笔"面板中的"所选对象的选项"按钮 |▣|，弹出"描边选项（图案画笔）"对话框，设置"缩放"为50%，如图9-104所示。

STEP 06　单击"确定"按钮，即可将画笔描边缩小，效果如图9-105所示。

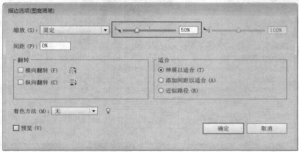

图9-104　"描边选项（图案画笔）"对话框

图9-105　图像效果

实战 326　修改画笔参数

▶ 实例位置：光盘\效果\第9章\实战326.ai
▶ 素材位置：光盘\素材\第9章\实战326.ai
▶ 视频位置：光盘\视频\第9章\实战326.mp4

● 实例介绍 ●

在Illustrator CC中，用户可以在"画笔"面板中双击使用的画笔，在打开的对话框中设置画笔参数，达到修改画笔样式的效果。

● 操作步骤 ●

STEP 01　单击"文件"｜"打开"命令，打开一幅素材图像，如图9-106所示。

STEP 02　打开"画笔"面板，双击相应的画笔，如图9-107所示。

图9-106　素材图像

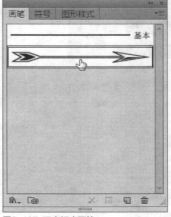

图9-107　双击相应画笔

STEP 03 弹出"艺术画笔选项"对话框，选中"横向翻转"复选框，如图9-108所示。

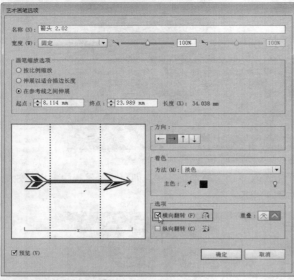

图9-108 选中"横向翻转"复选框

STEP 04 单击"确定"按钮，即可修改画笔样式，弹出信息提示框，单击"应用于描边"按钮，效果如图9-109所示。

图9-109 图像效果

实战 327	修改画笔样本图形

▶ 实例位置：光盘\效果\第9章\实战327.ai
▶ 素材位置：光盘\素材\第9章\实战327.ai
▶ 视频位置：光盘\视频\第9章\实战327.mp4

● 实例介绍 ●

Illustrator CC可以将图像定义为散点画笔、艺术画笔和图案画笔，并且允许用户修改画笔样本中的图形。

● 操作步骤 ●

STEP 01 单击"文件"｜"打开"命令，打开一幅素材图像，如图9-110所示。

STEP 02 使用选择工具 选择画笔样本，如图9-111所示。

图9-110 素材图像

图9-111 选择画笔样本

STEP 03 运用选择工具适合调整画笔样本的大小，如图9-112所示。

STEP 04 按住【Alt】键的同时将修改后的画笔图形拖曳到"画笔"面板中的原始画笔上，如图9-113所示。

图9-112 调整画笔样本的大小

图9-113 拖曳画笔图形

STEP 05 弹出"散点画笔选项"对话框，单击"确定"按钮，如图9-114所示。

STEP 06 弹出信息提示框，单击"应用于描边"按钮，如图9-115所示。

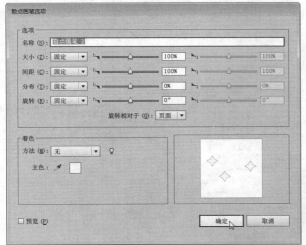

图9-114 单击"确定"按钮

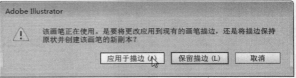

图9-115 单击"应用于描边"按钮

STEP 07 执行操作后，即可修改其他的画笔样本图形，修改如图9-116所示。

图9-116 图像效果

实战 328　删除画笔

▶ 实例位置：光盘\效果\第9章\实战328.ai
▶ 素材位置：光盘\素材\第9章\实战328.ai
▶ 视频位置：光盘\视频\第9章\实战328.mp4

● 实例介绍 ●

如果要删除当前文档中所有未使用的画笔，可以选择"画笔"面板菜单中的"选择所有未使用的画笔"选项，选择这些画笔，再单击"画笔"面板中的"删除画笔"按钮 将其删除。

STEP 01 单击"文件"｜"打开"命令，打开一幅素材图像，如图9-117所示。

STEP 02 打开"画笔"面板，选择相应画笔，如图9-118所示。

图9-117 素材图像

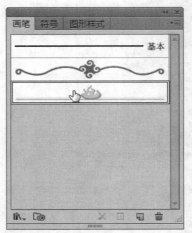

图9-118 选择相应画笔

STEP 03 单击"删除画笔"按钮▣|，弹出信息提示框，单击"删除描边"按钮，可删除"画笔"面板中的画笔，如图9-119所示。

STEP 04 同时，从对象中删除画笔，效果如图9-120所示。

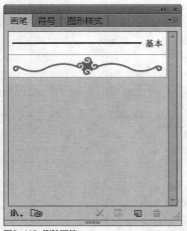

图9-119 删除画笔

图9-120 图像效果

实战 329 将画笔描边转换为轮廓

▶ 实例位置：光盘\效果\第9章\实战329.ai
▶ 素材位置：光盘\素材\第9章\实战329.ai
▶ 视频位置：光盘\视频\第9章\实战329.mp4

• 实例介绍 •

　　为对象添加画笔描边后，如果想要编辑用画笔绘制的线条上的各个组件，可以先将画笔描边转换为轮廓路径，然后再修改各个组件。

• 操作步骤 •

STEP 01 单击"文件"｜"打开"命令，打开一幅素材图像，如图9-121所示。

STEP 02 使用选择工具▶选择相应对象，如图9-122所示。

图9-121 素材图像

图9-122 选择相应对象

STEP 03 单击"对象"|"扩展外观"命令，如图9-123
所示。

STEP 04 执行操作后，即可将画笔描边扩展为轮廓，效果
如图9-124所示。

对象(O)	文字(T)	选择(S)	效果(C)	视图(
变换(T)			▶	
排列(A)			▶	
编组(G)		Ctrl+G		
取消编组(U)		Shift+Ctrl+G		
锁定(L)			▶	
全部解锁(K)		Alt+Ctrl+2		
隐藏(H)			▶	
显示全部		Alt+Ctrl+3		
扩展(X)...				
扩展外观(E)				
栅格化(Z)...				
创建渐变网格(D)...				

图9-123 单击"扩展外观"命令

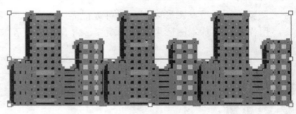

图9-124 图像效果

实战 330 反转描边方向

▶ 实例位置：光盘\效果\第9章\实战330.ai
▶ 素材位置：光盘\素材\第9章\实战330.ai
▶ 视频位置：光盘\视频\第9章\实战330.mp4

● 实例介绍 ●

为路径添加画笔描边后，使用钢笔工具单击路径的端点，可以翻转画笔描边的方向。

● 操作步骤 ●

STEP 01 单击"文件"|"打开"命令，打开一幅素材图
像，如图9-125所示。

STEP 02 使用选择工具 选择相应对象，如图9-126
所示。

图9-125 素材图像

图9-126 选择相应对象

STEP 03 使用钢笔工具 单击路径的端点，如图9-127
所示。

STEP 04 执行操作后，即可翻转画笔描边的方向，效果如
图9-128所示。

图9-127 使用钢笔工具

图9-128 图像效果

9.5 运用图案

　　图案可用于填充图形内部，也可进行描边。在Illustrator CC中创建的任何图形，以及位图图像等都可以定义为图案。用作图案的基本图形可以使用渐变、混合和蒙版等效果。此外，Illustrator CC还提供了大量的预设图案，可以直接使用。

实战 331	创建无缝拼贴图案	▶ 实例位置：光盘\效果\第9章\实战331.ai ▶ 素材位置：光盘\素材\第9章\实战331.ai ▶ 视频位置：光盘\视频\第9章\实战331.mp4

● 实例介绍 ●

　　使用"图案选项"面板可以创建和编辑图案，即使是复杂的无缝拼贴图案，也能轻松制作出来。

● 操作步骤 ●

STEP 01 单击"文件"|"打开"命令，打开一幅素材图像，如图9-129所示。

STEP 02 按【Ctrl＋A】组合键，全选图形，单击"对象"|"图案"|"建立"命令，弹出"图案选项"面板，设置"宽度"为30mm、"高度"为25mm，如图9-130所示。

图9-130 "图案选项"面板

图9-129 素材图像

STEP 03 执行操作后，即可改变图像效果，如图9-131所示。

STEP 04 同时，将图案保持到"色板"面板中，如图9-132所示。

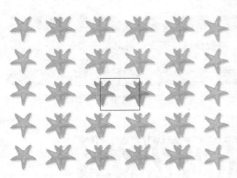

图9-131 图像效果

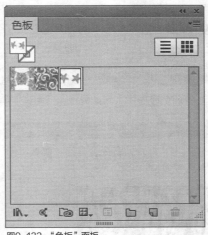

图9-132 "色板"面板

<table>
<tr><td>实战
332</td><td>将图形的局部定义为图案</td><td>▶ 实例位置：光盘\效果\第9章\实战332.ai
▶ 素材位置：光盘\素材\第9章\实战332.ai
▶ 视频位置：光盘\视频\第9章\实战332.mp4</td></tr>
</table>

● 实例介绍 ●

使用矩形工具配合"色板"面板，可以将图形的局部定义为图案。

● 操作步骤 ●

STEP 01 单击"文件"|"打开"命令，打开一幅素材图像，如图9-133所示。

STEP 02 使用矩形工具绘制一个矩形，无填色、无描边，如图9-134所示。

图9-133 素材图像

图9-134 绘制矩形

STEP 03 单击"对象"|"排列"|"置为底层"命令，将矩形调整到最后方，按【Ctrl+A】组合键，全选图形，如图9-135所示。

STEP 04 使用选择工具将选中的图形拖曳至"色板"面板中，即可创建为图案，如图9-136所示。

图9-135 全选图形

图9-136 创建图案

实战 333 变换图案

▶ 实例位置：光盘\效果\第9章\实战333.ai
▶ 素材位置：光盘\素材\第9章\实战333.ai
▶ 视频位置：光盘\视频\第9章\实战333.mp4

● 实例介绍 ●

为对象填充图案后，使用选择工具、旋转工具和比例缩放工具等进行变换操作时，图案会与对象一同变换。

● 操作步骤 ●

STEP 01 单击"文件"｜"打开"命令，打开一幅素材图像，如图9-137所示。

STEP 02 使用选择工具选择图案填充对象，如图9-138所示。

图9-137 素材图像

图9-138 选择对象

STEP 03 双击旋转工具，弹出"旋转"对话框，只选中"变换图案"复选框，设置"角度"为90°，如图9-139所示。

STEP 04 单击"确定"按钮，即可单独变换图案，效果如图9-140所示。

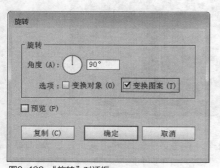

图9-139 "旋转"对话框

图9-140 图像效果

实战 334 修改图案

▶ 实例位置：光盘\效果\第9章\实战334.ai
▶ 素材位置：光盘\素材\第9章\实战334.ai
▶ 视频位置：光盘\视频\第9章\实战334.mp4

● 实例介绍 ●

双击"色板"面板中的一个图案，可以打开"图案选项"面板，对图案进行修改。

● 操作步骤 ●

STEP 01 单击"文件"｜"打开"命令，打开一幅素材图像，如图9-141所示。

STEP 02 选择"色板"面板中的相应图案色板，如图9-142所示。

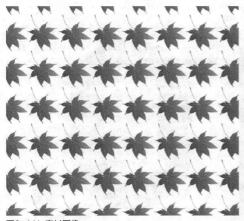

图9-141 素材图像

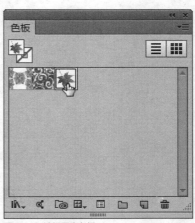

图9-142 选择图案色板

STEP 03 单击"对象"|"图案"|"编辑图案"命令,弹出"图案选项"面板,设置"份数"为3×3,如图9-143所示。

STEP 04 执行操作后,即可改变画板中的图案填充效果,如图9-144所示,单击标题栏中的"完成"按钮。

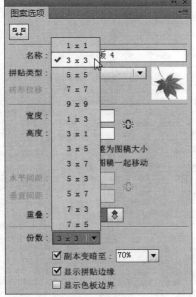

图9-143 "图案选项"面板

图9-144 图像效果

第 **10** 章

运用符号简化操作

本章导读

在Illustrator CC中，符号是指保存在"符号"面板中的图形对象，而这些图形对象可以在当前的图形窗口中被多次运用，而且不会增加文件的大小。

符号工具可以方便、快捷地生成很多相似的图形实例，也是应用比较广泛的工具之一。

要点索引

- 设置符号
- 使用符号库
- 应用符号工具

10.1 设置符号

符号用于表现文档中大量重复的对象，例如花草、纹样和地图上的标记等，使用符号可以简化复杂对象的制作和编辑过程。

实战 335　打开"符号"面板

▶ 实例位置：无
▶ 素材位置：光盘\素材\第10章\实战335.ai
▶ 视频位置：光盘\视频\第10章\实战335.mp4

● 实例介绍 ●

符号是一种特殊的对象，任意一个符号样本都可以生成大量相同的对象，每一个符号实例都与"符号"面板或符号库中的符号样本链接，当编辑符号样本时，文档中所有与之链接的符号实例都会自动更新。

● 操作步骤 ●

STEP 01 单击"文件"|"打开"命令，打开一幅素材图像，如图10-1所示。

STEP 02 单击"窗口"|"符号"命令，或按【Ctrl+Shift+F11】组合键，即可打开"符号"面板，如图10-2所示。

图10-1 素材图像

图10-2 打开"符号"面板

知识拓展

"符号"面板中的主要选项含义如下。

➤ 置入符号实例 ：单击该按钮，即可在图形窗口中置入"符号"面板中选择的符号，如图10-3所示。

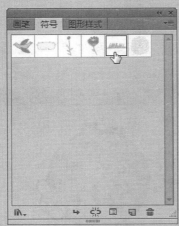

图10-3 置入符号

➢ 断开符号链接 ：单击该按钮，可以断开符号链接，使符号成为普通的图形，如图10-4所示。

➢ 新建符号 ：单击该按钮，在"符号"面板中选择的符号又新建一个新符号，新符号的名称默认为"新符号""新符号2""新符号3"……

➢ 删除符号 ：单击该按钮，将删除"符号"面板中选择的符号。

➢ ：单击该按钮，弹出"符号"面板菜单，如图10-5所示。

用户在"符号"面板中，可以对符号进行管理，如在"符号"面板中显示符号、放置、替换、断开符号链接、创建、复制和删除等，还可以加载符号库中的符号。

图10-4 断开符号链接

图10-5 弹出的面板菜单

实战 336 新建符号

▶ 实例位置：光盘\效果\第10章\实战336.ai
▶ 素材位置：光盘\素材\第10章\实战336.ai
▶ 视频位置：光盘\视频\第10章\实战336.mp4

● 实例介绍 ●

符号指的是保存在"符号"浮动面板中的图形对象，其最初的目的是为了让文件大小减小，而Illustrator CC则让它增加了新的创造性工具，从而使符号变成了极具诱惑力的设计工具，不仅能在图像窗口中被多次使用，创建出自然、疏密有致的集合体，而且不会增加文件的负担。

若用户的文档是新建的，调出的"符号"浮动面板中只会显示"红色箭头"的符号图标；若打开一幅素材图像，也并不是所有的"符号"浮动面板中都会有符号的显示。

● 操作步骤 ●

STEP 01 单击"文件" | "打开"命令，打开一幅素材图像，如图10-6所示。

技巧点拨

用户若没有按住【Alt】键，单击"符号"面板底部的"新建符号"按钮，则不会弹出"符号选项"对话框。

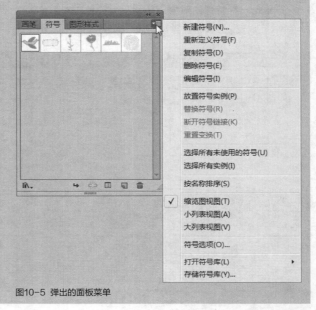

图10-6 素材图像

STEP 02 单击"窗口"｜"符号"命令，调出"符号"浮动面板，使用选择工具将图像中的所有图形全部选中，单击面板下方的"新建符号"按钮，如图10-7所示。

STEP 03 弹出"符号选项"对话框，设置"名称"为"豆豆""导出类型"为"图形"，如图10-8所示。

STEP 04 单击"确定"按钮，完成新建符号的操作，所选择的图形也显示于"符号"浮动面板中，如图10-9所示。

技巧点拨

> 另外，还有一种创建符号的方法：在图形窗口中选择要创建符号的图形，然后将其拖曳至"符号"面板处，当鼠标指针呈形状时，释放鼠标，即可将当前选择的图形创建为新符号。

图10-7 新建符号

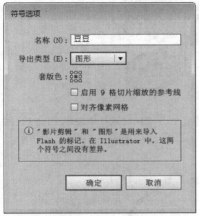

图10-8 设置选项

图10-9 新建符号

实战 337　编辑符号

▶ 实例位置：光盘\效果\第10章\实战337.ai
▶ 素材位置：上一例效果文件
▶ 视频位置：光盘\视频\第10章\实战337.mp4

● 实例介绍 ●

新创建的符号经过保存后，原图形便成为了一个整体，即一个符号，此时，使用任何选择类工具都会将整个符号图形选中。另外，除了使用"编辑符号"选项外，用户也可以在选中需要编辑的符号后，单击控制面板上的"编辑符号"按钮，即可对该符号进行编辑。

● 操作步骤 ●

STEP 01 在实战336的效果基础上，使用选择工具选中图像窗口中的符号图形，此时，该图形已经成为一个整体，如图10-10所示。

图10-10 选中符号图形

STEP 02 选中"符号"面板中的"豆豆"图标，单击"符号"浮动面板右上角的按钮，在弹出的菜单列表框中选择"编辑符号"选项，如图10-11所示。

STEP 03 再使用选择工具，在图像窗口中的合适位置单击鼠标左键，即可选中鼠标单击处的符号局部图形，如图10-12所示。

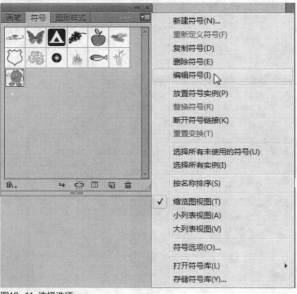

图10-11 选择选项

图10-12 选中局部图形

STEP 04 在控制面板上设置"填色"为"黄色"（CMYK的参数值为0%、0%、100%、0%），即可改变所选择图形的颜色，如图10-13所示。

STEP 05 用与上述同样的方法，设置其他局部图形的颜色属性，即可使图像呈现出不一样的效果，如图10-14所示。

图10-13 改变颜色

图10-14 图像效果

实战 338 复制和删除符号

▶ **实例位置**：光盘\效果\第10章\实战338.ai
▶ **素材位置**：光盘\素材\第10章\实战338.ai
▶ **视频位置**：光盘\视频\第10章\实战338.mp4

● 实例介绍 ●

用户在删除符号的操作过程中，若所删除的符号运用于图像窗口中，单击"删除符号"按钮，将会弹出"使用中删除警告"对话框，提示用户所删除的符号正在使用，并无法对其进行删除。该对话框中有3个按钮，单击"扩展实例"按钮，则可以将所要删除的符号进行扩展，此时，用户可以对实例进行编辑等操作；若选择"删除实例"按钮，则图像窗口中的实例被删除。

● 操作步骤 ●

STEP 01 单击"文件"｜"打开"命令，打开一幅素材图像，选中"符号"浮动面板中的"豆豆"符号图标，如图10-15所示。

STEP 02 单击面板右上角的按钮，在菜单列表框中选择"复制符号"选项，即可复制所选择的符号，并以"豆豆2"的名称显示于"符号"面板中，如图10-16所示。

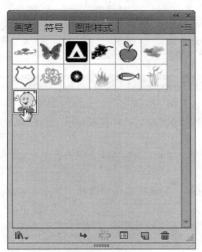

图10-15 选中符号图形

图10-16 复制图形

STEP 03 选中复制的"豆豆2"符号图标，将鼠标指针移至面板下方的"删除符号"按钮 上，如图10-17所示。

STEP 04 单击鼠标左键，弹出信息提示框，提示用户是否删除所选择的符号，如图10-18所示。

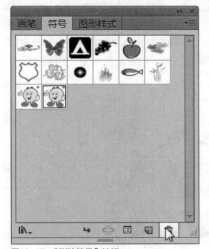

图10-17 "删除符号"按钮

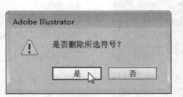

图10-18 信息提示框

STEP 05 单击"是"按钮，即可将所选择的符号图形删除，如图10-19所示。

技巧点拨

　　用户在"符号"面板中选择需要复制的符号，并将其拖曳至面板底部的"新建符号"按钮 处，释放鼠标后，也可以生成一个副本符号。

图10-19 删除符号

▶ 实例位置：光盘\效果\第10章\实战339.ai
▶ 素材位置：光盘\素材\第10章\实战339.ai
▶ 视频位置：光盘\视频\第10章\实战339.mp4

实战 339 放置符号实例

● 实例介绍 ●

用户若要将"符号"面板中的符号应用于图形窗口中，其操作方法有4种，分别如下。

➤ 在"符号"面板中选择需要置入的符号，然后拖曳至图形窗口，此时鼠标指针呈▣形状，释放鼠标后，即可置入符号。

➤ 在"符号"面板中选择需要置入的符号，然后单击"符号"面板底部的"置入符号实例"按钮，即可在图形窗口中置入选择的符号。

➤ 在"符号"面板中选择需要置入的符号，单击面板右侧的三角形按钮，在弹出的面板菜单中选择"置放符号实例"按钮，即可在图形窗口中置入选择的符号。

➤ 在"符号"面板中选择需要置入的符号，选取工具面板中的符号喷枪工具▣，移动鼠标至图形窗口中需要置入符号的位置处，此时鼠标指针呈一个空心圆形状，单击鼠标左键即可置入选择的符号。

使用以上4种方法置入符号的区别在于，使用前3种方法只能在图形窗口中置入一个符号图形，而使用符号喷枪工具则可置入多个符号。

● 操作步骤 ●

STEP 01 单击"文件"|"打开"命令，打开一幅素材图像，在"符号"面板中选中Grape Cluster符号图标，如图10-20所示。

STEP 02 单击面板右上角的▣按钮，在菜单列表框中选择"放置符号实例"选项，即可将所选择的符号置于图像窗口中，并根据图像需要调整符号的位置与大小，如图10-21所示。

图10-20 选中符号

图10-21 置入符号

▶ 实例位置：光盘\效果\第10章\实战340.ai
▶ 素材位置：光盘\素材\第10章\实战340.ai
▶ 视频位置：光盘\视频\第10章\实战340.mp4

实战 340 替换符号

● 实例介绍 ●

用户在进行替换符号的操作之前，一定要先选择需要替换的符号图形，否则，"替换符号"的选项呈灰色状态。在选择需要替换的符号图形后，也可以在控制面板上单击"用符号替换实例"右侧的下拉三角按钮▾，在弹出的下拉列表框中选择替换的符号图标即可。

● 操作步骤 ●

STEP 01 单击"文件"|"打开"命令，打开一幅素材图像，在图像窗口中选中需要替换的符号图形，如图10-22所示。

STEP 02 在"符号"浮动面板中选中替换的符号图标，如图10-23所示。

图10-22 选中符号

图10-23 选中符号

STEP 03 单击面板右上角的■按钮，在菜单列表框中选择"替换符号"选项，如图10-24所示。

STEP 04 即可将图像窗口中所选择的符号图形进行替换，并根据需要调整符号图形的大小与角度，如图10-25所示。

图10-24 选择"替换符号"选项

图10-25 替换符号

实战 341　断开符号链接

▶ 实例位置：光盘\效果\第10章\实战341.ai
▶ 素材位置：光盘\素材\第10章\实战341.ai
▶ 视频位置：光盘\视频\第10章\实战341.mp4

● 实例介绍 ●

断开符号链接后，用户可以修改文档中的符号对象，而不会影响"符号"面板中的符号。

● 操作步骤 ●

STEP 01 单击"文件"｜"打开"命令，打开一幅素材图像，在图像窗口中选中需要断开链接的符号图形，如图10-26所示。

STEP 02 单击面板右上角的■按钮，在菜单列表框中选择"断开符号链接"选项，即可将符号图形的链接断开，选取工具面板中的直接选择工具，对断开符号链接的局部图形进行选择，如图10-27所示。

图10-26 选中符号

图10-27 断开的符号

STEP 03 结合图像的需要调整局部图形的颜色，效果如图10-28所示。

技巧点拨

　　"断开符号链接"的操作还有以下两种方法。

　　➤ 方法1：在"符号"浮动面板中选中需要断开链接的符号图形后，单击面板下方的"断开符号链接"按钮 ，即可将符号的链接关系断开。

　　➤ 方法2：在"符号"浮动面板中选中需要断开链接的符号图形后，在控制面板上单击"断开链接"按钮，即可将符号的链接关系断开。

图10-28 调整局部图形

实战 342	显示符号	▶ 实例位置：无
		▶ 素材位置：光盘\素材\第10章\实战342.ai
		▶ 视频位置：光盘\视频\第10章\实战342.mp4

● **实例介绍** ●

　　在Illustrator的默认状态下，符号是以缩略图形的形式显示在"符号"面板中，用户若单击"符号"面板右上角的 按钮，在弹出的面板菜单中选择相应的视图模式，"符号"面板中的符号将以相应的形式显示。

● **操作步骤** ●

STEP 01 单击"文件"｜"打开"命令，打开一幅素材图像，如图10-29所示。

STEP 02 单击"窗口"｜"符号"命令，打开"符号"面板，如图10-30所示。

图10-29 打开素材图像

图10-30 打开"符号"面板

STEP 03 单击"符号"面板右上角的▪≣按钮,在弹出的面板菜单中选择"小列表视图"选项,即可以小列表视图显示符号,如图10-31所示。

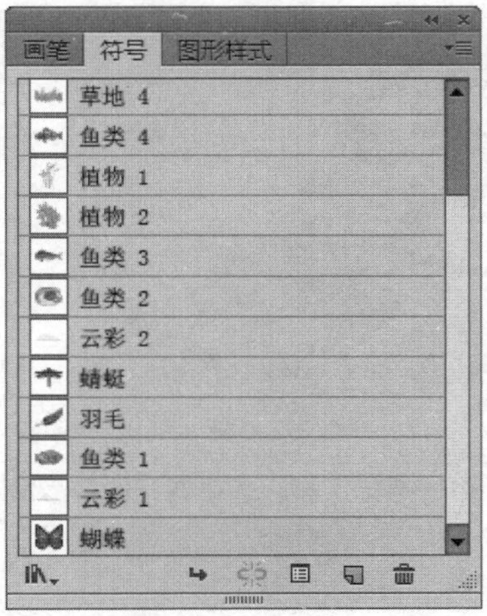

STEP 04 单击"符号"面板右上角的▪≣按钮,在弹出的面板菜单中选择"大列表视图"选项,即可以大列表视图显示符号,如图10-32所示。

图10-31 小列表视图

图10-32 大列表视图

实战 343	重新定义符号

▶ 实例位置:光盘\效果\第10章\实战343.ai
▶ 素材位置:光盘\素材\第10章\实战343.ai
▶ 视频位置:光盘\视频\第10章\实战343.mp4

● 实例介绍 ●

在Illustrator CC中,用户可以对"符号"面板中的符号重新定义,并且当"符号"面板中的符号改变以后,应用于图形窗口中的所有符号也将随之发生相应的变化。

● 操作步骤 ●

STEP 01 单击"文件"|"打开"命令,打开一幅素材图像,如图10-33所示。

STEP 02 单击"窗口"|"符号"命令,打开"符号"面板,选择需要重新定义的符号,如图10-34所示。

图10-33 打开素材图像

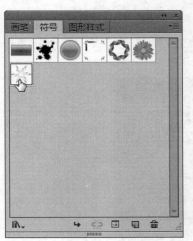

图10-34 打开"符号"面板

STEP 03 在文档中选择相应的符号实例,如图10-35所示。

STEP 04 单击"符号"面板底部的"断开符号链接"按钮|⇔|,断开符号的链接关系,如图10-36所示。

图10-35 选择相应的符号实例

STEP 05 单击控制面板中的"填色"按钮，在弹出的面板中设置CMYK参数值为50%、0%、100%、0%，修改实例颜色，效果如图10-37所示。

图10-36 断开符号的链接关系

STEP 06 选取工具面板中的选择工具，选择断开的符号图形，如图10-38所示。

图10-37 修改实例颜色

STEP 07 单击"符号"面板右侧的三角形按钮，在弹出的面板菜单中选择"重新定义符号"选项，将选择的图形重新定义为符号，如图10-39所示。

图10-38 选择符号图形

STEP 08 当符号修改并又重新定义后，所有的原符号都会自动生成为重新定义后的符号，效果如图10-40所示。

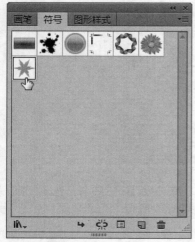

图10-39 重新定义符号

图10-40 图像效果

· 实例介绍 ·

如果只想单独修改符号实例，而不影响符号样本，可以将符号实战扩展。

· 操作步骤 ·

STEP 01 单击"文件"｜"打开"命令，打开一幅素材图像，如图10-41所示。

STEP 02 在文档中选择相应的符号实例，如图10-42所示。

图10-41 打开素材图像

图10-42 打开"符号"面板

STEP 03 单击"对象"｜"扩展"命令，弹出"扩展"对话框，单击"确定"按钮，如图10-43所示。

STEP 04 单击"符号"面板底部的"断开符号链接"按钮|♻|，如图10-44所示。

图10-43 选择相应的符号实例

图10-44 断开符号的链接关系

STEP 05 执行操作后，即可断开符号的链接关系，如图10-45所示。

STEP 06 选取工具面板中的直接选择工具|▷|，选择断开的相应符号图形，如图10-46所示。

图10-45 修改实例颜色

图10-46 选择符号图形

STEP 07 单击控制面板中的"填色"按钮，在弹出的面板中设置CMYK参数值为0%、100%、0%、0%，修改实例颜色，效果如图10-47所示。

图10-47 图像效果

10.2 使用符号库

在Illustrator CC中，除了默认的"符号"面板中所提供的有限符号外，还提供了丰富的符号库以供加载。

实战 345 应用"3D符号"符号

▶ 实例位置：光盘\效果\第10章\实战345.ai
▶ 素材位置：光盘\素材\第10章\实战345.ai
▶ 视频位置：光盘\视频\第10章\实战345.mp4

● 实例介绍 ●

"3D符号"面板中的符号大部分都是立体式的图形，将3D符号置入图像窗口中后，用户先将符号图形的链接断开，再设置其填色、描边、描边粗细和字体等属性。

● 操作步骤 ●

STEP 01 单击"文件"｜"打开"命令，打开一幅素材图像，如图10-48所示。

STEP 02 单击"符号"浮动面板右上角的按钮，在弹出的菜单列表框中选择"打开符号库"｜"3D符号"选项，即可弹出"3D符号"浮动面板，将鼠标移至"@符号"符号图标上，单击鼠标左键，如图10-49所示。

图10-48 素材图像

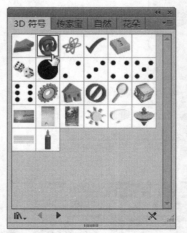

图10-49 选中符号

技巧点拨

单击"符号"面板右侧的三角形按钮，在弹出的面板菜单中选择"打开符号库"选项，此时将弹出下拉选项，用户在该选项中选择相应的选项，即可打开相应的符号库，如加载"提基"符号库中的符号。

STEP 03 执行操作后，该符号图标即可添加至"符号"浮动面板中，选中所添加的符号，将鼠标指针移至面板下方的"置入符号实例"按钮上，如图10-50所示。

STEP 04 单击鼠标左键，即可将该符号置入图像窗口中，并调整符号的位置与大小，如图10-51所示。

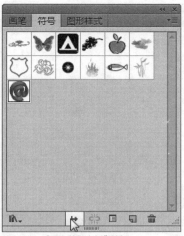

图10-50 "置入符号实例"按钮

图10-51 调整符号

STEP 05 单击面板下方的"断开符号链接"按钮 ，再在控制面板上设置符号的"填色"为"浅蓝色"（CMYK的参数值为46%、0%、0%、0%），如图10-52所示。

图10-52 设置颜色

<table>
<tr><td rowspan="2">**实战**
346</td><td rowspan="2">应用"复古"符号</td><td>▶ 实例位置：光盘\效果\第10章\实战346.ai</td></tr>
<tr><td>▶ 素材位置：光盘\素材\第10章\实战346.ai</td></tr>
<tr><td></td><td></td><td>▶ 视频位置：光盘\视频\第10章\实战346.mp4</td></tr>
</table>

● 实例介绍 ●

"复古"符号库包括蝴蝶、旭日东升、吉他、心形、水母灯、嘴唇等预设符号。

● 操作步骤 ●

STEP 01 单击"文件"|"打开"命令，打开一幅素材图像，如图10-53所示。

STEP 02 单击"符号"浮动面板右上角的 按钮，在弹出的菜单列表框中选择"打开符号库"|"复古"选项，即可弹出"复古"浮动面板，将鼠标移至"心形"符号图标上，单击鼠标左键，如图10-54所示。

图10-53 素材图像

图10-54 选中符号

STEP 03 执行操作后，该符号图标即可添加至"符号"浮动面板中，选中所添加的符号，将鼠标指针移至面板下方的"置入符号实例"按钮 ↳ 上，如图10-55所示。

STEP 04 单击鼠标左键，即可将该符号置入图像窗口中，并根据图像窗口的需要调整符号的位置、大小与角度，如图10-56所示。

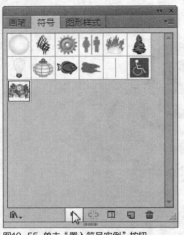

图10-55 单击"置入符号实例"按钮

图10-56 调整符号

实战 347 应用"箭头"符号

▶ 实例位置：光盘\效果\第10章\实战347.ai
▶ 素材位置：光盘\素材\第10章\实战347.ai
▶ 视频位置：光盘\视频\第10章\实战347.mp4

● 实例介绍 ●

用户在设置符号图形的属性时，应使用直接选择工具选取局部图形后，再进行设置。如用户在图像窗口中置入了箭头符号，并将其链接断开后，若使用选择工具选中符号图形，将会选择整个符号图形，当进行颜色填充时，则整个符号图形为同一色；若使用直接选择工具选择符号图形，只有鼠标单击处的局部图形被选中，进行颜色填充时，也只会针对所选择的局部图形进行填充。

● 操作步骤 ●

STEP 01 单击"文件" | "打开"命令，打开一幅素材图像，如图10-57所示。

STEP 02 单击"符号"浮动面板右上角的 按钮，在菜单列表框中选择"打开符号库" | "箭头"选项，即可弹出"箭头"浮动面板，选择"箭头28"符号图标，如图10-58所示。

图10-57 素材图像

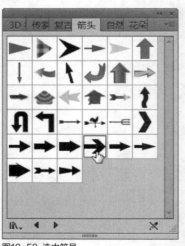

图10-58 选中符号

STEP 03 执行操作后，该符号图标添加至"符号"浮动面板中，选中所添加的符号，单击"置入符号实例"按钮|↪|，将符号置入图像窗口中并调整符号图形的位置与大小；选中符号图形，单击面板下方的"断开符号链接"按钮，再使用直接选择工具选中需要编辑的局部图形后，在控制面板上设置"填色"为"白色"，如图10-59所示。

STEP 04 用与上述同样的方法，为图像添加相应的符号图形，如图10-60所示。

图10-59　设置符号

图10-60　图像效果

| 实战 348 | 应用"Web按钮与条形"符号 | ▶ 实例位置：光盘\效果\第10章\实战348.ai
▶ 素材位置：光盘\素材\第10章\实战348.ai
▶ 视频位置：光盘\视频\第10章\实战348.mp4 |

● 实例介绍 ●

　　"Web按钮与条形"符号库中包含搜索栏、按钮、项目符号、星形、球体、滑动条、图标、徽章、贴纸等预设符号。

● 操作步骤 ●

STEP 01 单击"文件"|"打开"命令，打开一幅素材图像，如图10-61所示。

STEP 02 单击"符号"浮动面板右上角的▣▤按钮，在菜单列表框中选择"打开符号库"|"Web 按钮和条形"选项，弹出"Web 按钮和条形"浮动面板，选择"项目符号5-下一个"符号图标，如图10-62所示。

图10-61　素材图像

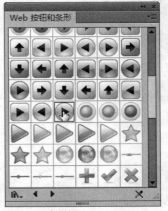

图10-62　选择符号

STEP 03 执行操作后，该符号图标添加至"符号"浮动面板中，选中所添加的符号，将鼠标指针移至面板下方的"置入符号实例"按钮↪上，如图10-63所示。

STEP 04 单击鼠标左键，即可将该符号置入图像窗口中，并调整符号图形的位置与大小，如图10-64所示。

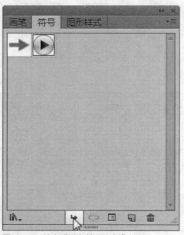

图10-63 单击"置入符号实例"按钮

图10-64 调整符号

实战 349 应用"庆祝"符号

▶ 实例位置：光盘\效果\第10章\实战349.ai
▶ 素材位置：光盘\素材\第10章\实战349.ai
▶ 视频位置：光盘\视频\第10章\实战349.mp4

● 实例介绍 ●

"庆祝"符号库中包含气球、气球簇、蝴蝶结、蛋糕、糖果、香槟、五彩纸屑、王冠、焰火等预设符号。

● 操作步骤 ●

STEP 01 单击"文件" | "打开"命令，打开一幅素材图像，如图10-65所示。

STEP 02 单击"符号"浮动面板右上角的按钮，在菜单列表框中选择"打开符号库" | "庆祝"命令，弹出"庆祝"浮动面板，选择"蛋糕"符号图标，如图10-66所示。

图10-65 素材图像

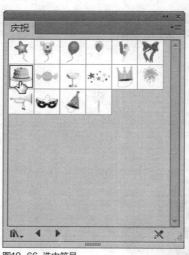

图10-66 选中符号

知识拓展

在利用符号库中的符号图形时，用户可以将所有符号添加至"符号"面板中，若所选择的符号图形在面板中已经存在，则单击符号图形时，系统将自动在"符号"面板中选中该符号图形。

STEP 03 执行操作后，该符号图标添加至"符号"浮动面板中，选中所添加的符号，单击"置入符号实例"按钮 |↴|，如图10-67所示。

STEP 04 将符号置入图像窗口中，并根据图像需要调整符号图形的位置与大小，如图10-68所示。

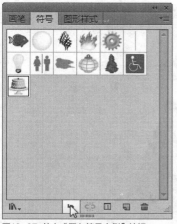

图10-67 单击"置入符号实例"按钮

图10-68 图像效果

技巧点拨

　　用户将符号置入图像窗口中后，若在"符号"面板中所置入的符号图标上双击鼠标左键，则图像窗口中将只显示在编辑的符号，其他符号或图形将暂时隐藏，当用户编辑完成后，将鼠标移至图像窗口中，双击鼠标左键，即可显示被暂时隐藏的符号或图形。

实战 350　应用"艺术纹理"符号

▶ 实例位置：光盘\效果\第10章\实战350.ai
▶ 素材位置：光盘\素材\第10章\实战350.ai
▶ 视频位置：光盘\视频\第10章\实战350.mp4

● 实例介绍 ●

　　在Illustrator CC中，空白演示文稿即没有任何初始设置的演示文稿，它仅显示一张标题幻灯片，并且标题幻灯片中仅有标题占位符，但是该演示文稿中仍然包含默认的版式，如标题和内容、节标题等，可使用这些版式快速添加幻灯片。

● 操作步骤 ●

STEP 01 单击"文件"|"打开"命令，打开一幅素材图像，如图10-69所示。

STEP 02 单击"符号"浮动面板右上角的 按钮，在菜单列表框中选择"打开符号库"|"艺术纹理"选项，弹出"艺术纹理"浮动面板，选择"气泡"符号图标，如图10-70所示。

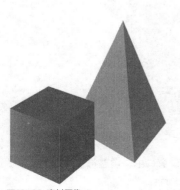

图10-69 素材图像

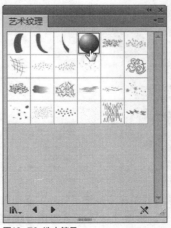

图10-70 选中符号

STEP 03 执行操作后，该符号图标添加至"符号"浮动面板中，选中所添加的符号，单击"置入符号实例"按钮| ↵ |，如图10-71所示。

STEP 04 将符号置入图像窗口中，调整符号图形的位置与大小，如图10-72所示。

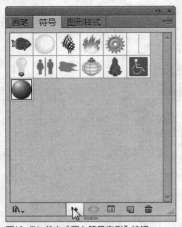

图10-71 单击"置入符号实例"按钮

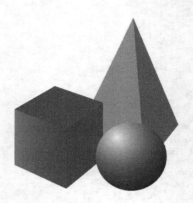

图10-72 图像效果

实战 351 应用"花朵"符号

▶ 实例位置：光盘\效果\第10章\实战351.ai
▶ 素材位置：光盘\素材\第10章\实战351.ai
▶ 视频位置：光盘\视频\第10章\实战351.mp4

● 实例介绍 ●

"花朵"符号库包括紫苑、天堂鸟、马蹄莲、邹菊、蒲公英、大丁草、芙蓉、红玫瑰、向日葵等花朵形符号。

● 操作步骤 ●

STEP 01 单击"文件" | "打开"命令，打开一幅素材图像，如图10-73所示。

STEP 02 单击"符号"浮动面板右上角的 按钮，在菜单列表框中选择"打开符号库" | "花朵"选项，弹出"花朵"浮动面板，选择"红玫瑰"符号图标，如图10-74所示。

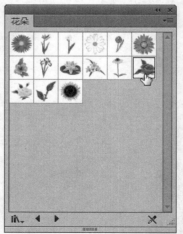

图10-74 选择符号

图10-73 素材图像

STEP 03 执行操作后，该符号图标添加至"符号"浮动面板中，选中所添加的符号，单击"置入符号实例"按钮| ↵ |，如图10-75所示。

STEP 04 将符号置入图像窗口中，调整符号图形的位置、大小和角度，如图10-76所示。

图10-75 单击"置入符号实例"按钮

图10-76 图像效果

实战 352　应用"自然"符号

▶ 实例位置：光盘\效果\第10章\实战352.ai
▶ 素材位置：光盘\素材\第10章\实战352.ai
▶ 视频位置：光盘\视频\第10章\实战352.mp4

● 实例介绍 ●

"自然"符号库包含各种常见昆虫、植物、岩石等类型的预设符号。

● 操作步骤 ●

STEP 01 单击"文件"｜"打开"命令，打开一幅素材图像，如图10-77所示。

STEP 02 单击"符号"浮动面板右上角的 ▼■ 按钮，在菜单列表框中选择"打开符号库"｜"自然"选项，弹出"自然"浮动面板，选择"树木1"符号图标，如图10-78所示。

图10-77 素材图像

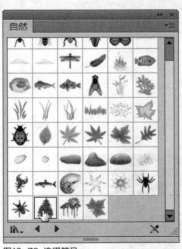

图10-78 选择符号

技巧点拨

在"符号"面板中，用户可以对符号的显示模式进行设置。单击面板右上角的 ▼■ 按钮，在弹出的菜单列表框中，分别有缩览视图、小列表视图和大列表视图3种显示模式，选择相应的模式，"符号"面板即可以相应的显示模式进行显示。另外，在"符号"浮动面板中的符号图标上，单击鼠标左键并拖曳，至合适位置后释放鼠标，即可调整符号的位置。

STEP 03 执行操作后，该符号图标添加至"符号"浮动面板中，选中所添加的符号，单击"置入符号实例"按钮 |↳ ，将符号置入图像窗口中，并根据图像需要调整符号图形的位置与大小，如图10-79所示。

STEP 04 用与上述同样的方法，为图像添加相应的符号图形，即可使图像效果更加美观，如图10-80所示。

图10-79 调整符号

图10-80 图像效果

知识拓展

在图像窗口中选中相应的图形或符号后，若工具面板下方的渐变图标中已经设置了相应的渐变填色，用户只需要单击渐变图标，即可将渐变填色应用于所选择的图形中.另外，若用户选择的工具图标是描边，单击渐变图标，系统将自动对填色图标进行填充。

技巧点拨

用户将符号图形应用于图像窗口中后，若要对符号图形进行编辑，选择符号图形，再单击鼠标右键，即可断开符号链接。

实战 353	应用"传家宝"符号	▶ 实例位置：光盘\效果\第10章\实战353.ai
		▶ 素材位置：光盘\素材\第10章\实战353.ai
		▶ 视频位置：光盘\视频\第10章\实战353.mp4

● 实例介绍 ●

"传家宝"符号库中包括心钻、椭圆钻石、戒指等各类传家宝预设符号。

● 操作步骤 ●

STEP 01 单击"文件"｜"打开"命令，打开一幅素材图像，如图10-81所示。

STEP 02 单击"符号"浮动面板右上角的■按钮，在菜单列表框中选择"打开符号库"｜"传家宝"选项，弹出"传家宝"浮动面板，选择"订婚戒指"符号图标，如图10-82所示。

图10-81 素材图像

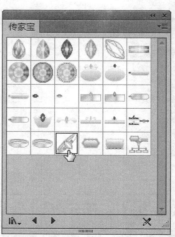

图10-82 选择符号

STEP 03 执行操作后，该符号图标添加至"符号"浮动面板中，选中所添加的符号，单击"置入符号实例"按钮，如图10-83所示。

STEP 04 将符号置入图像窗口中，调整符号图形的位置、大小和角度，如图10-84所示。

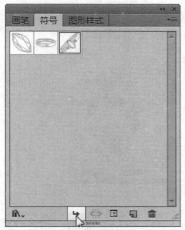

图10-83 单击"置入符号实例"按钮

图10-84 图像效果

实战 354 应用"原始"符号

▶ 实例位置：光盘\效果\第10章\实战354.ai
▶ 素材位置：光盘\素材\第10章\实战354.ai
▶ 视频位置：光盘\视频\第10章\实战354.mp4

● 实例介绍 ●

"原始"符号库包含各类原始动物、建筑、植物、原始用具等预设符号。

● 操作步骤 ●

STEP 01 单击"文件"｜"打开"命令，打开一幅素材图像，如图10-85所示。

STEP 02 单击"符号"浮动面板右上角的██按钮，在菜单列表框中选择"打开符号库"｜"原始"选项，弹出"原始"浮动面板，选择"花朵"符号图标，如图10-86所示。

图10-85 素材图像

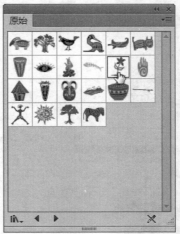

图10-86 选择符号

STEP 03 执行操作后，该符号图标添加至"符号"浮动面板中，选中所添加的符号，单击"置入符号实例"按钮，如图10-87所示。

STEP 04 将符号置入图像窗口中，调整符号图形的位置、大小和角度，如图10-88所示。

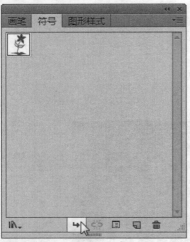

图10-87 单击"置入符号实例"按钮

图10-88 图像效果

实战 355 应用"图表"符号

▶ 实例位置：光盘\效果\第10章\实战355.ai
▶ 素材位置：光盘\素材\第10章\实战355.ai
▶ 视频位置：光盘\视频\第10章\实战355.mp4

● 实例介绍 ●

"图表"符号库包含数据输入输出、决策、直接数据、显示、文档、手动输入、手动操作、页外引用等预设符号。

● 操作步骤 ●

STEP 01 单击"文件"｜"打开"命令，打开一幅素材图像，如图10-89所示。

STEP 02 单击"符号"浮动面板右上角的 按钮，在菜单列表框中选择"打开符号库"｜"图表"选项，弹出"图表"浮动面板，选择"组织图-连接线"符号图标，如图10-90所示。

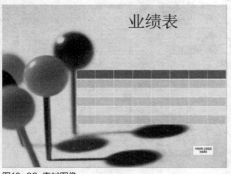

图10-89 素材图像

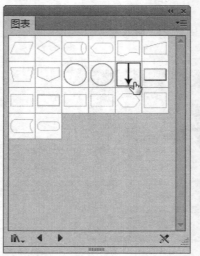

图10-90 选择符号

STEP 03 执行操作后，该符号图标添加至"符号"浮动面板中，选中所添加的符号，单击"置入符号实例"按钮 ，如图10-91所示。

STEP 04 将符号置入图像窗口中，调整符号图形的位置、大小，如图10-92所示。

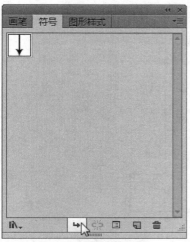

图10-91 单击"置入符号实例"按钮

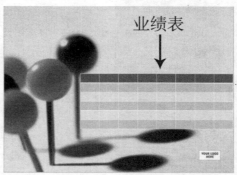

图10-92 图像效果

实战 356　应用"地图"符号

▶ 实例位置：光盘\效果\第10章\实战356.ai
▶ 素材位置：光盘\素材\第10章\实战356.ai
▶ 视频位置：光盘\视频\第10章\实战356.mp4

● 实例介绍 ●

"地图"符号库包含机场、野营地、学校、休息区、公园、城市、码头、医疗设施、停车、餐厅等预设符号。

● 操作步骤 ●

STEP 01 单击"文件"｜"打开"命令，打开一幅素材图像，如图10-93所示。

STEP 02 单击"符号"浮动面板右上角的■按钮，在菜单列表框中选择"打开符号库"｜"地图"选项，弹出"地图"浮动面板，选择"停车"符号图标，如图10-94所示。

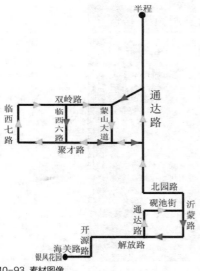

图10-93 素材图像

图10-94 选择符号

STEP 03 执行操作后，该符号图标添加至"符号"浮动面板中，选中所添加的符号，单击"置入符号实例"按钮｜↪｜，如图10-95所示。

STEP 04 将符号置入图像窗口中，调整符号图形的位置、大小，如图10-96所示。

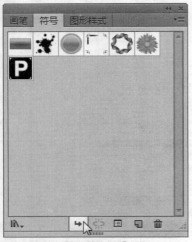

图10-95 单击"置入符号实例"按钮

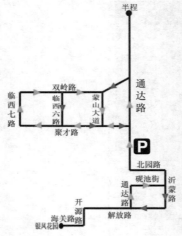

图10-96 图像效果

<table>
<tr><td>实战
357</td><td>应用"寿司"符号</td><td>▶ 实例位置: 光盘\效果\第10章\实战357.ai
▶ 素材位置: 光盘\素材\第10章\实战357.ai
▶ 视频位置: 光盘\视频\第10章\实战357.mp4</td></tr>
</table>

● 实例介绍 ●

"寿司"符号库包含了各种美食寿司类预设符号,方便用户调用。

● 操作步骤 ●

STEP 01 单击"文件" | "打开"命令,打开一幅素材图像,如图10-97所示。

STEP 02 单击"符号"浮动面板右上角的 按钮,在菜单列表框中选择"打开符号库" | "寿司"选项,弹出"寿司"浮动面板,选择"Tako"符号图标,如图10-98所示。

图10-97 素材图像

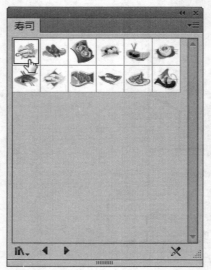

图10-98 选择符号

STEP 03 执行操作后,该符号图标添加至"符号"浮动面板中,选中所添加的符号,单击"置入符号实例"按钮 ↳ ,如图10-99所示。

STEP 04 将符号置入图像窗口中,调整符号图形的位置、大小,如图10-100所示。

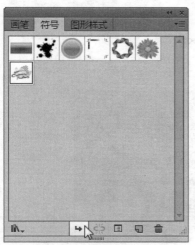

图10-99 单击"置入符号实例"按钮

图10-100 图像效果

实战 358　应用"徽标元素"符号

▶ 实例位置：光盘\效果\第10章\实战358.ai
▶ 素材位置：光盘\素材\第10章\实战358.ai
▶ 视频位置：光盘\视频\第10章\实战358.mp4

● 实例介绍 ●

"徽标元素"符号库包含了飞机、艺术画架、原子、酒吧桌、汽车、厨师等预设符号。

● 操作步骤 ●

STEP 01 单击"文件"｜"打开"命令，打开一幅素材图像，如图10-101所示。

STEP 02 单击"符号"浮动面板右上角的▪按钮，在菜单列表框中选择"打开符号库"｜"徽标元素"选项，弹出"徽标元素"浮动面板，选择"汽车"符号图标，如图10-102所示。

图10-101 素材图像

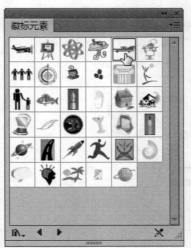

图10-102 选择符号

STEP 03 执行操作后，该符号图标添加至"符号"浮动面板中，选中所添加的符号，单击"置入符号实例"按钮｜↵｜，如图10-103所示。

STEP 04 将符号置入图像窗口中，调整符号图形的位置、大小，如图10-104所示。

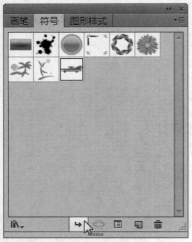

图10-103 单击"置入符号实例"按钮

图10-104 图像效果

| 实战 359 | 应用"提基"符号 | ▶ 实例位置：光盘\效果\第10章\实战359.ai
▶ 素材位置：光盘\素材\第10章\实战359.ai
▶ 视频位置：光盘\视频\第10章\实战359.mp4 |

● 实例介绍 ●

"提基"符号库包含了汽车、鸟类、猫、狗、鼓、女性、壁炉、鱼、吉他等预设符号。

● 操作步骤 ●

STEP 01 单击"文件"｜"打开"命令，打开一幅素材图像，如图10-105所示。

STEP 02 单击"符号"浮动面板右上角的▤按钮，在菜单列表框中选择"打开符号库"｜"提基"选项，弹出"提基"浮动面板，选择"吉他"符号图标，如图10-106所示。

图10-105 素材图像

图10-106 选择符号

STEP 03 执行操作后，该符号图标添加至"符号"浮动面板中，选中所添加的符号，单击"置入符号实例"按钮｜↵｜，如图10-107所示。

STEP 04 将符号置入图像窗口中，调整符号图形的位置、大小，如图10-108所示。

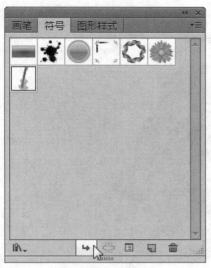

图10-107 单击"置入符号实例"按钮

图10-108 图像效果

实战 360 应用"时尚"符号

▶ 实例位置：光盘\效果\第10章\实战360.ai
▶ 素材位置：光盘\素材\第10章\实战360.ai
▶ 视频位置：光盘\视频\第10章\实战360.mp4

• 实例介绍 •

"时尚"符号库包含了裤子、衣服、鞋、靴子、手提包、迷你裙、帽子等预设符号。

• 操作步骤 •

STEP 01 单击"文件"|"打开"命令，打开一幅素材图像，如图10-109所示。

STEP 02 单击"符号"浮动面板右上角的 ▦ 按钮，在菜单列表框中选择"打开符号库"|"时尚"选项，弹出"时尚"浮动面板，选择"帽子"符号图标，如图10-110所示。

图10-109 素材图像

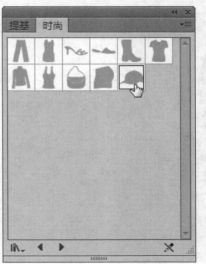

图10-110 选择符号

STEP 03 执行操作后，该符号图标添加至"符号"浮动面板中，选中所添加的符号，单击"置入符号实例"按钮 |↳|，如图10-111所示。

STEP 04 将符号置入图像窗口中，调整符号图形的位置、大小，如图10-112所示。

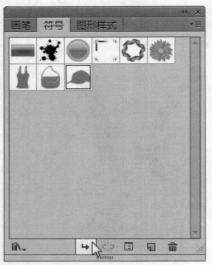

图10-111 单击"置入符号实例"按钮

图10-112 图像效果

<table>
<tr><td>实战
361</td><td>应用"毛发和毛皮"符号</td><td>▶ 实例位置：光盘\效果\第10章\实战361.ai
▶ 素材位置：光盘\素材\第10章\实战361.ai
▶ 视频位置：光盘\视频\第10章\实战361.mp4</td></tr>
</table>

● 实例介绍 ●

"毛发和毛皮"符号库包含了各种毛发和毛皮预设符号，方便用户快速调用。

● 操作步骤 ●

STEP 01 单击"文件"｜"打开"命令，打开一幅素材图像，如图10-113所示。

STEP 02 单击"符号"浮动面板右上角的▾≣按钮，在菜单列表框中选择"打开符号库"｜"毛发和毛皮"选项，弹出"毛发和毛皮"浮动面板，选择"金色头发6"符号图标，如图10-114所示。

图10-113 素材图像

图10-114 选择符号

STEP 03 执行操作后，该符号图标添加至"符号"浮动面板中，选中所添加的符号，单击"置入符号实例"按钮｜↵｜，如图10-115所示。

STEP 04 将符号置入图像窗口中，调整符号图形的位置、大小和角度，效果如图10-116所示。

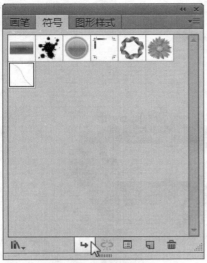

图10-115 单击"置入符号实例"按钮

图10-116 图像效果

实战 362	应用"污点矢量包"符号

▶ 实例位置：光盘\效果\第10章\实战362.ai
▶ 素材位置：光盘\素材\第10章\实战362.ai
▶ 视频位置：光盘\视频\第10章\实战362.mp4

● 实例介绍 ●

"污点矢量包"符号库包含了各种矢量污点预设符号，方便用户快速调用。

● 操作步骤 ●

STEP 01 单击"文件"｜"打开"命令，打开一幅素材图像，如图10-117所示。

STEP 02 单击"符号"浮动面板右上角的██按钮，在菜单列表框中选择"打开符号库"｜"污点矢量包"选项，弹出"污点矢量包"浮动面板，选择"污点矢量包11"符号图标，如图10-118所示。

图10-117 素材图像

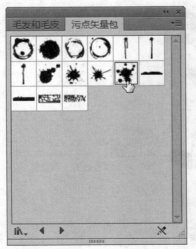

图10-118 选择符号

STEP 03 执行操作后，该符号图标添加至"符号"浮动面板中，选中所添加的符号，单击"置入符号实例"按钮｜↵，如图10-119所示。

STEP 04 将符号置入图像窗口中，调整符号图形的位置、大小和角度，效果如图10-120所示。

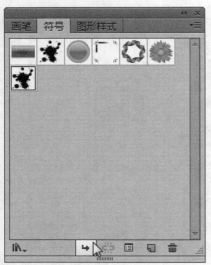

图10-119 单击"置入符号实例"按钮

图10-120 图像效果

实战 363 应用"点状图案矢量包"符号

▶ 实例位置：光盘\效果\第10章\实战363.ai
▶ 素材位置：光盘\素材\第10章\实战363.ai
▶ 视频位置：光盘\视频\第10章\实战363.mp4

● 实例介绍 ●

"点状图案矢量包"符号库包含了各种矢量点状图案预设符号，方便用户快速调用。

● 操作步骤 ●

STEP 01 单击"文件"｜"打开"命令，打开一幅素材图像，如图10-121所示。

STEP 02 单击"符号"浮动面板右上角的按钮，在菜单列表框中选择"打开符号库"｜"点状图案矢量包"选项，弹出"点状图案矢量包"浮动面板，选择"点状图案矢量包01"符号图标，如图10-122所示。

图10-121 素材图像

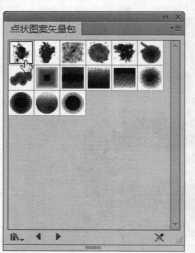

图10-122 选择符号

STEP 03 执行操作后，该符号图标添加至"符号"浮动面板中，选中所添加的符号，单击"置入符号实例"按钮｜↵｜，如图10-123所示。

STEP 04 将符号置入图像窗口中，调整符号图形的位置、大小和角度，效果如图10-124所示。

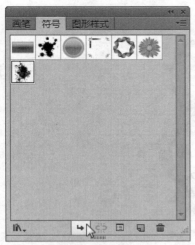

图10-123 单击"置入符号实例"按钮

图10-124 图像效果

实战 364 应用"照亮丝带"符号

▶ 实例位置：光盘\效果\第10章\实战364.ai
▶ 素材位置：光盘\素材\第10章\实战364.ai
▶ 视频位置：光盘\视频\第10章\实战364.mp4

● 实例介绍 ●

"照亮丝带"符号库包含了各种丝带预设符号，方便用户快速调用。

● 操作步骤 ●

STEP 01 单击"文件"｜"打开"命令，打开一幅素材图像，如图10-125所示。

STEP 02 单击"符号"浮动面板右上角的■■按钮，在菜单列表框中选择"打开符号库"｜"照亮丝带"选项，弹出"照亮丝带"浮动面板，选择"丝带10"符号图标，如图10-126所示。

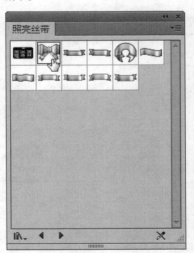

图10-126 选择符号

图10-125 素材图像

STEP 03 执行操作后，该符号图标添加至"符号"浮动面板中，选中所添加的符号，单击"置入符号实例"按钮|↦|，如图10-127所示。

STEP 04 将符号置入图像窗口中，调整符号图形的位置、大小和角度，效果如图10-128所示。

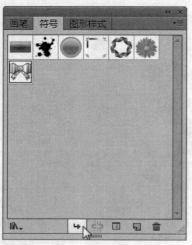

图10-127 单击"置入符号实例"按钮

图10-128 图像效果

实战 365 应用"照亮流程图"符号

▶ **实例位置**：光盘\效果\第10章\实战365.ai
▶ **素材位置**：光盘\素材\第10章\实战365.ai
▶ **视频位置**：光盘\视频\第10章\实战365.mp4

● 实例介绍 ●

"照亮流程图"符号库包含了流程图标、球形、安全性图标、主页图标、文档图标等预设符号。

● 操作步骤 ●

STEP 01 单击"文件"｜"打开"命令，打开一幅素材图像，如图10-129所示。

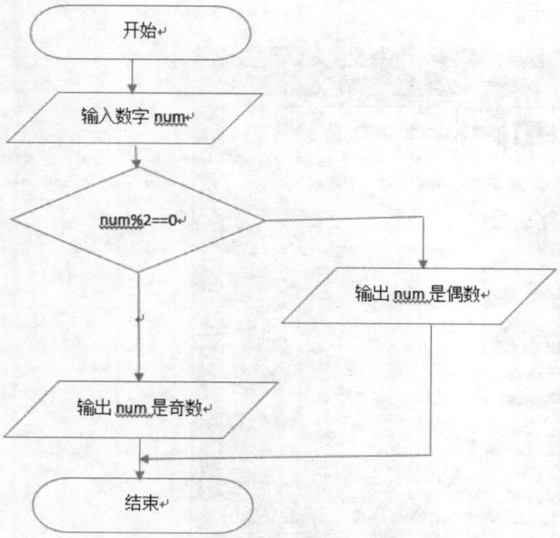

STEP 02 单击"符号"浮动面板右上角的 按钮，在菜单列表框中选择"打开符号库"｜"照亮流程图"选项，弹出"照亮流程图"浮动面板，选择"选中"符号图标，如图10-130所示。

图10-129 素材图像

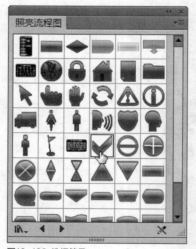

图10-130 选择符号

STEP 03 执行操作后，该符号图标添加至"符号"浮动面板中，选中所添加的符号，单击"置入符号实例"按钮 ，将符号置入图像窗口中，调整符号图形的位置、大小，效果如图10-131所示。

STEP 04 用与上述同样的方法，添加其他的照亮流程图符号，效果如图10-132所示。

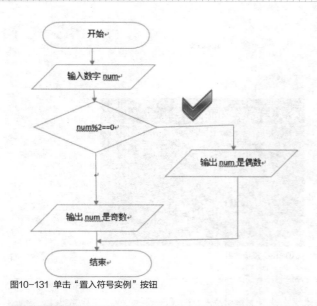

图10-131 单击"置入符号实例"按钮

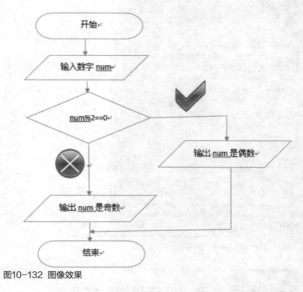

图10-132 图像效果

实战 366	应用"照亮组织结构图"符号

▶ 实例位置：光盘\效果\第10章\实战366.ai
▶ 素材位置：光盘\素材\第10章\实战366.ai
▶ 视频位置：光盘\视频\第10章\实战366.mp4

● 实例介绍 ●

"照亮组织结构图"符号库包含了各种形状组织、曲线组织、图表、组织框等预设符号。

● 操作步骤 ●

STEP 01 单击"文件"｜"打开"命令，打开一幅素材图像，如图10-133所示。

STEP 02 单击"符号"浮动面板右上角的 ▇ 按钮，在菜单列表框中选择"打开符号库"｜"照亮组织结构图"选项，弹出"照亮组织结构图"浮动面板，选择"圆形组织图表曲线1"符号图标，如图10-134所示。

图10-133 素材图像

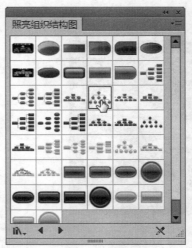

图10-134 选择符号

STEP 03 执行操作后，该符号图标添加至"符号"浮动面板中，选中所添加的符号，单击"置入符号实例"按钮｜↳｜，如图10-135所示。

STEP 04 将符号置入图像窗口中，调整符号图形的位置、大小，效果如图10-136所示。

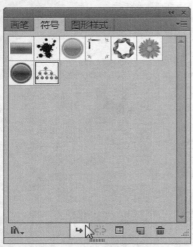

图10-135 单击"置入符号实例"按钮

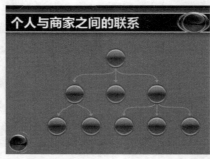

图10-136 图像效果

实战 367	应用"疯狂科学"符号	▶ 实例位置：光盘\效果\第10章\实战367.ai
		▶ 素材位置：光盘\素材\第10章\实战367.ai
		▶ 视频位置：光盘\视频\第10章\实战367.mp4

● 实例介绍 ●

"疯狂科学"符号库包含了原子、细菌、电路板、代码、显微镜、分子等预设符号。

● 操作步骤 ●

STEP 01 单击"文件"｜"打开"命令，打开一幅素材图像，如图10-137所示。

STEP 02 单击"符号"浮动面板右上角的▼三按钮，在菜单列表框中选择"打开符号库"｜"疯狂科学"选项，弹出"疯狂科学"浮动面板，选择"望远镜"符号图标，如图10-138所示。

图10-137 素材图像

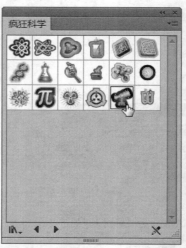

图10-138 选择符号

STEP 03 执行操作后，该符号图标添加至"符号"浮动面板中，选中所添加的符号，单击"置入符号实例"按钮｜↳｜，如图10-139所示。

STEP 04 将符号置入图像窗口中，调整符号图形的位置、大小，效果如图10-140所示。

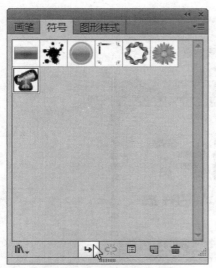

图10-139 单击"置入符号实例"按钮

图10-140 图像效果

实战 368 应用"移动"符号

▶ 实例位置：光盘\效果\第10章\实战368.ai
▶ 素材位置：光盘\素材\第10章\实战368.ai
▶ 视频位置：光盘\视频\第10章\实战368.mp4

● 实例介绍 ●

"移动"符号库包含了减号、加号、选中、删除、帮助、信息、向右箭头等预设符号。

● 操作步骤 ●

STEP 01 单击"文件"｜"打开"命令，打开一幅素材图像，如图10-141所示。

STEP 02 单击"符号"浮动面板右上角的■按钮，在菜单列表框中选择"打开符号库"｜"移动"选项，弹出"移动"浮动面板，选择"RSS-橙色"符号图标，如图10-142所示。

图10-141 素材图像

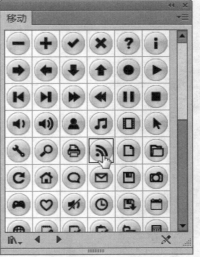

图10-142 选择符号

STEP 03 执行操作后，该符号图标添加至"符号"浮动面板中，选中所添加的符号，单击"置入符号实例"按钮 ⬆，如图10-143所示。

STEP 04 将符号置入图像窗口中，调整符号图形的位置、大小，效果如图10-144所示。

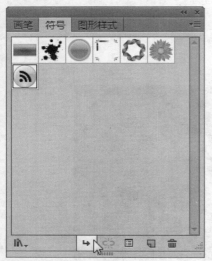

图10-143 单击"置入符号实例"按钮

图10-144 图像效果

实战 369 应用"绚丽矢量包"符号

▶ 实例位置：光盘\效果\第10章\实战369.ai
▶ 素材位置：光盘\素材\第10章\实战369.ai
▶ 视频位置：光盘\视频\第10章\实战369.mp4

● 实例介绍 ●

"绚丽矢量包"符号库包含了各种绚丽的矢量装饰预设符号，方便用户快速调用。

● 操作步骤 ●

STEP 01 单击"文件" | "打开"命令，打开一幅素材图像，如图10-145所示。

STEP 02 单击"符号"浮动面板右上角的■■按钮，在菜单列表框中选择"打开符号库" | "绚丽矢量包"选项，弹出"绚丽矢量包"浮动面板，选择"绚丽矢量包08"符号图标，如图10-146所示。

图10-145 素材图像

图10-146 选择符号

STEP 03 执行操作后，该符号图标添加至"符号"浮动面板中，选中所添加的符号，单击"置入符号实例"按钮|↵|，如图10-147所示。

STEP 04 将符号置入图像窗口中，调整符号图形的位置、大小，效果如图10-148所示。

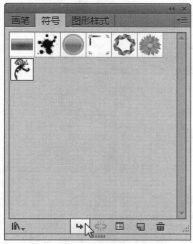

图10-147 单击"置入符号实例"按钮

图10-148 图像效果

| 实战 370 | 应用"网页图标"符号 | ▶ 实例位置：光盘\效果\第10章\实战370.ai
▶ 素材位置：光盘\素材\第10章\实战370.ai
▶ 视频位置：光盘\视频\第10章\实战370.mp4 |

● 实例介绍 ●

"网页图标"符号库包含了存储、下载、文件、文件夹、电子邮件、日历等预设符号。

● 操作步骤 ●

STEP 01 单击"文件"|"打开"命令，打开一幅素材图像，如图10-149所示。

STEP 02 单击"符号"浮动面板右上角的██按钮，在菜单列表框中选择"打开符号库"|"网页图标"选项，弹出"网页图标"浮动面板，选择"搜索"符号图标，如图10-150所示。

图10-149 素材图像

图10-150 选择符号

STEP 03 执行操作后，该符号图标添加至"符号"浮动面板中，选中所添加的符号，单击"置入符号实例"按钮|↵|，如图10-151所示。

STEP 04 将符号置入图像窗口中，调整符号图形的位置、大小，效果如图10-152所示。

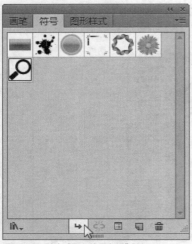

图10-151 单击"置入符号实例"按钮

图10-152 图像效果

实战 371 应用"至尊矢量包"符号

▶ 实例位置：光盘\效果\第10章\实战371.ai
▶ 素材位置：光盘\素材\第10章\实战371.ai
▶ 视频位置：光盘\视频\第10章\实战371.mp4

● 实例介绍 ●

"至尊矢量包"符号库包含了各种至尊矢量预设符号，以方便用户调用。

● 操作步骤 ●

STEP 01 单击"文件"|"打开"命令，打开一幅素材图像，如图10-153所示。

STEP 02 单击"符号"浮动面板右上角的■按钮，在菜单列表框中选择"打开符号库"|"至尊矢量包"选项，弹出"至尊矢量包"浮动面板，选择"至尊矢量包13"符号图标，如图10-154所示。

图10-153 素材图像

图10-154 选择符号

STEP 03 执行操作后，该符号图标添加至"符号"浮动面板中，选中所添加的符号，单击"置入符号实例"按钮|↳|，如图10-155所示。

STEP 04 将符号置入图像窗口中，调整符号图形的位置、大小，并将其排列至底层，效果如图10-156所示。

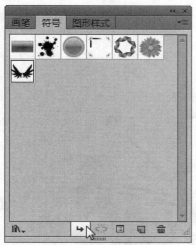

图10-155 单击"置入符号实例"按钮

图10-156 图像效果

实战 372 应用"通讯"符号

▶ 实例位置：光盘\效果\第10章\实战372.ai
▶ 素材位置：光盘\素材\第10章\实战372.ai
▶ 视频位置：光盘\视频\第10章\实战372.mp4

● 实例介绍 ●

"通讯"符号库包含了手机、台式机、传真、光纤、麦克风、Pda等预设符号。

● 操作步骤 ●

STEP 01 单击"文件" | "打开"命令，打开一幅素材图像，如图10-157所示。

STEP 02 单击"符号"浮动面板右上角的按钮，在菜单列表框中选择"打开符号库" | "通讯"选项，弹出"通讯"浮动面板，选择"手机"符号图标，如图10-158所示。

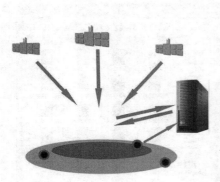

图10-157 素材图像

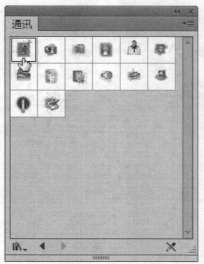

图10-158 选择符号

STEP 03 执行操作后，该符号图标添加至"符号"浮动面板中，选中所添加的符号，单击"置入符号实例"按钮，如图10-159所示。

STEP 04 将符号置入图像窗口中，调整符号图形的位置、大小，效果如图10-160所示。

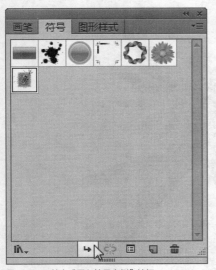

图10-159 单击"置入符号实例"按钮

图10-160 图像效果

实战 373 从另一文档导入符号库

▶ **实例位置：** 光盘\效果\第10章\实战373.ai
▶ **素材位置：** 光盘\素材\第10章\实战373.ai
▶ **视频位置：** 光盘\视频\第10章\实战373.mp4

● 实例介绍 ●

在Illustrator CC中，用户可以通过"其他库"命令从另一文档导入符号库。

● 操作步骤 ●

STEP 01 单击"文件"｜"新建"命令，新建一幅空白文档，单击"窗口"｜"符号库"｜"其他库"命令，如图10-161所示。

STEP 02 弹出"选择要打开的库"对话框，选择相应的符号库，如图10-162所示。

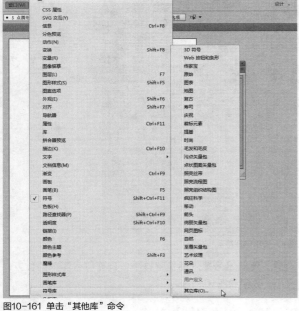

图10-161 单击"其他库"命令

图10-162 选择相应的符号库

STEP 03 单击"打开"按钮，打开一个单独的符号库面板，选择相应的符号图标，如图10-163所示。

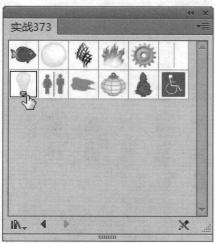

图10-163 选择相应的符号图标

STEP 04 将符号置入图像窗口中，调整符号图形的位置、大小，效果如图10-164所示。

图10-164 图像效果

实战 374 创建自定义符号库

▶ 实例位置：光盘\效果\第10章\实战374.ai
▶ 素材位置：光盘\素材\第10章\实战374.ai
▶ 视频位置：光盘\视频\第10章\实战374.mp4

● 实例介绍 ●

在Illustrator CC中，用户可以创建自定义的符号库。

● 操作步骤 ●

STEP 01 单击"文件" | "打开"命令，打开一幅素材图像，如图10-165所示。

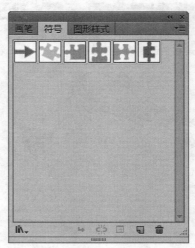

图10-165 打开素材图形

STEP 02 打开"符号"面板，选择需要添加到符号库中的符号图标，如图10-166所示。

图10-166 选择相应的符号图标

STEP 03 单击"符号"浮动面板右上角的按钮，在菜单列表框中选择"存储符号库"选项，如图10-167所示。

STEP 04 弹出"将符号存储为库"对话框，设置相应的保存位置，单击"保存"按钮即可，如图10-168所示。

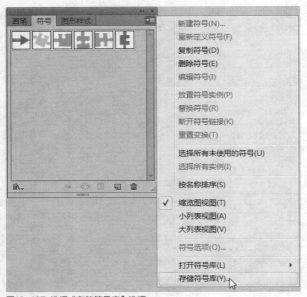

图10-167 选择"存储符号库"选项

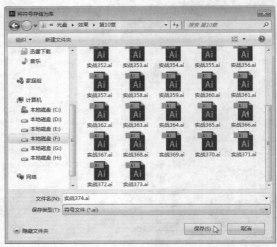

图10-168 单击"保存"按钮

10.3 应用符号工具

用户可以使用工具面板中的符号喷枪工具在图形窗口中喷射大量无顺序排列的符号图形，也可以在工具面板中选择不同的符号编辑工具对喷射的符号进行编辑。

实战 375	使用符号喷枪工具喷射符号	▶ 实例位置：光盘\效果\第10章\实战375.ai ▶ 素材位置：光盘\素材\第10章\实战375.ai ▶ 视频位置：光盘\视频\第10章\实战375.mp4

● 实例介绍 ●

在"符号工具选项"对话框中，"紧缩""滤色""大小""染色""旋转"和"样式"的选项只有"符号喷枪工具"所有，它主要是用来设置符号喷枪工具所喷射出的效果，如图10-169所示。

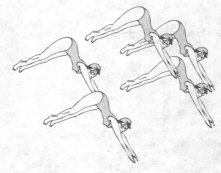

图10-169 喷射的符号

● 操作步骤 ●

STEP 01 单击"文件" | "打开"命令，打开一幅素材图像，如图10-170所示。

STEP 02 打开"符号"面板，选择"草地1"符号图标；将鼠标指针移至工具面板中的符号喷枪工具图标上，双击鼠标左键，弹出"符号工具选项"对话框，设置"直径"为100pt、"强度"为5、"符号组密度"为5，单击"符号喷枪"按钮，并在其下方的选项区中，设置所有的参数为"平均"，如图10-171所示。

图10-170 素材图像

图10-171 设置选项

STEP 03 单击"确定"按钮，将鼠标指针移至图像窗口中的合适位置，单击鼠标左键，即可喷射出一个符号图形，如图10-172所示。

STEP 04 用与上述同样的方法，为图像喷射多个合适的符号图形，如图10-173所示。

图10-172 喷射一个符号

图10-173 喷射多个符号

实战 376 使用符号移位器工具移动符号

▶ 实例位置：光盘\效果\第10章\实战376.ai
▶ 素材位置：光盘\素材\第10章\实战376.ai
▶ 视频位置：光盘\视频\第10章\实战376.mp4

● 实例介绍 ●

使用工具面板中的符号移位器工具可对图形窗口中喷射的符号进行移动操作，如图10-174所示。符号移位器工具的使用主要是针对所喷射的符号图形，若按住【Shift】键的同时拖曳鼠标，可以将符号图形前移一层；若按住【Shift + Alt】组合键的同时拖曳鼠标，则可以将符号图形后移一层。

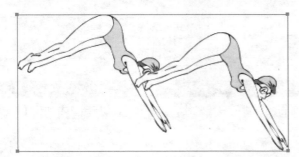

图10-174 移动符号位置

● 操作步骤 ●

STEP 01 单击"文件"|"打开"命令，打开一幅素材图像，如图10-175所示。

STEP 02 在图像窗口中选中需要移位的符号组，如图10-176所示。

图10-175 素材图像

图10-176 选择符号组

STEP 03 选取工具面板中的符号移位器工具 ，将鼠标指针移至符号图形中的合适位置，单击鼠标左键并拖曳，图像窗口中即可显示符号的移位过程，如图10-177所示。

STEP 04 符号图形移位至满意效果后，释放鼠标，即可观察符号图形移位后的图像效果，如图10-178所示。

图10-177 拖曳鼠标

图10-178 符号移位后的效果

STEP 05 用与上述同样的方法，对其他区域的符号图形进行移位，如图10-179所示。

图10-179 符号移位

实战 377 使用符号紧缩器工具紧缩符号

▶ 实例位置：光盘\效果\第10章\实战377.ai
▶ 素材位置：光盘\素材\第10章\实战377.ai
▶ 视频位置：光盘\视频\第10章\实战377.mp4

● 实例介绍 ●

符号紧缩工具可以使选择的符号图形向光标所单击的点进行聚集紧缩，如图10-180所示；若按住【Alt】键，单击鼠标左键，则可以使符号图形远离光标所单击的点。

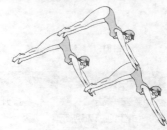

图10-180 缩紧符号

• 操作步骤 •

STEP 01 单击"文件"|"打开"命令，打开一幅素材图像，使用选择工具 选中图像窗口中需要紧缩的符号，选取工具面板中的符号紧缩器工具 ，将鼠标指针移至符号图形中的合适位置，单击鼠标左键，图像窗口中即可显示所选择符号的收缩过程，如图10-181所示。

STEP 02 符号图形收缩至满意效果后，释放鼠标，即可观察符号收缩后的图像效果，如图10-182所示。

图10-181 单击鼠标左键

图10-182 图像效果

实战 378 **使用符号缩放器工具缩放符号**

▶ 实例位置：光盘\效果\第10章\实战378.ai
▶ 素材位置：光盘\素材\第10章\实战378.ai
▶ 视频位置：光盘\视频\第10章\实战378.mp4

• 实例介绍 •

使用工具面板中的符号缩放器工具 可以对符号进行缩放。在使用该工具对符号进行缩放时，按住【Alt】键，则可使符号图形远离光标所在点的位置。

• 操作步骤 •

STEP 01 单击"文件"|"打开"命令，打开一幅素材图像，如图10-183所示。

STEP 02 选中所置入的符号后，在符号缩放器工具图标 上双击鼠标左键，弹出"符号工具选项"对话框，设置"直径"为100pt、"方法"为"用户定义""强度"为8、"符号组密度"为6，选中"等比缩放"和"调整大小影响密度"复选框，如图10-184所示。

图10-183 打开素材图像

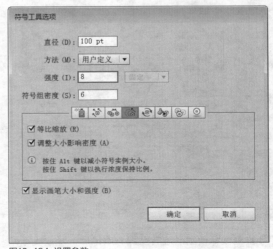

图10-184 设置参数

STEP 03 单击"确定"按钮，将鼠标指针移至所选择的符号图形上，按住【Alt】键的同时单击鼠标左键，如图10-185所示。

STEP 04 当符号图形缩放至满意效果后，释放鼠标即可，如图10-186所示。

图10-185 收缩图形

图10-186 图像效果

知识拓展

用户在对话框中设置参数时，若"方法"设置为"平均"，则符号图形将无变化，只有当多个符号处在一个符号组里，且符号图形的大小不同，则会有所变化。若直接在选中的符号图形上单击鼠标左键，即可将符号图形放大。

实战 379 使用符号旋转器工具旋转符号

▶ 实例位置：光盘\效果\第10章\实战379.ai
▶ 素材位置：光盘\素材\第10章\实战379.ai
▶ 视频位置：光盘\视频\第10章\实战379.mp4

● 实例介绍 ●

用户在使用符号旋转工具对符号图形进行操作时，需要注意"符号"面板中是否有符号图标处于选中状态，若有符号图标被选中，则需取消选中，才能对图像窗口中的符号图形进行旋转操作。

● 操作步骤 ●

STEP 01 单击"文件"|"打开"命令，打开一幅素材图像，选中图像窗口中需要旋转的符号组，在符号旋转器工具图标 上双击鼠标左键，弹出"符号工具选项"对话框，设置"直径"为100pt、"方法"为"用户定义""强度"为4、"符号组密度"为6，如图10-187所示。

STEP 02 单击"确定"按钮，将鼠标指针移至所需要旋转的符号图形上，单击鼠标左键，此时，符号图形上将出现一个红色箭头指示旋转方向，如图10-188所示。

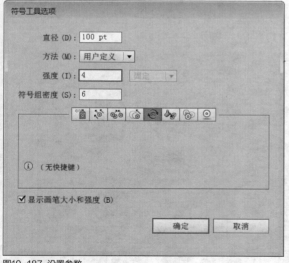

图10-187 设置参数

图10-188 指示方向

STEP 03 拖曳鼠标使图形旋转至满意效果后，释放鼠标即可，如图10-189所示。

STEP 04 用与上述同样的方法，根据图像的需要对其他符号图形进行旋转，如图10-190所示。

图10-189 旋转图形

图10-190 图像效果

▶ 实例位置：光盘\效果\第10章\实战380.ai
▶ 素材位置：光盘\素材\第10章\实战380.ai
▶ 视频位置：光盘\视频\第10章\实战380.mp4

实战 380 使用符号着色器工具填充符号

● 实例介绍 ●

使用符号着色器工具对符号图形进行填色时，若按住【Alt】键，可以减少填色的数量；若按住【Shift】键，则可以保持符号图形填色之前的色调强度。

● 操作步骤 ●

STEP 01 单击"文件" | "打开"命令，打开一幅素材图像，如图10-191所示。

STEP 02 选中蝴蝶符号图形，选取工具面板中的符号着色器工具，双击填色工具，弹出"拾色器"对话框，设置CMYK的参数值为0%、0%、100%、0%，如图10-192所示。

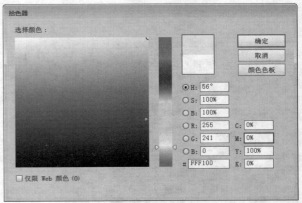

图10-192 设置参数值

图10-191 打开素材图像

STEP 03 单击"确定"按钮，将鼠标指针移至符号图形上，单击鼠标左键，即可对符号图形进行填色，如图10-193所示。

STEP 04 根据图像的需要调整符号图形的位置、大小和角度，如图10-194所示。

图10-193 对符号图形填色

图10-194 调整符号图形

实战 381 使用符号滤色器工具降低符号透明度

▶ 实例位置: 光盘\效果\第10章\实战381.ai
▶ 素材位置: 光盘\素材\第10章\实战381.ai
▶ 视频位置: 光盘\视频\第10章\实战381.mp4

● 实例介绍 ●

使用工具面板中的符号滤色器工具可以降低符号的透明度。选取工具面板中的符号滤色器工具,移动鼠标至图形窗口,在窗口中需要降低透明度的符号处单击鼠标左键,释放鼠标后即可降低该符号的透明度,如图10-195所示。

图10-195 降低符号透明度

● 操作步骤 ●

STEP 01 单击"文件" | "打开"命令,打开一幅素材图像,选中需要滤色的符号图形,如图10-196所示。

STEP 02 将鼠标移至符号滤色器工具图标上,双击鼠标左键,弹出"符号工具选项"对话框,设置"直径"为200pt、"方法"为"用户定义""强度"为2、"符号组密度"为6,如图10-197所示。

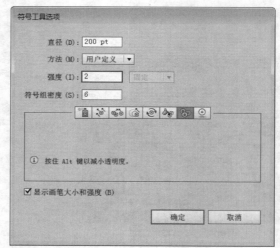

图10-197 设置参数

图10-196 选择符号图形

STEP 03 单击"确定"按钮,在选择的符号图形上单击鼠标左键,符号图形的透明度被降低,如图10-198所示。

STEP 04 用与上述同样的方法,并根据图像窗口的需要对各符号图形进行透明度的调整,如图10-199所示。

图10-198 降低透明度

图10-199 调整透明度

技巧点拨

使用"符号滤色器工具"对符号图形进行透明度调整时,按住【Alt】键的同时单击降低透明度的符号,则可恢复符号的透明度。

实战 382 使用符号样式器工具应用图形样式

▶ 实例位置: 光盘\效果\第10章\实战382.ai
▶ 素材位置: 光盘\素材\第10章\实战382.ai
▶ 视频位置: 光盘\视频\第10章\实战382.mp4

● 实例介绍 ●

使用工具面板中的符号样式器工具 工具可以为符号应用在"图层样式"面板中选择的样式。使用符号样式器工具对符号应用图形样式后,若按住【Alt】键的同时,再次单击应用样式后的符号,则可取消符号应用图形样式效果。若按住【Shift】键,则可以保持符号图形应用图形样式之前的样式强度。

● 操作步骤 ●

STEP 01 单击"文件"|"打开"命令,打开一幅素材图像,如图10-200所示。

STEP 02 选中蝴蝶结符号图形后,选取工具面板符号样式器工具 ,再单击"窗口"|"图形样式"命令,调出"图形样式"浮动面板,单击面板下方的"图形样式库菜单"按钮 ,在弹出的菜单列表框中选择"斑点画笔的附属品"选项,在调出的"斑点画笔的附属品"浮动面板中选择"投影"图形样式的图标,如图10-201所示。

STEP 03 将该图形样式拖曳至"图形样式"浮动面板中,如图10-202所示。

图10-200 打开素材图像

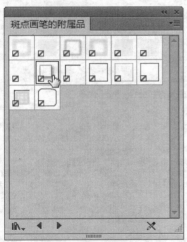

图10-201 选择"投影"图形样式

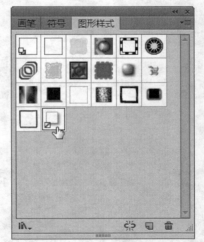

图10-202 添加"投影"图形样式

STEP 04 选中所添加的图形样式后,将鼠标指针移至符号图形上,单击鼠标左键,即可将"投影"图形样式应用于符号图形上,如图10-203所示。

图10-203 图像效果

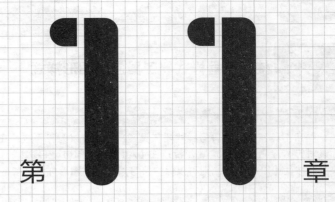

第 **11** 章

应用精彩纷呈的效果

本章导读

Illustrator CC中的"效果"可以分为"Illustrator效果"和"Photoshop效果",使用"效果"可以为图形制作一些特殊的光照效果、带有装饰性的纹理效果、改变图形外观以及添加特殊效果等。因此,它是制作各种图形特殊效果的重要工具。

要点索引

- 应用3D效果
- 应用"变形"效果
- 应用"扭曲与变换"效果
- 应用"路径"效果
- 应用"风格化"效果
- 应用"像素化"效果

- 应用"扭曲"效果
- 应用"模糊"效果
- 应用"画笔描边"效果
- 应用"素描"效果
- 应用"纹理"效果
- 应用"艺术效果"效果
- 应用其他效果

11.1 应用3D效果

3D效果可以将开放路径、封闭路径或是位图对象等转换为可以旋转、打光和投影的三维（3D）对象。在操作时还可以将符号作为贴图投射到三维对象表面，以模拟真实的纹理和图案。

实战 383 应用凸出和斜角效果

▶ 实例位置：光盘\效果\第11章\实战383.ai
▶ 素材位置：光盘\素材\第11章\实战383.ai
▶ 视频位置：光盘\视频\第11章\实战383.mp4

● 实例介绍 ●

应用"3D效果"中，可以直接在效果预览框中的模型上单击鼠标左键并拖曳，从而控制图形的旋转角度，系统中默认的"凸出厚度"为50pt，设置的数值越大，则图形的凸出厚度越厚；系统提供了多种斜角选项，选择了相应的斜角后，即可激活"高度"数值框，并设置斜角的大小。

● 操作步骤 ●

STEP 01 单击"文件"｜"打开"命令，打开一幅素材图像并运用直接选择工具 ![] 选择图形，如图11-1所示。

STEP 02 单击"效果"｜"3D"｜"凸出和斜角"命令，弹出"3D凸出和斜角选项"对话框，设置"位置"为"自定旋转"，再依次设置"旋转角度"为35°、20°、5°，设置"凸出厚度"为15pt，设置相应"斜角"，并设置其"高度"为4pt，如图11-2所示。

图11-2 设置选项

图11-1 素材图像

STEP 03 单击"确定"按钮，即可将设置的效果应用于图形中，如图11-3所示。

知识拓展

滤镜是从摄影行业借用的一个词。在摄影领域中，滤镜是指安装在照相机镜头前面的一种特殊的镜头，应用它可以调节聚焦和光照的效果。而在Illustrator CC中，用户使用滤镜效果可以为所绘制的图形或需要处理的图像制作出许多特殊及精美的滤镜效果。

图11-3 应用"凸出和斜角"效果

实战 384 应用绕转效果

▶ 实例位置：光盘\效果\第11章\实战384.ai
▶ 素材位置：光盘\素材\第11章\实战384.ai
▶ 视频位置：光盘\视频\第11章\实战384.mp4

● 实例介绍 ●

"绕转"效果可以使路径做圆周运动，从而产生3D对象。由于绕转轴是垂直的，因此用于绕转的路径应该是所需3D对象面向正前方时垂直剖面的一半，否则会出现偏差。

● 操作步骤 ●

STEP 01 单击"文件"｜"打开"命令，打开一幅素材图像，如图11-4所示。

STEP 02 运用直接选择工具 选择路径，单击"效果"｜"3D"｜"绕转"命令，弹出"3D绕转选项"对话框，依次设置"旋转角度"为-10°、-30°、5°，"角度"为360°、"位移"为0pt、"自"为"右边"，如图11-5所示。

STEP 03 单击"确定"按钮，即可将设置的效果应用于图形中，如图11-6所示。

图11-4 打开素材图像

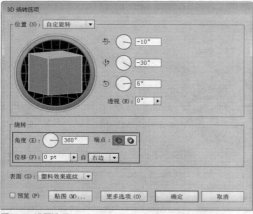

图11-5 设置选项

图11-6 应用"绕转"效果

实战 385 应用旋转效果

▶ 实例位置：光盘\效果\第11章\实战385.ai
▶ 素材位置：光盘\素材\第11章\实战385.ai
▶ 视频位置：光盘\视频\第11章\实战385.mp4

● 实例介绍 ●

"旋转"效果可以在三维空间中旋转对象，使其产生透视效果。

● 操作步骤 ●

STEP 01 单击"文件"｜"打开"命令，打开一幅素材图像，如图11-7所示。

STEP 02 运用选择工具 选择相应的图形对象，单击"效果"｜"3D"｜"旋转"命令，弹出"3D旋转选项"对话框，依次设置"旋转角度"为4°、51°、-6°，设置"透视"为62°，如图11-8所示。

STEP 03 单击"确定"按钮，即可将设置的效果应用于图形中，如图11-9所示。

图11-7 打开素材图像

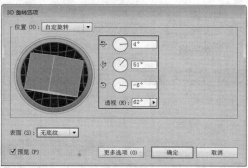

图11-8　设置选项

图11-9　应用"旋转"效果

实战 386　设置表面底纹

▶ 实例位置：光盘\效果\第11章\实战386.ai
▶ 素材位置：光盘\素材\第11章\实战386.ai
▶ 视频位置：光盘\视频\第11章\实战386.mp4

● 实例介绍 ●

在使用"凸出和斜角""绕转""旋转"命令创建3D对象时，可以在对话框中的"表面"列表框中选择表面底纹。

● 操作步骤 ●

STEP 01　单击"文件"｜"打开"命令，打开一幅素材图像，如图11-10所示。

STEP 02　运用选择工具 ▶ 选择相应的图形对象，打开"外观"面板，单击"3D绕转"效果，如图11-11所示。

图11-10　打开素材图像

图11-11　单击"3D绕转"效果

STEP 03　弹出"3D绕转选项"对话框，设置"表面"为"扩散底纹"，如图11-12所示。

STEP 04　单击"确定"按钮，即可将设置的效果应用于图形，如图11-13所示。

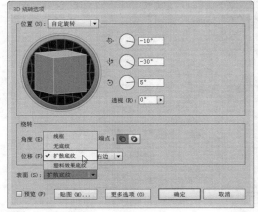

图11-12　设置选项

图11-13　图像效果

实战 387 设置光源

▶ 实例位置：光盘\效果\第11章\实战387.ai
▶ 素材位置：光盘\素材\第11章\实战387.ai
▶ 视频位置：光盘\视频\第11章\实战387.mp4

● 实例介绍 ●

在使用"凸出和斜角""绕转""旋转"命令创建3D对象时，如果将对象的表面效果设置"扩散底纹"或"塑料效果底纹"，则可以在3D场景中添加光源，生成更多的光影变化。

● 操作步骤 ●

STEP 01 单击"文件"｜"打开"命令，打开一幅素材图像，如图11-14所示。

STEP 02 运用选择工具 选择相应的图形对象，如图11-15所示。

图11-14 打开素材图像

图11-15 选择图形对象

STEP 03 打开"外观"面板，单击"3D凸出和斜角"效果，如图11-16所示。

STEP 04 弹出"3D凸出和斜角选项"对话框，单击"更多选项"按钮，如图11-17所示。

STEP 05 执行操作后，即可显示光源设置选项，在光源编辑预览框中拖曳光源，调整其位置，如图11-18所示。

图11-16 单击"3D凸出和斜角"效果

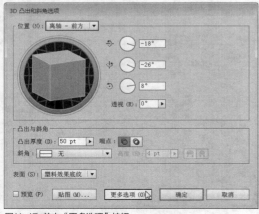

图11-17 单击"更多选项"按钮

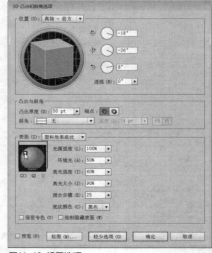

图11-18 设置选项

STEP 06 单击“确定”按钮，即可将设置的效果应用于图形中，如图11-19所示。

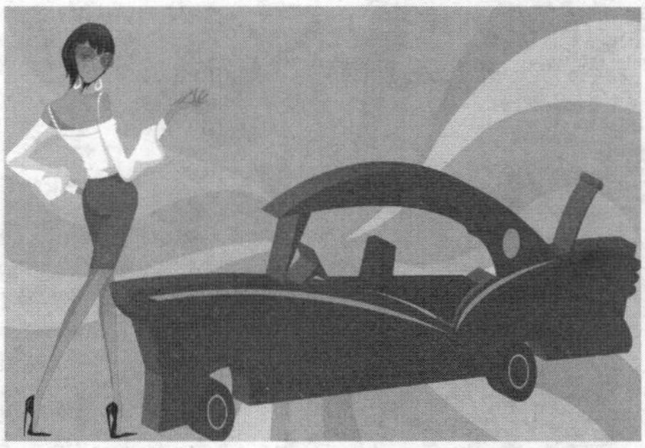

图11-19 图像效果

实战 388 将图稿映射到3D对象上

▶实例位置：光盘\效果\第11章\实战388.ai
▶素材位置：光盘\素材\第11章\实战388.ai
▶视频位置：光盘\视频\第11章\实战388.mp4

• 实例介绍 •

使用“凸出和斜角”和“绕转”命令创建的3D对象由多个表面组成，其中每一个表面都可以贴图。

• 操作步骤 •

STEP 01 单击“文件”｜“打开”命令，打开一幅素材图像，如图11-20所示。

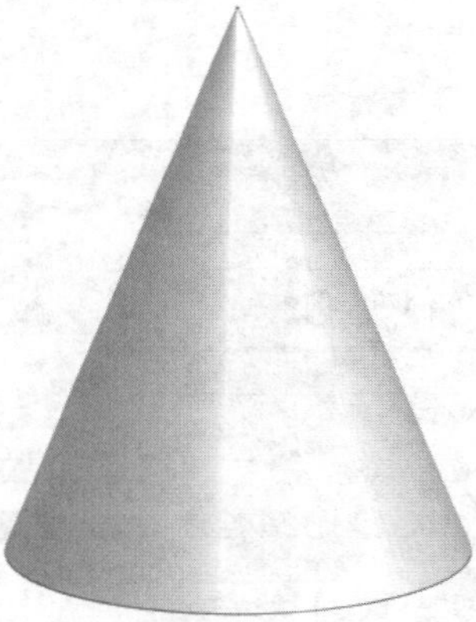

图11-20 打开素材图像

STEP 02 运用选择工具选择相应的图形对象，如图11-21所示。

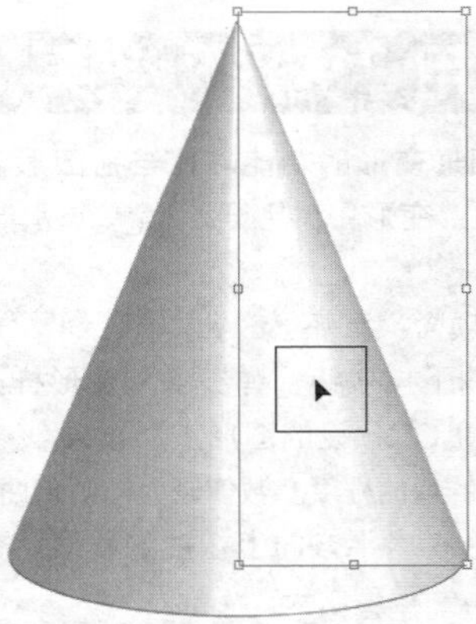

图11-21 选择图形对象

STEP 03 打开“外观”面板，单击“3D绕转”效果，如图11-22所示。

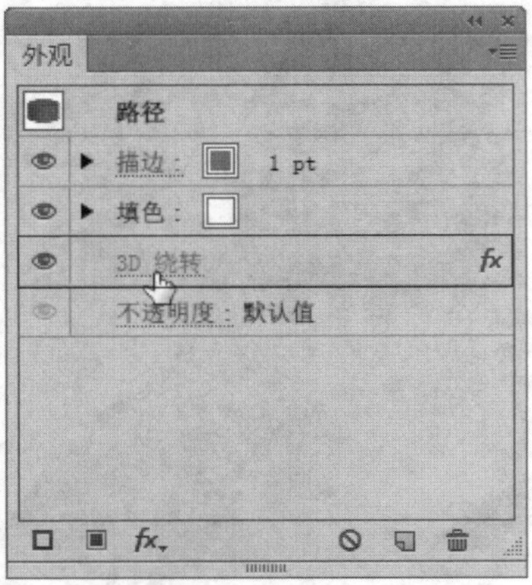

图11-22 单击“3D绕转”效果

STEP 04 弹出“3D绕转选项”对话框，单击“贴图”按钮，如图11-23所示。

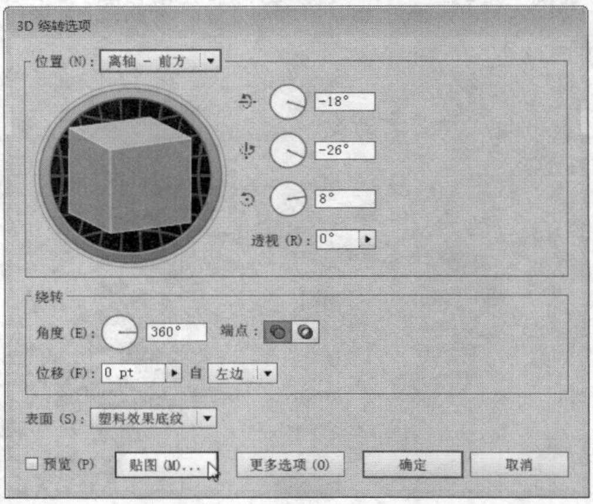

图11-23 单击“贴图”按钮

STEP 05 弹出"贴图"对话框，设置"表面"为3/9、"符号"为"芙蓉"，并在定界框内调整符号的大小，如图11-24所示。

STEP 06 依次单击"确定"按钮，即可将设置的效果应用于图形中，如图11-25所示。

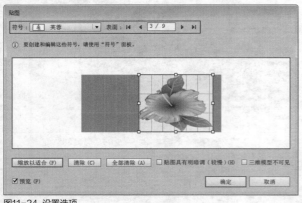

图11-24 设置选项

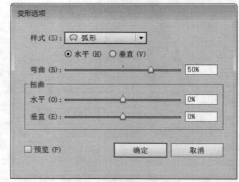

图11-25 图像效果

知识拓展

使用3D效果可以将平面图形创建出真实的三维立体效果，若用户所选择的图形为闭合路径，则会以闭合路径的形状重新绘制出一个3D效果，若设置"端点"为"关闭端点以建立空心为外观"按钮 ⓞ ，则建立的效果以图形路径为基准，而内部为空心的图形效果。

11.2 应用"变形"效果

Illustrator CC具有图形变形的功能。在当前图形窗口中选择一个矢量图形，单击"效果"|"变形"|"弧形"命令，弹出"变形选项"对话框，如图11-26所示。

该对话框中的主要选项含义如下。

- ➢ 样式：单击其右侧的下拉按钮，弹出各种变形样式，用户可在该列表中选择Illustrator CC预设的图形变形效果。
- ➢ 弯曲：用于设置图形的弯曲程度。数值越大，则弯曲的程度也越大。
- ➢ 水平：用于设置图形在水平方向上扭曲的程度。数值越大，则图形在水平方向上扭曲的程度越大。
- ➢ 垂直：用于设置图形在垂直方向上扭曲的程度。数值越大，则图形在垂直方向上扭曲的程度越大。
- ➢ 运用"变形选项"对话框的"样式"下拉列表框中的部分选项，对图形进行变形的效果如图11-27所示。

图11-26 "变形选项"对话框

原图形　　　　　　鱼眼　　　　　　挤压

弧形　　　　　　凹壳　　　　　　凸壳

图11-27 图形使用不同变形样式后的效果

<table>
<tr><td>实战
389</td><td>应用凹壳效果</td><td>▶ 实例位置：光盘\效果\第11章\实战389.ai
▶ 素材位置：光盘\素材\第11章\实战389.ai
▶ 视频位置：光盘\视频\第11章\实战389.mp4</td></tr>
</table>

● 实例介绍 ●

"凹壳"变形效果的主要作用就是对所选择的图形的下侧进行凹状的变形，设置的弯曲值为正值越大，则图形下侧部分的凹陷程度就强；若为负值，则图形呈收缩的状态。

● 操作步骤 ●

STEP 01 单击"文件"|"打开"命令，打开一幅素材图像并选中图形，如图11-28所示。

图11-28 选中图形

STEP 03 单击"确定"按钮，即可将设置的效果应用于图形中，如图11-30所示。

知识拓展

平时看到的广告，很多都采用了变形效果，因此显得更美观，很容易引起人们的注意。在Illustrator CC中，通过"变形选项"对话框可以对选定的对象进行多种变形操作，使图形更加富有灵动感。对图形可以应用扭曲变形操作，利用这功能可以使设计作品中的图形效果更加丰富。

STEP 02 单击"效果"|"变形"|"凹壳"命令，弹出"变形选项"对话框，设置"弯曲"为40%、"水平"为10%、"垂直"为3%，如图11-29所示。

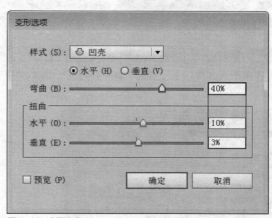

图11-29 设置选项

图11-30 应用"凹壳"效果

<table>
<tr><td>实战
390</td><td>应用鱼形效果</td><td>▶ 实例位置：光盘\效果\第11章\实战390.ai
▶ 素材位置：光盘\素材\第11章\实战390.ai
▶ 视频位置：光盘\视频\第11章\实战390.mp4</td></tr>
</table>

● 实例介绍 ●

在应用"鱼形"变形效果时，若设置的弯曲为正值，则图形左侧会进行垂直弯曲；若为负值，则图形右侧进行垂直弯曲。

● 操作步骤 ●

STEP 01 单击"文件"|"打开"命令，打开一幅素材图像，如图11-31所示。

STEP 02 选中整个素材图形，单击"效果"|"变形"|"鱼形"命令，弹出"变形选项"对话框，设置"弯曲"为40%、"水平"为10%、"垂直"为0%，单击"确定"按钮，将设置的效果应用于图形中，如图11-32所示。

图11-31 素材图像

图11-32 应用"鱼形"效果

实战 391 应用弧形效果

▶ 实例位置：光盘\效果\第11章\实战391.ai
▶ 素材位置：光盘\素材\第11章\实战391.ai
▶ 视频位置：光盘\视频\第11章\实战391.mp4

● 实例介绍 ●

在Illustrator CC中，用户可以对图形对象进行弧形扭曲操作，使其表现为一个圆弧或椭圆弧的形状。

● 操作步骤 ●

STEP 01 单击"文件"|"打开"命令，打开一幅素材图像，如图11-33所示。

STEP 02 运用选择工具 选择相应的图形对象，如图11-34所示。

图11-33 打开素材图像

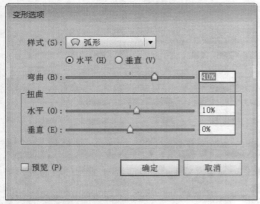

图11-34 选择图形对象

STEP 03 单击"效果"|"变形"|"弧形"命令，弹出"变形选项"对话框，设置"弯曲"为40%、"水平"为10%、"垂直"为0%，如图11-35所示。

STEP 04 单击"确定"按钮，即可将设置的效果应用于图形中，如图11-36所示。

图11-35 设置选项

图11-36 图像效果

<table>
<tr><td rowspan="3">实战
392</td><td rowspan="3">应用下弧形效果</td></tr>
</table>

实战 392 应用下弧形效果

▶ 实例位置: 光盘\效果\第11章\实战392.ai
▶ 素材位置: 光盘\素材\第11章\实战392.ai
▶ 视频位置: 光盘\视频\第11章\实战392.mp4

● 实例介绍 ●

在Illustrator CC中,用户可以对图形对象进行变形扭曲操作,制作下弧形效果。

● 操作步骤 ●

STEP 01 单击"文件"|"打开"命令,打开一幅素材图像,如图11-37所示。

STEP 02 运用选择工具 选择相应的图形对象,如图11-38所示。

图11-37 打开素材图像

图11-38 选择图形对象

STEP 03 单击"效果"|"变形"|"下弧形"命令,弹出"变形选项"对话框,设置"弯曲"为40%、"水平"为10%、"垂直"为0%,如图11-39所示。

STEP 04 单击"确定"按钮,即可将设置的效果应用于图形中,如图11-40所示。

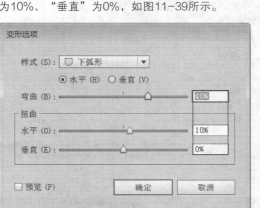
图11-39 设置选项

图11-40 图像效果

实战 393 应用上弧形效果

▶ 实例位置: 光盘\效果\第11章\实战393.ai
▶ 素材位置: 光盘\素材\第11章\实战393.ai
▶ 视频位置: 光盘\视频\第11章\实战393.mp4

● 实例介绍 ●

在Illustrator CC中,用户可以对图形对象进行变形扭曲操作,制作上弧形效果。

● 操作步骤 ●

STEP 01 单击"文件"|"打开"命令,打开一幅素材图像,如图11-41所示。

STEP 02 运用选择工具 选择相应的图形对象,如图11-42所示。

图11-41 打开素材图像

图11-42 选择图形对象

STEP 03 单击"效果"｜"变形"｜"上弧形"命令，弹出"变形选项"对话框，设置"弯曲"为-82%、"水平"为10%、"垂直"为0%，如图11-43所示。

STEP 04 单击"确定"按钮，即可将设置的效果应用于图形中，如图11-44所示。

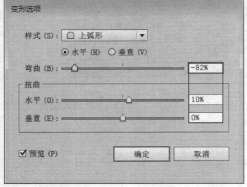

图11-43 设置选项

图11-44 图像效果

实战 394 应用拱形效果

▶ 实例位置：光盘\效果\第11章\实战394.ai
▶ 素材位置：光盘\素材\第11章\实战394.ai
▶ 视频位置：光盘\视频\第11章\实战394.mp4

● 实例介绍 ●

在Illustrator CC中，用户可以对图形对象进行变形扭曲操作，制作拱形效果。

● 操作步骤 ●

STEP 01 单击"文件"｜"打开"命令，打开一幅素材图像，如图11-45所示。

STEP 02 运用选择工具 选择相应的图形对象，如图11-46所示。

图11-45 打开素材图像

图11-46 选择图形对象

STEP 03 单击"效果"｜"变形"｜"拱形"命令，弹出"变形选项"对话框，设置"弯曲"为40%、"水平"为10%、"垂直"为0%，如图11-47所示。

STEP 04 单击"确定"按钮，即可将设置的效果应用于图形中，如图11-48所示。

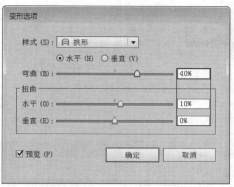

图11-47 设置选项

图11-48 图像效果

知识拓展

效果是Illustrator最具吸引力的功能之一。它就像一个魔术师，随手一变，就能让图形呈现令人赞叹的视觉效果。

实战 395　应用凸出效果

▶ 实例位置：光盘\效果\第11章\实战395.ai
▶ 素材位置：光盘\素材\第11章\实战395.ai
▶ 视频位置：光盘\视频\第11章\实战395.mp4

● 实例介绍 ●

在Illustrator CC中，用户可以对图形对象进行变形扭曲操作，制作凸出效果。

● 操作步骤 ●

STEP 01 单击"文件"｜"打开"命令，打开一幅素材图像，如图11-49所示。

STEP 02 运用选择工具 ▶ 选择相应的图形对象，如图11-50所示。

图11-49 打开素材图像

图11-50 选择图形对象

STEP 03 单击"效果"｜"变形"｜"凸出"命令，弹出"变形选项"对话框，设置"弯曲"为18%、"水平"为10%、"垂直"为0%，如图11-51所示。

STEP 04 单击"确定"按钮，即可将设置的效果应用于图形中，如图11-52所示。

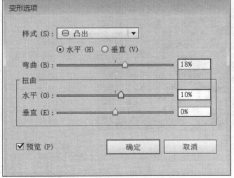

图11-51 设置选项

图11-52 图像效果

知识拓展

效果可以为图形对象添加投影、发光、羽化和变形等特效，并且可以通过“外观”面板随时修改、隐藏和删除，具有非常强的灵活性。此外，使用预设的图形样式库，只需轻点鼠标，便可将复杂的效果应用于对象。

实战 396 应用凸壳效果

▶实例位置：光盘\效果\第11章\实战396.ai
▶素材位置：光盘\素材\第11章\实战396.ai
▶视频位置：光盘\视频\第11章\实战396.mp4

• 实例介绍 •

在Illustrator CC中，用户可以对图形对象进行变形扭曲操作，制作凸壳效果。

• 操作步骤 •

STEP 01 单击“文件” | “打开”命令，打开一幅素材图像，如图11-53所示。

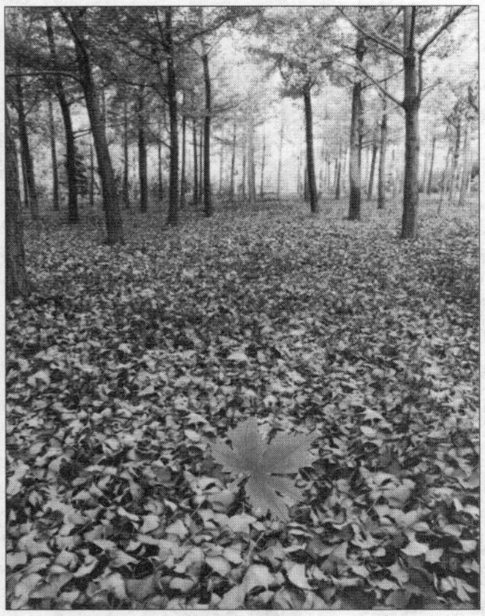

图11-53 打开素材图像

STEP 02 运用选择工具选择相应的图形对象，如图11-54所示。

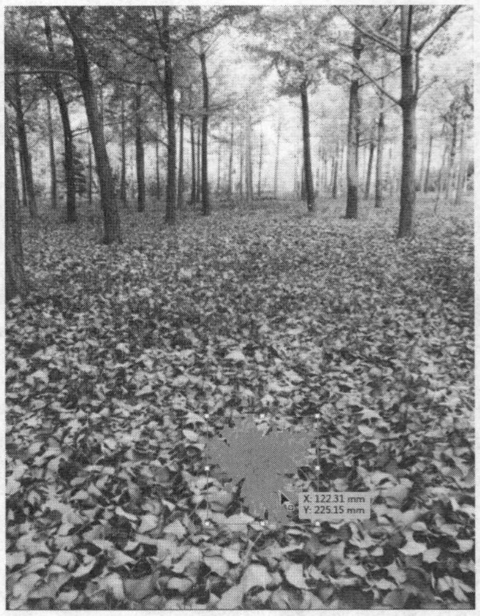
X: 122.31 mm
Y: 225.15 mm

图11-54 选择图形对象

STEP 03 单击“效果” | “变形” | “凸壳”命令，弹出“变形选项”对话框，设置“弯曲”为50%、“水平”为10%、“垂直”为0%，如图11-55所示。

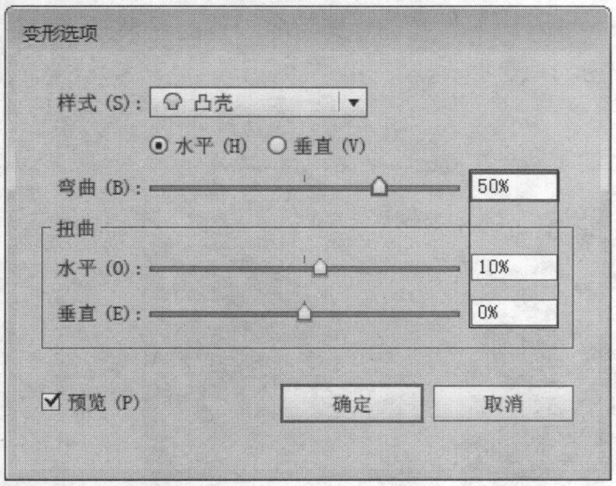
变形选项
样式 (S)：
凸壳
水平 (H)
垂直 (V)
弯曲 (B)：
50%
扭曲
水平 (O)：
10%
垂直 (E)：
0%
预览 (P)
确定
取消

图11-55 设置选项

STEP 04 单击“确定”按钮，即可将设置的效果应用于图形中，如图11-56所示。

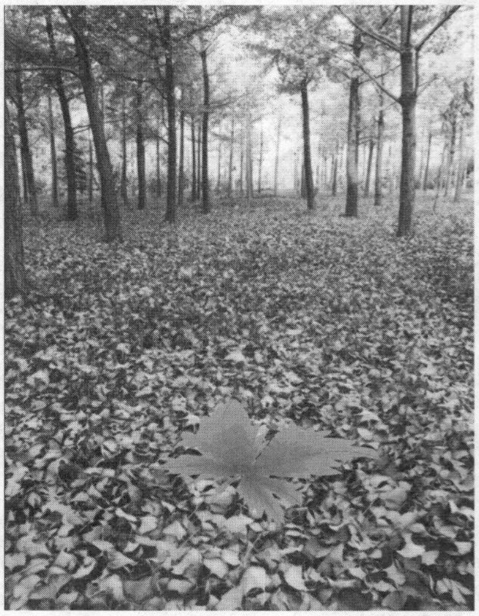

图11-56 图像效果

实战 397 应用上升效果

▶ 实例位置：光盘\效果\第11章\实战397.ai
▶ 素材位置：光盘\素材\第11章\实战397.ai
▶ 视频位置：光盘\视频\第11章\实战397.mp4

● 实例介绍 ●

在Illustrator CC中，用户可以对图形对象进行变形扭曲操作，制作上升效果。

● 操作步骤 ●

STEP 01 单击"文件"｜"打开"命令，打开一幅素材图像，如图11-57所示。

STEP 02 运用选择工具 ▏选择相应的图形对象，如图11-58所示。

图11-57 打开素材图像

图11-58 选择图形对象

STEP 03 单击"效果"｜"变形"｜"上升"命令，弹出"变形选项"对话框，设置"弯曲"为50%、"水平"为10%、"垂直"为0%，如图11-59所示。

STEP 04 单击"确定"按钮，即可将设置的效果应用于图形中，如图11-60所示。

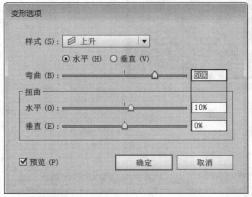

图11-59 设置选项

图11-60 图像效果

实战 398 应用旗形效果

▶ 实例位置：光盘\效果\第11章\实战398.ai
▶ 素材位置：光盘\素材\第11章\实战398.ai
▶ 视频位置：光盘\视频\第11章\实战398.mp4

● 实例介绍 ●

在Illustrator CC中，用户可以对图形对象进行变形扭曲操作，制作旗形效果。

● 操作步骤 ●

STEP 01 单击"文件"｜"打开"命令，打开一幅素材图像，如图11-61所示。

STEP 02 运用选择工具 ▶ 选择相应的图形对象，如图11-62所示。

图11-61 打开素材图像

图11-62 选择图形对象

STEP 03 单击"效果"｜"变形"｜"旗形"命令，弹出"变形选项"对话框，设置"弯曲"为-25%、"水平"为10%、"垂直"为0%，如图11-63所示。

STEP 04 单击"确定"按钮，即可将设置的效果应用于图形中，如图11-64所示。

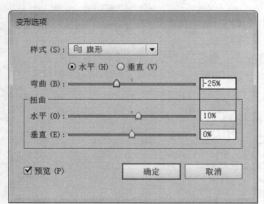

图11-63 设置选项

图11-64 图像效果

实战 399 应用波形效果

▶ 实例位置：光盘\效果\第11章\实战399.ai
▶ 素材位置：光盘\素材\第11章\实战399.ai
▶ 视频位置：光盘\视频\第11章\实战399.mp4

● 实例介绍 ●

在Illustrator CC中，用户可以对图形对象进行变形扭曲操作，制作波形效果。

● 操作步骤 ●

STEP 01 单击"文件"｜"打开"命令，打开一幅素材图像，如图11-65所示。

STEP 02 运用选择工具 ▶ 选择相应的图形对象，如图11-66所示。

图11-65　打开素材图像

STEP 03 单击"效果" | "变形" | "波形"命令,弹出"变形选项"对话框,设置"弯曲"为-50%、"水平"为10%、"垂直"为0%,如图11-67所示。

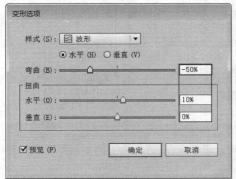

图11-67　设置选项

图11-66　选择图形对象

STEP 04 单击"确定"按钮,即可将设置的效果应用于图形中,如图11-68所示。

图11-68　图像效果

实战 400　应用鱼眼效果

▶ 实例位置:光盘\效果\第11章\实战400.ai
▶ 素材位置:光盘\素材\第11章\实战400.ai
▶ 视频位置:光盘\视频\第11章\实战400.mp4

● 实例介绍 ●

在Illustrator CC中,用户可以对图形对象进行变形扭曲操作,制作鱼眼效果。

● 操作步骤 ●

STEP 01 单击"文件" | "打开"命令,打开一幅素材图像,如图11-69所示。

STEP 02 运用选择工具 ▶ 选择相应的图形对象,如图11-70所示。

图11-69　打开素材图像

图11-70　选择图形对象

STEP 03 单击"效果" | "变形" | "鱼眼"命令,弹出"变形选项"对话框,设置"弯曲"为28%、"水平"为10%、"垂直"为0%,如图11-71所示。

STEP 04 单击"确定"按钮,即可将设置的效果应用于图形中,如图11-72所示。

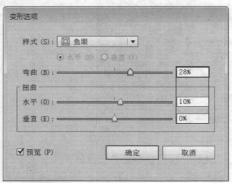

图11-71 设置选项

图11-72 图像效果

实战 401　应用膨胀效果

▶ 实例位置：光盘\效果\第11章\实战401.ai
▶ 素材位置：光盘\素材\第11章\实战401.ai
▶ 视频位置：光盘\视频\第11章\实战401.mp4

● 实例介绍 ●

在Illustrator CC中，用户可以对图形对象进行变形扭曲操作，制作膨胀效果。

● 操作步骤 ●

STEP 01 单击"文件"｜"打开"命令，打开一幅素材图像，如图11-73所示。

STEP 02 运用选择工具 选择相应的图形对象，如图11-74所示。

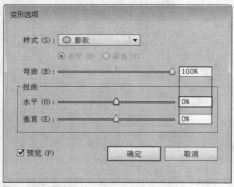

图11-73 打开素材图像

STEP 03 单击"效果"｜"变形"｜"膨胀"命令，弹出"变形选项"对话框，设置"弯曲"为100%、"水平"为0%、"垂直"为0%，如图11-75所示。

图11-74 选择图形对象

STEP 04 单击"确定"按钮，即可将设置的效果应用于图形中，如图11-76所示。

图11-75 设置选项

图11-76 图像效果

● 实例介绍 ●

在Illustrator CC中，用户可以对图形对象进行变形扭曲操作，制作挤压效果。

● 操作步骤 ●

STEP 01 单击"文件"｜"打开"命令，打开一幅素材图像，如图11-77所示。

STEP 02 运用选择工具 ▶ 选择相应的图形对象，如图11-78所示。

图11-77 打开素材图像

图11-78 选择图形对象

STEP 03 单击"效果"｜"变形"｜"挤压"命令，弹出"变形选项"对话框，设置"弯曲"为30%、"水平"为0%、"垂直"为−50%，如图11-79所示。

STEP 04 单击"确定"按钮，即可将设置的效果应用于图形中，如图11-80所示。

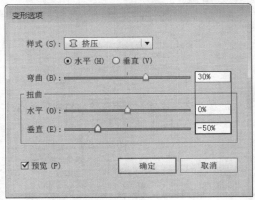

图11-79 设置选项

图11-80 图像效果

● 实例介绍 ●

在Illustrator CC中，用户可以对图形对象进行变形扭曲操作，制作扭转效果。

● 操作步骤 ●

STEP 01 单击"文件"｜"打开"命令，打开一幅素材图像，如图11-81所示。

STEP 02 运用选择工具 ▶ 选择相应的图形对象，如图11-82所示。

图11-81 打开素材图像

图11-82 选择图形对象

STEP 03 单击"效果"|"变形"|"扭转"命令，弹出"变形选项"对话框，设置"弯曲"为30%、"水平"为0%、"垂直"为−23%，如图11-83所示。

STEP 04 单击"确定"按钮，即可将设置的效果应用于图形中，如图11-84所示。

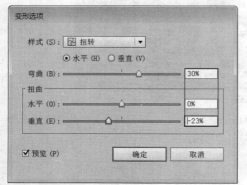

图11-83 设置选项

图11-84 图像效果

11.3 应用"扭曲与变换"效果

"扭曲与变换"效果组中包含了7种效果，可以快速改变矢量对象的形状。这些效果不会永久改变对象的基本几何形状，并且可以随时修改或删除。

实战 404 应用粗糙化效果

▶ 实例位置：光盘\效果\第11章\实战404.ai
▶ 素材位置：光盘\素材\第11章\实战404.ai
▶ 视频位置：光盘\视频\第11章\实战404.mp4

● 实例介绍 ●

在"粗糙化"对话框中，选中"相对"单选按钮，则是设置粗糙化"大小"的百分比；若选中"绝对"单选按钮，则是设置粗糙化大小的长度。

● 操作步骤 ●

STEP 01 单击"文件"|"打开"命令，打开一幅素材图像并运用直接选择工具 ▱ 选中相应图形，如图11-85所示。

STEP 02 单击"效果"|"扭曲与变换"|"粗糙化"命令，弹出"粗糙化"对话框，选中"绝对"单选按钮，设置"大小"为10mm、"细节"为100，如图11-86所示。

图11-85 选中图形

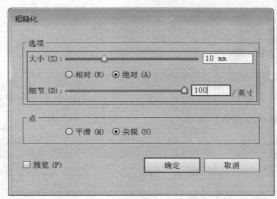

图11-86 设置选项

STEP 03 单击"确定"按钮，即可将设置的效果应用于图形中，如图11-87所示。

图11-87 应用"粗糙化"效果

实战 405　应用波纹效果

▶ 实例位置：光盘\效果\第11章\实战405.ai
▶ 素材位置：光盘\素材\第11章\实战405.ai
▶ 视频位置：光盘\视频\第11章\实战405.mp4

● 实例介绍 ●

"波纹效果"效果与"粗糙化"效果较为相似，但应用波纹效果制作出的图形效果边缘的突起是均匀的。在选中多个图形后，在对话框中设置的"每段的隆起数"数值一样时，若两锚点的间距较长，则隆起的形状宽且稀疏；若两锚点之间的间距较短，则隆起的形状窄且密集。

● 操作步骤 ●

STEP 01 单击"文件"|"打开"命令，打开一幅素材图像并选中图形，如图11-88所示。

STEP 02 单击"效果"|"扭曲与变换"|"波纹效果"命令，弹出"波纹效果"对话框，选中"相对"单选按钮，设置"大小"为1%、"每段的隆起数"为100，选中"尖锐"单选按钮，单击"确定"按钮，即可将设置的效果应用于图形中，如图11-89所示。

图11-88 选中图形

图11-89 应用"波纹效果"效果

实战 406　应用收缩和膨胀效果

▶ 实例位置：光盘\效果\第11章\实战406.ai
▶ 素材位置：光盘\素材\第11章\实战406.ai
▶ 视频位置：光盘\视频\第11章\实战406.mp4

● 实例介绍 ●

"收缩和膨胀"效果可以使用所选择的图形产生四处伸张的尖状或是角点突起的效果。当输入的数值大于0时，则所选择图形进行膨胀；若小于0，则图形进行收缩。

● 操作步骤 ●

STEP 01 单击"文件"|"打开"命令，打开一幅素材图像，如图11-90所示。

STEP 02 选中图形，单击"效果"|"扭曲与变换"|"收缩和膨胀"命令，弹出"收缩和膨胀"对话框，在"收缩"和"膨胀"之间的数值框中输入140，单击"确定"按钮，将设置的效果应用于图形中，如图11-91所示。

图11-90 打开素材图像

图11-91 应用"收缩和膨胀"效果

实战 407　应用变换效果

▶ 实例位置：光盘\效果\第11章\实战407.ai
▶ 素材位置：光盘\素材\第11章\实战407.ai
▶ 视频位置：光盘\视频\第11章\实战407.mp4

● 实例介绍 ●

"变换"效果通过重设大小、移动、旋转、镜像和复制等方法来改变对象的形状。

● 操作步骤 ●

STEP 01 单击"文件"|"打开"命令，打开一幅素材图像，如图11-92所示。

STEP 02 运用选择工具 ▶ 选择相应的图形对象，如图11-93所示。

图11-92 打开素材图像

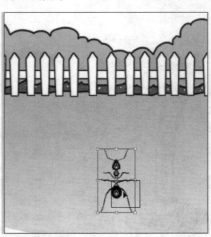

图11-93 选择图形对象

STEP 03 单击"效果"｜"扭曲与变换"｜"变换"命令，弹出"变换效果"对话框，设置"水平"为150%、"垂直"为150%，如图11-94所示。

STEP 04 单击"确定"按钮，即可将设置的效果应用于图形中，如图11-95所示。

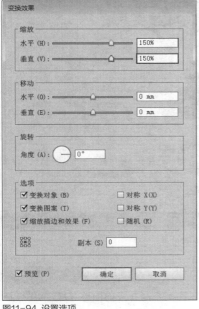

图11-94 设置选项

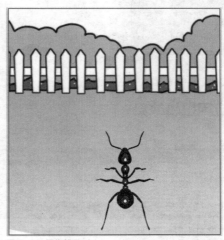

图11-95 图像效果

实战 408　应用扭拧效果

▶ 实例位置：光盘\效果\第11章\实战408.ai
▶ 素材位置：光盘\素材\第11章\实战408.ai
▶ 视频位置：光盘\视频\第11章\实战408.mp4

● 实例介绍 ●

"扭拧"效果可以随机地向内或向外弯曲和扭曲路径段。

● 操作步骤 ●

STEP 01 单击"文件"｜"打开"命令，打开一幅素材图像，如图11-96所示。

STEP 02 运用选择工具 [▶] 选择相应的图形对象，如图11-97所示。

图11-96 打开素材图像

图11-97 选择图形对象

STEP 03 单击"效果"｜"扭曲与变换"｜"扭拧"命令，弹出"扭拧"对话框，设置"水平"为10%、"垂直"为10%，如图11-98所示。

STEP 04 单击"确定"按钮，即可将设置的效果应用于图形中，如图11-99所示。

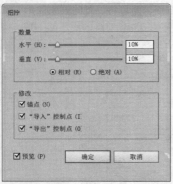

图11-98 设置选项

图11-99 图像效果

实战 409 应用扭转效果

▶ 实例位置：光盘\效果\第11章\实战409.ai
▶ 素材位置：光盘\素材\第11章\实战409.ai
▶ 视频位置：光盘\视频\第11章\实战409.mp4

● 实例介绍 ●

"扭转"效果可以旋转一个对象，在旋转时，中心的旋转程度比边缘的旋转程度大。

● 操作步骤 ●

STEP 01 单击"文件"｜"打开"命令，打开一幅素材图像，如图11-100所示。

STEP 02 运用选择工具 ▶ 选择相应的图形对象，如图11-101所示。

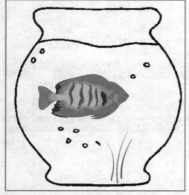

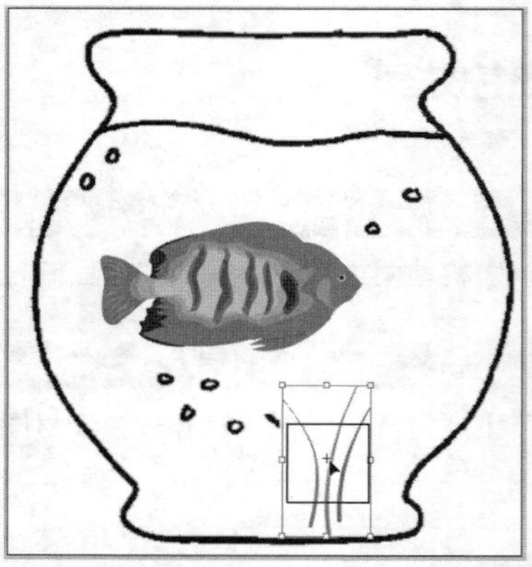

图11-100 打开素材图像

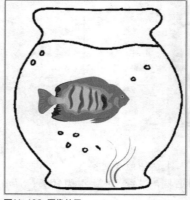

图11-101 选择图形对象

STEP 03 单击"效果"｜"扭曲与变换"｜"扭转"命令，弹出"扭转"对话框，设置"角度"为50°，如图11-102所示。

STEP 04 单击"确定"按钮，即可将设置的效果应用于图形中，如图11-103所示。

图11-102 设置选项

图11-103 图像效果

<table>
<tr><td colspan="2">

实战
 410

</td><td>

应用自由扭曲效果

</td><td>

▶ 实例位置：光盘\效果\第11章\实战410.ai
▶ 素材位置：光盘\素材\第11章\实战410.ai
▶ 视频位置：光盘\视频\第11章\实战410.mp4

</td></tr>
</table>

● 实例介绍 ●

"自由扭曲"效果可以通过4个角的控制点来改变对象的形状。

● 操作步骤 ●

STEP 01 单击"文件"｜"打开"命令，打开一幅素材图像，如图11-104所示。

STEP 02 运用选择工具 ▶ 选择相应的图形对象，如图11-105所示。

图11-104 打开素材图像

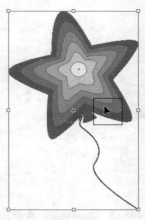

图11-105 选择图形对象

STEP 03 单击"效果"｜"扭曲与变换"｜"自由扭曲"命令，弹出"自由扭曲"对话框，拖曳上方的两个控制点，改变对象形状，如图11-106所示。

STEP 04 单击"确定"按钮，即可将设置的效果应用于图形中，如图11-107所示。

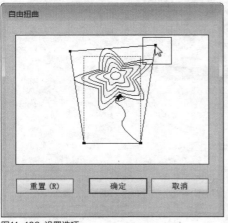

图11-106 设置选项

图11-107 图像效果

11.4　应用"路径"效果

　　"效果"｜"路径"下拉菜单中包含3个命令，分别是"位移路径""轮廓化对象"和"轮廓化描边"，它们用于编辑路径和描边。

实战 411 应用位移路径效果

▶ 实例位置：光盘\效果\第11章\实战411.ai
▶ 素材位置：光盘\素材\第11章\实战411.ai
▶ 视频位置：光盘\视频\第11章\实战411.mp4

● 实例介绍 ●

"位移路径"效果可以相对于对象的原始路径偏移并复制出新的路径。

● 操作步骤 ●

STEP 01 单击"文件"｜"打开"命令，打开一幅素材图像，如图11-108所示。

STEP 02 运用选择工具 ▶ 选择相应的图形对象，如图11-109所示。

图11-108 打开素材图像

图11-109 选择图形对象

STEP 03 单击"效果"｜"路径"｜"位移路径"命令，弹出"偏移路径"对话框，设置"位移"为2mm，如图11-110所示。

STEP 04 单击"确定"按钮，即可将设置的效果应用于图形中，如图11-111所示。

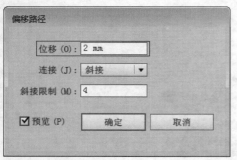

图11-110 设置选项

图11-111 图像效果

实战 412 应用轮廓化对象效果

▶ 实例位置：光盘\效果\第11章\实战412.ai
▶ 素材位置：光盘\素材\第11章\实战412.ai
▶ 视频位置：光盘\视频\第11章\实战412.mp4

● 实例介绍 ●

"轮廓化对象"效果可以相对于对象的原始路径偏移并复制出新的路径。

● 操作步骤 ●

STEP 01 单击"文件"｜"打开"命令，打开一幅素材图像，运用选择工具 ▶ 选择相应的图形对象，如图11-112所示。

STEP 02 单击"效果"｜"路径"｜"轮廓化对象"命令，如图11-113所示，即可将对象创建为轮廓。

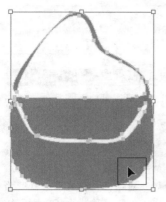

图11-112 打开素材图像

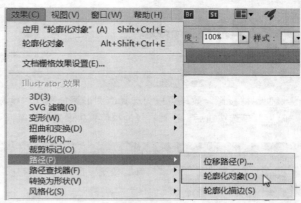

图11-113 单击"轮廓化对象"命令

知识拓展

"轮廓化描边"效果可以将对象的描边转换为轮廓，且用户扔可以修改描边粗细。

11.5 应用"风格化"效果

"效果"|"风格化"下拉菜单中包含6种效果，它们可以为对象添加发光、投影、涂抹和羽化等外观样式。

实战 413 应用外发光效果

▶ 实例位置：光盘\效果\第11章\实战413.ai
▶ 素材位置：光盘\素材\第11章\实战413.ai
▶ 视频位置：光盘\视频\第11章\实战413.mp4

● 实例介绍 ●

在"外发光"对话框中，系统默认的颜色为黑色，若在颜色块上单击鼠标左键，弹出"拾色器"对话框，设置需要的颜色后，单击"确定"按钮即可。

● 操作步骤 ●

STEP 01 单击"文件"|"打开"命令，打开一幅素材图像，如图11-114所示。

STEP 02 选中整个图形，单击"效果"|"风格化"|"外发光"命令，弹出"外发光"对话框，设置"模式"为"正常""颜色"为"黄色""不透明度"为80%、"模糊"为20mm，单击"确定"按钮，即可将设置的效果应用于图形中，如图11-115所示。

图11-114 素材图像

图11-115 应用"外发光"效果

实战 414 应用投影效果

▶ 实例位置：光盘\效果\第11章\实战414.ai
▶ 素材位置：光盘\素材\第11章\实战414.ai
▶ 视频位置：光盘\视频\第11章\实战414.mp4

● 实例介绍 ●

使用"投影"效果可以为选择的图形添加不同的投影效果，它既可以针对矢量图，也可以是位图。另外，选中"暗度"单选按钮后，在其右侧的数值框中设置参数值，可以控制投影的明暗程度。

● 操作步骤 ●

STEP 01 单击"文件"｜"打开"命令，打开一幅素材图像，如图11-116所示。

STEP 02 选中人物图形，单击"效果"｜"风格化"｜"投影"命令，弹出"投影"对话框，设置"模式"为"正常""不透明度"为30%、"X位移"为15 px、"Y位移"为0 px、"模糊"为0px，选中"颜色"单选按钮，设置"颜色"为黑色，单击"确定"按钮，即可将设置的效果应用于图形中，如图11-117所示。

图11-116 素材图像

图11-117 应用"投影"效果

实战 415 应用涂抹效果

▶ 实例位置：光盘\效果\第11章\实战415.ai
▶ 素材位置：光盘\素材\第11章\实战415.ai
▶ 视频位置：光盘\视频\第11章\实战415.mp4

● 实例介绍 ●

应用"涂抹"效果可以使图形具有类似于手绘效果的风格，在"涂抹选项"对话框中系统提供了11种已经设置好的涂抹效果，选择不同的涂抹效果后再设置其他参数，得到的涂抹效果也会有所不同。

● 操作步骤 ●

STEP 01 单击"文件"｜"打开"命令，打开一幅素材图像，如图11-118所示。

STEP 02 选中整幅图形，单击"效果"｜"风格化"｜"涂抹"命令，弹出"涂抹选项"对话框，先设置"设置"为紧密，再设置"角度"为30°、"描边宽度"为0.35mm、"曲度"为1%、"变化"为0%、"间距"为0.53mm、"变化"为0.5mm，单击"确定"按钮，即可将设置的效果应用于图形中，如图11-119所示。

图11-118 素材图像

图11-119 应用"涂抹"效果

实战 416　应用内发光效果

▶ 实例位置：光盘\效果\第11章\实战416.ai
▶ 素材位置：光盘\素材\第11章\实战416.ai
▶ 视频位置：光盘\视频\第11章\实战416.mp4

● 实例介绍 ●

"内发光"效果可以在对象内部创建发光效果。

● 操作步骤 ●

STEP 01 单击"文件"｜"打开"命令，打开一幅素材图像，如图11-120所示。

STEP 02 运用选择工具 选择相应的图形对象，如图11-121所示。

图11-120 打开素材图像

图11-121 选择图形对象

STEP 03 单击"效果"｜"风格化"｜"内发光"命令，弹出"内发光"对话框，保持默认设置，如图11-122所示。

STEP 04 单击"确定"按钮，即可将设置的效果应用于图形中，如图11-123所示。

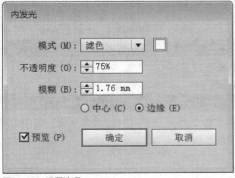

图11-122 设置选项

图11-123 图像效果

实战 417 应用圆角效果

▶ 实例位置：光盘\效果\第11章\实战417.ai
▶ 素材位置：光盘\素材\第11章\实战417.ai
▶ 视频位置：光盘\视频\第11章\实战417.mp4

● 实例介绍 ●

"圆角"效果可以将矢量对象的边角控制点转换为平滑的曲线，使图形中的尖角变为圆角。

● 操作步骤 ●

STEP 01 单击"文件"|"打开"命令，打开一幅素材图像，如图11-124所示。

STEP 02 运用选择工具 选择相应的图形对象，如图11-125所示。

STEP 03 单击"效果"|"风格化"|"圆角"命令，弹出"圆角"对话框，设置"半径"为5mm，如图11-126所示。

STEP 04 单击"确定"按钮，即可将设置的效果应用于图形中，如图11-127所示。

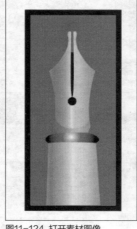 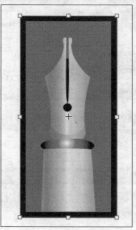

图11-124 打开素材图像　　图11-125 选择图形对象

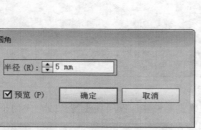

图11-126 设置选项

图11-127 图像效果

实战 418 应用羽化效果

▶ 实例位置：光盘\效果\第11章\实战418.ai
▶ 素材位置：光盘\素材\第11章\实战418.ai
▶ 视频位置：光盘\视频\第11章\实战418.mp4

● 实例介绍 ●

"羽化"效果可以柔化对象的边缘，使其产生从内部到边缘逐渐透明的效果。

● 操作步骤 ●

STEP 01 单击"文件"|"打开"命令，打开一幅素材图像，如图11-128所示。

STEP 02 运用选择工具 选择相应的图形对象，如图11-129所示。

图11-128 打开素材图像

图11-129 选择图形对象

STEP 03 单击"效果"｜"风格化"｜"羽化"命令，弹出"羽化"对话框，设置"半径"为10mm，如图11-130所示。

STEP 04 单击"确定"按钮，即可将设置的效果应用于图形中，如图11-131所示。

图11-130 设置选项

图11-131 图像效果

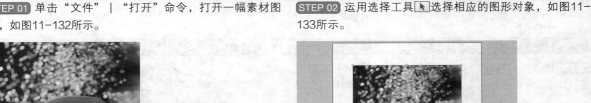

实战 419	应用照亮边缘效果	▶ 实例位置：光盘\效果\第11章\实战419.ai
		▶ 素材位置：光盘\素材\第11章\实战419.ai
		▶ 视频位置：光盘\视频\第11章\实战419.mp4

● 实例介绍 ●

在Illustrator CC中，羽化可以直接调用Photoshop的"照亮边缘"滤镜，制作出类似霓虹灯的光亮的效果。

● 操作步骤 ●

STEP 01 单击"文件"｜"打开"命令，打开一幅素材图像，如图11-132所示。

STEP 02 运用选择工具 选择相应的图形对象，如图11-133所示。

图11-132 打开素材图像

图11-133 选择图形对象

STEP 03 单击"效果"|"风格化"|"照亮边缘"命令，弹出"照亮边缘"对话框，设置"边缘宽度"为2、"边缘亮度"为6、"平滑度"为5，如图11-134所示。

STEP 04 单击"确定"按钮，即可将设置的效果应用于图形中，如图11-135所示。

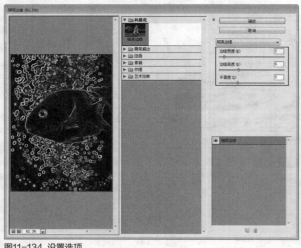

图11-134 设置选项

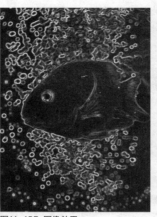

图11-135 图像效果

11.6 应用"像素化"效果

"像素化"效果组主要是按照指定大小的点或块，对图像进行平均分块或平面化处理，从而产生特殊的图像效果。

实战 420 应用彩色半调效果

▶ 实例位置：光盘\效果\第11章\实战420.ai
▶ 素材位置：光盘\素材\第11章\实战420.ai
▶ 视频位置：光盘\视频\第11章\实战420.mp4

● 实例介绍 ●

"彩色半调"效果主要依据Photoshop的原理，可以将所选择的图形的每个通道划分为矩形栅格，再将像素添加至每个栅格中，并用圆形代替，从而生成了半色调的网屏效果。其中，"最大半径"数值框可以设置生成网点的最大半径；而"网角（度）"选项区中的各参数决定了每个通道所指定的网屏角度。

"彩色半调"滤镜可以将选择的图像的每个通道划分为矩形栅格，然后将像素添加进每个栅格内，并用圆形代替矩形，从而生成在图像的每一个通道上使用扩大的半色调网屏效果。

"彩色半调"对话框中的主要选项含义如下。

➢ 最大半径：其右侧的参数用于决定图像中生成网点的最大半径。

➢ "网角（度）"选项栏：该选项下方的各参数用于决定每个通过所指定的网屏角度。

● 操作步骤 ●

STEP 01 单击"文件"|"打开"命令，打开一幅素材图像，如图11-136所示。

图11-136 素材图像

STEP 02 选中整幅图形，单击"效果"|"像素化"|"彩色半调"命令，弹出"彩色半调"对话框，设置"最大半径"为4，在"网角（度）"选项区中设置"通道1"为100、"通道2"为100、"通道3"为80、"通道4"为40，单击"确定"按钮，即可将设置的效果应用于图形中，如图11-137所示。

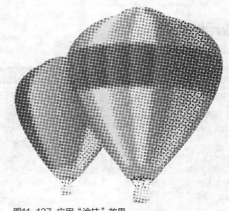

图11-137 应用"涂抹"效果

实战 421 应用晶格化效果

▶ 实例位置：光盘\效果\第11章\实战421.ai
▶ 素材位置：光盘\素材\第11章\实战421.ai
▶ 视频位置：光盘\视频\第11章\实战421.mp4

● 实例介绍 ●

"晶格化"效果与"像素化"中的"点状化"效果相似，晶格化的特点是将图形中的多个像素点结合为纯色的多边形，而点状化则是将像素点转换为随机的点，总之，设置的"单元格大小"数值越大，则图形的晶状化的变化效果就越大。

位图图像使用"晶格化"后的效果如图11-138所示。

图11-138 原图像与使用"晶格化"效果

● 操作步骤 ●

STEP 01 单击"文件"|"打开"命令，打开一幅素材图像，如图11-139所示。

STEP 02 选中整幅图形，单击"效果"|"像素化"|"晶格化"命令，弹出"晶格化"对话框，设置"单元格大小"为8，单击"确定"按钮，即可将设置的效果应用于图形中，如图11-140所示。

图11-139 素材图像

图11-140 应用"晶格化"效果

实战 422　应用铜版雕刻效果

▶ 实例位置：光盘\效果\第11章\实战422.ai
▶ 素材位置：光盘\素材\第11章\实战422.ai
▶ 视频位置：光盘\视频\第11章\实战422.mp4

● 实例介绍 ●

"铜版雕刻"效果的工作原理是用点、线条或笔画重新生成图形，再将图形转换成全饱和度颜色下的随机图形。"类型"文本框的下拉列表框中提供了10种铜版雕刻的类型，选择类型后可以直接通过预览框预览图形效果，如图11-141所示。

图11-141　"铜版雕刻"对话框与图像效果

● 操作步骤 ●

STEP 01 单击"文件"｜"打开"命令，打开一幅素材图像，如图11-142所示。

STEP 02 选中图形，单击"效果"｜"像素化"｜"铜版雕刻"命令，弹出"铜版雕刻"对话框，在"类型"列表框中选择"精细点"选项，单击"确定"按钮，即可将设置的效果应用于图形中，如图11-143所示。

图11-142　素材图像

图11-143　应用"铜版雕刻"效果

实战 423　应用点状化效果

▶ 实例位置：光盘\效果\第11章\实战423.ai
▶ 素材位置：光盘\素材\第11章\实战423.ai
▶ 视频位置：光盘\视频\第11章\实战423.mp4

● 实例介绍 ●

"点状化"效果可以将图像的像素点转换成具有一定位置、颜色、大小属性的随机点。由于有背景色的衬托，虽然图像变得模糊不清，但还是可以比较容易地辨认出来。

● 操作步骤 ●

STEP 01 单击"文件"｜"打开"命令，打开一幅素材图像，如图11-144所示。

STEP 02 按【Ctrl＋A】组合键，选择全部的图形对象，如图11-145所示。

图11-144 打开素材图像

图11-145 选择图形对象

STEP 03 单击"效果"｜"像素化"｜"点状化"命令，弹出"点状化"对话框，设置"单元格大小"为5，如图11-146所示。

STEP 04 单击"确定"按钮，即可将设置的效果应用于图形中，如图11-147所示。

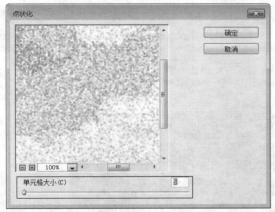

图11-146 设置选项

图11-147 图像效果

11.7 应用"扭曲"效果

"扭曲"效果的主要作用是将图像按照一定的方式在几何意义上进行扭曲。使用"扭曲"效果组中的相关滤镜效果，可以改变图像中的像素分布。由于该效果组对图像进行处理时，需要对各像素的颜色进行复杂的移位和插值运算，因此比较耗时；另一方面，该效果组中的效果产生的效果非常明显和强烈，并影响对图像所作的其他处理，所以用户在使用该效果组中的效果时，需要慎重选用，并对所能达到的变形效果和变形程度进行精细的调整。

实战 424 应用扩散亮光效果

▶ **实例位置：** 光盘\效果\第11章\实战424.ai
▶ **素材位置：** 光盘\素材\第11章\实战424.ai
▶ **视频位置：** 光盘\视频\第11章\实战424.mp4

● 实例介绍 ●

使用"扩散亮光"滤镜可以对图像进行渲染，扩散图像中的白色区域，从而产生一种朦胧感。

"扩散亮光"对话框中的主要选项含义如下。

➢ 粒度：用于设置图像中添加颗粒的数目。

➢ 发光量：用于设置图像的发光强度。

➢ 清除数量：用于设置扩散后图像中白色区域的范围。

● 操作步骤 ●

STEP 01 单击"文件"｜"打开"命令，打开一幅素材图像，如图11-148所示。

STEP 02 按【Ctrl＋A】组合键，选择全部的图形对象，如图11-149所示。

图11-148 打开素材图像

图11-149 选择图形对象

STEP 03 单击"效果"｜"扭曲"｜"扩散亮光"命令，弹出"扩散亮光"对话框，设置"粒度"为6、"发光量"为13、"清除数量"为15，如图11-150所示。

STEP 04 单击"确定"按钮，即可将设置的效果应用于图形中，如图11-151所示。

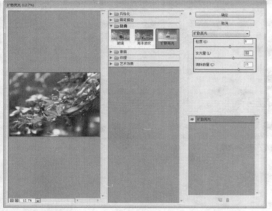

图11-150 设置选项

图11-151 图像效果

实战 425 应用海洋波纹效果

▶ 实例位置：光盘\效果\第11章\实战425.ai
▶ 素材位置：光盘\素材\第11章\实战425.ai
▶ 视频位置：光盘\视频\第11章\实战425.mp4

● 实例介绍 ●

使用"海洋波纹"效果可以为图像添加一种随机性间隔的波纹，从而使图像产生在水下面的效果。"海洋波纹"对话框中的主要选项含义如下。

➢ 波纹大小：用于设置图像生成波纹的大小。

➢ 波纹幅度：用于设置图像生成波纹的密度。

● 操作步骤 ●

STEP 01 单击"文件"｜"打开"命令，打开一幅素材图像，如图11-152所示。

STEP 02 按【Ctrl＋A】组合键，选择全部的图形对象，如图11-153所示。

图11-152　打开素材图像

图11-153　选择图形对象

STEP 03 单击"效果"｜"扭曲"｜"海洋波纹"命令，弹出"海洋波纹"对话框，设置"波纹大小"为10、"波纹幅度"为5，如图11-154所示。

STEP 04 单击"确定"按钮，即可将设置的效果应用于图形中，如图11-155所示。

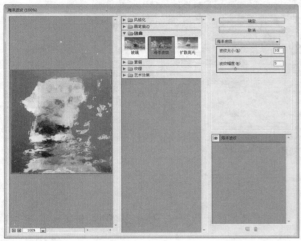
图11-154　设置选项

图11-155　图像效果

实战 426　应用玻璃效果

▶ 实例位置：光盘\效果\第11章\实战426.ai
▶ 素材位置：光盘\素材\第11章\实战426.ai
▶ 视频位置：光盘\视频\第11章\实战426.mp4

● 实例介绍 ●

使用"玻璃"滤镜可以产生类似于透过玻璃看到图像的效果，并且图像变得模糊不清，而且还使得图像边缘的一些像素和图像总体分开。

"玻璃"对话框中的主要选项含义如下。

➤ 扭曲度：用于设置图像的扭曲程度，数值越大，图像扭曲越强烈。

➤ 平滑度：用于设置图像的光滑程度。

➤ 纹理：单击其右侧的下拉按钮，在弹出的下拉列表中可选择不同的纹理选项。

➤ 缩放：用于设置生成纹理的大小。

➤ 反相：选中该复选框，可以将生成的纹理凹凸程度进行反转。

● 操作步骤 ●

STEP 01 单击"文件"｜"打开"命令，打开一幅素材图像，如图11-156所示。

STEP 02 按【Ctrl＋A】组合键，选择全部的图形对象，如图11-157所示。

图11-156 打开素材图像

图11-157 选择图形对象

STEP 03 单击"效果"|"扭曲"|"玻璃"命令,弹出"玻璃"对话框,保持默认设置即可,如图11-158所示。

STEP 04 单击"确定"按钮,即可将设置的效果应用于图形中,如图11-159所示。

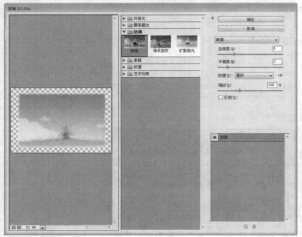

图11-158 设置选项

图11-159 图像效果

11.8 应用"模糊"效果

使用"模糊"滤镜组中的滤镜可以对图像进行模糊处理,从而去除图像中的杂色,使图像变得较为柔和平滑,或者通过该命令还可以突出图像中的某一部分。

实战 427	应用径向模糊效果

▶ 实例位置:光盘\效果\第11章\实战427.ai
▶ 素材位置:光盘\素材\第11章\实战427.ai
▶ 视频位置:光盘\视频\第11章\实战427.mp4

● 实例介绍 ●

"径向模糊"效果可以对所选择的图形进行旋转或放射状的模糊,从而产生一种镜头聚焦的效果,用户在"中心模糊"下方的预览框中单击鼠标左键,拖曳鼠标即可改变图像模糊的中心位置。

在图形窗口中选择一个位图图像,单击"效果"|"模糊"|"径向模糊"命令,弹出"径向模糊"对话框,如图11-160所示。

该对话框中的主要选项含义如下。

➢ 数量:用于设置图像的模糊程度,数值越大,图像的模糊程度越强烈。

➢ 中心模糊:在其下方的预览框中单击鼠标,可以改变图像模糊的中心位置。

➢ 模糊方法:用于设置图像模糊时的样式。

➢ 品质:用于选择图像模糊的质量。

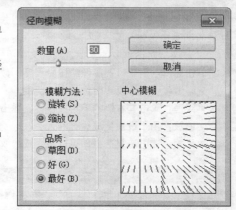

图11-160 "径向模糊"对话框

STEP 01 单击"文件"|"打开"命令，打开一幅素材图像，如图11-161所示。

STEP 02 选中背景图形，单击"效果"|"模糊"|"径向模糊"命令，弹出"径向模糊"对话框，设置"数量"为30、"模糊方法"为"缩放""品质"为"最好"，调整"中心模糊"，单击"确定"按钮，即可将设置的效果应用于图形中，如图11-162所示。

图11-161 素材图像

图11-162 应用"径向模糊"效果

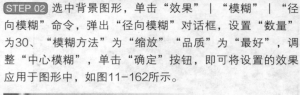

实战 428 应用特殊模糊效果

▶ 实例位置：光盘\效果\第11章\实战428.ai
▶ 素材位置：光盘\素材\第11章\实战428.ai
▶ 视频位置：光盘\视频\第11章\实战428.mp4

• 实例介绍 •

　　"特殊模糊"效果可以对图像进行精细的模糊。"特殊模糊"效果只对微弱颜色变化的图像进行模糊，而不对其边缘进行模糊。在图形窗口中选择一个位图图像，单击"效果"|"模糊"|"特殊模糊"命令，弹出"特殊模糊"对话框，如图11-163所示。

　　该对话框中的主要选项含义如下。

➢ 半径：用于设置图像中不同像素进行处理的范围，其参数设置范围为0.1～100。

➢ 阈值：用于设置图像像素处理前后的变化差别。

➢ 品质：用于设置图像模糊后的质量。

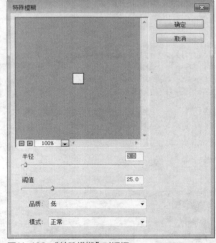

图11-163 "特殊模糊"对话框

STEP 01 单击"文件"|"打开"命令，打开一幅素材图像，如图11-164所示。

STEP 02 选中整幅图形，单击"效果"|"模糊"|"特殊模糊"命令，弹出"特殊模糊"对话框，设置"半径"为2、"阈值"为90、"品质"为"高""模式"为"正常"，单击"确定"按钮，即可将设置的效果应用于图形中，如图11-165所示。

图11-164 素材图像

图11-165 应用"径向模糊"效果

实战 429 应用高斯模糊效果

▶ 实例位置：光盘\效果\第11章\实战429.ai
▶ 素材位置：光盘\素材\第11章\实战429.ai
▶ 视频位置：光盘\视频\第11章\实战429.mp4

● 实例介绍 ●

"高斯模糊"效果的工作原理是按照高斯分布曲线对图像中的特定数量的像素进行模糊处理，所谓模糊处理实际上是降低相邻像素间的对比度，而使图像产生柔化和模糊的效果。在图形窗口中选择一个位图图像，单击"滤镜>模糊>高斯模糊"命令，弹出"高斯模糊"对话框，如图11-166所示。该对话框中的"半径"数值大小决定了模糊的程度，数值越大，图像越模糊。

图11-166 "高斯模糊"对话框

● 操作步骤 ●

STEP 01 单击"文件"｜"打开"命令，打开一幅素材图像，如图11-167所示。

STEP 02 选中需要应用效果的图形，单击"效果"｜"模糊"｜"高斯模糊"命令，弹出"高斯模糊"对话框，在"半径"右侧的数值框中输入5，单击"确定"按钮，即可将设置的效果应用于图形中，如图11-168所示。

图11-167 素材图像

图11-168 应用"高斯模糊"效果

11.9 应用"画笔描边"效果

使用"画笔描边"效果组中的效果可以用不同的画笔和油墨笔触效果使图像产生精美的艺术外观，还可以为图像涂抹颜色。用户需要注意的是，"画笔描边"效果组中的效果不能对CMYK和HSB颜色模式的图像起作用。

实战 430　应用喷溅效果

▶ 实例位置：光盘\效果\第11章\实战430.ai
▶ 素材位置：光盘\素材\第11章\实战430.ai
▶ 视频位置：光盘\视频\第11章\实战430.mp4

● 实例介绍 ●

　　使用"喷溅"滤镜可以在图像中创建颗粒飞溅的喷枪绘图效果，如图11-169所示。

　　"喷溅"对话框中的主要选项含义如下。

➤ 喷色半径：用于设置喷笔笔触的大小，该数值越大，直接影响图像的画面效果。

➤ 平滑度：用于设置图像的平滑程度，数值越小，颗粒效果越明显。

图11-169　原图像与使用"喷溅"滤镜后的效果

● 操作步骤 ●

STEP 01　单击"文件"｜"打开"命令，打开一幅素材图像，如图11-170所示。

STEP 02　按【Ctrl＋A】组合键，选择全部的图形对象，如图11-171所示。

图11-170　打开素材图像

图11-171　选择图形对象

STEP 03　单击"效果"｜"画笔描边"｜"喷溅"命令，弹出"喷溅"对话框，保持默认设置即可，如图11-172所示。

STEP 04　单击"确定"按钮，即可将设置的效果应用于图形中，如图11-173所示。

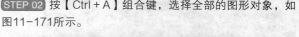

图11-172　设置选项

图11-173　图像效果

实战 431 应用喷色描边效果

▶ 实例位置：光盘\效果\第11章\实战431.ai
▶ 素材位置：光盘\素材\第11章\实战431.ai
▶ 视频位置：光盘\视频\第11章\实战431.mp4

● 实例介绍 ●

使用"喷色描边"滤镜可以在图像中用颜料按照一定的角度进行喷射，从而重新绘制图像。

"喷色描边"对话框中的主要选项含义如下。

➤ 描边长度：用于设置图像中喷溅笔触的长度。

➤ 喷色半径：用于设置在图像中喷射颜色时，图像颜色的溅开程度。

➤ 描边方向：在其右侧的下拉列表中选择一个方向，以控制图像中颜料喷射的方向。

● 操作步骤 ●

STEP 01 单击"文件"｜"打开"命令，打开一幅素材图像，如图11-174所示。

STEP 02 按【Ctrl+A】组合键，选择全部的图形对象，如图11-175所示。

图11-174 打开素材图像

图11-175 选择图形对象

STEP 03 单击"效果"｜"画笔描边"｜"喷色描边"命令，弹出"喷色描边"对话框，设置"描边长度"为20、"喷色半径"为18，如图11-176所示。

STEP 04 单击"确定"按钮，即可将设置的效果应用于图形中，如图11-177所示。

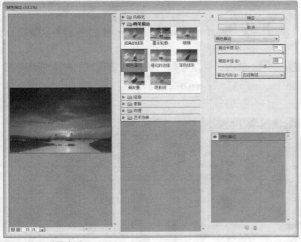

图11-176 设置选项

图11-177 图像效果

实战 432 应用墨水轮廓效果

▶ 实例位置：光盘\效果\第11章\实战432.ai
▶ 素材位置：光盘\素材\第11章\实战432.ai
▶ 视频位置：光盘\视频\第11章\实战432.mp4

● 实例介绍 ●

"墨水轮廓"滤镜的工作原理是用圆滑的线重新描绘图像的细节，从而使图像产生钢笔油墨画的风格。"墨水轮廓"对话框中的主要选项含义如下。

➤ 描边长度：用于设置图像中线条的长度。

➤ 深色强度：用于设置图像中阴影部分的强度，数值越大，图像越暗。

➤ 光照强度：用于设置图像中光照部分的强度，数值越大，图像越亮。

● 操作步骤 ●

STEP 01 单击"文件"|"打开"命令，打开一幅素材图像，如图11-178所示。

STEP 02 按【Ctrl+A】组合键，选择全部的图形对象，如图11-179所示。

图11-178 打开素材图像

图11-179 选择图形对象

STEP 03 单击"效果"|"画笔描边"|"墨水轮廓"命令，弹出"墨水轮廓"对话框，保持默认设置即可，如图11-180所示。

STEP 04 单击"确定"按钮，即可将设置的效果应用于图形中，如图11-181所示。

图11-180 设置选项

图11-181 图像效果

实战 433 应用强化的边缘效果

▶ 实例位置：光盘\效果\第11章\实战433.ai
▶ 素材位置：光盘\素材\第11章\实战433.ai
▶ 视频位置：光盘\视频\第11章\实战433.mp4

● 实例介绍 ●

"强化的边缘"效果可以对图像中不同颜色的边缘进行强化处理。

"强化的边缘"对话框中的主要选项含义如下。

➤ 边缘宽度：用于设置需要加强处理的颜色边缘宽度。

➤ 边缘亮度：用于设置颜色边缘的亮度。其数值越大，边缘效果越类似于粉笔画；数值越小，边缘效果越类似于黑色油墨画。

➤ 平滑度：用于设置图像边缘的平滑程度。

图像使用"强化的边缘"滤镜后的效果如图11-182所示。

图11-182 原图像与使用"强化的边缘"滤镜后的效果

● 操作步骤 ●

STEP 01 单击"文件"|"打开"命令,打开一幅素材图像,如图11-183所示。

STEP 02 按【Ctrl+A】组合键,选择全部的图形对象,如图11-184所示。

图11-183 打开素材图像

图11-184 选择图形对象

STEP 03 单击"效果"|"画笔描边"|"强化的边缘"命令,弹出"强化的边缘"对话框,保持默认设置即可,如图11-185所示。

STEP 04 单击"确定"按钮,即可将设置的效果应用于图形中,如图11-186所示。

图11-185 设置选项

图11-186 图像效果

实战 434 应用成角的线条效果

▶ 实例位置:光盘\效果\第11章\实战434.ai
▶ 素材位置:光盘\素材\第11章\实战434.ai
▶ 视频位置:光盘\视频\第11章\实战434.mp4

● 实例介绍 ●

"成角的线条"效果可以在图像中的较亮区域与较暗区域分别使用方向相反的对角线来描绘图像,从而使图像达到满意的效果。

"成角的线条"对话框中的主要选项含义如下。

➤ 方向平衡：用于设置图像生成线条的倾斜角度。

➤ 描边长度：用于设置图像生成线条的长度。

➤ 锐化程度：用于设置图像生成线条的清晰程度。

● 操作步骤 ●

STEP 01 单击"文件"｜"打开"命令，打开一幅素材图像，如图11-187所示。

STEP 02 按【Ctrl＋A】组合键，选择全部的图形对象，如图11-188所示。

图11-187 打开素材图像

图11-188 选择图形对象

STEP 03 单击"效果"｜"画笔描边"｜"成角的线条"命令，弹出"成角的线条"对话框，保持默认设置即可，如图11-189所示。

STEP 04 单击"确定"按钮，即可将设置的效果应用于图形中，如图11-190所示。

图11-189 设置选项

图11-190 图像效果

实战 435 应用深色线条效果

▶ 实例位置：光盘\效果\第11章\实战435.ai
▶ 素材位置：光盘\素材\第11章\实战435.ai
▶ 视频位置：光盘\视频\第11章\实战435.mp4

● 实例介绍 ●

"深色线条"效果可以在图像中用短、密集的线条绘制出图像的深色区域，用较长的白色线条绘制出图像的浅色区域。

"深色线条"对话框中的主要选项含义如下。

➤ 平衡：用于设置线条的方向。

➤ 黑色强度：用于设置图像中黑色线条的显示强度，越值越大，线条越明显。

➤ 白色强度：用于设置图像中白色线条的显示强度。

● 操作步骤 ●

STEP 01 单击"文件"｜"打开"命令，打开一幅素材图像，如图11-191所示。

STEP 02 按【Ctrl＋A】组合键，选择全部的图形对象，如图11-192所示。

图11-191 打开素材图像

图11-192 选择图形对象

STEP 03 单击"效果"｜"画笔描边"｜"深色线条"命令，弹出"深色线条"对话框，保持默认设置即可，如图11-193所示。

STEP 04 单击"确定"按钮，即可将设置的效果应用于图形中，如图11-194所示。

图11-193 设置选项

图11-194 图像效果

实战 436 应用烟灰墨效果

▶ 实例位置：光盘\效果\第11章\实战436.ai
▶ 素材位置：光盘\素材\第11章\实战436.ai
▶ 视频位置：光盘\视频\第11章\实战436.mp4

● 实例介绍 ●

"烟灰墨"效果可以使图像产生黑色柔和模糊的边缘效果，就像是用蘸满墨的画笔在宣纸上绘画的效果。

"烟灰墨"对话框中的主要选项含义如下。

➢ 描边宽度：用于设置使用画笔笔触的宽度。

➢ 描边压力：用于设置画笔笔触的压力，数值越大，压力越大。

➢ 对比度：用于设置图像中亮色区域与暗调区域的对比度。

● 操作步骤 ●

STEP 01 单击"文件"｜"打开"命令，打开一幅素材图像，如图11-195所示。

STEP 02 按【Ctrl＋A】组合键，选择全部的图形对象，如图11-196所示。

图11-195 打开素材图像

图11-196 选择图形对象

STEP 03 单击"效果"｜"画笔描边"｜"烟灰墨"命令，弹出"烟灰墨"对话框，保持默认设置即可，如图11-197所示。

STEP 04 单击"确定"按钮，即可将设置的效果应用于图形中，如图11-198所示。

图11-197 设置选项

图11-198 图像效果

实战 437　应用阴影线效果

> ▶ 实例位置：光盘\效果\第11章\实战437.ai
> ▶ 素材位置：光盘\素材\第11章\实战437.ai
> ▶ 视频位置：光盘\视频\第11章\实战437.mp4

● 实例介绍 ●

　　"阴影线"效果可以保留原始图像的细节和特征，同时可以使用模拟的铅笔阴影线为图像添加纹理，并使彩色区域的边缘变得粗糙。

　　"阴影线"对话框中的主要选项含义如下。

➢ 描边宽度：用于设置使用画笔笔触的宽度。

➢ 描边压力：用于设置画笔笔触的压力，数值越大，压力越大。

➢ 对比度：用于设置图像中亮色区域与暗调区域的对比度。

● 操作步骤 ●

STEP 01 单击"文件"｜"打开"命令，打开一幅素材图像，如图11-199所示。

图11-199 打开素材图像

STEP 02 按【Ctrl＋A】组合键，选择全部的图形对象，如图11-200所示。

STEP 03 单击"效果"｜"画笔描边"｜"阴影线"命令，弹出"阴影线"对话框，保持默认设置即可，如图11-201所示。

STEP 04 单击"确定"按钮，即可将设置的效果应用于图形中，如图11-202所示。

图11-200 选择图形对象

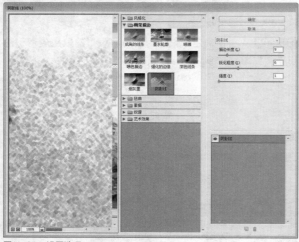

图11-201 设置选项

图11-202 图像效果

11.10 应用"素描"效果

使用"素锚"滤镜组中的滤镜可以使用当前设置的描边和填色来置换图像中的色彩，从而生成一种更为精确的图像效果。

实战 438 应用粉笔和炭笔效果

▶ 实例位置：光盘\效果\第11章\实战438.ai
▶ 素材位置：光盘\素材\第11章\实战438.ai
▶ 视频位置：光盘\视频\第11章\实战438.mp4

● 实例介绍 ●

"粉笔和炭笔"效果可以在图像中用粗糙粉笔来绘制高光和中间调区域，而用黑色炭笔来绘制暗调区域。

在图形窗口中选择一个位图图像，单击"效果"｜"素描"｜"粉笔和炭笔"命令，弹出"粉笔和炭笔"对话框，如图11-203所示。

该对话框中的主要选项含义如下。

➤ 炭笔区：用于设置使用炭笔的数量和范围。

➤ 粉笔区：用于设置使用粉笔的数量和范围。

图11-203 "粉笔和炭笔"对话框

● 操作步骤 ●

STEP 01 单击"文件"｜"打开"命令,打开一幅素材图像,如图11-204所示。

STEP 02 选中整幅图形,单击"效果"｜"素描"｜"粉笔和炭笔"命令,弹出"粉笔和炭笔"对话框,设置"炭笔区"为7、"粉笔区"为10、"描边压力"为1,单击"确定"按钮,即可将设置的效果应用于图形中,如图11-205所示。

图11-204 素材图像

图11-205 应用"粉笔和炭笔"效果

实战 439 应用影印效果

▶ 实例位置:光盘\效果\第11章\实战439.ai
▶ 素材位置:光盘\素材\第11章\实战439.ai
▶ 视频位置:光盘\视频\第11章\实战439.mp4

● 实例介绍 ●

"影印"效果可以模拟复制图像的效果,主要复制大范围暗色区域的边缘来组成图像的整体轮廓,而对于远离纯黑或纯白色的中间色调则用白色填充。

在图形窗口中选择一个位图图像,单击"效果"｜"素描"｜"影印"命令,弹出"影印"对话框,如图11-206所示。

该对话框中的主要选项含义如下。

➤ 细节:用于设置图像中细节的保留程度。

➤ 暗度:用于设置图像的暗度大小。

图像使用"影印"滤镜后的效果如图11-207所示。

图11-206 "影印"对话框

图11-207 原图像与使用"影印"滤镜后的效果

● 操作步骤 ●

STEP 01 单击"文件" | "打开"命令，打开一幅素材图
像，如图11-208所示。

STEP 02 选中整幅图形，单击"效果" | "素描" | "影
印"命令，弹出"影印"对话框，设置"细节"为15、
"暗度"为10，单击"确定"按钮，即可将设置的效果应
用于图形中，如图11-209所示。

图11-208 素材图像

图11-209 应用"影印"效果

实战 440 应用基底凸现效果

▶ 实例位置：光盘\效果\第11章\实战440.ai
▶ 素材位置：光盘\素材\第11章\实战440.ai
▶ 视频位置：光盘\视频\第11章\实战440.mp4

● 实例介绍 ●

"基底凸现"效果可使图像产生类似凸版画的凹
陷压印效果，同时图像的背景上出现凹凸不平的噪声干
扰。用户还可以调整光照方向，使得图像呈现出不同程
度的凸现效果。

在图形窗口中选择一个位图图像，单击"效果" |
"素描" | "基底凸现"命令，弹出"基底凸现"对话
框，如图11-210所示。

该对话框中的主要选项含义如下。

➤ 细节：用于设置图像的凸现程度。

➤ 平滑度：用于设置生成图像的光滑程度。

➤ 光照：用于设置光照的方向。

图11-210 "基底凸现"对话框

● 操作步骤 ●

STEP 01 单击"文件" | "打开"命令，打开一幅素材图
像，如图11-211所示。

图11-211 素材图像

STEP 02 选中整幅图形，单击"效果"｜"素描"｜"基底凸现"命令，弹出"基底凸现"对话框，设置"细节"为13、"平滑度"为2、"光照"为"左上"，单击"确定"按钮，即可将设置的效果应用于图形中，如图11-212所示。

图11-212 应用"基底凸现"效果

实战 441	应用便条纸效果

▶ 实例位置：光盘\效果\第11章\实战441.ai
▶ 素材位置：光盘\素材\第11章\实战441.ai
▶ 视频位置：光盘\视频\第11章\实战441.mp4

● 实例介绍 ●

使用"便条纸"效果可以简化图像，图像中的深色区域将凹陷，而浅色区域将凸现出来，使其产生一种类似于浮雕的凹陷效果。

"便条纸"对话框中的主要选项含义如下。

➢ 图像平衡：用于图像中的高光区域与阴影区域的平衡调整。

➢ 粒度：用于设置图像生成的颗粒大小。

➢ 凸现：用于设置图像中突出部分的起伏程度。

● 操作步骤 ●

STEP 01 单击"文件"｜"打开"命令，打开一幅素材图像，如图11-213所示。

STEP 02 按【Ctrl+A】组合键，选择全部的图形对象，如图11-214所示。

STEP 03 单击"效果"｜"素描"｜"便条纸"命令，弹出"便条纸"对话框，设置"图像平衡"为21、"粒度"为10、"凸现"为2，如图11-215所示。

图11-213 打开素材图像

图11-214 选择图形对象

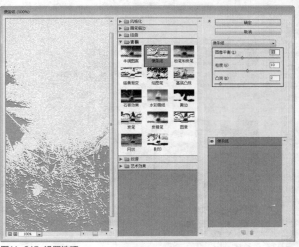

图11-215 设置选项

STEP 04 单击"确定"按钮，即可将设置的效果应用于图形中，如图11-216所示。

图11-216 图像效果

实战 442	应用半调图案效果

▶ 实例位置：光盘\效果\第11章\实战442.ai
▶ 素材位置：光盘\素材\第11章\实战442.ai
▶ 视频位置：光盘\视频\第11章\实战442.mp4

● 实例介绍 ●

"半调图案"效果可以使图像产生一种网板图案的效果。

"半调图案"对话框中的主要选项含义如下。

➢ 大小：用于设置图案生成网纹的大小。

➢ 对比度：用于设置图像中亮色调与暗色调的对比度。

● 操作步骤 ●

STEP 01 单击"文件" | "打开"命令，打开一幅素材图像，如图11-217所示。

STEP 02 按【Ctrl+A】组合键，选择全部的图形对象，如图11-218所示。

STEP 03 单击"效果" | "素描" | "半调图案"命令，弹出"半调图案"对话框，设置"大小"为3、"对比度"为10，如图11-219所示。

图11-217 打开素材图像

图11-218 选择图形对象

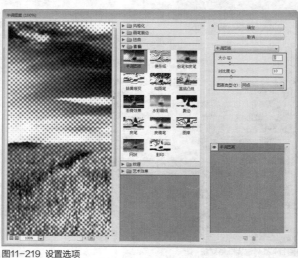

图11-219 设置选项

STEP 04 单击"确定"按钮，即可将设置的效果应用于图
形中，如图11-220所示。

图11-220 图像效果

实战 443	应用图章效果

▶ 实例位置：光盘\效果\第11章\实战443.ai
▶ 素材位置：光盘\素材\第11章\实战443.ai
▶ 视频位置：光盘\视频\第11章\实战443.mp4

● 实例介绍 ●

"图章"效果用于对图像产生的效果类似于现实中的图章效果，它具有简化图像的功能。

"图章"对话框中的主要选项含义如下。

➤ 明/暗程度：用于设置图像中亮色调与暗色调的平衡程度。

➤ 平滑度：用于设置图像中的平滑程度。

● 操作步骤 ●

STEP 01 单击"文件"｜"打开"命令，打开一幅素材图
像，如图11-221所示。

STEP 02 按【Ctrl＋A】组合键，选择全部的图形对象，如
图11-222所示。

STEP 03 单击"效果"｜"素描"｜"图章"命令，弹出
"图章"对话框，保持默认设置，如图11-223所示。

图11-221 打开素材图像

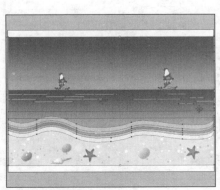

图11-222 选择图形对象

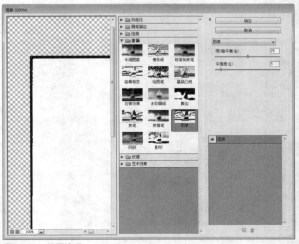

图11-223 设置选项

STEP 04 单击"确定"按钮，即可将设置的效果应用于图形中，如图11-224所示。

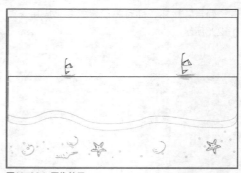

图11-224 图像效果

实战 444 应用撕边效果

▶ 实例位置：光盘\效果\第11章\实战444.ai
▶ 素材位置：光盘\素材\第11章\实战444.ai
▶ 视频位置：光盘\视频\第11章\实战444.mp4

● 实例介绍 ●

"撕边"效果可以用粗糙的颜色边缘模拟碎纸片的效果。

"撕边"对话框中的主要选项含义如下。

➤ 图像平衡：用于设置图像的高光区域与阴影区域进行平衡调整。

➤ 平滑度：用于设置图像的平滑程度。

➤ 对比度：用于设置图像的对比度。

● 操作步骤 ●

STEP 01 单击"文件" | "打开"命令，打开一幅素材图像，如图11-225所示。

STEP 02 按【Ctrl + A】组合键，选择全部的图形对象，如图11-226所示。

STEP 03 单击"效果" | "素描" | "撕边"命令，弹出"撕边"对话框，保持默认设置，如图11-227所示。

图11-225 打开素材图像

图11-226 选择图形对象

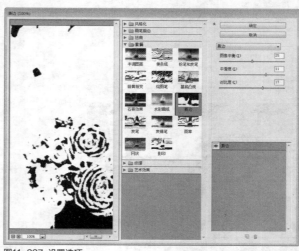

图11-227 设置选项

STEP 04 单击"确定"按钮，即可将设置的效果应用于图形中，如图11-228所示。

图11-228 图像效果

实战 445　应用水彩画纸效果

▶ 实例位置：光盘\效果\第11章\实战445.ai
▶ 素材位置：光盘\素材\第11章\实战445.ai
▶ 视频位置：光盘\视频\第11章\实战445.mp4

● 实例介绍 ●

使用"水彩画纸"效果可以使图像产生在潮湿的纤维纸上渗色涂抹颜色溢出并与纸张混合的图像效果。

"水彩画纸"对话框中的主要选项含义如下。

➤ 纤维长度：用于设置图像的扩散程度。

➤ 亮度：用于设置图像的亮度。

➤ 对比度：用于设置图像的对比程度。

● 操作步骤 ●

STEP 01 单击"文件"｜"打开"命令，打开一幅素材图像，如图11-229所示。

STEP 02 按【Ctrl + A】组合键，选择全部的图形对象，如图11-230所示。

STEP 03 单击"效果"｜"素描"｜"水彩画纸"命令，弹出"水彩画纸"对话框，保持默认设置，如图11-231所示。

图11-229 打开素材图像

图11-230 选择图形对象

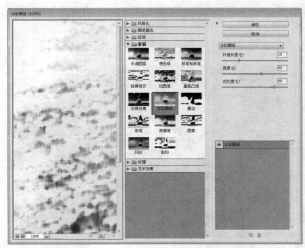

图11-231 设置选项

STEP 04 单击"确定"按钮，即可将设置的效果应用于图形中，如图11-232所示。

图11-232 图像效果

实战 446 应用炭笔效果

▶ 实例位置：光盘\效果\第11章\实战446.ai
▶ 素材位置：光盘\素材\第11章\实战446.ai
▶ 视频位置：光盘\视频\第11章\实战446.mp4

● 实例介绍 ●

"炭笔"效果类似于使用黑线在白色背景上绘制图像的效果。在绘制过程中，用粗线绘制图像的主要边缘，用细线绘制图像的中间色调。

"炭笔"对话框中的主要选项含义如下。

➢ 炭笔粗细：用于设置所用炭笔的宽度。
➢ 细节：用于设置描绘图像时的细腻程度。
➢ 明/暗平衡：用于设置图像中亮色调与暗色调的平衡程度。

● 操作步骤 ●

STEP 01 单击"文件"｜"打开"命令，打开一幅素材图像，如图11-233所示。

STEP 02 按【Ctrl+A】组合键，选择全部的图形对象，如图11-234所示。

STEP 03 单击"效果"｜"素描"｜"炭笔"命令，弹出"炭笔"对话框，设置"炭笔粗细"为5、"细节"为5、"明/暗平衡"为50，如图11-235所示。

图11-233 打开素材图像

图11-234 选择图形对象

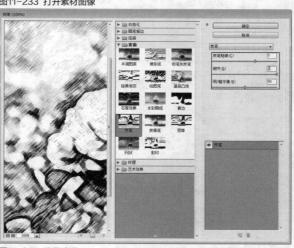

图11-235 设置选项

STEP 04 单击"确定"按钮，即可将设置的效果应用于图形中，如图11-236所示。

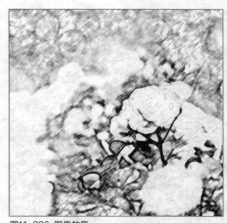

图11-236 图像效果

实战 447 应用炭精笔效果

▶ **实例位置**：光盘\效果\第11章\实战447.ai
▶ **素材位置**：光盘\素材\第11章\实战447.ai
▶ **视频位置**：光盘\视频\第11章\实战447.mp4

● 实例介绍 ●

炭精笔与炭笔类似，可以产生一种介于炭条和铅笔之间的效果，适合在制作整体插画时使用。

"炭精笔"对话框中的主要选项含义如下。

➢ 前景色阶：用于设置应用于较暗区域的色阶。

➢ 背景色阶：用于设置应用于较亮区域的色阶。

➢ 纹理：在其右侧的下拉列表中可以选择图形应用的纹理。

➢ 缩放：用于设置使用纹理的缩放比例。

➢ 凸现：用于设置使用纹理的突出程度。

➢ 光照：用于设置使用光线照射的方向。

➢ 反相：选中该复选框，可以将当前使用的光照方向进行反转。

● 操作步骤 ●

STEP 01 单击"文件" | "打开"命令，打开一幅素材图像，如图11-237所示。

STEP 02 按【Ctrl＋A】组合键，选择全部的图形对象，如图11-238所示。

图11-237 打开素材图像

图11-238 选择图形对象

技巧点拨

效果的功能非常强大，在应用这些效果之前，用户需要掌握以下使用技巧。

➢ 对图像应用效果时，可先对该图像进行羽化。这样图像在使用效果命令后，该图像的边缘能够较好地柔和。

➢ 若用户对所应用的效果不是很明确，可以先将效果的参数设置得小一点，然后再按【Ctrl＋E】组合键，多次应用效果，直至达到满意的效果为止。

用户需要注意的是，矢量图形不能使用效果功能。此外，不同色彩模式能够被使用的滤镜会有所不同，例如，CMYK模式的图像不能使用"扭曲""画笔描边""素描""纹理""艺术效果""视频"和"风格化"等滤镜。

STEP 03 单击"效果"|"素描"|"炭精笔"命令，弹出"炭精笔"对话框，保持默认设置，如图11-239所示。

STEP 04 单击"确定"按钮，即可将设置的效果应用于图形中，如图11-240所示。

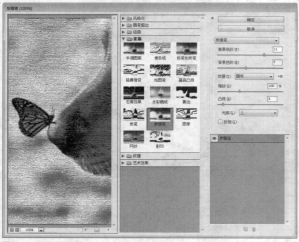

图11-239 设置选项

图11-240 图像效果

实战 448 应用绘图笔效果

▶ 实例位置：光盘\效果\第11章\实战448.ai
▶ 素材位置：光盘\素材\第11章\实战448.ai
▶ 视频位置：光盘\视频\第11章\实战448.mp4

● 实例介绍 ●

"绘图笔"效果的工作原理是：使用精细的直线油墨线条线来描绘图像中的细节，对于扫描的图像效果尤其明显。

"绘图笔"对话框中的主要选项含义如下。

➢ 描边长度：用于设置图像中绘制的线条长度。

➢ 明/暗平衡：用于设置图像中亮色调与暗色调的平衡程度。

➢ 描边方向：在其右侧的下拉列表中可以选择线条的方向。

● 操作步骤 ●

STEP 01 单击"文件"|"打开"命令，打开一幅素材图像，如图11-241所示。

STEP 02 按【Ctrl + A】组合键，选择全部的图形对象，如图11-242所示。

图11-241 打开素材图像

图11-242 选择图形对象

STEP 03 单击"效果"|"素描"|"绘图笔"命令，弹出"绘图笔"对话框，保持默认设置，如图11-243所示。

STEP 04 单击"确定"按钮，即可将设置的效果应用于图形中，如图11-244所示。

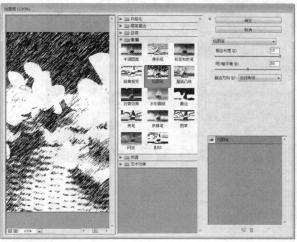

图11-243 设置选项

图11-244 图像效果

实战 449 应用网状效果

▶ 实例位置：光盘\效果\第11章\实战449.ai
▶ 素材位置：光盘\素材\第11章\实战449.ai
▶ 视频位置：光盘\视频\第11章\实战449.mp4

● 实例介绍 ●

"网状"效果可以产生透过网格在白色背景上绘制黑色的图像效果。

"网状"对话框中的主要选项含义如下。

➢ 浓度：用于设置所使用的网格深度。

➢ 前景色阶：用于设置图像中前景色的强度。

➢ 背景色阶：用于设置图像中背景色的强度。

● 操作步骤 ●

STEP 01 单击"文件"｜"打开"命令，打开一幅素材图像，如图11-245所示。

STEP 02 按【Ctrl+A】组合键，选择全部的图形对象，如图11-246所示。

STEP 03 单击"效果"｜"素描"｜"网状"命令，弹出"网状"对话框，保持默认设置，如图11-247所示。

图11-245 打开素材图像

图11-246 选择图形对象

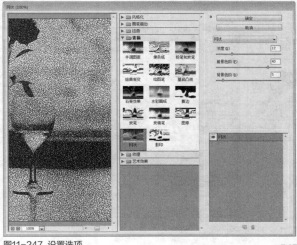

图11-247 设置选项

STEP 04 单击"确定"按钮，即可将设置的效果应用于图形中，如图11-248所示。

图11-248 图像效果

实战 450 应用铬黄效果

▶ 实例位置：光盘\效果\第11章\实战450.ai
▶ 素材位置：光盘\素材\第11章\实战450.ai
▶ 视频位置：光盘\视频\第11章\实战450.mp4

● 实例介绍 ●

"铬黄"效果可以根据原图像的明暗分布情况产生磨光的金属效果。

"铬黄"对话框中的主要选项含义如下。

➤ 细节：用于设置原图像的保留程度。

➤ 平滑度：用于设置生成图像的光滑程度。

● 操作步骤 ●

STEP 01 单击"文件" | "打开"命令，打开一幅素材图像，如图11-249所示。

STEP 02 按【Ctrl + A】组合键，选择全部的图形对象，如图11-250所示。

STEP 04 单击"效果" | "素描" | "铬黄"命令，弹出"铬黄"对话框，保持默认设置，如图11-251所示。

图11-249 打开素材图像

图11-250 选择图形对象

图11-251 设置选项

STEP 04 单击"确定"按钮，即可将设置的效果应用于图形中，如图11-252所示。

图11-252　图像效果

11.11　应用"纹理"效果

"纹理"效果组中的效果可以在图像上制作出各种类似于纹理及材质的效果，例如添加木材纹理、大理石纹理、添加马赛克、添加玻璃效果、添加瓷砖效果等。这些效果所添加的特效使得一幅位图图像好像是被画在各种不同的材质上面。

实战 451	应用颗粒效果

▶ 实例位置：光盘\效果\第11章\实战451.ai
▶ 素材位置：光盘\素材\第11章\实战451.ai
▶ 视频位置：光盘\视频\第11章\实战451.mp4

● 实例介绍 ●

"颗粒"效果可以将所选图形制作出由许多颗粒组成的图形效果，且根据图形的色调进行颗粒颜色调整。

在图形窗口中选择一个位图图像，单击"效果"｜"纹理"｜"颗粒"命令，弹出"颗粒"对话框，如图11-253所示。

该对话框中的主要选项含义如下。

➤ 强度：用于设置在图像中添加纹理的数量和强度。

➤ 对比度：用于设置图像中颗粒的明暗对比度。

➤ 颗粒类型：在其右侧的下拉列表中可以选择任意一种颗粒类型。

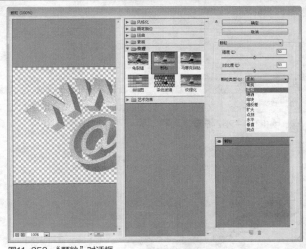

图11-253　"颗粒"对话框

● 操作步骤 ●

STEP 01 单击"文件"｜"打开"命令，打开一幅素材图像，如图11-254所示。

图11-254　素材图像

STEP 02 选中整幅图形，单击"效果"｜"纹理"｜"颗粒"命令，弹出"颗粒"对话框，设置"强度"为50、"对比度"为50、"颗粒类型"为"柔和"，单击"确定"按钮，即可将设置的效果应用于图形中，如图11-255所示。

图11-255 应用"颗粒"效果

| 实战
452 | 应用马赛克拼贴效果 | ▶ 实例位置：光盘\效果\第11章\实战452.ai
▶ 素材位置：光盘\素材\第11章\实战452.ai
▶ 视频位置：光盘\视频\第11章\实战452.mp4 |

● 实例介绍 ●

"马赛克拼贴"效果可以将图像分割成许多小块，并在小块之间添加深色的间隙，从而使图像看上去好像是由马赛克拼贴而成的。

在图形窗口中选择一个位图图像，单击"效果"｜"纹理"｜"马赛克拼贴"命令，弹出"马赛克拼贴"对话框，如图11-256所示。

该对话框中的主要选项含义如下。

➤ 拼贴大小：用于设置图像中生成的块状图像大小。

➤ 缝隙宽度：用于设置图像中生成块状图形之间的宽度。

➤ 加亮缝隙：用于设置图像中块状图形之间的缝隙的亮度。

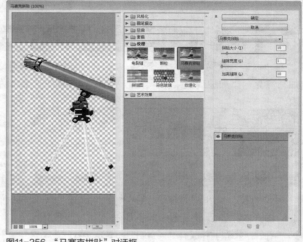

图11-256 "马赛克拼贴"对话框

● 操作步骤 ●

STEP 01 单击"文件"｜"打开"命令，打开一幅素材图像，如图11-257所示。

STEP 02 选中整幅图形，单击"效果"｜"纹理"｜"马赛克拼贴"命令，弹出"马赛克拼贴"对话框，设置"拼贴大小"为10、"缝隙宽度"为1、"加亮缝隙"为10，单击"确定"按钮，即可将设置的效果应用于图形中，如图11-258所示。

图11-257 素材图像

图11-258 应用"马赛克拼贴"效果

▶ 实例位置：光盘\效果\第11章\实战453.ai
▶ 素材位置：光盘\素材\第11章\实战453.ai
▶ 视频位置：光盘\视频\第11章\实战453.mp4

实战 453　应用染色玻璃效果

● 实例介绍 ●

"染色玻璃"效果可以使所选择的图形绘制成许多相邻的单色单元格，且用黑色填充各单元格的边框。

在图形窗口中选择一个位图图像，单击"效果" | "纹理" | "染色玻璃"命令，弹出"染色玻璃"对话框，如图11-259所示。

该对话框中的主要选项含义如下。

➤ 单元格大小：用于设置图像中生成的每块玻璃的大小。

➤ 边框粗细：用于设置图像中生成每块玻璃之间的缝隙大小。

➤ 光照强度：用于设置图像生成玻璃的光照强度，数值越大，玻璃的光照强度越高。

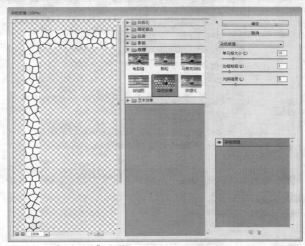

图11-259　"染色玻璃"对话框

● 操作步骤 ●

STEP 01 单击"文件" | "打开"命令，打开一幅素材图像，如图11-260所示。

STEP 02 选中需要应用效果的图形，单击"效果" | "纹理" | "染色玻璃"命令，弹出"染色玻璃"对话框，设置"单元格大小"为10、"边框粗细"为3、"光照强度"为2，单击"确定"按钮，即可将设置的效果应用于图形中，如图11-261所示。

图11-260　素材图像

图11-261　应用"染色玻璃"效果

实战 454　应用拼缀图效果

▶ 实例位置：光盘\效果\第11章\实战454.ai
▶ 素材位置：光盘\素材\第11章\实战454.ai
▶ 视频位置：光盘\视频\第11章\实战454.mp4

● 实例介绍 ●

"拼缀图"效果可以将图像分割成若干个小方块，如现实中的积木，每个方块的颜色将用该区域内最显著的颜色填充，方块与方块之间生成深色的缝隙。

"拼缀图"对话框中的主要选项含义如下。

➢ 方形大小：用于设置图像中生成的方块大小，数值越大，方块越大，图像中的方块数目越少，效果越明显。

➢ 凸现：用于设置图像中生成方块的凸现程度。

图像使用"拼缀图"滤镜后的效果如图11-262所示。

图11-262 原图像与使用"拼缀图"滤镜后的效果

● 操作步骤 ●

STEP 01 单击"文件"｜"打开"命令，打开一幅素材图像，如图11-263所示。

STEP 02 按【Ctrl + A】组合键，选择全部的图形对象，如图11-264所示。

图11-263 打开素材图像

图11-264 选择图形对象

STEP 03 单击"效果"｜"纹理"｜"拼缀图"命令，弹出"拼缀图"对话框，设置"方形大小"为8、"凸现"为8，如图11-265所示。

STEP 04 单击"确定"按钮，即可将设置的效果应用于图形中，如图11-266所示。

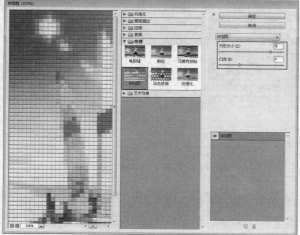

图11-265 设置选项

图11-266 图像效果

● 实例介绍 ●

"纹理化"效果可以根据用户选择的纹理样式使图像生成一种纹理效果。

"纹理化"对话框中的主要选项含义如下。

➢ "纹理"下拉列表：在其右侧的下拉列表中可以选择图像应用的纹理。

➢ 缩放：用于设置纹理的缩放比例。

➢ 凸现：用于设置图像使用纹理的突出程度。

➢ 光照：用于设置图像使用纹理时，光照的方向。

图形使用"纹理化"滤镜后的效果如图11-267所示。

图11-267 原图像与使用"纹理化"滤镜后的效果

● 操作步骤 ●

STEP 01 单击"文件"|"打开"命令，打开一幅素材图像，如图11-268所示。

STEP 02 按【Ctrl＋A】组合键，选择全部的图形对象，如图11-269所示。

STEP 03 单击"效果"|"纹理"|"纹理化"命令，弹出"纹理化"对话框，设置"纹理"为"砂岩""缩放"为200%、"凸现"为10，如图11-270所示。

图11-268 打开素材图像

图11-269 选择图形对象

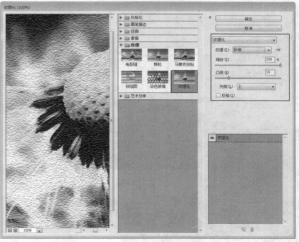

图11-270 设置选项

STEP 04 单击"确定"按钮，即可将设置的效果应用于图形中，如图11-271所示。

图11-271 图像效果

实战 456 应用龟裂缝效果

▶ **实例位置：** 光盘\效果\第11章\实战456.ai
▶ **素材位置：** 光盘\素材\第11章\实战456.ai
▶ **视频位置：** 光盘\视频\第11章\实战456.mp4

● 实例介绍 ●

"龟裂缝"效果可以沿着图像的轮廓产生精细的纹理，并生成类似于在粗糙的石膏表面绘画的效果。

"龟裂缝"对话框中的主要选项含义如下。

➤ 裂缝间距：用于设置图像中生成的裂纹大小，数值越大，裂纹越大。

➤ 裂缝深度：用于设置图像中生成裂纹的深度。

➤ 裂缝亮度：用于设置图像中生成裂纹的亮度。

● 操作步骤 ●

STEP 01 单击"文件" | "打开"命令，打开一幅素材图像，如图11-272所示。

STEP 02 按【Ctrl+A】组合键，选择全部的图形对象，如图11-273所示。

STEP 03 单击"效果" | "纹理" | "龟裂缝"命令，弹出"龟裂缝"对话框，保持默认设置，如图11-274所示。

图11-272 打开素材图像

图11-273 选择图形对象

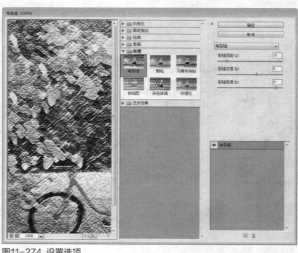

图11-274 设置选项

STEP 04 单击"确定"按钮，即可将设置的效果应用于图形中，如图11-275所示。

图11-275 图像效果

11.12 应用"艺术效果"效果

"艺术效果"滤镜组中有多达15种滤镜效果，它们主要是模仿不同画派的画家使用不同的画笔和介质所画出的不同风格的图像效果。

实战 457	应用塑料包装效果

▶ 实例位置：光盘\效果\第11章\实战457.ai
▶ 素材位置：光盘\素材\第11章\实战457.ai
▶ 视频位置：光盘\视频\第11章\实战457.mp4

● 实例介绍 ●

"塑料包装"效果可以使图像产生一种质感很强的塑料包装效果，如图11-276所示。

"塑料包装"对话框中的主要选项含义如下。

➤ 高光强度：用于设置图像中生成高光区域的亮度。

➤ 细节：用于设置图像中生成高光区域的大小。

➤ 平滑度：用于设置图像生成高光区域的平滑程度。

图11-276 原图像与使用"塑料包装"滤镜后的效果

● 操作步骤 ●

STEP 01 单击"文件"｜"打开"命令，打开一幅素材图像，如图11-277所示。

STEP 02 按【Ctrl＋A】组合键，选择全部的图形对象，如图11-278所示。

图11-277 打开素材图像

图11-278 选择图形对象

STEP 03 单击"效果"|"艺术效果"|"塑料包装"命令，弹出"塑料包装"对话框，保持默认设置，如图11-279所示。

STEP 04 单击"确定"按钮，即可将设置的效果应用于图形中，如图11-280所示。

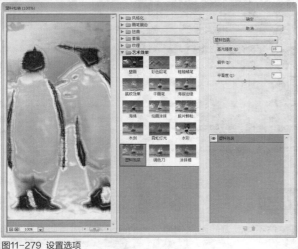

图11-279 设置选项

图11-280 图像效果

实战 458　应用壁画效果

▶ 实例位置：光盘\效果\第11章\实战458.ai
▶ 素材位置：光盘\素材\第11章\实战458.ai
▶ 视频位置：光盘\视频\第11章\实战458.mp4

● 实例介绍 ●

"壁画"效果可以用许多短、圆或潦草的斑点绘制出风格粗犷的图像，从而使图像产生古壁画的效果。

"壁画"对话框中的主要选项含义如下。

➢ 画笔大小：用于设置所用画笔的大小。

➢ 画笔细节：用于设置图像中细节的保留程度。

➢ 纹理：用于设置图像中添加的杂点数量。

● 操作步骤 ●

STEP 01 单击"文件"|"打开"命令，打开一幅素材图像，如图11-281所示。

STEP 02 按【Ctrl+A】组合键，选择全部的图形对象，如图11-282所示。

图11-281 打开素材图像

图11-282 选择图形对象

STEP 03 单击"效果"|"艺术效果"|"壁画"命令，弹出"壁画"对话框，保持默认设置，如图11-283所示。

STEP 04 单击"确定"按钮，即可将设置的效果应用于图形中，如图11-284所示。

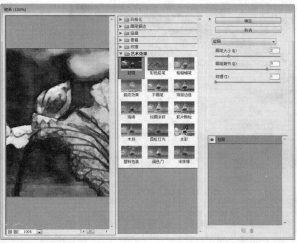

图11-283 设置选项

图11-284 图像效果

实战 459　应用干画笔效果

▶ 实例位置：光盘\效果\第11章\实战459.ai
▶ 素材位置：光盘\素材\第11章\实战459.ai
▶ 视频位置：光盘\视频\第11章\实战459.mp4

● 实例介绍 ●

　　使用毛笔或画笔绘画时，到最后颜色用尽的时候，都会出现走笔干涩、笔画不连续和不完整的现象。使用"干画笔"效果可以通过减少图像的颜色来简化图像的细节，使图像呈现出干画笔绘制的效果。

● 操作步骤 ●

STEP 01 单击"文件"｜"打开"命令，打开一幅素材图像，如图11-285所示。

STEP 02 按【Ctrl＋A】组合键，选择全部的图形对象，如图11-286所示。

STEP 03 单击"效果"｜"艺术效果"｜"干画笔"命令，弹出"干画笔"对话框，保持默认设置，如图11-287所示。

图11-285 打开素材图像

图11-286 选择图形对象

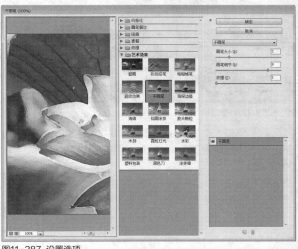

图11-287 设置选项

STEP 04 单击"确定"按钮，即可将设置的效果应用于图形中，如图11-288所示。

知识拓展

"干画笔"对话框中的主要选项含义如下。
- ➤ 画笔大小：用于设置所用画笔的笔触大小。
- ➤ 画笔细节：用于设置所用画笔的细腻程度。
- ➤ 纹理：用于设置颜色过渡区域的纹理清晰程度。

图11-288 图像效果

实战 460	应用底纹效果	▶ 实例位置：光盘\效果\第11章\实战460.ai ▶ 素材位置：光盘\素材\第11章\实战460.ai ▶ 视频位置：光盘\视频\第11章\实战460.mp4

● 实例介绍 ●

"底纹效果"效果可以根据纹理和颜色产生一种纹理喷绘的图像效果，也可以创建布料和油画效果。

"底纹效果"对话框中的主要选项含义如下。
- ➤ 画笔大小：用于设置画笔的笔触大小。
- ➤ 纹理覆盖：用于设置图像中使用纹理覆盖的范围大小。

知识拓展

当选择一种效果，并将其应用至图像中，效果就会分析图像的色度值和每个像素的位置，采用数学方法对其进行计算，并用计算结果代替原来的像素，从而使图像生成随机化或预先确定的效果。

效果在计算过程中消耗相当大的内存资源，因此用户在处理一些较大的图像文件时非常耗时间，有时系统会弹出对话框，提示用户资源不够。

● 操作步骤 ●

STEP 01 单击"文件"|"打开"命令，打开一幅素材图像，如图11-289所示。

STEP 02 按【Ctrl + A】组合键，选择全部的图形对象，如图11-290所示。

图11-289 打开素材图像

图11-290 选择图形对象

STEP 03 单击"效果"|"艺术效果"|"底纹效果"命令，弹出"底纹效果"对话框，保持默认设置，如图11-291所示。

STEP 04 单击"确定"按钮，即可将设置的效果应用于图形中，如图11-292所示。

图11-291 设置选项

图11-292 图像效果

▶ **实例位置**：光盘\效果\第11章\实战461.ai
▶ **素材位置**：光盘\素材\第11章\实战461.ai
▶ **视频位置**：光盘\视频\第11章\实战461.mp4

实战 461 应用彩色铅笔效果

● 实例介绍 ●

"彩色铅笔"效果可以模拟各种颜色的铅笔在纯色背景上绘制图像的效果。

"彩色铅笔"对话框中的主要选项含义如下。

➢ 铅笔宽度：用于设置所用铅笔的笔触宽度。

➢ 描边压力：用于设置对图像进行描绘时的压力大小。

➢ 纸张亮度：用于设置图像进行绘制时画纸的亮度。

● 操作步骤 ●

STEP 01 单击"文件"｜"打开"命令，打开一幅素材图像，如图11-293所示。

STEP 02 按【Ctrl＋A】组合键，选择全部的图形对象，如图11-294所示。

STEP 03 单击"效果"｜"艺术效果"｜"彩色铅笔"命令，弹出"彩色铅笔"对话框，保持默认设置，如图11-295所示。

图11-293 打开素材图像

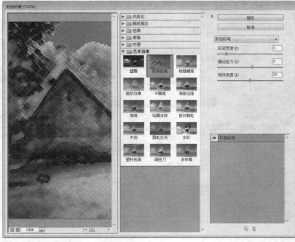

图11-295 设置选项

图11-294 选择图形对象

STEP 04 单击"确定"按钮，即可将设置的效果应用于图形中，如图11-296所示。

图11-296 图像效果

实战 462 应用木刻效果

▶ 实例位置：光盘\效果\第11章\实战462.ai
▶ 素材位置：光盘\素材\第11章\实战462.ai
▶ 视频位置：光盘\视频\第11章\实战462.mp4

● 实例介绍 ●

"木刻"效果可以将图像中相近的颜色用一种颜色代替，以减少图像中的原有颜色，从而得到更为简化的图像效果。

"木刻"对话框中的主要选项含义如下。

➤ 色阶数：用于设置颜色层次的数量，数值越大，颜色层次越丰富。

➤ 边缘简化度：用于设置图像各边界的简化程度，其数值越小，图像越近似于原图像。

➤ 边缘逼真度：用于设置生成的新图像与原图像的相似程度。

● 操作步骤 ●

STEP 01 单击"文件"｜"打开"命令，打开一幅素材图像，如图11-297所示。

STEP 02 按【Ctrl＋A】组合键，选择全部的图形对象，如图11-298所示。

STEP 03 单击"效果"｜"艺术效果"｜"木刻"命令，弹出"木刻"对话框，保持默认设置，如图11-299所示。

图11-297 打开素材图像

图11-298 选择图形对象

图11-299 设置选项

STEP 04 单击"确定"按钮，即可将设置的效果应用于图形中，如图11-300所示。

图11-300 图像效果

实战	▶ 实例位置：光盘\效果\第11章\实战463.ai
463 应用水彩效果	▶ 素材位置：光盘\素材\第11章\实战463.ai
	▶ 视频位置：光盘\视频\第11章\实战463.mp4

● 实例介绍 ●

"水彩"效果可以通过改变图像边缘的色调及饱和度和图像的颜色，从而产生一种具有水彩风格的图像效果。

"水彩"对话框中的主要选项含义如下。

➤ 画笔细节：用于设置绘制图像时的细腻程度。

➤ 阴影强度：用于设置图像中阴影区域的表现强度。

➤ 纹理：用于设置图像边缘处的纹理强度。

● 操作步骤 ●

STEP 01 单击"文件" | "打开"命令，打开一幅素材图像，如图11-301所示。

STEP 02 按【Ctrl + A】组合键，选择全部的图形对象，如图11-302所示。

STEP 03 单击"效果" | "艺术效果" | "水彩"命令，弹出"水彩"对话框，保持默认设置，如图11-303所示。

图11-301 打开素材图像

图11-302 选择图形对象

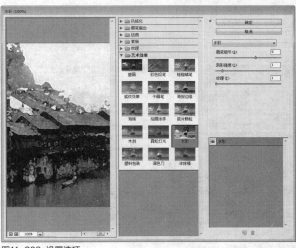

图11-303 设置选项

STEP 04 单击"确定"按钮，即可将设置的效果应用于图形中，如图11-304所示。

图11-304 图像效果

实战 464 应用海报边缘效果

▶ 实例位置：光盘\效果\第11章\实战464.ai
▶ 素材位置：光盘\素材\第11章\实战464.ai
▶ 视频位置：光盘\视频\第11章\实战464.mp4

● 实例介绍 ●

"海报边缘"效果可以根据用户所设置的选项，减少图像中的颜色，强化图像的边缘并沿边缘绘制黑色的外轮廓。

"海报边缘"对话框中的主要选项含义如下。

➤ 边缘厚度：用于设置图像轮廓的宽度。
➤ 边缘强度：用于设置描边图像轮廓的强度。
➤ 海报化：用于设置生成图像的颜色数量。

● 操作步骤 ●

STEP 01 单击"文件" | "打开"命令，打开一幅素材图像，如图11-305所示。

STEP 02 按【Ctrl + A】组合键，选择全部图形对象，如图11-306所示。

STEP 03 单击效果" | "艺术效果" | "海报边缘"命令，弹出"海报边缘"对话框，保持默认设置，如图11-307所示。

图11-305 打开素材图像

图11-306 选择图形对象

图11-307 设置选项

STEP 04 单击"确定"按钮，即可将设置的效果应用于图形中，如图11-308所示。

图11-308 图像效果

实战 465 应用海绵效果

▶ 实例位置：光盘\效果\第11章\实战465.ai
▶ 素材位置：光盘\素材\第11章\实战465.ai
▶ 视频位置：光盘\视频\第11章\实战465.mp4

● 实例介绍 ●

"海绵"效果可以创建有对比颜色的纹理图像，从而使图像产生用海绵绘画的效果。

"海绵"对话框中的主要选项含义如下。

➤ 画笔大小：用于设置所用画笔的笔触大小。

➤ 清晰度：用于设置图像的变化程度，数值越大，图像的变化越大。

➤ 平滑度：用于设置图像边缘的平滑程度。

● 操作步骤 ●

STEP 01 单击"文件"｜"打开"命令，打开一幅素材图像，如图11-309所示。

STEP 02 按【Ctrl + A】组合键，选择全部的图形对象，如图11-310所示。

STEP 03 单击"效果"｜"艺术效果"｜"海绵"命令，弹出"海绵"对话框，保持默认设置，如图11-311所示。

图11-309 打开素材图像

图11-310 选择图形对象

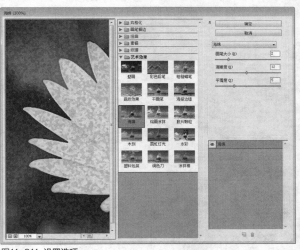

图11-311 设置选项

STEP 04 单击"确定"按钮，即可将设置的效果应用于图形中，如图11-312所示。

图11-312 图像效果

实战 466 应用涂抹棒效果

▶ 实例位置：光盘\效果\第11章\实战466.ai
▶ 素材位置：光盘\素材\第11章\实战466.ai
▶ 视频位置：光盘\视频\第11章\实战466.mp4

● 实例介绍 ●

"涂抹棒"效果使用短而密的黑色线条涂抹图像的较暗区域，使图像的颜色更加柔和。

"涂抹棒"对话框中的主要选项含义如下。

➤ 描边长度：用于设置所用线条的长度。

➤ 高光区域：用于设置图像中高光区域的涂抹强度。

➤ 强度：用于设置涂抹强度的大小。

● 操作步骤 ●

STEP 01 单击"文件"｜"打开"命令，打开一幅素材图像，如图11-313所示。

STEP 02 按【Ctrl + A】组合键，选择全部的图形对象，如图11-314所示。

STEP 03 单击"效果"｜"艺术效果"｜"涂抹棒"命令，弹出"涂抹棒"对话框，保持默认设置，如图11-315所示。

图11-313 打开素材图像

图11-314 选择图形对象

图11-315 设置选项

STEP 04 单击"确定"按钮,即可将设置的效果应用于图形中,如图11-316所示。

图11-316 图像效果

实战 467 应用粗糙蜡笔效果

▶ 实例位置:光盘\效果\第11章\实战467.ai
▶ 素材位置:光盘\素材\第11章\实战467.ai
▶ 视频位置:光盘\视频\第11章\实战467.mp4

● 实例介绍 ●

"粗糙蜡笔"效果可以使图像产生彩色画笔在布满纹理的图像中描绘的效果,如图11-317所示。

图11-317 原图像与使用"粗糙蜡笔"滤镜后的效果

● 操作步骤 ●

STEP 01 单击"文件"丨"打开"命令,打开一幅素材图像,如图11-318所示。

STEP 02 按【Ctrl+A】组合键,选择全部的图形对象,如图11-319所示。

图11-318 打开素材图像

图11-319 选择图形对象

知识拓展

"粗糙蜡笔"对话框中的主要选项含义如下。

➤ 描边长度:用于设置彩色画笔的线条长度。
➤ 描边细节:用于设置彩色画笔的细腻程度。
➤ 纹理:在其右侧的下拉列表中选择不同的纹理样式,可以使图像产生不同的效果。
➤ 缩放:用于设置纹理的缩放比例,即纹理的大小。
➤ 凸现:用于设置纹理的凸起程度。
➤ 光照:用于设置纹理的光照方向。
➤ 反相:选中该复选框,可以反转纹理的光照方向。

STEP 03 单击"效果"|"艺术效果"|"粗糙蜡笔"命令,弹出"粗糙蜡笔"对话框,保持默认设置,如图11-320所示。

STEP 04 单击"确定"按钮,即可将设置的效果应用于图形中,如图11-321所示。

图11-320 设置选项

图11-321 图像效果

实战 468 应用绘画涂抹效果

▶ 实例位置:光盘\效果\第11章\实战468.ai
▶ 素材位置:光盘\素材\第11章\实战468.ai
▶ 视频位置:光盘\视频\第11章\实战468.mp4

● 实例介绍 ●

"绘画涂抹"效果可以产生用不同的画笔进行涂抹的效果,涂抹后的图像边缘变得模糊,效果如图11-322所示。

"绘画涂抹"对话框中的主要选项含义如下。

➤ 画笔大小:用于设置所用画笔的笔触大小。

➤ 锐化程度:用于设置图像的锐化程度。

➤ 画笔类型:在其右侧的下拉列表中选择不同的画笔类型,将会产生不同的图像效果。

图11-322 原图像与使用"绘画涂抹"滤镜后的效果

● 操作步骤 ●

STEP 01 单击"文件"|"打开"命令,打开一幅素材图像,如图11-323所示。

STEP 02 按【Ctrl+A】组合键,选择全部的图形对象,如图11-324所示。

图11-323 打开素材图像

图11-324 选择图形对象

STEP 03 单击"效果"｜"艺术效果"｜"绘画涂抹"命令，弹出"绘画涂抹"对话框，设置"画笔类型"为"火花"，如图11-325所示。

STEP 04 单击"确定"按钮，即可将设置的效果应用于图形中，如图11-326所示。

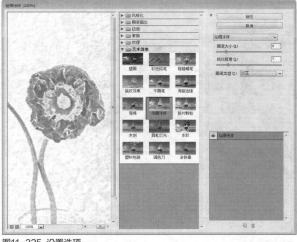

图11-325 设置选项

图11-326 图像效果

实战 469 应用胶片颗粒效果

▶ 实例位置：光盘\效果\第11章\实战469.ai
▶ 素材位置：光盘\素材\第11章\实战469.ai
▶ 视频位置：光盘\视频\第11章\实战469.mp4

● 实例介绍 ●

"胶片颗粒"效果可以使图像产生一种细颗粒状的纹理效果，类似于用旧胶片冲洗出来的照片上所蒙上的细密杂点。

"胶片颗粒"对话框中的主要选项含义如下。

➤ 颗粒：用于设置图像添加的颗粒大小，数值越大，添加的颗粒越明显。

➤ 高光区域：用于设置图像中高光区域的大小。

➤ 强度：用于设置图像的明暗程度。

● 操作步骤 ●

STEP 01 单击"文件"｜"打开"命令，打开一幅素材图像，如图11-327所示。

STEP 02 按【Ctrl＋A】组合键，选择全部图形对象，如图11-328所示。

图11-327 打开素材图像

图11-328 选择图形对象

STEP 03 单击"效果"｜"艺术效果"｜"胶片颗粒"命令，弹出"胶片颗粒"对话框，保持默认设置，如图11-329所示。

STEP 04 单击"确定"按钮，即可将设置的效果应用于图形中，如图11-330所示。

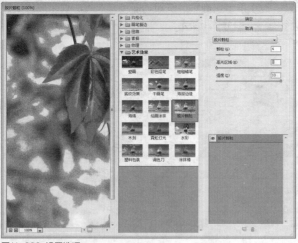

图11-329 设置选项

图11-330 图像效果

实战 470 应用调色刀效果

▶ 实例位置：光盘\效果\第11章\实战470.ai
▶ 素材位置：光盘\素材\第11章\实战470.ai
▶ 视频位置：光盘\视频\第11章\实战470.mp4

● 实例介绍 ●

"调色刀"效果可以减少图像中的细节，具有简化图像的功能。

"调色刀"对话框中的主要选项含义如下。

➢ 描边大小：该选项用于设置图像相互混合的程度，数值越大，图像越模糊，数值越小，图像越清晰。

➢ 描边细节：用于设置图像混合颜色的近似程度。

➢ 软化度：用于设置图像边缘的柔化程度。

● 操作步骤 ●

STEP 01 单击"文件"｜"打开"命令，打开一幅素材图像，如图11-331所示。

STEP 02 按【Ctrl＋A】组合键，选择全部的图形对象，如图11-332所示。

图11-331 打开素材图像

图11-332 选择图形对象

STEP 03 单击"效果"｜"艺术效果"｜"调色刀"命令，弹出"调色刀"对话框，保持默认设置，如图11-333所示。

STEP 04 单击"确定"按钮，即可将设置的效果应用于图形中，如图11-334所示。

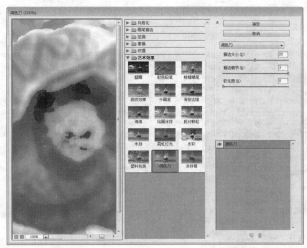

图11-333　设置选项

图11-334　图像效果

实战 471　应用霓虹灯光效果

▶ 实例位置：光盘\效果\第11章\实战471.ai
▶ 素材位置：光盘\素材\第11章\实战471.ai
▶ 视频位置：光盘\视频\第11章\实战471.mp4

● 实例介绍 ●

"霓虹灯光"效果可以为图像添加类似霓虹灯光的发光效果。

● 操作步骤 ●

STEP 01 单击"文件"｜"打开"命令，打开一幅素材图像，如图11-335所示。

STEP 02 按【Ctrl＋A】组合键，选择全部的图形对象，如图11-336所示。

图11-335　打开素材图像

图11-336　选择图形对象

知识拓展

"霓虹灯光"对话框中的主要选项含义如下。

➤ 发光大小：用于设置霓虹灯光所覆盖的范围，数值为正值时，灯光向外发射；数值为负值时，灯光向内发射。
➤ 发光亮度：用于设置环境光的亮度。
➤ 发光颜色：单击其右侧的色块，弹出"拾色器"对话框，在该对话框中可设置霓虹灯发光的颜色。

STEP 03 单击"效果"｜"艺术效果"｜"霓虹灯光"命令，弹出"霓虹灯光"对话框，保持默认设置，如图11-337所示。

STEP 04 单击"确定"按钮，即可将设置的效果应用于图形中，如图11-338所示。

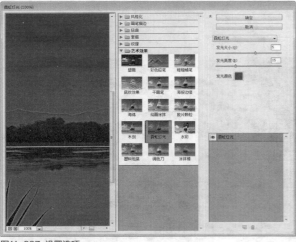

图11-337 设置选项

图11-338 图像效果

11.13 应用其他效果

有些效果可以使用户将特别的外观应用至矢量图形或位图图像上。两个菜单在命令上很相似，但是在使用时效果不同。所以在使用之前，必须先了解这些效果的特点。本节主要介绍其他重要效果的使用方法。

实战 472	应用栅格化效果	▶ 实例位置：光盘\效果\第11章\实战472.ai ▶ 素材位置：光盘\素材\第11章\实战472.ai ▶ 视频位置：光盘\视频\第11章\实战472.mp4

● 实例介绍 ●

"栅格化"效果可以使矢量对象呈现位图的外观，但不会改变其矢量结构。

● 操作步骤 ●

STEP 01 单击"文件"｜"打开"命令，打开一幅素材图像，如图11-339所示。

STEP 02 选取工具面板中的选择工具 ，选择相应的图形对象，如图11-340所示。

图11-339 打开素材图像

图11-340 选择图形对象

知识拓展

如果一种效果在计算机屏幕上看起来很不错，但打印出来却丢失了一些细节或是出现锯齿状边缘，则需要提高文档栅格效果分辨率。

STEP 03 单击"效果" | "栅格化"命令，弹出"栅格化"对话框，选中"透明"单选按钮，如图11-341所示。

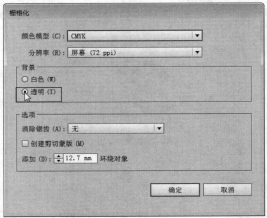

图11-341 设置选项

STEP 04 单击"确定"按钮，即可将设置的效果应用于图形中，如图11-342所示。

图11-342 图像效果

实战 473 应用裁剪标记效果

▶ 实例位置：光盘\效果\第11章\实战473.ai
▶ 素材位置：光盘\素材\第11章\实战473.ai
▶ 视频位置：光盘\视频\第11章\实战473.mp4

● 实例介绍 ●

"裁剪标记"效果可以在图形或图像上添加修改剪记，以便于印刷图像的后期制作。

● 操作步骤 ●

STEP 01 单击"文件" | "打开"命令，打开一幅素材图像，如图11-343所示。

图11-343 打开素材图像

STEP 02 选取工具面板中的选择工具，选择相应的图形对象，如图11-344所示。

图11-344 选择图形对象

STEP 03 在菜单栏中，单击"效果" | "裁剪标记"命令，如图11-345所示。

STEP 04 执行操作后，即可以效果的形式创建裁剪标记，如图11-346所示。

效果(C) 视图(V) 窗口(W) 帮助(H)

应用"裁剪标记"(A)　　Shift+Ctrl+E
裁剪标记　　　　　　Alt+Shift+Ctrl+E

文档栅格效果设置(E)...

Illustrator 效果
3D(3)　　　　　　　　　　▶
SVG 滤镜(G)　　　　　　　▶
变形(W)　　　　　　　　　▶
扭曲和变换(D)　　　　　　▶
栅格化(R)...
裁剪标记(O)
路径(P)　　　　　　　　　▶
路径查找器(F)　　　　　　▶
转换为形状(V)　　　　　　▶
风格化(S)　　　　　　　　▶

Photoshop 效果
效果画廊...
像素化　　　　　　　　　▶
扭曲

图11-345 单击"裁剪标记"命令

图11-346 图像效果

实战 474　应用转换为形状效果

▶ 实例位置：光盘\效果\第11章\实战474.ai
▶ 素材位置：光盘\素材\第11章\实战474.ai
▶ 视频位置：光盘\视频\第11章\实战474.mp4

● 实例介绍 ●

"转换为形状"效果组可以将矢量对象转换为矩形、圆角矩形和椭圆形。

● 操作步骤 ●

STEP 01 单击"文件"|"打开"命令，打开一幅素材图像，如图11-347所示。

STEP 02 选取工具面板中的选择工具▶，选择相应的图形对象，如图11-348所示。

图11-347 打开素材图像

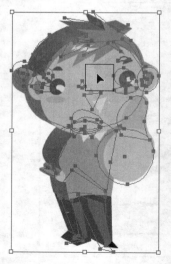

图11-348 选择图形对象

STEP 03 单击"效果"|"转换为形状"|"圆角矩形"命令，弹出"圆角矩形"对话框，保持默认设置，如图11-349所示。

STEP 04 单击"确定"按钮，即可将设置的效果应用于图形中，如图11-350所示。

图11-349　设置选项

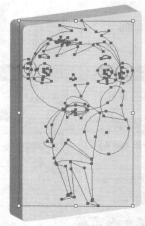

图11-350　图像效果

<table>
<tr><td>实战
475</td><td>应用视频效果</td><td>▶ 实例位置：光盘\效果\第11章\实战475.ai
▶ 素材位置：光盘\素材\第11章\实战475.ai
▶ 视频位置：光盘\视频\第11章\实战475.mp4</td></tr>
</table>

● 实例介绍 ●

　　"视频"效果组属于Photoshop的外部接口程序，用来从摄像机输入图像或将图像输出到录像带上。其中，"NTSC颜色"效果用于匹配图像色域以适合NTSC视频颜色标准色域，使图像能够被视频接收；"逐行"效果可以清除图像中的奇或偶交错线来平滑视频图像。

● 操作步骤 ●

STEP 01 单击"文件"｜"打开"命令，打开一幅素材图像，如图11-351所示。

STEP 02 选取工具面板中的选择工具 ▶，选择相应的图形对象，如图11-352所示。

图11-351　打开素材图像

图11-352　选择图形对象

STEP 03 单击"效果"｜"视频"｜"逐行"命令，弹出"逐行"对话框，保持默认设置，如图11-353所示。

STEP 04 单击"确定"按钮，即可将设置的效果应用于图形中，如图11-354所示。

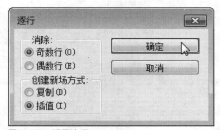

图11-353　设置选项

图11-354　图像效果

实战 476 应用效果画廊

▶ 实例位置：光盘\效果\第11章\实战476.ai
▶ 素材位置：光盘\素材\第11章\实战476.ai
▶ 视频位置：光盘\视频\第11章\实战476.mp4

● 实例介绍 ●

效果画廊是Illustrator CC滤镜的一个集合体，在此对话框中包括了绝大部分的内置滤镜。

● 操作步骤 ●

STEP 01 单击"文件" | "打开"命令，打开一幅素材图像，如图11-355所示。

STEP 02 选择相应图形，单击"效果" | "效果画廊"命令，在弹出的"滤镜库"对话框中选择"艺术效果" | "木刻"选项，如图11-356所示，单击"确定"按钮即可应用该效果。

图11-355 素材图像

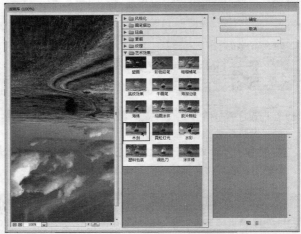

图11-356 设置选项

第  章

应用外观与图形样式

本章导读

外观实际上是选择对象的外在表现形式，它与矢量图形本身的结构不一样。使用"外观"面板可以灵活地控制矢量图形。用户在随时改变图形的外观操作过程中，对象本身的结构不会发生变化。图形样式是外观属性的集合，它可以快捷、一致地改变图形的外观属性。

要点索引

● 应用"外观"面板
● 应用"图形样式"面板
● 应用图形样式库

12.1 应用"外观"面板

单击"窗口" | "外观"命令，或按【Shift + F6】组合键，弹出"外观"面板，如图12-1所示。

若用户在显示"外观"面板之前，在当前图形窗口中选择了相应的对象，其"外观"面板显示的状态也会根据当前选择的对象不同而有所区别，如图12-2所示。

图12-1 默认的"外观"面板

图12-2 选择图形的"外观"面板

"外观"面板中的各组件及按钮选项含义如下。

> "外观"面板中最上面一行状态：当图形窗口中没有选择对象时，该处显示为"未选择对象"；若在图形窗口中选择文字时，则该处显示为"文字"；若在图形窗口中选择编组图形时，该处显示为"编组"；若选择符号图形时，该处显示为"符号"。

> 图形外观属性区：该显示区主要显示当前选择的对象的外观属性，主要包括对象的轮廓、填色、透明度及效果等。

> 添加新描边|□|：单击该按钮，可以为对象增加一个描边属性。

> 添加新填色|■|：单击该按钮，可以为对象增加一个填色属性。

> 添加新效果|fx.|：单击该按钮，可在打开的下拉菜单中选择一个新效果。

> 清除外观|◎|：单击该按钮，图形窗口中选择的对象将呈无填色和无轮廓的状态。

> |三|按钮：单击该按钮，弹出面板菜单，如图12-3所示。

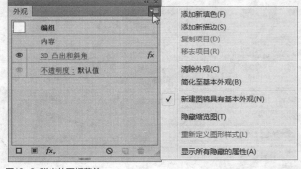

图12-3 弹出的面板菜单

实战 477 添加与编辑外观属性

> 实例位置：光盘\效果\第12章\实战477.ai
> 素材位置：光盘\素材\第12章\实战477.ai
> 视频位置：光盘\视频\第12章\实战477.mp4

● 实例介绍 ●

若用户所选择的图形在当前图像窗口中的发生了变化，则"外观"浮动面板上的显示状态也会随着变化，而通过添加和编辑外观属性，则可以保留原有的外观属性。选择图形后，只要在外观属性框上单击鼠标左键，即可展开该外观属性的编辑选项。

● 操作步骤 ●

STEP 01 单击"文件" | "打开"命令，打开一幅素材图像，如图12-4所示。

STEP 02 选中文字，单击"窗口" | "外观"命令，调出"外观"浮动面板，将鼠标指针移至"添加新填色"按钮上|■|，如图12-5所示。

图12-4　素材图像

图12-5　添加外观属性

STEP 03 单击鼠标左键，即可添加"填色"和"描边"两个
外观属性项目，单击"填色"颜色块右侧的下拉三角按钮，
在弹出的颜色面板中选择需要填充的颜色，如图12-6所示。

STEP 04 执行操作的同时，所选择的图形外观的颜色也随
之改变，如图12-7所示。

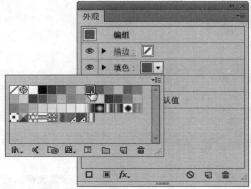

图12-6　选择颜色

图12-7　改变外观

实战 478　复制外观属性

▶ 实例位置：光盘\效果\第12章\实战478.ai
▶ 素材位置：光盘\素材\第12章\实战478.ai
▶ 视频位置：光盘\视频\第12章\实战478.mp4

● 实例介绍 ●

复制外观属性有以下3种方法。

➢ 方法1：按住【Alt】键的同时，选中需要复制的外观属性项目，单击鼠标左键并拖曳，至两个项目之间时，释放
鼠标左键，即可复制所选择的外观属性项目。

➢ 方法2：选中需要复制的外观属性项目后，单击面板右上角的按钮 ，在弹出的菜单列表框中选择"复制项
目"，即可复制所选择的外观属性项目。

➢ 方法3：在"外观"面板中，选择需要复制图形外观的属性，单击面板下方的"复制所选项目"按钮 ，即可复
制所选择的属性。

● 操作步骤 ●

STEP 01 单击"文件" | "打开"命令，打开一幅素材图
像，如图12-8所示。

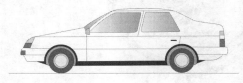

图12-8　打开素材图像

STEP 02 在图像窗口中选中车身，如图12-9所示。

STEP 03 在"外观"浮动面板中选择"填色"外观属性项目，单击面板下方的"复制所选项目"按钮，即可复制该项目，如图12-10所示。

STEP 04 设置所复制项目的颜色为红色，执行操作的同时，所选择的图形颜色也随之改变，如图12-11所示。

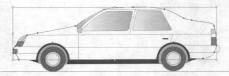

图12-9 选中车身

图12-10 复制外观属性

图12-11 改变外观属性后的效果

实战 479 隐藏和删除外观属性

▶ **实例位置：** 光盘\效果\第12章\实战479.ai
▶ **素材位置：** 光盘\素材\第12章\实战479.ai
▶ **视频位置：** 光盘\视频\第12章\实战479.mp4

● 实例介绍 ●

删除图形外观属性的操作方法也有3种，分别如下。

➤ 在"外观"面板中，选择需要删除的外观属性，单击面板底部的"删除所选项目"按钮，即可删除选择的外观属性。

➤ 在"外观"面板中，选择需要删除的外观属性，并直接将其拖曳至面板底部的"删除所选项目"按钮处，即可删除选择的外观属性。

➤ 在"外观"面板中，选择需要删除的外观属性，单击面板右侧的按钮，在弹出的面板菜单中选择"移去项目"选项，即可删除选择的外观属性（若用户选择"清除属性"选项，则是删除当前选择图形的所有外观属性）。

另外，在选择外观属性项目后，直接按【Delete】按钮，删除的是所选择的图形，而不是图形的外观属性。

● 操作步骤 ●

STEP 01 单击"文件"｜"打开"命令，打开一幅素材图像，选中需要隐藏外观属性的图形，如图12-12所示。

STEP 02 单击"描边"外观属性项目前的"切换可视性"图标，如图12-13所示。

图12-12 选中图形

图12-13 单击"切换可视性"图标

STEP 03 执行操作的同时，所选图形的描边外观属性被隐藏，如图12-14所示。

STEP 04 在图像窗口中选中需要删除外观属性的图形，再在"外观"浮动面板中选中需要删除的外观属性项目，单击面板下方的"删除所选项目"按钮 🗑，即可将所选择图形的填充属性删除，如图12-15所示。

图12-14　隐藏描边属性

图12-15　删除外观属性

实战 480　更改图形外观属性

▶ 实例位置：光盘\效果\第12章\实战480.ai
▶ 素材位置：光盘\素材\第12章\实战480.ai
▶ 视频位置：光盘\视频\第12章\实战480.mp4

● 实例介绍 ●

在相应的外观属性项目上单击控制按钮 ▶，即可展开该项目中所应用的效果，若鼠标移至名称上，则单击鼠标左键；若在空白区域，则双击鼠标左键，即可弹出相应对话框。

● 操作步骤 ●

STEP 01 单击"文件"｜"打开"命令，打开一幅素材图像，运用直接选择工具 ▷ 选中杯身图形，如图12-16所示。

STEP 02 在"外观"浮动面板中显示了图形效果的外观属性，将鼠标指针移至"投影"属性项目上，如图12-17所示。

图12-16　选中杯身图形

图12-17　图形外观属性

STEP 03 单击鼠标左键，弹出"投影"对话框，设置"不透明度"为30%，如图12-18所示。

STEP 04 单击"确定"按钮，所选择图形的外观效果随之改变，如图12-19所示。

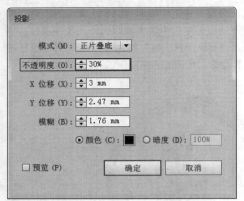

图12-18 设置选项

图12-19 图形外观效果

实战 481 调整外观属性的顺序

▶ 实例位置：光盘\效果\第12章\实战481.ai
▶ 素材位置：光盘\素材\第12章\实战481.ai
▶ 视频位置：光盘\视频\第12章\实战481.mp4

● 实例介绍 ●

除了对外观属性直接进行顺序的调整外，也可以对其选项的顺序进行调整。选中需要选择的选项，单击鼠标左键并拖曳至其他外观属性项目中即可，若只是在原来的项目中进行顺序的调整，图形的效果将无任何变化。

● 操作步骤 ●

STEP 01 单击"文件"｜"打开"命令，打开一幅素材图像，并运用直接选择工具 选中需要调整外观属性的图形，如图12-20所示。

STEP 02 在"外观"浮动面板中选择一种"填色"外观属性项目，单击鼠标左键并向下拖曳，如图12-21所示。

图12-20 选中图形

图12-21 拖曳鼠标

STEP 03 鼠标指针移动至"填色"与"不透明度"外观属性项目之间时，释放鼠标，所选择图形的外观效果也随之改变，如图12-22所示。

图12-22 图形效果

实战 482 应用外观属性于新图形中

▶ 实例位置：光盘\效果\第12章\实战482.ai
▶ 素材位置：光盘\素材\第12章\实战482.ai
▶ 视频位置：光盘\视频\第12章\实战482.mp4

● 实例介绍 ●

通过"外观"面板可以将一个图形的外观属性复制并应用于其他新图形上。若要将外观属性应用于编组图形中时，只需将选择的外观属性拖曳至其中的一个图形上，则外观属性只会应用于该图形上。

● 操作步骤 ●

STEP 01 单击"文件"｜"打开"命令，打开一幅素材图像，如图12-23所示。

STEP 02 运用直接选择工具 在图像窗口中选中一个图形，如图12-24所示。

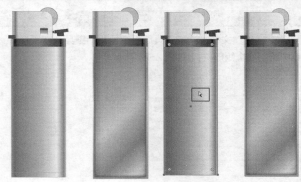

图12-23 素材图像　　　　　　　图12-24 选中图形

STEP 03 将鼠标指针移至"外观"浮动面板中"路径"前的预览框上，单击鼠标左键并拖曳至需要填充的另一个图形上，此时，鼠标指针呈 形状，如图12-25所示。

STEP 04 释放鼠标后，即可将外观属性应用于图形中，如图12-26所示。

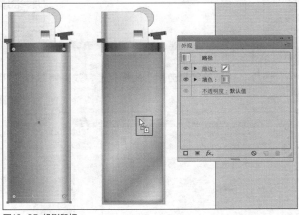

图12-25 投影鼠标

图12-26 应用外观属性

12.2 应用"图形样式"面板

图形样式是一组可反复使用的外观属性，它是一系列外观属性的集合。它可以对图形执行一系列的外观属性操作，这一特性可以快速而一致地改变图形轮廓的外观。

实战 483 创建图形样式

▶ 实例位置：光盘\效果\第12章\实战483.ai
▶ 素材位置：无
▶ 视频位置：光盘\视频\第12章\实战483.mp4

● 实例介绍 ●

单击"窗口"｜"图形样式"命令，或按【Shift＋F5】组合键，弹出"图形样式"面板，如图12-27所示。

样式是一系列外观属性的集合，例如颜色、透明、填充图案、效果以及变形。用户可通过"图形样式"面板完成创建、命名、存储以及将样式应用至对象上等各项操作。

另外，用户使用"图形样式"面板中的样式可以快速更改图形的外观，例如更改对象的填色和描边颜色，更改透明度，还可以在一个步骤中应用多种效果。

图12-27 "图形样式"面板

● 操作步骤 ●

STEP 01 新建文档，选取工具面板中的矩形工具，在图像窗口中绘制一个矩形框，如图12-28所示。

STEP 02 设置"填色"为"无""描边"为"橙色""描边粗细"为2pt，效果如图12-29所示。

图12-28 绘制矩形框

图12-29 图形效果

STEP 03 调出"画笔"浮动面板中的"边框-装饰"浮动面板，选中"前卫"画笔笔触，如图12-30所示。

STEP 04 将该画笔笔触应用于矩形框上，效果如图12-31所示。

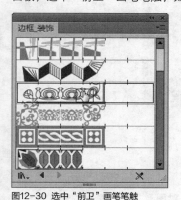

图12-30 选中"前卫"画笔笔触

图12-31 应用画笔笔触效果

技巧点拨

在默认情况下，新建的图形样式的名称为"图形样式1"，若在该图形样式上双击鼠标左键，将弹出"图形样式选项"对话框，在"样式名称"对话框中输入新名称后，单击"确定"按钮即可。

STEP 05 再在"画笔"浮动面板中的"前卫"笔触上双击鼠标左键，如图12-32所示。

STEP 06 在弹出的对话框中设置"方法"为"色相转换"，如图12-33所示。

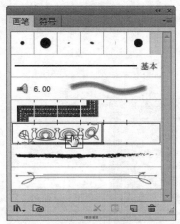

图12-32 双击"前卫"画笔笔触

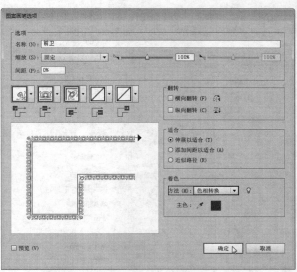

图12-33 设置"方法"选项

STEP 07 单击"确定"按钮，效果如图12-34所示。

STEP 08 调出"图形样式"浮动面板，并单击面板下方的"新建图形样式"按钮 🖵|，即可创建新的图形样式，如图12-35所示。

图12-34 应用效果

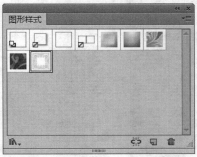

图12-35 创建图形样式

实战 484 复制和删除图形样式

▶ 实例位置：光盘\效果\第12章\实战484.ai
▶ 素材位置：光盘\素材\第12章\实战484.ai
▶ 视频位置：光盘\视频\第12章\实战484.mp4

• 实例介绍 •

当用户在面板中选择了需要复制的图形样式后，单击面板下方的"新建图形样式"按钮 🖵|，同样可以复制所选择的图形。

• 操作步骤 •

STEP 01 单击"文件"｜"打开"命令，打开一幅素材图像，如图12-36所示。

STEP 02 在"图形样式"面板中选中需要复制的图形样式，如图12-37所示。

图12-36 素材图像

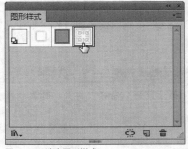

图12-37 选中图形样式

STEP 03 单击面板右上角的 ▾▤ 按钮，在弹出的菜单列表框中选择"复制图形样式"选项，如图12-38所示。

STEP 04 即可复制所选择的图形样式，如图12-39所示。

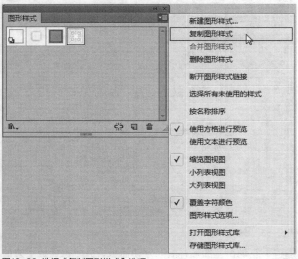

图12-38 选择"复制图形样式"选项

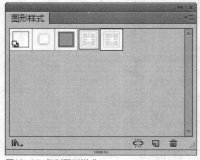

图12-39 复制图形样式

STEP 05 选中需要删除的图形样式，单击面板右上角的 ▾▤ 按钮，在菜单列表框中选择"删除图形样式"选项，如图12-40所示。

STEP 06 弹出信息提示框，单击"是"按钮，即可删除所选择的图形样式，如图12-41所示。

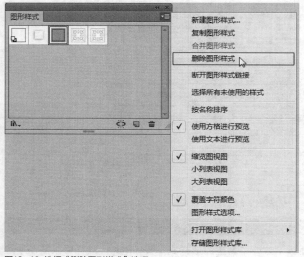

图12-40 选择"删除图形样式"选项

图12-41 删除图形样式

实战 485 合并图形样式

▶ 实例位置：光盘\效果\第12章\实战485.ai
▶ 素材位置：光盘\素材\第12章\实战485.ai
▶ 视频位置：光盘\视频\第12章\实战485.mp4

● 实例介绍 ●

使用Illustrator CS2绘制或编辑图形的操作过程中，常常需要合并两种或更多的样式，从而得到更加美观的样式效果。

● 操作步骤 ●

STEP 01 单击"文件"|"打开"命令，打开一幅素材图像，如图12-42所示。

STEP 02 在"图形样式"浮动面板中，按住【Ctrl】键的同时，选中需要合并的图形样式，如图12-43所示。

图12-42 素材图像

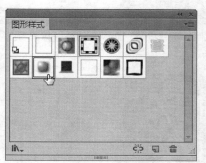

图12-43 选中图形样式

STEP 03 单击面板右上角的 按钮，在菜单列表框中选择"合并图形样式"选项，如图12-44所示。

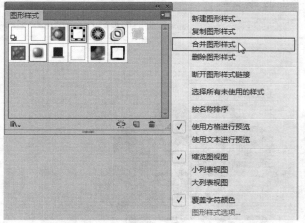

图12-44 选择"合并图形样式"选项

STEP 04 弹出"图形样式选项"对话框，在"样式名称"中输入相应的名称，如图12-45所示。

图12-45 "图形样式选项"对话框

STEP 05 单击"确定"按钮，即可合并所选择的图形样式，如图12-46所示。

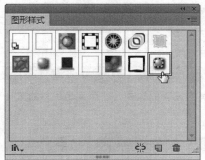

图12-46 合并图形样式

STEP 06 在图像窗口中选中需要应用图形样式的图形后，再单击合并的图形样式，即可将合并的图形样式应用于图形中，如图12-47所示。

图12-47 应用图形样式

知识拓展

在合并图形样式时，除了默认图形样式外，用户可以将其他的图形样式全部合并，默认的图形样式既不能复制也不能删除，只能将其应用于所选择的图形中。

实战 486　为文字添加图形样式

▶ **实例位置：** 光盘\效果\第12章\实战486.ai
▶ **素材位置：** 光盘\素材\第12章\实战486.ai
▶ **视频位置：** 光盘\视频\第12章\实战486.mp4

● **实例介绍** ●

在图像窗口中创建文字后，若对文字进行了创建轮廓的操作，再应用图形样式，该文字的图形样式效果与未创建轮廓的文字并应用图形样式的效果有所不同。

● 操作步骤 ●

STEP 01 单击"文件"｜"打开"命令，打开一幅素材图像，如图12-48所示。

STEP 02 运用选择工具 选中文字，如图12-49所示。

图12-48 打开素材图像

图12-49 选中文字

STEP 03 在"图形样式"浮动面板中单击"浮雕"图形样式，如图12-50所示。

STEP 04 即可为文字添加相应的图形样式，如图12-51所示。

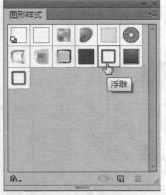

图12-50 单击"浮雕"图形样式

图12-51 应用图形样式

实战 487 重定义图形样式

▶ 实例位置：光盘\效果\第12章\实战487.ai
▶ 素材位置：光盘\素材\第12章\实战487.ai
▶ 视频位置：光盘\视频\第12章\实战487.mp4

● 实例介绍 ●

　　在"图形样式"面板中，用户可以对所应用的样式进行相应的编辑，使其生成新的样式，从而满足用户的工作需要。

● 操作步骤 ●

STEP 01 单击"文件"｜"打开"命令，打开一幅素材图像，如图12-52所示。

STEP 02 运用选择工具 选中应用了图形样式的文字，如图12-53所示。

图12-52 打开素材图像

图12-53 选中文字

STEP 03 调出"外观"面板，依次设置"描边粗细"为 0.5pt、"描边粗细"为0.5pt、"描边"为"蓝色""描边粗细"为1pt，如图12-54所示。

STEP 04 执行操作的同时，文字效果随之改变，如图12-55所示。

图12-54　设置外观属性

图12-55　文字效果

知识拓展

当一种图形样式应用于单个图形、编组图形或整个图层中时，应当注意以下4点。

➤ 若在位图图像中应用图形样式，该位图图像必须是嵌入在图像窗口中，否则不能应用。

➤ 若对创建的文字应用图形样式时，只有选中文字才可以应用图形样式。

➤ 每个图形样式都可以包含多个外观属性，并可以对其进行编辑、修改或删除。若样式被修改，则应用其效果的图形外观属性也会随之改变。

➤ 若对编组图形中的某一个图形应用了图形样式，则该组的所有图形都会应用同样的图形样式。

用户在使用"图形样式"时，需要注意以下几点原则：

➤ 使用"图形样式"面板中的样式，可以将其应用至选择的单个图形或编组图形，甚至是整个图层的对象中。若用户需要将其应用至位图图像中，该位图图像必须是嵌入在图形窗口中的，否则将不可用。

➤ 可对创建的文字应用图形样式，并且该文字依然保持可编辑性。

➤ 若要对创建的文字应用图形样式，只有选择的文字才可以应用样式效果，如图12-56所示。

➤ 每个样式效果都是颜色、填充、轮廓、图案、效果、透明度、混合模式、渐变以及变形等命令的不同组合。

图12-56　选择的文字应用样式效果

➤ 每个样式效果都可以包含多个外观属性，如颜色、填充、轮廓、效果和变形，例如，在一个样式中可以有三个填充效果，并且每个填充效果都可以具有不同的透明度和混合模式，同样的，在一个样式中可以有多个轮廓，以设置出复杂的图形效果。

➤ 在"图形样式"面板中，用户可以命名和存储自定义的样式，并将其应用至其他图形、编组图形、图层上。

➤ 图形样式是非破坏性地改变，也就是说随时可以对样式进行编辑、修改或删除。

➤ 用户若修改一个样式，那么被应用其效果的图形的外观属性都会发生相应地变化。

12.3　应用图形样式库

图形样式库是一组预设图形样式的集合。用户若要打开一个图形样式库，可单击"窗口"｜"图形样式库"命令，在其子菜单中选择该样式库，即可将该样式输入至当前图形窗口中。用户若选择"涂抹效果"命令，即可在当前图形窗口中输入"涂抹效果"样式，如图12-57所示。

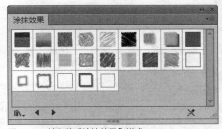

图12-57　输入的"涂抹效果"样式

<table>
<tr><td rowspan="2">实战
488</td><td rowspan="2">应用3D效果</td><td>▶ 实例位置：光盘\效果\第12章\实战488.ai</td></tr>
<tr><td>▶ 素材位置：光盘\素材\第12章\实战488.ai
▶ 视频位置：光盘\视频\第12章\实战488.mp4</td></tr>
</table>

● 实例介绍 ●

使用3D效果的图形样式时，不论是开放路径、闭合路径、单个图形或编组图形都可以应用3D效果中的图形样式，应用3D效果后的图形原路径不会改变，只是其效果以3D效果的样式进行了变化，若原图形的颜色与3D效果的图形样式有所差别，某些图形原有的外观属性仍会显示于图像窗口中。

● 操作步骤 ●

STEP 01 单击"文件"｜"打开"命令，打开一幅素材图像，如图12-58所示。

STEP 02 运用选择工具 选中文字，如图12-59所示。

图12-58 打开素材图像

图12-59 选中文字

STEP 03 在"图形样式"浮动面板下方单击"图形样式库菜单"按钮 ，在弹出的下拉列表框中选择"3D效果"选项，调出"3D效果"浮动面板，在其中单击"3D效果1"图形样式，如图12-60所示。

STEP 04 即可将该图形样式应用于字母中，如图12-61所示。

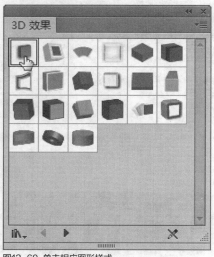

图12-60 单击相应图形样式

图12-61 应用图形样式

知识拓展

另外，用户若在"图形样式"面板中，单击其右侧的三角形按钮，在弹出的面板菜单中选择"打开图形样式库"选项，在其子菜单选项中选择相应的选项，即可弹出相应的样式面板。

用户若要将其他样式面板中的样式添加至"图形样式"面板中时，其操作方法有几种，分别如下。

➤ 在图形窗口中选择应用的样式图形（不是"图形样式"面板默认的样式），即可将该样式添加至"图形样式"面板。

➤ 在图形样式库中的样式面板中，选择需要添加的样式，直接拖曳至"图形样式"面板处，即可将该样式添加至"图形样式"面板中。

➤ 在图形窗口中未选择任意图形的情况下，在需要添加其样式的样式面板中单击需要添加的样式，即可将该单击的样式添加至"图形样式"面板中，如图12-62所示。

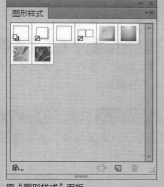
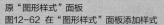
原"图形样式"面板

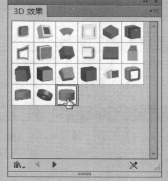
选择的样式

添加的样式

图12-62 在"图形样式"面板添加样式

实战 489 应用按钮和翻转效果

▶ 实例位置：光盘\效果\第12章\实战489.ai
▶ 素材位置：光盘\素材\第12章\实战489.ai
▶ 视频位置：光盘\视频\第12章\实战489.mp4

● 实例介绍 ●

在"按钮和翻转效果"浮动面板中的图形样式，当应用于图形中后，其图形路径大小不变，但其效果比原图形的路径大小要大。另外，有些图形在重新调整外观属性时，若改变其填色，改变的只是图形样式的边缘效果。

● 操作步骤 ●

STEP 01 单击"文件"|"打开"命令，打开一幅素材图像，如图12-63所示。

STEP 02 运用直接选择工具 选中相应的按钮图形，如图12-64所示。

STEP 03 单击"图形样式"浮动面板下方的"图形样式库菜单"按钮 ，在弹出的下拉列表框中选择"按钮和翻转效果"选项，调出"按钮和翻转效果"浮动面板，在其中单击"闪光按钮-正常"图形样式，如图12-65所示。

STEP 04 执行操作的同时，即可将所选择的图形样式应用于图形中，如图12-66所示。

图12-63 打开素材图像　　　图12-64 选中图形

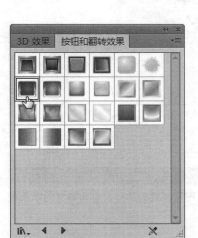
图12-65 选择图形样式

图12-66 应用图形样式

实战 490 应用涂抹效果

▶ 实例位置：光盘\效果\第12章\实战490.ai
▶ 素材位置：光盘\素材\第12章\实战490.ai
▶ 视频位置：光盘\视频\第12章\实战490.mp4

● 实例介绍 ●

"涂抹效果"浮动面板中的图形样式大多数为笔触很强烈的样式效果，且边缘起伏跌宕。在选择一个规则的图形后，若选择的图形样式边缘不平滑，则应用后的图形效果边缘也是不平滑的。

● 操作步骤 ●

STEP 01 单击"文件" | "打开"命令，打开一幅素材图像，如图12-67所示。

STEP 02 运用直接选择工具 选中相应的图形对象，如图12-68所示。

图12-67 打开素材图像

图12-68 选中图形

STEP 03 在"图形样式"浮动面板下方单击"图形样式库菜单"按钮，在弹出的下拉列表框中选择"涂抹效果"选项，调出"涂抹效果"浮动面板，在其中单击"涂抹1"图形样式，如图12-69所示。

STEP 04 即可将该图形样式应用于图形中，如图12-70所示。

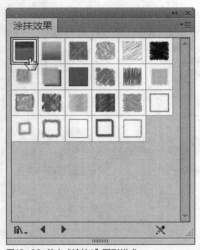

图12-69 单击"涂抹1"图形样式

图12-70 应用图形样式

实战 491 应用纹理效果

▶ 实例位置：光盘\效果\第12章\实战491.ai
▶ 素材位置：光盘\素材\第12章\实战491.ai
▶ 视频位置：光盘\视频\第12章\实战491.mp4

● 实例介绍 ●

在"纹理"浮动面板中所有图形样式都是RBG的文件格式，因此，应用该类图形样式的图形会有马赛克的现象，但不同的图形样式应用于图形中时，也会产生不同的视觉效果。

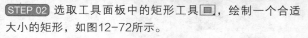

STEP 01 单击"文件" | "打开"命令，打开一幅素材图像，如图12-71所示。

STEP 02 选取工具面板中的矩形工具 ▢，绘制一个合适大小的矩形，如图12-72所示。

图12-71 打开素材图像

图12-72 绘制矩形

STEP 03 选中图形后，调出"纹理"浮动面板，选择"RGB砖块"图形样式，如图12-73所示。

STEP 04 即可将该图形样式应用于矩形中，如图12-74所示。

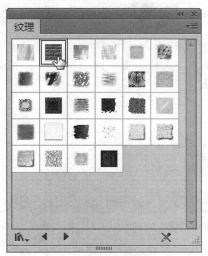

图12-73 选择"RGB砖块"图形样式

图12-74 应用图形样式

实战 492 应用艺术效果

▶ 实例位置：光盘\效果\第12章\实战492.ai
▶ 素材位置：光盘\素材\第12章\实战492.ai
▶ 视频位置：光盘\视频\第12章\实战492.mp4

在应用任何一种图形样式时，并不是所有图形样式的效果都会显示于图形中，有些只显示于图形的边缘。若所选择的图形是网格图形，则应用图形样式的效果不会很明显，甚至无法应用。

STEP 01 单击"文件" | "打开"命令，打开一幅素材图像，如图12-75所示。

STEP 02 选中需要应用图形样式的图形，如图12-76所示。

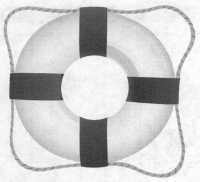

图12-75 素材图像

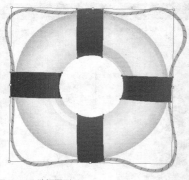

图12-76 选择图形

STEP 03 调出"艺术效果"浮动面板，选择"彩色半调"图形样式，如图12-77所示。

STEP 04 即可将该图形样式应用于图形中，如图12-78所示。

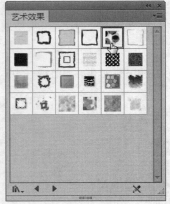

图12-77 选择"彩色半调"图形样式

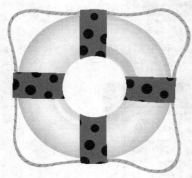

图12-78 应用图形样式

实战 493　应用霓虹效果

▶ 实例位置：光盘\效果\第12章\实战493.ai
▶ 素材位置：光盘\素材\第12章\实战493.ai
▶ 视频位置：光盘\视频\第12章\实战493.mp4

● 实例介绍 ●

在图像窗口中选择需要应用霓虹效果的图形后，在"霓虹效果"浮动面板中选择任何一种图形样式，图形路径为选择的霓虹图形样式的效果，而原有的填色都将成为白色，若要改变图形的填色，可以在填色等工具中进行颜色的设置。

● 操作步骤 ●

STEP 01 单击"文件"｜"打开"命令，打开一幅素材图像，如图12-79所示。

STEP 02 选中需要应用图形样式的图形，如图12-80所示。

图12-79 打开素材图表

图12-80 选择图形

STEP 03 调出"霓虹效果"浮动面板，选择"深洋红色霓虹"图形样式，如图12-81所示。

STEP 04 即可将该图形样式应用于图形中，如图12-82所示。

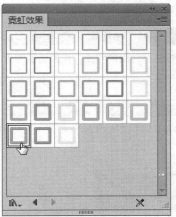

图12-81 选择图形样式

图12-82 应用图形样式

实战 494 应用Vonster图案样式效果

▶ 实例位置：光盘\效果\第12章\实战494.ai
▶ 素材位置：光盘\素材\第12章\实战494.ai
▶ 视频位置：光盘\视频\第12章\实战494.mp4

● 实例介绍 ●

在图像窗口中选择需要应用Vonster图案样式的图形后，在"Vonster图案样式"浮动面板中选择任何一种图形样式，图形路径为选择的图形样式的效果。

● 操作步骤 ●

STEP 01 单击"文件"｜"打开"命令，打开一幅素材图像，如图12-83所示。

STEP 02 选中需要应用图形样式的图形，如图12-84所示。

图12-83 打开素材图表

图12-84 选择图形

STEP 03 调出"Vonster图案样式"浮动面板，选择"小白花3"图形样式，如图12-85所示。

STEP 04 即可将该图形样式应用于图形中，如图12-86所示。

图12-85 选择图形样式

图12-86 应用图形样式

实战 495 应用图像效果样式

▶ **实例位置：** 光盘\效果\第12章\实战495.ai
▶ **素材位置：** 光盘\素材\第12章\实战495.ai
▶ **视频位置：** 光盘\视频\第12章\实战495.mp4

● 实例介绍 ●

在图像窗口中选择需要应用图像效果的图形后，在"图像效果"浮动面板中选择任何一种图形样式，图形路径即可变为选择的图形样式效果。

● 操作步骤 ●

STEP 01 单击"文件"｜"打开"命令，打开一幅素材图像，如图12-87所示。

STEP 02 选中需要应用图形样式的图形，如图12-88所示。

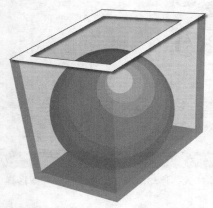

图12-87 打开素材图表

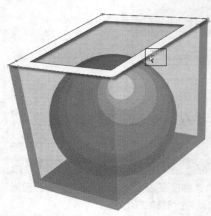

图12-88 选择图形

STEP 03 调出"图像效果"浮动面板，选择"金属银"图形样式，如图12-89所示。

STEP 04 即可将该图形样式应用于图形中，如图12-90所示。

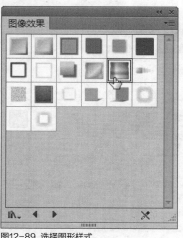

图12-89 选择图形样式

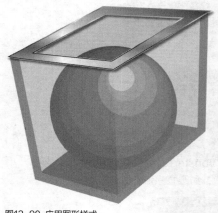

图12-90 应用图形样式

实战 496 应用文字效果样式

▶ **实例位置：** 光盘\效果\第12章\实战496.ai
▶ **素材位置：** 光盘\素材\第12章\实战496.ai
▶ **视频位置：** 光盘\视频\第12章\实战496.mp4

● 实例介绍 ●

在图像窗口中选择需要应用文字效果的图形后，在"文字效果"浮动面板中选择任何一种图形样式，图形路径即可变为选择的图形样式效果。

STEP 01 单击"文件"｜"打开"命令，打开一幅素材图像，如图12-91所示。

STEP 02 选中需要应用图形样式的文字图形，如图12-92所示。

图12-91 打开素材图表

图12-92 选择图形

STEP 03 调出"文字效果"浮动面板，选择"阴影"图形样式，如图12-93所示。

STEP 04 即可将该图形样式应用于图形中，如图12-94所示。

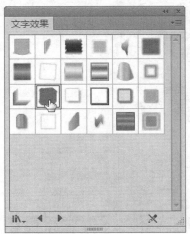

图12-93 选择图形样式

图12-94 应用图形样式

实战 497　应用照亮样式效果

▶ 实例位置：光盘\效果\第12章\实战497.ai
▶ 素材位置：光盘\素材\第12章\实战497.ai
▶ 视频位置：光盘\视频\第12章\实战497.mp4

● 实例介绍 ●

　　在图像窗口中选择需要应用照亮样式的图形后，在"照亮样式"浮动面板中选择任何一种图形样式，图形路径即可变为选择的图形样式效果。

● 操作步骤 ●

STEP 01 单击"文件"｜"打开"命令，打开一幅素材图像，如图12-95所示。

STEP 02 选中需要应用图形样式的图形对象，如图12-96所示。

STEP 03 调出"照亮样式"浮动面板，选择"黄色文本样式照亮"图形样式，如图12-97所示。

STEP 04 即可将该图形样式应用于图形中，如图12-98所示。

图12-95 打开素材图表

图12-96 选择图形

图12-97 选择图形样式

图12-98 应用图形样式

实战 498 应用斑点画笔的附属品效果

▶ 实例位置：光盘\效果\第12章\实战498.ai
▶ 素材位置：光盘\素材\第12章\实战498.ai
▶ 视频位置：光盘\视频\第12章\实战498.mp4

● 实例介绍 ●

在图像窗口中选择需要应用斑点画笔的附属品的图形后，在"斑点画笔的附属品"浮动面板中选择任何一种图形样式，图形路径即可变为选择的图形样式效果。

● 操作步骤 ●

STEP 01 单击"文件"｜"打开"命令，打开一幅素材图像，如图12-99所示。

STEP 02 选中需要应用图形样式的文字图形，如图12-100所示。

图12-99 打开素材图表

图12-100 选择图形

STEP 03 调出"斑点画笔的附属品"浮动面板，选择"模糊3像素"图形样式，如图12-101所示。

STEP 04 即可将该图形样式应用于图形中，如图12-102所示。

图12-101 选择图形样式

图12-102 应用图形样式

实战 499　从其他文档中导入图形样式

▶ 实例位置：无
▶ 素材位置：光盘\效果\第12章\实战499.ai
▶ 视频位置：光盘\视频\第12章\实战499.mp4

● 实例介绍 ●

　　单击"图形样式"面板中的"图形样式库菜单"按钮 ，选择"其他库"选项，在弹出的对话框中选择一个AI文件，打开后即可导入该文件中使用的图形样式。

● 操作步骤 ●

STEP 01　新建一个空白文档，单击"图形样式"面板中的"图形样式库菜单"按钮 ，在弹出的列表框中选择"其他库"选项，如图12-103所示。

STEP 02　弹出"选择要打开的库："对话框，选择相应的AI文件，如图12-104所示。

STEP 03　单击"打开"按钮，它会出现在一个单独的面板中，如图12-105所示。

图12-103 选择"其他库"选项

图12-104 选择相应的AI文件

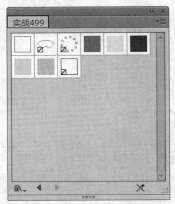

图12-105 打开其他文档中的图形样式库

高手
终极篇

第 **13** 章

创建与编辑文本对象

本章导读

在平面设计中，文字是不可缺少的设计元素，它直接传达着设计者的表达意图。因此，对文字的设计与编排是不容忽视的。Illustrator CC提供了强大的文本处理功能，可以满足不同版面的设计需要，它不但可以在图像窗口中创建横排或竖排文本，也可以对文本的属性进行编辑，如字体、字号、字间距、行间距等，还可以将文本置于路径图形中。

本章主要介绍创建文本、应用字形模版、设置文本、使用"字符"面板、使用"段落"面板、图文混排等技巧。

要点索引

- 创建文本
- 设置文本
- 使用"字符"面板
- 使用"段落"面板
- 图文混排

13.1 创建文本

虽然Illustrator CC是一款图形软件，但它的文本操作功能同样非常强大，其工具面板中提供了7种文本工具，分别是文字工具T、区域文字工具、路径文字工具、直排文字工具IT、直排区域文字工具、直排路径文字工具和修饰文字工具。用户使用这些文字输入工具，不仅可以按常规的书写方法输入文本，还可以将文本限制在一个区域内。

实战 500 创建文字

▶ 实例位置：光盘\效果\第13章\实战500.ai
▶ 素材位置：光盘\素材\第13章\实战500.ai
▶ 视频位置：光盘\视频\第13章\实战500.mp4

● 实例介绍 ●

使用工具面板中的文字工具和直排文字工具均可在图形窗口中直接输入所需要的文字内容，其操作方法是一样的，只是文本排列的方式不一样。该两种工具输入文字的方式有两种：一是按指定的行进行输入；二是按指定的范围进行输入。

选取工具面板中的文字工具T（或直排文字工具IT）在图形窗口中直接输入文字时，文字不能自动换行，若用户需要换行，必须按【Enter】键强制性换行，这种方法一般用于创建标题和篇幅比较小的文本。

● 操作步骤 ●

STEP 01 单击"文件"｜"打开"命令，打开一幅素材图像，如图13-1所示。

STEP 02 选取工具面板中的文字工具T，将鼠标指针移至图像窗口中，此时鼠标指针呈形状，如图13-2所示。

图13-1 打开素材图像

图13-2 移动鼠标

STEP 03 在图像窗口中的合适位置单击鼠标左键，确认文字的插入点，如图13-3所示。

STEP 04 插入点的光标呈闪烁状态时，在控制面板上设置"填色"为"白色""字体"为"宋体""字体大小"为30pt，如图13-4所示。

图13-3 确认插入点

图13-4 设置工具属性

STEP 05 选择一种输入法，输入相应的文字，如图13-5所示。

STEP 06 选中"爱"字，设置"字号"为60pt，如图13-6所示。

图13-5 输入文字

图13-6 设置文字属性

实战 501 创建直排文字

▶ **实例位置：** 光盘\效果\第13章\实战501.ai
▶ **素材位置：** 光盘\素材\第13章\实战501.ai
▶ **视频位置：** 光盘\视频\第13章\实战501.mp4

● **实例介绍** ●

选取了直排文字工具后，用户可以在Illustrator CC工作区中的任何位置单击鼠标左键，确认文字的插入点，并可以输入直排文字。

● **操作步骤** ●

STEP 01 单击"文件"|"打开"命令，打开一幅素材图像，如图13-7所示。

STEP 02 选取工具面板中的直排文字工具[T]，将鼠标指针移至图像窗口中，此时鼠标指针呈[I]形状，如图13-8所示。

图13-7 打开素材图像

图13-8 移动鼠标

STEP 03 在图像窗口中的合适位置单击鼠标左键，确认文字的插入点，如图13-9所示。

STEP 04 插入点的光标呈闪烁状态时，在控制面板上设置"填色"为"白色""字体"为"宋体""字体大小"为30pt，如图13-10所示。

图13-9 确认插入点

图13-10 设置工具属性

STEP 05 选择一种输入法，输入相应的文字，如图13-11所示。

图13-11 输入文字

STEP 06 选中"雪"字，设置"字号"为100pt，效果如图13-12所示。

图13-12 设置文字属性效果

技巧点拨

当用户完成文字输入后，在工具面板中单击任何工具图标，或按【Ctrl+Enter】组合键，即可确认输入的文字。

实战 502	创建区域文字	▶ 实例位置：光盘\效果\第13章\实战502.ai ▶ 素材位置：光盘\素材\第13章\实战502.ai ▶ 视频位置：光盘\视频\第13章\实战502.mp4

● 实例介绍 ●

使用区域文字工具主要是在闭合路径的内部创建文本，即用文本填充一个现有的路径形状。若没有选择路径图形，则在图像窗口中单击鼠标确认插入点时，会弹出信息提示框，提示在路径中创建文本。另外，在复合路径和蒙版的路径上是无法创建区域文字的。

● 操作步骤 ●

STEP 01 单击"文件"｜"打开"命令，打开一幅素材图像，如图13-13所示。

图13-13 打开素材图像

STEP 02 选取工具面板中的矩形工具，设置"填色"为"无""描边"为"无"，在图像窗口中的合适位置绘制一个矩形框，如图13-14所示。

图13-14 绘制矩形框

STEP 03 选取工具面板中的区域文字工具，将鼠标指针移至矩形框内部的路径附近，此时鼠标指针呈形状，如图13-15所示。

图13-15 移动鼠标

STEP 04 单击鼠标左键，确认区域文字的插入点，如图13-16所示。

图13-16 确认区域文字的插入点

STEP 05 插入点呈闪烁的光标状态时，在控制面板上设置"填色"为"黑色""字体"为"黑体""字体大小"为18pt，选择一种输入法并输入相应的文字，如图13-17所示。

STEP 06 输入完成后，使用选择工具对矩形框的大小进行调整，同时区域文字也随之进行了调整，如图13-18所示。

图13-17 输入相应的文字

图13-18 调整文字

知识拓展

用户需要注意的是，用上述两种方法输入的文本选框后都有一个文本控制框，其四周有文本控制柄，文本下方的横线是文字基线。

使用文字工具直接输入的文字与按指定的区域输入的文字之间的区别如下。

➤ 使用直接输入方法输入文字的第一行的左下角有一个实心点，而按指定的范围输入的文字第一行左下角则是一个空心点，如图13-19所示。

➤ 在旋转直接输入的文字的控制柄时，文字本身也随之旋转，如图13-20所示，而在旋转按指定的范围输入的文本时，文字则不会随着控制柄的旋转而旋转，如图13-21所示。

➤ 缩放直接输入文字的文本控制柄时，文本本身也随之缩小或放大，如图13-22所示，而缩放按指定区域输入的文本时，文本本身则不会随着控制柄的缩放而缩放，如图13-23所示。

图13-19 不同输入方法输入文字的显示模式

图13-20 旋转直接输入的文字

图13-21 旋转指定区域输入的文字

图13-22 缩放直接输入的文字

图13-23 缩放指定区域输入的文字

实战 503　创建直排区域文字

▶ 实例位置：光盘\效果\第13章\实战503.ai
▶ 素材位置：光盘\素材\第13章\实战503.ai
▶ 视频位置：光盘\视频\第13章\实战503.mp4

● 实例介绍 ●

　　使用工具面板中的直排区域文字工具 可以在开放或闭合的路径内创建垂直的文本对象，从而创建一些用户所需要的文本排列形式。

　　当用户在闭合的路径中输入完文字后，若路径上显示红色的标记田时，则表示所输入的文字没有完全显示，此时，需要对路径的大小进行适当的调整。

● 操作步骤 ●

STEP 01 单击"文件"｜"打开"命令，打开一幅素材图像，如图13-24所示。

STEP 02 选取工具面板中的矩形工具，设置"填色"为"无""描边"为"无"，在图像窗口中的合适位置绘制一个矩形框，如图13-25所示。

图13-24　打开素材图像

图13-25　绘制矩形框

STEP 03 选取工具面板中的直排区域文字工具 ，将鼠标指针移至矩形框内部的路径附近，此时鼠标指针呈 形状，如图13-26所示。

STEP 04 单击鼠标左键，确认区域文字的插入点，如图13-27所示。

图13-26　移动鼠标

图13-27　确认区域文字的插入点

STEP 05 插入点呈闪烁的光标状态时，在控制面板上设置"填色"为"白色""字体"为"黑体""字体大小"为36pt，选择一种输入法并输入相应的文字，如图13-28所示。

STEP 06 输入完成后，使用选择工具对矩形框的大小进行调整，同时区域文字也随之进行了调整，如图13-29所示。

图13-28 输入相应的文字

图13-29 调整文字

实战 504 创建路径文字

▶ 实例位置：光盘\效果\第13章\实战504.ai
▶ 素材位置：光盘\素材\第13章\实战504.ai
▶ 视频位置：光盘\视频\第13章\实战504.mp4

● 实例介绍 ●

使用工具面板中的路径文字工具或直排路径文字工具，均可以使文字沿着绘制的路径排列，当然，路径可以是开放的，也可以是闭合的，如图13-30所示。但输入文本后的路径将失去填充和轮廓属性，不过可使用相关工具编辑其锚点和形状。

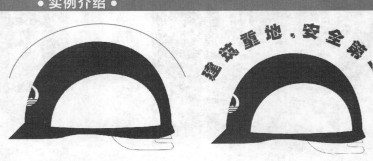

图13-30 输入路径文字

● 操作步骤 ●

STEP 01 单击"文件"｜"打开"命令，打开一幅素材图像，如图13-31所示。

STEP 02 选取工具面板中的钢笔工具，设置"填色"为"无""描边"为"无"，在图像窗口中的合适位置绘制一条开放路径，如图13-32所示。

图13-31 打开素材图像

图13-32 绘制开放路径

STEP 03 选取工具面板中的路径文字工具，将鼠标指针移至开放路径上，此时鼠标指针呈形状，如图13-33所示。

STEP 04 单击鼠标左键，确认路径文字的插入点，如图13-34所示。

图13-33 移动鼠标

图13-34 确认路径文字的插入点

STEP 05 插入点的光标呈闪烁状态时，在控制面板上设置"填色"为"黑色""字体"为"黑体""字体大小"为36pt，选择一种输入法并输入相应的文字，如图13-35所示。

STEP 06 输入完成后，对路径进行适当的调整，如图13-36所示。

图13-35 输入相应的文字

图13-36 创建路径文字

知识拓展

创建开放路径后，不论用户在路径上的任何位置确认插入点，插入点都会以开放路径的起始点为准。

实战 505 创建直排路径文字

▶ **实例位置：** 光盘\效果\第13章\实战505.ai
▶ **素材位置：** 光盘\素材\第13章\实战505.ai
▶ **视频位置：** 光盘\视频\第13章\实战505.mp4

● 实例介绍 ●

若用户是在闭合路径上创建路径文字或直排路径文字，则两种文字的走向是一样的。当文本填充完整条路径后，继续输入文字，则文字插入点的位置就会显示 图标，表示路径已填充完毕，且有文本被隐藏。

● 操作步骤 ●

STEP 01 单击"文件"｜"打开"命令，打开一幅素材图像，如图13-37所示。

STEP 02 选取工具面板中的钢笔工具，设置"填色"为"无""描边"为"无"，在图像窗口中的合适位置绘制一条开放路径，如图13-38所示。

图13-37 打开素材图像

图13-38 绘制开放路径

STEP 03 选取工具面板中的直排路径文字工具 ，将鼠标指针移至开放路径上，此时鼠标指针呈 形状，如图13-39所示。

STEP 04 单击鼠标左键，确认路径文字的插入点，如图13-40所示。

图13-39 移动鼠标

图13-40 确认路径文字的插入点

STEP 05 插入点的光标呈闪烁状态时，在控制面板上设置"填色"为"黑色""字体"为"黑体""字体大小"为36pt，选择一种输入法并输入相应的文字，如图13-41所示。

STEP 06 输入完成后，对路径进行适当的调整，如图13-42所示。

图13-41 输入相应的文字

图13-42 创建路径文字

13.2 设置文本

　　Illustrator CC中还提供了多种文本对象的编辑操作，如文本的选择、文本的复制与粘贴、更改文本排列方向、将文本转换为路径或将图片与文字进行混排。

实战 506 置入文本

▶ 实例位置：光盘\效果\第13章\实战506.ai
▶ 素材位置：光盘\素材\第13章\实战506.ai、实战506.psd
▶ 视频位置：光盘\视频\第13章\实战506.mp4

● 实例介绍 ●

　　若用户导入的文本是PSD格式文件时，在"Photoshop 导入选项"对话框，一定要注意选中"将图层转换为对象"单选按钮，才能将置入的文本文件进行编辑。

　　另外，当用户置入其他格式的文件时，会弹出相应的对话框或信息提示框，可以根据需要进行相应的操作。

● 操作步骤 ●

STEP 01 单击"文件" | "打开"命令，打开一幅素材图像，如图13-43所示。

STEP 02 单击"文件" | "置入"命令，弹出"置入"对话框，选择需要置入文件所在的位置，选中置入的文件并设置文件类型，如图13-44所示。

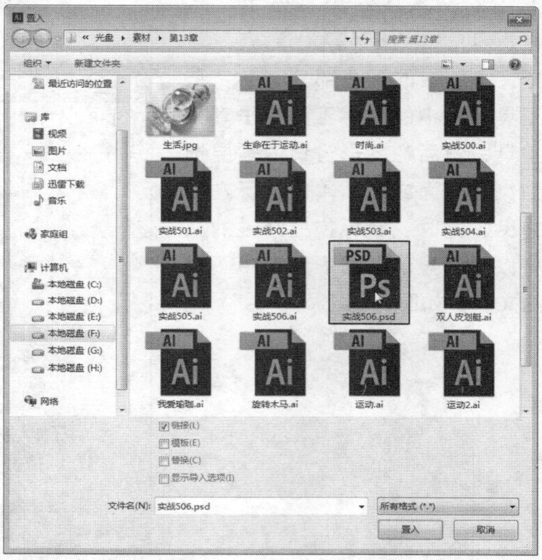

图13-43 素材图像

图13-44 选中文件

STEP 03 单击"置入"按钮，即可将文件置入图像中，如图13-45所示。

STEP 04 调整图像大小和位置，即可制作出美观的图像效果，如图13-46所示。

图13-45 置入文件

图13-46 调整图像大小和位置

实战 507　选择文本

▶ 实例位置：无
▶ 素材位置：光盘\效果\第13章\实战507.ai
▶ 视频位置：光盘\视频\第13章\实战507.mp4

● 实例介绍 ●

　　用户若要对文本进行编辑操作，必须先将其选中，然后才可进行相应的操作。选中文本的方法有两种：一种为选择整个文本块，另一种则为选择文本块中的某一部分文字，其操作方法如下。

➤ 选择整个文本块：选取工具面板中的选择工具，在该文本块中单击鼠标左键，即可选中整个文本块，并且选中的文本块四周将显示文本框，如图13-47所示。

➤ 选择文本块中的某一部分文字：选取工具面板中的文字工具或垂直文字工具，然后在图形窗口中需要选择的文字前面或后面单击鼠标左键并拖曳，此时，鼠标拖曳经过的文字将以反相显示，即表示选中了需要的文字，如图13-48所示。

图13-47　选择整个文本块

图13-48　选择文本块中的某一部分文字

技巧点拨

　　将鼠标光标定位在文本中，可在按住【Ctrl+Shift】组合键的同时，按【↑】键，选择该段落中光标上面的所有文字；若按住【Ctrl+Shift】组合键的同时，按【↓】键，选择该段落中光标下面的所有文字；当每按一次【↓】键（或【↑】键），便可选择一个文字；若在段落中连续快速地3次单击鼠标左键，即可选中整个段落。

● 操作步骤 ●

STEP 01　单击"文件"｜"打开"命令，打开一幅素材图像，选取工具面板中的文字工具，然后在图形窗口中需要选择的文字后单击鼠标左键，如图13-49所示。

图13-49　单击鼠标左键

STEP 02 单击"选择"｜"全部"命令，即可将所输入的文字全部选中，如图13-50所示。

知识拓展

　　当用户在文字中双击鼠标左键，则可以选中整个段落中的文字；若用户在文字中连续3次单击鼠标，则可以选中整个段落。另外，用户还可以根据需要随意选择，将文字光标放置于需要选择的文字内容后，单击鼠标左键并向文字的前方进行拖曳，即可以根据自身的需要选择文字。

图13-50　选中文字

实战 508　剪切、复制和粘贴文本

▶ 实例位置：光盘\效果\第13章\实战508.ai
▶ 素材位置：光盘\素材\第13章\实战508.ai
▶ 视频位置：光盘\视频\第13章\实战508.mp4

● 实例介绍 ●

　　使用"编辑"菜单下面的"复制""剪切"和"粘贴"命令，可以对创建的文本对象进行同一文本对象中不同位置之间或不同文本对象之间的复制和剪切、粘贴文本对象等编辑操作。

　　用户若要对文字进行剪切操作，首先使用工具面板中的文字工具或垂直文字工具，在图形窗口中选择需要操作的文字，然后单击"编辑"｜"剪切"命令，或按【Ctrl＋X】组合键，即可剪切选择的文字。

● 操作步骤 ●

STEP 01 单击"文件"｜"打开"命令，打开一幅素材图像，选取工具面板中的文字工具，并选择需要剪切的文本，如图13-51所示。

STEP 02 按【Ctrl＋X】组合键剪切文本，选取工具面板中的直排文字工具，在图像窗口中的合适位置单击鼠标左键，确认插入点，按【Ctrl＋V】组合键粘贴文本，并适当地调整文本的位置，如图13-52所示。

图13-51　选择文本

图13-52　剪切文本与粘贴文本

STEP 03 选择相应文本，按【Ctrl＋C】组合键复制文本，选取工具面板中的文字工具，在图像窗口中的合适位置单击鼠标左键，确认插入点，按【Ctrl＋V】组合键粘贴文本，如图13-53所示。

STEP 04 在控制面板上对各文字属性进行适当的设置，如图13-54所示。

图13-53 复制文本与粘贴文本

图13-54 调整文本

知识拓展

对文本进行剪切、复制、粘贴的操作与对图形进行此类操作的方法是一样的，还可以通过命令对文本进行剪切、复制、粘贴的操作。另外，当用户选择了需要的文本，并进行了剪切或复制操作后，需要在工具面板中先选择一种文字工具，重新确认一个文字插入点，再进行文本的粘贴。否则，所剪切或复制的文本将粘贴于原来的文本之后。

实战 509 查找和替换文字

▶ 实例位置：光盘\效果\第13章\实战509.ai
▶ 素材位置：光盘\素材\第13章\实战509.ai
▶ 视频位置：光盘\视频\第13章\实战509.mp4

● 实例介绍 ●

在"查找和替换"对话框中，单击"查找"按钮后，该按钮将自动转换成"查找下一个"按钮；若单击"查找和替换"按钮，既可以查找文字，也可以替换文字。另外，使用"查找和替换"对话框，还可以对特殊符号进行查找和替换，单击文本框右侧的"插入特殊符号"按钮▶，在弹出的下拉列表框中选择相应的特殊符号，并进行查找和替换即可。

● 操作步骤 ●

STEP 01 单击"文件"｜"打开"命令，打开一幅素材图像，如图13-55所示。

STEP 02 单击"编辑"｜"查找和替换"命令，弹出"查找和替换"对话框，在"查找"文本框中输入"年轻"，在"替换"文本框中输入"青春"，如图13-56所示。

图13-55 打开素材图像

图13-56 设置选项

STEP 03 单击"查找"按钮，即可在文档中查找到符号条件的文字，如图13-57所示。

STEP 04 单击"全部替换"按钮，即可将文档中符合条件的文字内容全部替换，并弹出信息提示框，单击"确定"按钮，再单击"完成"按钮即可，如图13-58所示。

图13-57　查找文字

图13-58　替换文字

<table>
<tr><td>实战
510</td><td>查找和替换字体</td></tr>
</table>

▶ 实例位置：光盘\效果\第13章\实战510.ai
▶ 素材位置：光盘\素材\第13章\实战510.ai
▶ 视频位置：光盘\视频\第13章\实战510.mp4

● 实例介绍 ●

　　在"查找字体"对话框中，若图像窗口中有多个图层，单击"更改"按钮，系统只会将当前图层的文字进行替换，再次单击"更改"按钮，即可替换其他图层的文字字体，或单击"全部更改"按钮，可将图像窗口中的所有文字进行替换。

● 操作步骤 ●

STEP 01 单击"文件"｜"打开"命令，打开一幅素材图像，如图13-59所示。

STEP 02 选中需要替换字体的文字，如图13-60所示。

图13-59　打开素材图像

图13-60　选择文字

STEP 03 单击"文字"｜"查找字体"命令，弹出"查找字体"对话框，在"替换字体来自"的下拉列表框中选择"系统"选项，下方的列表框中将显示系统中所有的字体，选中"文鼎霹雳体"选项，如图13-61所示。

STEP 04 单击"更改"按钮，即可将所选文字的字体进行替换，单击"完成"按钮即可，如图13-62所示。

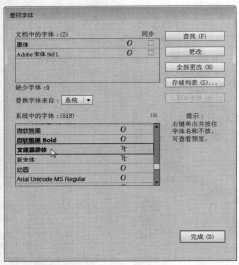

图13-61 选择字体

图13-62 替换字体

知识拓展

　　文字是多数设计作品尤其是商业作品中不可或缺的重要元素，有时甚至在作品中起着主导作用，Illustrator CC除了提供丰富的文字属性设计及板式编排功能外，还允许对文字的形状进行编辑，以便制作出更多、更丰富的文字效果。

　　编辑文字是指对已经创建的文字进行编辑操作，如选择文字、移动文字、更改文字排列方向、切换点文字和段落文字、替换文字等，用户可以根据实际情况对文字对象进行相应操作。

实战 511 转换文本方向

▶ **实例位置：** 光盘\效果\第13章\实战511.ai
▶ **素材位置：** 光盘\素材\第13章\实战511.ai
▶ **视频位置：** 光盘\视频\第13章\实战511.mp4

● 实例介绍 ●

　　利用转换文本方向命令，相当于使用文字工具和直排文字工具输入文字。若文字是垂直的，则可以将文字水平转换。

● 操作步骤 ●

STEP 01 单击"文件"｜"打开"命令，打开一幅素材图像，如图13-63所示。

STEP 02 运用选择工具 ▶ 选中文字，如图13-64所示。

图13-63 打开素材图像

图13-64 选中文字

STEP 03 单击"文字"｜"文字方向"｜"垂直"命令，如图13-65所示。

STEP 04 执行操作后，即可转换文字的方向，适当调整其位置，效果如图13-66所示。

图13-65　单击相应命令

图13-66　转换文本方向

技巧点拨

　　另外，若输入的文字是英文字母，还可以更改字母的大小写，单击"文字"｜"更改大小写"命令，在弹出的子菜单中选择相应的选项即可。

实战 512　填充文本框

▶ 实例位置：光盘\效果\第13章\实战512.ai
▶ 素材位置：光盘\素材\第13章\实战512.ai
▶ 视频位置：光盘\视频\第13章\实战512.mp4

● 实例介绍 ●

　　对文本框进行填充时，一定要使用直接选择工具对文本框上的控制点进行选择，若使用选择工具或直接选择工具在文本框中进行选择，只会选中文字，而不会选中文本框。

● 操作步骤 ●

STEP 01 单击"文件"｜"打开"命令，打开一幅素材图像，如图13-67所示。

STEP 02 选取工具面板中的直接选择工具，将鼠标指针移至文本框的控制点上，单击鼠标左键，如图13-68所示。

图13-67　打开素材图像

图13-68　选择控制点

STEP 03 打开"颜色"面板，设置CMYK参数值分别为0%、50%、100%、0%，如图13-69所示。

STEP 04 执行操作后，即可对文本框进行填充，效果如图13-70所示。

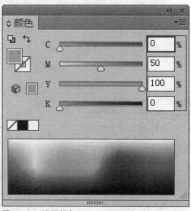

图13-69 设置颜色

图13-70 填充颜色

STEP 05 选中文字，填充为白色，效果如图13-71所示。

图13-71 填充文字颜色

实战 513	链接文本框	▶ 实例位置：光盘\效果\第13章\实战513.ai ▶ 素材位置：光盘\素材\第13章\实战513.ai ▶ 视频位置：光盘\视频\第13章\实战513.mp4

● 实例介绍 ●

链接文本框可以将一个或多个文本框进行链接，从而使文本框中被隐藏的文字在另一个文本框中进行显示。当用户选择多个需要链接的文本框后，单击"文字"｜"串接文本"｜"创建"命令，则文本将被链接。若要取消文本框的链接，则选择需要取消链接的文本框，单击"文字"｜"串接文本"｜"移去串接文字"命令即可。

● 操作步骤 ●

STEP 01 单击"文件"｜"打开"命令，打开一幅素材图像，如图13-72所示。

STEP 02 选择相应的文本框，如图13-73所示。

图13-72 打开素材图像

图13-73 选择相应的文本框

STEP 03 将鼠标移至图像窗口的合适位置，双击鼠标左键，如图13-74所示。

STEP 04 即可出现另一个文本框，此时，两个文本框将自动链接，使用选择工具调整文本框的位置，如图13-75所示。

图13-74 双击鼠标左键

图13-75 调整文本框的位置

STEP 05 在上面的文本框中输入相应文字，如图13-76 所示。

STEP 06 缩小上面的文本框，文本框中被隐藏的文字会在 另一个文本框中进行显示，如图13-77所示。

图13-76 输入相应文字

图13-77 文字显示效果

实战 514　创建复合字体

▶ 实例位置：光盘\效果\第13章\实战514.ai
▶ 素材位置：光盘\素材\第13章\实战514.ai
▶ 视频位置：光盘\视频\第13章\实战514.mp4

● 实例介绍 ●

在Illustrator CC中，日文字体和西文字体中的字符可以混合，作为一种复合字体使用。

● 操作步骤 ●

STEP 01 单击"文件" | "打开"命令，打开一幅素材图 像，如图13-78所示。

STEP 02 单击"文字" | "复合字体"命令，打开"复合字 体"对话框，如图13-79所示。

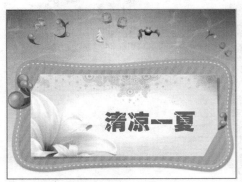

图13-78 打开素材图像

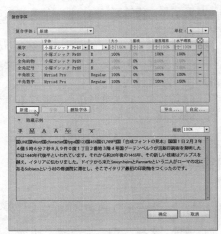

图13-79 "复合字体"对话框

STEP 03 单击"新建"按钮，弹出"新建复合字体"对话框，设置名称选项，如图13-80所示。

STEP 04 单击"确定"按钮，选择相应的字符类别，即可创建新的复合字体，如图13-81所示，单击"确定"按钮进行保存。

图13-80 设置名称选项

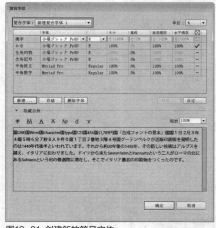

图13-81 创建新的符号字体

STEP 05 选择相应文字，打开"字符"面板，在"字体系列"下拉列表框中选择新建的复合字体类型，如图13-82所示。

STEP 06 执行操作后，即可改变文本效果，如图13-83所示。

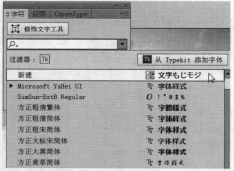

图13-82 选择新建的复合字体类型

图13-83 文字效果

13.3 使用"字符"面板

与其他图形图像软件一样，在Illustrator CC中，用户可以通过"字符"面板对所创建的文本对象进行编辑，如选择文字、改变字体大小和类型、设置文本的行距、设置文本的字距等操作，从而使用户能够更加自由地编辑文本对象中的文字，使其更符合整体版面的设计安排。

用户通过"字符"面板，可以很方便地对文本对象中的字符格式进行精确的编辑与调整，这些属性包括字体类型、字体大小、文本行距、文本字距、文字的水平以及垂直比例、间距等参数属性的设置。

单击"窗口"|"文字"|"字符"命令，或按【Ctrl+T】组合键，即可打开"字符"面板，如图13-84所示。

图13-84 "字符"面板

实战 515	设置字体类型和字号大小

▶ 实例位置：光盘\效果\第13章\实战515.ai
▶ 素材位置：光盘\素材\第13章\实战515.ai
▶ 视频位置：光盘\视频\第13章\实战515.mp4

● 实例介绍 ●

字体的类型可以通过"字符"面板进行设置，也可以通过单击"文字"|"字体"命令，在弹出的子菜单中选择相应的字体类型，以更改字体，如图13-85所示。

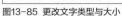

图13-85 更改文字类型与大小

在"字符"面板中，用户可以在"设置字体系列"下拉列表框中，选择所需的字体类型，同时，还可以在"设置字体样式"下拉列表框中设置所需的字体样式，不过需要注意的是，该选项只能对英文字体类型进行设置。

字体大小即指文字的尺寸大小。在Illustrator CC中，字体的大小一般用Pt（磅）为度量单位。用户可以在"字符"面板中的"设置字体大小"列表框中选择预设的常用字体大小数值，也可以在该选项右侧的文本框中自定义设置字体大小的数值，不过需要注意的是，该选项中的数值范围为0.1～1296磅。

● 操作步骤 ●

STEP 01 单击"文件"｜"打开"命令，打开一幅素材图像，如图13-86所示。

STEP 02 运用选择工具 ▶ 选中文字，如图13-87所示。

图13-86 打开素材图像

图13-87 选中文字

STEP 03 单击"窗口"｜"文字"｜"字符"命令，调出"字符"面板，单击"设置字体系列"文本框右侧的下拉三角形按钮，在弹出的下拉列表中选择"黑体"，在"设置字体大小"Ｔ文本框中设置"字体大小"为36pt，如图13-88所示。

STEP 04 执行操作的同时，所选择的文字效果随之改变，如图13-89所示。

图13-88 设置选项

图13-89 文字效果

知识拓展

在"字符"浮动面板中，除了设置字体类型外，还可以设置字体的样式，但该选项主要针对的是英文字体类型。

● **实例介绍** ●

在"字符"面板中，"设置所选字符的字距调整"可以设置整个文本的字符间距，"设置两个字符间字距微调" 选项适用于设置两个字符之间的距离。

行距是指文本对象两行文字之间的间隔距离，它是在文字高度之上额外增加的距离。用户可以在输入文字之前，在"字符"面板中的"设置行距"文本框中设置所需的文字行距数值，也可以在输入文字后，选择所需要的文字，然后在通过"字符"面板中设置其行相应的行距数值。

"字符"面板中的"设置行距"选项的参数值，用户可以通过单击其右侧的下拉按钮，在弹出的下拉列表中选择预设的数值，也可以通过在其右侧的文本框中输入自定义参数值；还可以单击其右侧的下拉按钮，在弹出的下拉列表中选择"自动"选项，那么Illustrator CS2将根据字体大小自动设置适合的行距数值。

文本设置行距的前后效果如图13-90所示。

图13-90 设置文字行距的前后效果

字体的字距是指两个字符之间的水平间距，在Illustrator CS2中，用户可以通过"设置两个字符间的字符间距调整"和"设置所选字符的字符间距调整"选项进行设置。这两个选项的不同之处在于，前者用于设置两个文字之间的间距距离，而后者用于设置文字本身的字体间距。

用户在进行两个文字之间的字距设置时，必须将光标置于两个字符之间，然后在"字符"面板中，单击"设置所选字符的字符间距调整"右侧的下拉按钮，在弹出的下拉列表中选择需要的字距大小，即可完成两个文字字距的设置，如图13-91所示。

图13-91 设置两个文字间的字距

若用户要对整个文本进行字距的调整时，可使用光标选择所需的文字（或选取工具面板中的选择工具选择该文本），然后在"字体"面板中，单击"设置所选字符的字符间距调整"选项右侧的下拉按钮，在弹出的下拉列表中选择需要的字距大小，即可完成整个文本的字距设置，如图13-92所示。

图13-92 调整整个文本的字距

● 操作步骤 ●

STEP 01 在实战515的效果上，选中文字，在"字符"浮动面板中设置"行距" 对 为36pt、"设置所选字符的字距调整" 为100，如图13-93所示。

STEP 02 执行操作的同时，图像窗口中的文字效果随之改变，如图13-94所示。

图13-93 设置选项

图13-94 文字效果

实战 517 设置水平和垂直缩放

▶ 实例位置：光盘\效果\第13章\实战517.ai
▶ 素材位置：光盘\素材\第13章\实战517.ai
▶ 视频位置：光盘\视频\第13章\实战517.mp4

● 实例介绍 ●

在"字符"面板中，文字默认的"水平缩放"和"垂直缩放"的数值为100%，适当地调整文字的水平或垂直缩放比例可以实现特殊的文本效果，若用户所设置水平和垂直缩放的数值相同时，则文本的整体比例放大，但文本的字号不变。

● 操作步骤 ●

STEP 01 单击"文件" | "打开"命令，打开一幅素材图像，如图13-95所示。

STEP 02 运用选择工具 选中文字，如图13-96所示。

STEP 03 在"字符"浮动面板中设置"水平缩放" 为140%、"垂直缩放" 为110%，如图13-97所示。

STEP 04 执行操作的同时，图像窗口中的文字效果随之改变，如图13-98所示。

图13-95 打开素材图像

图13-96 选中文字

图13-97 设置选项

图13-98 文字效果

实战 518 设置基线偏移和字符旋转

▶ 实例位置：光盘\效果\第13章\实战518.ai
▶ 素材位置：光盘\素材\第13章\实战518.ai
▶ 视频位置：光盘\视频\第13章\实战518.mp4

● 实例介绍 ●

文本基线功能用于将选择的文本对象向上或向下偏移设置，并且不影响其在文本对象中的排列方向，从而制作成上标或下标等效果。文本的旋转功能用于对选择的文本对象本身旋转设置，并不影响整体文本对象的排列方向。

　　用户若要偏移文字，首先要使用文本工具选择所需要操作的文字对象（或选取工具面板中的选择工具选择该文本），在"字符"面板中，单击"设置基线偏移"选项右侧的下拉按钮，在弹出的下拉列表中选择所需的数值，按Enter键，确认偏移操作，即可完成文字偏移操作（用户在"设置基线偏移"文本框中输入负数值，那么选择的文本对象向下或向左偏移，效果如图13-99所示；若数值为正数值，那么选择的文本对象向上或向右偏移，如图13-100所示）。

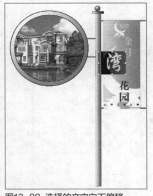

图13-99 选择的文字向下偏移　　　　　　　　　　　　图13-100 选择的文字向右偏移

　　用户若要旋转文字，首先要使用文字工具选择需要旋转的文字（或使用工具面板中的选择工具选择该文本），然后在"字符"面板中设置"字符旋转"的数值，按【Enter】键，确认旋转操作，即可完成文字的旋转操作（用户在"字符旋转"文本框中输入正数值，那么选择的文本对象将按顺时针方向旋转，效果如图13-101所示；若输入负数值，那么选择的文本对象将按逆时针方向旋转，效果如图13-102所示）。

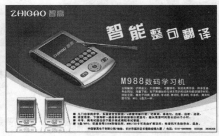

图13-101 顺时针旋转文字

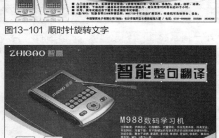
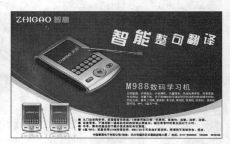

图13-102 逆时针旋转文字

● 操作步骤 ●

STEP 01 单击"文件"｜"打开"命令，打开一幅素材图像，如图13-103所示。

STEP 02 运用文字工具 T 选中需要设置的部分文字，如图13-104所示。

图13-103 打开素材图像

图13-104 选中文字

STEP 03 在"字符"浮动面板中设置"设置基线偏移" 为9pt、"字符旋转" 为-30°，如图13-105所示。

STEP 04 执行操作的同时，图像窗口中的文字效果随之改变，并适当调整文本的位置，如图13-106所示。

图13-105 设置选项

图13-106 文字效果

实战 519　设置下划线和删除线

▶ 实例位置：光盘\效果\第13章\实战519.ai
▶ 素材位置：光盘\素材\第13章\实战519.ai
▶ 视频位置：光盘\视频\第13章\实战519.mp4

● 实例介绍 ●

在"字符"面板中，若设置的选项为数值框，则用户可以在其下拉列表框中进行选择，也可以直接输入数值。若在弹出的下拉列表框中选择"自动"选项，则系统将根据字体的大小自动设置合适的字体属性。

● 操作步骤 ●

STEP 01 单击"文件"|"打开"命令，打开一幅素材图像，如图13-107所示。

STEP 02 选中数字，在"字符"浮动面板中单击"下划线"按钮，如图13-108所示。

图13-107 打开素材图像

图13-108 设置选项

STEP 03 执行操作的同时，即可为数字添加下划线，如图13-109所示。

STEP 04 选中数字，再次单击"下划线"按钮，即可取消所添加的下划线；单击"删除线"按钮，即可为数字添加删除线，如图13-110所示。

图13-109 添加下划线

图13-110 添加删除线

13.4 使用"段落"面板

在Illustrator CC中，用户还可以对整个文本对象进行对齐方式、缩进、段落间距等段落格式的设置。这样使选择的文本对象形成更加统一的段落，使整个设计版面中心的文本对象更具整体性。

在Illustrator CC中，用户所输入的文本对象若以多行形式显示，那么该文本对象将称之为段落文本。对于创建的段落文本，用户可以通过"段落"面板很方便地对其进行相应的参数设置和编辑，如设置段落文本的对齐方式、段落的缩进方式等编排操作。单击"窗口"|"文字"|"段落"命令，或按【Ctrl + Alt + T】组合键，即可打开"段落"面板，如图13-111所示。

用户在"段落"面板中直接设置所需参数选项，也可以通过面板菜单设置与调整段落文本。在Illustrator CC，若用户使用选择工具选择图形窗口中的段落文本，那么所设置的段落格式将会影响整个文本中的文字对象；若用户使用文本工具选择段落文本中的一个或多个文字，那么所设置的段落格式将只会影响选择的文字部分，而不会影响到段落文本中其他文字的参数属性。

图13-111 "段落"面板

实战 520 设置对齐方式

▶ 实例位置：光盘\效果\第13章\实战520.ai
▶ 素材位置：光盘\素材\第13章\实战520.ai
▶ 视频位置：光盘\视频\第13章\实战520.mp4

● 实例介绍 ●

"段落"面板中共提供了7个对齐按钮，它们主要用于设置段落文本的对齐方式，其主要含义如下。

➤ 左对齐▤：单击该按钮，段落文本中的文字对象将会以整个文本对象的边缘为界，进行文本左对齐，如图13-112所示。该按钮为段落文本的默认对齐方式。

➤ 居中对齐▤：单击该按钮，段落文本中的文字对象将会以整个文本对象的边缘为界，进行文本居中对齐，如图13-113所示。

图13-112 段落左对齐

图13-113 段落居中对齐

➤ 右对齐▤：单击该按钮，段落文本中的文字对象将会以整个文本对象的右边为界，进行文本右对齐，如图13-114所示。

➤ 两端对齐，末行左对齐▤：单击该按钮，段落文本中的文字对象将会以整个文本对象的左右两边为界对齐。但会将处于段落文本最后一行的文本以其左边为界进行左对齐。

➤ 两端对齐，末行居中对齐▤：单击该按钮，段落文本中的文字对象将会以整个文本对象的左右两边为界对齐。但会将处于段落文本最后一行的文本以其中心线为界，进行居中对齐。

图13-114 段落右对齐

➤ 两端对齐，末行右对齐▤：单击该按钮，段落文本中的文字对象将会以整个文本对象的左右两边为界对齐。但会将处于段落文本最后一行的文字，以其右边为界进行右对齐。

➤ 全部两端对齐▤：单击该按钮，段落文本中的文字对象将会以整个文本对象的左右两边为界，对齐段落中的所有文本对象。

若用户对直排段落文本进行对齐操作时，对齐功能的效果会发生一些变动，左对齐的直排文本将沿着文本框的上方对齐，右对齐的直排文本将沿着文本框的下方对齐。居中对齐的直排文本将垂直居中而不是水平居中，强制齐行方式将拉伸来填充文本框的高度而不是宽度，如图13-115所示。

图13-115 直排文字对齐效果

● 操作步骤 ●

STEP 01 单击"文件"｜"打开"命令，打开一幅素材图像，如图13-116所示。

STEP 02 运用选择工具[光标]选中文字，如图13-117所示。

图13-116 打开素材图像

图13-117 "右对齐"按钮

STEP 03 单击"窗口"｜"文字"｜"段落"命令，调出"段落"浮动面板，单击"右对齐"对齐方式按钮，如图13-118所示。

STEP 04 执行操作的同时，图像窗口中的文字对齐方式随之改变，如图13-119所示。

图13-118 单击"右对齐"按钮

图13-119 "右对齐"对齐方式

实战 521 **设置缩进方式**

▶ 实例位置：光盘\效果\第13章\实战521.ai
▶ 素材位置：上一例效果文件
▶ 视频位置：光盘\视频\第13章\实战521.mp4

● 实例介绍 ●

段落缩进是指段落文本每行文字两端与文本框边界之间的间隔距离。在Illustrator CC中，用户不仅可以分别设置段落文本与文本框左、右边界的缩进量数值，还可以特别设置段落文本第一行文字的缩进量数值。其缩进量参数值范围为-1296～1296。

　　缩进量数值的设置只对选择的或光标所单击行的文本对象产生影响，因此，用户可以很方便地在段落中设置所需操作行的文本对象的缩进量数值。

　　用户若要设置文本段落的缩进方式，首先使用文本工具选择段落文本，也可以在所需操作的文本对象的任意位置处单击鼠标左键，在"段落"面板中的段落缩进选项中设置所需的参数值，按Enter键确认，即可完成段落的缩进方式，如图13-120所示。

图13-120 设置不同的段落缩进方式

● 操作步骤 ●

STEP 01 在实战520的效果基础上，选中文本，在"段落"浮动面板的"右缩进"数值框中输入20pt，如图13-121所示。

STEP 02 执行操作的同时，所选中的文字效果随之改变，如图13-122所示。

图13-121 输入数值

图13-122 文字效果

知识拓展

　　文本的缩进方式是基于对齐方式而进行操作的，若文本是右对齐，则只能设置文本的右缩进，而左缩进和首行左缩进可以针对左对齐、居中对齐和两端对齐的文本。

实战
522　设置段落间距

▶ 实例位置：光盘\效果\第13章\实战522.ai
▶ 素材位置：光盘\素材\第13章\实战522.ai
▶ 视频位置：光盘\视频\第13章\实战522.mp4

● 实例介绍 ●

　　在Illustrator CC中，用户不仅可以设置段落的缩进量，而且还可以设置段落与段落之间的间隔距离。用户若要设置段落间距，首先要使用工具面板中的文本工具在图形窗口中选择需要操作的段落文本，或者在所需操作的段落文本的段前第一个文字处（或段落文字的最后一个文字处）单击鼠标左键，然后根据需要，在"段落"面板中设置"段前间距"和"段后间距"文本框数值，按Enter键确认，即可完成段落的间距设置，如图13-123所示。

图13-123 设置文本的段落间距

● 操作步骤 ●

STEP 01 单击"文件"|"打开"命令，打开一幅素材图像，如图13-124所示。

STEP 02 运用选择工具 选中文字，如图13-125所示。

图13-124 打开素材图像

图13-125 选中文字

STEP 03 在"段落"面板中，设置"段前间距"为6pt、"段后间距"为2pt，如图13-126所示。

STEP 04 执行操作的同时，所选中的文字效果随之改变，如图13-127所示。

图13-126 输入数值

图13-127 文字效果

知识拓展

　　用户选择段落文本后，在"段前间距"或"段后间距"的数值框中可以输入正值，也可以输入负值，数值越大，则文本段落之间的距离就越大。当输入到一定的负值时，各段落的文本会出现重叠的现象。

实战
523

调整字距

▶ 实例位置：光盘\素材\第13章\实战523.ai
▶ 素材位置：光盘\素材\第13章\实战523.ai
▶ 视频位置：光盘\视频\第13章\实战523.mp4

● 实例介绍 ●

　　在"字距调整"对话框中设置选项时，应当先对"最大值"和"最小值"进行设置，再设置"所需值"，且"所需值"的范围在"最大值"和"最小值"之间。

知识拓展

　　Illustrator CC虽然为用户提供了强大的文字处理功能，但在处理过程中，仍然有一定的局限性。其"滤镜"菜单中的各种命令只有对图形路径才起作用，所以当文字需要应用这些命令时，则要将文字进行图形处理（即通过菜单命令，将文字转化成路径），然后再对其进行相应的编辑处理。

　　将文本转换为路径的操作方法为：在图形窗口中输入文字，然后使用选择工具选择该文字，然后单击"文字"|"创建轮廓"命令，即可将所选择的文字转换为图形。当前，文字一旦转换为图形之后，就不能再对其进行文字属性的设置，且也没有相应的命令再将其转换为文字，所以在将文字转化成路径之前，用户要明确是否必须要将其转换为路径。文字转化为路径以后，便具有了普通图形的性质，此时用户可以使用工具面板中的编辑工具或命令对其进行任意的变形和编辑，并可以对其添加各种滤镜效果。

● 操作步骤 ●

STEP 01 单击"文件"｜"打开"命令，打开一幅素材图像，如图13-128所示。

STEP 02 选中整段文字后，单击"段落"面板右上角的按钮，在弹出的菜单列表框中选择"字距调整"选项，如图13-129所示。

图13-128 打开素材图像

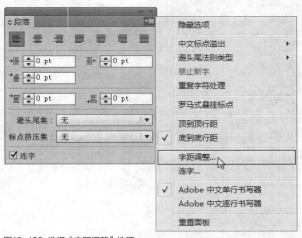

图13-129 选择"字距调整"选项

STEP 03 弹出"字距调整"对话框，先在"字形缩放"中设置"最小值"为90%、"最大值"为110%，设置"所需值"为110%、"自动行距"为150%，如图13-130所示。

STEP 04 单击"确定"按钮，所选择的文字效果随之改变，如图13-131所示。

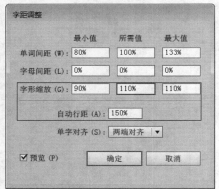

图13-130 设置选项

图13-131 文字效果

13.5 图文混排

Illustrator CC具有较好的图文混排功能，可以实现常见的图文混排效果。和文本分栏一样，进行图文混排的前提是用于混排的文本必须是文本块或区域文字，不能是直接输入的文本和路径文本，否则将无法实现图文混排效果。在文本中插入的图形可以是任意形态的图形路径，还可以与置入的位图图像和画笔工具创建的图形对象进行混排，但需要经过处理后才可以应用。

实战 524	制作规则图文混排

▶ 实例位置：光盘\效果\第13章\实战524.ai
▶ 素材位置：光盘\素材\第13章\实战524.ai
▶ 视频位置：光盘\视频\第13章\实战524.mp4

● 实例介绍 ●

所谓规则图文混排是指文本对象按照规则的几何路径与图形或图像对象进行混合排列，如图13-132所示。规则的几何路径可以是矩形、正方形、圆形、多边形和星形等图形形状。

不过，用户需要注意的是，所绘制的规则几何图形根据需要，若不想其具有填充和轮廓属性，可以使用工具面板中的选择工具选择该图形，然后通过"颜色"或在工具面板中进行相应的设置。

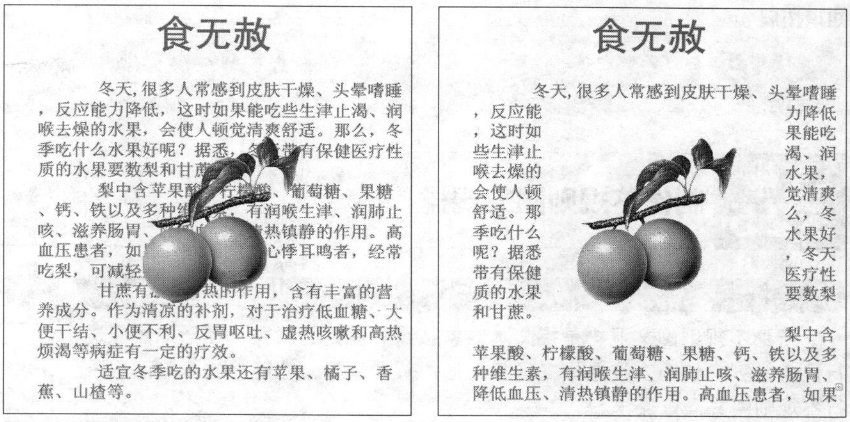

食无赦

冬天，很多人常感到皮肤干燥、头晕嗜睡，反应能力降低，这时如果能吃些生津止渴、润喉去燥的水果，会使人顿觉清爽舒适。那么，冬季吃什么水果好呢？据悉，带有保健医疗性质的水果要数梨和甘蔗。

梨中含苹果酸、柠檬酸、葡萄糖、果糖、钙、铁以及多种维生素，有润喉生津、润肺止咳、滋养肠胃、降低血压、清热镇静的作用。高血压患者，心悸耳鸣者，经常吃梨，可减轻。

甘蔗有清凉解热的作用，含有丰富的营养成分。作为清凉的补剂，对于治疗低血糖、大便干结、小便不利、反胃呕吐、虚热咳嗽和高热烦渴等病症有一定的疗效。

适宜冬季吃的水果还有苹果、橘子、香蕉、山楂等。

食无赦

冬天，很多人常感到皮肤干燥、头晕嗜睡，反应能力降低，这时如些生津止喉去燥的会使人顿舒适。那季吃什么呢？据悉带有保健质的水果要数梨和甘蔗。

梨中含苹果酸、柠檬酸、葡萄糖、果糖、钙、铁以及多种维生素，有润喉生津、润肺止咳、滋养肠胃、降低血压、清热镇静的作用。高血压患者，如果

图13-132 图文混排效果

● 操作步骤 ●

STEP 01 单击"文件"｜"打开"命令，打开一幅素材图像，如图13-133所示。

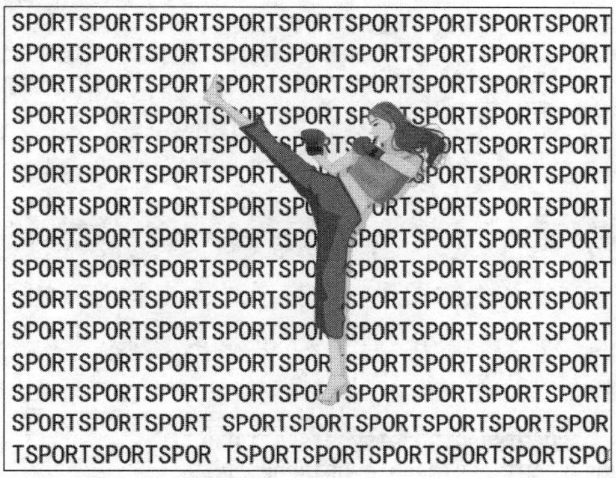

STEP 02 选取工具面板中的选择工具，在图形窗口中按住【Shift】键的同时，依次选择文字与图像，如图13-134所示。

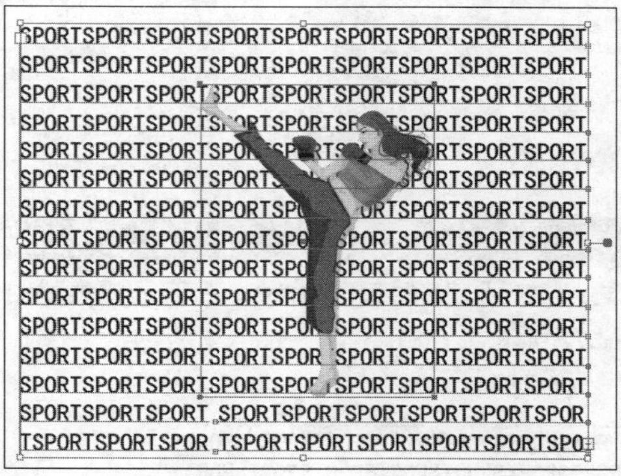

图13-133 打开素材图像

图13-134 选择文字与图像

STEP 03 单击"对象"｜"文本绕排"｜"建立"命令，如图13-135所示。

STEP 04 执行操作后，即可创建规则的图文混排效果，如图13-136所示。

图13-135 单击"建立"命令

图13-136 规则图文混排

知识拓展

进行图文混排的操作时，一定要注意输入的文本是区域文字或处于文本框中，文本和图形必须置于同一个图层，且图形在文本的上方，才能进行图文混排的操作。

实战 525 制作不规则图文混排

▶ 实例位置：光盘\效果\第13章\实战525.ai
▶ 素材位置：光盘\素材\第13章\实战525.ai
▶ 视频位置：光盘\视频\第13章\实战525.mp4

● 实例介绍 ●

所谓不规则图文混排是指文本对象按照非规则的路径、图形或图像进行混合排列。使用直接选择工具将图形的背景删除，才能将文本与图形进行不规则图文混排操作。

若用户所绘制或置入的是不规则的图形对象，可以直接将其移至所需混排的文本对象上，再将图形对象调整至文本对象的前面，然后单击"对象"｜"文本绕排"｜"文本绕排选项"命令，弹出"文本绕排选项"对话框，在该对话框中，设置"位移"数值，单击"确定"按钮后，即可实现不规则图文混排效果，如图13-137所示。

图13-137 不规则的图文混排

● 操作步骤 ●

STEP 01 单击"文件"｜"打开"命令，打开一幅素材图像，如图13-138所示。

STEP 02 选中文本和人物图形，单击"对象"｜"文本绕排"｜"建立"命令，即可创建不规则的图文混排效果，如图13-139所示。

图13-138 素材图像

图13-139 不规则图文混排

实战 526 编辑和释放文本混排

▶ 实例位置：光盘\效果\第13章\实战526.ai
▶ 素材位置：上一例效果文件
▶ 视频位置：光盘\视频\第13章\实战526.mp4

● 实例介绍 ●

用户创建图文混排效果后，若对混排的效果不满意，可以使用工具面板中的选择工具选择应用文本绕图效果的图形或图像，然后单击"对象"｜"文本绕排"｜"文本绕排选项"命令，弹出"文本绕排选项"对话框，在该对话框中，用户可更改所需的参数值，单击"确定"按钮，即可将调整的参数值应用至选择的图形或图像中。

另外，若用户不想应用图文混排效果，首先可使用工具面板中的选择工具选择应用文本绕图效果的图形或图像，然后单击"对象"｜"文本绕排"｜"释放"命令，即可将选择的图形或图像取消应用的文本绕图效果。

知识拓展

在"文本绕排选项"对话框中，"位移"的作用主要是设置图形与文本混排时的距离，输入的数值越大，则图形与文本混排时的距离越大。

另外，若选中对话框中的"反相绕排"复选框，不论是在规则图文混排或不规则图文混排中，图形两边的文本将成空白，而文本将置于图形的控制框中。

● 操作步骤 ●

STEP 01 在实战525的效果基础上，选中人物图形，如图13-140所示。

STEP 02 单击"对象"|"文本绕排"|"文本绕排选项"命令，弹出"文本绕排选项"对话框，设置"位移"为20pt，如图13-141所示。

图13-140 选中人物图形

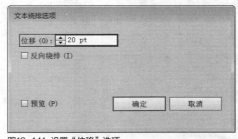
图13-141 设置"位移"选项

STEP 03 单击"确定"按钮，即可更改文本混排的效果，如图13-142所示。

STEP 04 选中文本和图形后，单击"对象"|"文本绕排"|"释放"命令，即可释放图文混排，如图13-143所示。

图13-142 更改图文混排效果

图13-143 释放图文混排

实战 527 设置文本分栏

▶ **实例位置：** 光盘\效果\第13章\实战527.ai
▶ **素材位置：** 光盘\素材\第13章\实战527.ai
▶ **视频位置：** 光盘\视频\第13章\实战527.mp4

● 实例介绍 ●

文本分栏的操作针对的是被选择的整个段落文本，它不能单独地对某一部分文字进行分栏操作，也不能对路径文本进行分栏操作。另外，用户若选中"行"和"列"选项区中的"固定"复选框，不论怎样调整文本框的大小，栏与栏之间所设置的行和列的跨距是不变的。

● 操作步骤 ●

STEP 01 单击"文件"|"打开"命令，打开一幅素材图像，如图13-144所示。

STEP 02 选取工具面板中的选择工具，选中文本框，如图13-145所示。

图13-144 打开素材图像

图13-145 选中文本框

STEP 03 单击"文字"｜"区域文字选项"命令,弹出"区域文字选项"对话框,设置"宽度"为160mm、"高度"为100mm,在"行"选项区中设置"数量"为3、"跨距"为29.1mm,如图13-146所示。

STEP 04 单击"确定"按钮,图像窗口中即可显示分栏后的文字效果,如图13-147所示。

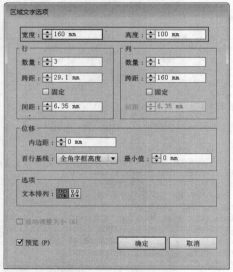

图13-146 设置选项

图13-147 分栏效果

实战 528 创建轮廓

▶ 实例位置:光盘\效果\第13章\实战528.ai
▶ 素材位置:光盘\素材\第13章\实战528.ai
▶ 视频位置:光盘\视频\第13章\实战528.mp4

● 实例介绍 ●

对文字创建轮廓的方法有以下3种。

➢ 方法1:选中文字,单击"文字"｜"创建轮廓"命令,即可将文字转换成轮廓。

➢ 方法2:选中文字,按【Shift＋Ctrl＋O】组合键,即可将文字转换成轮廓。

➢ 方法3:选中文字,在图像窗口中单击鼠标左键,在弹出的快捷菜单中选择"创建轮廓"选项,即可将文字转换成轮廓。

● 操作步骤 ●

STEP 01 单击"文件"｜"打开"命令,打开一幅素材图像,如图13-148所示。

STEP 02 选取工具面板中的选择工具 ▶ 选中文本,如图13-149所示。

图13-148 打开素材图像

图13-149 选中文本

STEP 03 单击"文字"｜"创建轮廓"命令，如图13-150 所示。

STEP 04 执行操作后，即可将文字转换为轮廓，如图13-151所示。

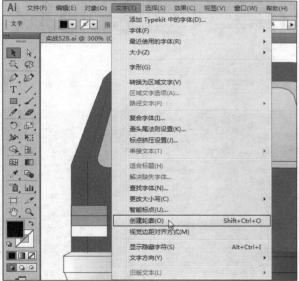

图13-150 单击"创建轮廓"命令

图13-151 创建轮廓

第 **14** 章

创建和编辑图表对象

本章导读

在实际工作中，人们常使用图表来表达各种数据的统计结果，从而得到更加准确、直观的视觉效果。
Illustrator CC不仅提供了丰富的图表类型，还可以对所创建的图表进行数据设置、类型更改以及设置
参数等编辑操作。

本章主要介绍创建图表、应用图表工具和编辑图表的使用技巧。

要点索引

- 创建图表
- 应用图表工具
- 编辑图表

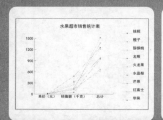
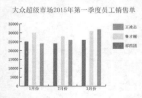
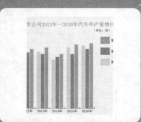
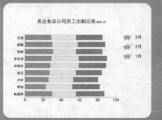

14.1　创建图表

在工作中，人们为了将获得的各种数据进行统计和比较，使用图表就是表达的一种最佳方式，通过图表，可以获得较为准确、直观的效果。

实战 529	直接创建图表

▶ 实例位置：光盘\效果\第14章\实战529.ai
▶ 素材位置：无
▶ 视频位置：光盘\视频\第14章\实战529.mp4

● 实例介绍 ●

图表的创建操作主要包括设定确定图表范围的长度和宽度，以及进行比较的图表资料，而资料才是图表的核心和关键。

用户在创建图表时，指定图表大小是指确定图表的高度和宽度，其方法有两种：一是通过拖曳鼠标来任意创建图表；二是输入数值来精确创建图表。

● 操作步骤 ●

STEP 01 新建文档，选取工具面板中的柱形图工具 ，将鼠标指针移至图像窗口中，鼠标指针呈-¦-形状，单击鼠标左键并拖曳，此时将会显示一个矩形框，矩形框的长度和宽度即是图表的长度和宽度，释放鼠标后，将弹出一个图表数据框，在其中输入相应的数据，如图14-1所示。

STEP 02 数据输入完毕后，单击"应用"按钮 ，即可创建数据图表，如图14-2所示。

图14-1　输入数据

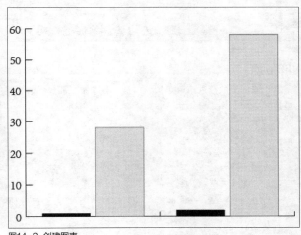
图14-2　创建图表

技巧点拨

使用图表工具在图像窗口中直接创建图表时，若按住【Shift】键的同时拖曳鼠标，可以绘制一个正方形的图表；若按住【Alt】键的同时拖曳鼠标，则图表将以鼠标单击处的点为中心，并向四周扩展以创建图表。

实战 530	精确创建图表

▶ 实例位置：光盘\效果\第14章\实战530.ai
▶ 素材位置：无
▶ 视频位置：光盘\视频\第14章\实战530.mp4

● 实例介绍 ●

在图表数据框中输入数据时，若按【Enter】键，光标将会自动跳至同一列的下一个单元格；若按【Tab】键，则光标将会自动跳至同一行的下一个单元格上；使用键盘上的方向键，也可以移动光标的位置；在需要输入数据的单元格上单击鼠标左键，也可以激活单元格。

● 操作步骤 ●

STEP 01 新建文档，选取工具面板中的柱形图工具 ![],将鼠标指针移至图像窗口中，鼠标指针呈 -¦-形状，单击鼠标左键，弹出"图表"对话框，设置"宽度"为100mm、"高度"为60mm，如图14-3所示。

STEP 02 单击"确定"按钮，弹出图表数据框，在其中输入相应的数据，如图14-4所示。

STEP 03 数据输入完毕后，单击"应用"按钮 ✓，即可创建数据图表，如图14-5所示。

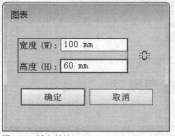

图14-3 输入数值

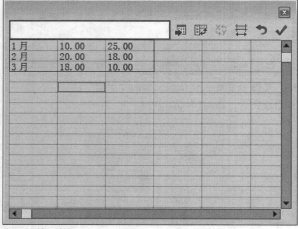

图14-4 输入数据

图14-5 创建图表

知识拓展

图表资料的输入是创建图表过程中非常重要的一环。在Illustrator CS2中，用户可以通过3种方法来输入图表资料：第一种方法是使用图表数据输入框直接输入相应的图表数据；第二种方法是导入其他文件中的图表资料；第三种方法是从其他的程序或图表中复制资料。

下面对这3种数据输入方法进行详细的介绍。

1. 使用图表数据框输入数据

在图表数据输入框中，第一排左侧的文本框为数据输入框，一般图表的数据都在该文本框中。图表数据输入框中的一个方格就是一个单元格。在实际的操作过程中，单击格内既可以输入图表资料，也可以输入图表标签和图例名称。

用户在数据输入框中输入数据时，按【Enter】键，光标会自动跳到同列的下一个单元格。按Tab键，光标会自动跳到同行的下一个单元格。使用工具面板中的方向键，可以使光标在图表数据输入框中向任意方向移动。用户单击任意一个单元格即可激活该单元格。

图表标签和图例名称是组成图表的必要元素，一般情况下需要先输入标签和图例名称，然后再与其对应的单元格中输入数据，数据输入完毕后，单击 ✓ 按钮，即可创建相应的图表。

2. 导入其他文件中的图表资料

在Illustrator CC中导入其他应用程序中的资料，则其文件必须保存为文本格式。其导入的方法是：选取工具面板中的图表工具，在图形窗口中单击鼠标左键并拖曳，创建一个图表，弹出数据输入框，在该数据输入框中单击 回 按钮，弹出"导入图表数据"对话框，在该对话框中选择需要导入的文件，单击"打开"按钮，即可将数据导入图表数据输入框中。

3. 其他的程序或图表中复制资料

用户使用复制、粘贴的方法，可以在某些电子表格或文本文件中复制需要的资料，其具体操作步骤和方法与复制文本的操作步骤和方法完全相同。用户首先在其他的应用程序中复制需要的资料，然后粘贴至Illustrator CC的图表数据输入框中，如此反复，直至完成复制操作。

14.2 应用图表工具

Illustrator CC提供了多种图表工具，用户可以根据各自需求，制作出种类丰富的数据图表，如柱形图表、条形图表、折线图表和雷达图表等。在Illustrator CC中，用户除了制作默认预设的图表，还可以对所创建的图表进行数据数值的设置、图表类型的更改以及图表参数选项的设置等。

在现实生活中，为了对各种统计数据进行比较并获得直观的视觉效果，通常用图表来体现。所以图表在商业、教育、科技等领域是一种十分有用的工具，因为它直观易懂，给工作者带来了极大的方便。目前很多办公软件都提供了图表功能。

在Illustrator CC的工具面板中，共提供了9种图表工具，如图14-6所示，它们分别是柱形图工具、堆积柱形图工具、条形图工具、堆积条形图工具、折线图工具、面积图工具、散点图工具、饼图工具、雷达图工具，运用它们可以相应建立9种不同的图表。

图14-6 图表工具组

每种图表都有其自身的优越性，用户可以根据自己的不同需要选择相应的图表工具，从而创建所需要的图形。

实战 531 创建柱形图

▶ **实例位置：** 光盘\效果\第14章\实战531.ai
▶ **素材位置：** 无
▶ **视频位置：** 光盘\视频\第14章\实战531.mp4

● 实例介绍 ●

柱形图表是"图表类型"对话框中默认的图表类型。该类型的图表是通过柱形长度与数据值成比例的垂直矩形，表示一组或多组数据之间的相互关系。

柱形图表可以将数据表中的每一行的数据数值放在一起，以供用户进行比较。该类型的图表将会显示出事物随着时间的变化趋势很直观地表现出来，如图14-7所示。

该图表的表示方法是以坐标轴的方式逐栏显示输入的所有资料，柱的高度代表所比较的数值。柱状图表最大的优点是：在图表上可以直接读出不同形式的统计数值。

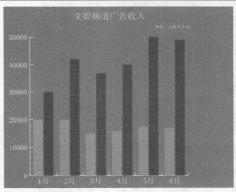

图14-7 柱形图表

● 操作步骤 ●

STEP 01 新建文档，将鼠标指针移至柱形图工具图标上，双击鼠标左键，弹出"图表类型"对话框，选择"图表选项"列表框中的"数值轴"选项，选中"忽略计算出的值"复选框，设置"最大值"为500、"刻度"为5，如图14-8所示。

STEP 02 单击"确定"按钮，在图像窗口中绘制一个合适大小的矩形框，释放鼠标后，图像窗口将创建一个图表坐标轴，如图14-9所示。

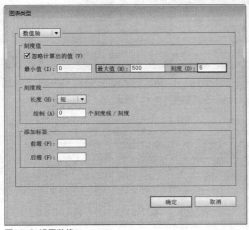

图14-8 设置数值

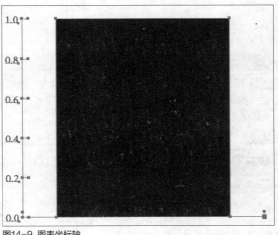

图14-9 图表坐标轴

STEP 03 在弹出的图表数据框中输入需要的图表数据，如图14-10所示。

图14-10 输入数据

STEP 04 数据输入完毕后，单击"应用"按钮 ✓，即可创建柱形图表，如图14-11所示。

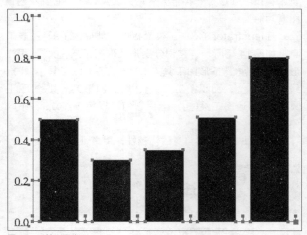

图14-11 柱形图表

知识拓展

　　用户在创建图表之前，根据所需创建图表的数据大小，在"图表类型"的"数值轴"中对数值轴的最大值、最小值及刻度进行相应的设置，以方便图表的表达。

实战 532 创建条形图

▶ 实例位置：光盘\效果\第14章\实战532.ai
▶ 素材位置：无
▶ 视频位置：光盘\视频\第14章\实战532.mp4

● 实例介绍 ●

　　条形图表与柱形图表相似，都是通过柱形长度与数据数值成比较的矩形，表示一组或多组数据数值之间的相互关系。它们的不同之处在于，柱形图形中的数值形成的矩形是垂直方向的，而条形图表的数据数值形成的矩形是水平方向的，如图14-12所示。

　　条形图表是在水平坐标上进行资料比较的，用横条的长度代表数值的大小。

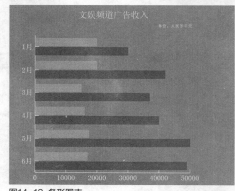

图14-12 条形图表

● 操作步骤 ●

STEP 01 新建文档，在条形图工具图标上 双击鼠标左键，在"图表类型"对话框的"数值轴"选项中设置"最大值"为800、"刻度"为8，如图14-13所示。

STEP 02 单击"确定"按钮，在图像窗口中绘制一个合适大小的图表坐标轴，如图14-14所示。

知识拓展

　　在Illustrator CC中所创建的图表，用户也可以对图表中的元素进行单独的编辑。创建图表后，使用直接选择工具选中相应的图形，即可对其进行相应的属性设置。

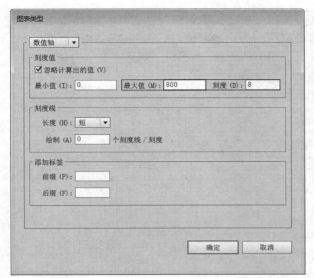

图14-13 设置数值

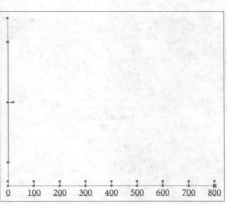

图14-14 图表坐标轴

STEP 03 在图表数据框中输入相应的数据，如图14-15所示。

STEP 04 输入完毕后，单击"应用"按钮✔，即可创建条形图表，如图14-16所示。

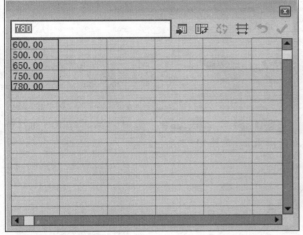

图14-15 条形图表坐标轴

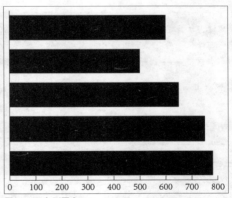

图14-16 条形图表

实战 533　创建堆积柱形图

▶ **实例位置：** 光盘\效果\第14章\实战533.ai
▶ **素材位置：** 无
▶ **视频位置：** 光盘\视频\第14章\实战533.mp4

● **实例介绍** ●

　　堆积形图表与柱形图表相似，只是在表达数值信息的形式上有所不同。柱形图形用于每一类项目中单个分项目数据的数值比较，而堆积柱形图表用于将每一类项目中所有分项目数据的数值比较，如图14-17所示。

　　该图形是将同类中的多组数据数值，以堆积的方式形成垂直矩形进行类型之间的比较。

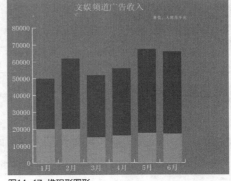

图14-17 堆积形图形

• 操作步骤 •

STEP 01 新建文档，在堆积柱形图工具图标上 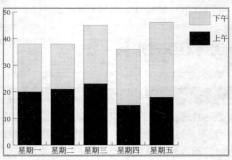 双击鼠标左键，在"图表类型"对话框的"数值轴"选项中设置"最大值"为50、"刻度"为5，如图14-18所示。

STEP 02 单击"确定"按钮，在图像窗口中绘制一个合适大小的图表坐标轴，如图14-19所示。

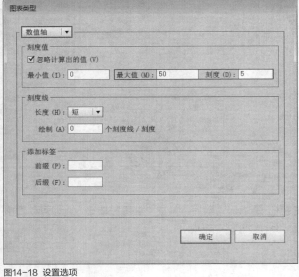

图14-18 设置选项

图14-19 图表坐标轴

技巧点拨

在图表数据框中输入数据后，直接单击数据框上的"关闭"按钮，此时，将会弹出的信息提示框，提示是否存储更改的图表数据，若单击"是"按钮，则系统将按照输入的数据创建图表；若单击"否"按钮，则系统将取消数据的输入；若单击"取消"按钮，则取消关闭图表数据框的操作，返回数据的输入状态。

STEP 03 在图表数据框中输入相应的数据，如图14-20所示。

STEP 04 输入完毕后，单击"应用"按钮 ✓，即可创建堆积柱形图表，如图14-21所示。

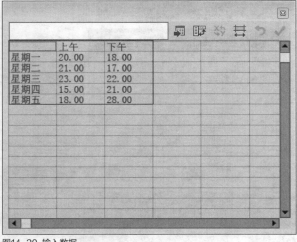

图14-20 输入数据

图14-21 创建图表

实战 534 创建堆积条形图

▶ 实例位置：光盘\效果\第14章\实战534.ai
▶ 素材位置：无
▶ 视频位置：光盘\视频\第14章\实战534.mp4

• 实例介绍 •

堆积条形图表与堆积形图表类似，都是将同类中的多组数据数值，以堆积的方式形成矩形，进行类型之间的比较。

它们的不同之处在于，堆积形图表中的数据数值形成的矩形是垂直方向的，而堆积条形图表中的数据数值形成的矩形是水平方向的，如图14-22所示。

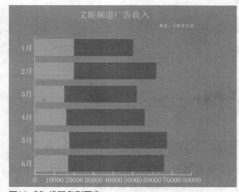

图14-22 堆积条形图表

● 操作步骤 ●

STEP 01 新建文档，在堆积条形图工具图标上 双击鼠标左键，在"图表类型"对话框的"数值轴"选项中设置"最大值"为50、"刻度"为5，如图14-23所示。

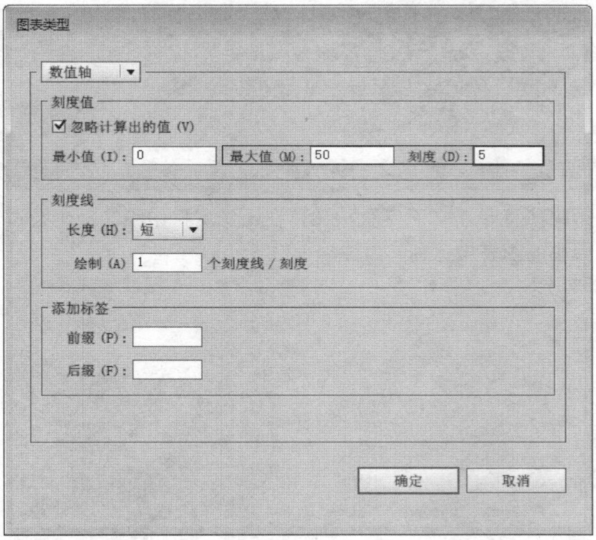

图14-23 设置选项

STEP 02 单击"确定"按钮，在图像窗口中绘制一个合适大小的图表坐标轴，如图14-24所示。

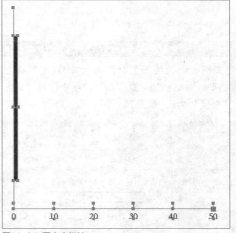

图14-24 图表坐标轴

STEP 03 在图表数据框中输入相应的数据，如图14-25所示。

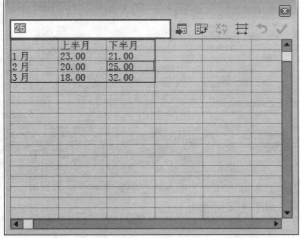

图14-25 输入数据

STEP 04 输入完毕后，单击"应用"按钮 ，即可创建堆积条形图表，如图14-26所示。

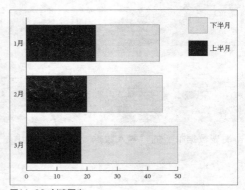

图14-26 创建图表

技巧点拨

在图表数据框中输入数据且应用于图表中时，若单击"换位行/列"按钮，则行与列中的数据进行换位，单击"应用"按钮✓，则图表中的文字标注也随之进行换位。

实战 535 创建折线图

▶ 实例位置：光盘\效果\第14章\实战535.ai
▶ 素材位置：光盘\素材\第14章\实战535.txt
▶ 视频位置：光盘\视频\第14章\实战535.mp4

● 实例介绍 ●

折线图表是通过线段，表现数据数值随时间变化的趋势，它可以帮助用户把握事物发展的过程、分析变化趋势和辨别数据数值变化的特性。该类型的图表是将同项目的数据数值以点的方式在图表中表示，再通过线段将其连接，如图14-27所示。用户通过折线图表，不仅能够纵向比较图表中各个横行的数据数值，而且还可以横向比较图表中的纵行数据数值。

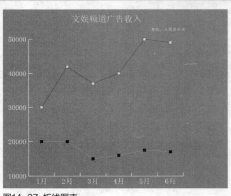
图14-27 折线图表

● 操作步骤 ●

STEP 01 新建文档，在折线图工具图标上双击鼠标左键，在"图表类型"对话框的"数值轴"选项中设置"最大值"为100、"刻度"为5，如图14-28所示。

STEP 02 单击"确定"按钮，在图像窗口中绘制一个合适大小的图表坐标轴，如图14-29所示。

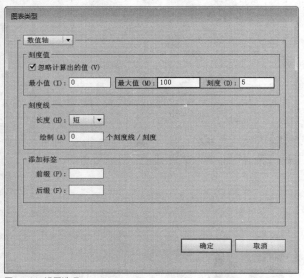
图14-28 设置选项

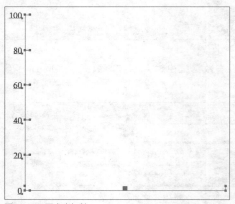
图14-29 图表坐标轴

知识拓展

在Illustrator CC中，若要将数据导入至图表数据框中，其文件格式必须是文本格式，在导入的文本中，数据之间必须有间距，否则导入的数据会很乱。

STEP 03 单击图表数据框上的"导入数据"按钮，如图14-30所示。

STEP 04 弹出"导入图表数据"对话框，选择需要的文件，如图14-31所示。

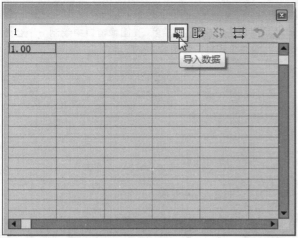

图14-30 单击"导入数据"按钮

图14-31 选择需要的文件

STEP 05 单击"打开"按钮，即可将文件中的数据导入至图表数据框中，如图14-32所示。

STEP 06 单击数据框上的"应用"按钮✔，即可创建相应的折线图表，如图14-33所示。

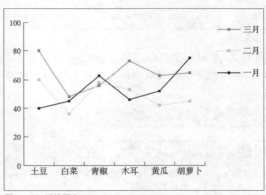

图14-32 导入数据

图14-33 折线图表

实战 536 创建散点图工具

▶ 实例位置：光盘\效果\第14章\实战536.ai
▶ 素材位置：光盘\素材\第14章\实战535.txt
▶ 视频位置：光盘\视频\第14章\实战536.mp4

● 实例介绍 ●

　　散点图表是比较特殊的数据图表，它主要用于数学的数理统计、科技数据的数值显示比较等方面。该类型的图形的X轴和Y轴都是数据数值坐标轴，它会在两组数据数值的交汇处形成坐标点。每一个数据数值的坐标点都是通过X坐标和Y坐标进行定位的，各个坐标点之间使用线段相互连接。用户通过散点图能够反映数据数值的变化趋势，可以直接查看X轴和Y轴之间的相对性，如图14-34所示。

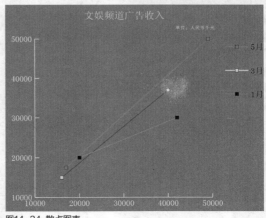

图14-34 散点图表

● 操作步骤 ●

STEP 01 新建文档，在散点图工具图标上 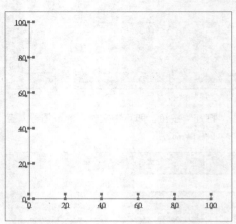 双击鼠标左键，在"图表类型"对话框的"数值轴"和"下侧轴"选项中分别设置"最大值"为100、"刻度"为5，如图14-35所示。

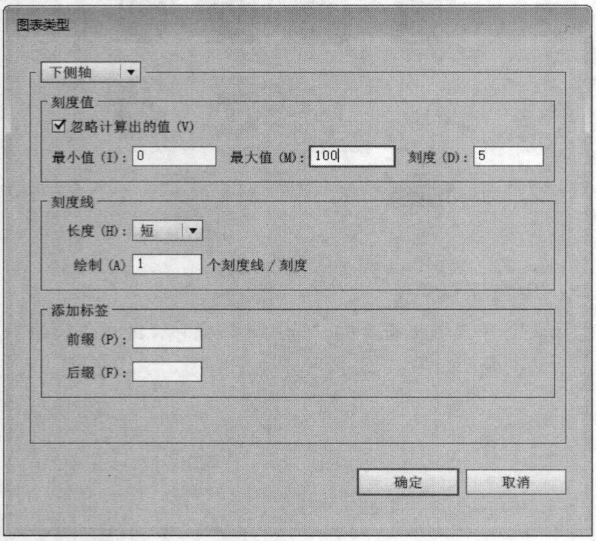

图14-35 设置选项

STEP 02 单击"确定"按钮，在图像窗口中绘制一个合适大小的图表坐标轴，如图14-36所示。

图14-36 图表坐标轴

STEP 03 导入与实战535相同的图表数据文件，并单击"换位行/列"按钮，使行与列中的数据进行互换，如图14-37所示。

	土豆	白菜	青椒	木耳	黄瓜	胡萝卜
一月	40.00	45.00	63.00	46.00	52.00	75.00
二月	60.00	36.00	58.00	53.00	42.00	45.00
三月	80.00	48.00	56.00	73.00	63.00	65.00

图14-37 行与列换位

STEP 04 单击数据框上的"应用"按钮 ✓，即可创建相应的散点图表，如图14-38所示。

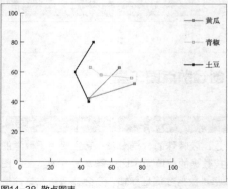

图14-38 散点图表

知识拓展

　　"散点图工具"是一种比较特殊的数据图表，主要用于数学的数理统计和科学数据的数值比较。散点图表的X轴和Y轴是数据坐标轴，在两组数据值的交汇处形成坐标点，每个坐标点都是通过X坐标和Y坐标进行定位的，通过数据的变化趋势可以直接查看X坐标轴和Y坐标轴之间的相对性。因此，用户在创建图表之间需要对"下侧轴"选项中的"刻度值"进行相应的设置。

实战 537 创建面积图工具

▶ 实例位置：光盘\效果\第14章\实战537.ai
▶ 素材位置：光盘\素材\第14章\实战537.xls
▶ 视频位置：光盘\视频\第14章\实战537.mp4

● 实例介绍 ●

　　面积图表所表示的数据数值关系与折线图表比较相似，但是相比后者，前者更强调整体在数据值上的变化。面积图表是通过用点表示一组或多组数据数值，并以线段连接不同组的数据数值点，形成面积区域，如图14-39所示。

知识拓展

　　在图表数据框中进行数据的输入时，用户也可以将制作在电子表格或文本文件中的数据复制粘贴于Illustrator CC中的图表数据框中，同时，图表数据框的数据也可以直接在数据框中进行复制、粘贴或剪切的操作。

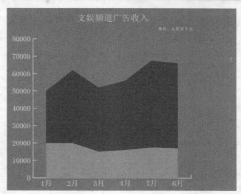

图14-39 面积图表

● 操作步骤 ●

STEP 01 新建文档，在面积图工具图标上 双击鼠标左键，在"图表类型"对话框的"数值轴"中设置"最大值"为300、"刻度"为5，如图14-40所示。

STEP 02 单击"确定"按钮，在图像窗口中绘制一个合适大小的图表坐标轴，如图14-41所示。

STEP 03 打开"实战537.xls"的Excel文档，选中需要复制的数据单元格，如图14-42所示。

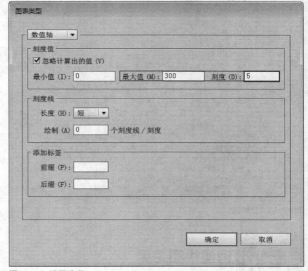

图14-40 设置选项

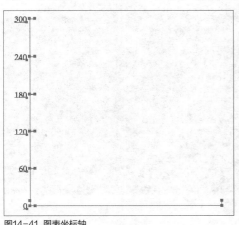

图14-41 图表坐标轴

图14-42 选中单元格

STEP 04 按【Ctrl+C】组合键将单元格的数据复制，返回至图表文档中，选中图表数据框中的第一个单元格，如图14-43所示。

STEP 05 按【Ctrl+V】组合键，即可将数据粘贴至图表数据框中，如图14-44所示。

STEP 06 单击数据框上的"应用"按钮☑，即可创建相应的面积图表，如图14-45所示。

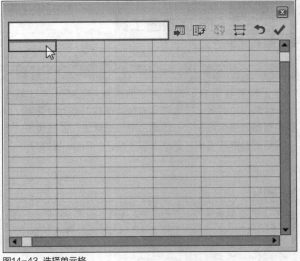

图14-43 选择单元格

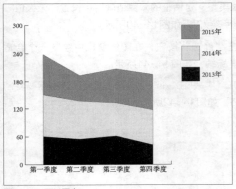

图14-44 粘贴数据

图14-45 面积图表

实战 538 创建饼图工具

▶ 实例位置：光盘\效果\第14章\实战538.ai
▶ 素材位置：光盘\素材\第14章\实战537.xls
▶ 视频位置：光盘\视频\第14章\实战538.mp4

● **实例介绍** ●

饼图图表是将数据数值的总和作为一个圆饼，其中各组数据数值所占的比例通过不同的颜色表示为其中一部分。该类型的图表非常适合于显示同类项目中不同分项目的数据数值的相互比较。它能够很直观地显示在一个整体中各个项目部分所占的比例数值，如图14-46所示。

知识拓展

饼图图表是将数据的总和作为一个圆饼形来表示，并用不同的颜色来表示各组数据所占的比例。在绘制圆饼形时，若绘制的面积越大，则每组数据的圆饼形的面积也就越大。

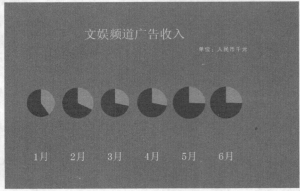

图14-46 饼图图表

STEP 01 新建文档，选取工具面板中的饼图工具 ，在图像窗口中绘制一个合适大小的饼图，如图14-47所示。

图14-47 绘制饼图

STEP 03 单击数据框上的"应用"按钮 ✔，即可创建相应的饼图图表，如图14-49所示。

STEP 02 在图表数据框中粘贴与实战537相同的图表数据，并单击"换位行/列"按钮 ，使行与列中的数据进行互换，如图14-48所示。

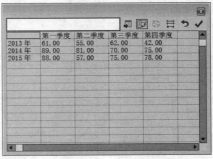

图14-48 行与列换位

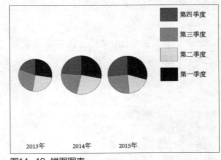

图14-49 饼图图表

实战 539　创建雷达图工具

▶ 实例位置：光盘\效果\第14章\实战539.ai
▶ 素材位置：光盘\素材\第14章\实战539.xls
▶ 视频位置：光盘\视频\第14章\实战539.mp4

　　雷达图表是一种以环形方式进行各组数据数值比较的图表。这种比较特殊的图表能够将一组数据以其数值多少在刻度数值尺度上标注成数值点，然后通过线段将各个数值点连接，这样用户可以通过所形成的各组不同的线段图形，判断数据数值的变化，如图14-50所示。

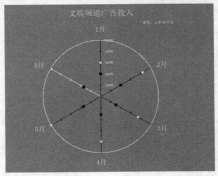

图14-50 雷达图表

STEP 01 新建文档，在雷达图工具图标上 双击鼠标左键，在"图表类型"对话框的"数值轴"中设置"最大值"为4000、"刻度"为5，如图14-51所示。

STEP 02 单击"确定"按钮，在图像窗口中绘制一个合适大小的图表坐标轴，如图14-52所示。

图14-51 设置选项

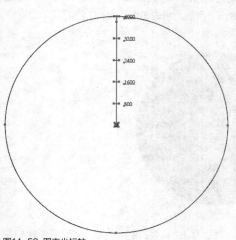

图14-52 图表坐标轴

STEP 03 打开"实战539.xls"的Excel文档，选中需要复制的数据单元格，如图14-53所示。

STEP 04 按【Ctrl＋C】组合键将单元格的数据复制，返回至图表文档中，选中图表数据框中的第一个单元格，按【Ctrl＋V】组合键，即可将数据粘贴至图表数据框中，如图14-54所示。

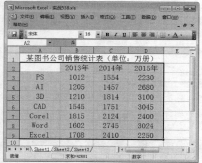

图14-53 需要复制的数据单元格

	2013 年	2014 年	2015 年
PS	1012.00	1554.00	2230.00
AI	1205.00	1457.00	2680.00
3D	1210.00	1814.00	3100.00
CAD	1545.00	1751.00	3045.00
Corel	1815.00	2124.00	2400.00
Word	1602.00	2745.00	3024.00
Excel	1708.00	2410.00	2250.00

图14-54 将数据粘贴至图表数据框中

STEP 05 单击数据框上的"应用"按钮✔，即可创建相应的雷达图表，如图14-55所示。

知识拓展

　　雷达图表是一种以环形方式将各组数据进行比较的图表，它可以将一组数据以其数值的大小在刻度数值尺度上标注成数值点，然后通过线段将各数值点连接起来，若某一组的数值越大，则距离雷达外缘就越近。

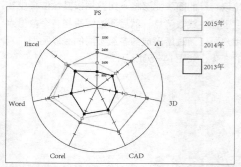

图14-55 雷达图表

14.3 编辑图表

　　Illustrator CC允许用户对已经生成的各种图表进行编辑。例如，可以更改某一组数据，也可以改变不同图表类型中的相关选项，以生成不同的图表外观，甚至于可以进一步将图表中的示意图形状改变成其他形状。

实战
540
更改图表的类型

▶ 实例位置：光盘\效果\第14章\实战540.ai
▶ 素材位置：光盘\素材\第14章\实战540.ai
▶ 视频位置：光盘\视频\第14章\实战540.mp4

● 实例介绍 ●

　　选取工具面板中的选择工具▣，在图形窗口中选择创建的图表，单击"对象"|"图表"|"类型"命令，或双击工具面板中的图表工具，以及在图形窗口中单击鼠标右键，在弹出的快捷菜单中选择"类型"选项，弹出"图表类型"对话框，如图14-56所示。

　　用户在该对话框中可以更改图表的类型、添加图表的样式、设置图表选项，以及对图表的坐标轴进行相应的设置。

　　若用户想将当前的图表改为用另一个类型来表示，使用"图表类型"对话框，可以很方便快捷地进行更改，如图14-57所示。

图14-56　"图表类型"对话框

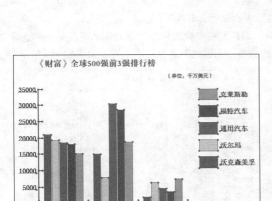

图14-57　更改图表类型

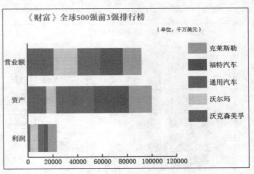

● 操作步骤 ●

STEP 01　单击"文件"|"打开"命令，打开一幅素材图表，如图14-58所示。

STEP 02　使用选择工具▣选中柱形图表，单击"对象"|"图表"|"类型"命令，在弹出的"图表类型"对话框的"类型"选项区中，单击"折线图"按钮，如图14-59所示。

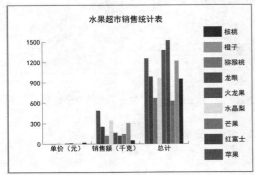

图14-58　素材图表

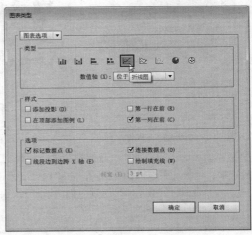

图14-59　单击"折线图"按钮

STEP 03 单击"确定"命令，即可更改图表的类型，如图14-60所示。

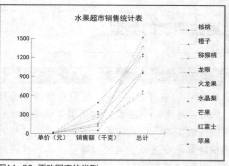

图14-60 更改图表的类型

技巧点拨

编辑图表的操作主要通过"图表类型"对话框来实现，选中图表并单击鼠标左键，在弹出的快捷菜单中选择"类型"选项，或在图表工具上双击鼠标左键，都可以调整出"图表类型"对话框。

实战 541 设置图表数值轴位置

▶ 实例位置：光盘\效果\第14章\实战541.ai
▶ 素材位置：光盘\素材\第14章\实战541.ai
▶ 视频位置：光盘\视频\第14章\实战541.mp4

● **实例介绍** ●

除了饼形图表外，其他类型的图表都有一条数据坐标轴。在"图表类型"对话框中，使用"数值轴"中的选项可以指定数值坐标轴的位置。选择不同的图表类型，其"数值轴"中的选项会有所不同。

当选择柱形图表、堆积形图表、折线图表或面积图表时，用户可在"数值轴"选项右侧的下拉列表中选择"位于左侧""位于右侧"和"位于两侧"3个选项，用户选择不同的选项，创建的图表也各不相同，如图14-61所示。

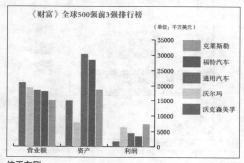
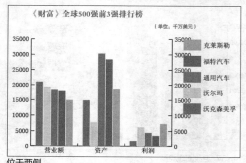

图14-61 不同坐标轴的图表

当选择条形图表和堆积条形图表时，用户可在"数值轴"选项右侧的下拉列表中选择"位于上侧""位于下侧"和"位于两侧"3个选项，用户选择不同的选项，创建的图表也各不相同，如图14-62所示。

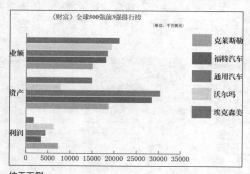
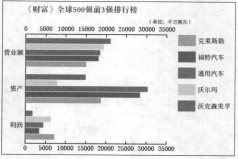

图14-62 不同坐标轴的图表

当选择散点图表时，用户可在"数值轴"选项右侧的下拉列表中选择"位于左侧"和"位于两侧"2个选项，用户选择不同的选项，创建的图表也各不相同，如图14-63所示。

当选择雷达图表时，"数值轴"选项右侧的下拉列表中将只有"位于每侧"选项。

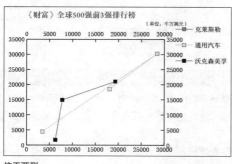 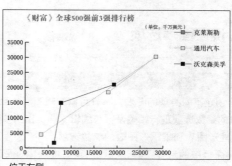

位于两侧

位于左侧

图14-63 不同坐标轴的图表

● 操作步骤 ●

STEP 01 单击"文件" | "打开"命令，打开一幅素材图表，选中图表，如图14-64所示。

STEP 02 单击鼠标右键，在弹出的快捷菜单中选择"类型"选项，如图14-65所示。

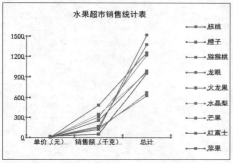

图14-64 选中图表

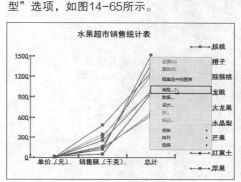

图14-65 选择"类型"选项

STEP 03 在弹出的"图表类型"对话框中设置"数值轴"为"位于两侧"，如图14-66所示。

STEP 04 单击"确定"按钮，即可完成数值轴位置的设置，如图14-67所示。

图14-66 设置数值轴

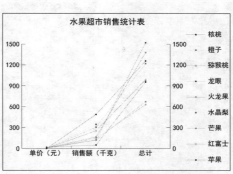

图14-67 数值轴位置

知识拓展

　　在设置图表数值轴的选项中，若选择的图表是散点图表，则数值轴中只有"位于左侧"和"位于两侧"两个选项；若是饼图图表，则数值轴的选项呈灰色；若为雷达图表，则只有"位于每侧"一个选项。

实战 542 设置图表选项

▶ 实例位置：光盘\效果\第14章\实战542.ai
▶ 素材位置：光盘\素材\第14章\实战542.ai
▶ 视频位置：光盘\视频\第14章\实战542.mp4

● 实例介绍 ●

用户对于创建不同类型的图表，不仅可以编辑图表的数据数值和图表的显示效果，还可以对不同类型的图表的"图表类型"对话框的参数选项进行相关设置与编辑（这里指的参数选项设置是指该对话框中"选项"选项区中的参数设置）。

1. 设置柱形图表和堆积形图表的参数选项

选取工具面板中的选择工具，在图形窗口中选择柱形图表或堆积形图表，单击"对象"|"图表"|"类型"命令，弹出"图表类型"对话框，在该对话框中，柱形图表和堆积图表的选项区域的参数相同，如图14-68所示。

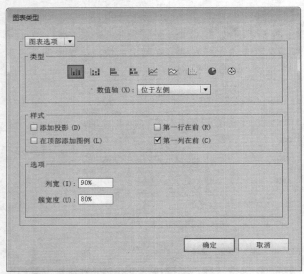
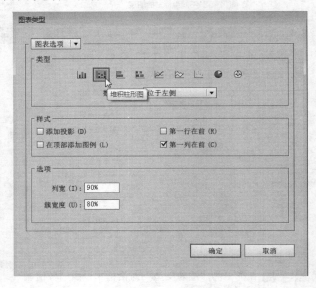

图14-68 柱形图表的选项区域

该选项区域中的参数选项含义如下。

➤ 列宽：用于设置柱形的宽度，其默认参数值为90%。

➤ 簇宽度：用于设置一组范围内所有柱表的宽度总和。簇表示为应用于图表中的同类项目数值的一组柱形，其默认参数值为80%。

2. 设置条形图表与堆积条形图表的参数选项

在"图表类型"对话框中，条形图表与堆积条形图表的选项区域的参数相同，如图14-69所示。

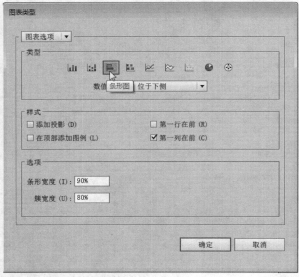

图14-69 条形图表的选项区域

该选项区域中的参数选项含义如下。

➢ 条形宽度：用于设置条形的宽度，其默认参数值为90%。

➢ 簇宽度：用于设置一组范围内所有柱表的度宽总和。簇即表示为应用于图表中的同类项目数值的一组柱形，其默认参数值为80%。

3. 设置折线图表与雷达图表的参数选项

在"图表类型"对话框中，折线图表与雷达图表的选项区域的参数相同，如图14-70所示。

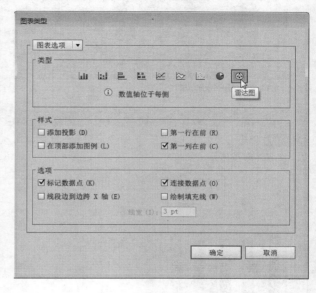

图14-70 折线图表与雷达图表的选项区域

该选项区域的参数选项含义如下。

➢ 标记数据点：选中该复选框，那么图表中的每个数据点将会以一个矩形图表样式显示。

➢ 连接数据点：选中该复选框，那么图表将会以线段将各个数据点连接起来。

➢ 线段边到边跨X轴：选中该复选框，那么图表中连接数据点的线段沿X轴方向从左至右延伸至图表Y轴所标记的数值纵轴末端。

➢ 绘制填充线：用户只有在选中"连接数据点"复选框后，该选项才可使用。选中该复选框，那么图表将会以下方"线宽"文本框中设置的参数值改变所创建的数据连接线的线宽大小。

4. 设置散点图表的参数选项

➢ 散点图表的"图表类型"对话框中的"选项"区中除了多了一个"线段边到边跨X轴"复选框外，其他的参数和折线图表与雷达图表的参数选项完全相同。

5. 设置饼形图表的参数选项

饼形图表的"图表选项"对话框中的选项区域如图14-71所示。

该选项区域中的参数选项含义如下。

➢ 图例：单击其右侧的下拉按钮，在弹出的下拉列表中，若用户选择"无图例"选项时，图表将不会显示图例；若选择"标准图例"选项时，则图表将图例与项目名称放置在图表的外侧；若选择"楔形图例"选项时，则图表将项目名称放置在图表内，如图14-72所示。

➢ 排序：单击其右侧的下拉按钮，在弹出的下拉列表中，用户若选择"无"选项时，那么图表将会完全按数据值输入的顺序顺时针排列在饼形中；若选择"第一个"选项时，则图表将数据数值中最大数据比值放置在顺时针所排列的第一个位置，而其他的数据数值将按照数据数值输入的顺序顺时针排列在饼形中；若选择"全部"选项时，则图表将按照数据数值的大小顺序顺时针排列在饼形中。

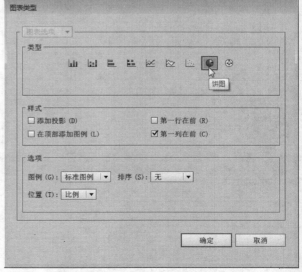

图14-71 饼形图表选项区域

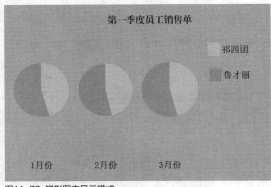
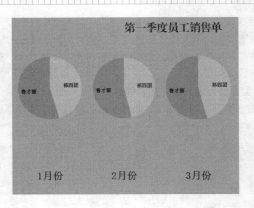

图14-72 饼形图表显示模式

● 操作步骤 ●

STEP 01 单击"文件"｜"打开"命令，打开一幅素材图表，如图14-73所示。

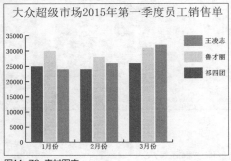

图14-73 素材图表

STEP 03 单击鼠标右键，在弹出的快捷菜单中选择"类型"选项，在"图表类型"的"选项"选项区中，设置"列宽"为50%，如图14-75所示。

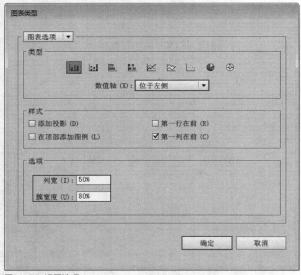

图14-75 设置选项

STEP 02 使用选择工具 选中柱形图表，如图14-74所示。

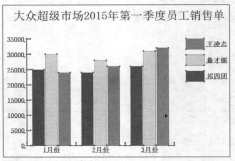

图14-74 选中柱形图表

STEP 04 单击"确定"按钮，即可将设置的选项应用于图表中，如图14-76所示。

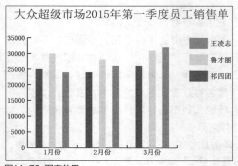

图14-76 图表效果

实战 543　设置单元格样式

▶ 实例位置：光盘\效果\第14章\实战543.ai
▶ 素材位置：光盘\素材\第14章\实战543.ai
▶ 视频位置：光盘\视频\第14章\实战543.mp4

● 实例介绍 ●

　　调出图表数据框除了单击鼠标左键选择选项外，还可以在选中图表后，单击"对象"|"图表"|"数据"命令，也可以调出图表数据框；另外，当用户将鼠标移至列与列之间的网格线上时，单击鼠标左键并拖曳，也可以调整单元格的宽度。

● 操作步骤 ●

STEP 01 单击"文件"｜"打开"命令，打开一幅素材图表，如图14-77所示。

STEP 02 选中图表并单击鼠标右键，在弹出的快捷菜单中选择"数据"选项，弹出图表数据框，将鼠标指针移至"单元格样式"按钮上，如图14-78所示。

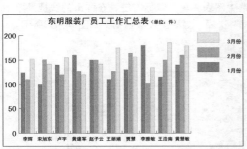

图14-77 素材图表

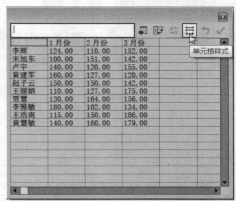

图14-78 图表数据框

STEP 03 单击鼠标左键，弹出"单元格样式"对话框，设置"小数位数"为0、设置"列宽度"为10，如图14-79所示。

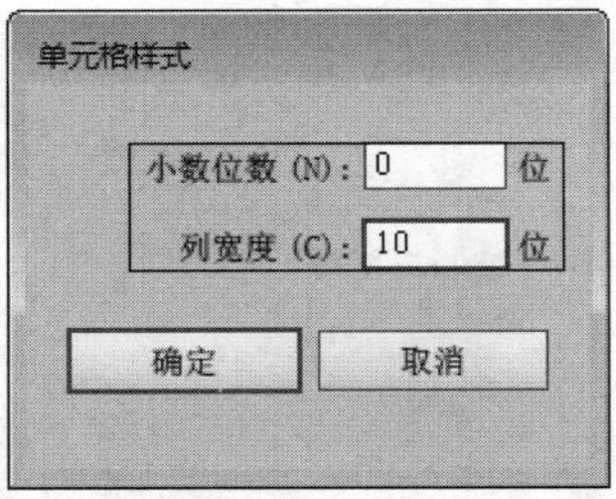

STEP 04 单击"确定"按钮，即可改变图表数据框中的单元格样式，如图14-80所示。

图14-79 设置数值

图14-80 改变单元格样式

实战 544　修改图表数据

▶ 实例位置：光盘\效果\第14章\实战544.ai
▶ 素材位置：光盘\素材\第14章\实战544.ai
▶ 视频位置：光盘\视频\第14章\实战544.mp4

● 实例介绍 ●

　　用户若要对已经创建的图表的数据进行编辑修改时，首先要使用工具面板中的选择工具将其选择，然后单击"对象"|"图表"|"数据"命令（或在图形窗口中单击鼠标右键，在弹出的快捷菜单中选择"数据"选项），此时将弹出该图表的相关数据输入框。用户可在该数据输入框中对数据进行修改，最后单击✓按钮，即可将修改的数据应用至选择的图表中。

用户若要调换图表的行/列时，首先要使用工具面板中的选择工具，在图形窗口中选择该图表，其次单击"对象"|"图表"|"数据"命令，弹出数据输入框，在该数据输入框中单击█按钮，最后单击✓按钮，即可调换选择的图表的行/列，如图14-81所示。

当用户对图表数据框中的数据进行更改后，若单击"恢复"按钮↺，即可将所有修改的数据恢复至修改前的数值，若数据已经应用于图表中，"恢复"按钮将无法应用。

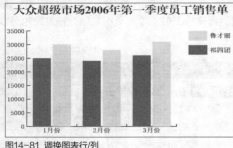
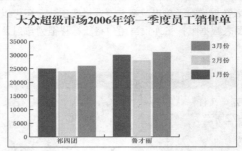

图14-81 调换图表行/列

● 操作步骤 ●

STEP 01 单击"文件"|"打开"命令，打开一幅素材图表，如图14-82所示。

STEP 02 选中图表并单击鼠标右键，在弹出的快捷菜单中选择"数据"选项，弹出图表数据框，如图14-83所示。

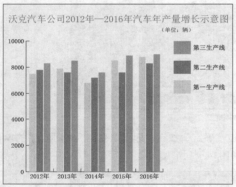

图14-82 素材图表

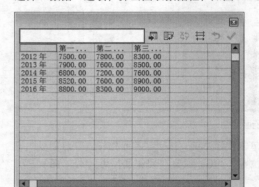

图14-83 图表数据框

STEP 03 在图表数据框中选中需要更改数据的单元格，在数值框中输入数值，如图14-84所示。

STEP 04 单击"应用"按钮✓，即可改变图表中的相应数据，如图14-85所示。

图14-84 修改数据

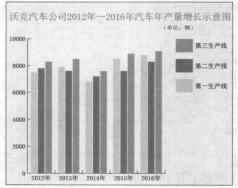

图14-85 图表效果

实战 545 设置图表样式

▶ 实例位置：光盘\效果\第14章\实战545.ai
▶ 素材位置：光盘\素材\第14章\实战545.ai
▶ 视频位置：光盘\视频\第14章\实战545.mp4

● 实例介绍 ●

用户在图形窗口中创建的不同类型的图表，不仅可以调整其数据数值，而且还可以添加图表的视觉效果，如为图表添加投影、显示图例在图表上方等。

选取工具面板中的选择工具，在图形窗口中选择需要添加投影的图表，单击"对象"|"图表"|"类型"命令，弹出"图表类型"对话框，在该对话框中选中"添加投影"复选框，即可为选择的图表添加投影，效果如图14-86所示。

在"图表类型"对话框中所有的图表工具的"样式"选项区都是相同的。其中，"第一行在前"和"第一列在前"的复选框的效果，只有当"选项"选项区中的"列宽"大于100%和"群集宽度"大小120%时，图表上才出现明显的效果。

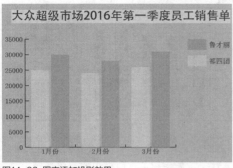 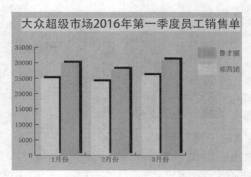

图14-86 图表添加投影效果

● 操作步骤 ●

STEP 01 单击"文件"|"打开"命令，打开一幅素材图表，如图14-87所示。

STEP 02 选中图表并单击鼠标右键，在弹出的快捷菜单中选择"类型"选项，弹出"图表类型"对话框，选中"在顶部添加图例"复选框，如图14-88所示。

STEP 03 单击"确定"按钮，即可在图表的上方显示图例，效果如图14-89所示。

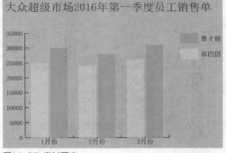

图14-87 素材图表

图14-88 选中"在顶部添加图例"复选框

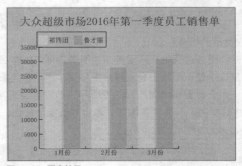

图14-89 图表效果

实战 546 设置图表元素

▶ 实例位置：光盘\效果\第14章\实战546.ai
▶ 素材位置：光盘\素材\第14章\实战546.ai
▶ 视频位置：光盘\视频\第14章\实战546.mp4

● 实例介绍 ●

图表中的显示包括图表元素的颜色、图表中的文字等，用户若不想保持颜色或文字等状态，可以将几组图表类型组合显示等。

1. 更改图表元素的颜色

用户在创建图表后，其颜色都是以灰色模式显示，为了使图表更美观、生动，用户可以将各元素填充为其他模式的颜色、渐变色和图案等，如图14-90所示。

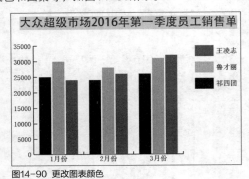
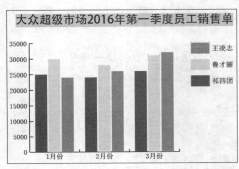

图14-90 更改图表颜色

2. 更改图表中文字的属性

用户若需要更改图表中文字的颜色、字体、字体大小等属性，首先使用工具面板中的直接选择工具或编组选择工具，其次在图形窗口中选择需要更改的文本，如图11-44所示，最后在"字符""段落""色板"等面板中进行相应的设置，即可同步更改选择的文本的属性，如图14-91所示。

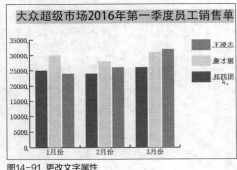
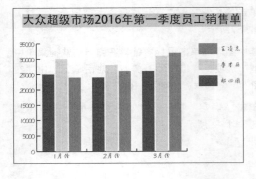

图14-91 更改文字属性

知识拓展

用户在使用工具面板中的编组选择工具在图形窗口中选择图表上的文本时，当第一次单击鼠标左键时，可选择当前单击处的文本，若再次单击鼠标左键，即可选择与当前文本同类的文本。若在当前文本处双击鼠标左键，即可在当前文本中插入光标，此时用户就可输入所需要的新文本。

3. 图表类型的组合显示

用户在制作图表过程中，不同类型的图表还可以组合在一块，以进行使用。

在图形窗口中使用图表工具创建好图表后，选取工具面板中的直接选择工具或编组选择工具，在图形窗口中创建的图表处选择一组资料图例，如图14-92所示，然后单击"对象"|"图表"|"类型"命令，弹出"图表类型"对话框，在该对话框中选择另一种类型的图表，单击"确定"按钮，即可显示组合的图表，如图14-93所示。

知识拓展

图表组合成不同类型的图表时，散点图表不能和其他类型的图表组合使用。

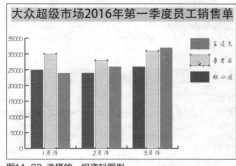

图14-92　选择的一组资料图例

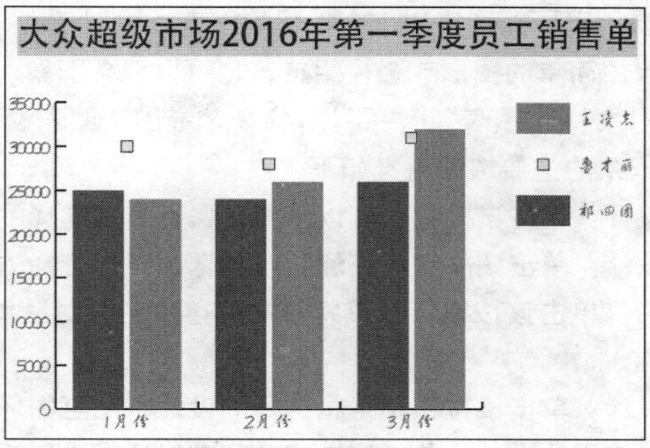

图14-93　创建的另一种类型的图表

STEP 01 单击"文件"|"打开"命令,打开一幅素材图表,如图14-94所示。

STEP 02 在图表中使用直接选择工具 选中同一颜色的图形,如图14-95所示。

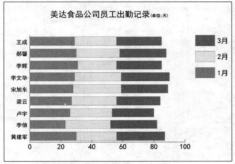

图14-94　素材图表

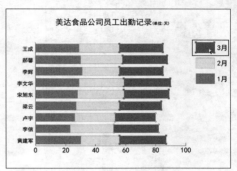

图14-95　选中同一颜色的图形

STEP 03 单击"窗口"|"图形样式"命令,调出"图形样式"浮动面板,打开"涂抹效果"样式库,选中"涂抹8"样式,如图14-96所示。

STEP 04 执行操作后,即可改变相应的图形样式,效果如图14-97所示。

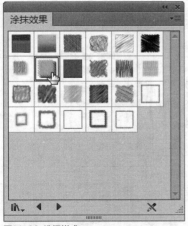

图14-96　选择样式

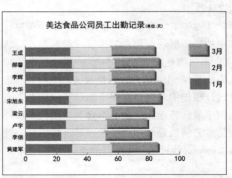

图14-97　图表效果

实战 547　自定义图表图案

▶ 实例位置:光盘\效果\第14章\实战547.ai
▶ 素材位置:光盘\素材\第14章\实战547(1).ai、实战547(2).ai
▶ 视频位置:光盘\视频\第14章\实战547.mp4

　　图表不仅可以使用单纯的颜色或柱状矩形等来表示,还可以使用自定义的图案来表示,从而使图表更具有独特的鲜明个性和特点。

用户若要创建更加形象化、个性化的图表，可以创建并应用自定义的图案来标记图表中的数据。而用于标记图表资料的图案可以由简单的图形或路径组成，也可以包含图案、文本等复杂的操作对象。

单击"对象"|"图表"|"设计"命令，弹出"图表设计"对话框，如图14-98所示。

该对话框中的主要选项含义如下。

➢ 新建设计：单击该按钮，可以预览并保存当前选择的图形，并将其定义为设计。

➢ 删除设计：单击该按钮，将删除对话框当前选择的设计。

➢ 重命名：单击该按钮，系统将弹出"重命名"对话框，用户可在该对话框中的"名称"选项中重新定义当前设计的名称。

➢ 粘贴设计：单击该按钮，可将选择的设计粘贴至图形窗口中。

➢ 选择未使用的设计：单击该按钮，将在对话框中选择除当前选择设计外的所有设计。

在定义图表设计后，最重要的就是在图表中表现所做的设计。用户在创建图表设计后，选取工具面板中的选择工具，在图形窗口中选择需要应用设计的图表，单击"对象"|"图表"|"柱形图"命令，弹出"图表列"对话框，如图14-99所示。

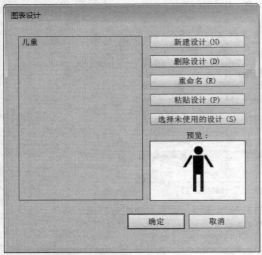

图14-98 重命名设计名称

图14-99 "图表列"对话框

该对话框中的主要选项含义如下。

➢ 选择列设计：在其下方的列表框中，用户可选择所需要的设计类型。

➢ 列类型：其右侧下拉列表框中的选项用于决定设计在图表中的显示形状。用户若选择"垂直缩放"选项，则设计只根据图表资料在垂直方向上产生缩放，效果如图14-100所示；若选择"一致缩放"选项，则设计根据图表资料在保持原形状的状态下进行等比例缩放；若选择"重复堆叠"选项，则设计可以在垂直方向处叠放多个设计；若选择"局部缩放"选项，则设计可以产生局部缩放的效果。

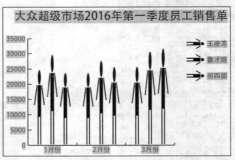

图14-100 选择"垂直缩放"产生的效果

● 操作步骤 ●

STEP 01 单击"文件"|"打开"命令，打开两幅素材图像，如图14-101所示。

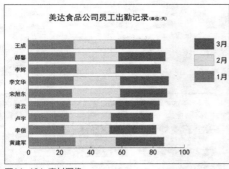

图14-101 素材图像

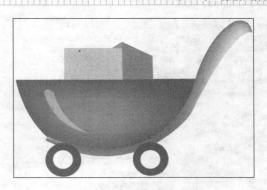

STEP 02 切换至"实战547（2）"文档窗口，选中图形，将其复制粘贴于"实战547（1）"的素材文件中，如图14-102所示。

STEP 03 确认图形处于选中状态，单击"对象"｜"图表"｜"设计"命令，弹出"图表设计"对话框，单击"新建设计"按钮，如图14-103所示。

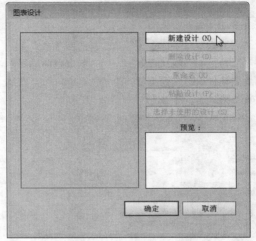

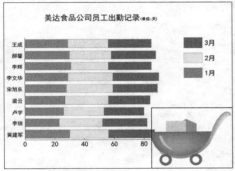

图14-102 复制图像

图14-103 单击"新建设计"按钮

STEP 04 执行操作后，在预览框中将显示自定义的图案，如图14-104所示。

STEP 05 单击"重命名"按钮，弹出"重命名"对话框，在"名称"文本框中输入新名称"购物车"，如图14-105所示。

图14-104 显示自定义的图案

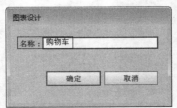

图14-105 重命名

STEP 06 单击"确定"按钮，返回"图表设计"对话框，如图14-106所示。

STEP 07 单击"确定"按钮，在图像窗口中运用直接选择工具 选中需要应用自定义图案显示的图形，如图14-107所示。

图14-106 "图表设计"对话框

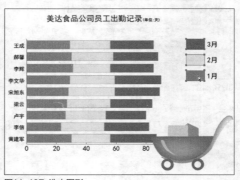

图14-107 选中图形

STEP 08 单击"对象"|"图表"|"柱形图"命令，弹出"图表列"对话框，在"选取列设计"列表框中选择自定义的图案名称，设置"列类型"为"一致缩放"，取消选中"旋转图例设计"复选框，如图14-108所示。

STEP 09 单击"确定"按钮，即可将自定义的图案应用于图表中，并删除相应的图形对象，效果如图14-109所示。

图14-108 设置选项

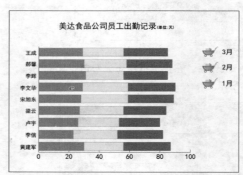

图14-109 应用图案

第 **15** 章

使用动作实现自动化

本章导读

"动作"浮动面板中的记录功能可以将一系列的命令组成一个动作来完成其他任务,使用该面板可以大幅度降低工作强度,从而提高工作效率。

要点索引
- 应用"动作"面板
- 编辑动作

15.1 应用"动作"面板

在Illustrator CC中，设计师们不断追求更高的设计效率，动作的出现无疑极大地提高了设计师们的操作效率。使用动作可以减少许多操作，大大降低工作的重复度。例如，在转换百张图像的格式时，用户无需一一进行操作，只需对这些图像文件应用一个设置好的动作，即可一次性完成对所有图像文件的相同操作。

实战 548	创建动作	▶ 实例位置：无
		▶ 素材位置：无
		▶ 视频位置：光盘\视频\第15章\实战548.mp4

● 实例介绍 ●

Illustrator CC提供了许多现成的动作以提高操作人员的工作效率，但在大多数情况下，操作人员仍然需要自己录制大量新的动作，以适应不同的工作情况。

➤ 将常用操作录制成为动作：用户根据自己的习惯将常用操作的动作记录下来，在设计工作中更加方便。

➤ 与"批处理"结合使用：单独使用动作尚不足以充分显示动作的优点，如果将动作与"批处理"命令结合起来，则能够成倍放大动作的威力。

➤ 动作与自动化命令都被用于提高工作效率，不同之处在于，动作的灵活性更大，而自动化命令类似于由Illustrator CC录制完成的动作。

"动作"实际上是一组命令，其基本功能具体体现在以下3个方面。

➤ 将常用的两个或多个命令及其他操作组合为一个动作，在执行相同操作时，直接执行该动作即可。

➤ 对于Illustrator CC中最精彩的效果，若对其使用动作功能，可以将多个效果操作录制成一个单独的动作，执行该动作，就像执行一个效果操作一样，可对图像快速执行多种效果的处理。

➤ "动作"面板是建立、编辑和执行动作的主要场所，在该面板中用户可以记录、播放、编辑或删除单个动作，也可以存储和载入动作文件。

创建动作的操作有以下3种方法。

➤ 方法1："动作"浮动面板，单击"创建新动作"按钮 ▣ ，弹出"新建动作"对话框，设置相应的选项，单击"记录"按钮，即可创建一个新的动作。

➤ 方法2：调出"动作"浮动面板，单击面板右上角的按钮，在弹出的菜单列表框中选择"新建动作"选项，弹出"新建动作"对话框，进行相应设置后，单击"确定"按钮即可。

➤ 方法3：按住【Alt】键的同时，单击"创建新动作"按钮，即可快速创建动作集，并直接开始记录窗口中的动作。

● 操作步骤 ●

STEP 01 新建文档，单击"窗口" | "动作"命令，如图15-1所示。

STEP 02 调出"动作"浮动面板，单击"创建新动作"按钮 ▣ ，如图15-2所示。

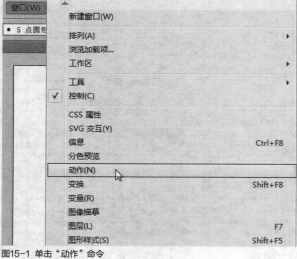

图15-1 单击"动作"命令

图15-2 单击"创建新动作"按钮

STEP 03 弹出"新建动作"对话框，设置"名称"为"动作1""动作集"为"默认动作""功能键"为"无""颜色"为"黄色"，如图15-3所示。

STEP 04 单击"记录"按钮，即可创建一个新的动作，如图15-4所示。

图15-3 "新建动作"对话框

图15-4 新建动作

实战 549　录制动作

▶ 实例位置：光盘\效果\第15章\实战549.ai
▶ 素材位置：光盘\素材\第15章\实战549.ai
▶ 视频位置：光盘\视频\第15章\实战549.mp4

● 实例介绍 ●

使用"动作"面板可以对动作进行记录，在记录完成之后，还可以执行插入等编辑操作。
"动作"面板中主要选项的功能如下。

➢ "切换对话开/关"图标⬜：当面板中出现这个图标时，动作执行到该步骤时将暂停。

➢ "切换项目开/关"图标✔：可设置允许/禁止执行动作组中的动作、选定的部分动作或动作中的命令。

➢ "展开/折叠"图标▼：单击该图标可以展开/折叠动作组，以便存放新的动作，如图15-5所示。

➢ "创建新动作"按钮🔲：单击该图标可以展开/折叠动作组，以便存放新的动作。

➢ "创建新动作集"按钮🗀：单击该按钮，可以创建一个新的动作组。

➢ "开始记录"按钮⬤：单击该按钮，可以开始录制动作。

➢ "播放选定的动作"按钮▶：单击该按钮，可以播放当前选择的动作。

➢ "停止播放/记录"按钮■：该按钮只有在记录动作或播放动作时才可以使用，单击该按钮，可以停止当前的记录或播放操作。

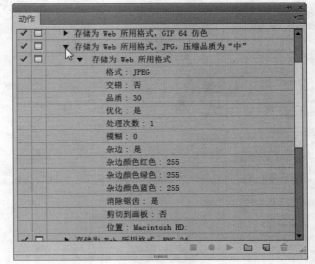

图15-5 展开动作组

● 操作步骤 ●

STEP 01 单击"文件"|"打开"命令，打开一幅素材图像，如图15-6所示。调出"动作"浮动面板，并新建"动作1"。

STEP 02 选中"动作1"项目后，单击面板下方的"开始记录"按钮⬤，如图15-7所示。

图15-6 素材图表

STEP 03 在图像中选择需要创建动作的图形，如图15-8所示。

图15-7 单击"开始记录"按钮

STEP 04 单击鼠标右键，在弹出的快捷菜单中选择"变换"｜"旋转"选项，如图15-9所示。

图15-8 选中图形

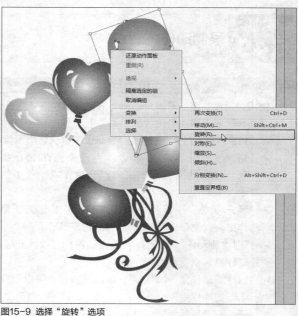

图15-9 选择"旋转"选项

STEP 05 弹出"旋转"对话框，设置"角度"为20°，如图15-10所示。

STEP 06 单击"确定"按钮，即可旋转图形，效果如图15-11所示。

图15-10 "旋转"对话框

图15-11 旋转图形

STEP 07 再次在选中的图形上单击鼠标右键，在弹出的快捷菜单中选择"变换"｜"移动"选项，弹出"移动"对话框，设置"水平"为5mm、"垂直"为15mm，如图15-12所示。

图15-12 "移动"对话框

STEP 09 再次在选中的图形上单击鼠标右键，在弹出的快捷菜单中选择"排列"｜"置于底层"选项，调整图形排列顺序，如图15-14所示。

图15-14 调整图形排列顺序

STEP 08 单击"确定"按钮，所选择的图形进行了移动的动作，如图15-13所示。

图15-13 移动图形

STEP 10 单击"动作"面板下方的"停止播放/记录"按钮■，如图15-15所示，系统将停止记录动作，即完成动作的录制；此时，"动作"面板中的"动作1"的项目中，记录了图像窗口中的操作过程。

图15-15 记录动作

知识拓展

在进行动作的录制时，一定要选中需要记录的动作项目，并单击"开始记录"按钮，否则所有的动作都无法进行记录，或选择需要的项目后，单击面板右上角的按钮，在弹出的菜单列表框中选择"开始记录"选项。

实战
550
播放动作

▶ 实例位置：光盘\效果\第15章\实战550.ai
▶ 素材位置：光盘\素材\第15章\实战550.ai
▶ 视频位置：光盘\视频\第15章\实战550.mp4

● 实例介绍 ●

在Photoshop CC中编辑图像时，用户可以播放"动作"面板中自带的动作，用于快速处理图像。

知识拓展

由于动作是一系列命令，因此单击"编辑"｜"还原"命令只能还原动作中的最后一个命令，若要还原整个动作系列，可在播放动作前在"历史记录"面板中创建新快照，即可还原整个动作系列。

在播放记录的动作时，若不需要播放某一个动作，只需单击该动作名称左侧的"切换项目开/关"图标✔即可。另外，用户还可以设置播放的速度，单击面板右上角的按钮，在弹出的菜单列表框中选择"回放选项"选项，在弹出的对话框中设置"暂停"选项后，即可控制每个播放动作之间的速度。

● **操作步骤** ●

STEP 01 单击"文件"｜"打开"命令，打开一幅素材图像，如图15-16所示。

图15-16 打开一幅素材图像

STEP 03 选中"动作"面板中所录制的"动作1"项目，单击面板下方的"播放当前所选动作"按钮 ▶，如图15-18所示。

图15-18 单击"播放当前所选动作"按钮

STEP 02 选择需要播放动作的图形，如图15-17所示。

图15-17 选中图形

STEP 04 所选择的图形按照录制的动作进行播放，如图15-19所示。

图15-19 播放动作

实战 551 批处理

▶ **实例位置：** 无
▶ **素材位置：** 光盘\素材\第15章\实战551\实战551(1).ai、实战551(2).ai
▶ **视频位置：** 光盘\视频\第15章\实战551.mp4

● **实例介绍** ●

批处理就是将一个指定的动作应用于某文件夹下的所有图像或当前打开的多个图像。在使用批处理命令时，需要进行批处理操作的图像必须保存于同一个文件夹中或全部打开，执行的动作也需要提前载入至"动作"面板。

● 操作步骤 ●

STEP 01 单击"文件" | "打开"命令，打开两幅素材图像，如图15-20所示。

图15-20 打开素材图像

STEP 02 单击"动作"面板右上角的 ▼≡ 按钮，在弹出的面板菜单中选择"批处理"选项，如图15-21所示。

STEP 03 弹出"批处理"对话框，设置"动作集"为"默认-动作""动作"为"不透明度40，"屏幕"模式（所选项目）"，单击"选取"按钮，如图15-22所示。

图15-21 选择"批处理"选项

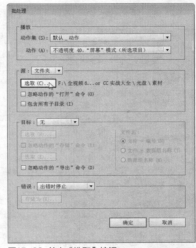

图15-22 单击"选取"按钮

STEP 04 弹出"选择批处理源文件夹"对话框，选择相应的文件夹，如图15-23所示。

STEP 05 单击"选择文件夹"按钮，添加源文件夹，单击"确定"按钮，如图15-24所示。稍等片刻，即可批处理同文件夹内的图像。

图15-23 选择相应的文件夹

图15-24 添加源文件夹

15.2 编辑动作

使用"动作"面板可以对动作进行记录，在记录完成之后，还可以执行插入等编辑操作，本节主要向用户介绍插入、复制和删除动作、新增动作组等操作方法。

实战 552 复制和删除动作

▶ 实例位置：光盘\效果\第15章\实战552.ai
▶ 素材位置：光盘\素材\第15章\实战552.ai
▶ 视频位置：光盘\视频\第15章\实战552.mp4

● 实例介绍 ●

若选择需要删除的动作选项后，单击"删除所选动作"按钮，或单击面板右上角的按钮，在弹出的快捷菜单中选择"删除"选项，都将弹出信息提示框，提示用户是否删除所选动作项目，单击"是"按钮，将所选择的动作项目删除。

● 操作步骤 ●

STEP 01 单击"文件" | "打开"命令，打开一幅素材图像，选择需要复制的动作选项，如图15-25所示。

STEP 02 单击鼠标左键并拖曳至"创建新动作"按钮上|回|，如图15-26所示。

图15-25 选择动作

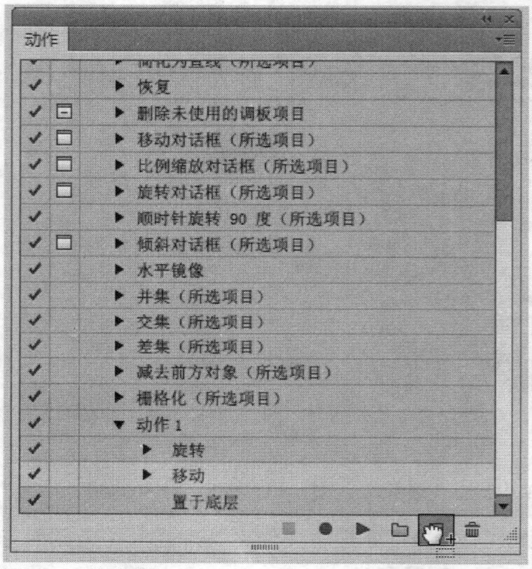

图15-26 拖曳动作

STEP 03 执行操作后，即可复制该动作选项，如图15-27所示。

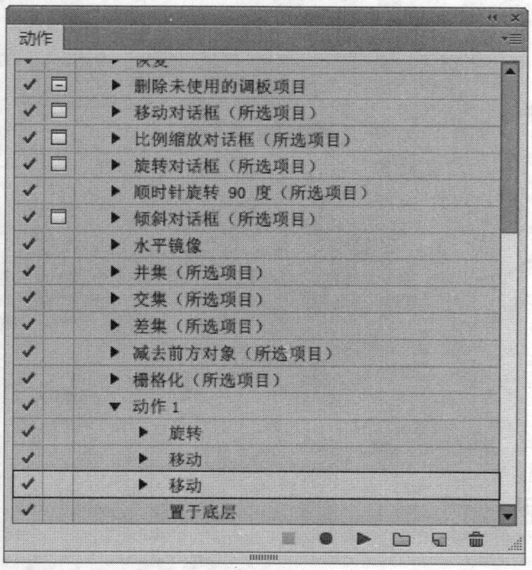

STEP 04 在图像窗口中选中需要播放动作的图形后，播放动作，即可观察到所选择的图形进行了两次移动操作动作的播放，如图15-28所示。

图15-27 复制动作

图15-28 播放动作

知识拓展

复制动作也可按住【Alt】键，将要复制的命令或动作拖曳至"动作"面板中的新位置，或者将动作拖曳至"动作"面板底部的"创建新动作"按钮上即可。

STEP 05 选中需要删除的动作选项，单击鼠标左键并拖曳至"删除所选动作"按钮 上，如图15-29所示。

STEP 06 释放鼠标后，即可删除将该动作选项，如图15-30所示。

图15-29 拖曳鼠标

图15-30 删除动作

实战 553 编辑动作

▶ **实例位置：** 光盘\效果\第15章\实战553.ai
▶ **素材位置：** 光盘\素材\第15章\实战553.ai
▶ **视频位置：** 光盘\视频\第15章\实战553.mp4

● 实例介绍 ●

在对动作进行编辑时，必须先选择需要编辑动作的图形，再双击动作选项，否则系统将弹出所选动作不可使用的提示信息框。另外，若在"动作"浮动面板的菜单列表框中选择"重置动作"选项，可以将"动作"恢复至默认的设置。

● 操作步骤 ●

STEP 01 单击"文件" | "打开"命令，打开一幅素材图像，如图15-31所示。

STEP 02 在图像窗口中选中需要编辑的图形，如图15-32所示。

图15-31 打开素材图像

图15-32 选择图形

STEP 03 在"动作1"项目中的"旋转"选项上双击鼠标左键，如图15-33所示。

STEP 04 弹出"旋转"对话框，设置"角度"为-30°，如图15-34所示。

图15-33 双击"旋转"选项

图15-34 设置"角度"选项

STEP 05 单击"确定"按钮后，所选择的图形也随着动作记录改变，如图15-35所示。

STEP 06 在"移动"选项上双击鼠标，如图15-36所示。

图15-35 图形效果

图15-36 双击"移动"选项

STEP 07 弹出"移动"对话框，设置"水平"为−10mm、"垂直"为10mm，如图15-37所示。

STEP 08 单击"确定"按钮后，完成动作记录的更改，如图15-38所示。

图15-37 设置"水平"选项

图15-38 图形效果

实战 554　插入停止

▶ 实例位置：无
▶ 素材位置：无
▶ 视频位置：光盘\视频\第15章\实战554.mp4

● 实例介绍 ●

在进行动作录制时，并不是可以将所有操作进行记录，若操作无法被录制且需要执行时可以插入一个"停止"提示，以提示手动操作。

● 操作步骤 ●

STEP 01 展开"动作"面板，展开"简化（所选项目）"动作，在其中选择"简化"选项，如图15-39所示。

图15-39 选择"简化"选项

STEP 02 单击面板右上角的 按钮，在弹出的面板菜单中选择"插入停止"选项，如图15-40所示。

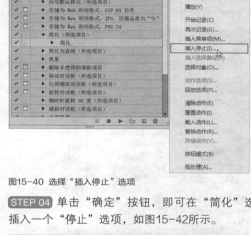
图15-40 选择"插入停止"选项

STEP 03 执行上述操作后，弹出"记录停止"对话框，在"信息"文本框中输入"停止动作效果！"，如图15-41所示。

图15-41 输入"停止动作效果！"

STEP 04 单击"确定"按钮，即可在"简化"选项的下方插入一个"停止"选项，如图15-42所示。

图15-42 插入一个"停止"选项

知识拓展

"记录停止"对话框中，各选项的含义如下。

▶ "信息"文本框：在该文本框中可以输入文字，在当前动作播放到该命令时将自动停止，并弹出所输入的文字信息提示框。

▶ "允许继续"复选框：没有选中该复选框时，弹出的提示框中只有一个"停止"按钮；若选中该复选框，在播放至该命令弹出提示框时，将会显示一个"继续"按钮，单击该按钮会继续应用当前动作。

技巧点拨

执行"插入停止"命令后,在执行动作时就可以手动调整动作参数。

实战 555 在动作中插入不可记录的任务

▶ 实例位置: 无
▶ 素材位置: 无
▶ 视频位置: 光盘\视频\第15章\实战555.mp4

● 实例介绍 ●

在Illustrator CC中,并非所有的任务都能直接记录为动作。例如"效果"和"视图"菜单中的命令,用于显示或隐藏面板的命令,以及使用选择、钢笔、画笔、铅笔、渐变、网格、吸管、实时上色和剪刀等工具。虽然它们不能直接记录为动作,但可以插入到动作中。

● 操作步骤 ●

STEP 01 展开"动作"面板,展开"动作2"动作,在其中选择"矩形工具"选项,如图15-43所示。

STEP 02 单击面板右上角的 ▼≡ 按钮,在弹出的面板菜单中选择"插入菜单项"选项,如图15-44所示。

图15-43 选择"矩形工具"选项

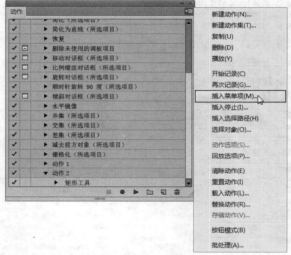

图15-44 选择"插入菜单项"选项

STEP 03 弹出"插入菜单项"对话框,如图15-45所示。

STEP 04 单击"视图"|"显示透明度网格"命令,如图15-46所示。

图15-46 单击"显示透明度网格"命令

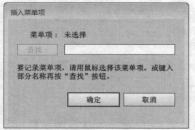

图15-45 "插入菜单项"对话框

STEP 05 执行操作后，该命令会显示在"插入菜单项"对话框中，如图15-47所示。

STEP 06 单击"确定"按钮，即可在动作中插入该命令，如图15-48所示。

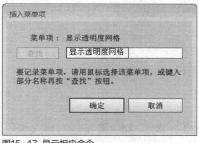

图15-47 显示相应命令

图15-48 插入相应命令

| 实战
556 | **保存和加载动作** | ▶ 实例位置：无
▶ 素材位置：无
▶ 视频位置：光盘\视频\第15章\实战556.mp4 |

● 实例介绍 ●

当录制了动作后，可以将其进行保存，方便在以后的工作中使用。另外，用户也可以将磁盘中所存储的动作文件加载至当前动作列表中。

● 操作步骤 ●

STEP 01 展开"动作"面板，在"动作"面板中，选择相应动作组，单击面板右上方的 按钮，在弹出的面板菜单中选择"存储动作"选项，如图15-49所示。

STEP 02 弹出"将动作集存储到"对话框，单击"保存"按钮，即可存储动作，如图15-50所示。

图15-49 选择"存储动作"选项

图15-50 "将动作集存储到"对话框

STEP 03 单击面板右上方的 按钮，在弹出的面板菜单中选择"载入动作"选项，弹出"载入"对话框，选择需要载入的动作选项，如图15-51所示。

STEP 04 单击"载入"按钮，执行操作后，即可在"动作"面板中载入相应动作组，如图15-52所示。

图15-51 选择需要载入的动作选项

图15-52 载入动作组

知识拓展

　　"存储动作"选项只能存储动作组，而不能存储单个的动作，而载入动作可将在网上下载或者磁盘中所存储的动作文件添加到当前的动作列表中。

实战 557　重新排列命令顺序

▶ 实例位置：无
▶ 素材位置：无
▶ 视频位置：光盘\视频\第15章\实战557.mp4

● 实例介绍 ●

　　排列命令顺序与调整图层顺序相同，要改变动作中的命令顺序，只需要拖曳此命令至新位置，当出现高光时释放鼠标，即可改变顺序。

● 操作步骤 ●

STEP 01 展开"动作"面板，在"动作"面板中选择"恢复"动作，单击鼠标左键并向下拖曳，如图15-53所示。

STEP 02 拖曳至合适位置后，释放鼠标左键，即可改变"恢复"动作命令的顺序，如图15-54所示。

图15-53 单击鼠标左键并向下拖曳

图15-54 改变命令的顺序

技巧点拨

　　如果要切换标准模式与按钮模式，可以将鼠标移至"动作"面板右上角的黑色小三角按钮　上，单击鼠标左键，在弹出的"动作"面板菜单中选择"标准模式"或"按钮模式"选项。

实战
558　替换动作

▶ 实例位置：无
▶ 素材位置：无
▶ 视频位置：光盘\视频\第15章\实战558.mp4

● 实例介绍 ●

选择"动作"菜单列表中的"替换动作"选项，可以将当前所有动作替换为从硬盘中装载的动作文件。

● 操作步骤 ●

STEP 01 展开"动作"面板，在"动作"面板中，选择相应动作组，如图15-55所示。

STEP 02 单击面板右上方的 按钮，在弹出的面板菜单中选择"替换动作"选项，如图15-56所示。

图15-55 选择相应动作组

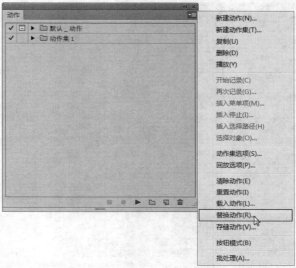

图15-56 选择"替换动作"选项

STEP 03 弹出"载入动作集自"对话框，选择相应的动作组，如图15-57所示。

STEP 04 单击"打开"按钮，即可替换动作，如图15-58所示。

图15-57 选择"图像效果"选项

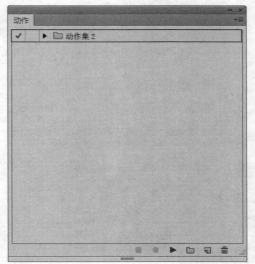

图15-58 替换动作

实战 559 复位动作

▶ 实例位置：无
▶ 素材位置：无
▶ 视频位置：光盘\视频\第15章\实战559.mp4

● 实例介绍 ●

在Illustrator CC中，动作复位将使用安装时的默认动作代替当前"动作"面板中的所有动作。

● 操作步骤 ●

STEP 01 在菜单栏中单击"窗口"|"动作"命令，弹出"动作"面板，如图15-59所示。

图15-59 展开"动作"面板

STEP 02 单击面板右上方的按钮，在弹出的面板菜单中选择"重置动作"选项，如图15-60所示。

图15-60 选择"重置动作"选项

STEP 03 执行上述操作后，弹出信息提示框，如图15-61所示。

STEP 04 单击"确定"按钮，即可复位动作，如图15-62所示。

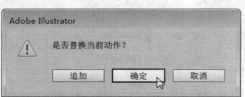

图15-61 弹出信息提示框

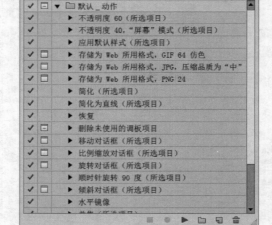

图15-62 复位动作

第16章

16

优化与输出打印文件

本章导读

在Illustrator CC中，不管是文本对象，还是应用了各种特殊效果的图形对象或图像，用户都可以根据需要，设置不同的打印参数，将其进行打印输出。

用户不仅可以设置打印机的属性，还可以通过Illustrator CC中的打印设置，以更加合适的方式打印输出文字、图形或图像，如以专业印刷的分色方式打印输出，以及将彩色的图形用所设置的单色打印输出等。

要点索引

- 优化图像选项
- 创建与管理切片
- 打印与输出图像

16.1 优化图像选项

在Illustrator CC中，用户可以根据需要对图像进行优化，以减小图像的大小。尤其是在Web上发布图像时，较小的图像可以使Web服务器更加高效地存储和传输图像，同时用户也可以更快速地下载图像。

实战 560	存储为Web所用格式	▶ 实例位置：光盘\效果\第16章\实战560.gif ▶ 素材位置：光盘\素材\第16章\实战560.ai ▶ 视频位置：光盘\视频\第16章\实战500.mp4

● 实例介绍 ●

用户通过运用Illustrator CC的优化功能可以在不同的Web图形格式和不同的文件属性下对同一图像进行不同的优化设置，以得到最佳效果。

选择一个需要优化的文件，单击"文件"|"存储为Web所用格式"命令，弹出"存储为Web所用格式"对话框，如图16-1所示。

该对话框中的主要选项含义如下。

➤ "原稿"选项卡：该选项卡下方的预览区中显示的是原图像，如图16-2所示。

图16-1 "存储为Web所用格式"对话框

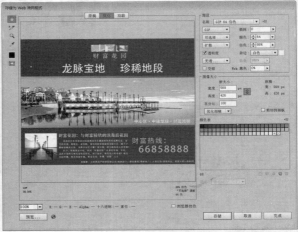

图16-2 "原稿"选项卡显示的图像

➤ "优化"选项卡：该选项卡是Illustrator CC默认的选项卡，其下方预览区中显示的是当前优化设置后的图像。

➤ "双联"选项卡：该选项卡下方的预览区中以两个视图的方式显示图像，如图16-3所示，左侧的为原图，右侧的为优化图。

➤ 抓手工具 🖐 和缩放工具 🔍：该工具与Illustrator CC软件工具箱中的工具功能相同。

➤ 切片选择工具 ✂：该工具与Illustrator CC软件工具箱中的工具功能相同。

➤ 吸管工具 ✒：选取该工具，在图像上单击鼠标左键，即可将鼠标单击处的图像像素颜色吸取至其下方的吸管颜色色块中，用于分片图像的背景，但只有当前图像有透明效果时，才能看出效果。

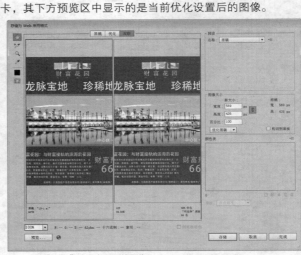

图16-3 "双联"选项卡显示的图像

➤ 切换切片可视性 ▣：该按钮用于控制是否在"存储为Web所用格式"对话框中显示分片效果。

➤ 将图像存储为Web所用格式，可以用来选择优化选项以及预览优化的图像。

➤ "缩放"文本框：可以设置图像预览窗口的显示比例。

➤ "在浏览器中预览"菜单：单击"预览"按钮 预览... 可以打开浏览器窗口，预览Web网页中的图片效果。

➤ "预览"菜单：用于设置图像的优化格式及相应选项，可以在"预览"菜单中选取一个调制解调器速度。

➤ "颜色表"菜单：用于设置Web安全颜色。

● 操作步骤 ●

STEP 01 单击"文件"|"打开"命令,打开一幅素材图像,如图16-4所示。

STEP 02 单击"文件"|"存储为Web所用格式"命令,如图16-5所示。

图16-4 打开素材图像

图16-5 单击相应命令

STEP 03 弹出"存储为Web所用格式"对话框,如图16-6所示,可以用来选择优化选项以及预览优化的图像。

STEP 04 单击"存储"按钮,弹出"将优化结果存储为"对话框,设置路径和名称,如图16-7所示,单击"保存"按钮,即可完成操作。

图16-6 "存储为Web所用格式"对话框

图16-7 "将优化结果存储为"对话框

实战 561 选择最佳的文件格式

▶ 实例位置:光盘\效果\第16章\实战561.gif
▶ 素材位置:光盘\素材\第16章\实战561.ai
▶ 视频位置:光盘\视频\第16章\实战561.mp4

● 实例介绍 ●

Illustrator CC软件常以GIF、JPEG、PNG、SWF和SVG文件格式输出图像,这些格式的作用及功能分别如下。

➢ GIF格式:适用于颜色较少、颜色数量有限及细节清晰的图像,例如文字。GIF格式采用无损失的压缩方式,这种压缩方式可使文件最小化,并且可加快信息传输的时间,以及支持背景色为透明或者实色。由于GIF格式只支持8位元色彩,所以将24位元的图像优化成8位元的GIF格式,文件的品质通常会有损失。

➢ JPEG:支持24位元色彩,适用于包含全彩、渐变和具有连续色调的图像。由于JPEG格式不支持透明效果,因此,当有透明区域的文件存储为JPEG格式时，透明区域会被填充为实色。因此，最好将优化的图像的背景颜色设置为与网页背景色相同的颜色。但若是网页的背景色不是单一的颜色，而是图案时，最好将具有透明区域的图像存储为支持透明效果的文件格式，例如GIF和PNG格式。

➢PNG格式：该格式包括PNG-8和PNG-24两种格式。PNG-8格式支持8位元色彩，如GIF格式一样，适用于颜色较少、颜色数量有限及细节清晰的图像。PNG-24格式支持24位元色彩，如JPEG格式一样，支持具有连续色调的图像。PNG-8和PNG-24格式使用的文件要比JPEG格式的文件大。PNG格式支持背景色为透明或者实色，并且PNG-24格式支持多级透明，即不同程度的透明，如透明为半透明等，但并不是所有浏览器都支持这种多级透明。

➢SWF格式：该格式是当今最流行的矢量动画格式，用户只需安装Flash插件的浏览器，即可播放该格式的图像。

➢SVG格式：是一种开放式标准格式，具有广泛的支持，并不受某个单独的公司拥有与控制。这种格式是由一些公司联合创建的，包括Adobe、Apple、Corel、HP、IBM、Macromedia和Microsoft等公司。

文件的优化操作就是要设置针对不同文件格式的优化选项，以达到最佳效果。

1. JPEG格式选项

在"存储为Web所用格式"对话框中，单击"预设"选项右侧的下拉按钮，在弹出的下拉选项中选择"JPEG高"选项，此时的"存储为Web所用格式"对话框如图16-8所示。

该对话框中的主要选项含义如下。

➢JPEG：该选项显示的是优化的文件格式，其下拉选项中还包括GIF、PNG、SWF、SVG和WBMP选项。

➢高：该选项显示的是优化的压缩品质，其下拉选项中还包括低、中、很高和最高选项。

➢连续：选择该选项产生的优化图像，在浏览器上显示时，品质会有所提高。该图像会逐层扫描，慢慢地增加显示图像的解析度，使浏览者在文件未下载完毕前，就可以看到图像的大体样式。

➢优化：选中该复选框，可产生一个高品质和文件较小的JPEG文件，但这种形式产生的文件兼容性低，一般老版本的浏览器不支持。

➢品质：在其右侧的文本框中输入数值，越值越大，品质越高，即保证了更精确的颜色信息，但产生的文件也越大。

➢模糊：用于设置对图像施加模糊效果以及平滑图像粗糙的边缘。另外，它还可以软化图像中颜色的表现，并且可以减小文件的大小，但是也会造成图像细节的丢失。其数值最好控制在0.1~0.5。

➢杂边：在其右侧的下拉列表中可以选择图像的背景颜色。若原图像中有透明区域，最好在该选项中选择和网页背景颜色相同的颜色来模拟透明。

2. GIF格式选项

用户若在"存储为Web所用格式"对话框右侧选项区的优化文件格式中选择"GIF 64 仿色"选项，此时的"存储为Web所用格式"对话框如图16-9所示。

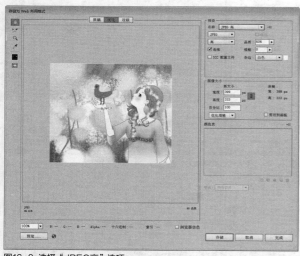

图16-8 选择"JPEG高"选项

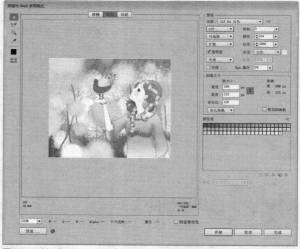

图16-9 选择"GIF 64 仿色"选项

该对话框中的主要选项含义如下。

➢可选择：在其右侧的下拉列表中可以选择不同的颜色样本。

➢透明度：选中该复选框，可以将图像中的透明区域完整地保留下来，若取消选中该复选框，则图像中透明以及半透明区域被填充上杂边的颜色。

➢交错：选中该复选框，文件在下载过程中，图像会以低解析度在浏览器中显示，并可以减少图像的下载时间。

➤ 损耗：用于设置文件在优化过程中减少图像的像素，降低文件的大小。

➤ 颜色：在其右侧的下拉列表中选择数值，可控制"颜色表"面板中显示的颜色数目。若图像中包含的颜色比指定的颜色数量少，"颜色表"面板中显示的颜色仅仅是图像中出现的颜色。

➤ Web靠色：用于设置颜色自动转换为Web调色板中对等的颜色，以防止颜色在浏览器上产生抖动。

● 操作步骤 ●

STEP 01 单击"文件"|"打开"命令，打开一幅素材图像，如图16-10所示。

STEP 02 单击"文件"|"存储为Web所用格式"命令，弹出"存储为Web所用格式"对话框，设置"优化的文件格式"为JPEG，如图16-11所示。

图16-10 打开素材图像

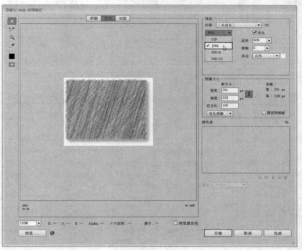

图16-11 设置参数

STEP 03 单击"存储"按钮，弹出"将优化结果存储为"对话框，设置路径和名称，如图16-12所示，单击"保存"按钮，即可完成操作。

图16-12 "将优化结果存储为"对话框

实战 562 优化图像的像素尺寸

▶ 实例位置：光盘\效果\第16章\实战562.gif
▶ 素材位置：光盘\素材\第16章\实战562.ai
▶ 视频位置：光盘\视频\第16章\实战562.mp4

● 实例介绍 ●

用户可在"存储为Web所用格式"对话框中输入相应的数值，以改变图像的尺寸。

在"存储为Web所用格式"对话框右侧的"图像大小"选项区中，用户可以设置如图16-13所示的选项及参数。该选项卡中的选项及参数含义如下。

➢ 宽度：在其右侧文本框中设置数值，可以改变图像的宽度。

➢ 高度：在其右侧文本框中设置数值，可以改变图像的高度。

➢ 百分比：在其右侧文本框中设置数值，可以改变图像的整体缩放比例。

➢ 保留原始图像比例 ⑧：激活该图标，在改变图像的任意一项参数时，其余的
参数也会按比例相应地发生改变。

➢ 剪切到画板：选中该复选框，可使图像与画板边界大小相匹配。如图像超出
画板的边界，超出的部分将被裁剪掉。

图16-13 "图像大小"选项卡中的选项及参数

● 操作步骤 ●

STEP 01 单击"文件"|"打开"命令，打开一幅素材图
像，如图16-14所示。

STEP 02 单击"文件"|"存储为Web所用格式"命令，弹
出"存储为Web所用格式"对话框，设置"优化的文件格
式"为PNG-8，如图16-15所示。

STEP 03 在右侧的"图像大小"选项区中，设置"宽度"
为500px，如图16-16所示。

图16-14 打开素材图像

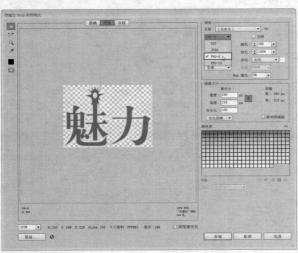

图16-15 设置参数

图16-16 设置"宽度"选项

STEP 04 单击"存储"按钮，弹出"将优化结果存储为"
对话框，设置路径和名称，如图16-17所示，单击"保存"
按钮，即可完成操作。

图16-17 "将优化结果存储为"对话框

知识拓展

PNG-8格式是用于压缩具有单调颜色和清晰细节的图像
（如艺术线条、徽标或带文字的插图）的标准格式。PNG-8
格式可有效地压缩纯色区域，同时保留清晰的细节。

PNG-8和GIF文件支持8位颜色，因此它们可以显示多达
256种颜色。确定使用哪些颜色的过程称为建立索引，因此
GIF和PNG-8格式图像有时也称为索引颜色图像。为了将图像
转换为索引颜色，构建颜色查找表来保存图像中的颜色，并
为这些颜色建立索引。如果原始图像中的某种颜色未出现在
颜色查找表中，应用程序将在该表中选取最接近的颜色，或
使用可用颜色的组合模拟该颜色。减少颜色数量通常可以减
小图像的文件大小，同时保持图像品质。可以在颜色表中添
加和删除颜色，将所选颜色转换为Web安全颜色，并锁定所
选颜色以防从调色板中删除它们。

实战
563

优化颜色表

▶ 实例位置：光盘\效果\第16章\实战563.gif
▶ 素材位置：光盘\素材\第16章\实战563.ai
▶ 视频位置：光盘\视频\第16章\实战563.mp4

● 实例介绍 ●

图像所使用的调色板中的颜色数越少，所产生的文件也就越小，但图形的质量也会越差。优化调色板也就是调整调色板中颜色的数量，以求得文件大小和图像间的最佳数量。

颜色面板显示了GIF或PNG-8图像中的全部颜色。在颜色表中可以增加颜色、删除颜色、编辑颜色等，也可以锁定颜色，以防止颜色被删除。

1. 增加颜色

在"存储为Web所用格式"对话框的左侧位置处单击"吸管"按钮，然后在图形预览区中需要增加的颜色处单击鼠标左键，此时，单击处的颜色将显示在颜色表中。用户若单击颜色表底部的"将吸管颜色添加到色盘中"按钮，即可将吸管吸取的颜色添加至颜色表中。

另外，用户在"存储为Web所用格式"对话框的左侧位置处单击"吸管颜色"图标，弹出"拾色器"对话框，在该对话框中设置好需要添加的颜色，单击"确定"按钮，然后单击"颜色表"面板底部的"将吸管颜色添加到色盘中"按钮，即可将设置的颜色添加至"颜色表"面板中。

2. 编辑颜色

在颜色表中需要编辑的颜色处双击鼠标左键，Illustrator CC将弹出"拾色器"对话框，如图16-18所示，用户在该对话框中，可对当前选择的颜色进行编辑。

3. 删除颜色

在颜色表中选择要删除的颜色，然后单击底部的"删除色板"按钮，或单击其右侧的三角形按钮，在弹出的下拉面板菜单中选择"删除颜色"选项，此时将弹出一个询问框，如图16-19所示，单击"是"按钮，即可将选择的颜色删除。

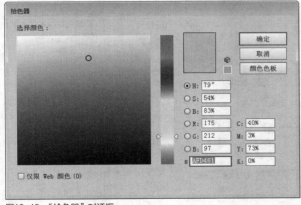

图16-18 "拾色器"对话框

图16-19 询问框

4. 锁定颜色

锁定颜色可以在减少颜色数量时防止颜色被删除，还可以防止颜色在应用软件中发生抖动现象，但是锁定的颜色不能防止颜色在浏览器中发生抖动。

在颜色表中选择需要锁定的颜色，然后单击面板底部的"锁定选中的颜色以防止掉色"按钮，此时选择的颜色的右下角将出现一个白色的小方块，即表示该颜色被锁定。

用户在颜色表中选择已经被锁定的颜色，单击面板底部的"锁定选中的颜色以防止掉色"按钮，可以解锁锁定的颜色。

5. 转换颜色

为了防止颜色在浏览器中发生抖动，用户可将颜色转换为Web调色板中对等的颜色。这样可以确保颜色在浏览器中不会发生抖动，并且操作平台无论是Windows还是Macintosh，都可以以至少256色显示。

在颜色表中选择需要转换的颜色，单击面板底部的"将选中的颜色转换/取消转换到Web面板"按钮，即可将选择的颜色转换为Web调色板中对等的颜色。转换后的颜色块中心会出现一个白色的小菱形，如图16-20所示。

用户在"颜色表"面板中选择转换后的颜色，再次单击"将选中的颜色转换/取消转换到Web面板"按钮，即可将转换的颜色还原。

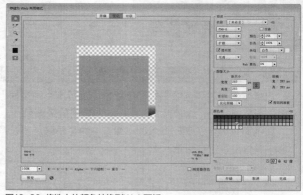

图16-20 将选中的颜色转换到Web面板

● 操作步骤 ●

STEP 01 单击"文件"|"打开"命令，打开一幅素材图像，如图16-21所示。

STEP 02 单击"文件"|"存储为Web所用格式"命令，弹出"存储为Web所用格式"对话框，设置"名称"为"GIF 128 仿色"，如图16-22所示。

图16-21 打开素材图像

图16-22 设置参数

STEP 03 在对话框的左侧位置处选取吸管工具，然后在图形预览区中需要增加的颜色处单击鼠标左键，如图16-23所示。

STEP 04 执行操作后，即可在颜色表中锁定相应的颜色，在需要编辑的颜色处双击鼠标左键，如图16-24所示。

图16-23 选择颜色

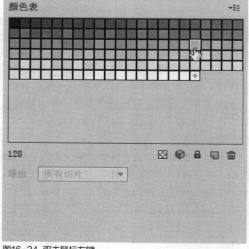

图16-24 双击鼠标左键

STEP 05 弹出"拾色器"对话框，设置CMYK参数值分别为32%、79%、0%、0%，如图16-25所示。

STEP 06 单击"确定"按钮，即可改变当前选择的颜色，如图16-26所示。

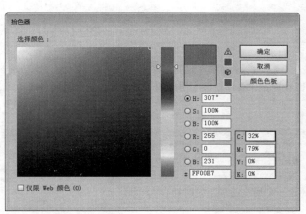

图16-25 设置CMYK参数值

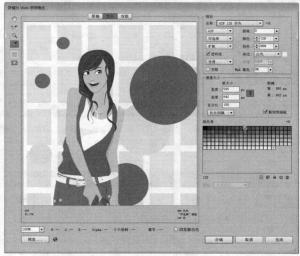

图16-26 改变当前选择的颜色

STEP 07 单击"存储"按钮，弹出"将优化结果存储为"对话框，设置路径和名称，如图16-27所示，单击"保存"按钮，即可完成操作。

STEP 08 在保存的文件夹中可以打开图像查看效果，如图16-28所示。

图16-27 "将优化结果存储为"对话框

图16-28 图像效果

16.2 创建与管理切片

切片主要用于定义一幅图像的指定区域，用户一旦定义好切片后，这些图像区域可以用于模拟动画和其他的图像效果。在ImageReady中，切片被分为3种类型，即用户切片、自动切片和子切片，如图16-29所示。

> 用户切片：表示用户使用切片工具创建的切片。

> 自动切片：当使用切片工具创建用户切片区域时，在用户切片区域之外的区域将生成自动切片。每次添加或编辑用户切片时，都重新生成自动切片。

> 子切片：它是自动切片的一种类型。当用户切片发生重叠时，重叠部分会生成新的切片，这种切片称为子切片。子切片不能在脱离切片存在的情况下独立选择或编辑。

图16-29 切片

知识拓展

用户切片、自动切片和子切片的外观不同。用户切片由实线定义，而自动切片由点线定义。同时，用户切片左上角的切片名称后都有链接图标。

实战 564 创建切片

▶ 实例位置：光盘\效果\第16章\实战564.gif
▶ 素材位置：光盘\素材\第16章\实战564.ai
▶ 视频位置：光盘\视频\第16章\实战564.mp4

● 实例介绍 ●

从图层中创建切片时，切片区域将包含图层中的所有像素数据。如果移动该图层或编辑其内容，切片区域将自动调整以包含改变后图层的新像素。

● 操作步骤 ●

STEP 01 单击"文件"|"打开"命令，打开一幅素材图像，如图16-30所示。

STEP 02 选取工具箱中的切片工具 ，拖曳鼠标至图像编辑窗口中的左上方，单击鼠标左键并向右下方拖曳，创建一个用户切片，如图16-31所示。

图16-30 打开素材图像

图16-31 创建用户切片

知识拓展1

在Illustrator和Ready中都可以使用切片工具定义切片或将图层转换为切片，也可以通过参考线来创建切片，此外，ImageReady还可以将选区转化为定义精确的切片。在要创建切片的区域上按住【Shift】键并拖曳鼠标，可以将切片限制为正方形。

知识拓展2

当使用切片工具创建用户切片区域时，在用户切片区域之外的区域将生成自动切片，每次添加或编辑用户切片时都将重新生成自动切片，自动切片是由点线定义的。

可以将两个或多个切片组合为一个单独的切片，Illustrator CC利用通过连接组合切片的外边缘创建的矩形来确定所生成切片的尺寸和位置。如果组合切片不相邻，或者比例或对齐方式不同，则新组合的切片可能会与其他切片重叠。

实战 565 选择切片

▶ 实例位置：光盘\效果\第16章\实战565.gif
▶ 素材位置：光盘\素材\第16章\实战565.ai
▶ 视频位置：光盘\视频\第16章\实战565.mp4

● 实例介绍 ●

运用切片工具，在图像中间的任意区域拖曳出矩形边框，释放鼠标，会生成一个编号为03的切片（在切片左上角显示数字），在03号切片的左、右和下方会自动形成编号为01、02、04和05的切片，03切片为"用户切片"，每创建一个新的用户切片，自动切片就会重新标注数字。

在Illustrator CC中创建切片后，用户可运用切片选择工具选择切片。

STEP 01 单击"文件"|"打开"命令，打开一幅素材图像，如图16-32所示。

图16-32 打开素材图像

STEP 03 选取工具箱中的切片选择工具 ，如图16-34所示。

图16-34 选取切片选择工具

STEP 02 选取工具箱中的切片工具 ，拖曳鼠标至图像编辑窗口中的合适位置，单击鼠标左键并向右下方拖曳，创建切片，如图16-33所示。

图16-33 创建切片

STEP 04 移动鼠标指针至图像编辑窗口中的用户切片内，单击鼠标左键，即可选择切片，如图16-35所示。

图16-35 选择切片

技巧点拨

创建切片后，用户可运用切片选择工具 移动切片。图16-36所示为原图像，选取工具箱中的切片工具，拖曳鼠标至图像编辑窗口中的合适位置，单击鼠标左键并向右下方拖曳，创建切片，如图16-37所示。

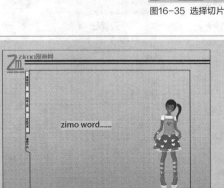

图16-36 素材图像

图16-37 创建切片

　　选取工具箱中的切片选择工具 ，移动鼠标指针至图像编辑窗口中的用户切片内，单击鼠标左键，即可选择切片并调出变化控制框，如图16-38所示。在控制框内单击鼠标左键并向下方拖曳，即可移动切片，如图16-39所示。

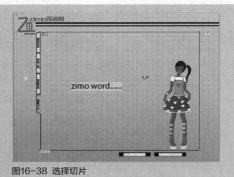

图16-38 选择切片　　　　　　　　图16-39 移动切片

实战 566 调整切片

▶ 实例位置：光盘\效果\第16章\实战566.gif
▶ 素材位置：光盘\素材\第16章\实战566.ai
▶ 视频位置：光盘\视频\第16章\实战566.mp4

● 实例介绍 ●

　　使用切片选择工具，选定要调整的切片，此时切片的周围会出现4个控制柄，可以对这4个控制柄进行拖移，来调整切片的位置和大小。

● 操作步骤 ●

STEP 01 单击"文件"|"打开"命令，打开一幅素材图像，如图16-40所示。

STEP 02 选取工具箱中的切片工具 ，拖曳鼠标至图像编辑窗口中的合适位置，单击鼠标左键并向右下方拖曳，创建切片，如图16-41所示。

图16-40 打开素材图像　　　　　　图16-41 创建切片

STEP 03 选取工具箱中的切片选择工具 ，移动鼠标指针至图像编辑窗口中的用户切片内，单击鼠标左键，即可选择切片并调出变化控制框，如图16-42所示。

STEP 04 拖曳鼠标至变换控制框右下方的控制柄上，此时鼠标指针呈双向箭头形状，单击鼠标左键并向右下方拖曳至合适位置，即可调整切片，如图16-43所示。

图16-42 调出变换控制框　　　　　图16-43 调整切片

技巧点拨1

在Illustrator CC中，运用锁定切片可阻止在编辑操作中重新调整尺寸、移动，甚至变更切片。在菜单栏中，单击"视图"|"锁定切片"命令，如图16-44所示。执行操作后，即可锁定切片，如图16-45所示。

图16-44　单击"锁定切片"命令

图16-45　锁定切片

技巧点拨2

在Illustrator CC中，可以将多余的切片进行删除。选取工具箱中的切片选择工具，拖曳鼠标至图像编辑窗口中的用户切片内单击鼠标选择切片，如图16-49所示。按【Delete】键，即可删除用户切片，如图16-50所示。

图16-46　选择切片　　　　　　　　图16-47　删除用户切片

16.3　打印与输出图像

无论是使用各种工具进行绘制图形，还是使用各种命令对图形进行处理，对于设计师而言，最终的目的都是希望将设计作品发布到网络上或打印出来。但无论哪一种方式，在作品还没成稿之前，通常要将小样打印出来，用来检验、修改错误，或用来给客户看初步的效果。因此，有关打印方面的知识是设计人员必须掌握的。

实战 567　设置"常规"选项区域

▶ 实例位置：光盘\效果\第16章\实战567.ai
▶ 素材位置：光盘\素材\第16章\实战567.ai
▶ 视频位置：光盘\视频\第16章\实战567.mp4

● 实例介绍 ●

用户在打印作品前，了解一些关于打印的基本知识，能够使打印工作顺利完成。

➤ 打印类型：打印文件时，系统可以将文件传送到打印机处理，然后将文件打印在纸上、传送到印刷机上，或是转变为胶片的正片或负片。

➤ 图像类型：最简单的图像类型例如一页文字只会用到单一灰阶中的单一颜色，一个复杂的影像会有不同的颜色色调，这就是所谓的连续调影像，如扫描的图片。

➤ 半色调：打印时若要制作连续调的效果，必须将影像转化成栅格状分布的网点图像，这个步骤被称为半连续调化。在半连续调化的画面中，若改变网点的大小和密度，就会产生暗或亮的层次变化视觉效果。在固定坐标方格上的点越大，每个点之间的空间就越小，这样就会产生更黑的视觉效果。

➤ 分色：通常在印刷前都必须将需要印刷的文件作分色处理，即将包含多种颜色的文件，输出分离在青色、洋红色、黄色和黑色4个印版上，这个过程被称为分色。通过分色，将得到青色、洋红色、黄色和黑色4个印版，在每个印版上应用适当的油墨并对齐，即可得到最终所需的印刷品。

➤ 透明度：若需要打印的文件中包括设置了透明度的对象，在打印时，系统将根据情况将该对象位图化，然后进行打印。

➤ 保留细节：打印文件的细节由输出设计的分辨率和显示器频率决定，输出设备的分辨率越高，就可用越精细的网线数，从而在最大程度上得到更多的细节。

➤ 在Illustrator CC中，单击"文件"|"打印"命令，弹出"打印"对话框，如图16-48所示。在该对话框中，用户可以根据所需要打印输出对象的特性，及所要打印输出的打印要求进行更多的相关设置。下面将对"打印"对话框中的各选项，以及其他的主要参数选项进行简单的介绍。

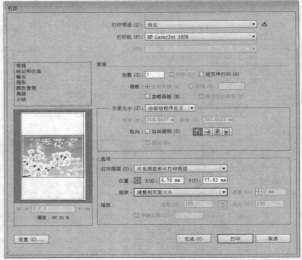

图16-48 "打印"对话框

在"打印"对话框的最上方有"打印预设""打印机"和"PPD"3个参数选项。这3个选项不会随用户设置"打印"对话框中的选项而改变。该选项设置区域的主要选项含义如下。

➤ 打印预设：在其右侧的下拉列表框中，用户可以选择打印设置的方式，有"自定"和"默认"两个选项。

➤ 打印机：用户在其右侧的下拉列表框中，可以选择要使用的打印机。

➤ PPD：用户在其右侧的下拉列表框中，可以设置打印机所需描述的文件。

在"打印"对话框的"设置选项类型"列表框中，选择"常规"选项，即可显示"常规"选项区域。该选项设置区域的主要选项含义如下。

➤ 份数：在其右侧的文本框中输入所要打印输出的文件的份数。

➤ 拼版：选中该复选框，将可在打印多页文件时，设置文件打印输出的页面的顺序。

➤ 逆页序打印：选中该复选框，可以在打印多页文件时，将所设置的打印输出的文件页序，按反向顺序进行打印输出。

➤ 介质大小：其右侧下拉列表框中的选项用于设置所要打印输出的页面尺寸。

➤ "宽度"和"高度"选项：用户若在"大小"下拉列表中选择"自定义"选项时，该选项为可用状态。用户可在这两个文本框中自由设置所需打印输出的页面尺寸大小。

➤ 取向：用于设置打印输出的页面方向。用户只需单击相应的方向按钮，即可选择所需的方向。

➤ 打印图层：在其右侧的下拉列表中，用户可以选择打印图层的类型，如"可见图层和可打印图层""可见图层"和"所有图层"3个选项。

➤ 不要缩放：在"缩放"列表框中选择该选项，可以按打印对象在页面中的原有比例进行打印输出。

➤ 调整到页面大小：在"缩放"列表框中选择该选项，可以将打印对象缩放至适合页面的最大比例进行打印输出。

➤ 自定：在"缩放"列表框中选择该选项，可以自定义打印对象在页面中的比例大小进行打印输出。

● 操作步骤 ●

STEP 01 单击"文件"|"打开"命令，打开一幅素材图像，如图16-49所示。

STEP 02 单击"文件"|"打印"命令，弹出"打印"对话框，在左侧的列表框中选择"常规"选项，如图16-50所示。

图16-49 打开素材图像

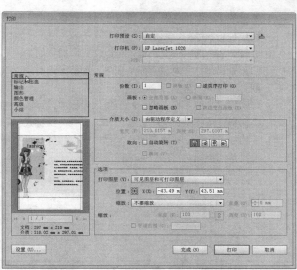

图16-50 选择"常规"选项

STEP 03 在"选项"选项区的"缩放"列表框中选择"调整到页面大小"选项，如图16-51所示。

STEP 04 执行操作后，即可修改打印区域大小，如图16-52所示，单击"完成"按钮。

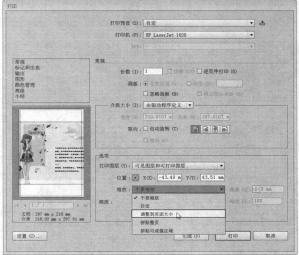

图16-51 选择"调整到页面大小"选项

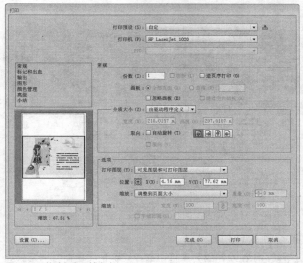

图16-52 修改打印区域大小

技巧点拨

按【Ctrl＋P】组合键，也可以弹出"Photoshop打印设置"对话框。

实战 568 设置"标记和出血"选项区域

▶ 实例位置：光盘\效果\第16章\实战568.ai
▶ 素材位置：光盘\素材\第16章\实战568.ai
▶ 视频位置：光盘\视频\第16章\实战568.mp4

● 实例介绍 ●

在"打印"对话框的"设置选项类型"列表框中，选择"标记和出血"选项，即可显示"标记和出血"选项区域，如图16-53所示。

该选项设置区域的主要选项含义如下。

➤ 所有印刷标记：选中该复选框，可以在打印的页面中打印所有的打印标记。

➤ 裁切标记：选中该复选框，可以在打印的页面中，打印垂直和水平裁切标记。

➤ 套准标记：选中该复选框，可以在打印的页面中，打印用于对准各个分色页面的定位标记。

➤ 颜色条：选中该复选框，可以在打印的页面中，打印用于校正颜色的色彩色样。

➤ 页面信息：选中该复选框，可以在打印的页面中，打印用于描述打印对象页面的信息，如打印的时间、日期、网线等信息。

➤ 印刷标记类型：在其右侧的下拉列表框中，可以设置打印标记的类型，有"西式"和"日式"两种式样。

➤ 裁切标记粗细：在右侧的文本框中输入数值，可用于设置裁切标记与打印页面之间的距离。

图16-53 选择"标记和出血"选项

● 操作步骤 ●

STEP 01 单击"文件"|"打开"命令，打开一幅素材图像，如图16-54所示。

STEP 02 单击"文件"|"打印"命令，弹出"打印"对话框，在"常规"选项区设置"缩放"为"调整到页面大小"，如图16-55所示。

图16-54 打开素材图像

图16-55 调整到页面大小

STEP 03 在左侧的列表框中选择"标记和出血"选项，如图16-56所示。

STEP 04 在"标记"选项区中选中"颜色条"复选框，显示颜色条，如图16-57所示，单击"完成"按钮。

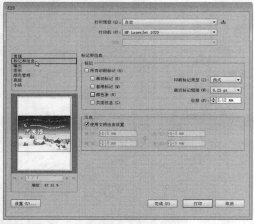

图16-56 选择"标记和出血"选项

图16-57 显示颜色条

实战 **569** 设置 "输出" 选项区域

▶ 实例位置: 光盘\效果\第16章\实战569.ai
▶ 素材位置: 光盘\素材\第16章\实战569.ai
▶ 视频位置: 光盘\视频\第16章\实战569.mp4

● 实例介绍 ●

　　在"打印"对话框的"设置选项类型"列表框中，选择"输出"选项，即可显示"输出"选项区域，如图16-58所示。

　　该选项设置区域的主要选项含义如下。

➤ 模式: 在其右侧的下拉列表中，用户可以选择"复合""分色"等打印模式。

➤ 药膜: 药膜是指胶片或纸张的感光层所在面。药膜一般分为"向下"和"向上"两种。"向上"是指旋转胶片或纸张时，其感光层被朝上放置，打印出的图形图像和文字可以直接阅读，也就是正读；"向下"是指放置胶片或纸张时，其感光层被朝下放置，打印出的图形图像和文字不可以直接阅读，而显示为反向的，也就是反读。

➤ 图像: 在其右侧的下拉列表中，用户可以选择"正片"和"负片"两种。"正片"如同人们日常所使用的相片，而"负片"如同底片的概念。

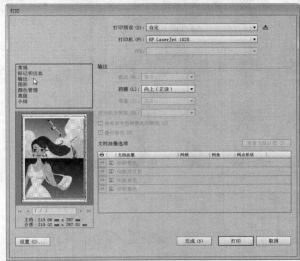

图16-58 选择"输出"选项

➤ 打印机分辨率: 在其右侧的下拉列表中，用户可以设置打印输出的网线线数和分辨率。网线线数和分辨率越大，所打印出的图像画面效果越清晰，但是打印的速度也就越慢。

知识拓展

　　印刷分为凸版印刷、平版印刷、凹版印刷、孔版印刷和无版印刷5种。

　　1. 凸版印刷

　　凸版印刷起源于我国唐代的木刻雕印和宋代毕升发明的活泥字凸印术。它的原理是将油墨涂于印版的凸起部分，印刷时当承印物与印版接触加压时，印刷部分的油墨就被转移到承印物上，从而得了印刷品。凸版印刷目前主要应用包装印刷和印后加工中。

　　2. 平版印刷

　　平版印刷又称胶版式印刷。它起源于德国的石版印刷术。它的原理是利用油水相斥的原理，使印版上的图文部分吸附油墨，空白部分吸附水分，然后通过胶辊将印刷油墨转印到承印物上，获得印刷品。平版印刷目前被广泛地应用于报纸、书刊、海报、挂历、地图等纸张印刷，它目前占据着印刷工业的主导地位。

　　3. 凹版印刷

　　凹版印刷起源于意大利的手工雕刻凹版印刷法。它的特点是墨色厚实、色泽鲜艳、防伪能力强，常用于印刷有价证券、精美画册、商品包装等。

　　4. 孔版印刷

　　孔版印刷又称丝网印刷，它的印版由大小不同或疏密不同的网眼组成。印刷时油墨涂刷在印版上，承印物放在印版下，通过在印版上刮墨透过孔洞，转移到承印物上形成的印刷品。孔版印刷常用于印刷商品包装、印刷电路板、光盘盘面及不规则的曲面上的印刷。

　　5. 无版印刷

　　无版印刷是指不用制版，而将电脑存储介质上的图文数据直接转移到印刷机上印刷成成品。

● 操作步骤 ●

STEP 01 单击"文件"|"打开"命令，打开一幅素材图像，如图16-59所示。

STEP 02 单击"文件"|"打印"命令，弹出"打印"对话框，在"常规"选项区设置"缩放"为"调整到页面大小"，如图16-60所示。

图16-59 打开素材图像

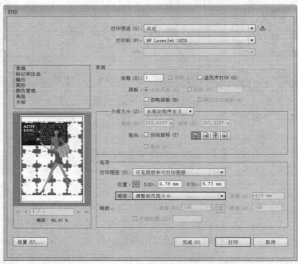

图16-60 调整到页面大小

STEP 03 在左侧的列表框中选择"输出"选项，如图16-61所示。

STEP 04 在"输出"选项区中设置"药膜"为"向下（正读）"，如图16-62所示，单击"完成"按钮。

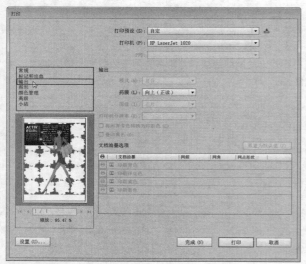

图16-61 选择"输出"选项

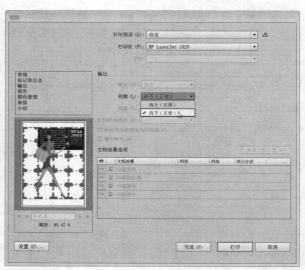

图16-62 改变打印的方向

知识拓展

在"打印"对话框的"设置选项类型"列表框中，选择"图形"选项，即可显示"图形"选项区域，如图16-63所示。

该选项设置区域的主要选项含义如下。

➤ 路径：该选项区域用于设置打印对象中路径形状的打印输出质量。当打印对象中的路径为曲线时，用户若设置偏向"品质"，将会使路径线条具有平滑的过渡；若设置偏向"速度"，将会使路径线条变得粗糙。

➤ PostScript：用于设置PostScript格式的图形、字体的输出兼容性级别。

➤ 数据格式：用于设置数据输出的格式。

图16-63 选择"图形"选项

知识拓展

在印刷行业中，常见的专业术语有以下3个。

1. 印刷

印刷是指使用印版或其他的方式将原稿上的图文信息经过印刷油墨和压力，将其转移至承印物上的工艺技术。

2. 排版

排版也称为版面。它是平面设计中重要的组成部分，同时也是平面设计中最具代表性的一大分支，它不仅在二维平面上发挥其功能，还可在三维立体和四维空间中展示它的效果。

3. 承印物

承印物是指印刷过程中，承载吸附图文墨色的各种材料，传统的印刷是转印在纸张上。随着印刷技术的发展和现代科技的进步，印刷承印材料越来越多，种类不断扩大。人们习惯把以纸张作为承印材料的印刷称为普通印刷；而把纸张以外如金属、塑料、薄膜、木材、玻璃、陶瓷、皮革等作为承印材料的印刷称为特种印刷。

实战 570 设置"颜色管理"选项区域

▶ **实例位置**：光盘\效果\第16章\实战570.ai
▶ **素材位置**：光盘\素材\第16章\实战570.ai
▶ **视频位置**：光盘\视频\第16章\实战570.mp4

● 实例介绍 ●

在"打印"对话框的"设置选项类型"列表框中，选择"颜色管理"选项，即可显示"颜色管理"选项区域，如图16-64所示。

该选项设置区域的主要选项含义如下。

➤ 颜色处理：文件在打印时，为保留外观，Illustrator CC会转换适合于选中打印机的颜色值。

➤ 打印机配置文件：用于设置打印对象的颜色配置文件。

➤ 渲染方法：用于设置配置文件转换为目的配置文件的颜色属性选项。

图16-64 选择"颜色管理"选项

● 操作步骤 ●

STEP 01 单击"文件"|"打开"命令，打开一幅素材图像，如图16-65所示。

STEP 02 单击"文件" | "打印"命令，弹出"打印"对话框，在"常规"选项区设置"缩放"为"调整到页面大小"，并选中"自动旋转"复选框，如图16-66所示。

STEP 03 在左侧的列表框中选择"颜色管理"选项，如图16-67所示。

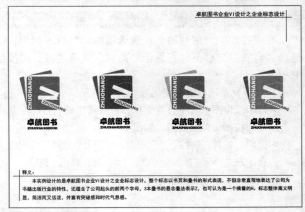

图16-65 打开素材图像

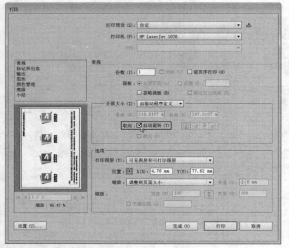

图16-66 调整页面大小

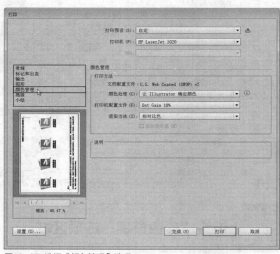

图16-67 选择"颜色管理"选项

STEP 04 在"打印方法"选项区中设置"渲染方法"为"饱和度",即可改变打印输出时的渲染方法,如图16-68所示,单击"完成"按钮。

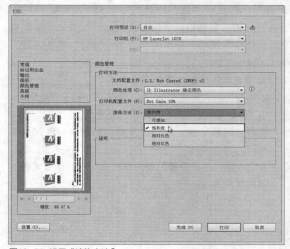

图16-68 设置"渲染方法"

实战 571 设置"高级"选项区域

▶ **实例位置:** 光盘\效果\第16章\实战571.ai
▶ **素材位置:** 光盘\素材\第16章\实战571.ai
▶ **视频位置:** 光盘\视频\第16章\实战571.mp4

● **实例介绍** ●

在"打印"对话框的"设置选项类型"列表框中,选择"高级"选项,即可显示"高级"选项区域,如图16-69所示。

该选项设置区域的主要选项含义如下。

➤打印成位图:选中该复选框,可以将当前的打印对象作为位图图像进行打印输出。

➤叠印:在其右侧的下拉列表中,用户可以选择所使用的叠印方式,有"放弃""保留"和"模拟"3个选项。

➤预设:用于设置对象打印时的分辨率高低。

图16-69 选择"高级"选项

● 操作步骤 ●

STEP 01 单击"文件"|"打开"命令，打开一幅素材图像，如图16-70所示。

STEP 02 单击"文件"|"打印"命令，弹出"打印"对话框，在"常规"选项区设置"缩放"为"调整到页面大小"，并选中"自动旋转"复选框，如图16-71所示。

图16-70 打开素材图像

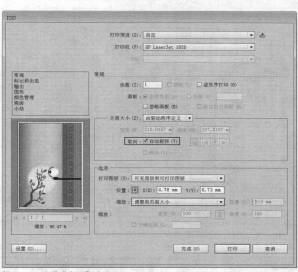

图16-71 设置"常规"选项

STEP 03 在左侧的列表框中选择"高级"选项，如图16-72所示。

STEP 04 在"叠印和透明度拼合器选项"选项区中设置"预设"为"用于复杂图稿"，如图16-73所示，单击"完成"按钮。

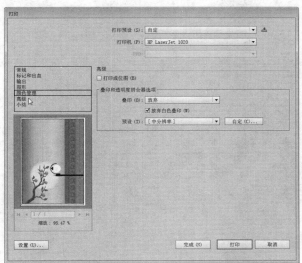

图16-72 选择"高级"选项

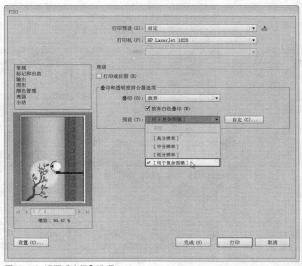

图16-73 设置"高级"选项

● 实例介绍 ●

在"打印"对话框的"设置选项类型"列表框中，选择"小结"选项，即可显示"小结"选项区域，如图16-74所示。

该选项设置区域的主要选项含义如下。

➤ 选项：该区域显示的是用户在"打印"对话框中设置的参数信息。

➢ 警告：该区域显示的是用户在"打印"对话框中设置的参数选项会导致问题和冲突时出现信息提示。

➢ 存储小结：单击该按钮，可以在打开的对话框中保存小结信息。

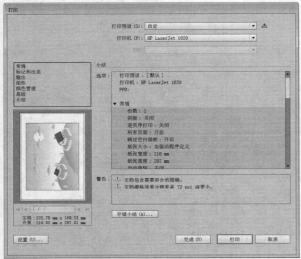
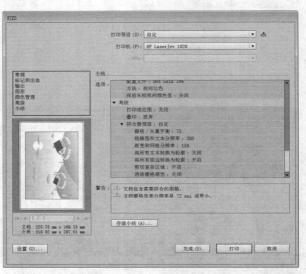

图16-74 "小结"选项区域

● 操作步骤 ●

STEP 01 单击"文件"|"打开"命令，打开一幅素材图像，如图16-75所示。

STEP 02 单击"文件"|"打印"命令，弹出"打印"对话框，在"常规"选项区设置"缩放"为"调整到页面大小"，并选中"自动旋转"复选框，如图16-76所示。

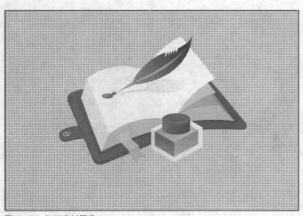

图16-75 打开素材图像

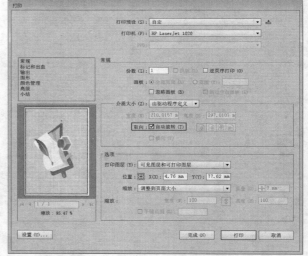

图16-76 设置"常规"选项

知识拓展

在默认情况下，在打印不透明的重叠色时，上方颜色会挖空下方的区域。叠印可以防止挖空，使最顶层的叠印油墨相对于底层油墨显得透明。

STEP 03 在左侧的列表框中选择"小结"选项，如图16-77所示。

STEP 04 单击右侧的"存储小结"按钮，如图16-78所示。

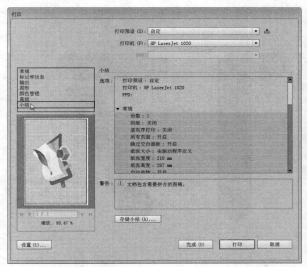

图16-77　选择"小结"选项

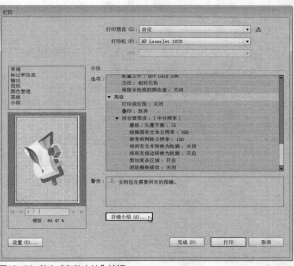

图16-78　单击"存储小结"按钮

STEP 05 弹出"存储为"对话框，设置相应的保存路径，单击"保存"按钮，如图16-79所示。返回"打印"对话框，单击"完成"按钮。

STEP 06 用户可以在保存小结的位置打开相应的TXT文档，查看打印信息，如图16-80所示。

图16-79　单击"保存"按钮

图16-80　查看打印信息

案例
实战篇

第 **17** 章

实战案例——企业VI

本章导读

VI是视觉识别的英文简称。它借助一切可见的视觉符号在企业内外传递与企业相关的信息，对外传达企业的经营理念与情报信息。VI能够将企业识别的基本精神及差异性，利用视觉符号充分地表达出来，从而使消费公众识别并认知。在企业内部，VI则通过标准识别来划分生产区域、工种类别，统一视觉要素，以利于规范化管理和增强员工归属感。

要点索引
- 标志设计——凤舞影视
- 大门设计——卓航图书

17.1 标志设计——凤舞影视

本实例设计的是凤舞影视传媒制作公司VI设计之企业标志设计，标志整体寓意明显，简洁而又活泼，并富有突破感和时代气息感，实例效果如图17-1所示。

图17-1 实例效果

实战 573 制作标志整体效果

▶ 实例位置：无
▶ 素材位置：无
▶ 视频位置：光盘\视频\第17章\实战573.mp4

● 实例介绍 ●

本实例主要运用椭圆工具与"渐变"面板，制作出企业标志的整体效果。

● 操作步骤 ●

STEP 01 单击"文件"|"新建"命令，新建一个空白文档，如图17-2所示。

STEP 02 选取工具面板中的椭圆工具，如图17-3所示。

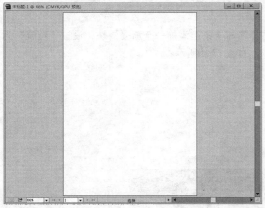

图17-2 新建空白文档

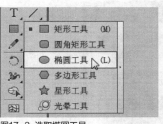

图17-3 选取椭圆工具

STEP 03 在控制面板中，设置"填色"为"无""描边"为"无"，如图17-4所示。

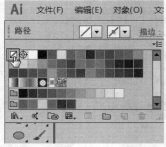

图17-4 设置选项

STEP 04 按住【Alt + Shift】组合键的同时，在图像窗口中绘制一个圆形，如图17-5所示。

STEP 05 展开"渐变"面板，在"类型"列表框中选择"径向"选项，如图17-6所示。

STEP 06 双击0%位置的渐变滑块，在弹出的面板中设置CMYK参数值分别为0%、17%、0%、0%，如图17-7所示。

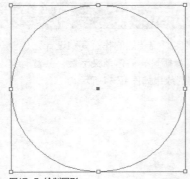

图17-5 绘制圆形

图17-6 选择"径向"选项

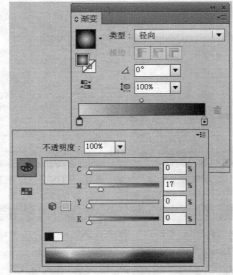

图17-7 设置参数值

STEP 07 双击100%位置的渐变滑块，在弹出的面板中设置CMYK参数值分别为51%、100%、66%、0%，如图17-8所示。

STEP 08 在渐变条上添加一个渐变滑块，设置"位置"为55.76%，如图17-9所示。

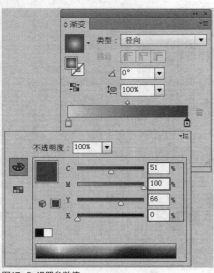

图17-8 设置参数值

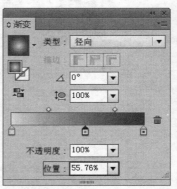

图17-9 添加渐变滑块

STEP 09 双击新添加的渐变滑块，在弹出的面板中设置CMYK参数值分别为0%、100%、6%、6%，如图17-10所示。

STEP 10 执行操作后，即可制作出企业标志的整体效果，如图17-11所示。

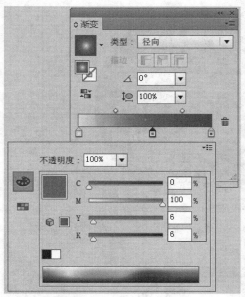

图17-10 设置参数值

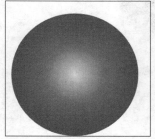

图17-11 整体效果

实战 574	制作标志细节效果	▶ 实例位置：无
		▶ 素材位置：光盘\素材\第17章\实战574（1）.ai、实战574（2）.ai
		▶ 视频位置：光盘\视频\第17章\实战574.mp4

● 实例介绍 ●

本实例主要运用"路径查找器"面板与添加素材，完善企业标志的细节效果。

● 操作步骤 ●

STEP 01 选中所绘制的圆形，单击"编辑"|"复制"命令，复制图形，如图17-12所示。

STEP 02 单击"编辑"|"粘贴"命令，粘贴所复制的图形，如图17-13所示。

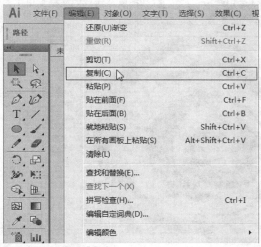

图17-12 单击"复制"命令

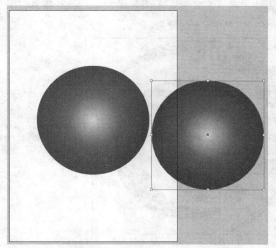

图17-13 粘贴所复制的图形

STEP 03 调整所复制圆形的大小与位置，如图17-14所示。

STEP 04 同时选中两个圆形，如图17-15所示。

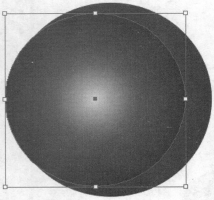

图17-14 调整圆形

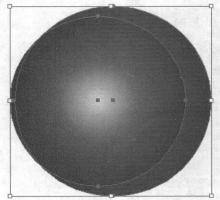

图17-15 选中两个圆形

STEP 05 调出"路径查找器"浮动面板，单击"减去顶层"按钮，如图17-16所示。

STEP 06 执行操作后，即可得到一个月牙形的图形效果，如图17-17所示。

图17-16 单击"减去顶层"按钮

图17-17 图形效果

STEP 07 单击"文件"|"打开"命令，打开一幅素材图像，如图17-18所示。

STEP 08 运用选择工具将其拖曳至新建的文档窗口中，并调整至合适位置，如图17-19所示。

图17-18 打开素材图像

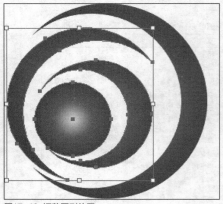

图17-19 调整图形位置

技巧点拨

在绘制月牙形图形时，用户可以对所选择的图形进行水平对齐后，再使用"减去顶层"形状模式，可以使制作出的图形效果更加标准。

STEP 09 单击"文件"|"打开"命令，打开一幅素材图像，如图17-20所示。

STEP 10 运用选择工具将其拖曳至新建的文档窗口中，适当地调整图形的大小和位置，即可完成企业标志的制作，如图17-21所示。

图17-20 打开素材图像

图17-21 调整大小与位置

实战 575　制作标志文字效果

▶ 实例位置：光盘\效果\第17章\实战575.ai
▶ 素材位置：上一例效果文件
▶ 视频位置：光盘\视频\第17章\实战575.mp4

● 实例介绍 ●

本实例主要运用文字工具 T 和"字符"面板，制作出企业标志的文字效果。

● 操作步骤 ●

STEP 01 选取工具面板中的文字工具 T，将鼠标指针移至图像窗口中，此时鼠标指针呈 I 形状，如图17-22所示。

STEP 02 在图像窗口中的合适位置单击鼠标左键，确认文字的插入点，如图17-23所示。

图17-22 移动鼠标

图17-23 确认文字的插入点

技巧点拨

　　若在输入英文字母时，没有设置英文大写输入，用户可以在英文字母输入完毕后，单击"文字"|"更改大小写"|"大写"命令，可以快速地将小写字母转换成大写。

STEP 03 单击"窗口"|"文字"|"字符"命令，调出"字符"面板，设置"字体"为"华文隶书""字体大小"为50pt、"设置所选字符的字距调整"为50、"字符旋转"为2°，如图17-24所示。

STEP 04 运用文字工具 T 输入企业名称"凤舞影视传媒制作公司"，如图17-25所示。

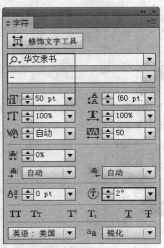

图17-24 设置字符选项

图17-25 输入企业名称

STEP 05 选取工具面板中的文字工具 $\boxed{T}$ ，确认文字输入点后，输入相应的英文名称"FENGWU SHOWBIZ MEDIA CREATES COMPANY"，如图17-26所示。

STEP 06 运用选择工具 $\boxed{}$ 选择英文文本，如图17-27所示。

图17-26 输入英文名称

图17-27 选择英文文本

STEP 07 展开"字符"面板，设置"字体"为"华文宋体""字体大小"为21pt、"设置所选字符的字距调整"为60，如图17-28所示。

STEP 08 运用选择工具 $\boxed{}$ 适当调整文本的位置，效果如图17-29所示。

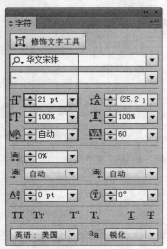

图17-28 设置文本属性

图17-29 调整文本的位置

17.2 大门设计——卓航图书

本实例设计的是卓航图书企业VI设计之企业大门设计，整幅设计以红黑色调为主，不但非常直观地表达了公司的工作理念，而且还给人以视觉上的冲击力，实例效果如图17-30所示。

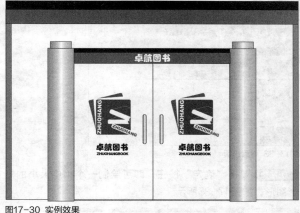

图17-30 实例效果

实战 576　制作门框效果

▶ 实例位置：光盘\效果\第17章\实战576.ai
▶ 素材位置：光盘\素材\第17章\实战576.ai
▶ 视频位置：光盘\视频\第17章\实战576.mp4

● 实例介绍 ●

本实例主要运用矩形工具▣、"填色"与"描边"选项，制作出企业大门的门框效果。

● 操作步骤 ●

STEP 01 单击"文件"|"新建"命令，弹出"新建文档"对话框，设置"名称"为"卓航图书""宽度"为297mm、"高度"为210mm，如图17-31所示。

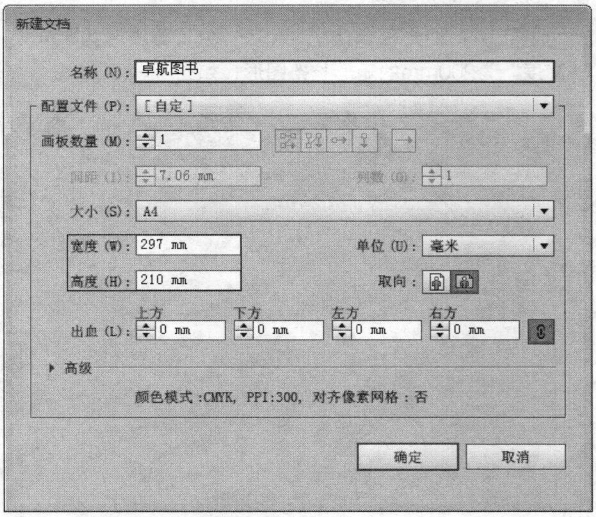

STEP 02 单击"确定"按钮，新建一个横向的空白文件，如图17-32所示。

图17-31 "新建文档"对话框

图17-32 新建横向空白文件

STEP 03 选取工具面板中的矩形工具▣，在控制面板中设置"填色"为"白色""描边"为"黑色""描边粗细"为1pt，如图17-33所示。

STEP 04 将鼠标移至画板中，单击鼠标左键，弹出"矩形"对话框，设置"宽度"为280mm、"高度"为200mm，如图17-34所示。

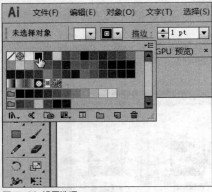

图17-33 设置选项

STEP 05 单击"确定"按钮，即可绘制一个相应大小的矩形图形，如图17-35所示。

图17-34 "矩形"对话框

STEP 06 单击"窗口"|"对齐"命令，调出"对齐"面板，在"对齐对象"选项区中依次单击"水平居中对齐"按钮和"垂直居中对齐"按钮，如图17-36所示。

图17-35 绘制矩形图形

STEP 07 执行操作后，即可调整矩形图形的位置，如图17-37所示。

图17-36 设置"对齐"选项

STEP 08 运用矩形工具，绘制一个"宽度"为5mm、"高度"为200mm的矩形长条图形，如图17-38所示。

图17-37 调整矩形图形的位置

STEP 09 在控制面板中，设置"填色"为灰色（CMYK颜色参考值分别为0%、0%、0%、50%），如图17-39所示。

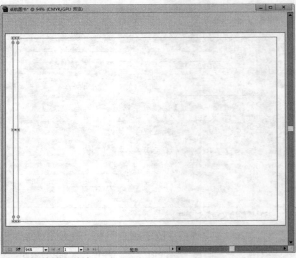

图17-38 绘制矩形长条

STEP 10 执行操作后，即可修改矩形图形的颜色，如图17-40所示。

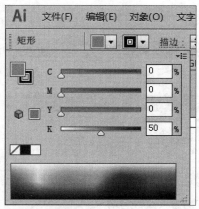

图17-39 设置"填色"

STEP 11 复制矩形长条，将其移至右侧的合适位置处，效果如图17-41所示。

STEP 12 运用矩形工具■，在页面的顶端绘制一个"宽度"为280mm、"高度"为10mm的横向矩形长条，如图17-42所示。

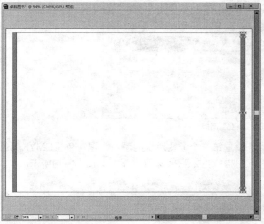

图17-41 复制矩形

图17-40 修改矩形图形的颜色

图17-42 绘制横向的矩形长条

STEP 13 设置横向矩形长条的"填色"为"黑色"，效果如图17-43所示。

STEP 14 运用矩形工具■，在页面的顶端绘制一个"宽度"为280mm、"高度"为14.3mm、"填色"为"红色"的横向矩形长条，适当调整其位置，效果如图17-44所示。

图17-43 设置填色效果

图17-44 绘制红色矩形

实战 577 制作门柱效果

▶ 实例位置：无
▶ 素材位置：上一例效果文件
▶ 视频位置：光盘\视频\第17章\实战577.mp4

● 实例介绍 ●

本实例主要运用矩形工具、"渐变"面板、"对齐"面板等，制作出企业大门的门柱效果。

● 操作步骤 ●

STEP 01 运用矩形工具□，绘制一个"宽度"为20mm、"高度"为153mm的矩形长条图形，如图17-45所示。

STEP 02 单击"窗口"|"渐变"命令，打开"渐变"面板，设置"类型"为"线性"，如图17-46所示。

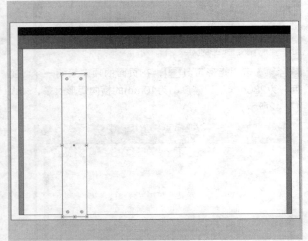

图17-45 绘制矩形长条图形

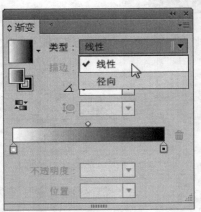

图17-46 "渐变"面板

STEP 03 在渐变条的50%位置处添加一个渐变滑块，如图17-47所示。

STEP 04 设置第一个渐变滑块的颜色为深灰色（CMYK颜色参考值为36%、33%、31%、0%），如图17-48所示。

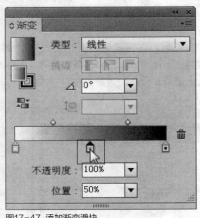

图17-47 添加渐变滑块

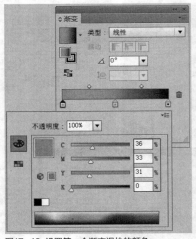

图17-48 设置第一个渐变滑块的颜色

知识拓展

企业形象系统设计也称为企业形象识别系统，简称CI（英文Corporate Identity System的缩写），CI设计系统以企业定位或企业经营理念为核心，作为企业形象一体化的设计系统，是一种建立和传达企业形象的完整方法。

一般来说，企业形象系统（CI）由三个要素构成，即理念识别系统（Mind Identity System，简称MI）、行为识别系统（Behavior Identity System 简称BI）、视觉识别系统（Visual Identity System 简称VI）。这三个要素既发挥各自的作用，又相辅相成并最终融合一个有机的整体。其中VI以企业标志、标准字体、标准色彩为核心展开的完整、系统的视觉传达体系，它将企业理念、文化物质、服务内容、企业规范等抽象语意转换成具体符号的概念，塑造出独特的企业形象。

STEP 05 设置第二个渐变滑块的颜色为白色（CMYK颜色参考值均为0%），如图17-49所示。

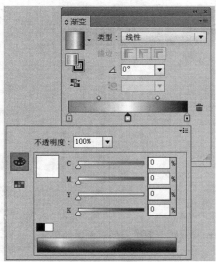

图17-49 设置第2个渐变滑块的颜色

STEP 07 执行上述操作后，即可为矩形填充渐变色，效果如图17-51所示。

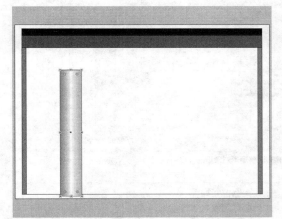

图17-51 填充渐变色

STEP 09 选择所复制的矩形，将其排列方式修改为"后移一层"，效果如图17-53所示。

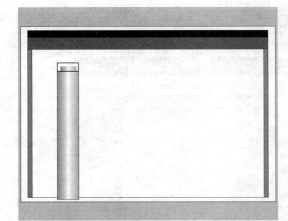

图17-53 修改排列方式

STEP 06 设置第3个渐变滑块的颜色为灰色（CMYK颜色参考值分别为21%、20%、18%、0），如图17-50所示。

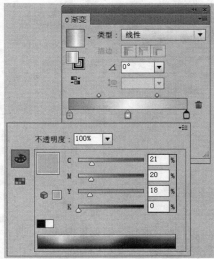

图17-50 设置第3个渐变滑块的颜色

STEP 08 对绘制的渐变矩形条进行复制粘贴，并调整位置和大小，效果如图17-52所示。

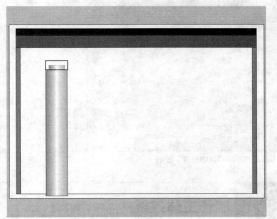

图17-52 复制并调整渐变矩形

STEP 10 运用选择工具，依次选择两个渐变矩形，按住【Alt】键的同时单击鼠标左键并拖曳，对图形进行复制，效果如图17-54所示。

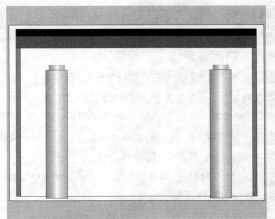

图17-54 复制并调整图形位置

STEP 11 运用选择工具 ，选择相应的矩形对象，如图17-55所示。

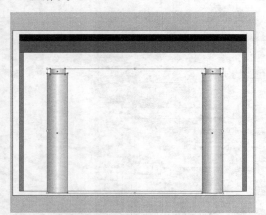

图17-55 选择相应的矩形对象

STEP 12 单击鼠标右键，在弹出的快捷菜单中选择"编组"选项，如图17-56所示。

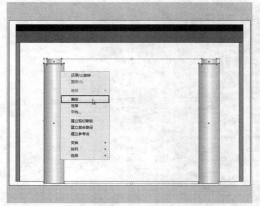

图17-56 复制并调整图形位置

STEP 13 执行操作后，即可将所选对象进行编组，调出"对齐"面板，在"对齐对象"选项区中单击"水平居中对齐"按钮 ，如图17-57所示。

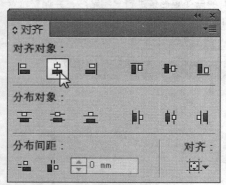

图17-57 单击"水平居中对齐"按钮

STEP 14 执行操作后，即可调整矩形对象组的位置，效果如图17-58所示。

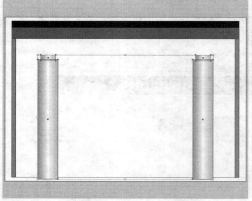

图17-58 调整矩形对象组的位置

实战 578 制作主体效果

▶ **实例位置：** 无
▶ **素材位置：** 上一例效果文件
▶ **视频位置：** 光盘\视频\第17章\实战578.mp4

● **实例介绍** ●

本实例主要运用矩形工具、圆角矩形工具，制作出企业大门的主体效果。

● **操作步骤** ●

STEP 01 运用矩形工具 ，在渐变矩形条之间绘制一个矩形长条，如图17-59所示。

STEP 02 设置"填色"为黑色，效果如图17-60所示。

STEP 03 对黑色矩形条进行复制和原位粘贴，调整矩形的高度和位置，并设置"填色"为红色，效果如图17-61所示。

STEP 04 运用矩形工具 ，绘制一个"填色"为无、"描边"为黑色的矩形，如图17-62所示。

STEP 05 对绘制的矩形进行复制和原位粘贴，并调整位置和大小，效果如图17-63所示。

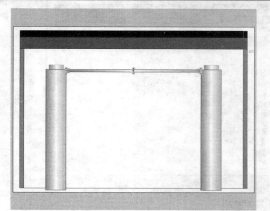

图17-59 绘制矩形

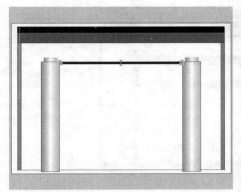

图17-60 填充矩形

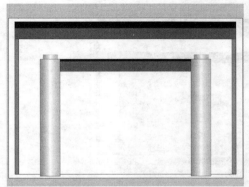

图17-61 复制并填充矩形

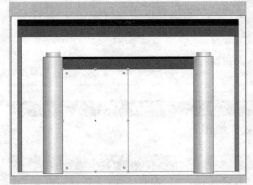

图17-62 绘制矩形

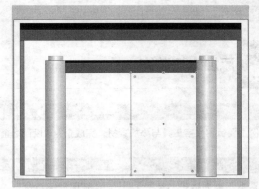

图17-63 复制并调整矩形

STEP 06 运用工具面板中的圆角矩形工具 ▭，绘制一个圆角矩形，如图17-64所示。

STEP 07 选取工具面板中的吸管工具，将鼠标移至先前绘制的渐变矩形上，单击鼠标左键，如图17-65所示。

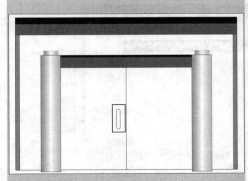

图17-64 绘制圆角矩形

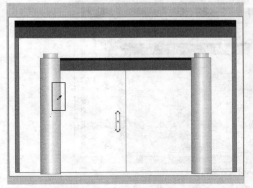

图17-65 吸取颜色

STEP 08 执行操作后，即可吸取并填充颜色，效果如图17-66所示。

STEP 09 对圆角矩形进行复制和原位粘贴，如图17-67所示。

STEP 10 适当调整图形位置，效果如图17-68所示。

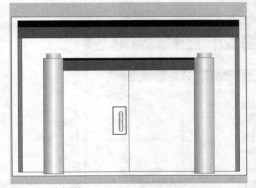

图17-66 填充颜色

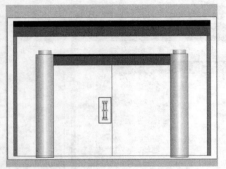

图17-67 复制图形

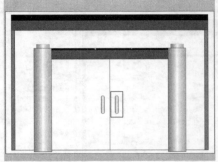

图17-68 调整图形

知识拓展

VI设计系统中包括企业标识、标准字体、标准色彩、办公事务用品、行政事务用品、广告宣传用品、交通工具等。

实战 579 添加大门装饰

▶ 实例位置：光盘\效果\第17章\实战579.ai
▶ 素材位置：光盘\素材\第17章\实战579.ai
▶ 视频位置：光盘\视频\第17章\实战579.mp4

● **实例介绍** ●

本实例主要运用文字工具与添加素材，完成企业VI设计之企业大门设计效果的制作。

● **操作步骤** ●

STEP 01 选取工具面板中的文字工具 T，在图像编辑窗口中的合适位置输入文字"卓航图书"，如图17-69所示。

STEP 02 选择输入的文字，展开"字符"面板，设置"字体"为"华文琥珀""字体大小"为25pt，并适当调整其位置，如图17-70所示。

图17-69 输入并设置文字

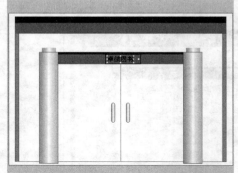

图17-70 素材图形

STEP 03 在控制面板中设置"填色"为白色，效果如图17-71所示。

STEP 04 单击"文件"|"打开"命令，打开一幅素材图形，如图17-72所示。

图17-71 输入并设置文字

图17-72 素材图形

知识拓展

战略性VI的设计原则如下。

- 标志本身的线条作为表现手段传递的信息需要符合品牌战略，降低负面联想或错误联想风险。
- 标志色彩作为视觉情感感受的主要手段、识别第一元素，须将品牌战略精准定位，用色彩精准表达。
- 标志外延含义的象征性联想须与品牌核心价值精准匹配。
- 标志整体联想具备包容性及相对清晰的边界，为品牌长远发展提供延伸空间。
- 标志整体设计传递的气质须符合品牌战略，整体气质具备相对具体的、清晰的、强烈的感染力，实现品牌的气质识别。

STEP 05 将素材图形进行复制，并粘贴至当前工作窗口中，效果如图17-73所示。

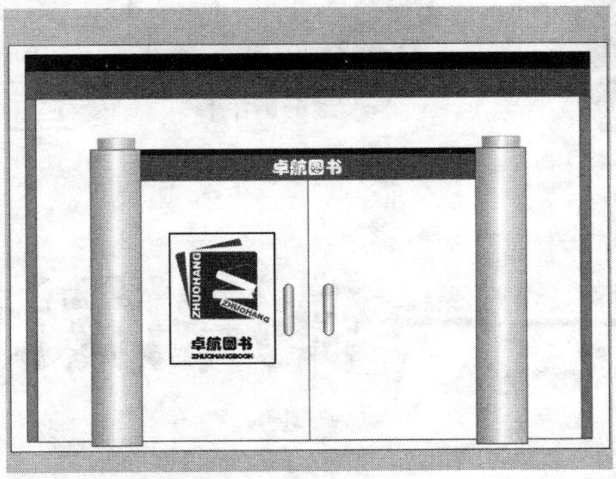

图17-73 复制粘贴图形

STEP 06 选择粘贴的图形，如图17-74所示。

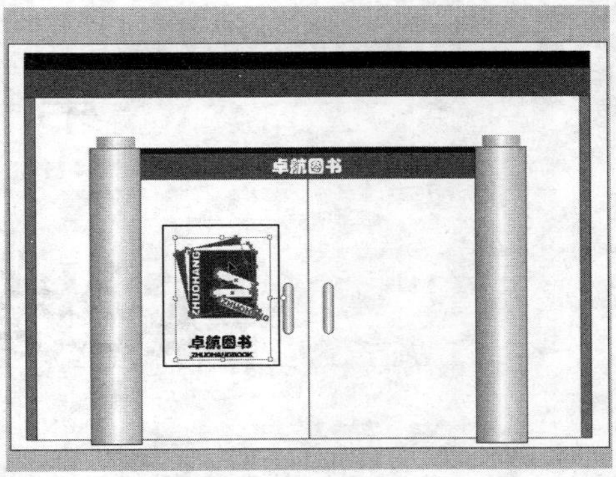

图17-74 再次复制粘贴图形

STEP 07 按【Ctrl+C】组合键进行复制，按【Ctrl+V】组合键进行粘贴，如图17-75所示。

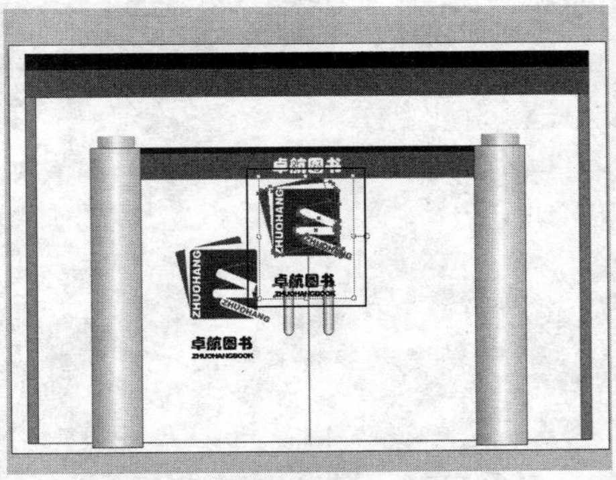

图17-75 复制粘贴图形

STEP 08 运用选择工具适当调整其位置，效果如图17-76所示。

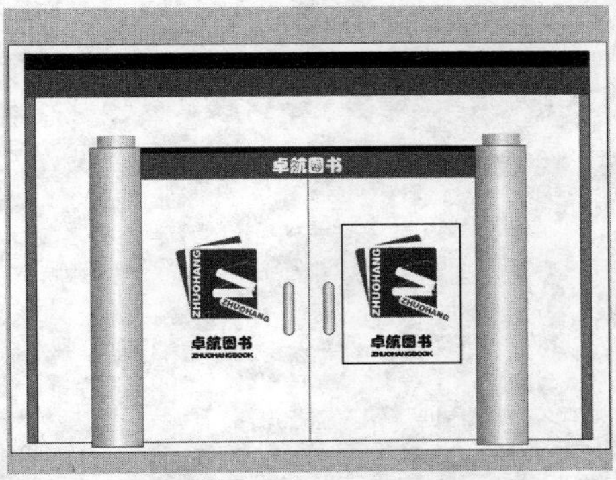

图17-76 再次复制粘贴图形

第 **18** 章

实战案例——卡片设计

本章导读

随着时代的发展，各类卡片广泛应用于商务活动中，在推销各类产品的同时还起着展示、宣传企业的作用，运用Illustrator CC可以方便而快捷地设计出各类卡片。本章通过两个实例，详细讲解了各类卡片及名片的组成要素、构图思路及版式布局。

要点索引

● 名片设计——横排名片
● VIP卡设计——淑女阁会员卡

18.1 名片设计——横排名片

　　本实例设计的是一款横排名片，以文字为主、图形为辅的创意设计有力地传达了名片与企业的信息，实例效果如图18-1所示。

图18-1 实例效果

实战 580	制作名片正面效果

▶ 实例位置：无
▶ 素材位置：光盘\素材\第18章\实战580（1）.ai、实战580（2）.ai
▶ 视频位置：光盘\视频\第18章\实战580.mp4

● 实例介绍 ●

　　本实例主要运用圆角矩形工具、锚点工具以及直接选择工具等，制作名片的正面效果。

● 操作步骤 ●

STEP 01 单击"文件"|"新建"命令，弹出"新建文档"对话框，设置"名称"为"横排名片"、"宽度"为297mm、"高度"为210mm，如图18-2所示。

STEP 02 单击"确定"按钮，新建一个横向的空白文件，如图18-3所示。

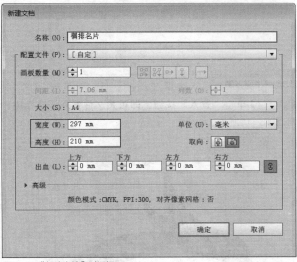

图18-2 "新建文档"对话框

图18-3 新建横向空白文件

STEP 03 选取工具面板中的圆角矩形工具 ，绘制一个"宽度"为96mm、"高度"为56mm、"圆角半径"为10mm的圆角矩形，如图18-4所示。

STEP 04 选取工具面板中的锚点工具 ，将鼠标指针移至圆角矩形右上角的锚点处，鼠标指针呈 形状，如图18-5所示。

图18-4 绘制圆角矩形

STEP 05 单击鼠标左键，即可将该曲线锚点转换为直线锚点，如图18-6所示。

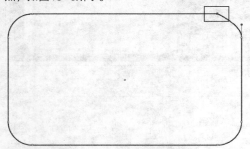

图18-6 转换锚点

STEP 07 使用直接选择工具 调整转换后的锚点位置，如图18-8所示。

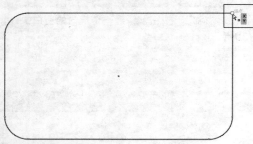

图18-8 调整锚点位置

STEP 09 单击"文件"｜"置入"命令，在弹出的"置入"对话框中选中需要置入的文件，如图18-10所示。

图18-10 选中需要置入的文件

图18-5 移动鼠标

STEP 06 用同样的方法将另一个曲线锚点转换为直线锚点，如图18-7所示。

图18-7 转换锚点

STEP 08 参照步骤（4）～步骤（7）的操作方法，将左下角的曲线锚点转换为直线锚点，并调整锚点位置，效果如图18-9所示。

图18-9 图像效果

STEP 10 单击"置入"按钮，即可将文件置入于文档中，如图18-11所示。

图18-11 置入企业标志

STEP 11 分别调整所置入图形的位置与大小，如图18-12所示。

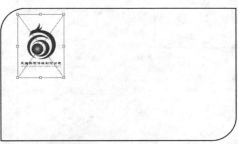

图18-12 调整位置与大小

STEP 13 单击"文件"|"打开"命令，打开一幅素材图像，并将其拖曳至当前文档窗口中的合适位置处，如图18-14所示。

知识拓展

> 在图像中，所输入的标志中的企业名称已经创建为轮廓，因此称之为图形，在调整大小时，其方法和调整图形大小一样。

STEP 12 单击控制面板中的"嵌入"按钮，即可添加素材图形，如图18-13所示。

图18-13 添加企业标志

图18-14 添加名片信息素材

实战 581 制作名片背面效果

▶ 实例位置：无
▶ 素材位置：上一例效果文件
▶ 视频位置：光盘\视频\第18章\实战581.mp4

● 实例介绍 ●

本实例主要运用镜像工具、"对齐"面板、文字工具等，制作名片的背面效果。

● 操作步骤 ●

STEP 01 运用直接选择工具选中名片正面效果中的名片图形和3条曲线，如图18-15所示。

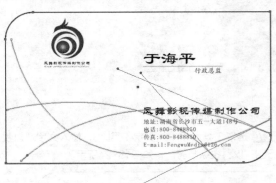

图18-15 选中图形和曲线

STEP 03 选择文档中的所有图形，单击鼠标右键，在弹出的快捷菜单中选择"取消编组"选项，如图18-17所示。

STEP 02 按住【Alt】键的同时，拖曳鼠标至合适位置后，释放鼠标，即可复制所选择的图形和曲线，如图18-16所示。

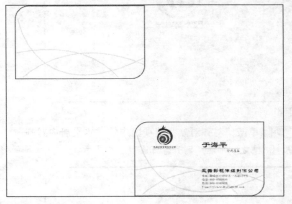

图18-16 复制图形

STEP 04 执行操作后，即可取消编组，运用选择工具框选所复制的图形，如图18-18所示。

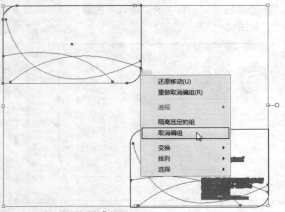

图18-17 选择"取消编组"选项

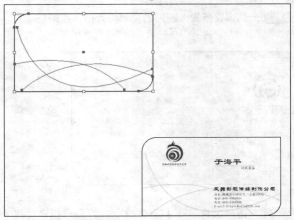

图18-18 框选所复制的图形

STEP 05 运用镜像工具 将复制的图形和曲线进行水平镜像，如图18-19所示。

STEP 06 复制企业标志，并对标志的位置与大小进行适当的调整，如图18-20所示。

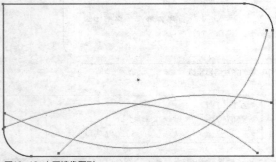

图18-19 水平镜像图形

图18-20 复制企业标志

STEP 07 选中名片图形和企业标志，如图18-21所示。

STEP 08 打开"对齐"面板，单击右下角的"对齐"按钮，在弹出的列表框中选择"对齐所选对象"选项，如图18-22所示。

图18-21 选中图形

图18-22 选择"对齐所选对象"选项

STEP 09 单击"对齐对象"选项区中的"水平居中对齐"按钮 ，使之水平居中对齐，如图18-23所示。

STEP 10 选取工具面板中的文字工具 ，输入文字"以视野观天下 以科技纵驰骋"，如图18-24所示。

图18-23 水平居中对齐图形

图18-24 输入文字

技巧点拨

　　在对输入的文字进行文字属性的设置时，用户可以直接在控制面板上单击字符面板的字样，即可弹出"字符"的下拉面板，并对所选择的文字进行字符的设置。

STEP 11 展开"字符"面板，设置"字体系列"为"华文隶书""字体大小"为15pt，如图18-25所示。

STEP 12 调整文字属性，再调整文字在名片中的位置，如图18-26所示。

图18-25　"字符"面板

图18-26　调整文字属性

实战 582　制作名片立体效果

▶ 实例位置：光盘\效果\第18章\实战582.ai
▶ 素材位置：上一例效果文件
▶ 视频位置：光盘\视频\第18章\实战582.mp4

● 实例介绍 ●

　　本实例主要运用矩形工具、渐变工具以及"投影"命令等，制作名片的立体效果。

● 操作步骤 ●

STEP 01 选取工具面板中的矩形工具，绘制一个合适大小的矩形，如图18-27所示。

STEP 02 展开"渐变"面板，在"类型"列表框中选择"线性"选项，如图18-28所示。

图18-27　绘制矩形

图18-28　选择"线性"选项

STEP 03 设置0%位置的渐变滑块的CMYK参数值分别为0%、0%、0%、10%，如图18-29所示。

STEP 04 设置100%位置的渐变滑块的CMYK参数值分别为100%、100%、60%、40%，如图18-30所示。

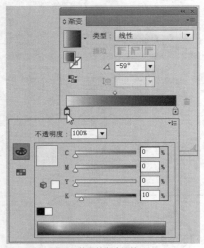

图18-29 设置0%位置的渐变滑块

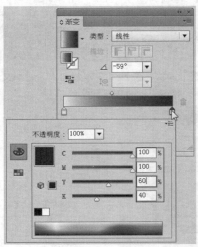

图18-30 设置100%位置的渐变滑块

`STEP 05` 执行操作后，即可填充相应的渐变色，如图18-31所示。

`STEP 06` 运用渐变工具 适当调整渐变填充的角度和范围，如图18-32所示。

图18-31 填充渐变色

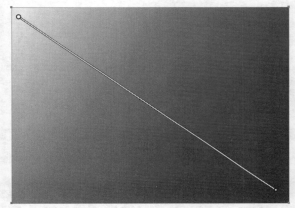

图18-32 调整渐变填充

`STEP 07` 将该图形下移至图像的最底层进行锁定，如图18-33所示。

`STEP 08` 将名片正面和名片背面图形分别进行编组，并适当调整名片正面和名片背面图形的位置、大小和角度，如图18-34所示。

图18-33 调整图形排列顺序

图18-34 调整名片图形

`STEP 09` 选择名片背面图形，单击"效果"|"风格化"|"投影"命令，弹出"投影"对话框，设置"X位移"为3mm、"Y位移"为5mm，如图18-35所示。

`STEP 10` 单击"确定"按钮，即可添加投影效果，如图18-35所示。

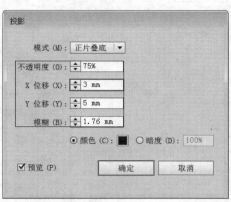

图18-35 "投影"对话框

图18-36 添加投影效果

18.2 VIP卡设计——淑女阁会员卡

本实例设计的是一款淑女阁的VIP卡片，采用粉色为主色调，并以时尚女孩为元素，体现了淑女阁服装是针对年轻女性的，同时传达了淑女阁服装的清纯风格，实例效果如图18-37所示。

图18-37 实例效果

实战 583	制作VIP卡背景效果	▶ 实例位置：无
		▶ 素材位置：光盘\素材\第18章\实战583.jpg
		▶ 视频位置：光盘\视频\第18章\实战583.mp4

● 实例介绍 ●

本实例主要运用矩形工具、渐变工具、圆角矩形工具以及剪切蒙版等操作，制作VIP会员卡的背景效果。

● 操作步骤 ●

STEP 01 单击"文件"|"新建"命令，弹出"新建文档"对话框，设置"名称"为"会员卡""大小"为A4、"取向"为纵向⬚，如图18-38所示。

STEP 02 单击"确定"按钮，新建一个纵向的空白文件，如图18-39所示。

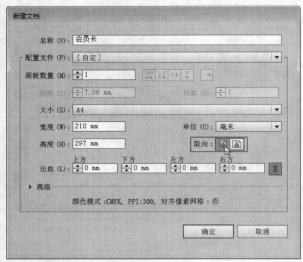

图18-38 "新建文档"对话框

STEP 03 选取工具面板中的矩形工具▣，绘制一个与页面相同大小的矩形，并运用渐变工具▣进行渐变填充，如图18-40所示。

图18-40 绘制并填充矩形

STEP 05 执行操作后，即可改变渐变填充效果，如图18-42所示。

图18-42 改变渐变填充效果

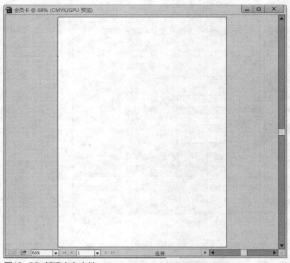

图18-39 新建空白文件

STEP 04 展开"渐变"面板，设置"类型"为"线性""角度"为118°，如图18-41所示。

图18-41 "渐变"面板

STEP 06 单击"文件"|"打开"命令，打开一幅素材图像，如图18-43所示。

图18-43 素材图像

STEP 07 将打开的素材图像复制粘贴至当前工作窗口中，调整位置和大小，效果如图18-44所示。

STEP 08 选取工具面板中的圆角矩形工具■，在图像编辑窗口中的合适位置绘制一个无填色、无描边的圆角矩形，如图18-45所示。

图18-44 复制粘贴素材图像

图18-45 绘制圆角矩形

STEP 09 运用工具面板中的选择工具▶，依次选择绘制的圆角矩形和素材图像，单击鼠标右键，弹出快捷菜单，选择"建立剪切蒙版"选项，如图18-46所示。

STEP 10 执行操作后，即可创建剪切蒙版，效果如图18-47所示。

图18-46 选择"建立剪切蒙版"选项

图18-47 创建剪切蒙版

实战 584 制作VIP卡主体效果

▶ 实例位置：无
▶ 素材位置：光盘\素材\第18章\实战584（1）.ai～实战584（2）.ai
▶ 视频位置：光盘\视频\第18章\实战584.mp4

● 实例介绍 ●

本实例主要运用圆角矩形工具、建立剪切蒙版以及添加素材等，制作VIP会员卡的主体效果。

● 操作步骤 ●

STEP 01 单击"文件"|"打开"命令，打开一幅素材图形，如图18-48所示。

STEP 02 将打开的素材图形复制粘贴至当前工作窗口中，调整位置和大小，效果如图18-49所示。

图18-48 素材图形

图18-49 复制粘贴图形

STEP 03 选取工具面板中的圆角矩形工具 ▣，绘制一个合适大小的无填色、无描边的圆角矩形，如图18-50所示。

STEP 04 运用选择工具 ▶，依次选择绘制的圆角矩形和素材图形，如图18-51所示。

图18-50 绘制圆角矩形

图18-51 选择图形

STEP 05 单击鼠标右键，弹出快捷菜单，选择"建立剪切蒙版"选项，如图18-52所示。

STEP 06 执行操作后，即可创建剪切蒙版，效果如图18-53所示。

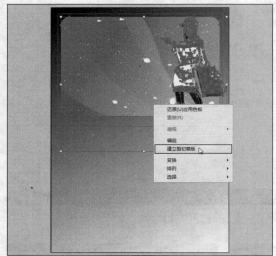

图18-52 选择"建立剪切蒙版"选项

图18-53 创建剪切蒙版

技巧点拨

　　如果要从两个或多个对象的重复区域创建剪切蒙版，即用重叠区域遮盖其他对象，可以先将这些对象选择，然后按【Ctrl＋G】组合键进行编组，再创建剪切蒙版。

STEP 07 单击"文件"｜"打开"命令，打开一幅素材图形，如图18-54所示。

图18-54　素材图形

技巧点拨

　　在"图层"面板中，创建剪切蒙版时，蒙版图形和被其遮盖的对象会移到"剪切组"内。如果将其他对象拖入包含剪切路径的组或图层中，可以对该对象进行遮盖。

STEP 09 选取工具面板中的圆角矩形工具 ⬜，绘制一个合适大小的圆角矩形，如图18-56所示。

图18-56　绘制圆角矩形

STEP 11 单击"文件"｜"打开"命令，打开一幅素材图形，如图18-58所示。

图18-58　素材图形

STEP 08 将打开的素材图形复制粘贴至当前工作窗口中，如图18-55所示。

图18-55　复制粘贴图形

STEP 10 运用选择工具 ▶ 依次选择绘制的圆角矩形和素材图形，单击鼠标右键，弹出快捷菜单，选择"建立剪切蒙版"选项，创建剪切蒙版，效果如图18-57所示。

图18-57　创建剪切蒙版

STEP 12 将打开的素材图形复制粘贴至当前工作窗口中，如图18-59所示。

图18-59　复制粘贴图形

实战 585 制作VIP卡文字效果

▶ **实例位置：** 无
▶ **素材位置：** 光盘\素材\第18章\实战585.ai
▶ **视频位置：** 光盘\视频\第18章\实战585.mp4

● 实例介绍 ●

本实例主要运用文字工具、"创建轮廓"命令以及选择工具等，制作VIP会员卡的文字效果。

● 操作步骤 ●

STEP 01 选取工具面板中的文字工具 T ，在白色的圆角矩形上输入文字"淑女阁"，设置"字体"为"方正姚体""字体大小"为25pt、"颜色"为洋红色（CMYK颜色参考值分别为5%、93%、0%、0%），如图18-60所示。

STEP 02 保持输入的文字为选中状态，单击鼠标右键，弹出快捷菜单，选择"创建轮廓"选项，将文字转换为轮廓，如图18-61所示。

STEP 03 选取工具面板中的直接选择工具 ，选择"女"字上的两个锚点，如图18-62所示。

图18-60 输入并设置文字

图18-61 将文字轮换为轮廓

图18-62 选择两个锚点

STEP 04 按键盘上的【→】键，调整锚点的位置，效果如图18-63所示。

STEP 05 用与上述同样的方法，调整另外两个锚点的位置，效果如图18-64所示。

STEP 06 运用选择工具 调整形状后的文字进行复制，设置"颜色"为白色，并调整其位置，效果如图18-65所示。

图18-63 调整锚点位置

图18-64 调整另外两个锚点的位置

图18-65 复制并调整图形

知识拓展

图稿颜色的改变也可能来自不同的图像源、应用程序定义颜色的方式不同、印刷介质的不同，以及其他自然差异。例如，显示器的生产工艺不同或显示器的使用年限不同等情况。

STEP 07 选取工具面板中的文字工具 T，在图像编辑窗口中的合适位置输入文字"VIP会员卡"，设置"字体"为"汉仪菱心体简" "字体大小"为36.5pt，如图18-66所示。

STEP 08 将输入的文字进行复制，然后设置"颜色"为白色，如图18-67所示。

STEP 09 运用选择工具 调整白色文字的位置，效果如图18-68所示。

图18-66 输入并设置文字

图18-67 复制并设置文字

图18-68 调整文字位置

STEP 10 单击"文件"|"打开"命令，打开一幅素材图形，将打开的素材图形复制粘贴至当前工作窗口中，效果如图18-69所示。

图18-69 添加文字素材

实战 586 制作VIP卡反面效果

▶ 实例位置：光盘\效果\第18章\实战586.ai
▶ 素材位置：光盘\素材\第18章\实战586.ai
▶ 视频位置：光盘\视频\第18章\实战586.mp4

● 实例介绍 ●

本实例主要运用选择工具、矩形工具、文字工具等，制作VIP会员卡的反面效果。

● 操作步骤 ●

STEP 01 运用选择工具 选择所有绘制的卡片正面的图形，按住【Alt + Shift】键的同时，单击鼠标左键并向下拖曳，复制并移动图形，如图18-70所示。

STEP 02 将复制图形中的部分图形对象删除，效果如图18-71所示。

STEP 03 选取工具面板中的矩形工具 ，在图像编辑窗口中的合适位置绘制一个黑色的矩形条，如图18-72所示。

图18-70 复制并移动图形

图18-71 删除部分对象

图18-72 绘制矩形

STEP 04 选取工具面板中的文字工具 T ，在图像编辑窗口中的合适位置输入"贵宾签名："，设置"字体"为"黑体""字体大小"为12pt，如图18-73所示。

STEP 05 选取工具面板中的矩形工具 ■ ，在文字右侧绘制一个黑色的矩形，如图18-74所示。

STEP 06 将黑色的矩形进行复制，设置"颜色"为白色，并调整其位置，效果如图18-75所示。

图18-73 输入并设置文字

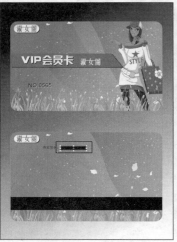

图18-74 绘制矩形

图18-75 复制并调整矩形

STEP 07 单击"文件"|"打开"命令，打开一幅素材图形，如图18-76所示。

STEP 08 将打开的素材图形复制粘贴至当前工作窗口中，如图18-77所示。

图18-77 复制粘贴图形

- 持本卡者为深圳市淑女阁女装有限公司至尊女贵宾；
- 淑女贵宾在深圳市淑女阁女装有限公司任何分店均可享受优惠；
- 单件100元以上正价商品九折优惠；
- 不能与其它折扣优惠同时使用；
- 贵宾生日享有礼物赠送；
- 特价商品不打折，深圳市淑女阁有限公司保留最终解释权。

  服务热线：XXXX-989889898

  详情请登陆：Http://www.sng.com

图18-76 素材图形

第  章

实战案例——海报广告

本章导读

广告设计的发展历程，迄今已有一百余年的历史，历经了几个重要的阶段，到今天已成为一种成熟独立的设计艺术门类。我们进行广告设计时必须坚持的总原则有：广告的思想性；广告的真实性；广告的科学性；广告的艺术性。

要点索引
- 地产广告——和园
- 车类广告——电动车

19.1 地产广告——和园

一幅优秀的广告作品由4个要素组成：图像、文字、颜色和版式，房地产广告在这一方面作了很好的诠释。本实例设计的是一款几何空间复古型的房地产广告，画面设计简洁，运用巧妙的图文排版，体现了浓郁的人文气息，同时也展示了丰茂的生活，实例效果如图19-1所示。

图19-1 实例效果

实战 587	制作背景效果

▶ 实例位置：无
▶ 素材位置：无
▶ 视频位置：光盘\视频\第19章\实战587.mp4

● 实例介绍 ●

本实例主要运用矩形工具与"渐变"面板，制作地产广告的背景效果。

● 操作步骤 ●

STEP 01 单击"文件"|"新建"命令，弹出"新建文档"对话框，设置"名称"为"地产广告""大小"为A3、"取向"为横向，如图19-2所示。

STEP 02 单击"确定"按钮，新建一个横向的空白文件，如图19-3所示。

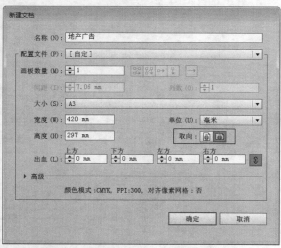

图19-2 "新建文档"对话框

图19-3 新建横向空白文件

STEP 03 运用矩形工具，绘制一个"宽度"为400mm、"高度"为200mm的矩形，设置为默认的填色和描边，如图19-4所示。

STEP 04 选中矩形对象，单击"窗口"|"对齐"命令，调出"对齐"面板，在"对齐对象"选项区中依次单击"水平居中对齐"按钮和"垂直居中对齐"按钮，如图19-5所示。

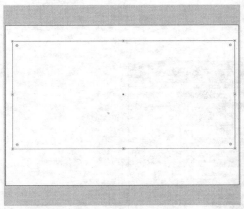

图19-4 绘制矩形

图19-5 "对齐"面板

STEP 05 执行操作后，即可使该矩形与画板水平居中对齐和垂直居中对齐，如图19-6所示。

STEP 06 绘制一个"宽度"为400mm、"高度"为60mm的矩形，如图19-7所示。

图19-6 设置对齐方式

图19-7 绘制矩形

STEP 07 单击"窗口"|"渐变"命令，打开"渐变"面板，设置"类型"为"线性"，如图19-8所示。

STEP 08 设置0%位置的渐变滑块的颜色为白色、"不透明度"为0%，如图19-9所示。

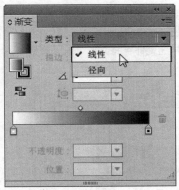

图19-8 设置"类型"选项

图19-9 设置0%位置的渐变滑块

STEP 09 设置100%位置的渐变滑块的颜色为淡黄色（CMYK颜色参考值分别为0%、0%、80%、0%），如图19-10所示。

STEP 10 在"渐变"面板中，再设置"角度"为90°，如图19-11所示。

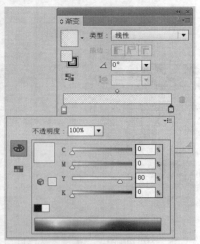

图19-10 设置100%位置的渐变滑块

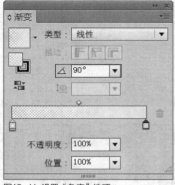

图19-11 设置"角度"选项

STEP 11 执行操作后，即可改变图形的渐变填充效果，如图19-12所示。

图19-12 渐变填充效果

实战 588 添加装饰素材

▶ 实例位置：无
▶ 素材位置：光盘\素材\第19章\实战588.jpg、实战588.ai
▶ 视频位置：光盘\视频\第19章\实战588.mp4

● 实例介绍 ●

本实例主要运用"置入"命令与创建不透明蒙版等操作，为地产广告添加主体装饰素材。

● 操作步骤 ●

STEP 01 单击"文件"｜"置入"命令，在弹出的"置入"对话框中选中需要置入的文件，如图19-13所示。

STEP 02 单击"置入"按钮，即可将文件置入于文档中，如图19-14所示。

图19-13 选中需要置入的文件

图19-14 置入图像

STEP 03 分别调整所置入图形的位置与大小，如图19-15所示。

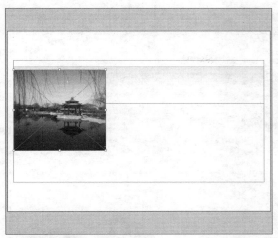

图19-15 调整位置与大小

STEP 05 选取工具面板中的椭圆工具◯，在素材图像上绘制一个无填色、无描边的椭圆图形，如图19-17所示。

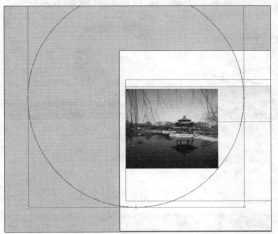

图19-17 绘制椭圆图形

STEP 07 执行操作后，即可为椭圆图形填充径向渐变，如图19-19所示。

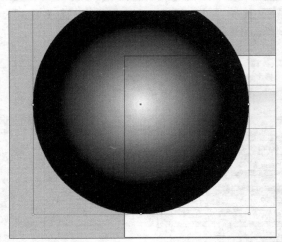

图19-19 填充径向渐变

STEP 04 单击控制面板中的"嵌入"按钮，即可添加素材图形，如图19-16所示。

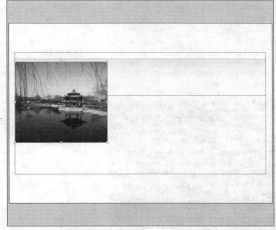

图19-16 确认置入操作

STEP 06 在"渐变"面板中，设置"渐变填充"为默认的白色到黑色的径向渐变，设置第二个渐变滑块的"位置"为75%，如图19-18所示。

图19-18 "渐变"面板

STEP 08 运用选择工具选中素材图像和椭圆图形，如图19-20所示。

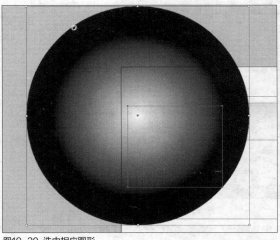

图19-20 选中相应图形

STEP 09 展开"透明度"面板,单击"制作蒙版"按钮,如图19-21所示。

STEP 10 执行操作后,即可为图像创建不透明蒙版,效果如图19-22所示。

图19-21 单击"制作蒙版"按钮

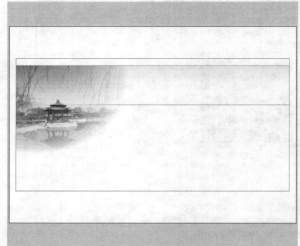

图19-22 创建不透明蒙版

STEP 11 单击"文件"|"打开"命令,打开一幅素材图形,将打开的素材图形复制粘贴至当前工作窗口中,效果如图19-23所示。

知识拓展

> 用户在建立了不透明蒙版后,可以直接在"透明度"浮动面板中选中或取消选中"剪切"或"反相蒙版"复选框。不透明蒙版和反相不透明蒙版有些相似,因此,用户在操作时应当多加注意。

图19-23 添加素材图形

实战 589 制作文字内容

▶ 实例位置:光盘\效果\第19章\实战589.ai
▶ 素材位置:光盘\素材\第19章\实战589.ai
▶ 视频位置:光盘\视频\第19章\实战589.mp4

● 实例介绍 ●

本实例主要运用文字工具、"字符"面板、将文字转换为轮廓以及直接选择工具等操作,制作地产广告的文字内容效果。

● 操作步骤 ●

STEP 01 选取工具面板中的文字工具[T],输入"和",设置"字体系列"为"方正黄草简体""字体大小"为300pt,如图19-24所示。

STEP 02 展开"字符"面板,设置"和"的"水平缩放"为120%、"垂直缩放"为90%,如图19-25所示。

图19-24 输入文字

图19-25 设置选项

STEP 03 执行操作后，即可改变文字效果，如图19-26所示。

图19-26 设置文字效果

STEP 05 展开"字符"面板，设置"园"的"水平缩放"为120%、"垂直缩放"为120%，如图19-28所示。

图19-28 设置选项

STEP 07 选中"和"字，单击鼠标右键，弹出快捷菜单，选择"创建轮廓"选项，将文字转换为轮廓，如图19-30所示。

图19-30 将文字转换为轮廓

STEP 04 运用文字工具 T 输入"园"，设置"字体系列"为"方正黄草简体""字体大小"为60pt，如图19-27所示。

图19-27 输入文字

STEP 06 执行操作后，调整文字的位置，如图19-29所示。

图19-29 调整文字位置

STEP 08 使用直接选择工具 ▶ 选中需要调整的路径锚点，并调整锚点的位置，如图19-31所示。

图19-31 调整锚点

STEP 09 单击"文件"|"打开"命令，打开一幅素材图形，将打开的素材图形复制粘贴至当前工作窗口中，隐藏相应矩形的边框，效果如图19-32所示。

图19-32 置入文本图形

知识拓展

设置文字字体的样式完全参照系统中所提供的字体样式，或网络上各式各样的文字，用户可以在某一文字样式的基础上，将文字转换为轮廓，再根据自身的需要调整各锚点的位置，同时结合锚点上的控制柄调整图形。另外，用户也可以使用钢笔工具勾勒文字样式。

19.2 车类广告——电动车

本实例设计的是一款电动车广告，整幅设计以红色为主色调，尽显电动车的档次，且极具视觉冲击力，实例效果如图19-33所示。

图19-33 实例效果

实战 590 制作广告背景效果

▶ **实例位置：** 无
▶ **素材位置：** 无
▶ **视频位置：** 光盘\视频\第19章\实战590.mp4

● **实例介绍** ●

本实例主要运用矩形工具与"渐变"面板，制作出车类广告的背景效果。

● **操作步骤** ●

STEP 01 单击"文件"|"新建"命令，弹出"新建文档"对话框，设置"名称"为"车类广告""大小"为A4、"取向"为横向，如图19-34所示。

STEP 02 单击"确定"按钮，新建一个横向的空白文件，如图19-35所示。

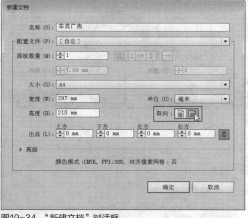

图19-34 "新建文档"对话框

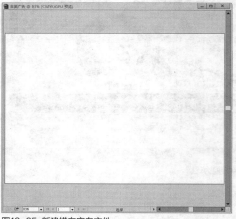

图19-35 新建横向空白文件

STEP 03 选取工具面板中的矩形工具 ▣ ，绘制一个与页面相同大小的矩形，并设置"描边"为"无"，如图19-36所示。

图19-36 绘制矩形

STEP 04 在"渐变"面板中，设置"类型"为"径向"，如图19-37所示。

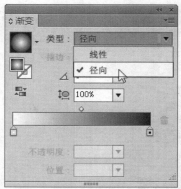

图19-37 设置"类型"选项

STEP 05 设置0%位置的渐变滑块的"颜色"为红色（CMYK颜色参考值分别为11%、99%、99%、0%），如图19-38所示。

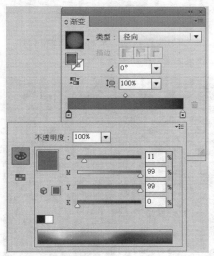

图19-38 设置参数值

STEP 06 设置100%位置的渐变滑块的"颜色"为暗红色（CMYK颜色参考值分别为50%、100%、100%、27%），如图19-39所示。

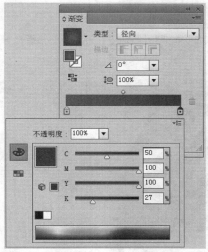

图19-39 设置参数值

STEP 07 执行操作后，即可填充渐变色，效果如图19-40所示。

图19-40 填充矩形

实战 591 添加商品广告图片

▶ 实例位置：无
▶ 素材位置：光盘\素材\第19章\实战591（1）.psd、实战591（2）.psd
▶ 视频位置：光盘\视频\第19章\实战591.mp4

● 实例介绍 ●

本实例主要介绍为车类广告添加各种商品素材图片的方法，增加广告的视觉效果。从视觉表现的角度来衡量，视觉效果是吸引读者并用他们自己的语言来传达产品的利益点，一则成功的平面广告在画面上应该有非常强的吸引力，彩色的科学运用、合理搭配，图片的准确运用并且有吸引力。

● 操作步骤 ●

STEP 01 单击"文件"｜"打开"命令，打开一幅素材图像，如图19-41所示。

STEP 02 将打开的素材图像复制粘贴至当前工作窗口中，调整位置和大小，效果如图19-42所示。

图19-41 素材图像

图19-42 复制粘贴素材图像

STEP 03 单击"文件"｜"打开"命令，打开另一幅素材图像，如图19-43所示。

STEP 04 将打开的素材图像复制粘贴至当前工作窗口中，调整位置和大小，效果如图19-44所示。

图19-43 打开另一幅素材图像

图19-44 复制粘贴另一幅素材图像

实战 592	制作商家信息栏	▶ 实例位置：无
		▶ 素材位置：无
		▶ 视频位置：光盘\视频\第19章\实战592.mp4

● 实例介绍 ●

本实例主要运用圆角矩形工具、"不透明度"选项与直线段工具，制作出用于放置商家联系信息的区域效果。

● 操作步骤 ●

STEP 01 选取工具面板中的圆角矩形工具，在图像的下方绘制一个圆角矩形，设置"填色"为白色，如图19-45所示。

STEP 02 在控制面板中设置"不透明度"为80%，效果如图19-46所示。

图19-45 绘制圆角矩形

图19-46 设置图形的不透明度

STEP 03 选取工具面板中的直线段工具✎，在透明圆角矩形上绘制一条直线，设置"描边"为黑色，如图19-47所示。

STEP 04 用与上述同样的方法，绘制另一条直线，效果如图19-48所示。

图19-47 绘制直线段

图19-48 绘制另一条直线段

实战 593	制作广告文字效果	▶ 实例位置：光盘\效果\第19章\实战593.ai ▶ 素材位置：光盘\素材\第19章\实战593.ai ▶ 视频位置：光盘\视频\第19章\实战593.mp4

● 实例介绍 ●

本实例主要运用文字工具、"创建轮廓"选项、"字符"面板等，制作车类广告的文字效果。

● 操作步骤 ●

STEP 01 选取工具面板中的文字工具Ⓣ，在图像编辑窗口中的合适位置输入shenyu，设置"字体"为"汉仪菱心体简""字体大小"为40pt、"颜色"为红色（CMYK颜色参考值分别为0%、100%、100%、0%）、"描边"为白色、"描边粗细"为3pt，效果如图19-49所示。

STEP 02 保持输入的文字为选中状态，单击鼠标右键，弹出快捷菜单，选择"创建轮廓"选项，将文字转换为轮廓，如图19-50所示。

图19-49 输入并设置文字

图19-50 将文字转换为轮廓

STEP 03 选取工具面板中的直接选择工具 ，选择轮廓文字中 "Y" 下面的两个锚点，如图19-51所示。

STEP 04 按键盘上的【←】键，调整锚点的位置，效果如图19-52所示。

图19-51 选择两个锚点

图19-52 调整锚点位置

STEP 05 选取工具面板中的文字工具 ，在图像编辑窗口中的合适位置输入需要的文字 "shenyu 炫目上市"，设置 "字体" 为 "汉仪菱心体简" "字体大小" 为50pt、"颜色" 为白色，效果如图19-53所示。

STEP 06 展开 "字符" 面板，设置 "行距" 为88pt，如图19-54所示。

图19-53 输入并设置文字

图19-54 设置选项

STEP 07 执行操作后，即可改变文本效果，效果如图19-55所示。

STEP 08 用与上述同样的方法，输入并另设置另一段文字，设置 "字体大小" 为15pt，效果如图19-56所示。

图19-55 设置文字效果

图19-56 输入并设置另一段文字

STEP 09 单击"文件"|"打开"命令，打开一幅素材图像，将打开的素材图像复制粘贴至当前工作窗口中，调整位置和大小，效果如图19-57所示。

STEP 10 选中右上角的文字，在控制面板中设置"填色"为白色，效果如图19-58所示。

图19-57 打开并复制粘贴文字素材

图19-58 图像效果

知识拓展

　　一则好的广告标语是广告成功的要素。意念隽永的广告标语，能一语双关，一面带出企业的形象，一面强调产品的优点。

第 **20** 章

实战案例——商品包装

本章导读

包装设计是平面设计不可或缺的一部分，它是根据产品的内容进行内外包装的总体设计的工作，是一项具有艺术性和商业性的设计。本章通过手提袋包装和书籍装帧两个实例，全面讲解了运用Illustrator CC设计制作各类产品包装的技法。

要点索引

- 手提袋包装——第2大街
- 书籍装帧——成长传记

20.1 手提袋包装——第2大街

　　本实例设计的是一款"第2大街"手提袋型楼盘广告，采用红色为主体色调，以简单的绘画表现主题，并加少量文字进行修饰，充分体现出该楼盘的生活情调和可信赖度，同时带给未来居住者一种神秘感，实例效果如图20-1所示。

图20-1 实例效果

实战 594	制作包装的平面效果	▶ 实例位置：无 ▶ 素材位置：光盘\素材\第20章\实战594.ai ▶ 视频位置：光盘\视频\第20章\实战594.mp4

● 实例介绍 ●

　　本实例主要运用矩形工具、"渐变"面板等，制作手提袋包装的平面效果。

● 操作步骤 ●

STEP 01 单击"文件"|"新建"命令，弹出"新建文档"对话框，设置"名称"为"手提袋包装""大小"为A4、"取向"为横向，如图20-2所示。

STEP 02 单击"确定"按钮，新建一个横向的空白文件，如图20-3所示。

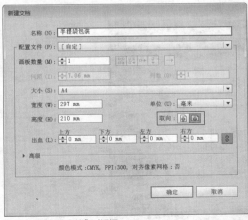

图20-2 "新建文档"对话框

图20-3 新建横向空白文件

STEP 03 选取工具面板中的矩形工具，在页面内绘制一个合适大小的矩形，设置"描边"为"无"，如图20-4所示。

STEP 04 展开"渐变"面板，设置"类型"为"线性"，在渐变矩形条下方的0%、45%和100%位置添加3个渐变滑块，设置"颜色"分别为白色、灰色（CMYK颜色参考值分别为0%、0%、0%、77%）和黑色，然后设置"角度"为130°，如图20-5所示。

图20-4 绘制矩形

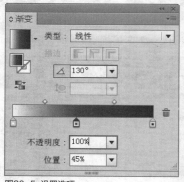

图20-5 设置选项

STEP 05 执行操作后,即可为矩形填充渐变色,效果如图20-6所示。

STEP 06 运用矩形工具 ▣ ,在图形上绘制一个矩形,填充"颜色"为白色,如图20-7所示。

图20-6 填充渐变色

图20-7 绘制矩形并填充

STEP 07 将绘制的白色矩形进行复制,填充"颜色"为红色(CMYK颜色参考值分别为2%、62%、64%、0%),并调整位置和大小,效果如图20-8所示。

STEP 08 单击"文件"|"打开"命令,打开一幅素材图像,将打开的素材图像复制粘贴至当前工作窗口中,调整位置和大小,效果如图20-9所示。

图20-8 复制并设置矩形

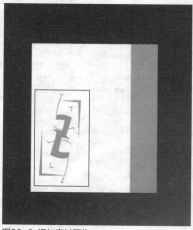

图20-9 添加素材图像

| 实战
595 | 制作包装的文字效果 | ▶ 实例位置：无
▶ 素材位置：光盘\素材\第20章\实战595.ai
▶ 视频位置：光盘\视频\第20章\实战595.mp4 |

● 实例介绍 ●

本实例主要运用文字工具与"填色"选项，制作手提袋包装的文字效果。

● 操作步骤 ●

STEP 01 选取工具面板中的文字工具 T ，在图像编辑窗口中的合适位置输入文字"第2大街"，设置"字体"为"汉仪菱心体简""字体大小"为20pt，如图20-10所示。

STEP 02 运用文字工具选择数字2，设置"字体大小"为36pt，"填色"为红色（CMYK颜色参考值分别为2%、62%、64%、0%），效果如图20-11所示。

图20-10　输入并设置文字

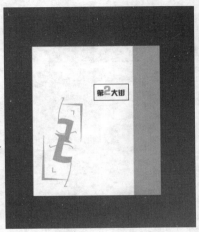

图20-11　设置文字

STEP 03 运用文字工具，在图像编辑窗口中的合适位置输入英文Main Street，设置"字体"为Blackoak Std、"字体大小"为12pt、"填色"为紫色（CMYK颜色参考值分别为42%、33%、5%、0%），效果如图20-12所示。

STEP 04 单击"文件"|"打开"命令，打开一幅素材图像，将打开的素材图像复制粘贴至当前工作窗口中，调整位置和大小，效果如图20-13所示。

图20-12　输入并设置文字

图20-13　输入并设置其他文字

知识拓展

　　包装（packaging）是品牌理念、产品特性、消费心理的综合反映，它直接影响到消费者的购买欲望，包装是建立产品与消费者亲和力的有力手段。经济全球化的今天，包装与商品已融为一体。

　　包装作为实现商品价值和使用价值的手段，在生产、流通、销售和消费领域中，发挥着极其重要的作用，是企业界、设计者不得不关注的重要课题。包装的功能是保护商品、传达商品信息、方便使用、方便运输、促进销售、提高产品附加值。另外，包装作为一门综合性学科，具有商品和艺术相结合的双重性。

<table>
<tr><td>实战
596</td><td>制作包装的立体效果</td><td>▶ 实例位置：光盘\效果\第20章\实战596.ai
▶ 素材位置：光盘\素材\第20章\实战596.ai
▶ 视频位置：光盘\视频\第20章\实战596.mp4</td></tr>
</table>

● 实例介绍 ●

本实例主要运用封套扭曲、直接选择工具等，制作手提袋包装的立体效果。

● 操作步骤 ●

STEP 01 将绘制的手提袋的正面图形进行编组，然后将所有绘制的手提袋图形进行复制粘贴，将其调整至图形的右侧，如图20-14所示。

STEP 02 接下来将对右侧粘贴的平面图形进行操作，首先取消编组，然后选择手提袋的所有正面图形，将其进行编组，如图20-15所示。

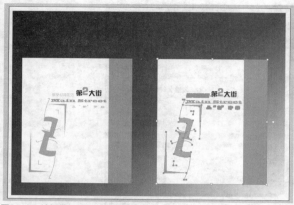

图20-14 编组并复制图形

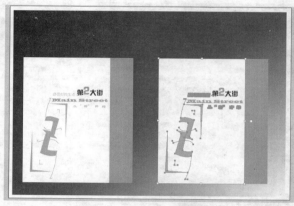

图20-15 编组部分图形

STEP 03 单击"对象"|"封套扭曲"|"用网格建立"命令，弹出"封套网格"对话框，设置"行数"和"列数"均为1，如图20-16所示。

STEP 04 单击"确定"按钮，即可将手提袋的正面图形创建封套扭曲，如图20-17所示。

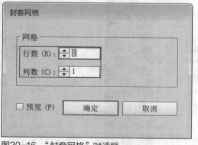

图20-16 "封套网格"对话框

图20-17 创建封套扭曲

STEP 05 选择工具面板中的直接选择工具 ▶，选择左上角的锚点，单击鼠标左键并拖曳，至合适位置后释放鼠标，调整图形的形状，如图20-18所示。

STEP 06 选择图形右上角的锚点，单击鼠标左键并拖曳，调整锚点至合适位置，如图20-19所示。

STEP 07 用与上述同样的方法，调整其他各个锚点至合适位置，效果如图20-20所示。

STEP 08 用与上述同样的方法，调整侧面图形中的各个锚点至合适位置，效果如图20-21所示。

STEP 09 单击"文件"|"打开"命令，打开一幅素材图像，将打开的素材图像复制粘贴至当前工作窗口中，调整位置和大小，效果如图20-22所示。

STEP 10 将导入的素材图形进行复制并移动图形，然后调整图层的叠放顺序，效果如图20-23所示。

图20-18　调整锚点

图20-19　调整右上角的锚点

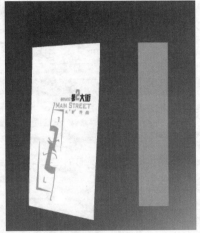

图20-20　调整其他的锚点

图20-21　调整侧面图形

图20-22　添加素材图像

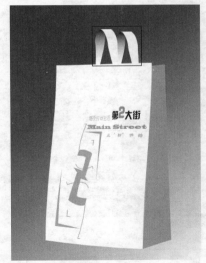

图20-23　复制并移动图形

知识拓展

　　包装装潢的图形主要指产品的形象和其他辅助装饰形象等。图形作为设计的语言，就是要把形象的内在、外在的构成因素表现出来，以视觉形象的形式把信息传达给消费者。要达到此目的，图形设计的定位准确是非常关键的。定位的过程即是熟悉产品全部内容的过程，其中包括商品的性质、商标、品名的含义及同类产品的现状等诸多因素都要加以熟悉和研究。

20.2 书籍装帧——成长传记

本实例设计的是一款"成长传记"的封面设计，整幅画面以简单的几何图形元素为主，并加以插画图像的修饰，融合了古代和现代的气息，给人耳目一新的感觉，实例效果如图20-24所示。

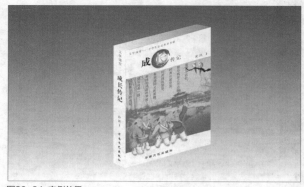

图20-24 实例效果

实战 597 制作书籍封面平面效果

▶ 实例位置：无
▶ 素材位置：光盘\素材\第20章\实战597.jpg、实战597.ai
▶ 视频位置：光盘\视频\第20章\实战597.mp4

● 实例介绍 ●

本实例主要运用矩形工具、"彩色半调"效果与"粉笔和炭笔"效果，制作书籍封面平面效果。

● 操作步骤 ●

STEP 01 单击"文件"|"新建"命令，弹出"新建文档"对话框，设置"名称"为"书籍装帧"、"大小"为A3、"取向"为横向 ，如图20-25所示。

STEP 02 单击"确定"按钮，新建一个横向的空白文件，如图20-26所示。

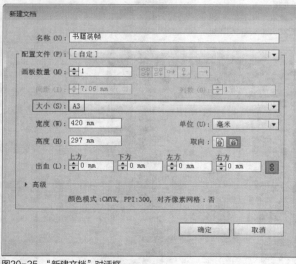

图20-25 "新建文档"对话框

图20-26 新建横向空白文件

知识拓展

绘制开放路径或闭合路径后，添加的画笔笔触将会根据路径的形状和走向自动进行调节，再设置填充色、透明度、描边粗细和位置，即可绘制出水墨画的图像效果。

STEP 03 运用矩形工具 ，绘制一个"宽度"为105mm、"高度"为150mm的矩形，设置"填色"为白色、"描边"为"无"，如图20-27所示。

STEP 04 运用"置入"命令，置入素材文件，并调整其大小与位置，如图20-28所示。

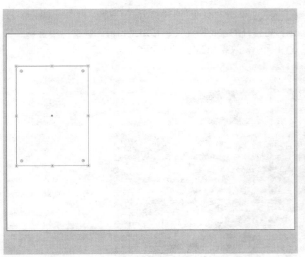

图20-27 绘制矩形

图20-28 置入素材文件

STEP 05 选中风景图片，单击"效果"｜"像素化"｜"彩色半调"命令，弹出"彩色半调"对话框，设置各参数为默认设置，如图20-29所示。

STEP 06 单击"确定"按钮，即可为图片添加"彩色半调"效果，如图20-30所示。

图20-29 "彩色半调"对话框

图20-30 添加"彩色半调"效果

STEP 07 单击"效果"｜"素描"｜"粉笔和炭笔"命令，在"粉笔和炭笔"对话框中设置"炭笔区"为0、"粉笔区"为12、"描边压力"为1，如图20-31所示。

STEP 08 单击"确定"按钮，即可为图片制作出相应的效果，如图20-32所示。

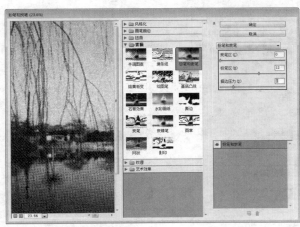

图20-31 "粉笔和炭笔"对话框

图20-32 制作效果

STEP 09 绘制一个与风景图片等大的矩形，设置"填色"为"土黄色"（CMYK的参数值为15%、25%、100%、0%）、"不透明度"为40%，如图20-33所示。

STEP 10 单击"文件"|"打开"命令，打开一幅素材图像，将打开的素材图像复制粘贴至当前工作窗口中，调整位置和大小，效果如图20-34所示。

图20-33 绘制并填充矩形

图20-34 添加素材图像

实战 598 制作书籍封面文字效果

▶ 实例位置：光盘\效果\第20章\实战598.ai
▶ 素材位置：光盘\素材\第20章\实战598（1）.ai、实战598（2）.ai
▶ 视频位置：光盘\视频\第20章\实战598.mp4

● 实例介绍 ●

本实例主要运用文字工具与"字符"面板等制作书籍封面的文字效果。

● 操作步骤 ●

STEP 01 单击"文件"|"打开"命令，打开一幅素材图像，将打开的素材图像复制粘贴至当前工作窗口中，调整位置和大小，效果如图20-35所示。

STEP 02 选择文本素材，单击鼠标右键，在弹出的快捷菜单中选择"排列"|"后移一层"选项，并重复执行该操作，如图20-36所示。

图20-35 置入文本图形

图20-36 选择"后移一层"选项

STEP 03 执行操作后，即可改变文本效果，如图20-37所示。

STEP 04 选择文字工具 T，输入书名"成长传记"，设置"字体系列"为"方正大标宋简体""字体大小"为36pt，如图20-38所示。

图20-37 文本效果

图20-38 输入文字

STEP 05 展开"字符"面板，设置"所选字符的字距调整"为200，如图20-39所示。

STEP 06 执行操作后，即可增加文字的字距，效果如图20-40所示。

图20-40 增加文字的字距

图20-39 设置文本属性

STEP 07 选中"成"字，设置"基线偏移"为5pt，如图20-41所示。

STEP 08 选中"长"字，设置"填色"为土黄色（CMYK的参数值为0%、35%、100%、10%）、"字体大小"为50pt，如图20-42所示。

图20-41 设置文字属性

图20-42 设置文字属性

STEP 09 选中"传记"词组，设置"字体系列"为"宋体""字体大小"为10pt、"基线偏移"为-5pt，如图20-43所示。

STEP 10 单击"文件"|"打开"命令，打开一幅素材图像，将打开的素材图像复制粘贴至当前工作窗口中，调整位置和大小，效果如图20-44所示。

图20-43 设置文字属性

图20-44 添加其他文字素材

知识拓展

　　在操作过程中，对于置入的文本文字用户可以对文字进行修改、编辑，若置入的是文本图形，则可以对整个文本图形进行编辑，若需要对其中的文字进行修改，则较为复杂。

实战 599　制作书籍封面的书脊效果

▶ 实例位置：光盘\效果\第20章\实战599.ai
▶ 素材位置：光盘\素材\第20章\实战599.ai
▶ 视频位置：光盘\视频\第20章\实战599.mp4

● 实例介绍 ●

　　本实例主要运用矩形工具、"渐变"面板以及"图层"面板等，制作书籍封面的书脊效果。

● 操作步骤 ●

STEP 01 运用矩形工具 ▣，绘制一个"宽度"为15mm、"高度"为150mm的矩形，设置"填色"为白色、"描边"为"无"，作为书籍的书脊，如图20-45所示。

STEP 02 单击"文件"|"打开"命令，打开一幅素材图像，将打开的素材图像复制粘贴至当前工作窗口中，调整位置和大小，效果如图20-46所示。

图20-45 制作书脊

图20-46 添加文字素材

STEP 03 绘制一个合适大小的矩形，设置"描边"为黑色，如图20-47所示。

STEP 04 展开"渐变"面板，设置渐变为白色到褐色（CMYK参数值分别为40%、60%、100%、27%）的线性渐变，如图20-48所示。

图20-47 绘制矩形

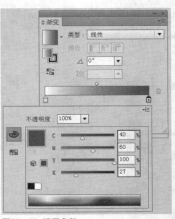

图20-48 设置参数

STEP 05 设置"角度"为90°，即可为矩形填充渐变色，如图20-49所示。

STEP 06 将该图形移至图像的最底层，并打开"图层"面板将其锁定，如图20-50所示。

图20-49 填充渐变色

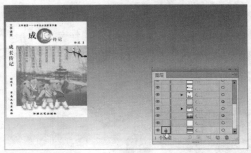

图20-50 锁定图层

| 实战 600 | 制作书籍封面的立体效果 | ▶ 实例位置：光盘\效果\第20章\实战600.ai
▶ 素材位置：光盘\素材\第20章\实战600.ai
▶ 视频位置：光盘\视频\第20章\实战600.mp4 |

● 实例介绍 ●

　　本实例主要运用网格封套扭曲、直接选择工具、钢笔工具等，制作书籍装帧的立体效果。制作书籍的立体效果主要是调整书籍封面和书脊的倾斜度，用户除了使用封套扭曲操作外，也可以运用倾斜工具 调整书籍的倾斜度。

● 操作步骤 ●

STEP 01 选中书籍封面中的所有元素并进行编组，如图20-51所示。

STEP 02 单击"对象"｜"封套扭曲"｜"用网格建立"命令，在弹出的"封套网格"对话框中设置"行数"和"列数"均为1，如图20-52所示。

图20-51 编组图形

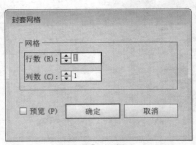

图20-52 "封套网格"对话框

STEP 03 单击"确定"按钮，即可为图形建立封套扭曲，如图20-53所示。

图20-53 建立封套扭曲

STEP 05 参照步骤（2）~步骤（4）的操作方法，对书脊建立网格封套扭曲，并适当地调整网格点及其控制柄，如图20-55所示。

图20-55 制作书脊立体效果

STEP 07 展开"渐变"面板，设置渐变为白色到灰色（CMYK参数值分别为0%、0%、0%、50%），如图20-57所示。

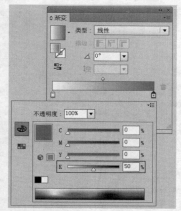

图20-57 "渐变"面板

STEP 04 选取工具面板中的直接选择工具，按住【Shift】键的同时，选中书籍右侧的两个网格点，并向上拖曳鼠标，再根据图像的需要调整各网格点上的控制柄，如图20-54所示。

图20-54 调整封套扭曲

STEP 06 使用钢笔工具在图像窗口的合适位置绘制一个图形，作为书顶，如图20-56所示。

图20-56 绘制图形

STEP 08 填充相应的渐变色，即可制作出书籍的立体效果，如图20-58所示。

图20-58 书籍的立体效果